电解铜箔实用技术手册

金荣涛 ◎ 主编

中南大学出版社
www.csupress.com.cn
·长 沙·

图书在版编目(CIP)数据

电解铜箔实用技术手册 / 金荣涛主编. --长沙：
中南大学出版社, 2024.10.
　　ISBN 978-7-5487-6052-8
　　Ⅰ. TF811-62
　　中国国家版本馆 CIP 数据核字第 2024X62H62 号

电解铜箔实用技术手册

DIANJIE TONGBO SHIYONG JISHU SHOUCE

金荣涛　主编

□出 版 人	林绵优	
□责任编辑	史海燕　李宗柏	
□责任印制	李月腾	
□出版发行	中南大学出版社	
	社址：长沙市麓山南路	邮编：410083
	发行科电话：0731-88876770	传真：0731-88710482
□印　　装	长沙鸿和印务有限公司	

□开　　本	787 mm×1092 mm 1/16	□印张 31	□字数 789 千字
□版　　次	2024 年 10 月第 1 版	□印次 2024 年 10 月第 1 次印刷	
□书　　号	ISBN 978-7-5487-6052-8		
□定　　价	180.00 元		

电解铜箔工艺自百年前发明兴起，伴随人类文明数次工业革命而不断前行，已从最初的装饰用途逐步发展应用到信息产业所必需的精密电子电路、5G 高频通信信号传输载体、AI 及高性能服务器高速数字线路以及新能源汽车锂电池集流体等现代社会应用领域。百年来，依靠半导体、材料学、电化学等学科的进步，使电解铜箔的理论基础和制造过程发生了翻天覆地的变化。历经全球行业数代铜箔人不断改进创新实践，至今已形成了较为稳定的标准化的现代电解铜箔工艺制程。在此基础上通过细分工艺创新发展得到的各类用途铜箔层出不穷，为电子电路和锂电池等行业创新提供了各种解决方案，也使得现代科技不断更新迭代。

本书分别从下游应用、基础理论、设备制程、电解化学工艺、微观分析检测、质量缺陷失效分析、环保减碳等方面阐述了电解铜箔的产品关键特性和量产控制方法，系行业不可多得的专业应用手册。本手册既适合本行业工程技术人员学习使用，也是下游覆铜板、PCB 和锂电池行业值得收藏的重要资料，对加深了解电解铜箔的制造过程和产品特性深有裨益。同时，读者可以以此为参考对比压延法铜箔制程及其表面处理工艺，进一步深刻理解两者在微观结构和性能上的差异，为铜箔的应用方向提供新的思路。

回首百年，传统的电解铜箔行业一路前行迎来了前所未有的机遇，但同时下游对箔材的厚度及力学、电信号传输能力等性能要求进一步提升，且其自身电解制程耗能较高存在较大生产效率的改进空间，期望未来行业能在新一代的从业者参与和发展下，继往开来，突破创新，实现铜箔性能新的飞跃，同时践行绿色制造，为国家"双碳"实施及全球减排承诺贡献力量！

德福科技总裁： 翟佳 博士

电解法铜箔生产工艺是一种具有近百年历史的制造技术，但系统的理论研究极少，大部分企业依靠经验作为指导。系统的理论，科学管理与创新，是铜箔产业数字化、智能化的前提和基础。

该书是作者在 36 年来电解铜箔生产实践和经验总结的基础上，结合当代国内外先进的电解铜箔生产技术编写的，以实用为主，力求做到科学性、系统性、实用性相结合，尽可能在有限的篇幅内介绍较多的技术内容。

全书共 11 章，第 1 章主要介绍电解铜箔的品种、分类、生产方法以及应用；第 2 章介绍铜箔的组织结构与性能的关系；第 3 章阐述铜箔电沉积的原理；第 4 章详细介绍了电子电路用毛箔、锂电池用铜箔的生产工艺；第 5 章介绍了铜箔的表面处理技术；第 6 章重点阐述了目前热门的 PET 复合铜箔、载体铜箔、涂树脂铜箔等新型特殊铜箔生产技术；第 7 章对设备选型、技术要求、安装调试等进行系统论述；第 8 章为分切包装；第 9 章重点介绍扫描电镜、能谱仪等近年发展起来的微观检测新技术在铜箔生产中的应用；第 10 章对常见的产品质量缺陷产生原因及处理措施进行了分析；第 11 章为环境保护部分，介绍铜箔生产过程中的"三废"处理。

该书内容翔实，注重理论性，突出实用性，可供从事电解铜箔生产及相关技术人员查阅，也可作为铜箔企业员工培训教材。

作者在撰写本书的过程中，德福科技给予了大力支持；李红琴完成了第 9 章铜箔微观分析的编写工作；张杰、杨红光、齐素杰博士提供了大量素材；陈祥浩绘制了部分插图；金久煜进行了排版和校对。在此，作者一并向他们致以最诚挚、最衷心的感谢。

由于编写者水平所限，书中的疏漏和错误之处在所难免，敬请读者批评指正，以便再版时更正。

Contents **目 录**

1

第 1 章

铜箔的用途

1.1 概 述

1.1.1 金属箔材

金属箔是很薄的金属片，根据材质元素的不同，分别称为相应的金属箔材，如金箔、铜箔、铝箔等。箔材多数会选用延展性好的金属材料，如铝、铜、锡及金。金属箔一般会因为本身的重量而弯曲，而且很容易撕开。金属的延展性越好，可制成的金属箔就越薄。例如延展性很好的金，可以制成厚度只有数个原子厚度的金箔。

铜箔是将铜原料经过压延加工或电化学等方法制成的一种很薄的铜片。根据 GB/T 11086《铜及铜合金术语》，铜箔就是截面为矩形、厚度均匀且不大于 0.15 mm 的扁平轧制材。利用电化学原理，从电解液中电沉积出的有特定用途的铜箔，称为电解铜箔。

根据《国民经济行业分类》(GB/T 4754—2017)规定，铜箔属于制造业电子元件及电子专用材料中的 3985 电子专用材料。该类材料"指用于电子元器件、组件及系统制备的专用电子功能材料、互联与封装工艺材料及辅助材料，包括锂电池材料、电子陶瓷材料、覆铜板及铜箔材料、电子化工材料等"。

随着科学技术的发展，电子工业、装饰行业等对金属箔材的需求日益增加，各种金属箔的生产技术也如雨后春笋般地出现。近代制取金属箔的方法有压延法、电解法、气相沉积法等，但大规模生产仍以压延法和电解法为主。

压延法的压是压力的压，是指用压力压，而延是指伸长。压延就是施加强力，使金属延长的加工方法。压延铜箔工序原理是旋转方向相反的两个轧辊使铜箔受到挤压力，而这个压力是在保证最初金属的厚度大于两个轧辊之间的间隙，靠金属与轧辊之间的摩擦力衔进金属的同时，不断使金属的尺寸变小或改变形状。根据体积不变原理，在金属厚度变薄的同时，长度自然就伸长了。压延加工属于塑性变形的一种加工技术。

电解法就是利用金属离子在直流电的作用下可以从负极电解沉积的原理来制作箔材的一种方法。

水溶液体系中，氢离子会比铝离子先还原，故无法在水溶液中电沉积出铝箔。铝箔生产只能采用压延法，而铜、镍及铁箔等生产两种方法均可进行，但电解法明显占有优势。

压延法中箔材的形成过程是由厚到薄,而电解法则迥然相反,可用"无中生有"来形容。电解法和压延法箔材加工成本都会随产品厚度的减少而增加。

1.1.2 压延铜箔

压延铜箔是以电解铜为原材料,经加热熔化、铸锭、热轧、铣面、退火、冷轧、酸洗及脱脂干燥等工序制成的。压延铜箔需要经过多次退火和轧制,才能使铜箔达到要求的厚度。根据用途,压延铜箔可分为普通压延铜箔、锂电池用压延铜箔和印制电路板用压延铜箔,它们的生产工艺流程如图1-1所示。

与电解铜箔相比,压延铜箔具有更好的延展性、柔软性和更高的强度,故压延铜箔常用于高性能动力电池。同时,由于其致密度较高,耐弯曲性优良,表面粗糙度较低,有利于高频信号的传输,因此在高频、高速挠性电路板上多用压延铜箔。

未经表面处理的压延铜箔与铜带的生产原理、制造工艺相同或相似。压延铜箔要求比铜带具有更小的厚度偏差、更好的平整度和更小的残余应力。在电路板高速蚀刻线上,铜箔偏厚或偏薄,都会导致线路出现蚀刻残留或过蚀刻现象。

压延铜箔企业的生产方式主要区别于轧机选型的不同。压延铜箔生产对轧机的厚度控制系统、张力、速度和冷却润滑有严格要求,要求轧机刚度大,结构精密,尽量减小轧辊辊径。目前欧洲、美国铜箔公司采用18或20辊轧机,日本企业通常采用X型6辊轧机。图1-2为18辊轧机辊系图。

1.压延铜箔核心技术

压延铜箔核心技术包括合格坯料、铜箔轧制、退火和表面处理等方面。

(1)高氧铜坯料。与大部分认知不同,虽然锂电池和印制电路板用压延铜

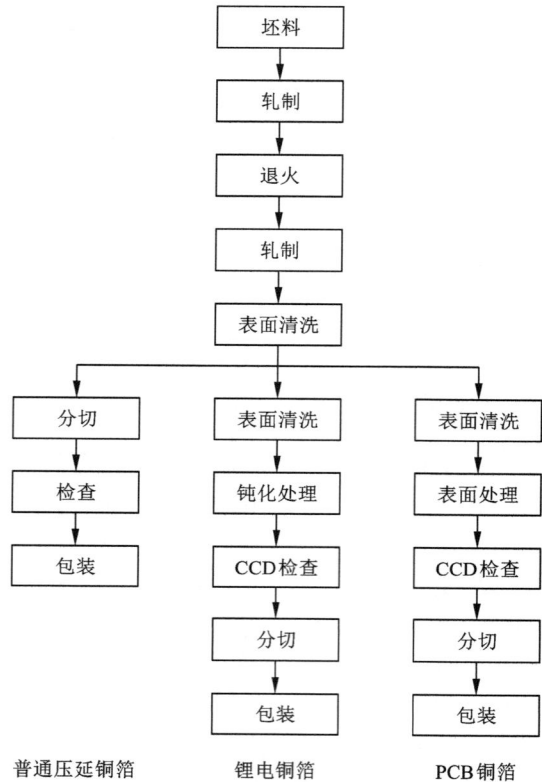

图1-1 压延铜箔生产工艺流程

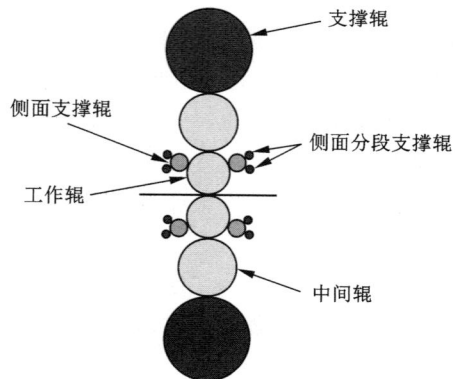

图1-2 18辊轧机辊系图

箔主要功能是导电，但并不是纯度越高越好。

（2）影响压延铜箔厚度的关键因素不是轧制力而是轧制过程中的速度、张力。在不考虑轧制力限制，采用钢轧辊的情况下，最小轧制厚度公式为

$$H_{min} = 3.58\mu DK(0.155R_p - \sigma)/E \qquad\qquad (1-1)$$

式中：H_{min} 为最小轧件厚度，mm；D 为轧机工作辊直径，mm；E 为轧辊材料弹性模量，Pa；μ 为摩擦因数；K 为金属平面变形抗力；R_p 为轧件材料的屈服强度；σ 为轧件平均单位张力。

不同的研究者给出的最小厚度公式形式相似，最小可轧厚度都与轧辊直径、轧件平面变形抗力和摩擦系数影响因素成正比，与轧辊弹性模量成反比，只是系数稍有不同。

铜箔轧制属于极限压延，在 0.035 mm 以下厚度轧制时使用无(负)辊缝为主体的 AGC（gauge control）控制方式。在无(负)辊缝状态下，轧辊的变形已是一个非圆轮廓，接触弧长等于轧辊压扁，辊缝已全部压靠，其压下量与轧制压力大小无绝对关系，即轧制力的增强变化对箔材厚度的变化影响很小，轧制过程完全由控制张力和轧制速度的大小来决定。

在铜箔轧制过程中，随着轧制速度的升高，工艺冷却润滑油带入量增加，从而使轧辊和铜箔之间的润滑状态发生变化，摩擦系数变小，油膜变厚，有利于铜箔变薄。随着轧制速度的增加，摩擦系数则降低，造成铜箔被轧制时的变形率加快，铜箔温度随之升高，变形阻力减小，能量消耗降低。

由于铜箔厚度极薄，单卷长度超长，以常见的重量 3 t，宽度为 650 mm、厚度为 18 μm 的铜箔为例，单卷长度超过 30000 m，即使采用 400 m/min 的速度高速轧制，轧制一个道次至少需要 75 min。在这期间，工艺状况必须保持一致，才能保证产品质量的稳定。使长度为 10 m 的铜箔性能一致容易，但要轧制长度为 30000 m 且性能一致的铜箔就有很大的难度。因此，实现高速稳定轧制是压延铜箔生产的关键技术之一。

（3）退火。铜箔性能和板形与生产过程中的软化退火工艺息息相关。压延铜箔在轧制过程中需要经过 4～10 道次反复轧制和退火，才能轧制成厚度为 0.006 mm 的铜箔，并经碱洗、酸洗、烘干工序去除表面轧制油，使铜箔表面残油量≤50 mg/m²。中间退火可以在罩式光亮退火炉内进行加热退火，而最后一次退火，最好采用通过式气垫退火炉进行光亮退火，以便使整卷箔材性能更加均匀一致。

（4）表面处理。作为印制电路板（PCB）用铜箔，压延铜箔必须满足 PCB 生产需要的剥离强度、耐热与防蚀抗变色等基本性能要求。与电解铜箔一面毛一面光不同，压延铜箔两个表面都非常光滑，表面粗糙度 Rz 一般只有 1 μm 左右，未经过表面处理的压延铜箔与 PCB 基材的结合力非常低。根据"锚定"原理，在压延铜箔的表面(外层用铜箔为一面，内层用铜箔为两面)电沉积一层瘤状结晶颗粒，可提高铜箔的表面粗糙度，增加铜箔与基板树脂的接触面积，从而达到提高铜箔与基板的结合力的目的。同时，为了提高铜箔的耐热性和抗氧化性，还需要在粗化处理层上进行耐热层、防氧化处理。

2. 压延铜箔优势

（1）压延铜箔为再结晶等轴晶结构。所谓再结晶，就是经过塑性变形，铜的晶粒被拉长后需重新生核、结晶，形成与变形前晶格结构相同的新的等轴晶粒的过程。压延铜箔和电解铜箔性能上的差异，从本质上来讲，是其微观组织结构所决定的。压延铜箔经塑性变形后，由于空位、位错等结构缺陷密度的增加，畸变能(晶体缺陷所储存的能量)的升高将使其处于热力学不稳定的高自由能状态，因此具有自发恢复到变形前低自由能状态的趋势。但在室温

下，因温度低，原子活动能力小，恢复很慢。一旦受热，温度较高时，原子扩散能力提高，组织、性能会发生一系列变化，如图1-3所示。

压延铜箔的再结晶组织，晶粒变大，延伸率提高，弯曲时不易断裂。所以压延铜箔过去主要用于锂电池负极集流体材料或者挠性印制电路板，电解铜箔则主要应用于刚性印制电路。

（2）压延铜箔表面更为平滑，且致密度较高，更利于电信号快速传送，在高频率印制电路板的应用中占有优势。

（3）弯曲性优良。压延铜箔的弯曲性是普通电解铜箔的4倍，对于可靠性要求比较高的情况（如滑盖手机板，折叠手机板等），采用压延铜箔材料较好。

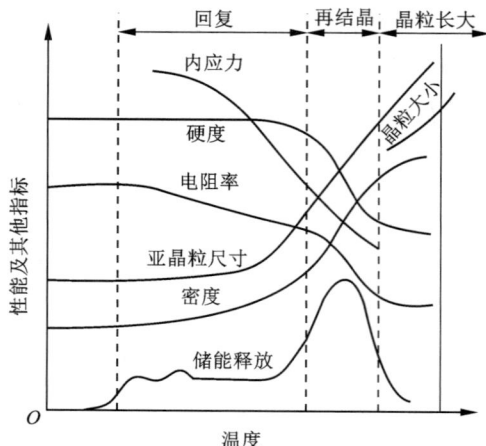

图1-3　金属冷变形退火后性能和能量的变化

（4）压延铜箔成分范围宽，应用更为广泛。因为本书主要讨论电解铜箔，而电解铜箔是纯铜，其对应的是压延纯铜箔（有人也称为电子材料用压延铜箔）。事实上，压延铜箔的铜含量在55%～100%，其组成的合金主要有铜锌合金（黄铜箔）、铜镍合金（白铜箔）和铜锡合金（青铜箔），它们分别为二元合金、三元合金和多元合金。纯铜箔仅仅占压延铜箔产量的10%左右，大部分为压延黄铜箔。除纯铜箔外，其他压延铜箔容易通过合金化进行强化处理，所以，压延铜箔的应用极为广泛，特别是在机械制造行业中。

3. 压延铜箔劣势

（1）生产工艺复杂、流程长，一次性投入大，生产成本高。

压延法生产箔材一般需要经熔化—铸锭—开坯—粗轧—中轧—精轧等工序，中间可能需要多次退火才能得到成品，故适宜于大规模生产。

（2）铜箔的宽度受到轧辊的限制。由于轧辊的长度增加，轧辊的摆差也随之增大，压延铜箔宽度一般小于600 mm，而电解铜箔宽度目前国内可达到1900 mm。

（3）铜箔的极限厚度受到限制，对轧辊的质量要求也极高。轧辊直径的大小必须满足最小轧件厚度的要求；但铜箔的厚度愈小，则要求轧辊的直径也愈小，轧辊的加工精度也愈高。

4. 压延铝箔材的叠轧

对于厚度小于0.012 mm（厚度大小与工作辊的直径有关）的极薄铝箔，有的企业采用双合轧制的方法即在两张铝箔中间涂上润滑油，然后合起来进行轧制的方法（也称叠轧）。

铝箔叠轧的优势：

（1）能够获得较薄（厚度为0.005 mm）的成品箔材。

（2）叠轧可以减小箔材断带的风险和提高成品率。

（3）可以得到两表面不同粗糙度结构的箔材。

（4）可提高生产效率（在同样轧制速度下其效率是单张箔材轧制的2倍）。

铝箔叠轧不仅可以轧制出单张轧制不能生产的极薄铝箔，还可以减少断带次数，提高劳动生产率。采用此种工艺能批量生产出厚度为0.006～0.03 mm的单面光铝箔。

压延铜箔的叠轧：

（1）在轧制过程中，根据油膜轴承的原理，轧辊转动速度越高，油膜形成的压力越大，油膜厚度越大。所以，速度是在轧辊弹性压扁的情况下轧件能够减薄的主要条件之一。当轧制速度提高时，轧辊上由于瞬时产生的静压力使油膜增厚，带材变薄；油膜厚度与接触弧的长度有关，接触弧越长，越不利于轧制油的流动，油膜就越厚，单位轧制压力就越大。同时速度增加时，带材轧制的变形热集聚，温度瞬时升高，使变形抗力有所降低。

（2）铜箔在轧制过程中温度上升很快。众所周知，质量相同的不同物质，上升到相同温度所需的热量不同，即比热容不同，它表示单位质量物体改变单位温度时吸收或放出的热量不同。物质的比热容越大，则每升高 1 ℃，该物质需要的热能更多。铝比热容为 0.9211 kJ/（kg·℃），铜为 0.4062 kJ/（kg·℃）。在轧制铝箔时，采用四辊轧机，双合轧制厚度为 0.0065 mm 箔材时，速度可以达到 2400 m/min。由于铝的变形抗力较铜小，铝的比热容为铜的 2.3 倍，在高速冷轧时产生的变形热使铝产生的温升不太明显，因此铝箔轧制时可以采用闪点不太高的润滑油进行冷却。

（3）铜合金的比热容比铝小得多，变形抗力又大，轧制过程中产生的变形温升比轧制铝箔时大得多，高速、高温轧制时易使轧制油挥发或焦化，因此铜箔轧制时只能用闪点为 140 ℃ 的机油做基础油。由于其黏度远比铝箔用轧制油大，铜箔叠轧除油相当困难，卷取机卷曲时因箔面有轧制油张力不易稳定，因而很难建立起稳定的轧制条件。

（4）闪点是表示润滑油蒸发性的一个指标，油品的馏分越轻，闪点就越低，蒸发性越大，闪点越高蒸发性越小。所以，在高闪点、低黏度的轧制油开发成功前，铜箔叠轧很少有工业化应用。

1.1.3　电解铜箔

在电化学沉积工艺中，一般用含有所需沉积层金属离子的溶液作电解液，将金属阴极与直流电源的负极相连，阳极与直流电源正极相连。通入低压直流电后，金属离子在阴极获得电子被还原成金属，覆盖在阴极上，剥离后得到的金属皮膜，具有一定的使用功能，称之为电解金属箔材，如电解铜箔、电解镍箔、电解铁箔等。

电解铜箔的特性、性能虽因各铜箔制造企业的不同而各有特色，但制造工艺却基本一致：以电解铜或具有与电解铜同等纯度的电线废料为原料，用硫酸溶解，制成硫酸铜溶液，以金属辊筒为阴极，通过电化学反应连续地在阴极表面电解沉积金属铜，同时连续地将其从阴极上剥离，形成的箔材称之为生箔，该工艺为生箔电解工艺。最后从阴极上剥离的一面（shine，光面，S 面）就是层压板或印制电路板表面见到的一面，反面（matt，毛面，M 面）就是需要进行一系列表面处理，在印制电路板中与树脂黏接的一面。

目前全球 90% 以上的纯铜箔为电解铜箔。

电解铜箔按照应用领域，可以划分为 3 大类：

（1）锂电池用铜箔（锂电铜箔）。包括动力电池用锂电铜箔和非动力电池用锂电铜箔。动力电池的主要应用领域为电动汽车和电动自行车；非动力电池应用领域主要是 3C 数码产品和储能电池。动力电池支持大电流放电，可达到 20 倍容量的电流；非动力锂电池只支持 1 倍容量的放电。

锂电铜箔在锂电池中既充当负极活性材料的载体，又充当负极电子的收集与传导体。锂电池一般都将负极材料(石墨)均匀地涂覆在一层极薄铜箔上,经干燥、滚压、干切等工序后,制得负极电极。在此过程中,铜箔充当了负极材料的载体;负极集流体的作用则是将电池活性物质产生的电流汇集起来,以产生更大的输出电流。集流体应具有内阻尽可能小且易于加工的特点。铜箔因导电性良好,质地较软,制造技术成熟,价格也相对低廉,自然而然成为锂离子电池负极集流体的首选材料。

锂电池严苛的工作环境,对铜箔提出了多方面的技术要求。如对新能源汽车锂电池能量密度与循环次数要求高,工作或制造过程中温度较高,这些对动力电池锂电铜箔性能提出了更高的要求。

(2)电子电路用铜箔(电子电路铜箔)。主要用于覆铜箔层压板(CCL)及印制电路板用铜箔(PCB)。厚度<12 μm 的铜箔一般称为极薄铜箔,厚度为 12~70 μm 的为普通铜箔,厚度≥105 μm 的称为厚铜箔。

(3)电磁屏蔽用铜箔。主要应用于医院、通信、军事等需要电磁屏蔽的部分领域。

压延铜箔过去几乎全部应用于 PCB 和锂电池等铜箔应用的所有领域,但随着电解铜箔技术和产品性能的提高,压延铜箔在挠性印制电路板、高频高速印制电路板应用领域仍具有优势。PCB 用压延铜箔和电解铜箔的对比见表 1-1。

表 1-1 PCB 用压延铜箔和电解铜箔的对比

项目	压延铜箔	电解铜箔
生产原理	金属压延加工	电化学沉积
生产工艺	铜—加热熔化—铸锭—热轧—铣面—冷轧—退火—冷轧—表面处理—分切—包装	电铜—溶解—过滤—净化—电沉积—表面处理—分切—包装
主要装备	熔化炉、铸造机、热轧机、铣面机、轧机、退火炉、表面处理机、分切机等	溶铜罐、过滤机、生箔机、表面处理机、分切机等
产品厚度控制	依靠不同的轧机,反复轧制减薄	控制生箔机的电流和转速,可生产不同厚度的产品
铜箔种类	纯铜箔、黄铜箔、白铜箔、锡青铜箔等	纯铜箔
投资	投资大,是电解铜箔的 2 倍以上	投资小
生产成本	高	低
产品性能	综合性能优异	良好
耐弯曲性	很好	差
常规产品厚度/mm	0.012~0.15	0.006~0.15
最小厚度/μm	6	0.5
最大宽度/mm	≤600	1700
主要应用	挠性印制电路板,高频高速电路板	刚性印制电路板,锂离子电池集流体,挠性印制电路板
行业	国际市场形成高度垄断	自由竞争

1.1.4　气相沉积法

1. 物理气相沉积

物理气相沉积技术是指在真空条件下，采用物理方法，将材料源——固体或液体表面汽化成气态原子、分子或部分电离成离子，并通过低压气体（或等离子体）过程，在基体表面沉积具有某种特殊功能的薄膜的技术。

物理气相沉积的主要方法有真空蒸镀、溅射镀膜、离子镀膜等。目前，物理气相沉积技术不仅可沉积金属膜、合金膜，还可以沉积化合物、陶瓷、半导体、聚合物膜等。

物理气相沉积技术是生产厚度为 3 μm 及以下极薄铜箔和复合铜箔（如 PP、PI、PET 复合铜箔）最具应用前景的新技术之一。

（1）真空蒸镀。

真空蒸镀是将铜箔载体基材置于真空室中，在高真空状态下，采用加热或离子轰击的办法，使铜靶材由固态迅速转化为气态，并沉积到载体表面形成金属皮膜的方法。

蒸镀根据加热方式不同，可以分为：①电阻加热法；②电子束加热法；③高频感应加热法。由于铜是以原子状态到达并沉积在基材表面的，因此形成的金属铜层是连续且光亮的，再对其进行表面抗剥离强度增强处理和防氧化处理后，可满足 PCB 用载体铜箔的性能要求。

（2）磁控溅射镀膜。

溅射就是利用几十电子伏或更高动能的荷能粒子轰击靶材表面，使其原子获得足够的能量而溅出进入气相。磁控溅射通过在靶阴极表面引入磁场，利用磁场对带电粒子的约束作用来提高等离子体密度以增加溅射率。溅射镀膜所得的薄膜性能、均匀度都比真空蒸镀膜优良，但是镀膜速度比真空蒸镀膜低。

溅射镀膜与真空蒸镀膜相比，有许多优点。如任何物质均可以溅射，尤其是高熔点、低蒸气压的元素和化合物；溅射镀膜与基材之间的附着性好；薄膜密度高；膜厚可控制，重复性好等。缺点是设备比较复杂，需要高压装置。

（3）离子镀膜

离子镀膜是指在真空条件下，借助于一种惰性气体的辉光放电使气体或被蒸发物质部分电离化，气体或被蒸发物质离子经电场加速后在对带负电荷的基体轰击的同时把蒸发物或其反应物沉积在基材上。离子镀膜的技术基础是真空蒸镀，其过程包括镀膜材料的受热，蒸发，离子化和电场加速沉积的过程。简单讲，离子镀膜就是将真空蒸镀与溅射法相结合。

离子镀膜的特点是镀膜时，基材带负偏压，基材始终受高能离子的轰击。形成的膜层与基材结合力好，膜层的绕镀性好，膜层组织可控参数多，膜层粒子总体能量高，容易进行反应沉积，可以在较低温度下获得化合物膜层。此外，这种方法的优点是得到的膜与基板间有极强的附着力，有较高的沉积速率，膜的密度高。

2. 化学气相沉积

化学气相沉积是利用气态物质在固体表面发生化学反应，生成固态沉积物的过程。它是20 世纪 60 年代发展起来的一种制备高纯度、高性能固体材料的化学方法。化学气相沉积过程可以在常压下进行，也可以在低压下进行。化学气相沉积技术是当前制备高性能石墨烯的主要方法，目前还没有用于铜箔产业化的报道。

1.1.5 铜箔标准

金属箔材的分类方法很多。不同的金属箔,分类方式不完全相同。例如铜箔,可根据箔材的生产方式和厚度分类,可按产品性能分类,也可按表面处理形式、产品用途等分类。

根据生产方式不同,铜箔可分为压延铜箔和电解铜箔;根据厚度,电解铜箔又可以分为105 μm、70 μm、35 μm、18 μm、12 μm、9 μm 以及 5 μm 等厚度的铜箔。

电解铜箔按照表面处理工艺又可分为粗化箔(表面镀铜)、灰化箔(表面镀锌)和黄化箔(表面镀黄铜)等几种类型。

在日本 JIS C6512 标准中,将印制电路用金属箔标准分为 6 种。其中电解铜箔 3 种(标准电解铜箔、室温高延展性电解铜箔、180 ℃高延伸性电解铜箔),型号分别为 ECF1、ECF2、ECF3;压延铜箔 3 种(即冷压延铜箔,轻冷压延铜箔,退火压延铜箔),型号分别为 RCF1、RCF2、RCF3。

国际电工委员会标准 IEC1249-5-1《内连结构材料—第五部分 无镀敷层和有涂镀层导电箔和导电膜规范—第一部分:制造覆铜基材用铜箔》,将铜箔分为 6 种;电解铜箔 3 种(即标准电解铜箔,室温高延展性电解铜箔,高延伸性电解铜箔),其代号为 E1、E2、E3;压延铜箔 3 种(即压延锻造铜箔,轻冷压延锻造铜箔,退火压延铜箔),其代号为 W1、W2、W3。

权威标准 IPC-4562《印制电路用金属箔标准》,根据铜箔制造方法将铜箔分为电解铜箔、压延铜箔和其他铜箔 3 种类型,共 10 种(见图 1-4),即标准电解箔(STD-E),常温高延性电解箔(HD-E),高温高延性电解箔(HTE-E),压延锻造箔(AR-W),轻压延锻造箔(LCR-W),退火锻造箔(ANN-W),可低温退火压延锻造箔(LTA-W),可低温退火电解箔(LTA-E),可退火电解箔(A-E),退火电解铜箔(ANN-E)。

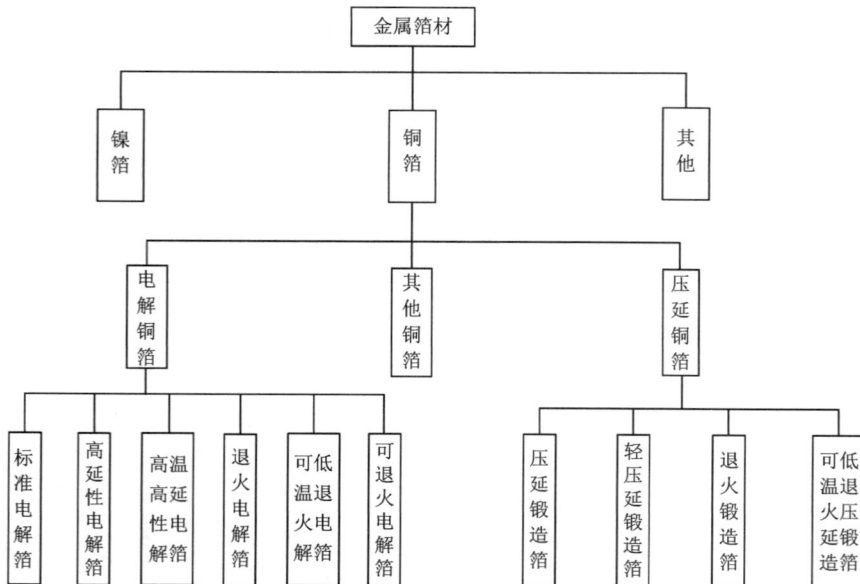

图 1-4 金属箔的分类

按照铜箔用途，可分为印制电路用铜箔、锂电池用铜箔和装饰屏蔽用铜箔。

无论如何分类，原则上只能按照一个方法分类，不可将几个方法混用。

由于电解铜箔至少有一个面比较粗糙，因此其真实厚度不易测量。在密度一定时，单位面积质量与标称厚度具有一定的对应关系（见表 1-2）。

表 1-2　铜箔厚度与单位面积质量的对应关系

名义厚度/μm	单位面积质量/（g·m⁻²）	标称厚度/μm	单位面积质量最大允许偏差/%	
			E 型箔	W 型箔
5	45.1	5.1	±10	±5
9	75.9	8.5		
12	106.8	12.0		
18	152.5	17.1		
25	228.8	25.7		
35	305.0	34.3		
70	610.0	68.6		
100	915.0	102.9		
140	1220.0	137.2		
170	1525.0	171.5		
200	1830.0	205.7		
240	2135.0	240.0		
340	3050.0	342.9		
480	4270.0	480.1		

$35\ \mu m$ 厚的铜箔单位面积质量（$305\ g/m^2$）正好等于英制单位 1 盎司*/平方英尺（oz/ft^2），有的资料就将 $35\ \mu m$ 铜箔简称为 1 盎司箔，$18\ \mu m$、$70\ \mu m$、$105\ \mu m$ 箔分别称为半盎司（0.5 oz）箔、2 盎司（2 oz）箔和 3 盎司（3 oz）箔。

国内外电解铜箔标识对照表参见表 1-3。

表 1-3　国内外电解铜箔标识对照表

铜箔类别	GB/T 5230—2020	IPC4562	日本 JIS 标准	IEC 标准
标准电解铜箔	E-01	STD-E	E1	E1
高延性电解铜箔	E-02	HD-E	E2	E2
高温高延性电解铜箔	E-03	HTE-E	E3	E3
可退火电解铜箔	E-04	A-E	—	—
可低温退火电解铜箔	E-05	LTA-E	—	—
退火电解铜箔	—	ANN-E		

*　1 oz = 28.350 g，1 ft² = 0.0929 m²。

1.1.6 常见铜箔品种

1. 单面处理铜箔

在电解铜箔中,生产量最大的品种是单面表面处理铜箔,它不仅是覆铜箔板和多层板制造中使用量最大的一类电解铜箔,而且是应用范围最广的铜箔。

2. 双面处理铜箔

双面处理铜箔用于制作多层印制电路板的内层线路,可以省掉黑化或棕化处理工序。特别是在高密度互连(HDI)的多层板方面,双面处理铜箔主要作为PCB的芯板用铜箔。

3. 涂胶铜箔

涂胶铜箔主要包括上胶铜箔(ACC)和背胶铜箔,也称为涂树脂铜箔(resin coat copper foil, RCC)。

上胶铜箔是指电解铜箔在粗化处理后,再在其粗化面涂敷铜箔胶层,用于纸基覆铜箔板制造。目前,一种可达到anti-tracking耐漏电痕指数(高CTI)的涂胶铜箔,主要用于近年发展起来的要求耐高压的家用电器产品的PCB中。

RCC背胶铜箔制造过程是将复配好的树脂胶液涂覆于超薄铜箔之上,经烘焙、溶剂挥发,使树脂固化至半固化状态,即可得到载体RCC。RCC的树脂层,具备了与FR-4半固化片相同的工艺性。因此,可以认为RCC是一种便于激光、等离子体等蚀孔处理的一种无玻璃纤维的新型CCL产品。

单面处理铜箔、双面处理铜箔和涂胶铜箔都是依据表面处理方式来进行分类。

4. 载体铜箔

对于厚度小于9 μm的极薄电解铜箔,由于其本身的强度无法支撑自身重量,在进行抗剥离强度增强处理过程中很容易皱折,因此开发了载体铜箔。

载体铜箔是指在铜箔、铝箔或有机薄膜的表面电沉积一层极薄的铜层,铜层的厚度通常为0.5~5 μm,载体与铜层分离后形成极薄铜箔。

根据载体分离方式,载体铜箔又可以分为可剥离型载体铜箔和腐蚀型载体铜箔。可剥离型载体铜箔与载体之间的剥离层一般为锌层,在铜箔与CCL基材热层压时,剥离层中的锌受热扩散,极薄铜箔与载体之间的结合力下降,制成层压板后,极薄铜箔与CCL基材粘结在一起,载体很容易从CCL上分离。

腐蚀型载体铜箔又称不可分离型载体铜箔,铜箔与载体的分离需要依靠化学腐蚀来完成。

载体铜箔的命名是按照制造工艺来进行的。

5. 反转铜箔(RTF)

常规的电解铜箔是将生箔的M面进行粗化处理,提高铜箔与树脂的结合力。在形成线路时,对铜箔光面(生箔的S面)进行微蚀刻,增强干膜与铜箔的结合强度;同时粗大的毛面,镶嵌在基材的树脂层中,增加了蚀刻的时间,容易导致过蚀刻。

反转铜箔则是对生箔的S面进行抗剥离增强处理,将其与绝缘基板进行压合;对生箔M面进行线路图形印刷。反转处理的意思就是与正常的铜箔表面处理方式相比,将生箔的S面和M面翻个身,谓之反转,见图1-5。

采用反转铜箔能明显提高线路精度(图1-6),减少线路损耗。反转铜箔主要用于高速高频精细线路。

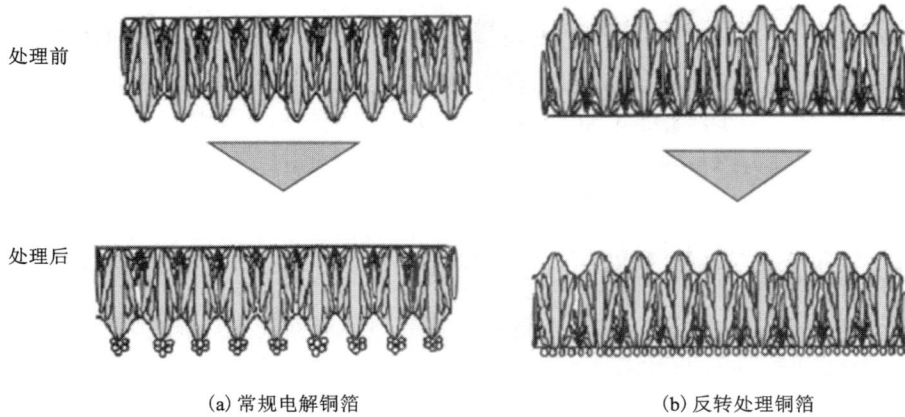

处理前

处理后

(a) 常规电解铜箔　　　　　　　　(b) 反转处理铜箔

图 1-5　常规铜箔与反转铜箔示意图

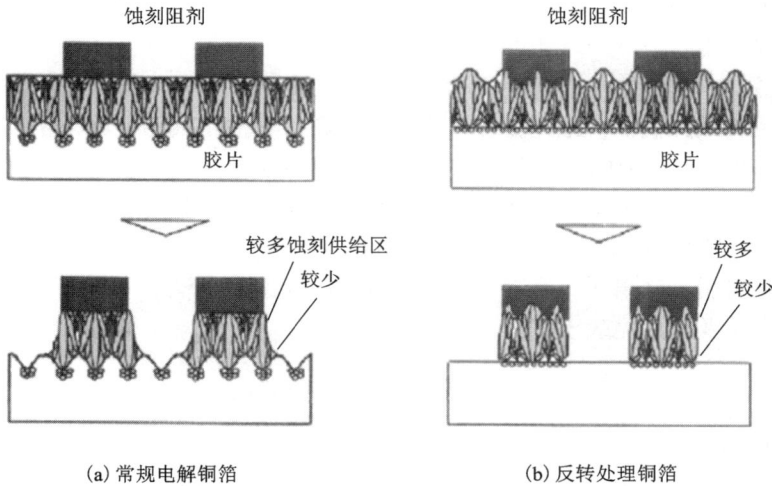

蚀刻阻剂　　　　　　　　　　　蚀刻阻剂

胶片　　　　　　　　　　　　　胶片

较多蚀刻供给区
较少　　　　　　　　　　较多
较少

(a) 常规电解铜箔　　　　　　　　(b) 反转处理铜箔

图 1-6　反转铜箔优点示意图

6. 高温延伸性(HTE)铜箔

常态下铜箔的高抗拉强度及高延伸率,可以提高电解铜箔的加工性,增强刚性避免皱纹,提高生产合格率。高温延伸性(HTE)铜箔可以提高 PCB 印制电路板的热稳定性,避免变形及翘曲。HTE 高温高延电解箔在 180 ℃下,12 μm 厚的铜箔延伸率可达到 8%,18 μm 厚的铜箔延伸率可达到 15%,厚度 35 μm 的铜箔延伸率可达到 20%,可以满足高温高可靠性电路要求。

常规 HTE 铜箔处理面粗糙度较高,厚度为 18 μm 的 HTE 铜箔的表面粗糙度 Rz(JIS 标准)≤8.0 μm。为适应电子电路传输损耗的要求,HTE 铜箔又可细分为常规 HTE、RTF 和低轮廓铜箔。

7. 低轮廓铜箔

多层板的高密度布线技术的进步,使得传统的电解铜箔不适应制造高精细化印制板图形电路的需要。因此,新一代铜箔——低轮廓(LP)、超低轮廓(VLP)和高频超低轮廓铜箔(HVLP)相继出现。毛面粗糙度为一般粗化处理铜箔的 1/2 以下的铜箔为低轮廓铜箔,毛面粗糙度为一般粗化处理铜箔的 1/3 以下者为超低轮廓铜箔。厚度为 18 μm 的 VLP 铜箔处理面粗糙度为 2.0 μm>Rz≤4.2 μm。而 HVLP 粗糙度更低，厚度为 18 μm 的 HVLP 铜箔，处理面粗糙度 Rz≤2.0 μm。高端产品正向无轮廓(Rz≤0.5 μm)方向发展。

低轮廓铜箔可以减少线路的趋肤效应和损耗，主要用于高速高频精细电路板。

8. 退火电解铜箔(ANN-E)

退火电解铜箔是压延铜箔的主要竞争对手，主要用于挠性印制电路。挠性电路板要求铜箔有高的耐弯折性。ANN-E 厚度为 18 μm 时，疲劳延展性可达到 65%。

9. 双面光锂电铜箔

双面光锂电铜箔是指两面都比较光亮的电解铜箔。双面光锂电铜箔的 M 面的粗糙度与 S 面相当，甚至略低，主要是靠添加光亮剂实现。双面光铜箔目前主要用于锂电池和动力电池负极集流体。

与双面光锂电铜箔相对应的是单面光锂电铜箔。它的 M 面光泽度较低，与 S 面差别明显。单面光锂电铜箔由于两面粗糙度不同，铜箔表面涂覆的活性物质界面存在差异，长时间充放电后电池性能不一致。

10. 多孔铜箔

多孔铜箔也叫微孔铜箔。理论上，铜箔作为锂离子电池负极活性物质的载体和负极电子的收集体与传导体，与电池的容量没有直接关系。但对于单位体积容量或单位重量的电池容量而言，铜箔厚度与孔隙率和容量有关，虽然铜箔很薄，但仍旧具有一定的质量和体积。铜箔重量减少 1%，就可以增加 1% 的活性物质就可以提高电池容量。

多孔铜箔主要用于锂离子电容器、超级电容器和固态锂电池。

电解铜箔产品及用途见表 1-4。

表 1-4　电解铜箔产品及用途

序号	产品品种	用途	备注
1	单面处理铜箔	8 层以下环氧玻璃布基多层板及 FR-4、CEM-3	按照处理方式分类
2	双面处理铜箔	10 层以下聚酰亚胺玻璃基多层板	按照处理方式分类
3	上胶铜箔	单面或双面酚醛基覆铜箔板，环氧纸基覆铜箔板	按照结构分类
4	附树脂铜箔	激光开孔、加成法高密度多层板	按照结构分类
5	反转铜箔	高密度多层板	按照处理方式分类
6	低轮廓铜箔	高密度多层板	按照表面轮廓分类
7	甚低轮廓铜箔	5G 通信板、高频板	按照表面轮廓分类
8	载体铜箔	加成法或半加成法	按照厚度分类，属超薄铜箔
9	无载体铜箔	超薄铜箔	按照厚度分类，属超薄铜箔
10	高温延伸性(HTE)铜箔	高可靠性 PCB	按照性能分类
11	退火电解(ANN)铜箔	挠性电路板	按照性能分类
12	双面光锂电铜箔	锂电池的集电体	按照表面轮廓分类
13	多孔铜箔	固态锂电池、锂电池电容器的集电体	按表面状态分类

1.2　铜箔与 PCB

1.2.1　覆铜板制造原理

覆铜箔基板英文名称为 copper clad laminate，简称 CCL，是目前各种电子设备装配必不可少的基本材料。

覆铜板是通过树脂的固化，将铜箔、树脂、玻璃布三者黏结在一起，形成覆铜板材的。

半固化片（perperg，PP）是玻璃布浸渍环氧树脂后，烘去溶剂制成的一种片状材料。所用树脂主要为热塑性树脂，例如环氧树脂、双马来酰亚胺-三嗪（BT 树脂）、聚酰亚胺（PI）等，其物理性能和电气性能都不尽相同。

环氧树脂半固化片在生产过程中其树脂状态通常分为如下 3 个阶段：

A 阶段：在室温下为能够完全流动的液态树脂，这是玻纤布浸胶时的状态。

B 阶段：环氧树脂部分交联处于半固化状态，在加热条件下，又能恢复到液体状态。

C 阶段：树脂全部交联固化，在加热加压下会软化，但不能再成为液态，这是多层板压制后半固化片转成的最终状态。

覆铜板或多层印制板的层压技术是利用半固化片中处于 B 阶段的树脂，在温度和压力作用下，具有流动性并能迅速地固化和完成黏接的特性，将铜箔在高温、高压下黏合起来的技术。

覆铜板压制成型是在层压机上完成的。半固化片上的树脂随着温度的逐步升高开始发生固化反应，当温度到达胶凝点后，黏度急剧增大。当温度达到 180 ℃时，固化反应结束，半固化片与铜箔牢固黏接在一起，形成覆铜板。因此，作为电子电路用铜箔，一个基本的要求就是在 180 ℃时，板材 10 min 不氧化变色。

对于 FR-4 覆铜板保温温度不宜低于 170 ℃，以免产品固化不完全；但保温温度不宜超过 180 ℃，以防止树脂降解造成板材外观变色，性能下降。保温时间不宜少于 60 min，时间太短，固化不完全；时间太长，则生产效率下降。当温度低于 50 ℃时，就可以从层压机中取出。

对于覆铜板类型，常按不同的规则有以下不同的分类：

（1）按覆铜板的机械刚性划分：分为刚性覆铜板（图 1-7）和挠性覆铜板。

（2）按不同绝缘材料、结构划分：分为有机树脂类覆铜板、金属基覆铜板、陶瓷基覆铜板。

（3）按覆铜板的厚度划分：可分为常规板和薄型板。常规板厚度≥0.8 mm，薄型板厚度<0.8 mm（不含铜箔厚度）。厚度<0.8 mm 的环氧树脂玻璃纤维布基板可作为多层印制电路板制作用的内层芯板。

（4）按增强材料划分：覆铜板使用某种增强材料，就将该覆铜板称为某材料基板。常用的增强材料为玻璃纤维布、牛皮纸、玻纤毡，对应的基板为玻璃纤维布基板、纸基板和复合基覆铜板。

（5）按照覆铜板所用树脂和增强材料分类：按照刚性的各类覆铜板所用树脂和增强材料的不同，可以将其分类为 5 大类，即纸基板、玻纤布基板、复合基板、积层多层板基材、特殊基板等。

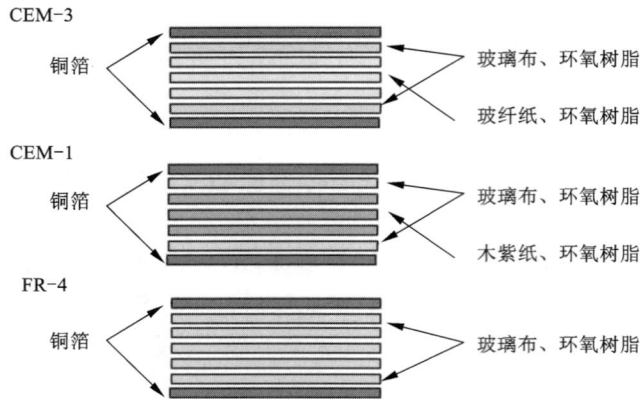

图1-7　刚性有机树脂覆铜板结构示意图

1.2.2　PCB制造工艺

目前在印制电路板和载板制造工艺中，主要有减成法、全加成法与半加成法3种工艺技术。

减成法是最早出现的PCB制造工艺，也是应用最成熟的制造工艺，一般采用光敏性抗蚀材料来完成图形转移，并利用该材料来保护无须蚀刻去除的区域，随后采用酸性或碱性蚀刻药水将未保护区域的铜层去除。

高密度互连(high density interconnector，HDI)印制板是减成法应用的最高境界。目前采用HDI技术的手机PCB主板可以达到的线路的线宽度/间距为50 μm/50 μm，实现了导电图形微细化和电子设备高密度化、高性能化。

减成法工艺最大的缺点在于裸露铜层在往下蚀刻的过程中会向侧面蚀刻(即侧蚀)。由于侧蚀的存在，减成法在精细线路制作中的应用受到很大限制，当线宽/线距小于50 μm(2 mil)时，减成法由于优良率过低已无用武之地。

(1)全加成法生产技术。

全加成法(full additive process，FAP)工艺采用含光敏催化剂的绝缘基板，在按线路图形曝光后，通过选择性化学沉铜得到导体图形。

在印制板制造工艺中，加成法是在没有铜箔的绝缘板上印制电路图形后，以化学镀铜的方法在绝缘板上镀出线路，形成以化学镀铜层为线路的印制板。由于线路是后来加到印制板上去的，因此叫作加成法。

全加成法的优点是工艺简单，不用覆铜板，材料成本较低，完全采用化学镀铜，镀铜层均匀。因此，这种工艺大量用于制造廉价的双面板。不过全加成法需要特制催化性基板，在基板中需要掺加大量的催化金属，但是最后起到催化作用的只是极少部分。这样成本很高，且线路性能与可靠性有待提高。

全加成法工艺比较适合制作精细线路，但是由于其对基材、化学沉铜均有特殊要求，与传统的 PCB 制造流程差别较大，成本较高且工艺并不成熟，因此目前主要用 IC 封装载板。

激光直接成型法（laser direct structuring，LDS）是近年来发展的一种 PCB 的加成制造工艺，其主要应用于移动天线的制造。LDS 法工艺简单，导线粘附力强，可以实现 3D 线路图形制造。但是该工艺的缺点也十分明显：催化性基板成本过高；激光烧蚀系统复杂，设备成本高；线路精细度较低，线宽一般大于 250 μm，无法应用在挠性 PCB 的制造中。

印刷导电浆料法是直接将导电浆料印刷在基板上，通过烧结，将纳米颗粒熔化成膜，获得致密的导电线路的一种加成工艺。该工艺存在的问题是纳米颗粒烧结温度一般大于 200 ℃，无法应用在聚对苯二甲酸乙二醇酯（PET）等不耐热的塑料基材上。此外，该工艺形成的线路电性能差，电阻率一般为 $10^{-3} \sim 10^{-5}$ Ω·cm，难以满足高密度 PCB 导线的要求。

需要说明的是，无论是激光直接成型法还是直接印刷导电浆料工艺，全加成法不用铜箔。

（2）半加成法生产工艺。

半加成法（semi-additive process，SAP）是利用加成法工艺，在基材上通过化学镀铜和减成法来形成导电线路，所以叫半加成法。该技术的显著特点是不用铜箔，本书暂不展开详细讨论。

（3）改良型半加成法（modified semi additive process，mSAP）。

首先在超薄铜箔压制形成的薄铜板上将不需要电镀的区域保护起来，再进行电镀并涂上抗蚀涂层，接下来通过闪蚀将多余的化学铜层去除，留下来的就是需要的铜层线路。由于一开始电镀的铜层很薄，闪蚀的时间很短，因此侧蚀造成的影响较小。相比于减成法和加成法，mSAP 工艺在制造精度与加成法相差不大的情况下，生产上优良率大幅度提高，生产成本下降，是目前精细电路线路载板最主流的制造方法。

减成法与改良半加成法都是以覆铜板为基材，只是采用的菲林和通孔制作技术不同。其工艺流程和优缺点分别见表 1-5 和表 1-6。

表 1-5　减成法与改良半加成法流程区别

项目	负片流程	正片流程
菲林	负片菲林	正片菲林
曝光脏点影响	菲林上曝光脏点会形成线路缺口/断路	菲林上曝光脏点会形成残铜
有铜孔/无铜孔	有铜孔需干膜保护，无铜孔不需要	无铜孔需要干膜保护，有铜孔不需要
蚀刻液性质	酸性蚀刻	碱性蚀刻
阻蚀剂	干膜或液态感光油墨，耐酸不耐碱	锡，耐碱不耐酸
蚀刻咬蚀部位	蚀刻咬蚀全铜厚，虚影大	蚀刻底铜，虚影小
干膜要求	所用干膜贴附力好	所用干膜抗镀性较好

表1-6　减成法与改良半加成法比较

优缺点	减成法	半加成法
优点	(1)全板电镀，电镀均匀性好； (2)铜层附着力强； (3)流程短，成本相对较低	(1)侧蚀小，线路精度高； (2)铜消耗少，降低了蚀刻液消耗
缺点	(1)由于侧蚀的存在，不能特别制作精细线路； (2)铜浪费大，蚀刻液消耗多，污染大	(1)附着力差，存在爆板分层风险； (2)图形电镀时因电流分布不均匀，图形均匀性下降； (3)流程相对较长，成本相对较高

1.2.3　高速电路和高频电路

高速高频 PCB 已经成为当今电子电路铜箔的主要应用领域。但什么是高速电路，什么是高频电路，目前业界并没有一个统一的定义。通常从两个角度来定义高速电路和高速信号。

(1)频率角度。

一般认为，如果数字逻辑电路的频率达到或者超过 45 MHz，而且工作在这个频率之上的电路已经占到了整个电子系统一定的分量(比如说 1/3)，就称之为高速电路，相关的信号为高速信号。

(2)信号上升时间。

当信号的传输延时小于其上升(或下降)时间的 1/6 时，信号的上升沿足够快，以至于不能忽略信号在 PCB 上传输时间延迟，该电路会呈现分布系统的特性，此时也可以称之为高速信号。

高频就是指信号的频率很高。技术上，一般采用发射带宽来定义高频：

$$F = 1/(T_r \times \pi) \tag{1-2}$$

式中：F 为频率，GHz；T_r 为信号的上升时间或下降时间，ns。

当 $F>100$ MHz 时，就可以称为高频电路。数字电路是否是高频电路，并不在于信号频率的高低，而主要取决于上升沿和下降沿。根据公式(1-2)可以推算，当上升时间小于 3.185 ns 时，我们认为是高频电路。

其实高频、高速没有严格的区别，高频信号上升沿肯定快，一定是高速信号。但高速信号不一定是高频信号。

用于 5G 通信的频段和称为毫米波的频段都是高频。一般来说，毫米波是 30 GHz 以上的频率，但由于 28 GHz 的 5 G 通信频段接近毫米波，所以也无区别地称为毫米波。

高频电路需要的高传输速度 V(m/s)与材料的介电常数 ε_r 有直接关系：

$$V = K \cdot \frac{c}{\sqrt{\varepsilon_r}} \tag{1-3}$$

式中：c 为真空中的光速(3×10^8m/s)；K 为系数。

信号的传输延迟时间 T_{td} 与材料的介电常数 ε_r、光速 c 和传输线长度 l_p 有直接关系：

$$T_{td} = \sqrt{\varepsilon_r} \cdot \frac{l_p}{c} \tag{1-4}$$

介电常数越高，信号延迟时间越长。因此，要实现快速的信号传输，必须选择介电常数低的基材。

信号在传输过程中不仅有延迟，而且有损耗，称之为有损传输。传输损耗可分为介质损耗和导体损耗。导体损耗除与金属本身的导电率有关外，还与频率和金属表面粗糙度关系极大。

传输的信号频率越高，铜箔表面粗糙度对微带电路的导体损耗影响就越大。因此，所有以 1 Gbps 及更高速率运行的高速电子产品都受到互联中与频率有关的损耗的影响。在损耗占主导的系统中，系统的性能受到基本的物理限制，当设计受到损耗的限制时，应选用较低的损耗因子 Df 的基材和表面粗糙度尽可能低的铜箔。

当输入直流信号时，路径阻抗主要由电阻性阻抗决定，导体内部和外部的阻抗是一样的，电流均匀分布在导体横截面上，各处的电流密度都是一样的。但是当输入交流信号时，路径阻抗主要由回路电感决定，导体内部路径的电感越大，感性阻抗也越大。为寻找回路电感最低路径，电流在导线上的分布会趋向导体的表面。

高频电流流过导体时，电流会趋向于导体表面分布，越接近导体表面电流密度越大。这种现象就是趋肤效应。频率越高，电流就越集中在导体表面。当频率足够高时，电流几乎只分布在导体表面上薄薄的一层，导体内部几乎没有电流。一般定义趋肤深度 δ 为导体表面到电流密度下降到导体表面电流密度的 $1/e$（即 0.368）处的厚度，导体表面下厚度为 δ 的导体流过了全部电流，δ 以外的导体完全没有电流通过。

$$\delta = \sqrt{\frac{2\rho}{\omega\mu}}\sqrt{\frac{2}{\omega\mu\sigma}} \tag{1-5}$$

式中：δ 为趋肤深度，m；ω 为角频率，$\omega = 2\pi f$，rad/s；f 为磁场频率；μ 为磁导率，H/m；ρ 为电阻率，$\Omega \cdot m$；σ 为电导率，S/m。

对于铜，电导率 $\sigma = 5.8 \times 10^7$ S/m，磁导率 $\mu = 4\pi \times 10^{-7}$ H/m。不同磁场频率下，铜的趋肤深度见表 1-7。

表 1-7　20 ℃时，铜的趋肤深度

磁场频率/Hz	60	1000	3000	5000	10000	20000	50000	10000
趋肤深度/mm	8.5	2.09	1.206	0.935	0.661	0.467	0.206	0.209

作为一种经验法则，铜箔表面粗糙度的最理想值是保持在趋肤深度的 1/5 以下。在毫米波段，表面粗糙度最好小于 0.1 μm，这对铜箔生产是十分严峻的考验。

1.2.4　PCB 制造技术发展

铜箔可以应用于 PCB 产业，依赖于减成法生产印制电路板技术。目前，主流电路板制造工艺所生产出的线宽/线距只能达到 50~75 μm。随着电子行业的发展，电路板设计的走线越来越细、使用的材料越来越薄、导通孔尺寸也越来越小。

电路板制程基本上是先在绝缘材料的一面或两面将覆合铜箔层压成覆铜基板后，在基板上覆盖抗腐蚀剂再进行曝光，接着将未曝光的抗腐蚀剂与铜在酸槽蚀刻形成布线设计。该做法的目的是让布线设计形成一道长方形断面，但在酸槽过程中，垂直面的铜不仅会被侵蚀掉，而且部分水平面的布线设计断面也会被溶解掉。

严格控制下的减成法，可让布线设计形成几乎呈 25°~45° 的梯形断面。如果控制不当，就会造成布线设计上半部遭过度蚀刻，出现上窄下厚的结果（图1-8）。为评价线路蚀刻的优劣，一般用蚀刻因子来表征。

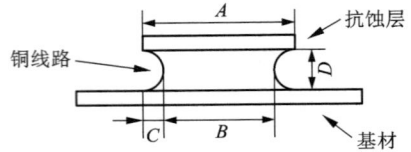

图1-8　侧蚀

$$蚀刻因子 = D/C = 2D/(A - B) \tag{1-6}$$

蚀刻因子越大，布线设计断面越像长方形。一旦布线设计能呈长方形，代表其阻抗越能预测，而且可达到几乎呈垂直角度重复布置，代表电路装配密度可达最高，从信号完整性角度来看，线路制造优良率也可提高。一般要求蚀刻因子大于2.0，过高没有意义。

电子产品向小型化和多功能化发展，要搭载的元器件数量大大增多，留给电路板的空间却越来越有限。电路板导线宽度、间距，微孔盘的直径和孔中心距离，以及导体层和绝缘层的厚度都在不断下降。在以HDI板为代表的减成法无法满足时，PCB制造技术可能会沿着下列路线发展，迫使电解铜箔产业做出相应变革。

（1）类载板（SLP）。

类载板是下一代PCB硬板，可将线宽/线距从HDI的40 μm/40 μm缩短到25 μm/25 μm。从制程上来看，类载板更接近用于半导体封装的IC载板，但尚未达到IC载板的规格，而其用途仍是搭载各种主被动元器件，因此仍属于PCB的范畴。

类载板更契合SIP封装技术要求。SIP即系统级封装技术是将多个具有不同功能的有源电子元件与可选无源器件以及诸如MEMS或者光学器件等其他器件优先组装到一起，实现一定功能的单个标准封装件，形成一个系统或者子系统的封装技术。

近年来SIP成为电子产业新的技术潮流。构成SIP技术的要素是封装载体与组装工艺，对SIP而言，由于系统级封装内部走线的密度非常高，普通的PCB板难以承载，而类载板更加契合密度要求，因此适合作SIP的封装载体。

随着类载板技术的发展，刚性电路板的体积会下降，但随着物联网、射频识别RFID等技术的发展，挠性电路板的应用范围会更广。

类载板虽属于印制电路板，但从制程来看，其最小线宽/线距为25 μm/25 μm，无法采用减成法生产，需要使用半加成法（MSAP）制程技术。

mSAP为改良型半加成工艺，采用IC集成电路生产方法。集成电路是一种微型电子器件或部件，是采用一定的工艺，把一个电路中所需的晶体管、二极管、电阻、电容和电感等元件及布线互连一起，制作在一小块或几小块半导体晶片或介质基片上，然后封装在一个管壳内，成为具有所需电路功能的一种微型结构。其中所有元件在结构上已组成一个整体，这样，整个电路的体积大大缩小，且引出线和焊接点的数目也大为减少，从而使电子元件向着微小型化、低功耗和高可靠性方面迈进了一大步。

集成电路具有体积小，重量轻，引出线和焊接点少，寿命长，可靠性高，性能好以及成本低，便于大规模生产的优点。用集成电路来装配电子设备，其装配密度比晶体管可提高几十倍至几千倍，设备的稳定工作时间也可大大提高。

　　SAP 和 mSAP 是 IC 载板生产过程中常用的工艺。随着 PCB 生产采用并集成这一技术，该技术有望能够缩小 IC 制造能力和 PCB 制造能力之间的差距。减成蚀刻在制造较细线宽/线距方面有一定的局限性，而 IC 生产则受制于小尺寸。PCB 制造采用了 SAP 和 mSAP 工艺后，有望在较大尺寸的载板上生产出小于 25 μm 的线宽和线距。

　　在 PCB 生产过程中，SAP 和 mSAP 工艺都是从内芯介质和薄铜层开始的。这两种工艺流程的一个基本差异是种子铜层的厚度。一般情况下，SAP 工艺从一层薄化学镀铜层（小于 1.5 μm）开始，而 mSAP 从一层薄的层压铜箔（大于 1.5 μm）开始。实现这种技术的方式有很多种，可以根据产量要求、成本、所需资本投资和研发工艺能力来选择。

　　相比于 HDI，类载板进一步缩短了线宽线距。HDI 的线宽/线距约为 50 μm，而类载板则是 30 μm。同时，类载板的精度比传统 HDI 板高，但精度等级达不到 IC 载板要求，是一种性能介于两者之间的产品。因此，类载板虽然属于 PCB 硬板却可以为更加精密的电路元器件提供平台。

　　(2) 光电 PCB。

　　光电 PCB 利用光路层和电路层传输信号，这种新技术的关键是制造光路层（光波导层）。它是一种有机聚合物，利用平版影印、激光烧蚀、反应离子蚀刻等方法制成。目前该技术在日本、美国等已产业化。

　　有人将 PCB 发展历史划分为 6 代，即单面板（第一代）、双面板（第二代）、多层板（第三代）、高密度互联板（第四代）、光电 PCB/PCB 抄板（第五代）、多功能板（第六代）。为解决 I/O 瓶颈，最具代表性的方案是，光子垂直腔面发射激光器（VSCEL）发射，波导采用聚合物材料，据说这比光纤更容易与系统集成。

　　它是用高速率的光连接技术取代目前计算机中所采用的铜导线，以光子而不是电子为媒介，在电路板、芯片甚至芯片的各个部分之间传输数据。其工作原理是，大规模集成芯片产生的电信号经过驱动芯片作用 VCSEL 激光发生器，激光束直接或通过透镜传输到 45°镜面的聚合物波导反射进入波导中，然后通过另一端波导镜面反射传送到 PD 接收，再经过接收芯片转换成电信号传给大规模集成芯片，这样使得芯片和芯片之间可以通过光波导高速通信，从而提高系统整体性能（图 1-9）。光电 PCB 与传统 PCB 的制作工艺兼容，只是把聚合物波导层作为 PCB 中的一层进行叠片层压合而成。

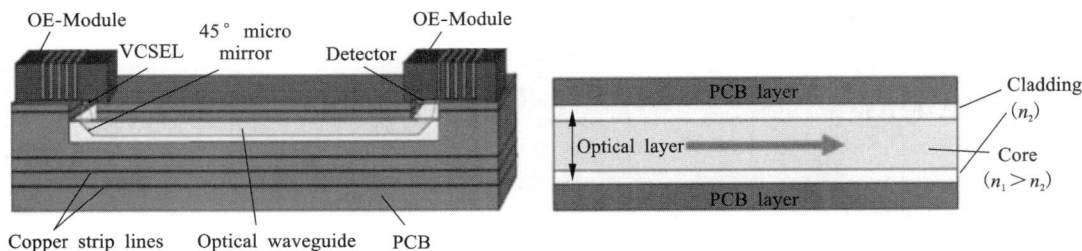

图 1-9　集成光波导的 PCB 光互连原理图

　　(3) 3D 打印技术。

　　3D 打印技术自 20 世纪 80 年代初问世以来已发展出多种形式。理论上打印电路结构（PCS）技术具备了比传统印制电路板（PCB）技术更为显著的优势。PCB 板上的许多元器件可被集成到 PCS 中。我们已知 PCS 可以是完整的嵌入式电路(如天线)、集总元件,甚至是连接器。与其制造一块 PCB 并将元件贴装上去,不如将元件直接打印在电路上并作为电路所集成的一个部分。

3D 打印电路板通过增材制造构建整个电路板,如图 1-10 所示,它与传统的 PCB 生产方法完全不同。3D 打印电路板主要有两种生产模式,一般采用银导电油墨或铜导电油墨形成导体,用绝缘油墨承担绝缘层。

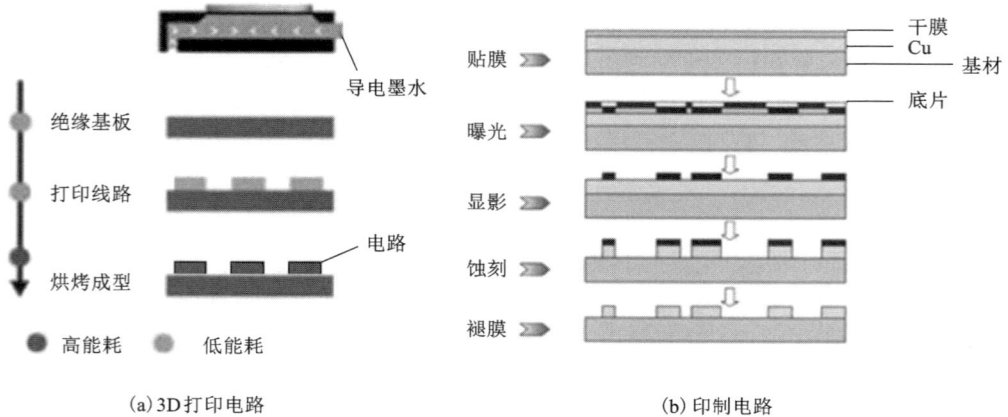

(a)3D打印电路   (b)印制电路

图 1-10 3D 打印电路与印制电路工艺对比

虽然打印电路结构技术具备一系列优势,但仍存在一些需要克服的障碍,即最终零件的加工速度和强度。熔融沉积成型(FDM)式 3D 打印技术以速度慢著称。增加喷嘴尺寸可以缩短打印时间,但会降低加工质量。质量上的下降可以体现为粗糙的表面光洁度、圆角和不正确的尺寸等。当打印较小的物体时,大直径的喷嘴对细小特征束手无策。

经典的减成法 PCB 生产技术可以实现批量生产,并具有相对较快的制造速度,是一种经过验证的可靠技术。但由于该技术一次性投入大,生产过程中会产生大量废弃物等,因此受到各种新技术的挑战。3D 打印技术可减少工艺步骤,在设备投入方面具备明显的优势,并更能实现定制加工,该技术为增材制造,具有产生的废弃物极少等优势,但与减成法相比,在质量、成本方面没有优势,无法从根本上动摇减成法、半加成法在电子电路中的地位。

1.3 锂电铜箔

1.3.1 锂电池

锂(lithium)是一种金属元素,元素符号为 Li,原子序数为 3,原子量为 6.941,对应的单质为银白色质软金属,是最轻的碱金属元素,也是密度最小的金属,用于原子反应堆、制造轻合金及电池等。锂和它的化合物并不像其他碱金属那么典型,因为锂的电荷密度很大并且有稳定的氦型双电子层,所以锂原子容易极化其他的分子或离子,而自己本身却不容易被极化。这使它和它的化合物的稳定性受到影响。

由于电极电势最负，锂是已知元素（包括放射性元素）中金属活动性最强的元素。

金属锂为一种银白色的轻金属，熔点为 180.54 ℃，沸点为 1342 ℃，密度为 0.534 g/cm³，硬度 0.6。金属锂可溶于液氨。锂与其他碱金属不同，在室温下与水反应比较慢，但能与氮气反应生成黑色的一氮化三锂晶体。锂的弱酸盐都难溶于水。在碱金属氯化物中，只有氯化锂易溶于有机溶剂。锂的挥发性盐的火焰呈深红色，可用此来鉴定锂。锂很容易与氧、氮、硫等化合，在冶金工业中可用作脱氧剂。锂也可以做铅基合金和铍、镁、铝等轻质合金的成分。

锂电池是一类以锂金属或锂合金为正/负极材料、使用非水电解质溶液的电池。1912 年锂金属电池最早由 Gilbert N Lewis 提出并研究。20 世纪 70 年代时，M S Whittingham 提出并开始研究锂离子电池。锂金属的化学特性非常活泼，使得锂金属的加工、保存、使用，对环境要求非常高。随着科学技术的发展，锂电池已成为二次电池的主流。

锂电池大致可分为两类：锂金属电池和锂离子电池。

锂金属电池一般是以二氧化锰为正极材料、金属锂或其合金金属为负极材料、使用非水电解质溶液的电池。

1. 锂−二氧化锰电池

锂−二氧化锰电池以金属锂为负极，以经过热处理的二氧化锰为正极，隔离膜采用 PP 或 PE 膜，电解液为高氯酸锂有机溶液。电池外形为圆柱式或扣式。电池需要在湿度≤1% 的干燥环境下生产。

放电反应：

$$Li + MnO_2 === LiMnO_2$$

特点：低自放电率，年自放电≤1%，全密封电池寿命可达到 10 年，半密封电池一般为 5 年。锂−二氧化锰电池可以做到短路、过放电等测试不爆炸。

2. 锂−亚硫酰氯电池

以金属锂为负极，正极和电解液为亚硫酰氯（氯化亚砜），为圆柱式电池，装配完成即有电流电压，是工作电压最平稳的电池种类之一，也是单位体积（质量）容量最高的电池。适合在不能经常维护的电子仪器设备上使用，提供细微的电流。

其他锂电池还有锂−硫化亚铁电池、锂−氧化硫电池等。

可充电电池的第五代产品锂金属电池在 1996 年诞生，其安全性、比容量、自放电率和性能价格比均优于锂离子电池。受其自身高技术要求的限制，只有少数几个国家的公司可生产这种锂金属电池。

1.3.2　锂离子电池

锂离子电池有液态锂离子电池（LIB）和聚合物锂离子电池（PLB）两类。其中，液态锂离子电池是指 Li⁺ 嵌入化合物为正、负极的二次电池。正极采用锂化合物−钴酸锂、锰酸锂，负极采用锂−碳层间化合物。锂离子电池由于工作电压高、体积小、质量轻、能量高、无记忆效应、无污染、自放电小、循环寿命长，是 21 世纪发展的理想能源载体。

目前常用的锂离子电池 1992 年才开始商业化，主要有钴酸锂、磷酸铁锂和锰酸锂 3 种类型。钴酸锂电池能量密度最高，但高温下不稳定，其他两种能量密度不高。

锂离子电池是一种二次电池，它主要依靠锂离子在正极和负极之间移动来工作。充电时,锂离子从正极脱嵌,经过电解质嵌入负极,负极处于富锂状态;放电时则相反。充、放电过程中,锂离子在两个电极之间往返嵌入和脱嵌,又称摇椅机理。

锂电池结构 5 大组成部分为正极、负极、隔膜、有机电解液、电池外壳。

(1)正极。

导电极流体材料为厚度 $10 \sim 20\ \mu m$ 的压延铝箔或 PET 复合铝箔。

活性物质一般为锰酸锂或者钴酸锂、镍钴锰酸锂材料,电动自行车则普遍用镍钴锰酸锂(俗称三元)或者三元+少量锰酸锂,纯的锰酸锂和磷酸铁锂则由于体积大、性能不好或成本高而逐渐淡出。目前主流产品正极材料多采用锂铁磷酸盐。

不同的正极材料对照:

正极材料	电压/V	容量/$(mA \cdot h \cdot g^{-1})$
$LiCoO_2$	3.7	140
$Li_2Mn_2O_4$	4.0	100
$LiFePO_4$	3.3	100
Li_2FePO_4F	3.6	115

磷酸铁锂系正极反应:

放电时锂离子嵌入,充电时锂离子脱嵌。

充电时 $\qquad LiFePO_4 \longrightarrow Li_{1-x}FePO_4 + xLi^+ + xe^-$

放电时 $\qquad Li_{1-x}FePO_4 + xLi^+ + xe^- \longrightarrow LiFePO_4$

(2)负极。

导电集流体使用厚度为 $4.0 \sim 8.0\ \mu m$ 的电解铜箔,最近也有企业试水用 PET 或 PP 复合铜箔($4.0\ \mu m$ 厚 PET 或 PP 正反两面各镀 $1\ \mu m$ 铜层)替代电解铜箔作为负极集流体材料。

负极活性物质多采用石墨,也有研究发现钛酸盐可能也是一种不错的材料。

负极反应:放电时锂离子脱插,充电时锂离子插入。

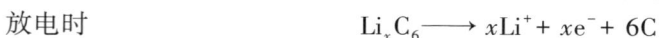

充电时 $\qquad xLi^+ + xe^- + 6C \longrightarrow Li_xC_6$

放电时 $\qquad Li_xC_6 \longrightarrow xLi^+ + xe^- + 6C$

钴酸锂系:

正极上发生的反应为

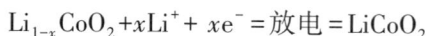

$$LiCoO_2 = 充电 = Li_{1-x}CoO_2 + xLi^+ + xe^-$$

$$Li_{1-x}CoO_2 + xLi^+ + xe^- = 放电 = LiCoO_2$$

负极上发生的反应为

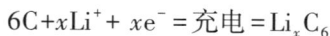

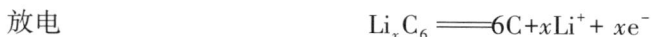

$$6C + xLi^+ + xe^- = 充电 = Li_xC_6$$

放电 $\qquad Li_xC_6 =\!=\!= 6C + xLi^+ + xe^-$

上述反应式中 Li_xC_6 表示锂原子嵌入石墨形成的复合材料。

(3)隔膜。

一种经特殊成型的高分子薄膜,薄膜有微孔结构,可以让锂离子自由通过,而电子不能通过。

(4)有机电解液。

为溶解有六氟磷酸锂的碳酸酯类溶剂,聚合物电池则使用凝胶状电解液。

（5）电池外壳。

电池外壳钢壳（方形很少使用）、铝壳、镀镍铁壳（圆柱形电池使用）、铝塑膜（软包装）等几种。还有电池的盖帽，也是电池的正负极引出端。

1.3.3 锂离子电池集流体

集流体是锂离子电池中不可或缺的组成部件之一，它不仅承载活性物质，而且还将电极活性物质产生的电流汇集并输出，降低锂离子电池的内阻，提高电池的库仑效率、循环稳定性和倍率性能。

原则上，理想的锂离子电池集流体应满足以下几个条件：

（1）导电性好，电阻抗小，内部损耗小。

（2）化学与电化学稳定性好。

（3）机械强度高，电芯生产制程中不易断裂。

（4）与电极活性物质的兼容性和结合力好。

（5）廉价易得。

（6）质量轻，便于提高单位重量能量密度。

但在实际应用中，不同的集流体材料仍存在这样或那样的问题，因而不能完全满足上述多维度需求。如铜在较高电位时易被氧化，适合用作负极集流体；而铝作负极集流体时腐蚀问题则较为严重，适合用作正极集流体。目前可用作锂离子电池集流体的材料有铜、铝、镍和不锈钢等金属导体材料、碳等半导体材料以及复合材料。

锂电池是利用储存在正极材料中的锂离子以及电子在充电放电过程中反向移动从而实现正常工作的，其主要结构为正极、隔膜、负极和电解液。除了这 4 大主要部分外，用来存放正、负极材料的集流体也是锂电池的重要组成部分，其主要功能是将电池活性物质产生的电流汇集起来，以便形成较大的电流对外输出。根据锂离子电池的工作原理和结构设计，正极和负极材料需涂覆于导电集流体上，因此集流体应与活性物质充分接触，并且内阻应尽可能小。金属材料是导电性最好的材料，而在金属材料里价格便宜导电性又好的材料就是铜箔和铝箔。

铝很容易跟空气中的氧气发生化学反应，在铝表面层生成一层致密的氧化膜，阻止铝的进一步反应，而这层很薄的氧化膜在电解液中对铝也有一定的保护作用。铜在空气中本身比较稳定，在干燥的空气中基本不反应。

锂电池加工方式主要有卷绕和叠片两种。卷绕工艺要求电池的极片要具有一定的柔软性，保证极片在卷绕时不发生断裂等。金属材料中，铜箔和铝箔质地较软有利于黏结，制造技术较成熟，价格相对低廉，因此被选为锂电池集流体的主要材料。

1. 铜集流体

铜是电导率仅次于银的优良金属导体，具有资源丰富、廉价易得、延展性好等诸多优点。但考虑到铜在较高电位下易被氧化，因此常被用作石墨、硅、锡以及钴锡合金等负极活性物质的集流体。常见的铜质集流体有铜箔、泡沫铜和铜网以及三维纳米铜阵列集流体。

（1）铜箔集流体。

根据铜箔的生产工艺，可进一步将铜箔分为压延铜箔和电解铜箔。与电解铜箔相比，压延铜箔的延伸效果更好。对弯曲度要求不高的锂离子电池可以选择电解铜箔作为负极集流体。研究表明，增加铜箔表面的粗糙程度有利于提高集流体与活性物质之间的结合强度，降低活性物质与集流体之间的接触电阻，有利于提高电池的倍率放电性能及循环稳定性。

（2）泡沫铜集流体。

泡沫铜是一种类似于海绵的三维网状材料，具有质量轻、强度韧性高以及比表面积大等诸多优点。虽然硅、锡负极活性材料具有很高的理论比容量，并被认为是颇有发展前景的锂离子电池负极活性材料之一，但在循环充/放电过程中也存在体积变化较大、粉化等缺点，严重影响电池性能。研究表明，泡沫铜集流体可以抑制硅、锡负极活性物质在充放电过程中的体积变化，减缓其粉化现象，从而提高电池性能。

2. 铝集流体

金属铝的导电性低于铜，铜的密度为 $8.9 \ g/cm^3$，铝的密度为 $2.7 \ g/cm^3$。在输送相同电量时，需要的铝的质量只有铜的一半，无疑，使用铝集流体有助于提高锂离子电池的能量密度。此外，与铜相比，铝的价格更为低廉。在锂离子电池充/放电过程中，铝箔集流体表面会形成一层致密的氧化物薄膜，提高了铝箔的抗腐蚀能力，故常被用作锂离子电池正极的集流体。

与铜箔集流体一样，表面处理也能提高铝箔的表面特性。经直流刻蚀后，铝箔表面会形成蜂窝状结构，与正极活性物质的结合更加紧密，并能改善锂离子电池的电化学性能。事实上，铝集流体也常常会因表面钝化膜的破坏而出现严重腐蚀，导致锂离子电池性能随之降低。因此，为了提高刻蚀后铝箔的耐蚀性能，需要对其表面进行优化处理，以形成更加稳定的钝化膜。

铝的晶体结构为面心立方晶格，空隙大小与锂相近，极易与锂形成金属间化合物。锂和铝不仅可以形成化学式为 LiAl 的合金，还有可能形成 Li_3Al_2 或 Li_4Al_3 化合物。由于金属铝与锂反应的高活泼性，金属铝消耗了大量的锂，本身的结构和形态也遭到破坏。因此，铝不能作为锂离子电池负极的集流体。

铜在电池充放电过程中，只有很小的嵌锂容量，并且保持了结构和电化学性能的稳定，可作为锂离子电池负极的集流体。铜箔在 3.75 V 时，极化电流开始显著增大，并且呈直线上升趋势，氧化加剧，表明铜在此电位下开始不稳定；而铝箔在整个极化电位区间，极化电流较小，并且恒定，没有观察到明显腐蚀现象的发生，保持了电化学性能的稳定。由于在锂离子电池正极电位区间，铝的嵌锂容量较小，并且能够保持电化学稳定，因此铝适合作锂离子电池的正极集流体。

锂电池的正极电位高，铝箔的氧化层比较致密，因此可防止集流体氧化。铜/镍箔氧化层较疏松，在稍高电位下锂会与氧化铜/镍发生嵌锂反应。因此，铜/镍箔不宜作正极集流体。

在锂离子电池中，正极集流体选用铝箔，负极集流体一般采用铜箔，铜箔和铝箔之间不具备互替性。

3. 镍集流体

镍具有良好的导电性，且在酸、碱性溶液中较稳定，因此，镍既可以用作正极集流体，也可以用作负极集流体。与其匹配的既有正极活性物质磷酸铁锂，也有氧化镍、硫及碳硅复合材料等负极活性物质。

镍集流体的形状通常有泡沫镍和镍箔两种类型。由于泡沫镍的孔道发达，与活性物质之间的接触面积大，因此活性物质与集流体间的接触电阻减小了。而采用镍箔作为电极集流体时，随着充/放电次数增加，活性物质变得易脱落，影响了电池性能。同样，表面预处理工艺也适用于镍箔集流体。如对镍箔集流体表面进行刻蚀后，活性物质与集流体的结合强度明显增强。

氧化镍具有结构稳定、价格便宜等优点，且具有较高的理论比容量，是一种应用广泛的锂离子电池负极活性物质。基于此，可通过固相氧化法在泡沫镍表面原位生长一层氧化镍来制备以泡沫镍为集流体的氧化镍负极。与镍箔/氧化镍负极相比，泡沫镍/氧化镍负极的首次放电比容量大幅度增加。原因在于，与二维集流体相比，三维结构的集流体减少了界面极化现象，提高了电池的充/放电循环稳定性。

磷酸铁锂因具有安全性好、原料来源广泛等优点而被认为是动力锂离子电池理想的正极活性材料，将其涂覆在泡沫镍集流体表面可以增加 $LiFePO_4$ 与泡沫镍的接触面积，降低界面反应的电流密度，进而提高 $LiFePO_4$ 的倍率放电性能。

4. 不锈钢集流体

不锈钢是指含有镍、钼、钛、铌、铜、铁等元素的合金钢，它具有良好的导电性和稳定性，可以耐空气、蒸汽、水等弱腐蚀介质和酸、碱、盐等强腐蚀介质的化学侵蚀。不锈钢表面也容易形成钝化膜，可以保护其表面不被腐蚀，同时不锈钢具有成本低、工艺简单及可大规模生产等优点。不锈钢可以作为正极或负极的集流体，常见的不锈钢集流体有不锈钢网和多孔不锈钢两种类型。

（1）不锈钢网集流体。

不锈钢网质地致密，作为集流体时，其表面被电极活性物质包裹，基本上不与电解液直接接触，不易发生副反应，有利于提高电池的循环性能。

（2）多孔不锈钢集流体。

为了充分利用活性物质、提高电极的放电比容量，一个简单有效的方法便是采用多孔集流体。

5. 碳集流体

以碳材料作为正极或负极集流体时可以避免电解液对金属集流体的腐蚀，具有资源丰富，易加工，电阻率低，对环境无危害，价格低廉等优势。

碳纤维布以其自身良好的柔软性、导电性以及电化学稳定性等优点，可用作柔性锂离子电池的集流体。碳纳米管是另一种形式的碳集流体，相对于金属集流体而言，其明显优势在于质量轻巧，且可以大幅度提高电池的能量密度。

6. 复合集流体

除了单一集流体，如铜集流体、铝集流体、镍集流体、不锈钢集流及碳集流体等，受到广泛关注外，近年来，以各种聚合物薄膜为基体的复合集流体也引起新能源产业的兴趣，如 PP 复合铜箔、PI 复合铜箔、PET 复合铝箔、导电树脂、涂碳铝箔等。

除上述电池外，其他，如钠离子电池，由于钠离子不与铝发生反应，因此正极、负极都可用铝箔作为集流体，可以不用铜箔。

1.4 屏蔽装饰用铜箔

1.4.1 电磁屏蔽用铜箔

电子终端设备内部的电子元件在工作时都会不断发出无用的电磁信号,该无用的电磁信号会对相邻的电阻产生干扰。

静磁场是稳恒电流或永久磁体产生的磁场。静磁屏蔽是指利用高磁导率 μ 的铁磁材料做成屏蔽罩以屏蔽外磁场。磁场的屏蔽原理是利用磁性屏蔽材料,改变磁场的方向,由于磁场通过低磁阻的通路被旁路掉,因此可保证被屏蔽的物体不受磁场的干扰影响。材料的磁导率愈高,筒壁愈厚,屏蔽效果就愈显著。因常用磁导率高的铁磁材料如软铁、硅钢、坡莫合金做屏蔽层,故静磁屏蔽又叫铁磁屏蔽。

对于高频交变磁场,情况就完全不同了。铜和铝等导电性能良好的金属反而是理想的磁屏蔽材料。用铜箔做成的铜罩之所以能够屏蔽高频交变磁场,其原因是高频交变磁场能在铜罩上引起很大的涡流,由于涡流的去磁作用,铜罩处的磁场大大减弱,以致罩内的高频交变磁场不能穿出罩外。同样道理,罩外的高频交变磁场也不能穿入罩内,从而达到磁屏蔽的目的。

金属的电阻率越小,引起的涡流越大,用这种金属做成的屏蔽罩屏蔽效果越好。在 20 ℃时,铜、铝、铁的电阻率分别为 $1.75\times10^{-8}\ \Omega\cdot m$、$2.83\times10^{-8}\ \Omega\cdot m$ 和 $9.78\times10^{-8}\ \Omega\cdot m$。因此,屏蔽高频交变磁场时不采用磁性材料,而是采用涡流损耗、反电动势产生反向磁场的方式来实现屏蔽。而产生涡流最好的材料,就是如纯铜箔这样的低电阻率材料。因而铜箔被广泛应用于手机、笔记本电脑和其他数码产品之中。

铜箔屏蔽材料,俗称麦拉,即铜塑复合带,通常由铜箔、PET 聚酯薄膜、黏合剂组成;电缆屏蔽层用的铜塑复合带一般由铜箔、聚酯薄膜、黏合剂组成。聚酯薄膜起到增强铜箔拉伸强度的作用。

铜塑复合带分电信号屏蔽和磁信号屏蔽两种,电信号屏蔽主要是依靠铜本身优异的导电性能,主要作抗电磁干扰用,通常是在 1~100 MHz,屏蔽衰减 100 dB 左右时使用。

屏蔽铜箔厚度为 1~35 μm,代表性产品为厚度 28 μm,光面 $Ra\leq0.4$ μm,毛面 $Rz\leq4.0$ μm,150 ℃/15 min 不氧化变色,表面张力 $\geq42\times10^{-3}$ N/m 的铜塑复合带。

1.4.2 装饰用铜箔

装饰用铜箔就是应用特种热复合黏结系统,将厚度为 50~150 μm 的铜箔与聚乙烯或者其他工程塑料等热复合在一起构成铜塑复合板,在正常条件下 15 年之内铜层不分离。

铜塑复合板表面独具铜的特色,气质华贵,可直接用铜的本色来装饰、装修,铜塑板具有很强的杀菌性和优秀的耐蚀性,且表面平整易于加工成型。结构上采用铜-塑-铝/铜的复合,比单铜板节约很多珍贵的铜材。铜表面还可以经着色处理成铜绿色、古铜色等特殊颜色,其装饰效果更为华丽、高雅,富有皇宫般的古香古色,使用寿命大于 30 年。

1.4.3　石墨烯生产用铜箔

石墨烯具有良好的力学、热学、光学及电学等性能，在电子、信息、能源、材料和生物医药等领域具有广阔的应用前景。目前，制备石墨烯的方法有机械剥离法、化学气相沉积法（CVD）、氧化还原法等。其中，以铜箔为衬底的化学气相沉积法制备石墨烯具有面积大、质量高、层数可控及成本低等优点。但是，化学气相沉积法制备的石墨烯依附于铜箔表面生长，石墨烯形貌完全复制铜箔表面结构，且铜箔的表面缺陷、晶界等会促进石墨烯的形核，对石墨烯的沉积、生长产生不利影响。为了获得高质量的大面积单层石墨烯，要求铜箔具有良好的表面形貌、较低的缺陷密度及较大的晶粒尺寸。

目前应用于石墨烯生产的主要是压延铜箔，电解铜箔主要是利用石墨烯良好的导电性改善铜箔性能。有关资料公开了一种用于石墨烯合成的电解铜箔以及该种石墨烯掺杂电解铜箔的制备方法。通过添加镍来促进石墨烯合成，石墨烯能均匀地分布在铜箔的表面上。铜箔厚度为 4~70 μm；室温抗拉强度为 441~686 MPa；高温抗拉强度为 196~344 MPa。

也有资料描述了一种碳纳米管掺杂电解铜箔的制备方法。一方面通过"纯化"工艺去除碳纳米管中杂质。另一方面通过"敏化—活化—化学镀"工艺来包覆碳纳米管表面部分形核点，阻碍铜离子在其表面过度沉积；同时碳纳米管表面会吸附金属离子络合物，以改善碳纳米管的电迁移速率及电沉积析出效率，利用碳纳米管优异的电性能、力学性能，作为增强相掺杂进入电解铜箔，从而提高电解铜箔的电容量，减小铜箔电阻，增大铜箔力学性能。

第 2 章

铜箔性能与结构

2.1 材料性能与组织结构的关系

金属材料按照功能可以分为结构材料和功能材料两类。

结构材料是以一般的物理性能作为应用基础的材料,起到承担力学负荷的结构件作用。

功能材料是以特殊的物理性能作为应用基础的材料,应用的主要目标为光、电、磁、声等特殊功能。

铜箔作为一种电子专用功能材料,它所表现出来的各种性能,与其组成、结构、生产过程密切相关。

材料性能是材料功能特性和效用(如电、磁、光、热、力学等性质)的定量度量和描述。任何一种材料都有其特定的性能和应用。如要求电子电路铜箔有一定的导电率、延伸率、抗拉强度等。其性能指标主要由覆铜板和锂电池集流体的导电材料用途所决定。铜箔的性能是由铜箔本身的结构所决定的。铜箔的结构反映了铜箔的组成基元及其排列方式。铜箔的组成基元为原子,原子的排列方式主要受金属键的影响。铜箔的原子结构、电子围绕原子核运动的情况对铜箔的物理性能有重要影响,尤其是电子结构会影响原子的键合,使铜箔表现出金属的固有属性。

组织与结构:每个特定的材料都含有一个从原子和电子尺度到宏观尺度的结构体系。而结构上几乎无限的变化同样会引起与此相应的一系列复杂的材料性质的变化。铜箔性能提升技术创新的关键是如何改变铜箔微观结构。

金属在空间具有规则的原子排列形式。金属的晶体结构会影响到材料的诸多物理性能,如强度、塑性、韧性等。成分相同,原子排列方式不同可导致金属强度、硬度及其他物理性能差别明显。此外,材料中存在的某些结构缺陷,也对材料性能会产生重要影响。

制造工艺:工艺是指建立新的原子排列,在从原子尺度到宏观尺度的所有尺度上对结构进行控制以及高效而有竞争力地制造材料和零件的演变过程。人、机、料、法(工艺)、环五大因素的有机结合,是提高铜箔材料性能的关键所在。

2.2　铜箔的性能

电解铜箔过去一直属于冶金专业范畴，随着应用范围的扩大，近些年逐渐纳入了材料科学范畴。虽然冶金和材料都属于同一个一级学科，二者有很多共同处，在实际工业化生产中也属于上下游、相辅相成的关系。但二者还是有很大区别：冶金研究主要聚焦在冶炼及制备工艺上，而材料科学则是研究材料的成分、组织结构、性质、流程、效能以及它们之间的相互关系。

即使在材料科学领域，对电解铜箔研究更多的是关注电沉积工艺的开发，如添加剂对铜箔性能的影响，而对电沉积机理方面的研究极少。作为一名电解铜箔技术人员，只有熟悉电沉积过程中各影响因素对铜箔微观组织结构以及对其宏观机械性能的影响的规律，才能真正掌握电解铜箔的工艺技术。因此，为获得与传统电解铜箔不同的性能，如高强度、高延伸率和高模量等性能，在关注工艺对电解铜箔性能的影响的同时，更应该关注性能内在的影响因素。

电解铜箔中的锂电池用铜箔结构相对简单一些，例如厚度为 6 μm 中抗拉锂电铜箔，由厚度≤0.1 μm 的防氧化层和纯铜层构成。而电子电路用铜箔，它的结构就极为复杂。例如厚度为 12 μm 的 HTE 铜箔，它由生箔（纯铜）+表面处理层组成，表面处理层由铜层+镍层+锌层+铬层+有机层构成，其中生箔纯铜层厚度约为 9.5 μm，表面处理层总厚度约为 3 μm，除铜层外，镍层（有的工艺为镍+钴）、锌层、铬层均为纳米层。

电解铜箔常见的性能如图 2-1 所示，常见性能的定义见表 2-1。抗剥离强度、剥离层剥离力、抗氧化性能主要由工艺控制，在以后的章节中有专门的论述，本节不讨论。

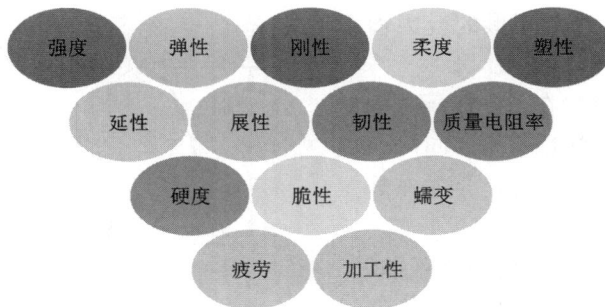

图 2-1　电解铜箔的常见性能

表 2-1　电解铜箔常见性能的定义

序号	性能	性能的定义
1	强度	材料承受载荷而不被破坏的能力
2	弹性	材料在载荷除去后变形可恢复的能力
3	塑性	材料受外力变形后，在除去外力情况下保持其所成形状的能力
4	延展性	材料在受力而产生破裂之前，其塑性变形的能力

续表2-1

序号	性能	性能的定义
5	硬度	材料局部抵抗局部塑性变形的能力,包括抵抗划伤、压坑等硬物压入其表面的能力
6	脆性	材料受力破坏时无显著的塑性变形而突然断裂的性质
7	疲劳	材料承受反复或波动应力性能变弱的现象
8	质量电阻率	单位长度与单位质量的导体的电阻
9	可焊性	指通过润湿平衡法这一原理对铜箔与焊料和助焊剂等的可焊接性能做定性和定量的评估
10	翘曲度	铜箔试样相对于水平单面的弯曲程度

1. 强度 (strength)

强度是指材料抵抗永久变形和断裂的能力,即材料破坏时所需要的应力。

它的大小与材料本身的性质及受力形式有关。

根据载荷形式的不同,强度可以分为屈服强度、抗拉强度、抗压强度、抗剪强度、疲劳强度、冲击强度等。

对于铜箔应用最多的是抗拉强度,屈服强度也会接触到,如高模量铜箔的模量计算也会涉及屈服强度。

屈服强度 σ_s:是材料发生屈服时的应力,亦即开始产生明显塑性变形时的最小应力;对于无明显屈服的金属材料,例如高碳钢,规定以产生 0.2% 残余变形的应力值为其屈服强度。

抗拉强度 σ_b:是材料在拉断前承受的最大应力。是金属由均匀塑性变形,向局部集中塑性变形过渡的临界值,也是金属在静拉伸条件下的最大承载能力。

图 2-2 展示的是金属的载荷-伸长曲线。

对于塑性材料,它表征材料最大均匀塑性变形的抗力,拉伸部件在承受最大拉应力

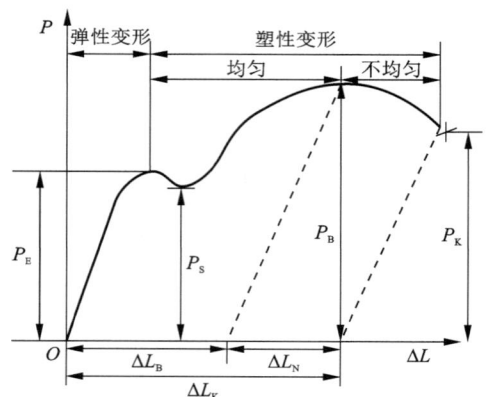

图 2-2　金属的载荷-伸长曲线

之前,变形是均匀一致的,但超出之后,金属开始出现缩颈现象,即产生集中变形。

电解铜箔性能要求见表 2-2。

表 2-2　电解铜箔性能要求

铜箔型号	抗拉强度/MPa					延伸率/%					疲劳延展性/%				
	9 μm	12 μm	18 μm	35 μm	70 μm	9 μm	12 μm	18 μm	35 μm	70 μm	9 μm	12 μm	18 μm	35 μm	70 μm
E-01 室温	≥280					≥3	≥3	≥4	≥5	≥5	—	—	—	—	—

续表2-2

铜箔型号		抗拉强度/MPa					延伸率/%					疲劳延展性/%				
		9 μm	12 μm	18 μm	35 μm	70 μm	9 μm	12 μm	18 μm	35 μm	70 μm	9 μm	12 μm	18 μm	35 μm	70 μm
E-02 室温		—	≥280				—	≥5	≥5	≥10	≥15	—				
E-03	室温	≥280					≥3	≥3	≥4	≥5	≥5	—				
	180℃	≥110	≥138	≥138	≥138	≥138	≥2	≥2	≥2.5	≥2.5	≥3	—				
E-04	室温	—	—	≥276	≥276	≥276			≥5	≥10	≥10	—				
	180℃	≥110	≥138	≥138	≥138	≥138			≥15	≥20	≥20	—				
E-05 室温		—	—	≥103	≥138	≥138			≥5	≥10	≥10	—	—	≥25	≥25	≥25

2. 弹性

材料受外力之后，会发生变形。其变形可分为弹性变形和塑性变形。弹性变形是指在外力作用下材料会发生形变，当外力除去后，形变可以恢复。塑性变形则是指在外力作用下材料发生形变，当外力除去后，形变无法恢复。一句话：弹性变形可以完全恢复，塑性变形不能完全恢复。

以真应力（试件的拉力除以试件的瞬时横截面积）为纵坐标，以真应变（物体在变形过程中，其某一瞬间的应变）的对数为横坐标作曲线，如图2-3所示。

在外力作用下，材料首先发生弹性变形，当外力超过一定限度后，就会发生塑性变形。这个外力限度，对应着真应力-应变图中的屈服极限，当载荷所引起的应力超过屈服强度时，材料就会发生塑性变形。

弹性变形的本质是在应力的作用下，金属内部的晶格发生了弹性伸长或歪扭，即键角或键长的轻微变化，原子离开其平衡位置但是位移远小于该方向原子的间距，外力小于原子间作用力。所以在外力去除后，其变形完全恢复。弹性模量反映原子之间作用力的大小。

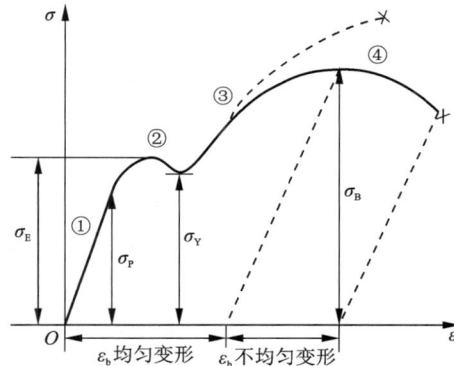

σ_P—比例极限；σ_E—弹性极限；
σ_Y—屈服极限；σ_B—强度极限。
①—弹性变形；②—屈服变形；
③—均匀塑性变形；④—局部塑性变形

图 2-3　真应力-应变图

在基体不变的情况下，一般地改变材料的其他成分、晶粒大小以及组织形貌，并不能改变材料弹性模量的大小，即弹性模量对组织不敏感。所以，无论是 IPC 4562 还是 GB/T 5230 铜箔标准，都没有将弹性作为铜箔产品的性能指标，但这并不意味铜箔没有弹性或者铜箔的弹性对生产过程和应用没有影响。

3. 塑性

塑性又称可塑性。当材料受力超过弹性范围时，就会出现塑性变形。

对于金属材料，一般应变小于 0.5% 发生的形变为弹性变形，应力-应变符合胡克定律；大于 0.5% 就会发生塑性变形，即不可恢复原来形状的变形，此时应力-应变不再遵守胡克定律。精确的弹性变形与塑性变形分界点应该以拉伸-应变曲线的 σ_E 为界线，小于 σ_E 为弹性形变，大于 σ_E 为塑性变形。铜的拉伸应力-应变曲线见图 2-4。

塑性变形是金属材料加工过程中最重要的问题。这里面涉及一些很基础的概念，包括弹性变形、塑性变形、滑移、位错、绝热、剪切带等。对这些概念的深刻理解有利于认识电解铜箔性能改进的科学本质，TEM、XRD 等现代微观分析技术对铜箔性能评估有很大的帮助。

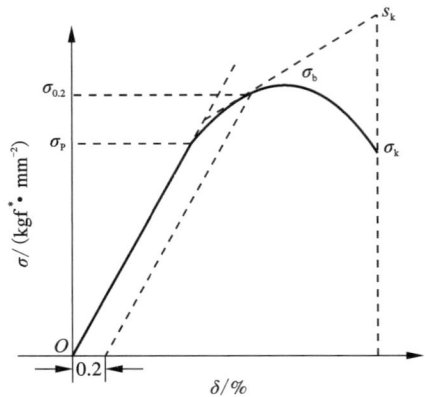

图 2-4　铜的拉伸应力-应变曲线

注：1 kgf=9.80665 N。

在原子水平上，塑性变形是由滑移引起的，其中位错运动破坏了原子键，并形成了新的键。

金属塑性变形，与金属晶体的结构有关。下面简要介绍在塑性变形过程中是如何影响材料性能的。

（1）位错。

位错是晶格节点原子的局部不规则排列的晶体学缺陷，从晶体缺陷几何分类看，属于一种线缺陷。金属宏观塑性变形基本上是通过位错滑移的累积实现的。位错对材料的物理化学性能，尤其是工程力学性能，具有极大的影响。

（2）滑移。

当作用在材料上的应力超过弹性极限，也就是超过屈服点时，就会发生塑性变形。由此产生的塑性变形是永久的，不能通过简单消除引起变形的应力来恢复。应用于材料屈服的能量消耗主要用于产生材料的位错滑移和/或孪生。这里需要注意的是，材料的位错滑移和孪生有时候同时进行，在材料加工的情况下，重要的是要理解所涉及的塑性变形。

①刃型位错运动。

以滑移方式发生的塑性变形，通常沿着紧密堆积的晶格平面进行，位错运动的能量需求被最小化。晶体内部的滑移一直进行到位错线到达晶体的末端，最终产生一个可见的台阶，称为滑移带。滑动是渐进的，一步一步进行的，这样晶体结构一直保持不变。对于大多数金属，密排面是（111）。因此，滑移带通常发生在应力轴线 45° 方向。一般滑移面是原子密度最大的平面，滑移方向是滑移面内的密排方向。

②面心立方金属晶格中的密排面。

面心立方金属的滑移面为 {111}，一共 4 个；滑移方向为 <110>，一共 6 个方向；滑移方向要在滑移面上，满足条件的一共有 12 个。

铜面心立方体的滑移系见表 2-3。

---

*　　1 kgf=9.8 N。

表 2-3　铜面心立方体的滑移系

序号	滑移面	滑移方向
1	{111}	<110>
2	{100}	<110>

铜有 4 个滑移面,每个滑移面上有 3 个滑移方向,共 12 个滑移系,具体见图 2-5 铜面心立方晶体的滑移面所示。

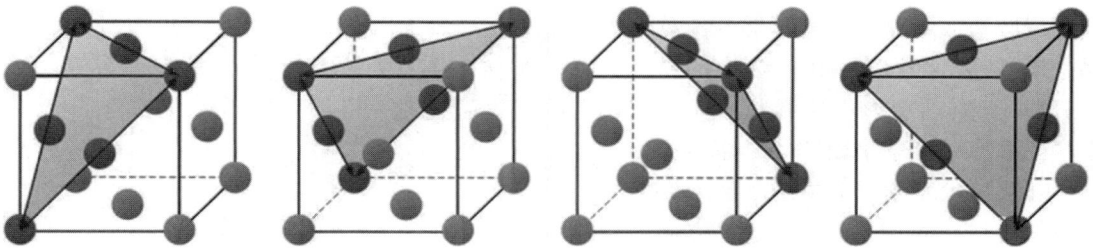

图 2-5　铜面心立方晶体的滑移面

③滑移的机理。

把滑移设想为刚性整体滑动所需的理论临界切应力值,比实际测量临界切应力值大 3~4 个数量级。如图 2-6 和图 2-7 所示,滑移是通过滑移面上位错的运动来实现的。

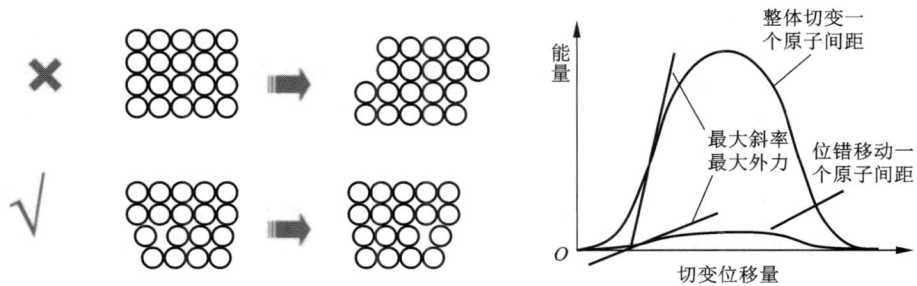

图 2-6　通过位错进行的滑移

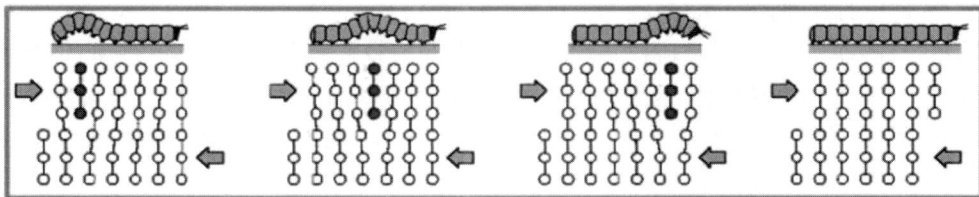

图 2-7　位错滑移

塑性变形时位错只沿着一定的晶面和晶向运动,这些晶面和晶向分别称为"滑移面"和"滑移方向"。一个滑移面和此面上的一个滑移方向合起来叫作一个滑移系,每一个滑移系表示晶体在进行滑移时可能采取的一个空间取向的塑性变形,晶体的位错数量会增加。

(3)孪生。

孪生变形是晶体特定晶面(孪晶面)的原子沿一定方向(孪生方向)协同位移(称为切变)的结果,但是不同层的原子移动的距离也不同,是除滑移之外,另一种重要的材料塑性变形机制。

除位错的滑移外,晶体的变形还可以借孪生(晶)来实现,一般在变形应变量较小或者材料没有足够的滑移系进行滑移变形(如 HCP 结构的材料)时,孪生晶变形占主导机理。每个孪晶都有一个孪生面和一个孪生方向,以铜为代表的面心立方为例,铜的晶体的孪生面是(111),孪生方向是$[11\bar{2}]$。图 2-8 是铜面心立方晶体孪生示意图。每层(111)面的原子都相对于邻层(111)晶面在$[11\bar{2}]$方向移动了此晶向原子间距的一个分数值。图 2-8 中带色的部分为原子移

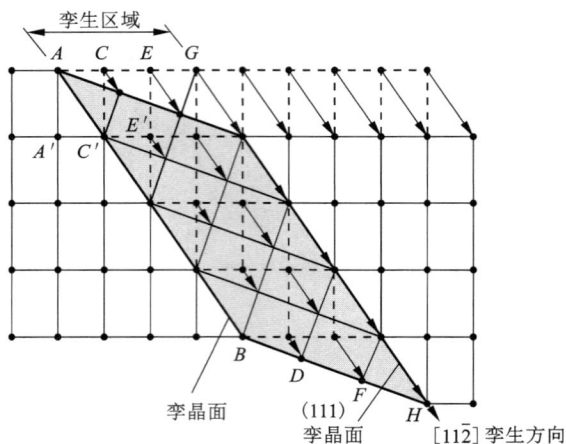

图 2-8　铜面心立方晶体孪生示意图

动后形成的孪晶。孪晶与未变形的基体间以孪晶面为对称面呈镜面对称关系。如果把孪晶以孪晶面上的[111]为轴旋转 60°,孪晶将与基体重合,所以铜的这种孪晶也被称为<111>60°Σ3 孪晶。其他晶体结构也存在孪生关系,但各有其孪生面和孪生方向。

一般滑移变形需要 5 对独立的滑移系才能进行,对于滑移系较少的材料如镁合金和钛合金,因为没有足够的滑移系,所以孪生变形对其塑性变形有重要的作用,但这类变形量较小,因此镁合金、钛合金这类材料室温塑性比较差。但是在高温变形时,孪晶界往往以较高的能量促进了动态再结晶晶粒在孪晶周围和内部的形核,进而促进了材料的高温变形和组织细化。

从应力-应变曲线可知,在纵坐标和横坐标数值都大的情况下,韧性最好,纵坐标(应力)要想增大,必须强度高,横坐标增大就是塑性好,因此,可以说如果一个材料的强度和塑性都好,那么它的韧性肯定非常好。

铜箔的泡泡纱、鱼鳞纹与材料的弹性在宽度方向一致性有关。一旦铜箔局部受力超出弹性变形范围,弹性变形就会转为塑性变形,当所受外力取消后,弹性变形可恢复原状,但若进入塑性变形区域就无法恢复原状,导致其在表观上呈现泡泡纱、鱼鳞纹等塑性变形的情况。

4.硬度

硬度是材料抵抗局部塑性变形的能力。在大多数情况下,局部变形是由于机械压痕或磨损引起的。所以,这个性质通常包括很多含义,比如材料抵抗刮擦、切割、磨损、压痕的能

力。硬度可以理解为硬的材料可以在软的材料表面留下划痕。

铜箔在 CCL 或 PCB 制程中容易发生擦划伤，客户认为是铜箔表面硬度偏软所致。但是，IPC 4562、GB/T 5230 等国内外铜箔标准都没有铜箔硬度的概念，铜箔企业和铜箔用户都不测定铜箔表面硬度。

电解铜箔本身很薄，常见的洛氏、布氏硬度测试方法不适用于铜箔。可用于铜箔硬度测试的只有维氏和努氏硬度。

努氏硬度试验原理与显微维氏硬度试验原理基本相同。即将金刚石压头压入试样表面，保持一定时间后去除试验力，测量压痕对角线长度。两种试验方法的区别是，显微维氏硬度试验使用正四棱锥体金刚石压头，而努氏硬度试验使用菱形锥体金刚石压头；显微维氏硬度值是试验力除以压痕表面积所得的商，而努氏硬度值是试验力除以压痕投影面积所得的商。

由于努氏硬度试验是测量压痕长对角线长度，因而比显微维氏硬度压痕测量误差要小，而且在相同试验力下，努氏硬度压痕比显微维氏压痕要浅，更适于厚度很薄的材料硬度的测定。此外，由于努氏硬度压头为菱形锥体，压入试样后，经规定保持时间将试验力去除后弹性回复主要产生于短对角线方向，长对角线方向的弹性回复很微弱，可以忽略不计，因而可测得无弹性回复影响的显微硬度，故努氏硬度值是依据未经弹性回复的压痕投影面积计算的，这就具有与显微维氏硬度不同的物理意义。该过程与维氏硬度测试相同，但使用菱形压头和显微镜测量系统可测量压痕长、宽、深等数据。努氏硬度测试，适用于载荷小于或等于 9.8 N 的小而薄的材料或零部件。

对于金属材料，通常硬度越高，强度越大。对于合金钢，抗拉强度 σ_b 与布氏硬度 HBW、疲劳极限之间存在经验关系式，对于铜、铝等有色金属，抗拉强度与硬度没有明确的对应关系式。

5. 延展性

延展性是延性、展性两个概念相近的机械性质的合称。

延性是一种物理特性，指材料在受力而产生破坏之前的塑性变形能力。金、铜、铝等皆属于有较高延性的材料。铂是延性最好的金属，最细的铂丝直径只有 1/5000 mm。

展性是指物体可以压成薄片的特性。一些金属材料在外力（锤击或滚轧）作用下能碾成薄片而不破裂。1 g 的黄金能够被捶打成 1 m² 的金箔，这个金箔的厚度只有 100 nm，相当于头发丝直径的千分之一。黄金的延性也不错，1 g 黄金能够拉成将近 2 km 长的金属丝，直径只有 100 nm，仅次于铂。

金属键中，价壳层的电子可在整块金属原子间自由移动。这一特性称为"电子海"。由于电子可以自由移动，因此金属原子之间可以相对运动，不会有很大的阻力。由于金属原子的半径相对较大，价电子数目相对较少，电子容易脱离金属原子而成为自由电子（离域电子），因此这些电子不再属于某一个原子。所以，当晶体受到外力作用时，金属内原子间滑动而不断裂（因为周围仍然有自由电子），金属内原子层之间容易做相对位移，金属发生形变而不易断裂，因此，金属具有良好的变形性。延展性是铜材的一种特性，铜材在外力作用下产生塑性形变，金属原子能够移动重新排列是铜材具有延展性的根本原因。

6. 脆性

脆性是指材料在外力作用下（如拉伸、冲击等）仅产生很小的变形即断裂破坏的性质。与韧性相反，脆性是直到断裂前只出现很小的弹性变形而不出现塑性变形。脆性材料抗动荷载或冲击能力很差。金属材料的脆性主要取决于其成分和组织结构。

不同材料在低温下的性能不一样。体心和密排六方晶格的金属为冷脆材料：随着温度降低，强度增强，塑性和韧性降低，成为脆性材料。铜作为面心立方晶格，是典型的非冷脆材料：在低温下，强度指标增加，韧性和塑性指标不变或略有增加。这是由于面心立方晶格晶面原子数量较多，两排原子滑移阻力小，易产生变形，韧性好。体心和六方晶格的晶面原子数目少，排列稀疏，滑移阻力大，变形困难，表现为脆性。此外，原子在晶格中的排列有位错现象，温度降低，体心和六方晶格中的杂质元素（如氧、碳、氢等）在位错区集聚，增加了滑移阻力。在外力作用时，材料组织开始被破坏，在位错区形成裂纹，而原子来不及移动，裂纹很快扩展，导致断裂。面心晶格由于滑移阻力小，断开部分的原子通过滑移调整位置，使裂口头部不再尖锐，从而阻止裂纹扩展，因此韧性较好。

电解铜箔电解液中添加剂过量或不足时，也会发生铜箔很脆现象：铜箔在阴极辊面呈碎片状，塑性极差，甚至无法卷曲，需要调整添加剂后才能恢复。

7. 疲劳

所谓金属材料的疲劳，就是金属材料在长期承受交变载荷的作用，在未发生显著塑性变形的情况下突然断裂的现象。疲劳强度则是金属材料在无数次重复交变载荷作用下不致引起断裂的最大应力。

材料在工作过程中各点的应力随时间作周期性的变化，这种随时间作周期性变化的应力称为交变应力（也称循环应力）。在交变应力的作用下，金属材料虽然承受的应力低于材料的屈服点，但经过较长工作时间后产生裂纹或突然发生完全断裂的现象称为金属的疲劳。

一般试验时规定，铜等有色金属材料经受 10^8 次交变载荷作用时不产生断裂的最大应力称为疲劳强度。

IPC TM-650 2.4.2.1D《铜箔的弯曲疲劳和延展性》，采用该试验方法，可确定任意给定弯曲半径的弯曲疲劳寿命、弯曲疲劳行为和拉伸破坏后变形率的延性。GB/T 5230—2020《印制板用电解铜箔》规定了疲劳延展性，完全疲劳和延展性应该按照 GB/T 29847—2013《印制板用铜箔试验方法》之 7.2 进行检验。

在柔性印制电路中，要求铜箔必须承受施加其上的弯曲应力。常规的电解铜箔的疲劳延性为 20% 左右。经热处理，此疲劳延性会稍有改善，对于单次弯曲和大的半径弯曲而言是可以接受的。但总体而言，常规的电解铜箔疲劳延性偏低，一般难以满足柔性电路中所用的铜箔的要求，需要采用特殊的工艺，提高疲劳延性。

8. 导电性

人们通常将材料分为导体、半导体和绝缘体 3 个大类。金属材料是良好的导体材料，在电力方面，铝及铝合金和铜及铜合金材料是金属材料中使用最为广泛的导电材料，导电性能是这些材料关键的技术指标。衡量材料的导电性能的常见电性能参数有：电阻率、电阻、电导、电导率、导电率以及电阻温度系数、电阻率温度系数等。各种金属的导电性各不相同，通常银的导电性最好，其次是铜和金。

铜的电导率定义：铜的电阻率的倒数为铜的电导率。用希腊字母 κ 表示，$\kappa = 1/\rho$。除非特别指明，铜的电导率的测量温度是标准温度（25 ℃），电导率单位为 S/m。

电阻率分为体积电阻率和质量电阻率两种。体积电阻率受单位横截面积、单位长度金属导体的电阻值影响；质量电阻率受单位质量、单位长度金属导体的电阻值影响。铜合金等导体材料常用体积电阻率来表示电阻率,但电解铜箔由于厚度太薄,一般采用质量电阻率。

GB/T 5230—2020 与 IPC 4562 标准规定的电解铜箔的质量电阻率见表 2-4。

表 2-4　GB/T 5230—2020 与 IPC 4562 标准规定的电解铜箔的质量电阻率

铜箔代码	名义厚度/μm	质量电阻率/$(\Omega \cdot g \cdot m^{-2})$
E	5	≤0.181
Q	9	≤0.171
T	12	≤0.170
J	15	≤0.166
H	18	≤0.166
M	25	≤0.164
名义厚度不小于 35 μm		≤0.162

电阻率 ρ 不仅和导体材料的种类、材质有关,还和导体的温度有关。在温度变化不大的范围内,几乎所有金属的电阻率随温度呈线性变化,即

$$\rho = \rho_0 (1 + \alpha t) \tag{2-1}$$

式中:t 为摄氏温度;ρ_0 为 0 ℃时的电阻率;α 为电阻率温度系数。

电阻率和电阻是两个不同的概念。电阻率是反映物质对电流阻碍作用的属性,电阻是反映物体对电流阻碍作用的属性。

电导率是物体传导电流的能力,为电阻率的倒数。

影响铜的电导率的因素如下。

(1)温度:铜的电导率与温度具有很大相关性。铜的电导率随着温度的升高而减小。在一段温度值域内,铜的电导率可以被近似为与温度成正比。

(2)杂质含量:铜中的杂质对铜的电导率有很大影响。对铜的电导率影响较大的杂质元素有磷、砷、铝、铁和氧等。微量的银对其电导率影响不大,一般都将 Cu+Ag 作为铜计算。值得关注的是氧的影响。当含有少量的氧时,铜的电导率略有提高,但随着氧含量的增加,铜的电导率迅速下降。

(3)冷加工和热处理:铜导线一般经拉伸后使用(硬铜线),也可以经退火后使用(软铜线),铜经过冷拉伸(冷加工)后,拉伸强度和硬度增加,但铜的电导率和伸长率下降。当变形量不大时,对铜的电导率影响不大,一般不超过 2%,但当变形量增大时,铜的电导率下降可达 6.2%。

(4)铜的导电率:指导体的电导率与某一标准值(纯铜在 20 ℃时的电导率)的比值的百分数,所以导电率是一个相对数值,以百分数表示。

1913 年,国际退火铜标准规定:采用密度为 8.89 g/cm^3、长度为 1 m、质量为 1 g、电阻为 0.15328 Ω 的退火铜线作为测量标准。在 20 ℃温度下,上述铜线的导电率确定为 100%IACS(国际退火铜标准)。20 ℃条件下,上述退火铜的电阻率为 0.017241 Ω · mm^2/m,或电导率为 58.0 MS/m。其他任何材料的导电率(%IACS)可与其比较得出。

9. 可焊性

PCB 最终需要将电子元件焊接到铜箔上形成电路，可焊性就是铜箔被焊料可焊接的性能。一般通过润湿平衡法(wetting balance)这一原理来评估铜箔、焊料和助焊剂等的可焊接性能。

焊接过程大致分为 3 个阶段。其中一个阶段是扩散，基底金属的溶解和最终金属间化合物的形成。为了能够进行焊接，焊接材料首先需要加热成液态，然后熔融的焊料才会润湿基底金属的表面，这个过程与现实世界中的任何润湿现象都一致。

随着无铅焊代替铅锡焊料，对铜箔可焊性要求提高，无铅焊点外观粗糙，气孔多，润湿角大，焊接温度增高，工艺窗口窄，使得过去很少考虑的可焊性也成为问题。

它们之间的关系需满足湿润方程：

$$\gamma_{sf} = \gamma_{ls} + \gamma_{lf}\cos\theta \tag{2-2}$$

式中：γ_{sf} 为基底金属和助焊剂流体之间的界面张力；γ_{ls} 为熔融的焊料和基底金属之间的界面张力；γ_{lf} 为熔融的焊料和助焊剂流体中间的界面张力；θ 为液体焊料和基底之间形成的接触角度。

铜箔与焊料的润湿角度 θ 越小，铜箔的可焊性越好。

PCB 无铅化对铜箔的可焊性影响不大，但对铜箔抗剥离强度影响极大。用于无铅制程的铜箔三次回流焊后，铜箔的抗剥离强度衰减更难控制。无铅焊接和有铅焊接的区别如下。

(1)不同的合金成分：有铅加工中常用的锡和铅的含量分别为 63% 和 37%，而无铅焊料合金成分为 SAC305，即 Sn 质量分数 96.5%，Ag 3% 和 Cu 0.5%。无铅工艺不是绝对不含铅，而是铅含量非常低，例如，百万分之五百。

(2)熔点不同：有铅焊料的熔点为 180~185 ℃，工作温度(比如加热器烙铁的温度，通常情况下要比焊料熔点高 30~50 ℃)为 240~250 ℃。无铅焊料的熔点为 210~235 ℃，工作温度为 245~280 ℃。无铅焊的技术窗口更小，无铅制程增加的这 20 ℃会造成铜箔抗剥离强度急剧衰减，给部分铜箔企业的工艺流程带来严峻挑战。

10. 翘曲度

翘曲度，铜箔试样相对于水平面的弯曲程度，用翘起面与水平面之间垂直距离(mm)表征。

铜箔产生翘曲的原因在于残余应力。物体由于外因(受力、湿度、温度场变化等)而变形时，在物体内各部分之间产生相互作用的内力，以抵抗这种外因的作用，并试图使物体从变形后的位置恢复到变形前的位置。单位面积上的内力称为应力。应力是一个矢量，沿截面法向的分量称为正应力，沿切向的分量称为切应力。

一般，晶粒尺寸越小，翘曲越明显；孪晶界越多，翘曲程度越低，孪晶界、内部空洞是内应力释放的主要途径，能较好缓解铜箔翘曲程度。

实践中，铜箔光面压应力大于毛面，因此整体表现为朝毛面翘曲。翘曲产生的主要原因如下。

(1)铜箔翘曲是内应力(残余应力)作用的结果。铜箔的 S 面、M 面存在不同程度的压应力，S 面的压应力大于 M 面，因此铜箔整体表现出朝毛面翘曲。残余应力越大，翘曲越严重。

(2)铜箔残余应力与织构、晶粒尺寸有一定的关系。铜箔(220)织构增多与晶粒细化会使铜箔内应力增大，增加铜箔的翘曲度。

（3）部分添加剂通过促使铜箔（220）织构生长，或细化晶粒等来影响铜箔的内应力，进而影响翘曲度。

（4）对于超薄铜箔，磨辊工艺、阴极辊表面粗糙度都会影响铜箔成核密度进而影响铜箔晶粒生长，使翘曲发生变化。

2.3　铜箔的择优取向

在电沉积铜箔的制造过程中不同的工艺条件，会对铜箔性能产生重要影响。也就是说，铜箔的工艺条件会影响电解铜箔的微观组织结构。

电解铜箔的组织性能主要指铜箔的晶粒和晶面的生长、表面粗糙度及其织构这 3 个方面。晶粒和晶面生长的宏观表现为对铜箔光面和毛面外观形貌和粗糙度的影响，因为铜晶粒晶面生长过程是在电解过程中析出铜原子，由液相铜离子转变为固相铜晶体，然后由一个固相转变为另一个固相的过程。表面粗糙度受晶粒的影响，晶粒有大小之分，统计后发现，大晶粒沉积形成的铜箔表面往往凹凸不平，甚至出现顶部聚集和铜刺等现象，颗粒大小不均匀，此时形成的铜箔其表面粗糙度较大。

但是从材料微结构上来讲，同时增加材料的强度和塑性是一个矛盾体，要想提高强度，希望原子间的结合力越大越好，但是要想增加塑性，反而不希望原子力太大，因此，如何同时提高材料的强度和韧性，是材料界始终面临的最大挑战。

现代电解铜箔生产早就不是一个单纯的铜的电沉积过程，最简单的 6 μm 厚的锂电池用铜箔，也是由 6.0 μm 铜层+20 nm 铬化合物复合而成（复合的元素根据防氧化层工艺决定，有的是 Ni/Zn 层）。电子电路铜箔的结构更加复杂：它至少具有 6 层结构，铜层、氧化铜层、镍层、锌层、铬层和有机硅层。因此应以金属微观组织结构为桥梁，电沉积反应各控制参数和添加剂的界面效应与金属层宏观特性间为关联，构建完整的电解铜箔技术的理论框架，只有这样才能清楚地理解电解铜箔的反应机理和实质。制造技术的一个发展方向就是如何在保障铜箔机械强度的前提下，尽可能降低其厚度和表面轮廓度。

有研究结果表明，在 $CuSO_4-H_2SO_4$ 电解液体系中，铜箔织构度随厚度的增加而提高，（111）织构逐渐向（220）织构转变，最终形成（220）强织构；铜箔织构度随电流密度的不同而改变，并且电流密度越大，越有利于（220）织构的形成，使得铜箔织构度越强；同时，电解铜箔织构类型以及织构度与铜离子浓度相关性不强。

因此，在铜箔新产品开发中，为了提高铜箔的延伸率和抗拉强度（高抗张铜箔）等力学性能，必须控制结晶后晶粒大小，形核率越高，晶粒的长大速度越小，则结晶后的晶粒越小。细化晶粒对提高常温下铜箔的强度和韧性有很大作用，是提高铜箔性能的一种有效方法。

铜箔厚度在小于 12 μm 的情况下，XRD 衍射图谱中的主峰为（111）面，并且（311）面呈现一定的择优取向。随着厚度的增加，其（220）衍射峰强度不断提高，其他晶面衍射强度则逐渐降低，当铜箔厚度达到 21 μm 时，（220）晶面的织构系数 TC（220）达到 92.7%，材料显示出极强的择优取向特征。

根据电沉积层织构理论，铜箔在电沉积之初的结晶主要以外延生长为主，此后进入过渡生长期，电沉积条件对铜结晶的影响将随着铜箔厚度的增加而越来越明显。当铜箔厚度超过 12 μm 时，由于不同晶面的电化学活性不同导致晶面生长速度存在差异，最终促成（220）晶面发生择优取向。与此同时，其他晶面的衍射强度下降。因此，电解铜箔织构的类型和程度将随着其厚度的不同而变化。

除了材料厚度，电沉积层的织构也受到电流密度的影响。在低电流密度下，材料的择优取向为(200)晶面，随着电流密度的增大，(220)晶面的衍射峰强度逐渐增加，取代(200)面成为择优取向面。不同电流密度下的织构情况和 TC 值如表 2-5 所示。

表 2-5　不同电流密度下铜箔材料织构情况

织构	电流密度/$(A \cdot m^{-2})$			
	4.0×10^3	6.0×10^3	8.0×10^3	1.0×10^4
择优取向面	(200)	(220)	(220)	(220)
TC 值/%	52.9	57.9	91.6	93.2

不同添加剂对材料的择优取向影响不同。当使用骨胶作为电沉积体系添加剂时，铜箔表面未出现明显的择优取向特征。铜箔表面无择优晶向产生，其各个方向的机械性能相当，不存在各向异性。

电解铜箔中(111)晶面占优，压延铜箔中(220)晶面占优，而(111)晶面主导的弹性模量比(220)晶面主导的大。

织构(111)可提升铜箔的抗拉强度，织构(220)可提高铜箔的伸长率，但会降低铜箔的抗拉强度。

厚度 4.3 μm 铜箔的 XRD 图谱如图 2-9所示。

由图 2-9 可看出，4.3 μm 厚的铜箔主要由(111)、(200)、(220)、(311)和(222)5 种织构类型组成，其中织构(111)和(200)的峰值较强；因此，从理论上可以推断该极薄铜箔可能具有较高的抗拉强度，而断裂伸长率较低。

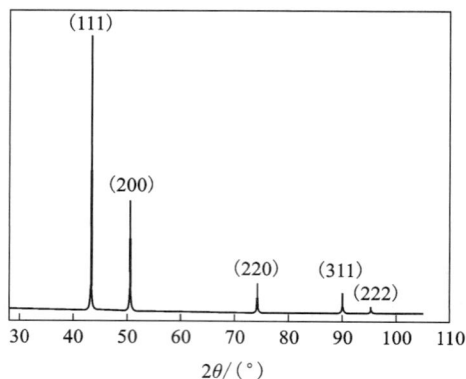

图 2-9　厚度 4.3 μm 铜箔的 XRD 图谱

在单晶体中，由于不同晶面或晶向上原子排列的紧密程度不同，原子间的作用力也不相同，因此晶体在不同方向上就表现出不同的力学性能和物理化学性能——晶体的各向异性。

金属材料内部包含许多小的晶体(晶粒)，各个小晶体(晶粒)位向各不相同。从宏观上来看，它们的各向异性被相互抵消了。因此大多数金属材料的性能在宏观上仍旧表现为各向同性。

由于铜箔存在织构，在性能上是否有明显的各向异性要看比较的是什么性能。例如抗拉强度、延伸率等性能，无论是压延铜箔还是电解铜箔，在横向和纵向上都存在很大的各向异性，一般都默认纵向测试结果。对于导电率，横向和纵向的各向异性不很明显。

金属晶粒大小对金属的力学性能有着重要的影响，一般情况下，金属结晶后的晶粒大小可用单位体积内的晶粒数目来表示。单位体积内的晶粒数目越多，说明晶粒越细小。

实验证明，在常温下细晶粒金属的力学性能比粗晶粒金属高。这主要是由于晶粒越细小，晶界的数量越多，位错移动时的阻力越大，金属的塑性变形抗力增加，同时，晶粒数量越多，金属的塑性变形可以分散到更多的晶粒内进行，晶界也会阻止裂纹的扩展，使金属的力学性能提高。

对于金属的常温力学性能，一般是晶粒越细小，则金属的强度和硬度越高，同时塑性和韧性也越好。这是因为，晶粒越细，塑性变形越可以分散在更多的晶粒内进行，使塑性变形越均匀，内应力集中越小；而且晶粒越细，晶界面越多，晶界越曲折；晶粒与晶粒之间犬牙交错的状态就越多，越不利于裂纹的传播和发展，彼此就越紧固，强度和韧性就越好。

高温下的金属材料，晶粒过大或过小都不好。只有适中的晶粒度，才能保持高的力学性能。这就是为什么高温高延铜箔和高延铜箔生产工艺不一样的主要原因。

必须区分铜箔的使用性能与固有性能。使用性能是铜箔性能在工作状态（受力、温度等）下的表现。材料性能可以视为材料的固有性能，而使用性能则随工作环境不同而异，但它与材料的固有性能密切相关，使用性能优异，固有性能一定优良；使用性能差，但不代表材料固有性能低。例如铜箔在涂覆线上的断裂，不能简单地认定是铜箔抗拉强度低所致，需要用模拟、失效分析等技术手段，分析铜箔的使用性能偏低的原因。

相对于设备的制造和电沉积工艺的开发，有关电沉积的机理方面的研究较少。人们发现电沉积条件和镀液组分对铜箔微观组织形貌及其宏观机械性能有重大影响，但电解铜箔的晶粒大小、织构等微观组织结构参数与其宏观机械性能间无法建立起有效的关联，这给以电沉积层的微观组织结构为桥梁建立电沉积条件下铜箔宏观机械性能的理论框架带来极大的困扰。

经典的金属电沉积理论认为提高过电位能够增加瞬时成核数量并降低晶粒平均尺寸，但无法解释结晶中择优取向等问题。渡边辙发现了电沉积与冶金的相似性，认为电沉积金属的微观组织结构与金属熔点相关，但其"微观结构控制"理论还存在一些缺陷，例如无法解释添加剂对晶粒的细化作用等。

近年来电解铜箔研究逐渐增多，一些典型的添加剂对铜电沉积反应机理的影响研究已深入到添加剂结构、能量等层次，但很少有研究能将机理与其对性能的影响进行有效关联。对于工艺参数、添加剂种类、添加剂含量对铜箔性能的影响，只能在特定条件下总结出大致的关系，与铜箔的晶体结构、微观组织还没有建立相应的机理和模型。

电解铜箔作为一种边缘复合材料，熟悉材料科学的基础理论知识是研究生产过程中铜箔的组织结构、性能、工艺流程、效能以及它们之间相互关系的前提。

第 3 章

电沉积原理

3.1 电解基本概念

3.1.1 电解液的导电机理

一般,将能导电的溶液称为电解液,该溶液的溶质称为电解质。电解液的导电方式与金属导体的导电方式完全不同。在金属导体中,电能是靠自由电子的运动输送的,金属导体一般称为第一类导体。而在电解液中,导电是凭借阴、阳离子的运动来完成的。在导电过程中,溶液的浓度发生变化,也就是产生了物质的迁移,同时在两极上发生了物质的氧化反应或还原反应。所以电解液被称为第二类导体。

为进一步了解电解液的导电机理,先简单介绍一下离子的迁移和电极反应。

1. 离子的迁移

无论哪一类电解液,都是由电解质和溶剂组成的。除了主盐必须是电解质外,其他的辅助材料多数也是电解质。这些电解质溶于水后,离解成水化阳离子和水化阴离子。例如,电解铜箔的电解液,其主要成分为硫酸铜,它在水中离解为水化铜离子和水化硫酸根离子,可用如下的简化反应式表示:

$$CuSO_4 \longrightarrow Cu^{2+} + SO_4^{2-}$$

当把两根电极插入到硫酸铜溶液中,并在两极上施加直流电压时,如图 3-1 所示,与电源正极相接的那个电极就带有正电荷,一般称之为阳极;与电源负极相接的那个电极就带有负电荷,一般称之为阴极。根据异性电荷相吸、同性电荷相斥的原则,溶液中的 Cu^{2+} 就往阴极移动,SO_4^{2-} 就往阳极移动。这种阴、阳离子在外电场作用下有秩序地定向运动,构成了电解质溶液导电机理之一。当没有外电场时,这些离子也在溶液中运动,

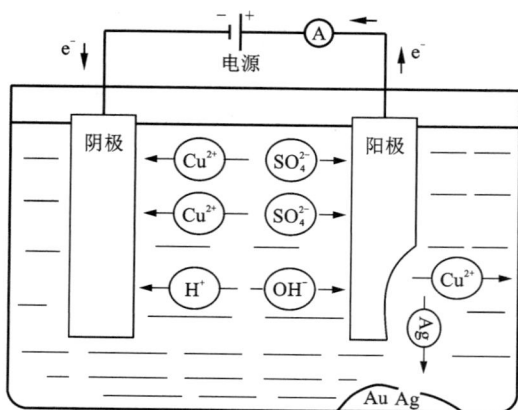

图 3-1 电解原理

但这是无秩序的运动;当有外电场时,离子虽然基本上还是无秩序运动,但向某一方向的移动却显得突出,这就是阴离子向阳极移动和阳离子向阴极移动。

离子在电场作用下的定向运动叫作离子的迁移,离子的迁移速度与离子的本性、所带的电荷以及外界电压、溶液浓度、温度等均有关系。表 3-1 列出了一些离子迁移的绝对速度。从表 3-1 中可以看出,H^+ 和 OH^- 是迁移速度最快的两种离子,这也就说明为什么强酸和强碱溶液是导电性最好的电解液。

表 3-1　离子迁移的绝对速度(电位梯度为 1 V/cm)

离子	绝对速度/$(cm \cdot s^{-1})$	离子	绝对速度/$(cm \cdot s^{-1})$
H^+	0.00326	OH^-	0.0018
K^+	0.000668	SO_4^{2-}	0.000703
Cu^{2+}	0.000476	Cl^-	0.000681
Ag^+	0.00056	NO_3^-	0.000631
Na^+	0.000451	CH_3COO^-	0.000356

从表 3-1 的数据可看出,离子迁移速度极为缓慢。事实上,溶液中的离子,除了在电场的作用下迁移外,还有其他形式的运动,如扩散、对流等,可补充迁移的不足。

2. 电极反应

离子迁移仅仅是电解液导电机理的一个方面,另一个重要方面就是电极反应。电解液导电时,离子迁移与电极反应同时进行。

电解时,两个电极与电源之间的导电是电子导电(第一类导电体导电),两极之间电解液的导电是离子导电(第二类导电体)。两极与电解液接触面是导电起质变的地方,也就是一种形式的导电转化为另一种形式的导电的处所。

对电解液施加外加电压,便有电流通过,电解质在电流作用下被分解的过程叫电解。

电解时,电解液中阳离子流向阴极,在阴极得到电子被还原。阴离子跑向阳极失去电子被氧化。例如:在硫酸铜溶液中接入两电极,通一直流电(见图 3-1),此时,将发现在接电源阴极的极板上,有铜和氢气析出。如果是铜阳极,则同时发生铜的溶解和氧气的析出。其反应如下:

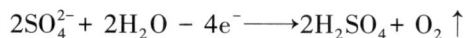

阴极
$$Cu^{2+} + 2e^- \longrightarrow Cu$$
$$2H^+ + 2e^- \longrightarrow H_2 \uparrow$$

阳极
$$4OH^- - 4e^- \longrightarrow 2H_2O + O_2 \uparrow$$
$$2SO_4^{2-} + 2H_2O - 4e^- \longrightarrow 2H_2SO_4 + O_2 \uparrow$$

从阳极溶解的铜,补充了电解液中的铜离子的消耗。如果我们将阴极表面经过一定的处理,使沉积在阴极上的铜层能够剥离,就会得到一定厚度的金属皮膜,一般称之为铜皮。具有一定功能的铜皮就叫铜箔。

直流电源接至电解液的两个电极时,它就要把接在它正端的电极的电子输送到接在它负端的电极(阴极)上去。阳极原来是中性的,电子给输送走了,它就缺少电子,也就是说它带上了正电荷；阴极原来也是电中性的，由于从电源处输送来了电子，它就带负电荷。阴极上所积累的负电荷促使在阴极附近电解液中的 Cu^{2+} 接受了阴极上过剩的电子而还原成金属铜。

$$Cu^{2+} + 2e^- \longrightarrow Cu$$

同时，阴极上由于缺少电子，导致阳极金属放出电子而氧化成金属铜离子。

$$Cu - 2e^- \longrightarrow Cu^{2+}$$

由此可见，直流电源把电子从阳极输送到阴极，造成阳极电子缺少和阴极电子过剩的矛盾，这一矛盾被两极上的反应所缓和。但是，由于电源在不断地输送电子，因此被缓和的矛盾又引起激化，矛盾激化又促使电极上的反应继续进行，如此周而复始，循环不已。在电解液外，电子从阳极移往阴极，形成电子导电；在电解液中，阳离子向阴极移动和阴离子向阳极移动形成离子导电。在两极与溶液间所发生的两极反应是电子导电转化为离子导电的结果。

离子迁移和电极反应的综合是电解液导电的全部机理。

需要指出的是，在电解液的电解过程中，在阴极，除了金属铜离子还原成金属铜外，还可能发生其他的还原反应。例如：

$$2H^+ + 2e^- \longrightarrow H_2 \uparrow$$

同样，阳极除了金属氧化成金属离子外，还可能因条件不同而发生其他氧化反应，主要是指 OH^- 放电而析出 O_2 的反应。

$$4OH^- - 4e^- \longrightarrow 2H_2O + O_2 \uparrow$$

3.1.2 电解定律

1. 法拉第第一电解定律

当电流通过电解液时，两极上会发生物质的氧化和还原反应。通过的电量与电极上起反应物质的量的关系，服从一定的规律。法拉第根据大量的实验结果，总结出了电化学最基本的两个电解定律：法拉第第一电解定律和法拉第第二电解定律。

法拉第第一电解定律：在电极上所析出的物质质量与电流强度和通过的时间成正比，即与通过的电量成正比。

电量的单位是库仑（C），它与电流单位安培（A）的关系为：

$$1\ A = 1\ C/s$$

也就是说，单位时间通过的电量称为电流。在工业应用中，库仑这个单位太小，因此引入安培（A）·时（h）的电量单位。它就是 1 A 的电流 1 h 的电量。

$$1\ A \cdot h = 1\ C/s \times 3600\ s = 3600\ C$$

法拉第第一电解定律可表示为：

$$m = kIt = kQ \tag{3-1}$$

式中：m 为电极上析出（或溶解）物质的质量，g；I 为通过的电流，A；t 为通过的时间，h；Q 为通过的电量，A·h；k 为比例常数。

通过第一电解定律，我们知道电解时，在电极上析出或溶解的物质的量与通过的电量成正比，但我们不知道这个比值到底是多少。也就是说，公式中的常数 k 具体是多少呢？于是，法拉第在第一电解定律的基础上总结出了第二电解定律。

2. 法拉第第二电解定律

在不同的电解液中，通过相同的电量时，在多个溶液中所析出的物质质量与它的化学当量成正比，并析出 1 克当量任何物质一定通过 96500 C 或 26.8 A·h 的电量。

克当量就是物质的原子量(以 A 表示)与其化合价数(以 n 表示)之比 A/n。例如，用同样的电量(96500 C)，分别通过稀硫酸、硝酸银和硫酸铜 3 种溶液，则在阴极上分别析出 1 g 氢、107.88 g 银和 31.77 g 铜，析出的量恰好分别等于它们的克当量。

有了法拉第第二定律，我们就可以确定出第一定律 $m = k \times I \times t = kQ$ 中的 k 值。通常称 k 为该产物的电化当量。它的含义是单位电量所能溶解或析出物质的克数。

综合上述两个定律，可以将电解定律归纳如下：电解时，在电极上析出(或溶解)的物质的质量(m)与通过的电量(Q)及该物质的克当量(A/n)的乘积成正比，可用式(3-2)表示：

$$m = \frac{A \cdot Q}{nF} \tag{3-2}$$

式中：F 就是电解时电极上析出(或溶解)1 克当量物质时所需要的电量。由实验测得，这一电量等于 96500 C，它是一个常数，一般称为法拉第常数。

将 $m = kIt = kQ$ 代入上式，可得到电化当量(k)与克当量(A/n)之间的关系：

$$k = \frac{1}{F} \times \frac{A}{n} \tag{3-3}$$

它表示各物质的电化当量与它们的原子量成正比，与其化合价成反比。电化当量的单位是 mg/C 或 g/(A·h)。

对于变价元素，因不同的价态有不同的当量数值，所以它的电化当量也不相同。例如，在酸性硫酸铜溶液中进行生箔电解时铜是二价的，一个 Cu^{2+} 需要与两个电子结合：

$$Cu^{2+} + 2e^- \Longrightarrow Cu$$

故此时铜的克当量应该是铜的摩尔质量的一半，即 63.55/2 = 31.78。但在铜箔表面处理的氰化物镀黄铜时，铜是一价的，一个 Cu^+ 只需要与一个电子结合：

$$Cu^+ + e^- \Longrightarrow Cu$$

在这个反应中，铜的克当量与克原子当量相等。所以，二价和一价铜的电化当量分别为 1.188 g/(A·h)和 2.372 g/(A·h)。

虽然电化当量的单位有 mg/C 和 g/(A·h)两种，但在工业生产中，一般以 g/(A·h)居多。电解铜箔生产中常用的金属的电化当量列于表 3-2。

表 3-2 电解铜箔生产中常用的金属的电化当量

金属名称	化学符号	化合价	电化当量/(mg·C⁻¹)	电化当量/[g·(A·h)⁻¹]
铜	Cu	+1	0.658	2.372
		+2	0.329	1.186
锌	Zn	+2	0.339	1.22
镍	Ni	+2	0.304	1.095
		+3	0.203	0.730

续表3-2

金属名称	化学符号	化合价	电化当量/(mg·C⁻¹)	电化当量/[g·(A·h)⁻¹]
锡	Sn	+2	0.615	2.214
		+4	0.307	1.107
铬	Cr	+3	0.180	0.647
		+6	0.0896	0.324
银	Ag	+1	1.118	4.025

如果某物质的电化当量的数值是已知的，则只要知道通过电解槽的电流强度和时间，就可以利用式(3-1)计算出阴极上这种反应产物的质量，进而可以确定该物质沉积层的质量（或厚度）。

3. 电流效率

法拉第电解定律是自然科学中最严格的定律之一，它不受温度、压力、电解液浓度、电极和电解槽的材料与形状等因素的影响。铜箔电解时流过电极的电量与电极发生化学转换物质的量的关系由法拉第定律决定。

但在实际工作中，有时会遇到一些与电解定律不一致的地方。例如，在铜箔表面镀锌处理过程中，虽然通过电解槽的电量为1法拉第，但电极上析出的锌却小于1克当量。这并不是电解定律本身有什么问题，而是在电解过程中电极上实际进行的反应不只有锌离子放电：

$$Zn^{2+} + 2e^- \longrightarrow Zn$$

另外，还有其他离子放电，如氢离子：

$$2H^+ + 2e^- \longrightarrow H_2 \uparrow$$

通常，把这种与主反应同时进行的反应称为副反应。由于副反应的存在，金属沉积的电流只是总电流的一部分，其余消耗在副反应上了。式(3-2)计算出的是在给定的电量条件下理论上应该沉积的物质的质量。因此，这一等式在只有一种离子反应时才符合。如果多于一种离子在电极上反应，它们将各自消耗部分电流量。因此，如果将表面镀锌处理过程中所形成的金属锌与氢的当量加起来，就会发现仍然符合电解定律。

由于副反应的存在，通入电解槽的电量就存在一个效率的问题。实际析出的物质的质量总是与理论计算出的质量不一致，实际析出的质量与理论质量之比用百分率表示，称为电流效率，常以"η"表示。

$$\eta = \frac{m}{Itk} \times 100\% \tag{3-4}$$

式中：m为实际析出的物质的质量，g；I为电流，A；t为时间，h；k为电化当量，g/(A·h)。

根据电解定律和电化当量，利用电流效率公式，我们可以求出电解过程的电流效率、电解时间、电解沉积的铜层的厚度等。

在酸性硫酸铜溶液电解生产铜箔过程中，电流效率一般可以达97%以上。

3.1.3 电解液的性质

铜箔生产用电解液的物理化学性质主要包括电解液密度、黏度、电导率、表面张力、比热以及金属离子(特别是 Cu^{2+})的扩散系数。电解过程的电能消耗受电解液的电导率影响很大;密度、黏度以及金属离子(特别是 Cu^{2+})的扩散系数会影响电解槽中热量和质量的传递,同时也影响电解过程中金属电沉积物的纯度和表面状况。电解液中金属或非金属杂质的存在不仅影响电解液的物理化学性质,而且也会影响电解沉积物的纯度和电能的消耗。

1. 电解液的密度

研究结果表明电解液的密度总是随电解液中铜离子和各种杂质离子浓度的升高而增大;随电解液中硫酸浓度增大而增大;随温度升高而降低。值得注意的是电解液的密度受温度影响很小,其随温度的变化率小于 $0.0006\ g\cdot cm/℃$。电解铜箔生产所使用的电解液密度一般在 $1.20\sim1.25\ g/cm^3$,在实际生产中计算储液罐、过滤器、高位槽等容器中的溶液重量时,一般设定密度为 $1.25\ g/cm^3$。

2. 电导率

在电解过程中,最小的电能消耗,应建立在电解液具有最大的电导率(最小的电阻率)的基础上。

有关研究表明,在铜电解的浓度、温度范围内,电导与铜离子浓度、硫酸浓度以及温度之间的关系式为:

$$\chi = 0.134 - 0.00356[Cu^{2+}] + 0.00249[H_2SO_4] + 0.00426t \qquad (3-5)$$

式中:$[Cu^{2+}]$ 为电解液中铜离子浓度;$[H_2SO_4]$ 为电解液中硫酸浓度;t 为电解液温度。

对于 $CuSO_4-H_2SO_4$ 溶液体系,溶液的电导变化如下。

(1)H_2SO_4 质量浓度小于 20 g/L 时,铜离子浓度增加(H_2SO_4 浓度固定),将使电解液的电导增加。

(2)H_2SO_4 质量浓度大于 40 g/L 时,铜离子浓度增加,电解液的电导将减小。

(3)溶液温度升高,电导增大。

(4)任何金属杂质的存在,即使浓度很低,也会使电导减小;若金属杂质的浓度增大,溶液的电导将进一步减小。

(5)硫酸溶液体系中加入金属硫酸盐会使溶液的电导减小,这是由于水的活度减小,自由水分子数减少。在一定的 H^+ 离子浓度下,电导与水的活度之间的关系与所加的硫酸盐的种类无关。另外。溶液中只要 H^+ 离子浓度增加,就会使溶液的电导增加。

3. 溶解度

溶液在一定条件(温度、压力)下,一定量的溶剂中溶质溶解达到饱和时,所含溶质的量称为该物质的溶解度。任何一种表示浓度的单位都可以用作溶解度的单位。

表 3-3　不同温度下 100 g 水中硫酸铜的溶解度

温度/℃	0	10	20	30	40	60	80	100
溶解度/g	23.1	27.5	32.0	37.8	44.6	61.8	83.8	114

温度对固体物质溶解度的影响，可以通过实验绘成的溶解度曲线来表示。大多数固体物质的溶解度随温度升高而增大。

需要说明的是溶解度是指在一定温度下在100 g溶剂中达到饱和溶液所能溶解的溶质的克数。这个概念有4个要点：温度一定，溶液是饱和溶液，溶剂（一般是水）是100 g，溶解溶质的克数。这个概念告诉了我们溶质、溶剂、溶液三者间量的关系，也告诉了溶液的质量分数。例如硫酸铜在t℃时的溶解度为x g，则t℃时饱和溶液中有溶剂（水）100 g，溶质硫酸铜x g，溶液质量为$(100+x)$ g，则此硫酸铜溶液的质量分数为：

$$质量分数（质量百分比浓度）= \frac{x}{100+x} \times 100\% \qquad (3-6)$$

如果要求硫酸铜在t℃时饱和溶液的物质的量浓度，则把溶质质量除以硫酸铜的摩尔质量得到物质的量，把$(100+x)$ g除以密度得到溶液的体积（mL），再根据溶液的物质的量概念（或公式）去计算。例如，硫酸铜在60℃时的溶解度为61.8 g，60℃时饱和硫酸铜溶液的质量分数=$[61.8/(100+61.8)] \times 100\% \approx 38.2\%$。

为什么要着重讲溶解度？因为电解铜箔生产的基础是电解液。在铜箔生产中，溶液输送管道堵塞几乎是每个新企业经常遇到的棘手问题。小的管道、位置较低的常闭阀门隔三差五就堵塞。从表3-3中可以清楚地看出，对于饱和硫酸铜溶液，当温度从60℃降到30℃时，1 dm³溶液可以析出约200 g硫酸铜。电解铜箔溶液管道堵塞是电解液的温度降低导致硫酸铜的溶解度变小从而使溶液中硫酸铜结晶析出。为防止工艺管道堵塞，采取的主要方法如下。

（1）在生产工艺许可的条件下，选择低铜离子浓度的电解液。饱和溶液或过饱和溶液，在温度稍微降低时，就会有硫酸铜结晶析出。铜离子浓度越低，越不易结晶析出。

（2）保证管道中的硫酸铜溶液的温度不大幅度降低。

（3）尽可能保持溶液流动。静止不动的溶液容易结晶析出。因此，在电解铜箔生产过程中，当电解设备需要短时间停机时，如更换阴极辊、生箔机临时维护、更换损坏的旁路阀门等，应尽可能保持电解液的循环。在需要更换循环泵、主循环回路上损坏的阀门等必须停止电解液循环时，准备工作要充分，电解液停止循环的时间要尽可能地短。

（4）管道坡度一般要大于5%，特别对于小口径管道。

（5）管道最低处等溶液流动的死角，必须设置导淋，在停产时便于将溶液排空。

（6）对于位置较低的长闭阀门，如果允许，不要完全关闭，应允许少量溶液通过。

4. 电解液 Cu²⁺ 的扩散系数

扩散系数（以下简称为D或D_{Cu}）是溶液体系中研究传质过程的基本参数。在铜箔电解过程中，电解液中铜的扩散系数对铜的沉积有显著的影响。Cu^{2+}经过能斯特（Nernst）边界层的传递速率影响着铜离子在阴极的沉积特性。

电化学体系中电极和溶液之间存在着3种传质过程：对流传质、电迁移和扩散传质。

（1）对流传质通常指运动流体与固体壁面之间，或两个有限互溶的运动流体之间的质量传递，它是相际间传质的基础。

（2）电迁移通常是指在电场作用下金属离子发生迁移的现象。

（3）在流体中对流运动引起的物质传递，称为对流扩散传质。

根据流体力学理论，在电极表面存在着滞流层（能斯特边界层）。而在溶液主体内，自然对流具有其重要性。扩散和迁移都存在典型的经过边界层的传输。在生箔的电解过程中，

Cu^{2+} 的迁移是有限的，因其只具有很小的传质数（0.02）。因此，扩散是经过边界层传质的主要形式，Cu^{2+} 的扩散系数 D_{Cu} 是决定铜电解电流密度的一个重要的物理化学参数。

目前，在铜箔电解工业生产条件相似的条件下测得的 D_{Cu} 很少。虽然对硫酸体系中 D_{Cu} 的研究并不匮乏，但大多只是在有限的温度范围内（25 ℃）进行的。Minotas 1989 年曾报道过在 65 ℃ 时，对浓度为 0.66 mol/L $CuSO_4$，0.29 mol/L $NiSO_4$ 和 1.66 mol/L H_2SO_4 的溶液，在阳极进行循环伏安扫描研究。结果表明：在低扫描速度（<50 mV/s）下得到 $D_{Cu} = 24.1 \times 10^{-10}$ m^2/s，但在高的扫描速度下得到 $D_{Cu} = 8.1 \times 10^{-10}$ m^2/s。上述差别与扫描速度有关，较快的扫描速度会引起较高的浓度梯度，并改变电解液的黏度。

离子的扩散系数与离子的半径、介质的黏度、温度和浓度等有关。由于水化作用，离子半径平均化，大多数无机离子的 D 值约为 10×10^{-10} m^2/s。浓度增加，D 值略为减小；温度升高时，D 值略为增大。

在电解生产中，通常要加入一定量的添加剂。其原因之一就是为了增加电化学极化。添加剂的加入通常使电解液的黏度增大，从而影响溶液中离子的扩散性能，使 D_{Cu} 值有所减小。此外，由于添加剂的特殊作用，交换电流密度和传递系数也受到影响。

3.1.4　双电层

前面在描述电解原理时，我们把图 3-1 所示的整个电解池作为一个整体，电解反应发生的动力是施加的外加电压，有外加电压，便有电流通过，电解质在电流作用下被分解。

现在深入一步，具体了解电极和溶液的相界面上，电势差究竟是如何产生的。

1. 电极与溶液界面电势差

各类电极反应都发生在电极溶液界面上，因而界面的结构和性质对电极反应有很大影响。

双电层理论研究的是电极-溶液界面结构。它本质上是界面化学（物理）。电极/溶液界面是电化学反应的场所，对反应速率和反应机理有显著影响。

双电层理论是由德国化学家能斯特（H. W. Nernst）提出来的，它解释了电极电势产生的原因。当金属放入溶液中时，一方面金属晶体中处于热运动的金属离子在极性水分子的作用下，离开金属表面进入溶液，金属性质愈活泼，这种趋势就愈大；另一方面溶液中的金属离子，由于受到金属表面电子的吸引，而在金属表面沉积，溶液中金属离子的浓度愈大，这种趋势也愈大。在一定浓度的溶液中达到平衡后，在金属和溶液两相界面上形成了一个带相反电荷的双电层，双电层的厚度虽然很小（约为 10^{-8} cm 数量级），但却在金属和溶液之间产生了电势差。通常人们就把产生在金属和盐溶液之间的双电层间的电势差称为金属的电极电势，并以此描述电极得失电子能力的相对强弱。电极电势以符号 $\varphi_{M^{n+}/M}$ 表示，单位为 V（伏）。如锌的电极电势以 $\varphi_{Zn^{2+}/Zn}$ 表示，铜的电极电势以 $\varphi_{Cu^{2+}/Cu}$ 表示。

2. 双电层种类及形成原因

（1）双电层的定义。

当电极与溶液接触时，由于带电粒子在两相中电化学位不相等，就会发生荷电粒子在两相中转移，或偶极子在电极表面定向排列，或电极表面有吸附，这样会在电极/溶液界面形成电荷符号相反的两个电荷层，即双电层。

（2）双电层种类及形成的原因。

双电层可以是自发形成的，也可以在外电场作用下形成的，自发形成的双电层可分为以下 3 种。

①离子双电层。

带电离子在两相中的电化学位不等，在界面两侧发生电荷转移而形成的电荷符号相反、电量相等的两个电荷层，这种双电层就是离子双电层。

以下 3 种情况都可以形成离子双电层：

a. 电极/溶液界面离子双电层。

如把 Cu 放入含 Cu^{2+} 的溶液中，电极/溶液界面就可形成双电层。

b. 溶液/溶液界面的离子双电层。

两种溶液相接触时，由于溶液的组成不同，或浓度不同，从而其电化学位不等，在两溶液界面两侧会形成两个符号相反的剩余电荷层，称之为溶液与溶液界面的离子双电层。这种 S_1/S_2 双电层引起的电位称为液体接触电位，也称为扩散电位。

c. 金属/金属界面离子双电层。

电子在两相中逸出功不同，电子密度不同，即电子在两相的电化学位不等，就会发生电子在两相中转移，达到平衡时，在界面两侧形成两个符号相反的剩余电荷层，称之为金属界面的离子双电层。这种 M_1/M_2 双电层引起的电位称为金属的接触电位。

离子双电层是在相互接触的两相界面因电荷转移在两侧形成的符号相反、数量相等的两个剩余电荷层。产生的原因是离子在两相中的电化学位不等。

②吸附双电层。

由离子特性吸附形成的双电层称为吸附双电层。溶液中荷电粒子在电极表面发生非静电吸附时，又靠静电作用吸引了溶液中符号相反的荷电粒子而形成吸附双电层。

电极与溶液接触时，由于特性吸附，溶液中的离子会在电极表面形成分布于溶液一侧的荷电层，这一荷电层会吸引溶液内的反号离子形成吸附双电层。

③偶极双电层。

偶极子在界面上定向排列或界面上原子或分子的极化形成的双电层称为偶极双电层。

金属相内部的原子或分子与表面的原子或分子受到的作用力不同，虽然电极表面没有剩余电荷，但自由金属表面偶极子的定向排列总是存在的，因而形成偶极双电层。如水分子除可以与溶液中正负离子形成水合离子外，水还会与电极表面发生相互作用在电极表面定向排列。

偶极双电层形成的原因：

a. 由于在电极表面定向排列的偶极子本身电荷的两个分离端之间存在电位差而形成双电层。

b. 当偶极子在表面定向排列时，由于偶极子的诱导作用，使金属表面的原子发生极化，产生作用于界面两侧的荷电层，也称为偶极双电层。

c. 由于电极表面有剩余电荷，会使溶液中的分子或原子发生极化，而在电极表面构成偶极双电层。

上述 3 种双电层结构示意图见图 3-2。

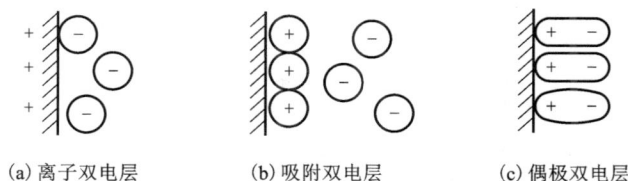

(a) 离子双电层　　　(b) 吸附双电层　　　(c) 偶极双电层

图 3-2　双电层结构示意图

3. 双电层的电势差

离子双电层、吸附双电层和偶极双电层的界面电势差分别为 φ_q、φ_{ad} 和 φ_{dip}，则电极-溶液界面电势差由上述 3 项共同引起：

$$\varphi = \varphi_q + \varphi_{ad} + \varphi_{dip}$$

有关双电层理论认为，溶液一侧的剩余电荷既不是完全排列在电极表面，也不是完全均匀地分散在溶液中，而是一部分排在电极表面形成紧密层，另一部分按照玻耳兹曼分布规律分散于距电极表面一定距离的液层中，形成分散层。双电层的电势分布应与电荷分布情况相对应：也可区分为紧密层电势和分散层电势，也即电极|溶液界面的电势差应为这两部分电势之和（图 3-3）。

图 3-3 中 d 为溶液中第一层电荷到电极表面的距离。在 $x<d$ 的范围内电势分布是线性的，即电势梯度为常数：

$$\left(\frac{\mathrm{d}\varphi}{\mathrm{d}x}\right)_{x<d} = 常数 = \frac{4\pi q}{\varepsilon}$$

式中：d 点为分散层开始的位置，此处的平均电势为 φ_1（下角标"1"表示一个水化离子半径）。

在分散层中，异号电荷的存在使电力线数目迅速减少，电场强度即电势梯度也随之减小，电势由

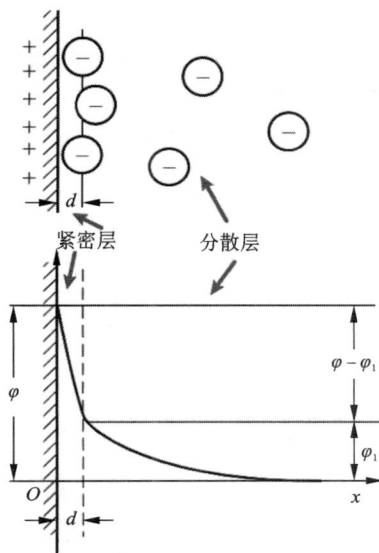

图 3-3　电极|溶液界面的电荷分布和电势分布

φ_1 逐渐下降到 0，电势梯度也降为 0。因此，把 φ_1 叫作扩散层电势或 φ_1 电势，紧密层电势差为 $\varphi-\varphi_1$。

总的双电层电势差为两者之和，即

$$\varphi = (\varphi-\varphi_1) + \varphi_1$$

3.1.5　电极电势

1. 标准电极电势

上面介绍的电极与溶液界面电势差无法由实验测定，进行理论计算也存在许多困难。如果不引入至少一种外加的电极表面，则金属-电解液界面上的电势差是无法测量的。实际上，现在所测的电势包含外加电极的贡献，也就是 φ 与 $\varphi^{\ominus}$ 都只是一个相对值，测量时任何一种电

极都可以作为参考电极。但普遍为大家接受的参考电极之一是标准氢电极(SHE)。

参考国际理论及应用电化学联合会(IUPAC)会议规则,标准电极电势可以用电池来测试,这一电池可表达为:

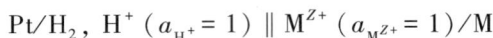

$$Pt/H_2, H^+ (a_{H^+} = 1) \parallel M^{Z+} (a_{M^{Z+}} = 1)/M$$

于是测得的电池电压等于 $\varphi^{\ominus}_{(M^{Z+}/M)}$,其符号(正负值)由电池中电池的极性确定。电极反应常常写成还原反应的形式。标准电极电势 $\varphi^{\ominus}$ 值是用具有一定的高电阻的电压表测得的。由此测得铜的 $\varphi^{\ominus}_{(Cu^{2+}/Cu)} = +0.34$ V,锌的 $\varphi^{\ominus}_{(Zn^{2+}/Zn)} = -0.76$ V。

2. 能斯特(Nernst)方程

任何一个氧化还原反应,原则上都可以设计成原电池。利用原电池的电动势可以判断氧化还原反应进行的方向。由氧化还原反应组成的原电池,在标准状态下,如果电池的标准电动势>0,则电池反应能自发进行;如果电池的标准电动势<0,则电池反应不能自发进行。在非标准状态下,则用该状态下的电动势来判断。从热力学来讲,电池电动势是电池反应进行的推动力。当由氧化还原反应构成的电池的电动势 E 大于零时,则此氧化还原反应就能自发进行。因此,电池电动势也是判断氧化还原反应能否进行的判据。

电池通过氧化还原反应产生电能,体系的自由能降低。在恒温恒压下,自由能的降低值 $(-\Delta G)$ 等于电池可能做出的最大有用电功 $(W_{电})$:

$$-\Delta G = W_{电} = QE = nFE \tag{3-7}$$

即

$$\Delta G = -nFE \tag{3-8}$$

在标准状态下,式(3-8)可写成:

$$\Delta G^{\ominus} = -nFE^{\ominus} \tag{3-9}$$

当 $E^{\ominus}$ 为正值时,$\Delta G^{\ominus}$ 为负值,在标准状态下氧化还原反应正向自发进行;当 $E^{\ominus}$ 为负值时,$\Delta G^{\ominus}$ 为正值,在标准状态下反应正向非自发进行,逆向反应自发进行。

按电极电势的规定,标准氢电极的反应可写为:

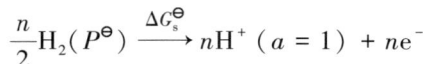

$$\frac{n}{2}H_2(P^{\ominus}) \xrightarrow{\Delta G_s^{\ominus}} nH^+ (a = 1) + ne^-$$

其摩尔吉布斯自由能变化为 $\Delta G_s^{\ominus}$,而给定电极的反应为:

$$氧化态 + ne^- \xrightarrow{\Delta_r G_m} 还原态$$

其摩尔吉布斯自由能变化为 $\Delta_r G_m$,根据电动势和化学反应吉布斯自由能的关系,在等温等压下给定电极上进行的还原反应,应服从化学反应等温式:

$$\Delta_r G_m = \Delta_r G_m^{\ominus} + RT\ln \frac{a_{还原态}}{a_{氧化态}} \tag{3-10}$$

对一般的氧化还原反应而言,整理后则有

$$\varphi = \varphi^{\ominus} + \frac{RT}{nF}\ln \frac{a_{还原态}}{a_{氧化态}} \tag{3-11}$$

式中:φ 是可逆电极电势;$\varphi^{\ominus}$ 为氧化还原反应的标准电极电势;$a_{还原态}$ 为还原态离子的活度;$a_{氧化态}$ 为氧化态离子的活度;n 为反应中的电子转移数;R 为气体常数,8.315 J/℃·mol;T 为绝对温度,K;F 为法拉第电流常数。

式(3-11)就是电极电势与参加反应物质活度的关系式,亦称电极电势的能斯特(Nernst)

方程。要注意的是公式(3-11)中 $a_{氧化态}$ 和 $a_{还原态}$ 并非氧化数有变化的组分，而是包括了参加电极反应的全部物质。

将 R、F 的值代入式(3-11)并取常用对数，在 298 K 时，得到能斯特方程为：

$$\varphi_e = \varphi_e^\ominus + \frac{0.059}{z} \lg \frac{a_{氧化态}}{a_{还原态}} \qquad (3-12)$$

从式(3-12)可以看出，氧化型反应物的浓度愈大或还原型反应物的浓度愈小，则电对的电极电势愈高，说明氧化型物种获得电子的倾向愈大；反之，氧化型反应物的浓度愈小或还原型反应物的浓度愈大，则电对的电极电势愈低，说明氧化型反应物获得电子的倾向愈小。

3. 标准电极电位和电化序

从能斯特方程式的推导中，我们已经知道标准电极电位是标准状态下的平衡电位。把各种标准电极电位按数值的大小排成一次序表，这种表称为标准电化序或标准电位序表(表3-4)。简单来说，电化序就是按照金属的化学活泼性次序排列的序列，最活泼的金属排在最上面，活泼性低的贵金属排在下面。这个活性序列不限于金属，也适用于负电性非金属元素。表中的电极电位从负到正排列，标准氢电极电位正好处于正、负值交界处。

表 3-4　25 ℃下水溶液中各种电极的标准电极电位及其温度系数

电极反应	$\varphi^\ominus/V$	$\dfrac{d\varphi^\ominus}{dT}/(mV \cdot K^{-1})$
$Li^+ + e^- \rightleftharpoons Li$	−3.04	−0.59
$K^+ + e^- \rightleftharpoons K$	−2.925	−1.07
$Be^{2+} + 2e^- \rightleftharpoons Be$	2.9	−0.40
$Ca^{2+} + 2e^- \rightleftharpoons Ca$	2.87	−0.21
$Na^+ + e^- \rightleftharpoons Na$	−2.714	0.75
$Mg^{2+} + 2e^- \rightleftharpoons Mg$	−2.37	0.81
$Al^{3+} + 3e^- \rightleftharpoons Al$	−1.66	0.53
$H_2O + 2e^- \rightleftharpoons 2OH^- + H_2(气)$	−0.828	−0.80
$Zn^{2+} + 2e^- \rightleftharpoons Zn$	−0.763	0.10
$Fe^{2+} + 2e^- \rightleftharpoons Fe$	−0.440	0.05
$Cd^{2+} + 2e^- \rightleftharpoons Cd$	−0.402	−0.09
$PbSO_4 + 2e^- \rightleftharpoons Pb + SO_4^{2-}$	−0.355	−0.79
$Ti^+ + e^- \rightleftharpoons Ti$	−0.336	−1.31
$Ni^{2+} + 2e^- \rightleftharpoons Ni$	−0.25	0.31
$Pb^{2+} + 2e^- \rightleftharpoons Pb$	−0.129	−0.38
$2H^+ + 2e^- \rightleftharpoons H_2(气)$	0.000	0
$Cu^{2+} + e^- \rightleftharpoons Cu^+$	0.153	0.07

续表3-4

电极反应	$\varphi^{\ominus}/V$	$\dfrac{\mathrm{d}\varphi^{\ominus}}{\mathrm{d}T}/(\mathrm{mV}\cdot\mathrm{K}^{-1})$
$AgCl+e^-\Longleftrightarrow Ag+Cl^-$	0.2224	-0.66
$Hg_2Cl_2+2e^-\Longleftrightarrow 2Hg+2Cl^-$	0.2681	-0.31
$Cu^{2+}+2e^-\Longleftrightarrow Cu$	0.337	0.01
$2H_2O+O_2+4e^-\Longleftrightarrow 4OH^-$	0.401	—
$I_2+2e^-\Longleftrightarrow 2I^-$	0.5346	-0.13
$Fe^{3+}+e^-\Longleftrightarrow Fe^{2+}$	0.771	1.19
$Ag^++e^-\Longleftrightarrow Ag$	0.7991	-1.00
$4H^++O_2+4e^-\Longleftrightarrow 2H_2O$	1.229	-0.85
$MnO_2+4H^++2e^-\Longleftrightarrow Mn^{2+}+2H_2O$	1.23	-0.61
$Ti^{3+}+2e^-\Longleftrightarrow Ti^+$	1.25	0.97
$Cr_2O_7^{2-}+14H^++6e^-\Longleftrightarrow 2Cr^{3+}+7H_2O$	1.33	—
$Cl_2+2e^-\Longleftrightarrow 2Cl^-$	1.3595	-1.25
$PbO_2+4H^++2e^-\Longleftrightarrow Pb^{2+}+2H_2O$	1.455	-0.25
$Au^{3+}+3e^-\Longleftrightarrow Au$	1.50	—
$Au^++e^-\Longleftrightarrow Au$	1.68	—

标准电极电位的正负反映了电极在进行电极反应时,相对于标准氢电极得失电子的能力。电极电位越负,越容易失电子;电极电位越正,越容易得电子。电极反应和电池反应实质上都是氧化还原反应,因此,标准电化序也反映了某一电极相对于另一电极的氧化还原能力的大小。电极电位负的金属是较强的还原剂,电极电位正的金属是较强的氧化剂。

在电解过程中,阴极优先析出的金属离子应是电极电位较正、容易得电子的金属离子。

4. 影响电极电位的因素

从电极电位产生的机理可知,电极电位的大小取决于金属/溶液界面的双电层,因而影响电极电位的因素包含了金属的性质和外围介质的性质两大方面。前者包括金属的种类、物理化学状态和结构、表面状态等;后者包括溶液及其溶剂、溶质的性质、浓度;温度、压力、光照和高能辐射等。

(1)电极的本性。

由于组成电极的氧化态物质和还原态物质不同,得失电子的能力不同,因而形成的电极电位不同。这可以从不同水溶液中各种电极的标准电极电位及其温度系数看出。电极不同,标准电极电位不同。

（2）金属的表面状态。

金属电极表面加工的精度，表面层纯度，氧化膜或其他成相膜的存在，原子、分子在表面的吸附等对金属的电极电位有很大影响，特别是金属表面自然生成的保护性膜层。形成的保护膜会使金属电极电位向正值变化，而保护膜被破坏或溶液中的离子对膜的穿透率增强往往使电极电位变负。电位的变化值可达数百毫伏。

吸附在金属表面的气体原子，可能本来是溶解在溶液中的，也可能是金属放入电解液以前就吸附在金属表面的。通常，有氧吸附时金属电极电位将变正；有氢吸附时，电极电位变负。吸附气体对电极电位的影响一般为数十毫伏。

（3）金属的机械变形和内应力。

变形和内应力的存在通常使电极电位变负，但一般影响不大，为数毫伏至数十毫伏。在变形的金属上，金属离子的能量增高，活性增大，当它浸入溶液时就容易溶解变成离子，界面反应达到平衡时，所形成的双电层电位就相对负一些。

如果由于变形或应力作用，破坏了金属表面的保护层，则电位也将变负。

（4）溶液的 pH。

pH 的影响明显。铜在被 O_2 饱和的 $1\ mol/dm^3$ 的 KCl、KOH、HCl 溶液中的电极电位分别为 $0.03\ V$、$-0.03\ V$ 和 $0.24\ V$，变化为数百毫伏。

（5）溶液中氧化剂的存在。

在通常的金属腐蚀过程中常遇到的氧化剂是溶解在电解液中的氧。氧化剂使电极电位变正，除了吸附氧的作用，还可能生成氧化膜或使原来的保护膜更加致密从而使电位变正。

（6）溶液中络合剂的存在。

当溶液中有络合剂时，金属离子就可能不再以水化离子形式存在，而是以某种络合离子存在，从而影响到电极反应的性质和电极电位的大小。

不同的络合剂对同种金属电极电位的影响不同，但总是使电位向更负的方向变化。如果有多种络合剂存在，那么，对电极电位的影响更复杂，需要通过实验来测定。

（7）溶剂的影响。

不同溶剂中，离子溶剂化不同，形成的电极电位亦不同。

3.1.6 电极极化

1. 电极动力学

电极过程以一定的速度进行时，电极上便会有电流通过，对整个电极来说是处于不可逆状态，电极上就获得一个与可逆平衡电势不同的电势。此时形成的电流（如果电极为单位面积，则是电流密度）和电极偏离平衡电极电势状况的关系，就是电极过程动力学研究的内容。

（1）超电势。

超电势可分为扩散超电势和电化学超电势。扩散超电势是由于电解质溶液中离子扩散速率小于电极上得失电子的速率，使电极附近的浓度与溶液本体浓度不等引起的。电化学超电势是由于电极上得失电子的速率小于外电路电子移动的速率，使电极上的电势与平衡时的电势不同。

超电势有人称之过电位、过电势，这是 20 世纪的旧概念，那是人们通常使用电位而不是电势的说法。现在统一为超电势。

如 Tafel 方程所述，过电势随着电流密度(或速率)的增加而增加。电化学反应是两个半电池和多个基本步骤的组合。每一步都与多种形式的超电势相关联。整体超电势是许多损失的总和。

例如，对阴极表面的还原反应而言，其表面正离子浓度将降低，根据能斯特方程，其表面平衡电势会发生变化。若增大阴极极化，则还原电流密度也会增大，阳离子向阴极表面的运动也会越来越快。这种迁移运动动力来自电迁移、浓度差引起的扩散及自然或人工对流(即电解液的搅拌或阴极的扰动)。但是邻近阴极表面极薄的一层几乎不会因为对流强度而改变，尽管对流能影响这一薄层的厚度，离子经过这一薄层的迁移运动主要是由扩散机制来控制。

(2)活化超电势。

众所周知，平衡即热力学平衡，虽然此时在电极上没有净电流，但氧化及还原反应仍然在不停地进行，也就是说氧化电流密度 i_{ox} 在数值上等于还原电流密度 i_{red}，二者都等于平衡条件下的交换电流密度，穿过电极的平衡电势为 $\Delta\varphi_e^{\ominus}$。为了实现阴极电沉积，必须有一个净电流 $i=i_{ax}-i_{red}<0$ 流过阴极表面(实际上也是流过电解槽的电流)。因而阴极界面电势 $\Delta\varphi$ 将偏离其平衡电势 $\Delta\varphi_e$，这一偏离值(η)就称作活化超电势：

$$\Delta\varphi = \Delta\varphi_e + \eta \qquad (3-13)$$

"活化"一词说明了一个事实，即电极反应是一个动态过程，即物质(离子)在电极表面跃迁前，首先要获取一定的活化能。

2. 极化现象

我们已经知道，无论是水的电解，还是其他物质溶液的电解，它们的分解电压总是大于计算得到的可逆电动势。这是因为当电流通过电极时，每个电极的平衡都受到破坏，使得电极电位偏离平衡电极电位值。当电极处于平衡状态，电极上无电流通过时，这时的电极电势分别称为阳极平衡电势和阴极平衡电势。在有电流通过时，随着电极上电流密度的增加，电极实际分解电势值对平衡值的偏离也愈来愈大，这种对平衡电势的偏离现象称为电极的极化，或者说表面电势偏离平衡电势称之为极化。

由于极化现象以及溶液中存在着一定的欧姆电位降，这是分解电压大于可逆电动势的原因。

实际分解电压可表示为：

$$E(分解) = E(可逆) + E(不可逆) + IR \qquad (3-14)$$

式中：$E(可逆)$为相应的原电池的电动势，即理论分解电压；IR为电池内溶液、导线和接触点等电阻所引起的电势降；$E(不可逆)$为电极极化所致，$E(不可逆)=\eta(阴)+\eta(阳)$，$\eta(阴)$和$\eta(阳)$分别表示阴、阳极上的超电势。

由于电极过程的控制步骤不同，引起电极极化的原因也不尽相同。根据极化产生的不同原因，通常把极化大致分为两类：电化学极化和浓差极化。

一般来说，可将产生超电势的原因归纳为以下4个方面。

(1)浓差极化：在电解过程中，电极附近某离子浓度由于电极反应而发生变化，本体溶液中离子扩散的速度又赶不上弥补这个变化，就导致电极附近溶液的浓度与本体溶液间存在一个浓度梯度，这种浓度差别引起的电极电势的改变称为浓差极化。

电极反应时，在电极附近的离子浓度会发生变化，形成浓差超电势。

所谓浓差极化就是因电解槽中电极界面层溶液离子浓度与本体溶液浓度不同而引起电极电位偏离平衡电位的现象。浓差极化是电极极化的一种基本形式。

电解过程中溶液在电解槽内出现的这种浓度差异，是由于液相传质，即通过界面层溶液的扩散速度跟不上电解速度引起的。结果，当电极反应在一定电流密度下达到稳定后，阴极界面层溶液的浓度必低于本体溶液；而在阳极，例如可溶阳极，界面层溶液的浓度必高于本体溶液。根据能斯特方程，这两种情况都会导致电极电位偏离按本体溶液浓度计算的平衡电位：阴极电势变小（向负方向移动），阳极电势变大（向正方向移动），即发生了电极的浓差极化。

浓差极化随电流密度增加而增大。浓差极化是大电流密度下产生的主要极化形式。浓差极化的大小用浓差超电位 η 表示，阴极浓差超电位与电流密度 i 的关系为

$$\eta_{\text{浓差，阴}} = \frac{RT}{nF} \ln \left(1 - \frac{i}{i_{\text{极限}}}\right) \tag{3-15}$$

式中：$i_{\text{极限}}$ 为极限电流密度，即正离子一到达阴极表面便被立即还原，致使界面层溶液中该离子浓度趋于零的电流密度。极限电流密度由实验确定，它相当于阴极极化曲线出现水平段时的电流密度。极限电流密度越大，容许的电流密度上限越大，对电解和电镀越有利。提高电解质溶液的浓度、搅拌和加热，都能提高极限电流密度。

浓差极化对金属电解、电镀没有任何好处，它使槽电压升高，电耗增大，并使阴极沉积或镀层质量恶化，甚至造成氢的析出和杂质金属离子的放电。浓差极化可以通过搅拌、加热溶液或移动电极将其消除至一定限度，但由于电极表面存在扩散层而不能完全避免。

（2）电化学极化。

电极反应总是分若干步进行，若其中一步反应速率较慢，则需要较高的活化能。为了使电极反应顺利进行所额外施加的电压称为电化学超电势（亦称活化超电势），这种极化现象称为电化学极化。

（3）相变极化。

由于相变过程缓慢，引起的极化称为相变极化。所谓相变，就是一种相同的化学物质在不同的外界条件下（如温度、压强、电场、磁场等），可以具有不同的内部结构，当外界条件改变时，一种物质从一种状态（或结构）转变为另一种状态（或结构）的过程，称为相变。例如铁电体在热平衡下的相，按照其自发极化的性质可分为顺电相、铁电相和反铁电相。

所谓铁电体是指具有铁电性的一大类晶体，也称铁电材料，按照结晶化学可分为双氧化物铁电体、非氧化物铁电体和氢键铁电体。

低温时，铁电材料中的偶极子借助电相互作用而有序排列，温度升高时，有序排列被热运动扰乱，当温度达到某一临界温度时，有序排列完全被破坏，铁电相转变为顺电相。

铁电材料相变温度的梯度变化会导致铁电复合薄膜内部极化分布的梯度变化。当温度较高时，复合薄膜的平均极化强度随着温度的升高而连续下降，当温度升到某一值但未达到薄膜的相变温度时，复合铁电薄膜的平均极化强度的一阶导数出现了一处突降，这一突然变化极大地降低了薄膜整体的平均极化强度。

（4）欧姆极化。

欧姆极化也称电阻极化，是由于电解质对电流流动的阻力而在电化学系统中发生的一种现象。该电阻会导致电压降，称为欧姆过电位，必须克服该电压才能推动反应进行。

欧姆极化发生在阳极和阴极反应中。欧姆过电势取决于离子浓度、温度和离子迁移率。电解质的离子电导率与电阻相反。

可以通过增加电解质的电导率来减少离子必须移动的距离，来减少欧姆极化。欧姆极化还受温度的影响，欧姆极化随着温度的降低而增加。

欧姆极化会增加驱动反应所需的能量，从而降低系统的效率。在电沉积工业中，会导致电耗增加。因此，生产中应该尽可能减少欧姆极化。

3. 极化曲线

硫酸铜溶液电解的极化曲线如图 3-4 所示。在图 3-4 中，AK 线为铜的极化曲线，为给定浓度下铜在溶液中的平衡电位。电解池电路未接通前，没有电流通过，并且两个电极的电位相同并都等于 φ_e。在电路接通以后，设阴极电位值为 φ_K，而阳极电位值为 φ_A。这时，在电极上开始有反应进行，其速度决定于阴极电流 I_K 和阳极电流 I_A。

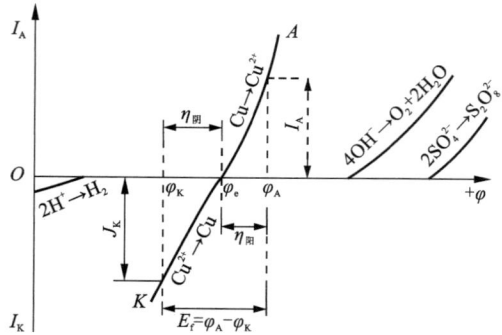

图 3-4　硫酸铜溶液电解的极化曲线

在图 3-4 中，铜极化曲线左边的曲线为氢的极化曲线。此曲线在左边是因为溶液有给定 pH 下，氢电极的平衡电位比铜的 φ_e 更负。右边的曲线为 SO_4^{2-} 和 OH^- 的阳极极化曲线，其平衡电位比铜的 φ_e 更正。

从图 3-4 可以看出，在两电极之间的某种电位差下（这种电位差决定 $\eta_阴$ 和 $\eta_阳$ 的值且 $E_f = \varphi_A - \varphi_K$），唯一可能的阴极反应是铜的还原，而阳极反应则是铜的氧化。其他的电极反应如 H^+ 的还原以及 OH^- 或 SO_4^{2-} 的氧化，只有在更高的电极极化下才可能发生。如果已经知道溶液中所存在的各种离子的平衡电位及相应的极化曲线，就有可能预测出给定的 $\eta_阴$ 和 $\eta_阳$ 值下的电解产物。

4. 极化与超电势的关系

与平衡时不同，当电极中流过电流时，也就是正逆反应速率不再相等时，电化学反应偏离平衡，这种现象就称为极化。给极化现象一个量化的指标，该指标则被称为超电势。

超电势的正式定义为：阴极或阳极的电势偏离平衡电势的大小。

在电化学反应中，超电势是必然出现的。主要基于以下几点原因。

（1）现实的电催化反应要求产生产物，因此正逆反应速率必然不一样，平衡被打破，于是产生极化，出现超电势。

（2）电解池作为一个闭合回路，溶液内阻也是不可忽略的一部分，当我们构建出一个等效电路时，溶液内阻可被视为一个欧姆内阻。其必然分担一部分电势，因而电池的总电极电势也会大于平衡电极电势，从而驱动反应进行。

3.1.7　电极反应的速率

1. 电极反应的活化能与电极电势的关系

电极电势对电极反应速率的影响，主要表现在影响其活化能。从动力学角度看，电极表面不论发生氧化反应、还是还原反应，均需要克服一定的势能垒。如金属相中的离子进入溶液中必须克服该相中的电子对它的吸引，于是需要活化能。溶液中的离子欲从溶液中析出至金属表面获得电子，必须克服水化作用，脱离水化层需要做功，该过程也需要活化能。金属离子在金属与溶液相间的转移所涉及的活化能及电极电势的变化对活化能的影响，主要有以下两个方面。

（1）提高电极电势，氧化反应的活化能降低，有利于氧化过程的进行。

（2）电极电势升高，还原反应的活化能增大，将使还原反应难以进行。这是因为提高电极电势，电极表面正电荷增多。反之，如果降低电极电势，氧化反应的活化能将升高，使氧化过程难以进行；还原过程的活化能降低，有助于还原反应。

2. Butler−Volmer 方程

电极反应涉及电子的转移，因此，电极反应速率可以用电流密度（A/m^2 或 A/cm^2）来表示。

一般电极反应可以表示为

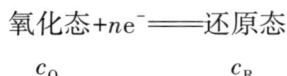

$$氧化态 + ne^- \rightleftharpoons 还原态$$
$$c_O \qquad\qquad c_R$$

式中：c_O 和 c_R 分别为氧化态和还原态的浓度。根据法拉第定律，电极上发生电极反应的物质的量为：

$$m = \frac{Q}{nF} = \frac{It}{nF}$$

用 $\dfrac{\mathrm{d}m}{\mathrm{d}t}$ 来表示反应速率，则有：

$$\frac{\mathrm{d}m}{\mathrm{d}t} = \frac{It}{nF}$$

即

$$I = nF\frac{\mathrm{d}m}{\mathrm{d}t}$$

电流密度为

$$i = \frac{I}{A} = \frac{nF}{A} \cdot \frac{\mathrm{d}m}{\mathrm{d}t} \tag{3-16}$$

若按一级反应处理，对于正反应（还原反应）有

$$i_c = \frac{I}{A} = \frac{nF}{A}k_1 c_O = \frac{nF}{A}k_{1.0}c_O\exp\left(-\frac{E_1}{RT}\right) \tag{3-17}$$

式中：i_c 为阴极电流密度；k_1、$k_{1.0}$、E_1 分别为正反应的速率常数、指前因子和活化能。同理可得到阳极电流密度为：

$$i_a = \frac{I}{A} = \frac{nF}{A}k_2 c_O = \frac{nF}{A}k_{2.0}c_R\exp\left(-\frac{E_2}{RT}\right) \tag{3-18}$$

式中：i_a 为阳极电流密度；k_2、$k_{2.0}$、E_2 分别为逆反应的速率常数、指前因子和活化能。

电极反应速率除了与温度、压力、介质等条件有关外，还与电极电势有关。计算表明，电势改变 0.6 V，电极反应速率改变 10^5 倍，对于一个活化能为 40 kJ/mol 的电极反应来说，相当于温度改变 800 K 才能达到同样的效果。由此可见电极电势对电极反应速率的影响程度。

由于电极反应中有带电粒子参与反应，因此其能量与电极电势有关。

若电极电势为 φ，且 φ 为正值，则将使得到电子的反应难于进行，而失电子的反应易于进行，即增加了还原反应的活化能，降低了氧化反应的活化能。

当电极电势为 φ 时，电极反应的吉布斯函数变化为 $-\Delta G = nF\varphi$，这个能量的一部分将起到增加还原反应活化能的作用，设这部分能量占总能量的分数为 α，而另一部分则起降低氧化反应活化能的作用，设这部分能量占总能量的分数为 β。因此还原反应和氧化反应的活化能分别为：

$$E'_1 = E_1 + \alpha z F \varphi$$
$$E'_2 = E_2 + \beta z F \varphi$$

式中：α、β 为迁越系数，其值大都接近 0.5，且 $\alpha + \beta = 1$。

因此，当电极电势为 φ 时，阴极电流密度和阳极电流密度分别为

$$i_c = \frac{nF}{A} k_1 c_O = \frac{nF}{A} k_{1.0} c_O \exp\left(-\frac{E_1 + \alpha nF\varphi}{RT}\right)$$

$$i_a = \frac{nF}{A} k_2 c_O = \frac{nF}{A} k_{2.0} c_R \exp\left(-\frac{E_2 + \beta nF\varphi}{RT}\right)$$

当电极达到平衡时，$i_c = i_a = i_0$，i_0 称为交换电流密度。它表示电极反应处于平衡时，电极反应两个方向进行的速度相等。交换电流密度大小除受温度影响外，还与电极反应的性质密切相关，并与电极材料和反应物质的浓度有关。

平衡时的电极电势用 φ_e 表示，则有

$$i_0 = \frac{nF}{A} k_{1.0} c_O \exp\left[-\frac{E_1 + \alpha nF\varphi_e}{RT}\right]$$

$$i_0 = k'_1 c_O \exp\left[-\frac{\alpha nF\varphi_e}{RT}\right] = k'_2 c_R \exp\left[\frac{\beta nF\varphi_e}{RT}\right] = \frac{nF}{A} k_{2.0} c_R \exp\left[-\frac{E_2 - \beta nF\varphi_e}{RT}\right] \quad (3-19)$$

式中：
$$k'_1 = \frac{nF}{A}\exp\left[-\frac{E_1}{RT}\right], \quad k'_2 = \frac{nF}{A}\exp\left[-\frac{E_2}{RT}\right]$$

$$\varphi_e = \frac{RT}{nF}\ln\frac{k'_1}{k'_2} + \frac{RT}{nF}\ln\frac{c_O}{c_R} \quad (3-20)$$

式（3-20）就是能斯特方程的另外一种表示方式。

当电极发生极化时，其极化电极电势为 φ，对阴极来说，$\varphi_c = \varphi_e - \eta$，代入式（3-20）得

$$i_c = \frac{nF}{A} k_{1.0} c_O \exp\left[-\frac{E_1 + \alpha nF(\varphi_e - \eta)}{RT}\right] = i_0 \exp\left(\frac{\alpha nF\eta}{RT}\right) \quad (3-21)$$

对于阳极来说，$\varphi_a = \varphi_e + \eta$，代入式（3-17）得

$$i_a = \frac{nF}{A} k_{2.0} c_R \exp\left[-\frac{E_2 - \beta nF(\varphi_e + \eta)}{RT}\right] = i_0 \exp\left(\frac{-\beta nF\eta}{RT}\right) \quad (3-22)$$

所以电极上的净电流密度为

$$i = i_c - i_a = i_0 \left[\exp\left(\frac{\alpha nF\eta}{RT}\right) - \exp\frac{-\beta nF\eta}{RT} \right] \tag{3-23}$$

式中：i 为电极的电流密度，A/m^2（定义为 $i = I/A$）；i_0 为交换电流密度，A/m^2；T 为热力学温度；z 为该电极反应中涉及的电子数目；F 为法拉第常数；R 为气体常数；α 为正极（阴极）方向电荷传递系数，无量纲；β 为负极（阳极）方向电荷传递系数，无量纲；η 为活化过电位（定义为 $\eta = \varphi - \varphi_{eq}$）；$\varphi$ 为电极电动势；φ_{eq} 为平衡电动势。式（3-23）称为 Butler-Volmer 方程。

Butler-Volmer 方程是电化学领域的一个最基本的动力学方程。它描述了电极上的电流如何随电极电势变化，也考虑到阴极方向和阳极方向的反应会对出现在同一个电极上的电流产生影响，电极上的电流具有变大变小的趋势，可以描述电极反应的速率和动力学，用于研究电极反应的电位依赖性。

Butler-Volmer 方程为电极上反应过程提供了一种有效的数学描述，为电极的发展提供了重要的理论基础，可用于诊断电极的工作状态，优化电极的使用状况，改善电极性能，以及更新电极设计。

在两种极限情况下，Butler-Volmer 方程有如下形式。

当阴极极化 η 值大时，可大致简化为一种对数关系：

$$i \approx i_c = i_0 \exp\left[\frac{\alpha nF\eta}{RT}\right]$$

取对数得

$$\eta = -\frac{RT}{\alpha nF} \ln i_0 + \frac{RT}{\alpha nF} \ln i$$

$$\eta = a + b \lg i \tag{3-24}$$

式中：a 和 b 为常量（对于某反应、在某温度下），称为塔菲尔方程常数。对于阴极方向和阳极方向的反应过程，a 和 b 的理论值是不同的。

当 η 很小时（即接近于可逆平衡状态），活化超电势基本可简化为线性关系：

$$i \approx \frac{i_0 \eta F}{iRT} \tag{3-25}$$

由上述分析可知，活化过程是由电流密度 i、温度、电极材料、电极反应（决定了 i_0）及电解质的组成（它决定了电极表面双电层结构，即 β 值）共同决定的。

若 $i_c > i_a$，发生阴极反应，净还原电流称为阴极极化电流；若 $i_c < i_a$，发生阳极反应，净氧化电流称为阳极极化电流。

对式（3-24）、式（3-25）取对数，可得到超电势与还原电流和氧化电流的关系（本书不推导，见图 3-5），两条直线相交于一点，其交点为电极反应交换电流密度的对数值。

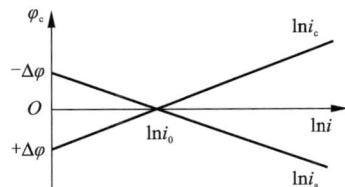

图 3-5　超电势与还原电流及氧化电流的关系

3. 电极反应速率与电极电势的关系

根据前面介绍，我们得知，电极电势等价于吉布斯自由能变化（法拉第定律），是一个热力学性质；而反应速率是跟活化能联系在一起的，是一个动力学性质。

动力学告诉我们这个反应的发生速率，以及如何在动态状态下维持反应平衡。

在电化学里，我们尤其想知道电势的改变如何影响电极反应的反应速率。

根据法拉第定律，电极上如有 1 mol 物质被还原或氧化，则需要通过 nF 法拉第电量，其中 n 为电极反应中一个反应粒子所消耗的电子数。所以在电化学中，电流其实就等同于反应速率，因此用电流密度 i 表示电极反应速率，即

$$i = nFv_i$$

式中：v_i 为电极单位表面上的反应速率。

电极反应速率是指在电极表面发生的化学反应的速率。

电极电势是指电极在电解质溶液中的电势，是电极所能提供或吸收的电能的大小。在电极反应中，电极电势的大小会影响反应的速率。通常情况下，电极电势越大，电极反应的速率就越大。这是因为，当电极电势越大时，电极能够提供或吸收的电能也就越大，化学反应的活化能也就越小，进而促进反应的进行。

需要注意的是，在特殊情况下，电极电势与电极反应速率之间的关系可能不是线性的。

4. 极限电流密度

当电化学过程的控制步骤不是电荷在界面的转移，而是其他相关的物理或化学步骤时，例如，扩散步骤为控制步骤，此时，反应速率受浓度的限制而与电势没有直接关系，到一定时候，不管过电势如何增长，电流不再加大，这时的电流密度就叫极限电流密度。

随着阴极电流密度的增大，反应离子将不再能足够快地得到补充，当阴极表面附近溶液中的离子完全被消耗时，电流密度达到了极限，这就是所谓的极限电流密度(i_L)

$$i_L = \frac{nFDc}{(1 - t^*)\delta} \tag{3-26}$$

式中：D 为扩散系数；c 为溶液浓度；t^* 为迁移数；δ 为双电层厚度。

根据以上观点，电极极化增大到一定值，将不再使电流密度增大，图 3-6 给出了这种情况下的 i-η 关系图。

活化超电势和浓差超电势是电极表面超电势的重要组成部分，另一个组成部分就是结晶超电势(η_{cr})。这种超电势来自还原结晶的形核和长大过程（对阴极过程而言），少量的杂质就可奇迹般地增大结晶超电势，因而能有效地减慢阴极电沉积过程。电解液中加入的一些有机添加剂，不仅能够被吸附在阴极表面减少表面的活化点数，而且还能降低极限电流密度，这些添加剂对产生致密的箔层是十分有益的。

整个电极超电势为

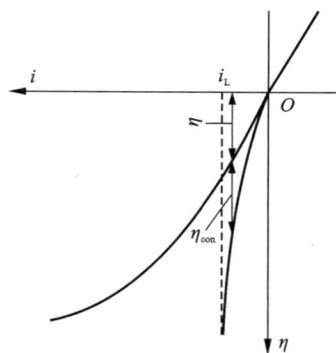

图 3-6　活化超电势与浓差超电势示意图及极限电流密度 i_L

$$\eta_{tot} = \eta + \eta_{con} + \eta_{cr} \tag{3-27}$$

式中：η_{tot} 为整个电极超电势；η 为活化超电位；η_{con} 为浓差超电位；η_{cr} 为结晶超电位。

一个电解槽包括两部分电极，即阴极和阳极，由方程（3-27）可知两部分电极对整个电解槽电势都有贡献。

除上述情况外，电解槽通电后还会由于电解液的电阻而产生电势 IR 及电势 E_R，于是整个电解槽的电势为：

$$E_{tot} = E_{reversible} + \eta_{tot}^{an} + \eta_{tot}^{oat} + IR + E_R \qquad (3-28)$$

式中：E_{tot} 为整个电解槽的电势，也就是槽电压；$E_{reversible}$ 为可逆电动势；η_{tot}^{an} 为阳极超电位；η_{tot}^{oat} 为阴极超电位。

实际的铜箔电解槽电压常常较由热力学理论计算出的可逆电沉积槽电势高得多。电压效率 β_E 就是可逆电势 $E_{reversible}$ 与实际电势 $E_{practice}$ 的比值：

$$\beta_E(\%) = \frac{E_{reversible}}{E_{practice}} \times 100\% \qquad (3-29)$$

能量效率 β_p 定义为：

$$\beta_p(\%) = \frac{\beta_E \times \beta_I}{100} \qquad (3-30)$$

需要指出的是，在表面处理过程采用可溶性阳极镀锌或镀黄铜时，由于电解槽中的金属离子由可溶性阳极供给，所以，此时电解槽的能量效率为 0，这是由于此时 E_{rev} 等于 0。

5. pH 的影响

pH 对电极电位也有很大影响。电势-pH 图，也称优势区图、稳定区图、普尔贝图，是表示体系的电极电势与 pH 关系的图，它在电化学中有很重要的意义。它相当于相平衡时的相图，是一种电化学的平衡图。除了外加电势对金属阴极电沉积有影响外，电解液 pH 的影响也是显著的。在前面讨论的标准电极电势序中由于选择标准氢电极（SHE），pH 等于 7（$a_{H^+} = 1$，pH $= \lg a_{H^+}$），pH 的影响也就被略去了。

电解液的性质与电解铜箔性能的关系非常密切。在生箔电解过程中，由于采用强酸溶液体系，硫酸含量很高，pH 很低，pH 的影响可以不考虑。但对于铜箔表面处理工序，无论是锂电铜箔还是电子电路铜箔，钝化、表面镀锌、镀镍、镀铬等工序，pH 的影响必须考虑。在表面处理过程中，在相同的金属离子浓度和温度下，pH 不同，电沉积的组织结构也不同，有的甚至都不能形成连续的沉积层。

3.2 电沉积理论

3.2.1 电沉积理论的发展

电化学是研究电和化学反应相互关系的科学。电和化学反应相互作用可通过电池来完成，也可利用高压静电放电来实现（如氧通过无声放电管转变为臭氧），二者统称为电化学，后者为电化学的一个分支，称放电化学。由于放电化学有了专门的名称，因而，电化学往往专门指"电池的科学"。

从 1807 年英国化学家戴维通过电解法发现了金属钠以来，到目前电解法已有 200 多年的历史。电沉积技术由最初只能电沉积单金属发展到可沉积单金属、合金、金属氧化膜和纳米复合层。近年发展的激光辅助电沉积（LAED）是一种在电沉积系统中引入激光辐照以实现高速、高质量和高选择性沉积的技术。与传统电沉积过程相比，LAED 技术具有辐照区域沉积速度快、可定域沉积及促进纳米结构形成等优势。

在复合电沉积方面，耐磨、耐蚀和抗高温氧化陶瓷颗粒增强金属基复合涂层也有了一定的进展。

电结晶也称电沉积初期行为，是电沉积的初期阶段，包括晶核在基底表面活性点上形成及晶核生长两个过程。在电沉积过程中，电结晶阶段所得沉积层的结构和性质对后续的沉积过程有着巨大的影响，在很大程度上决定了沉积镀层的形貌、结构和性质，进而决定沉积层的功能。

金属的电化学沉积学是研究在电场的作用下，金属在电极和电解质溶液的界面上沉积规律的学科。电沉积理论的发展过程大致可以分为以下几个阶段。

1. 经典理论阶段

在金属的电沉积技术发展的前期，电沉积理论主要是建立在经验的基础上。

早在 1878 年，Gibbs 在他著名的不同体系相平衡研究中，阐述了成核和结晶生长的基本原理和概念。

20 世纪初，阿弗拉密（Avrrami）提出了结晶动力学，他认为在成核和生长过程中有成核中心的重复碰撞和相互更迭。晶体生长动力学可用等温结晶动力学关系式——Avrami 方程来定量描述。结晶动力学方程首先由约翰逊-梅尔（Johnson-Mehl）导出。方程推导的假设条件为：均匀形核，形核率和长大速度为常数，以及晶核孕育时间很短。而阿弗拉密（Avrami）在此基础上，考虑到形核率与时间相关，给出了结晶动力学的普适方程，称为阿弗拉密方程。阿弗拉密方程可用于成核生长机理计算。此理论认为，晶核的形成是晶体生长过程的速率控制步骤。在未完成的理想晶面上，晶面的继续生长只能在少数占有最低能量位置的"生长点"或"生长线"上进行。金属离子在晶面上任一位置都可放电并形成"吸附原子"，随后通过扩散转移到"生长线"和"生长点"。阿弗拉密方程已在金属、陶瓷和高分子的结晶动力学研究中被证明是正确的。

1945 年，Kaischew 把分子动力学方法应用于电结晶过程，对成核和生长理论有极大的促进作用。到了 20 世纪 50 年代，有关电结晶的试验和理论研究都有了较大发展。Fincher 等人完成了在实际的电镀体系中抑制剂对电结晶成核与生长的影响的系统研究，并按照其微观结构和形态对金属电沉积进行了分类。并系统研究了电结晶的基础理论及阻化剂对成核和生长的影响。

1949 年，Frank 提出低过饱和状态下单一晶面成长会呈螺旋状生长机理。一般认为，在晶体生长的初期，原子按照层生长模式堆积。但随着原子的不断堆积，由于杂质或热应力的不均匀分布，在晶格内部积累了内应力，致使晶格沿着面网发生相对剪切位移而形成了位错。晶体结构中一旦产生了螺旋位错，在滑移面处就必然会出现晶格台阶和相应的凹角，从而使介质中的原子通过表面吸附和扩散而优先向凹角处堆积，而且在整个过程中该凹角永远不会因原子的不断堆积而消失，仅仅是凹角所在的位置随着原子的堆积而绕位错线不断地螺旋上升，导致整个晶面逐层向外推移，并在晶面上留下成长过程中所形成的晶面生长螺纹。布顿（W·K·Burton）和卡勃雷拉（N·Cabrera）等考虑到在成长过程中吸附原子的表面扩散作用，从而完善了螺旋成核机理。

1964 年，Budevski 和 Bostanov 利用毛细管技术制备出很少甚至不含螺旋位错的单晶金属表面。运用这一技术,其他科学家定量证实了经典的二维成核模型。

2. 电化学界面研究阶段

20 世纪 70 年代以前,电化学研究都是宏观的。70 年代以后,电化学逐步进入到化学界面分子行为研究。电化学界面微观结构、电化学界面吸附、电化学动力学和理论界面化学的发展,构成了完整的界面电化学体系。

界面电化学的基础是双电层理论。在两种不同物质的界面上,正负电荷分别排列成面层。在溶液中,固体表面常因表面基团的解离或自溶液中选择性地吸附某种离子而带电。由于电中性的要求,带电表面附近的液体中必有与固体表面电荷数量相等但符号相反的多余的反离子。带电表面和反离子构成双电层。

在电极的金属–电解液(质)的两相界面存在电势,同样将产生双电层,其总厚度一般为 0.2~20 nm。电极的金属相为良导体,过剩电荷集中在表面;电解液(质)的电阻较大,过剩电荷这部分紧贴相界面,称紧密双层;余下部分呈分散态,称分散双层。电极反应的核心步骤——迁越步骤(即活化步骤)需在紧密层中进行,影响电极反应的吸附过程也发生在双电层中,故双电层结构的研究对于电化学理论发展和生产实际都有重要意义。

20 世纪 70 年代,有明确结构(如单晶电极)界面的研究和电化学界面分子水平的研究迅速发展。利用固体物理和表面物理理论,处理界面固相侧的工作。这一切,促进了电化学界面微观结构模型的建立,如原子、离子、分子、电子的排布,界面电场的形成,界面电位的分布,界面区粒子间的相互作用,电极表面的微结构和表面重建、表面态等的建立。

3. 微观结构控制理论

渡边辙研究了电镀层微观结构与镀层性能的关系,认为电沉积和金属淬火过程相似。从金属学研究角度对镀层微观结构进行了解释,提出了微观结构控制原理。该理论认为电镀层的微观结构与金属的熔点相关。金属离子在界面放电还原过程中释放出的能量高达几个 eV,足以将原子加热到数万度,界面热量通过电镀液和基底扩散,相当于一个急速淬火的过程,这时高熔点金属固化时间快,倾向于多处形核,导致细晶粒层的形成,而低熔点金属固化较慢,相应延长了原子的表扩散距离,于是形成较粗大晶粒。并且镀层纯度越高,晶粒尺寸越大。镀层的微观结构主要取决于元素种类和化学成分而与电镀规范无关。

4. 金属键理论

1900 年德鲁德(drude)等人为解释金属的导电、导热性能提出了一种假设。后经洛伦茨(Lorentz,1904)和佐默费尔德(Sommerfeld,1928)等人的改进和发展,形成了金属键理论。该理论认为,在金属晶体中,自由电子做穿梭运动,它不专属于某个金属原子而为整个金属晶体所共有。这些自由电子与全部金属离子相互作用,从而形成某种结合,这种作用称为金属键。由于金属只有少数价电子能用于成键,金属在形成晶体时,倾向于构成极为紧密的结构,使每个原子都有尽可能多的相邻原子(金属晶体一般都具有高配位数和紧密堆积结构),这样,电子能级可以得到尽可能多的重叠,从而形成金属键。

金属键理论很好地解释了金属的导电性、延展性和导热性等。但由于金属的自由电子模型过于简单化,不能解释金属晶体为什么有结合力,也无法解释金属晶体为什么有导体、绝缘体和半导体之分。因此,随着量子理论的发展,建立了固体能带理论。

固体能带理论是在分子轨道理论基础上发展起来的现代金属键理论。能带理论把金属晶体看成一个大分子,这个分子由晶体中所有的原子组合而成。各原子的原子轨道之间相互作用便组成一系列相应的分子轨道，其数目与形成它的原子轨道数目相同。由于金属晶体中原子数目极大，因此这些分子轨道之间的能级间隔极小，几乎连成一片，从而形成能带。由已充满电子的原子轨道形成的低能量能带称为满带；由未充满电子的能级所形成的高能量能带称为导带；满导与导带之间能量相差极大，电子不易逾越，所以称为禁带。

金属键的强度可以由原子化热来衡量。原子化热是指 1 mol 金属转化成气态原子时所需要吸收的能量。原子化热较小的金属，硬度较小、熔点较低；反之亦然。如金属钠的原子化热为 108.4 kJ/mol，金属铝的原子化热为 326.4 kJ/mol，所以金属钠的硬度和熔点比铝低，而铯的原子化热只有 79 kJ/mol，因此其硬度和熔点均比钠低。

金属键的强弱造成不同金属晶体的熔沸点、硬度等性质的差异，对此，不同的理论也有不同的解释。

目前尚未有文献系统地采用价键理论来解释电沉积过程与金属镀层间的关系，这也是影响电解铜箔不能快速发展的原因之一。

3.2.2　电沉积结晶形核

在自然界，生成新相总是和偏离平衡相关。我们知道，如果有一杯盐溶液，那么盐会在水中形成水合盐离子，以及水合离子在溶液中会生成沉淀，生成结晶盐组分，从而构成一个动态平衡。当体系达到平衡时，盐组分便不会再有净的固态析出，也不会有固态多余的盐组分被水化生成水合离子。当盐组分过多，或者水过少时，平衡才会发生移动，造成结晶盐的析出。

也就是说，结晶盐析出的动力，来源于溶液的过饱和度。从饱和溶液中生成新的晶粒或自饱和蒸气中凝结出新的液滴都不能在平衡状态下发生。实现这些过程的必要条件是体系存在一定的过饱和现象。

金属电结晶过程既然是一种结晶过程，那它就和一般的结晶过程，如盐从过饱和水溶液中结晶出来，熔盐金属在冷却过程中凝固成晶体等有类似之处。但电结晶过程是在电场的作用下完成的，因此电结晶过程受到阴极表面状态、电极附近溶液的化学和电化学过程特别是阴极极化作用（过电势）等许多特殊因素的影响而有自己独特的动力学规律，与其他结晶过程有着本质的区别。目前认为电结晶过程有两种形式：一是阴极还原的新生态吸附原子聚集形成晶核，晶核逐渐长大形成晶体；二是新生态吸附原子在电极表面扩散，达到某一位置并进入晶格，在原有金属的晶格上延续生长。

在电结晶过程中也只有出现过电位后才可能产生新的晶粒。Erdey-Gruz 和 Valmer 给出了形成晶粒时的成核电流密度 i 和过电位 ηk 之间的关系。对于三维晶核：

$$\ln i = A - B\eta_k^{-2} \tag{3-31}$$

对于二维晶核，则有：

$$\ln i = A' - B'\eta_k^{-1} \tag{3-32}$$

式中：A、A'、B、B' 均为常数。

由此可见，电流密度与过电位关系密切。电流密度升高，易于形核。

但电结晶过程不同于一般的过饱和溶液的结晶现象。因为电场的存在直接影响了电沉积的结晶过程。

实践中，阴极表面上的电位和电流分布，不仅影响镀层厚度的均匀性，而且也会使镀层的结构不同。

金属沉积是一个晶核形成与晶体长大的过程。就成核动力学而言，成核速度与表面活性区等参数和时间有关。晶核形成概率 W 与过电位 η_k 的关系为：

$$W = B\exp(-b/\eta_k^2) \tag{3-33}$$

其中：B 和 b 为常数。

在高过电位下，活化点和成核速度比较稳定，但由于过电位高，晶核形成概率和晶核形成数目也就越多，因而电沉积层也就越细密。

从物理意义上说：

①过电位或阴极的极化值所起的作用和盐溶液中结晶过程的过饱和度相同。

②阴极过电位的大小决定电结晶层的粗细程度，阴极过电位高，则晶核愈容易形成。

需要说明的是，在本书有关电解铜箔理论讨论中，过电势和过电位含义相同。电势与电位原本就是同一概念在不同学科中的不同叫法。电势是在静电学中从能量角度上描述电场的物理量。因为在静电场中沿任意闭合路径积分为零，所以可以定义电势差，随后引入电势的概念，势场电压即为电势差，它是衡量单位电荷在静电场中由于电势不同所产生的能量差的物理量；在环路积分不为零的非保守场中，电势没有意义，但是电位的概念仍然存在，为沿某一路径移动单位正电荷所做的功。电位是指该点与指定的零电位的电压差。电压是指电路中两点的电位差。当参考零电位相同时，电压等于电位。电压的方向规定为从高电位指向低电位，此时电压不等于电势。在电路中一般叫电位，电压(压降)为电位差。

3.2.3　金属电沉积过程的特点

经典理论认为金属电沉积阴极过程一般由以下几个过程单元串联组成。

液相传质：溶液中的反应粒子，如金属水化离子向电极表面迁移。

前置转化：迁移到电极表面附近的反应粒子发生化学转化反应，如金属水化离子水化程度降低和重排；金属络离子配位数降低等。

电荷传递：反应粒子吸收电子，还原为吸附态金属原子。

电结晶：新生的吸附态金属原子沿电极表面扩散到适当位置(生长点)进入金属晶格生长，或与其他新生原子集聚而形成晶核并长大，从而形成晶体。

上述各个单元步骤中反应阻力最大、速度最慢的步骤则成为电沉积过程的速度控制步骤。不同的工艺，因电沉积条件不同，其速度控制步骤也不相同。

电结晶过程的复杂性既与晶体表面的不均匀性有关，又与形成新相有关。在形成固相时产生结晶过电位，后者产生的原因是原子进入固体金属晶格有序结构的迟缓性，纯粹形式的结晶过电位只有当其他各步骤，即电荷传递、扩散以及在溶液中的化学反应等价电流都非常接近热力学平衡时，才能显现出来。当电沉积发生在理想的平滑表面时，结晶过电位与形成晶胚有关，金属的晶核由为数不多的配置在同一平面上(二维晶核)的原子或相互重叠的原子(三维晶核)所组成。

电沉积过程实质上包括两个方面，即金属离子的阴极还原(析出金属原子)过程和新生态金属原子在电极表面的结晶过程。前者符合一般水溶液中阴极还原过程的基本规律，但由于在电沉积过程中，电极表面不断生成新的晶体，表面状态不断变化，使得金属阴极还原过程的动力学规律复杂化；后者则遵循结晶过程的动力学基本规律，但以金属原子的析出为前提，同时又受到阴极界面电场的作用。因二者相互依存、相互影响，造成了金属电沉积过程的复杂性又有不同于其他电极过程的一些特点。

（1）阴极过电位是电沉积过程进行的动力。

与所有的电极过程一样，阴极过电位是电沉积过程进行的动力。然而，在电沉积过程中，金属的析出不仅需要一定的阴极过电位，即只有阴极极化达到金属析出电位时才能发生金属离子的还原反应；而且在电结晶过程中，在一定的阴极极化下，只有达到一定的临界尺寸的晶核，电结晶过程才能稳定存在。凡是达不到临界尺寸的晶核会重新溶解。

而阴极过电位越大，晶核生成功越小，形成晶核的临界尺寸才能越小，这样生成的晶核既小又多，结晶才能致密。所以，阴极过电位对金属析出和金属电结晶都有重要影响，并最终影响到电沉积层的质量。

（2）双电层的结构，特别是粒子在紧密层中的吸附对电沉积过程有明显影响。

反应粒子和非反应粒子的吸附，即使是微量的吸附，都将在很大程度上既影响金属的阴极析出速度和位置又影响随后的金属结晶方式和致密性，因此它是影响镀层结构和性能的重要因素。

（3）沉积层的结构、性能与电结晶过程中新晶粒的生长方式和过程密切相关，同时与电极表面的结晶状态相关。例如，不同的金属晶面上，电沉积的电化学动力学参数可能不同。

金属离子放电后生成的吸附原子由平面扩散到生长点而进入晶格或吸附原子相互碰撞形成新的晶核的过程称为金属的电结晶过程。电结晶过程是一种在运动和变化的电极表面上沉积、结晶的复杂过程。此过程与其他结晶过程的不同之处在于电场起着重要影响。电极表面的化学与电化学反应、电流密度等都对此过程有明显的影响。电结晶过程包括晶核的生成和晶核的长大。如果晶核的生成速率很快，而晶核生成后长大速率较慢，则生成的晶核数量较多，形成的晶粒较细；如果晶核的生成速率很慢，而晶核生成后长大速率较快，则生成的晶核数量较少，生成的晶粒较粗大。电镀时通过提高阴极极化可以提高晶核的生成速率而获得结晶致密的镀层。

3.2.4　电沉积结晶生长

金属电沉积结晶的生长机理，目前分歧很大，主要有以下几种观点。

（1）连续生长理论。通过分布在基体表面还原沉积的一层原子的连续结晶长大而构成电沉积层的方式［图 3-7（a）］。

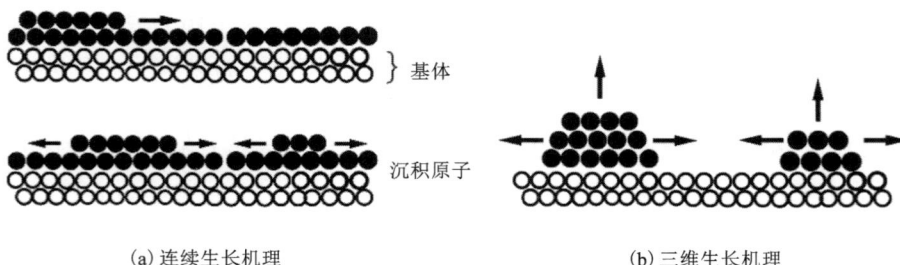

(a) 连续生长机理　　　　　　　　(b) 三维生长机理

图 3-7　电沉积结晶生长机制

（2）三维结晶生长机制。结晶的长大是按照三维生长的方式，晶核在三维方向上长大而构成电沉积层[图 3-7（b）]。

（3）外延生长理论。也就是成核粒子直接在晶体的晶格中生长。所谓"外延生长"是指基底把它的晶体结构、取向和晶格参数施加于外延生成层，这样的定义当然有一定的局限性，按照这个定义生长的外延膜，又称为"准同晶生长"。

（4）缺陷理论。指的是粒子在基底晶体的缺陷部位生长。如图 3-8 所示，电结晶主要在位错部位长大。目前的研究也表明，基底材料表面的杂质，特别是非金属夹渣也常是优先成核生长的部位。

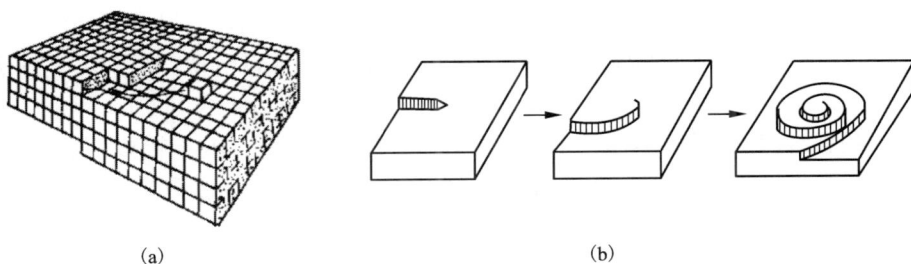

图 3-8　螺旋位错生长机制

这一晶体生长模型认为离子放电步骤与新相生成步骤间存在表面扩散步骤。如果离子放电速度大于表面扩散速度，则将导致吸附原子的表面浓度升高，结果电位负移而产生电结晶极化和电结晶过电位。

电沉积结晶理论的不完善，是当前阻碍铜箔技术发展的瓶颈问题。许多研究者试图通过实验和理论分析，建立更恰当的理论模型和机理，促进我们对电沉积过程及金属沉积层结构关系的理解。

3.2.5　电化学试验技术

1. 电化学试验技术发展

电化学试验技术发展经历了以下 3 个阶段。

（1）电化学热力学性质测量技术。

基于能斯特方程、电势-pH 图、法拉第定律等热力学规律建立起来的电化学热力学研究方法。

（2）电化学动力学性质测量技术。

依靠电极电势、极化电流的控制和测量进行的动力学性质研究方法，研究电极过程的反应机理，测量电极过程动力学参数。

（3）谱学电化学测量技术。

在电极电势、极化电流的控制和测量的同时，结合光谱波谱技术、扫描探针显微技术，引入光学信号等其他参量的测量，测定体系电化学性质的技术。

2. 电沉积过程研究方法

金属电沉积过程研究方法基本上可以分为两大类，即电化学方法和表面层观测方法。电化学方法主要用于研究电沉积过程的机理和动力学，而表面层观测方法主要用于研究沉积层的组织结构。

当阴极过电位较小时，电极过程的动力较小，电结晶过程主要通过吸附原子表面扩散、位错生长方式进行。此时，由于吸附原子浓度和扩散速度都相当小，表面扩散步骤成为电沉积过程的速度控制步骤。当阴极过电位比较高时，电极过程动力增大，吸附原子浓度增加，新的晶核容易形成并长大，故电结晶过程主要以成核方式进行。与此同时，电极过程速度控制步骤也转化为电子转移步骤。

研究金属电结晶主要采用电化学方法。研究在异相基底上的成核过程采用电化学方法比其他方法更具有优越性，这主要体现在电结晶过程的驱动力是过电位，用电化学方法很容易精确控制。

电结晶中的成核和生长动力学一般受两类步骤控制："界面（电子转移）"控制和"扩散"控制。界面控制时，成核和生长的速度是由电活性离子在电极表面获取电子转变成原子的速度决定的；扩散控制是由活性粒子在溶液中或是在表面扩散层中的传质速率决定的。前者在低过电位和高浓度电解液中发生，而后者在高过电位和低浓度电解液中发生。

目前电沉积过程研究应用最多的是电化学工作站。电化学工作站是电化学测量系统的简称，是电化学研究和教学常用的测量设备。一般的电化学工作站都将循环伏安、阶梯伏安、脉冲伏安、方波伏安、恒电位极化、恒电流极化、电位/电流/电量阶跃和塔菲尔图、交流阻抗等测试方法集于一体，部分电化学工作站还可以提供如恒流限压快速循环充放电、四探针电阻率测量、器件电阻电源内阻测量、线状材料电阻率测量、刀状探头方块电阻测量、镀锡量测定、点蚀电位测定等十多种在材料、能源、腐蚀等方面的新型电化学方法。

电化学工作站已经有很成熟的标准商品，自动化程度很高，操作简单。下面简单介绍循环伏安法、计时电流法和电化学阻抗谱的基本原理。

（1）循环伏安法。

循环伏安法（cyclic voltammetry，CV）是一种研究电极/电解液界面上电化学反应行为-速度-控制步骤的技术手段，是电化学分析法中使用最广泛的分析技术。该方法测试简单、响应迅速，得到的循环伏安曲线信息丰富，可称之为"电化学的图谱"。但由于影响因素较多，一般只用于定性分析，如研究电极反应的性质、电极反应机理、反应速度和电极过程动力学参数等。

循环伏安法是在溶液体系内对电极系统施加一个连续的电位函数，所产生的氧化反应的电子移动会产生对应电流，通过电位与电流的关系图可知被分析物与电极之间的电化学信息。

在电极上施加一个线性扫描电压，以恒定的变化速度扫描，当达到某设定的终止电位时，再反向回归至某一设定的起始电位。电位与时间的关系如图 3-9 所示。得到的电流电位曲线包括两个部分，其中一个半波电位向阴极方向扫描，使

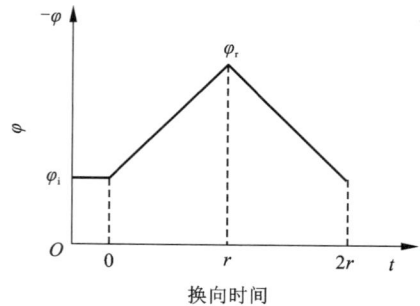

图 3-9　循环伏安法电位与时间的关系

活性物质在电极上还原得到电子,产生还原波形,另一半波电位向阳极方向扫描时,电极上还原物失去电子发生氧化,产生氧化波形。

一次三角波扫描,即完成一个还原和氧化过程的循环,故称此法为循环伏安法。循环伏安法中电压的扫描过程包括阴极与阳极两个方向,因此从所得的循环伏安法图的氧化波和还原波的峰高和对称性可判断电活性物质在电极表面反应的可逆程度。

若反应是可逆的,则曲线上下对称;若反应不可逆,则曲线上下不对称。

①若电极反应为 $O+e^- \longrightarrow R$,反应前溶液中只含有反应粒子 O,且 O、R 在溶液中均可溶,控制扫描起始电势从此体系标准平衡电势($\varphi_{\text{平}}$)正得多的起始电势(φ_i)处开始作正向电扫描,电流响应曲线则如图 3-10 所示。

②当电极电势逐渐负移到($\varphi_{\text{平}}$)附近时,O 开始在电极上还原,并有 i 法拉第电量通过。由于电势越来越负,电极表面反应物 O 的浓度逐渐下降,因此电极表面的流量和电流增加。当 O 的表面浓度下降到接近零时,电流增加到最大值 I_c,随后电流逐渐下降。当电势达到(φ_r)后,又改为反向扫描。

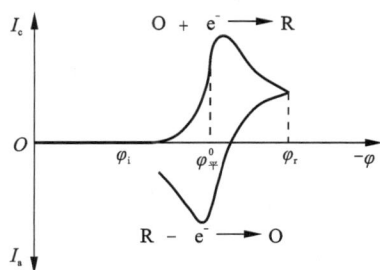

图 3-10　CV 扫描电流响应曲线

③随着电极电势逐渐变正,电极附近可氧化的 R 粒子的浓度较大,在电势接近并通过($\varphi_{\text{平}}$)时,表面上的电化学平衡应当向着越来越有利于生成 R 的方向发展。于是 R 开始被氧化,并且电流增大到峰值氧化电流 I_a,随后又由于 R 的显著消耗电流开始衰降。整个曲线称为"循环伏安曲线"。

CV 法主要用于判断金属电沉积是否经历了成核过程。采用暂态技术测量,如 CA,由于通过体系的电量较少,电极表面状态的变化及其附近液层中的浓度极化都较轻微,因此有利于突出界面反应的动力学性质和保持实验过程中电极表面的状态不变,所以有关成核过程的动力学信息常常是从 CA 实验得到的电流暂态曲线(CTTs)中获取的。

(2)计时电流法(CA)。

计时电流法(chronoamperometry,简称 CA),属于恒电位法,即在电解池上突然施加一个阶跃电压然后保持恒电压条件下,使溶液中某种电活性物质(或称去极剂)发生氧化或还原反应,记录电流与时间的变化,得到电流-时间曲线,故称计时电流法。如图 3-11 所示,初始

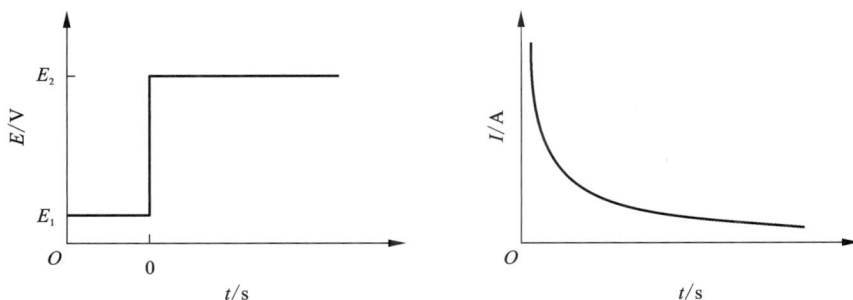

图 3-11　计时安培法工作原理

电压 E_1 对应于无电流产生状态,最终电压 E_2 对应于法拉第过程,产生法拉第电流。最终电流的大小取决于末端电压 E_2。

计时电流法常用于电化学研究,即电子转移动力学研究。近年来还出现了采用两次电位突跃的方法,称为双电位阶的计时电流法。即第一次突然加一电位,使发生电极反应,经过很短时间的电解,又跃回到原来的电位或另一电位处,此时原先的电极反应产物又转变为它的原始状态,从而可以在 i–t 曲线上更好地观察动力学的反应过程。对于简单的氧化还原反应,测得的电流取决于分析物扩散到电极的速率。也就是说,电流被称为"扩散控制"。特雷耳方程描述了平面的电极情况,但也可以通过使用相应的拉普拉斯算子和边界条件结合 Fick 的第二扩散定律来推演球形、圆柱形和矩形的几何形状。

$$i = \frac{nFAc_j^0 \sqrt{D_j}}{\sqrt{\pi t}} \tag{3-34}$$

式中:i 为电流,A;n 为电子数;F 为法拉第常数,96485 C/mol;A 为(平面)电极的面积,cm^2;c_j^0 为可还原分析物 j 的初始浓度,mol/cm^3;D_j 为物种 j 的扩散系数,cm^2/s;t 为时间,s。

式(3-34)为科特雷耳方程,通过科特雷耳方程,考虑反应速率,进行数学推导和作图,可求出反应速率常数。

计时电流法与循环伏安法(CV)相比,具有如下优点:

①本方法所产生的峰电流值远高于 CV 法得到的电流峰值,具有更高的灵敏度。

②采用本方法进行检测,从电压施加到产生峰电流的时间小于 1 s,远比循环伏安法检测时间少,更适用于快速检测。

③计时电流法仪器的硬件结构简单,可用直流输出代替 DAC 输出,无须高速模拟元件,采用低速 ADC 即可实现大规模电极阵列芯片的电流峰值采集。但是,相比计时电流法的电流–时间曲线,以 CV 法为代表的许多电化学方法记录的是电流–电势曲线,包含了更多的电化学反应的信息,可用于电极反应的机理研究。

(3)电化学阻抗谱。

电化学阻抗谱(electrochemical impedance spectroscopy,简称 EIS):给电化学系统施加一个频率不同的小振幅的交流信号,测量交流信号电压与电流的比值(此比值即为系统的阻抗)随正弦波频率 ω 的变化,或者是阻抗的相位角 Φ 随 ω 的变化。通常作为扰动信号的电势正弦波的幅度在 5 mV 左右,一般不超过 10 mV。

研究电化学体系的阻抗图谱主要有以下两种方法。

①等效电路方法。

所谓"等效",是指在保持电路的效果不变的情况下,为简化电路分析,将复杂的电路或概念用简单电路或已知概念来代替或转化,这种物理思想或分析方法称为"等效"变换。这里的"等效"概念只是应用于电路的理论分析中,是电工、电化学教学中的一个概念,与真实电路中的"替换"概念不同,即"等效"仅是应用于理论假设中,不是真实电路中的"替换"。"等效"的目的是在电路分析时简化分析过程,以便于人们理解复杂的电路。

测试方法:由阻抗图谱对照理论画出对应的等效电路。

优缺点:该方法直观,但一个电路可能有多个等效电路。

②数学模型方法。

理论：建立各种典型电化学体系在不同控制步骤下的理论数据模型，理论计算出其阻抗图谱。

测试方法：由阻抗谱对照理论获得数据模型。

优缺点：此方法准确，但实际电化学体系复杂，模型难以建立，正在发展中。

电化学阻抗谱是采用小幅度的正弦电势信号对系统进行微扰，电极上交替出现阳极和阴极过程，二者作用相反，因此，即使扰动信号长时间作用于电极，也不会导致极化现象的积累性发展和电极表面状态的积累性变化，因此 EIS 是一种"准稳态方法"。

我们可以将电化学系统看作一个等效电路。该电路由电阻(R)、电感(L)和电容(C)等通过串联、并联方式组成。利用 EIS 可以测得各等效电路的构成和各元件的阻抗值等，利用这些元件的电化学含义，可分析电化学系统的结构和电极过程的性质，分析出一些表面吸附作用中离子扩散作用的贡献分配。进而计算电极过程的有关参数(如交换电流 i_0、扩散系数 D)和参量(如双电层微分电容 C_d)。

利用 EIS 可以分析电极过程动力学、双电层和扩散等，研究电极材料、固体电解质、导电高分子以及腐蚀防护等机理，具体分析可参阅相关的专业资料。

(4) 极谱法(polarography)。

极谱法是通过测定电解过程中所得到的极化电极的电流-电位(或电位-时间)曲线来确定溶液中被测物质浓度的一类电化学分析方法。该方法于 1922 年由捷克化学家 J·海洛夫斯基建立。极谱法和伏安法的区别在于极化电极的不同。极谱法是使用滴汞电极或其他表面能够周期性更新的液体电极为极化电极；伏安法是使用表面静止的液体或固体电极为极化电极。

极谱法可用来测定大多数金属离子、许多阴离子和有机化合物(如羰基、硝基、亚硝基化合物、过氧化物、环氧化物、硫醇和共轭双键化合物等)。此外，在电化学、界面化学、络合物化学和生物化学等方面都有着广泛的应用。具体应用如下：

①金属元素的测定，如 Cu、Pb、Cd、Zn、W、Mo、V、Se、Te 等元素。

②有机物的测定，如羰基、亚硝基、有机卤化物等。

③配位化合物的配位数和平衡常数的测定。

(5) 计算机模拟。

近年来，晶体生长理论研究及技术手段有了很大的发展，其中最重要的有基于现代计算机技术发展而产生的数学建模和模拟以及晶体生长过程的实时观察。

①Monte Carlo 模拟。

蒙特卡洛方法(Monte Carlo methods)，或称蒙特卡洛实验(Monte Carlo experiments)，是一大类计算算法的集合，依靠重复的随机抽样来获得数值结果。其基本概念是利用随机性来解决理论上可能是确定性的问题。这类方法通常用于解决物理和数学问题，当面对棘手问题而束手无策时，它们往往可以大显身手。蒙特卡洛方法主要用于解决 3 类问题：最优化、数值积分，依据概率分布生成图像。

由于实际晶体生长过程观察很困难，因此这种方法对于验证晶体生长理论的正确性显得尤为重要，这种方法适用于非平衡态过程的模拟，因而易于获得更为接近实际生长结果的界面结构和生长动力学过程的描述。

Monte Carlo 方法是一种采用统计抽样理论近似地求解数学问题或物理问题的方法，其基本思路是首先建立一个与描述的物理对象具有相似性的概率模型，利用这种相似性，把概率模型的某些特征与描述物理问题的解答联系起来，然后对所建模型进行随机模拟和统计抽样，利用所得到的结果求出特征的统计估计值作为原来问题的近似解。

②生长基元稳定能计算。

所谓基元是指结晶过程中最基本的结构单元。从广义上说，基元可以是原子、分子，也可以是具有一定几何构型的原子分子聚集体。

基元过程包括以下主要步骤：

a. 基元的形成：在一定的生长条件下，环境相中物质相互作用，动态地形成不同结构形式的基元，这些基元不停地运动并相互转化，随时产生或消失。

b. 基元在生长界面的吸附：由于对流、热力学无规则的运动或原子间的吸引力，基元运动到界面上并被吸附。

c. 基元在界面上的运动：基元由于热力学的驱动，在界面上迁移运动。

d. 基元在界面上结晶或脱附：在界面上依附的基元，经过一定的运动，可能在界面某一适当的位置结晶，或者脱附而重新回到环境相中。

③晶体生长过程实时观察。

利用先进技术手段，实时观察晶体生长过程中晶体表面微观形貌和整体形态的变化以及流体运动，从中获得有关晶体生长的信息，这是晶体生长理论研究的另一条基本途径。早在1985 年，就有研究者在研究亚稳相 DKDP 晶体生长速率和边界层的质量输运过程中，对边界层输运过程进行了全息图记录，用激光衍射技术实时测量晶体生长速率。总的来说，目前实时观察的范围仅限于特定条件下某些晶体生长体系，应用还不广泛。

通过将现实的实验技术与计算机辅助工具相结合，寻求在基础性研究中取得突破性的发现，是今后研究的重点。

3.3　金属的电沉积过程

金属电沉积是指在外电流作用下，金属离子或金属络离子等反应离子在阴极表面发生还原反应，并生成新相金属的过程。其目的在于改变固体材料的表面特性，或制备特定成分和性能的金属材料。一般包括电解冶炼、电解铜箔生产、电镀、电铸等。电解冶炼用于制备金属材料或提纯；电解铜箔生产则是制作一种特殊的功能性电子材料；电镀是为材料表面提供防护层或改变基材的表面特性；而电铸则用于生产形状特殊的薄壁零件。电沉积可以在水溶液、有机溶液或熔融盐中进行。

3.3.1　金属电极过程的特点

金属电极是以金属为基体的电极，其特征是电极上有电子交换，存在氧化还原反应。

金属电极过程是电镀、电冶金、化学电源等工业的基础，与电解沉积、电化学分析等领域有着密切的关系。早期的金属电极过程研究大多数偏重于工艺方面，直到 20 世纪 20 年代才转入科学研究和工业开发并行发展的阶段。20 世纪 40 年代，随着双电层结构和各类吸附现象对反应速度影响的研究，形成了苏联弗鲁姆金学派。20 世纪 50 年代，随着电化学试验技术的发展,尤其是快速暂态方法的建立,电极过程理论得到迅速发展,在电化学研究新方法和表面测试技术应用的推动下,金属电极过程的基础研究有了较大的进展。

1. 金属电极种类

(1)金属/金属离子电极。

这类电极由金属与该金属离子溶液组成,$M \mid M^{n+}$。

金属自身做极板,浸在含有该金属离子的溶液中,即构成电极。

如铜电极,电极反应式:

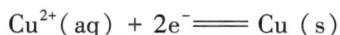

$$Cu^{2+}(aq) + 2e^- \Longrightarrow Cu(s)$$

该电极作负极时,电极符号为:$Cu(s) \mid Cu^{2+}(a)$

标准态:

$$c(Cu^{2+}) = 1 \ mol/dm^3$$

在25 ℃时,电极电位可用能斯特方程计算。

这类电极要求金属的标准电极电位为正值,在溶液中,金属离子以一种化合价形式存在。Cu、Ag、Hg等能满足以上要求,形成这类电极。有些金属的标准电位虽较负,但由于动力学因素,氢在其上有较大的超电位,也可用作电极,如Zn、Cd、In、Ti、Sn和Pb等。

(2)金属/难溶盐电极。

在金属表面覆盖一层该金属的难溶盐,将其浸在含有该难溶盐负离子的溶液中,构成电极。如银-氯化银电极($Ag/AgCl$, Cl^-),它的电极反应为:

$$AgCl + e^- \longrightarrow Ag + Cl^-$$

在25 ℃时,$Ag/(AgCl$, Cl^-)电极的电位可用能斯特方程表示。

类似的电极还有:甘汞电极($Hg \mid Hg_2Cl_2$)、硫酸亚汞电极($Hg \mid Hg_2SO_4$)。

(3)金属-氧化物离子电极。

在银丝的表面涂一层Ag_2O,将其插入NaOH溶液中,构成电极。

电极反应式:

$$Ag_2O(s) + H_2O + 2e^- \Longrightarrow 2Ag(s) + 2OH^-(c)$$

该电极作为负极时的电极符号:

$$Ag(s) \mid Ag_2O(s) \mid OH^-(c)$$

标准态:

$$c(OH^-) = 1 \ mol/dm^3$$

(4)惰性金属电极。

这类电极由一种惰性金属(铂或金)与含有可溶性金属离子的氧化态和还原态物质的溶液组成。如:$Pt \mid Fe^{3+}$, Fe^{2+}。

惰性金属不参与电极反应,仅仅提供交换电子的场所。

2. 金属电极特点

(1)真实固态金属表面在原子水平上存在平台、平台空位、扭折位、附加原子、单原子台阶、台阶等,这些不同的表面结构,在表面反应和吸附过程中,往往表现出不同的功能。这对电极反应来说,意味着表面上各点的反应能力有区别。而且,在金属电极过程进行的同时,还不断发生着电极表面的生长或破坏;因此,如何在实验过程中保持电极表面状态不变,以及如何计算电极的真实面积和真实电流密度,都成为十分困难的问题。

（2）在固态金属电极表面上同时进行着反应粒子在界面得失电子的过程——电化学步骤和电结晶过程。

（3）对于大多数金属和它的简单（水合）离子组成的金属电极体系，除 Fe、Co、Ni 等几种金属外，一般交换电流密度都很大，电化学反应都进行得很快，电极过程的速度往往是由浓度极化所控制。因而，在用经典极化曲线的方法研究金属电极过程时，所测得的数据不可能揭示界面步骤的动力学规律。

总体而言，目前对金属电极过程中的电化学步骤研究得多一些，因而对这一步骤的动力学规律也认识得深一些；而对结晶步骤的研究相对就少得多。这不仅是由于电化学步骤可以用液态金属电极或交流电方法单独进行，而且与结晶过程动力学规律本身就比较复杂有关。为保证结晶过程动力学实验数据具有较好的重现性，除需十分仔细地制备和处理电极表面外，还必须考虑电结晶过程电化学步骤的影响。

需要说明的是，以上只是对于简单体系而言。实际的金属电极过程，往往涉及相当复杂的体系并受各种因素的综合作用。所以，要想搞清某一实际金属电极过程的机理，不是一两种电化学测试方法就能够解决的，而必须同时运用其他研究手段进行综合考察。

3.3.2　影响金属离子阴极还原的因素

影响金属离子阴极还原的因素可分为两大类：热力学因素和动力学因素。

热力学因素：反应的可能性、方向性。

动力学因素：反应的速度、历程等。

下面具体分析有关影响因素。

1. 金属本性的影响

原则上讲，只要电极电位足够负，任何金属离子都有可能在电极上还原及沉积。但对于某一金属离子来说：φ 值越正，则越容易还原；φ 若为负，则不易还原，并且有其他离子（比如 H^+）优先于金属离子还原。例如在水溶液中，在高氢过电位金属表面上，即使电位达到 $-1.8\,V$ 甚至 $-2.0\,V$（vs SHE）时，碱金属仍不能被还原，只会发生猛烈的氢气析出反应。因此，那些析出电位比氢更负的金属离子几乎都要在熔盐中才能实现电解。

在元素周期表中，金属基本上是按照其活泼顺序排列的。我们可以利用元素周期表来说明金属离子被还原的可能性。

一般来说，在周期表中，位置愈靠左边的元素在电极上还原的可能性也愈小；相反，位置愈靠右，还原过程愈容易实现。图 3-12 给出了在水溶液中实现金属离子还原的各种金属在周期表中的位置。可以看出，大致以铬分族为分界线，在水溶液中，左方金属不可能在电极上电沉积；铬分族本身，铬较易从水中电沉积，W、Mo 则比较困难，但还是有可能（一般在合金共沉积中）；位于右方的各种金属元素的简单离子，均能容易地自水溶液中电沉积出来（在一定的电位下，往往伴随着 H_2 的析出）。

如果不是简单金属离子在电极上以纯金属形式析出，图 3-12 中的分界线的位置有很大变化：

（1）若阴极还原产物不是纯金属而是合金，则由于反应物中金属的活度比纯金属的活度更小，因而有利于还原反应的实现，例如 Cd-Ti，W-Fe，W-Ni 等。再如碱金属、碱土或稀土金属能在汞电极上还原成相应的汞齐，就是明显的例证。

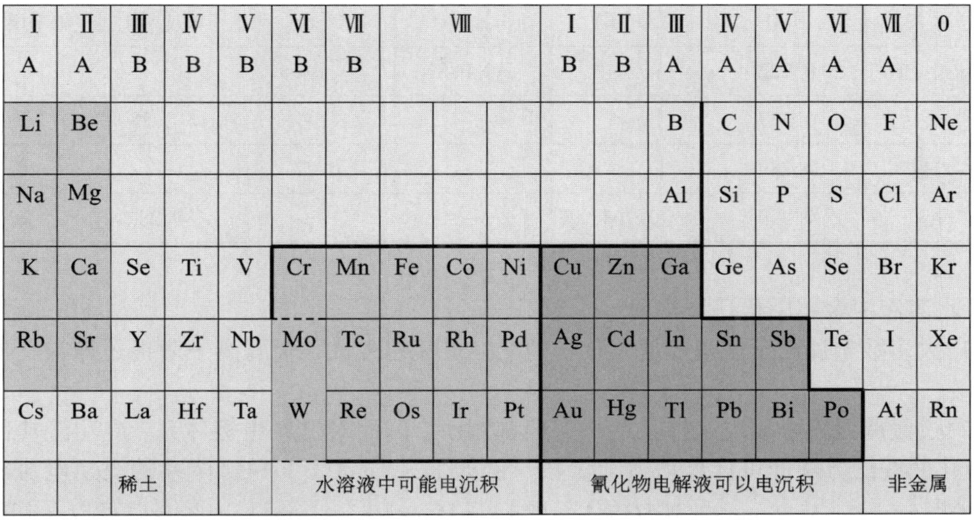

I	II	III	IV	V	VI	VII	VIII			I	II	III	IV	V	VI	VII	0
A	A	B	B	B	B	B				B	B	A	A	A	A	A	A
Li	Be												B	C	N	O	F	Ne
Na	Mg											Al	Si	P	S	Cl	Ar
K	Ca	Se	Ti	V	Cr	Mn	Fe	Co	Ni	Cu	Zn	Ga	Ge	As	Se	Br	Kr
Rb	Sr	Y	Zr	Nb	Mo	Tc	Ru	Rh	Pd	Ag	Cd	In	Sn	Sb	Te	I	Xe
Cs	Ba	La	Hf	Ta	W	Re	Os	Ir	Pt	Au	Hg	Tl	Pb	Bi	Po	At	Rn

稀土　　　水溶液中可能电沉积　　　氰化物电解液可以电沉积　　　非金属

图 3-12 水溶液中金属离子阴极还原的可能性

(2)若溶液中存在络合剂,且金属离子能与络合剂作用而形成稳定的络离子,则金属电极的平衡电位变得更负,这显然不利于还原过程。例如在氰化物溶液中,只有 Cu 分族及其右方金属才能实现电沉积,也即分界线向右移了。含有其他络合剂时,也可观察到类似的现象。

在非水溶液中,由于各种溶剂的分解电位不同,金属活泼顺序也可能与在水溶液中不同。因此,水溶液中不能在电极上析出的某些金属元素,可以在适当的有机溶剂中电沉积出来。

例如 Al、Mg 等不能从水溶液中电沉积,但可从醚溶液中电沉积出来,这就是所谓非水溶液中的电沉积。表 3-5 给出了一些非水溶剂中某些电极体系的标准电极电位,以供参考。

表 3-5　25 ℃时金属在水和某些有机溶剂中的标准电极电位　　　　　　单位:V

电对	H_2O	CH_3OH	C_2H_5OH	N_2H_4	CH_3CN	HCOOH
Li^+/Li	−3.045	−3.095	−3.042	−2.20	−3.23	−3.48
K^+/K	−2.925	−2.925	—	−2.02	−3.16	−3.36
Na^+/Na	−2.714	−2.728	−2.657	−1.83	−2.87	−3.42
Ca^{2+}/Ca	−2.870	—	—	−1.91	−2.75	−3.20
Zn^{2+}/Zn	−0.763	−0.74	—	−0.41	−0.74	−1.05
Cd^{2+}/Cd	−0.402	−0.43	—	−0.10	−0.47	−0.75
Pd^{2+}/Pd	−0.129	—	—	0.35	−0.12	−0.72
H^+/H	0	0	0	0	0	0

续表3-5

电对	H_2O	CH_3OH	C_2H_5OH	N_2H_4	CH_3CN	$HCOOH$
$Ag/AgCl,\ Cl^-$	0.222	−0.010	−0.088	—	—	—
Cu^{2+}/Cu	0.337	—	—	—	−0.28	−0.14
Hg^{2+}/Hg	0.789	—	—	0.77	—	0.18
Ag^+/Ag	0.799	0.764	—	—	0.23	0.17

2. 水溶液中金属阴极还原规律

（1）大多数金属离子阴极还原电化学的交换电流密度大，金属离子阴极还原被传质过程控制。

（2）过渡族元素金属电极体系的 i_0 一般都很小，因而对这些电极体系，应用经典的测量稳态极化曲线的方法即可计算动力学参数。例如 $Fe|1\ mol/L\ FeSO_4$ 体系的交换电流密度约为 $1 \times 10^{-8}\ A/cm^2$，$Ni|1\ mol/L\ NiSO_4$ 体系的 i_0 只有 $2 \times 10^{-9}\ A/cm^2$。这些金属可以在其简单盐的水溶液中，出现较高的电化学极化，获得良好的电沉积层。

不同的电极反应，交换电流差异很大。如某些金属–金属离子反应的 i_0 可以达 $10^4 \sim 10^5\ A/cm^2$，而氮分子电离过程的 i_0 估计小于 $10^{-70}\ A/cm^2$。i_0 大小表征了金属离子极化的难易程度。i_0 越大，说明电化学过程阻力越小。i_0 根据金属的种类不同而变化。按照交换电流的大小，可将金属分成三组，如表3-6所示。

表3-6　交换电流密度大小与金属分布

交换电流密度/$(mA \cdot cm^{-2})$	$10^{-3} \sim 10$	$10 \sim 10^{-5}$	$10^{-5} \sim 10^{-12}$
过电压/$mV(10\ mA/cm^2)$	$10^{-2} \sim 10$	$10 \sim 350$	$350 \sim 750$
金属分布	Hg	Cu	Fe
	Pb	Zn	Co
	Sn	Bi	Ni
	Ti	Sb	Rh
	Cd	Au	Pb
	In	As	Pt
	Ag	Ga	Cr
			Mn

（3）碱金属和碱土金属电极体系的交换电流密度都很大，对其中某些反应只能测得反应速度的数量级，而有些反应快到无法测量。因此，这些金属不能从水溶液中析出的原因来自热力学而不是动力学。

（4）周期表中铜分族元素及在周期表中位于铜分族右方的金属电极体系，其交换电流密度比过渡元素的电极体系大得多（见表3-6）。这些金属在其简单的盐溶液中电化学极化较小，所得电沉积层质量较差。

当从铜、银、锌、镉、铅、锡等金属的简单盐溶液中沉积这些金属时，它们的极化都很小，即交换电流很大，一般从这些金属的简单盐溶液中得到的电沉积层，结晶粗大，结构也不致密。

（5）铁系过渡族元素金属电极体系的交换电流密度很小，常发生较明显的电化学极化。例如铁、钴、镍从相应的硫酸盐或氯化物中电沉积时，它们的交换电流都很小，阴极极化都很大。极化产生的原因，显然是电化学极化引起的。对这些体系而言，从简单盐溶液中电沉积就可以获得致密的电沉积层。

（6）由于络离子的电化学还原速度比简单的水化离子要小，也就是金属在含有络合剂的溶液中析出时，往往涉及较大的电化学极化。例如在镉-汞齐（镉的摩尔分数为 1%）与含有 Cd^{2+}（$2.2×10^{-3}$ mol/L）的 Na_2SO_4（0.5 mol/L）溶液所组成的电极体系中，测得的交换电流密度 $i_0 = 4×10^{-2}$ A/cm^2；而在含有相同 Cd^{2+} 离子浓度的 NaCN（$2×10^{-2}$ mol/L）和 NaCl（5 mol/L）溶液体系中，测得的交换电流密度只有 $5×10^{-4}$ A/cm^2。

（7）如果向溶液中加入卤素离子，则几乎在所有情况下都能加速电化学步骤的速度。例如：在氯化物溶液中电沉积 Fe 及 Ni 时，出现的极化现象要比硫酸盐溶液中小得多。

（8）水溶液中的阴离子对金属阴极过程进行的速度有显著影响。水溶液中加入有机表面活性物质，金属阴极过程的反应速度减慢，极化增加。这是因为有机表面活性物质在金属/溶液界面上的吸附，提高了电化学极化所致。

综上所述，在阴极电沉积过程中，会出现浓度极化、电化学极化以及电结晶过程引起的极化现象。如何控制金属电沉积过程的极化，是一个有重大意义的实际问题。在化学电源中，我们力图创造最有利的条件，使电极极化最小，从而得到较高的活性物质利用率与比能量。在电化学沉积过程中，由于电化学极化较大时得到的金属沉积层一般具有较好的物理、化学性质，如结晶细密，表面平滑，附着力好等，因此在电镀、电解铜箔等电化学沉积过程中总是采取各种措施来适当增大阴极的电化学极化。

3. 有机表面活性剂

表面活性剂在电极表面的吸附，改变了电极表面的性质，必然会对电极过程产生影响。故选择添加剂时，应选择那些在所使用的电位范围内起吸附作用的表面活性粒子。

3.3.3　金离子阴极还原过程

1. 简单金属离子的还原

在讨论简单金属离子的阴极还原过程时，为了使过程简化，暂时不考虑结晶过程的影响，即假定结晶步骤不存在或这一步骤进行得很快。简单金属离子的还原过程包括以下步骤：

（1）水化金属离子由本体溶液向电极表面的液相传质。

（2）电极表面溶液层中金属离子水化数降低、水化层发生重排，使离子进一步靠近电极表面：

$$M^{2+} \cdot mH_2O - nH_2O \longrightarrow M^{2+} \cdot (m-n)H_2O$$

（3）部分失水的离子直接吸附于电极表面的活化部位，借助于电极实现电荷转移，形成吸附于电极表面的水化原子：

$$M^{2+} \cdot (m-n)H_2O + e^- \longrightarrow M^+ \cdot (m-n)H_2O(\text{吸附离子})$$

$$M^+ \cdot (m-n)H_2O + e^- \longrightarrow M \cdot (m-n)H_2O(\text{吸附原子})$$

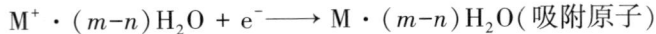

同时，由于吸附于电极表面的金属原子的形成，电极表面水化离子浓度降低，导致水化金属离子由本体溶液向电极表面传递的液相传质过程。

（4）吸附于电极表面的水化原子失去剩余水化层，成为金属原子进入晶格。

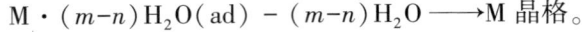

$$M \cdot (m-n)H_2O(\text{ad}) - (m-n)H_2O \longrightarrow M \text{晶格}。$$

由于金属离子在水溶液中都是以水化离子形式存在，因此，金属离子的还原过程不仅要在电极与溶液界面间进行电子的转移，而且水化金属离子还必须失去全部水化膜变成金属相中的粒子。因而可以认为，溶液和电极界面的水化离子，首先是其周围水分子的重排和水化程度的降低，接着是电子在电极与离子之间跃迁，形成部分失水的吸附在电极表面的所谓吸附原子，最后这些"吸附原子"失去剩余的水化膜，而成为金属原子。

2. 多价金属离子的还原

多价金属离子的还原过程往往分为若干个单电子步骤进行，一般都不是一步还原。而是分成若干个单元步骤来还原。

下面我们以二价金属离子为例（二价以上的金属离子更为复杂），其还原过程，可能的反应历程有下面 4 种：

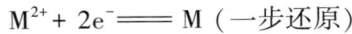

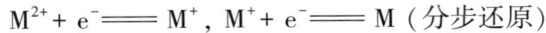

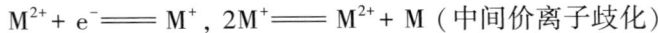

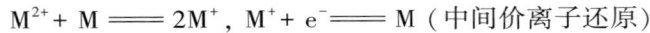

$$M^{2+} + 2e^- =\!=\!= M \text{（一步还原）}$$

$$M^{2+} + e^- =\!=\!= M^+, \; M^+ + e^- =\!=\!= M \text{（分步还原）}$$

$$M^{2+} + e^- =\!=\!= M^+, \; 2M^+ =\!=\!= M^{2+} + M \text{（中间价离子歧化）}$$

$$M^{2+} + M =\!=\!= 2M^+, \; M^+ + e^- =\!=\!= M \text{（中间价离子还原）}$$

一般控制步骤为得到第一个电子的步骤。

我们知道，多价离子同时得到几个电子直接还原为金属的可能性是不大的。在多价金属离子还原时，除已知的 Fe^{2+}、Cu^{2+}、Sn^{3+}、Cr^{3+} 等这些热力学稳定的中间价离子外，暂时还没有从实验中检测出其他金属的中间价离子。可能由于多价离子分步还原时，往往得到第一个电子较困难，因此不能检测出中间价离子来。

3. 金属络合离子还原

（1）络合剂的作用。

金属离子在电解液中可能以两种形态存在：简单的水合离子和络合离子。

虽然水溶液电解主要使用简单水溶液，但在电解铜箔电沉积过程中，络合物电解应用也很广泛。例如电子电路铜箔表面处理过程中的焦磷酸盐镀镍钴、焦磷酸盐镀锌等。这是因为金属络合物电沉积有以下一系列的特点。

①可以获得十分致密的阴极沉积物。

②可以获得各种合金沉积层。

前面已有讨论，在周期表铜分族及其右方的简单金属离子水溶液中，若加入适当的络合剂可以大大降低电极体系的交换电流密度，提高阴极极化的程度。就电沉积工艺来说，它可以改变离子的电沉积过程，获得结晶细密的电沉积层。

有些简单盐溶液体系，电沉积层性能很差，有些金属的简单盐根本不能溶解于水，这时就要用到络合剂。所谓络合剂，是可以与简单金属盐离子结合生成复杂离子的化合物。通常是以简单的金属离子为中心（也叫络离子的形成体），在它的周围直接配位某些中性分子或带负电荷的离子，使难溶的金属离子变成络离子而溶解于水溶液中。

简单金属离子在水溶液中都是以水化离子形式存在的。而加入络合剂后，由于络合剂和金属离子的络合反应，使水化金属离子转变成不同配位数的络离子，金属在溶液中的存在形式和在电极上放电的粒子都发生了变化。络合剂与金属离子形成更加稳定的能在溶液中存在的络合离子，形成的络合离子比之前金属离子的存在形式更加稳定，使得金属更难从溶液中沉积出来，增大了电化学极化，引起该电极体系电化学性质发生变化：金属电极的平衡电位向负移动。络合物不稳定常数越小，平衡电位负移越多。而平衡电位越负，金属阴极还原的初始析出电位也越负，即从热力学角度来看还原反应越难进行。一般是配位数较低的络离子在电极上得到电子而被还原。因而生成的晶粒更加细腻，镀层的光亮性增大，镀层与基体的结合力增加。

络合剂加入简单金属离子溶液中后，可使平衡电极电位变负。例如，在 Zn^{2+} 离子溶液中加入 KCN 后，$\varphi^{\ominus}$ 将由 -0.763 V 变为 -1.26 V。

（2）直接参与放电的络离子的存在形式。

关于金属络离子放电过程的大量研究表明，金属电沉积时在阴极上放电的往往不是溶液中浓度最大的络离子品种，而是它们部分离解后（在电极表面反应层中进行）配位数较低的产物。

研究金属络离子阴极还原机理的电化学方法在文献中做过总结，Gerischer 等用测定电化学反应级数法研究过银的氰化物和银氨络离子的阴极还原机理。一般来说，电极反应机理的研究包括两个部分，一是确定锌氨络离子的主要存在形式，即溶液中主要以哪几种配位络合物存在；二是确定在阴极直接放电的络离子品种。马春等人研究发现 $Zn(\text{II})$ 离子与 NH_3 能生成多种配位体，同时存在一系列的络合及离解平衡：

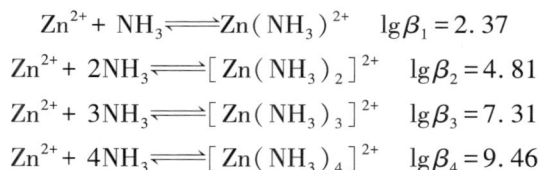

$$Zn^{2+} + NH_3 \rightleftharpoons Zn(NH_3)^{2+} \qquad \lg\beta_1 = 2.37$$

$$Zn^{2+} + 2NH_3 \rightleftharpoons [Zn(NH_3)_2]^{2+} \qquad \lg\beta_2 = 4.81$$

$$Zn^{2+} + 3NH_3 \rightleftharpoons [Zn(NH_3)_3]^{2+} \qquad \lg\beta_3 = 7.31$$

$$Zn^{2+} + 4NH_3 \rightleftharpoons [Zn(NH_3)_4]^{2+} \qquad \lg\beta_4 = 9.46$$

研究结果表明：

在 $ZnCl_2$-NH_4Cl-H_2O 电解液体系中，锌氨络离子存在的主要形式是 $[Zn(NH_3)_4]^{2+}$；而直接在阴极上放电的锌氨络离子却是 $[Zn(NH_3)_2]^{2+}$。因此锌氨络离子阴极还原机理可以表示为：

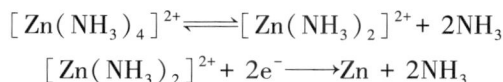

$$[Zn(NH_3)_4]^{2+} \rightleftharpoons [Zn(NH_3)_2]^{2+} + 2NH_3$$

$$[Zn(NH_3)_2]^{2+} + 2e^- \longrightarrow Zn + 2NH_3$$

（3）络合物的离解平衡。

络离子在溶液中也能或多或少地离解成简单离子或分子。一般来说，络合物由内界（络离子）和外界两部分组成。内界由中心离子（如 Fe^{2+}、Fe^{3+}、Cu^{2+}、Ag^{2+} 等）为核心，跟配位体（H_2O、NH_3、CN^-、Cl^- 等）结合在一起构成络离子。络合物中内界（络离子）与外界之间是离子键结合。

①不稳定常数。

与强电解相似，可认为络合物在水溶液中完全电离为络离子和外界离子。如

$[Cu(NH_3)_4]SO_4$ 的电离：

$$[Cu(NH_3)_4]SO_4 \Longrightarrow Cu(NH_3)_4^{2+} + SO_4^{2-}$$

而络离子在水溶液中，与弱电解质类似，仅发生部分电离，即存在络离子与组成它的中心离子、配位体之间的离解平衡：

$$Cu(NH_3)_4^{2+} \Longrightarrow Cu^{2+} + 4NH_3$$

与弱电解质的电离平衡一样，也可以写出络离子离解平衡关系式：

$$K = [Cu^{2+}][NH_3]^4 / [Cu(NH_3)_4^{2+}]$$

式中：平衡常数 K 是络离子的离解常数。它表示络离子在溶液中离解的难易程度，K 值越大，络离子越易离解，即越不稳定，故离解常数 K 通常称为不稳定常数，并以 $K_{不稳}$ 表示。

实际上，络离子的离解与多元弱酸(或多元弱碱)的电离相似，它们是分步进行的。例如 $Cu(NH_3)_4^{2+}$ 的离解分 4 步进行。

②稳定常数。

Cu^{2+} 与 NH_3 形成 $Cu(NH_3)_4^{2+}$ 达到平衡时：

$$Cu^{2+} + 4NH_3 \Longrightarrow Cu(NH_3)_4^{2+}$$

$$K = [Cu(NH_3)_4^{2+}] / [Cu^{2+}][NH_3]^4$$

式中：平衡常数 K 是 $Cu(NH_3)_4^{2+}$ 的生成常数。K 值越大，形成络离子的倾向越大，络离子越不易离解，即越稳定。所以该常数称为络离子的稳定常数。

稳定常数指络合平衡的平衡常数。对具有相同配位体数目的同类型络合物来说，$K_{稳}$ 值愈大，络合物愈稳定。配合物的稳定性，可以用生成配合物的平衡常数来表示。$K_{稳}$ 值越大，表示形成配离子的倾向越大，此配合物越稳定。所以配离子的生成常数又称为稳定常数。

(4)络合剂加入对阴极过电位的影响。

简单离子溶液中加入络合剂后，形成了络离子，络离子的不稳定常数越小，体系的平衡电位越负。但是，对过电位的影响，并没有这种平行的关系。

由于络离子中配位体和中心离子之间的相互作用强度与络离子的 $K_{不稳}$ 值有一定的关系。因此，若络离子的 $K_{不稳}$ 较小，则络离子中配位体与金属离子之间的相互作用也往往较强，致使配位体层在改组成表面络合物时涉及的能量变化也较大，即金属离子还原时的活化能较高。所以采用 $K_{不稳}$ 较小的络离子，往往能提高极化。如果络离子中的配位体在放电时能形成一种有利于电子传递的"桥"，则电极反应的活化能将显著降低，这就是所谓的"离子桥"理论。因此，由这类配位体与金属离子组成的络离子，即使 $K_{不稳}$ 较小，也往往很容易在电极上放电。

按照上面的分析，可按照配位体的性质，将金属络离子大致分成两类：对于那些不能形成"桥"的配位体，如 NH_3、CN^-、CNS^-、大部分含氧酸的阴离子以及多胺、多酸等有机配位体，如果金属络离子的 $K_{不稳}$ 较小，那么往往析出过电位也较高。对于那些有利于电子交换的配位体，例如卤素离子(OH^- 可能也属于此类)，若络离子的 $K_{不稳}$ 值较小，则电极反应的活化能可能反而越小(即过电位很小)。

电极反应的本质是界面反应。因此，不论溶液中络合剂和金属离子形成什么样的络离子，络合剂只能通过影响界面上反应粒子的组成、它们在界面上排列的方式及界面反应速度才可能改变金属离子的电极反应速度。除了考虑络合剂在溶液中的性质外，还必须考虑其本身的界面性质。

还有一些时候，虽然加入络合剂，对金属离子的络合不一定显著，但却能提高极化和改善电沉积层性质。这说明，加入的络合剂起着"表面活性物质"的作用。进一步研究电极表面、金属离子和络合剂三者之间的相互作用，必将有助于提高对金属络离子电沉积的认识。

3.3.4　金属的电结晶过程

对于电解铜箔行业而言，关注金属离子阴极还原过程主要是为了获得理想的阴极电沉积层。例如电子电路铜箔表面粗化为了得到枝状、须状结晶组织，生箔电解、表面处理的固化等要求获得致密、平滑的金属沉积层组织。

在上节介绍简单金属离子阴极还原过程时，为了简化过程，假定结晶步骤不存在或这一步骤进行得很快。实际上电结晶过程相当复杂，为了便于讨论，我们再次对电沉积过程进行简化，将金属的电结晶过程大致分为以下几个步骤：

（1）水化的金属离子向阴极扩散和迁移。

（2）金属离子从水化膜中分离出来。

（3）金属离子被吸附和迁移到阴极上的活性部分。

（4）金属离子还原成金属原子，并排列组成一定晶格的金属晶体。

金属在阴极上的电沉积实质上是一个电结晶过程。金属晶体形成经历着晶核的生成和成长过程，这两个过程的速度决定了金属结晶的粗细程度。在电沉积过程中当晶核的生成速度大于晶核的成长速度时，就能获得结晶致密、排列紧密的镀层。当晶核的生成速度远大于晶核成长速度时，镀层结晶越致密、紧密；否则，结晶粗大。

即使生成的沉积层只是原有晶体的继续生长，这一过程也至少包括金属离子"放电"以及"长入晶格"两个步骤。实际的电沉积过程往往还涉及新晶粒的形成，情况更加复杂。能影响晶面和晶体生长的因素很多，如温度、电流密度、电解液的组成（络合剂、有机表面活性物质等）等。这些因素对电结晶过程的影响直接表现在所得沉积层的各种性质上，例如沉积层的致密程度、分布的均匀程度、沉积层和基体金属的结合强度以及机械性能等。也正是由于这一问题的复杂性，人们至今对电结晶过程的了解仍很肤浅，远不能满足实际的需要。

电化学暂态测量技术出现以后，采用该技术可减少浓差极化，使电极表面轻微结晶或用液体撇开结晶过程，大家对结晶过程有了一个比较统一的认识。但电结晶的研究理论与实践仍旧有很大差距。由于多种综合因素的影响，在解决电化学结晶的实际问题时，现有理论还不能很好地解释。

3.3.5　晶核的生成与微晶沉积层形成的条件

电结晶过程和盐溶液结晶十分相似。盐溶液在饱和平衡状态下不会结晶，相当于电极处于平衡电位下金属不会电沉积；盐溶液在过饱和（不平衡）状态下才会结晶，相当于电极处于偏离平衡电位的极化状态下才能实现电沉积。电结晶过程与其他结晶过程有共同的规律：从液态金属变成固态金属需要过冷度；由盐溶液结晶出盐晶体需要过饱和度；自电解质溶液中电沉积金属则需要过电位。随着过电位的增加，晶核形成速度将迅速增大，晶粒数目增多，镀层结晶致密。

经典的成核理论由 Gibbs 给出。Gibbs 指出，成核过程中晶核的吉布斯自由能变化由作用相反的两部分组成：体自由能的变化（减小）和表面自由能的变化（增加）。

与普通盐溶液的结晶现象相似，在平衡电位附近得到的电沉积层往往是由粗大的晶粒所组成，要想得到细晶沉积层，必须提高阴极极化，增加阴极过电位。同样可以得到与上述相似的结论：在电结晶过程中，增大阴极过电位，可使电结晶的晶种临界尺寸变小，晶种形成功减小，形成晶种的速度增大，生成细而多的电结晶层。实践中，工程技术人员千方百计采取各种措施来提高一些金属的析出过电位，以改善沉积层组织，其原因就在于此。

要达到微晶目的，不能只靠增大电流密度来提高过电位。若过电位完全由电极表面液层中金属离子的浓度极化所引起，则电极表面上的电化学平衡仍未破坏，即不存在形成微晶的条件。因此，为了增大新晶种的形成速度，必须设法提高界面反应的不可逆性，而不是破坏液相中的平衡。在实践中，通过采用各种含有络合剂的电解液来获得性质优良的镀层。只有交换电流本身很小的那些金属（Fe、Ni 等），才有可能自简单溶液中以比较均匀、平滑的形式电沉积出来。另一种提高金属析出过电位的有效方法就是在电解液中加入适当的表面活性物质，它们吸附在电极表面能减小放电步骤的可逆性，使晶种的生成速度增大。

3.3.6　电结晶历程

电结晶至少包括金属离子的放电和长入晶格两个步骤。其影响因素很多，如温度、电流密度、电极电位、电解液组成、添加剂等，这些因素对电沉积过程的影响直接表现在所获得电沉积层的各种性质上，如密度、均匀性、结合力以及沉积层的机械性能等。

1. 晶核的形成与长大

晶核形成过程的能量变化由以下两部分组成：

（1）金属液态变为固态，释放能量 E_1，体系自由能下降（电化学位下降）。

（2）形成新相，建立界面，吸收能量 E_2，体系自由能升高（表面形成能上升）。

因此，成核时　　　　　　　　　　　　$\Delta E = E_1 + E_2$

晶核形态有多种形式，可以是二维的，也可能是三维的。现以二维圆柱状为例导出成核速度与过电位的关系。

体系自由能变化为：

$$\Delta E = \frac{\pi r^2 h \rho n F}{M} \eta_k + 2\pi r h \sigma_1 + \pi r^2 (\sigma_1 + \sigma_2 - \sigma_3) \tag{3-35}$$

式中：ρ 为晶核密度；n 为金属离子化合价；F 为法拉第常数；M 为沉积金属的原子量；σ_1 为晶核与溶液之间的界面张力；σ_2 为晶核与电极之间的界面张力；σ_3 为溶液与电极之间的界面张力。

体系自由能变化 ΔE 是晶核尺寸 r 的函数。当 r 较小时，晶核的比表面大，晶核不稳定。反之，表面形成能就可以以电化学位下降所补偿，体系总 ΔE 是下降的，形成的晶核才能稳定。

根据 $\dfrac{\partial \Delta E}{\partial r} = 0$ 求出曲线中 r 的临界值：

$$r_c = \frac{h \sigma_1}{\left[\dfrac{h \rho n F}{M} \eta_k - (\sigma_1 + \sigma_2 - \sigma_3) \right]} \tag{3-36}$$

r_c 随过电位 η_k 的升高而减小。

将 r_c 代入 ΔE 中，得到临界半径时自由能的变化：

$$E_c = \frac{\pi(h\sigma_1)^2}{\left[\dfrac{h\rho nF}{M}\eta_k - (\sigma_1 + \sigma_2 - \sigma_3)\right]} \tag{3-37}$$

当晶核与电极是同种金属材料时，$\sigma_1 = \sigma_3$，$\sigma_2 = 0$，则有：

$$\Delta E_c = \frac{\pi(h\sigma_1)^2 M}{\rho nF\eta_k} \tag{3-38}$$

二维成核速度 W 和 ΔE_c 有以下关系：

$$W = K\exp\left(\frac{-\Delta E_c}{RT}\right) \tag{3-39}$$

式中：K 为玻尔兹曼常数；$K = R/N$，R 为气体常数；N 为阿伏伽德罗常数。

将式(3-38)代入式(3-39)，可得到：

$$W = K\exp\left(-\frac{\pi h\sigma_1^2 NM}{\rho nFRT} \cdot \frac{1}{\eta_k}\right) \tag{3-40}$$

式(3-40)表明，过电位越大，成核速度越快，晶粒越细。

2. 理想晶面的生成过程

所谓理想晶面是指无缺陷的单晶晶面，图 3-13 表示在电流作用下，这种理想晶面的生长过程。金属离子在晶面上的任一点（见 a）还原成金属原子后，首先吸附于晶面上，然后，吸附原子通过扩散进入晶面上未填满的晶格中，成为稳定原子（图 3-13 中 $a \to b \to c$）。这样，金属在电沉积过程中，通过电子转移步骤形成吸附原子后，紧接着就是吸附原子的表面扩散步骤。若扩散步骤比电子转移步骤慢，则成为整个过程的速度控制步骤。如果电极体系的 i_0 较小，那么往往整个过程由电化学步骤和扩散步骤联合控制。

电极表面上占有不同位置的金属原子具有不同的能量，例如在理想晶体的晶面上，金属原子可以占有图 3-13 中的 a、b、c 3 种位置，其能量依次降低。晶面的原子只有到达 c 位置，才能稳定下来，金属离子的放电结晶可按不同的方式进行。

（1）放电过程发生在生长点（图 3-13），放电与结晶合二为一。

（2）离子放电可在晶面上任何地点发生，先是形成"吸附原子"（过程 I），然后通过表面扩散转移到"生长线"或"生长点"（过程 II、III），以求能量达到最低。

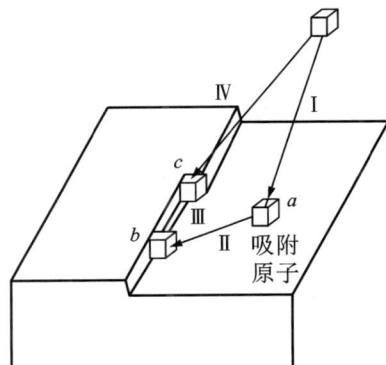

图 3-13　电沉积过程

（3）吸附原子在晶面扩散过程中，热运动导致彼此偶尔靠近而形成新的二维或三维原子族以及新的生长点或生长线。如果这种原子族达到一定尺寸，还可能形成新的晶核。

另一种情况是放电过程直接在能量最低的位置上发生（图 3-13 中 c），此时晶面上的放电步骤与结晶步骤同时进行。由于在 c 处放电离子需要脱去大部分水化膜，因此该过程的活化能很大，它发生的可能性极小。所以，金属电结晶的过程应当是前一种情况。具体来说，放电后的吸附原子在晶面上靠扩散可占据 3 种不同位置，这 3 种不同位置的附近，相邻的原子数是不同的。c 处有 3 个最近的"邻居"，故能量最低，最稳定，所以金属原子将首先扩散占据该处，b 处只有两个"邻居"，而 a 处只有 1 个"邻居"，所以金属原子扩散占据的可能性依次要小。位置 c 因金属原子占据最快，称为"生长点"，晶面上吸附原子绝大多数都沿着 cb 这个单层原子阶梯(称为"生长线")去占据位置 c；使生长点沿生长线向前推进，直至将这一列原子填满。一般都是金属原子填满这一列后，再开始填新的一列。待原有晶面被一列列全部填满后，即形成新晶面后，吸附原子才在新晶面上集合而形成新的晶种(二维晶种)，然后沿着新晶种侧面在新晶面上重新生长晶面。这样循环往复，直至成长为一定厚度的客观镀层。

3. 实际晶面的生成过程

实际情况是基体金属的晶面并非无缺陷的理想单晶面。其上总存在着位错、划痕、微台阶等缺陷，而这些缺陷都属于活性位置，特别有利于晶体生长。

大量存在的缺陷是螺旋位错边[图 3-14(a)]。它是原金属材料晶体生长时原子层分配不当形成的，这些螺旋位错边提供了晶体生长的活性区，即无须经过二维晶种的形成阶段，就可以在原有基体晶格上继续成长。大致的过程是，晶面上的金属吸附原子，首先扩散到位错边(即生长线)XM 的节点 X (即生长点)处，从 X 点起逐渐把 XM 边填满，使位错边向前推进到 XM'。这样持续生长下去。当该位错边绕垂直晶面的轴 OO' 旋转一周时，环晶则向上生长一个新原子层。如此不断旋转着向上生长，生长线并不消失，所以有人称这种位错为"螺旋位错"。

如吸附原子来不及填满位错边台阶的全长 XM，而只生长到它的一个部分 XY[图 3-14(a)]这样继续生长下去，将在表面上形成另一个小的台阶 PQ。当然，这个小台阶也能接纳吸附原子向前推进。此过程继续进行，将得到图 3-14(b)所示的螺旋晶体。

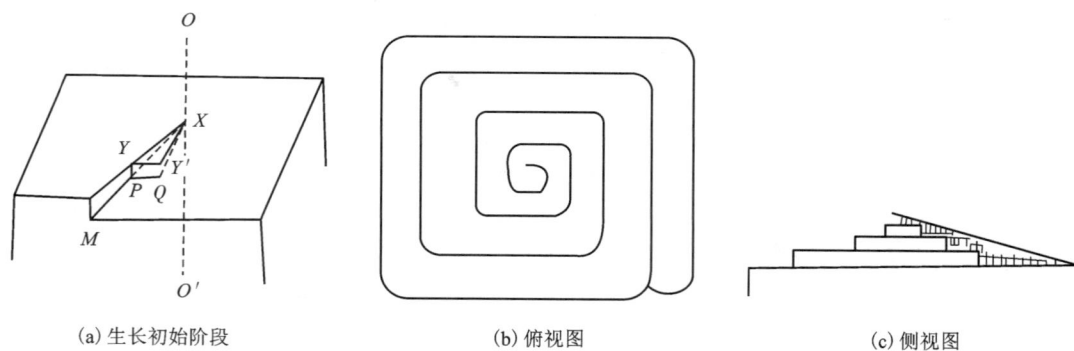

(a) 生长初始阶段　　　　　　(b) 俯视图　　　　　　(c) 侧视图

图 3-14　实际晶面的螺旋生长过程示意图

近年来，通过先进的显微技术，并未看到前述理想晶面上这类逐层生长的沉积层，看到的是镀层按螺旋形式旋转生长。若按理想的逐层生长理论，在每层新形成的晶面上形成晶种时要消耗较大的能量，即需要较高的过电位，因此，随着这种晶面的逐层形成应该出现周期性的过电位突跃。然而在实际晶体生长过程中，完全观察不到这种现象。由此可见，实际晶面的生长过程不是按照理想方式进行的。

上述螺旋位错的生长方式已在某些电沉积的表面上(如在镀铜层的晶体表面上)得到证实，有时甚至用低倍显微镜也能够观察到螺旋形的生长阶梯。

4. 电沉积金属的晶体结构

单个金属原子必须组成晶胞才能具有一定的物理性能。也就是说晶胞是能够完整反映晶格特征的最小几何单元，由原子组成晶胞，再由晶胞构成晶体。晶面生成电沉积金属晶体结构，主要取决于沉积金属本身的晶体学性质，其形态在很大程度上与电沉积条件有关。

（1）外延生长。

在金属基体电沉积的开始阶段，电结晶层有按原晶格生长并维持原有取向的趋势，这种生长形式称为外延生长。外延的程度取决于基体金属与沉积金属的晶格类型和晶格常数。两种金属同种或不同种，但晶格常数相差不大时都可以得到明显的外延。如果沉积金属与基体是同种金属，基体结构的外延可达到 4 μm 或更厚。如果沉积金属与基体不同，外延仍可达到相当的厚度(0.1~0.5 μm)。随着晶体结构及参数差异增大，外延的困难程度也增加。基体对沉积层结晶定向的影响只能延伸到一定限度，随着沉积层厚度的增加，外延生长终将消失。外延生长时基体与镀层原子的错配程度小，镀层应力降低，不易出现开裂或脱落，因此外延生长有助于提高镀层与基体的结合力。

（2）择优取向。

外延终止时首先生成一定数目的孪晶，而后沉积变成具有随机取向的多晶体沉积层。在多晶体生长的较后阶段，沉积层趋向于建立一种占优势的晶体取向，即结晶的择优取向。影响沉积层组织的因素很多，主要包括溶液组成、电流密度、温度及基体金属的表面状态等。取向生长主要有两种：一种是层状生长，即显示出平行于基体的主要表面；另一种是外向生长，即最集中的晶位取向显示出垂直于基体表面。

（3）结晶形态。

实际金属表面总存在大量位错、空穴等缺陷，金属电沉积时，晶面上的吸附原子可以通过表面扩散进入位错的阶梯边缘，沿着位错线生长。随着位错线不断向前推移，晶体将沿着位错线螺旋成长。当前文献中提出的电结晶形态，主要有层状、棱锥状、块状、脊状、立方层状、螺旋、晶须、枝晶等。层状是由宏观台阶组成的，台阶的平均高度达 10 nm 左右时即可观察到，层状本身含有大量微观台阶；棱锥状是在螺旋位错的基础上，低电流密度沉积时取得的，棱锥的对称性与基体的对称性有关，锥面似乎由宏观台阶所组成；块状相当于截头的棱锥，截头可能是杂质吸附阻止生长的结果，所以这种形态对溶液的纯度尤为敏感；脊状是在有吸附杂质存在的条件下生成的一种特殊层状形态；立方层状是块状和层状之间的一种过渡结构；对于向顶部盘绕而上的螺旋，可以当作分层的棱锥体，其台阶高度可小至 10 nm，台阶的间隔为 1~10 nm，且随电流密度的减少而增加；晶须是一种长的线状体，在相当高的电流密度下，尤其是溶液中存在有机杂质时容易形成；枝晶是一种树枝状的结晶，多数从低浓度的单盐溶液中沉积出来，枝晶可以是二维的，也可以是三维的。

3.4　有机表面活性物质对金属阴极过程的影响

3.4.1　表面活性剂

有机物分子或离子多半具有表面活性，它们能吸附在电极/溶液的界面上，显著地影响着电极过程的反应速度和沉积物的形貌。而且一般产生效果的需要量很低。因此，它广泛地应用于电化学工业生产中，例如电解铜箔行业中应用的各种整平剂、光亮剂、润湿剂等。

1. 表面活性剂在电极/溶液界面的吸附

表面活性剂本身在电极表面的电化学行为或它对其他电活性物质电极过程的影响，大都与他们在电极表面的吸附行为有关。界面上的吸附是其发挥作用的最基本原因，没有吸附就不会有表面活性剂的功能。

表面活性剂在固-液界面的吸附态不仅与表面活性剂的类型有关，而且与固体粒子的电性质有关。阴离子表面活性剂在界面上的吸附状态，主要取决于固体表面的电性质。在水介质中，一般固体质点表面带负电，由于同性相斥，不利于阴离子表面活性剂的吸附。若质点的非极性较强，则可通过质点与表面活性剂碳氢链间的范德华引力克服电斥力，从而以疏水链吸附于固体表面，离子头伸入水中的吸附态吸附于固-液界面上。

2. 影响表面活性剂在电极/溶液界面上吸附的因素

表面活性剂独特的结构使它很容易在电极/溶液界面发生吸附，形成一层定向排列的薄膜，从而影响物质的扩散传质过程和电化学过程。

影响表面活性粒子在电极与溶液界面上特性吸附的因素很多，主要有以下几方面。

（1）表面活性剂的性质。在中性溶液中，金属表面一般带正电，所以，开路时阴离子表面活性剂比阳离子表面活性剂更容易吸附；其他固体表面大部分带负电，阳离子型表面活性剂比阴离子表面活性剂更容易吸附。此外，疏水链越长越容易吸附，对于聚氧乙烯型表面活性剂而言，聚氧乙烯链越长，吸附越少。

（2）表面活性剂粒子的性质。表面活性剂粒子不同，其与电极表面间的分子间作用力或化学键力也不同，因此吸附行为也不一样。并不是所有的表面活性粒子都能在任何电极与溶液界面上发生吸附，只有那些与电极性质匹配适当的表面活性粒子，才能在界面上发生吸附。因此，电化学沉积需要的添加剂往往都需要经过试验进行筛选。

（3）表面活性剂粒子浓度。在一定的浓度范围内，表面活性剂粒子的浓度越大，则吸附越多，但当界面吸附达到饱和时，再提高表面活性剂粒子的浓度，就不再有明显的作用。因此，电化学沉积过程中，添加剂的浓度并不是越高越好。

（4）电极性质和表面状态。特性吸附是电极表面和活性粒子之间的分子间作用力或化学键力引起的，电极的性质和表面状态不同，这种分子间作用力和化学键力就可能不同，吸附的能力也就不同。

（5）电极电位。特性吸附一般只发生在一定的电极电位范围内，不同的表面活性剂粒子发生吸附的电位范围不同。只是在某个电极电位下（这时电极表面不带电荷），活性粒子才具有最大的吸附能力。

（6）温度。离子型表面活性剂的吸附量一般随温度升高而降低，而非离子型表面活性剂的吸附量通常随温度升高而增大。

（7）溶液性质。溶液的 pH、其他电解质的种类等都会影响表面活性剂在电极上的吸附。因为溶液性质会影响电极表面的性质。

有机表面活性物质对阴极过程的影响主要和它的"界面吸附"有关，但是具体的影响机理却是多种多样的，而且，由于受研究方法所限，很多作用还没有得到满意的解释。

3.4.2　表面活性剂对金属离子还原反应速度的影响

实验结果表明，不少有机表面活性物质的特性吸附，阻碍或加速了金属离子的阴极还原反应，其作用机理可能如下。

（1）当有机离子或偶极矩较大的有机分子吸附在电极上以后，改变了双电层中溶液一侧离子的分布情况。在带负电的电极表面，当存在有机离子的特性吸附时，将阻碍金属正离子的还原反应，相反，可加速负离子的反应。

（2）有机物吸附层，改变了反应的活化能。如果在电极表面形成了有机物吸附层，则其对电极过程的影响主要表现为阻碍作用，反应物必须越过一定的位垒，穿过吸附层，使反应的活化能增加。此外，如果存在着界面上发生的转化反应，有机物的吸附层也可能阻止这种表面转化的反应。

（3）有机物吸附在电极表面上以后，有时会使被吸附的表面完全丧失进行还原反应的能力，使反应的有效面积减小，称为封闭效应。按照这一理论，当电极表面被完全覆盖时，还原反应将完全停止。虽然有机表面活性物质具有选择性，可以阻碍某一还原反应，甚至使之完全停止反应，但其他反应仍有可能继续进行。

3.4.3　表面活性剂对电结晶过程的影响

通常获得一个有使用价值的金属沉积层，其基本条件之一就是要求镀层结晶致密、排列紧密。当然，也有例外。例如电解铜箔表面粗化处理就要求沉积层为枝状晶或须状晶。一般来说，在平衡电位附近往往得到的是由粗大晶粒所组成的沉积层。为了得到由细粒晶体和致密的沉积层，必须设法提高过电位。但是通常不是用提高电流密度的方法来提高过电位。因为采用较高的电流密度，只能造成更大的浓度极化。而要获得细粒结晶，则要增大界面反应的不可逆性，即增大电化学极化。例如在锌酸盐电解液中沉积锌时，用提高电流密度的方法，只能得到海绵状镀层。但是当加入一定量的某种特定的有机物后，就能得到结晶致密的紧密沉积层。这主要是因为该有机物吸附在电极表面上以后，使界面反应的不可逆性增大，出现了较高的电化学极化的缘故。提高阴极的电化学极化为形成数目众多且尺寸细小的晶核创造了条件，从而可得到细晶镀层。

3.4.4　电化学整平作用

由于一般的电极都不是理想电极，微观表面存在峰、谷，当金属离子在这样的电极表面上电沉积时，可以得到以下 3 种沉积层：

（1）在峰、谷处得到的金属沉积层厚度相同，也即重复原有基体金属的不平度。

（2）金属沉积物在峰处比谷处要厚，即加剧了原有基体金属的不平度。

（3）峰处的金属沉积物比谷处薄，使基体金属原有的不平度减小，这是最理想的情况。通常在金属电沉积时，电解液使电极表观的凹凸不平程度逐渐降低的现象，叫作电化学整平。

添加剂的整平作用早在 20 世纪 40 年代就被许多实验事实所证明，但整平剂的作用机理直至 70 年代才开始明朗。1972 年 Schulz Harder 提出了表面催化控制论，1974 年 O Kardos 在他的系列文章中系统阐述了整平作用的扩散-（抑制）-消耗论（简称扩散理论或扩散控制抑制理论），逐渐被大多数人认可。

扩散理论的基本论点如下。

①整平作用只有在金属沉积受电化学极化控制时才出现。

②只有可在电极上吸附并对电沉积过程具抑制作用的添加剂才有整平作用。

③吸附在表面上的整平剂分子在电沉积过程中是不断被消耗的，其消耗速度比整平剂从溶液本体向电极表面扩散的速度快，即整平剂的整平作用是受扩散控制的。

电化学作用的电沉积添加剂可分为抑制剂和活化剂两大类。抑制剂可吸附在电极表面，阻碍金属离子的析出；而活化剂则吸附在电极表面，加快金属沉积速度。添加剂的划分不仅取决于其本身的化学结构，也受电解液体系、电流密度的影响。

无论是抑制剂还是活化剂，发挥作用必须具备一定的条件：

（1）电沉积过程受电化学步骤控制。

（2）添加剂在电极表面的分布满足一定的条件。

任何电极表面都不是理想的平滑表面，而是粗糙不平的，总存在着凸起部分和凹陷部分。一般将凸起部分叫作"峰"，而将凹陷部分称为"谷"。

如图 3-15（a）所示，当抑制剂起整平作用时，它在微观高峰处的吸附浓度应高于它在微观低谷处的吸附浓度，这样金属离子在微观高峰处的析出将遇到更大阻碍，金属更容易沉积在低谷处。经过一定时间后，微观低谷逐渐被填满，粗糙的金属表面便被整平。与此相反，当活化剂起整平作用时，它在微观高峰处的吸附浓度应低于它在微观低谷处的吸附浓度 [图 3-15（b）]。如果添加剂在电极表面上的分布不符合这些要求，添加剂不但不能起到整平作用，还会使已经粗糙的表面更加粗糙。

(a) 抑制剂   (b) 活化剂

图 3-15　整平时添加剂在阴极的分布

输入扩散控制机理认为添加剂不断地被消耗（分解转换或共沉积）。添加剂在电解液中浓度适中，这是因为扩散输入的物质多于因消耗而输出的物质，添加剂在阴极表面的分布主要受扩散过程支配。由菲克扩散定律推知，在微观高峰处，扩散距离较短，添加剂的扩散速度较大；而在微观低谷处，扩散距离较远，添加剂扩散速度较小。随着电沉积的进行，添加剂在微观高峰处的吸附浓度高于微观低谷处的吸附浓度 [图 3-16（a）]。在这种情形下，显然只有抑制剂才能起到整平的作用。

输出扩散控制机理认为添加剂基本上不消耗。添加剂在电极表面上的吸附浓度最初达到饱和值（这可通过预浸得以实现）。随着电沉积的进行，因扩散距离的差异而形成不均匀分布 [图 3-16（b）]。在这种情形下，只有活化剂才能起到整平作用。

具有整平作用的有机添加剂应该具有以下特点：

（1）可以在电极上吸附并对电沉积过程有抑制作用。

（2）在参与电沉积过程中其消耗速度比从电解液本体向电极表面扩散的速度快。

（3）同时要求金属电沉积过程受电化学极化控制。

扩散层边界

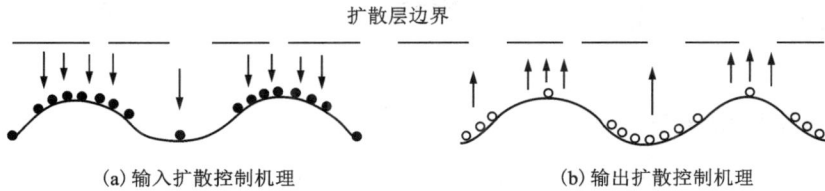

(a) 输入扩散控制机理　　　　　(b) 输出扩散控制机理

图 3-16　扩散层控制机理

根据这些特点,已经被证明具有整平作用的铜箔电解添加剂有含硫有机物、含氮有机物、聚醚类化合物、卤素离子、稀有元素这 5 类常用添加剂。不同添加剂间的相互作用和改性优化方式,可改变铜沉积的反应电位,影响铜层的微观结构和形貌,降低表面粗糙度,有利于提升电解铜箔的某种性能。

3.4.5　光亮剂对金属沉积层的光亮作用

在电解液中加入某些有机化合物,可以得到镜面光泽的金属沉积层,通常将这些化合物叫作光亮剂。光亮剂分子中常常含有下列基团:$R—SO_3H$、$—NH_2$、$>NH$、$RN =NR$、R_3N、RCN、$—SCN$ 等。

光亮剂具体的作用过程有以下几种模式:细化结晶说、晶面定向说、胶体膜理论和电子自由流动理论等。

细化结晶说认为:从机械抛光可以将金属抛光成光亮镀层的物理过程可以推知,要想获得光亮镀层,就必须使金属表面平滑和细化。有机添加剂的整平作用和结晶细化作用已经能较好地说明其光亮作用的机理。

但需要注意的是,虽然光亮沉积物常常和晶粒的细化有联系,但是光亮度与晶粒尺寸之间不存在一定关联。

晶面定向说认为:光亮剂的特性吸附是非均匀性的,它优先吸附在活性较高的晶面上,如果被吸附的光亮剂是个阻化剂,那么它阻化金属的电沉积过程。而且在活性较高的晶面上吸附得越多,阻化作用越大,因而使表面上活性不同的地点,电沉积速度达到均等化,导致形成光亮的沉积物。另一种观点认为,有机物能可逆地吸附于电极表面上,形成一个接近完整的单分子吸附层,这一吸附层虽近乎完整,但仍存在一些不连续的地方,金属离子只能在这些不连续的没有被有机物吸附的地方沉积。这些不连续的部分面积很小,而且由于有机物不断地吸附和脱附,使得这些不连续的部分呈不规则分布,通过不断地交替,最终产生了一个完全均匀的沉积层。

电子衍射和微观观测的结果显示,真正光亮的沉积层,并没有明显的结晶和晶面,而是非常细微的非结晶粉末状沉积层。从电沉积过程的连续性和光亮沉积层的可重现性可以推知,金属离子获得电子还原时,由于光亮剂的作用,不用按结晶成长的程序长大,而是连续不断地还原为金属原子并组成光亮的金属沉积层。从微观上看,电化学添加剂往往会通过改变晶面指标而使沉积层显示出不同的性能。

关于有机添加剂的光亮作用机理,目前还缺乏深入系统的研究。总之,光亮剂使得电极表面上获得的沉积层完全均匀,由于对光的反射能力强,因而金属表面呈现光泽。

3.5　电流在阴极上的分布

3.5.1　阴极辊电流分布

电解铜箔的生产，其实质是铜离子借助直流电的作用在阴极辊上进行放电还原的过程。因此，有必要分析电流在阴极辊上的分布状态。

在电解槽中，由于外加电压的作用，阳极带正电，阴极带负电。根据电荷同性相斥，异性相吸的原理，电解液中的正离子被阳极排斥，受到阴极吸引；带负电的离子受到阴极的排斥和阳极的吸引力，向阳极迁移。这样，电解液中的阳离子在电场力的作用下，会按照一定的方向进行运动。在外界电场力的作用下，离子运动的轨迹称之为电力线。电力线有的是直线，有的不是直线，有的地方密一些，有的地方疏一些。在生箔电解过程中都采用等极距电极，也就是说阴极与阳极之间的距离处处相等。其电力线与常见的平行板电极的电力线分布一致。在阴极辊与液面存在距离时，阴极辊的边缘就有比较密集的电力线。这种在阴极辊边缘集聚过多的电力线的现象称之为边缘效应。在电解铜箔生产中时常会出现铜箔的两边比中间更厚的不均匀现象，究其原因，主要与边缘效应有关。

影响电流在阴极辊上分布的因素很多，而且也很复杂。诸如电解液的性质、温度、电流密度、阴极辊结构等都会对电流的分布产生影响。要弄清影响电流在阴极辊上分布的主要因素，必须先分析一下电流通过电解槽时的情况。我们知道，当电流通过电解槽时，会遇到阻力，这些阻力产生的来源可分为以下 3 种：

（1）阴极辊与电解液的两相界面上的电阻。这种电阻是由电化学反应过程和扩散过程缓慢所引起的，即电化学极化和浓差极化所致。所以称之为极化电阻，以 $R_{极化}$ 表示。

（2）电解液的电阻。在溶液性质一节中，我们已经知道，电解液的电阻 $R_{液}$ 与导体的长度（l）成正比，与导体的截面积（S）成反比：

$$R_{液} = \rho \frac{l}{S}$$

对于生箔机而言，导体长度就是阴阳极极距，一般为 0.6~5.5 cm。

（3）金属电极的电阻。以 $R_{极}$ 表示。

$$R_{极} = \rho \frac{l}{S}$$

假定电流在到阴极辊钛层前是均匀的。对于铜箔生产的阴极辊而言，表面金属钛层的厚度一般只有 6~12 mm，它产生的电阻与 $R_{极}$ 和 $R_{极化}$ 比较起来，小到可以忽略不计。这样，电流通过电解槽所遇到的总阻力 R 为

$$R = R_{液} + R_{极化}$$

因此通过电解槽的电流强度可以表示为

$$I = \frac{V}{R_{液} + R_{极化}}$$

电解液之所以能够导电，是由于其中的离子在电场的作用下沿着一定方向移动的结果。电解液导电能力的大小，显然取决于其中带电离子的数量多少和离子运动的速度的大小。凡

是对这两个方面有影响的因素，也都必然会影响电解液的电导率，下面分别进行讨论。

①电解液的特性。

不同的电解液，电导率各不相同。在离子电荷相同的条件下，H^+ 在外界电场作用下的移动速度比其他离子快 5~8 倍，OH^- 的移动速度也比一般阴离子快 2~3 倍。因此，在生箔电解生产中，通常将硫酸浓度保持在工艺生产的上限，就是为了提高电解液的电导率，这对于节约电能，提高阴极电流均匀分布具有重要意义。

②浓度。

电解液中电解质浓度越大，单位体积中离子的数目也就越多，即浓度越高，电导率也越大。当电解液中电解质达到一定浓度时，溶液的电导率达到最大。例如，在酸性硫酸铜溶液中电解沉积铜箔时，主成分 $CuSO_4$，随着 $CuSO_4$ 浓度的增加，溶液的电导率也增大。但当 $CuSO_4$ 浓度达到一定时，电解液的电导率不升反而降低。这是因为随着 $CuSO_4$ 的增加，一方面使得单位体积中导电离子 Cu^{2+}、SO_4^{2-} 的数目增加，电导率增加。另一方面，由于溶液中的离子彼此之间存在着一定的相互作用力。当浓度越大时，离子彼此靠近，正、负离子之间的引力就越大，相互牵制力也就越大，因而离子运动就越困难，使得电解液导电能力降低，电导率减小。

③温度。

当温度升高时，离子移动速度加快，电解液电导率随着温度升高而增大。在一般情况下，温度每升高 10 ℃，电解液电导率增加 10%~20%。

综上所述，决定电流在阴极辊上均匀分布的主要因素是电解液的电阻和阴极辊与电解液相界面上的电阻。通过进一步分析还可以得出影响电流在阴极辊表面均匀分布的因素有如下几个方面。

（1）阴极辊表面状态。理论上，若阴极、阳极均为平行板，阴极与阳极各部分的距离完全相等，阴极辊的边缘都被电解槽的电解液所限制，则阴极上各部分的电流分布应该是均匀的。但在电解铜箔生产实践中，大部分企业多采用辊筒状阴极，它虽然也是一种等距电极，但它的边缘并不完全被电解槽包封，而是悬挂在电解液的中间。这样，阴极的边缘与电解槽和电解液液面存在着距离。因而阴极边缘的电力线就比较密集，边缘的电流密度就大于中间部分的电流密度。边缘效应使得电流和金属在阴极辊表面不能均匀分布，因此必须通过特殊的方法才可以消除。

（2）阴极与阳极的距离。在其他条件一定时，增大极距，可以使电流在阴极辊表面分布得更均匀。但是，阴阳极极距增大，电解所需的槽电压也要增大。一般极距增加 1.0 mm，槽压升高 0.2~0.3 V，这样就要消耗更多的电能。因此，生产实践中一般不会通过增加极距来达到使电流均匀分布的目的。电解生箔生产采用钛阳极等变形量小的阳极，极距一般为 6~12 mm，采用铸造铅阳极，极距一般为 20~30 mm；而变形量大的阳极，如轧制铅板阳极建议极距一般在 35~55 mm。表面处理过程的极距一般控制在 20 mm 至 70 mm 之间。

（3）极化作用。生产实践证明，一切直接或间接促使阴极极化作用增强的因素，都能改善电流在阴极辊表面的均匀分布。如果使用的某种添加剂能增大极化作用，则电流在阴极辊表面的分布也会得到改善。反之，降低极化作用的因素，则会使电流在阴极辊表面的分布状况恶化。

（4）电解液的比电阻。降低比电阻，能促使电流在阴极辊表面上均匀分布，究其原因降低比电阻,也就是提高了电解液的导电性,有利于电流的传导。

3.5.2 影响电流在阴极上分布的因素

前面讨论了金属的电沉积,只有控制好相关因素才能获得需要的结晶组织,这些是电沉积层质量控制的关键。现在我们从另一个角度来讨论沉积层分布的均匀性问题。

根据式(3-3)法拉第电解定律,容易得出沉积层厚度 T 的计算公式:

$$T = \frac{itK\eta}{\rho} \tag{3-41}$$

式中:T 为阴极沉积层厚度,cm;i 为阴极电流密度,A/dm^2;K 为电化学当量,g/(A·h);t 为通电时间,h;η 为沉积金属的电流效率,%;ρ 为沉积金属的密度。

对于一定的电解液,K 与 ρ 都是常数。所以根据式(3-41),在一定的电解时间内,沉积层的厚度 T 就取决于阴极电流密度 i 和沉积金属的电流效率 η。我们知道,电流效率是随着电流密度变化的,因而电流密度实际上就成为影响厚度的决定性因素。金属沉积层厚度分布不均匀,是电流密度在阴极表面上分布不均匀的必然结果。反过来,要使金属在阴极上均匀地分布,就必须使电流在阴极上均匀地分布。

下面,我们围绕电流在阴极上分布这一问题,着重讨论影响电流在阴极上分布的各种因素,从而了解电流和金属在阴极上均匀分布的规律。

如上节所述,当直流电通过电解槽时,会遇到阻力,这些阻力有以下 3 种:

(1)金属电极的电阻,以 $R_{极}$ 表示。

(2)电解液的电阻,以 $R_{液}$ 表示。

(3)发生在电极与溶液交界面上的阻力,这种阻力是由电极极化所造成的,以 $R_{极化}$ 表示。

由于第一类导体(金属电极和导线)的电阻都很小可忽略不计,因此电流通过电解槽时所遇到的总阻力就等于电解液的阻力 $R_{液}$ 与极化阻力 $R_{极化}$ 之和。

当将直流电压加到电解槽中的两极时,根据欧姆定律,通过阴极上的电流为

$$I = V/(R_{液} + R_{极化}) \tag{3-42}$$

式中:I 为通过阴极的电流,A;V 为加在电解槽上的直流电压,V。

为了简化讨论,以便较直观地看出电流是怎样在阴极不同部位上的分布,采用如图 3-17 这样的特定装置。设有两个平行布置的阴极,它们面积相同,且都等于单位面积,而它们与阳极的距离不同,两阴极用绝缘板隔开。根据电学知识,近阴极与阳极间的电压和远阴极与阳极间的电压应该相同。现设通过近阴极上的电流强度为 $I_{近}$,近阴极与阳极间电解液的电阻为 $R_{近(电液)}$,近阴极上的极化电阻为 $R_{近(极化)}$,则

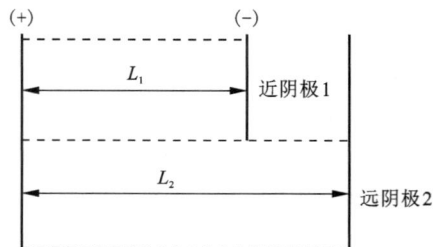

图 3-17 近远阴极装置示意图

$$I_{近} = V/(R_{近(电液)} + R_{近(极化)})$$

同样,设通过远阴极上的电流强度为 $I_{远}$,远阴极与阳极间电解液的电阻为 $R_{远(电液)}$。远阴极上的极化电阻为 $R_{远(极化)}$,则

$$I_{远} = V/(R_{远(电液)} + R_{远(极化)})$$

此时，电流在近、远阴极上的比就是：

$$I_{近}/I_{远}=(R_{远(电液)}+R_{远(极化)})/(R_{近(电液)}+R_{近(极化)}) \tag{3-43}$$

由式(3-43)可知，电流在近、远两阴极部位上的分布与电流到达该部位时所受到的总阻力成反比。即电流通过时受到的总阻力越大，则到达该部位的电流就越小，反之，则电流越大。由此可知，经过简化后，决定电流在阴极上分布的因素主要是电解液的电阻和阴极与电解液界面上的极化电阻。对于性质不同的电解液，这两个因素起的作用也是不同的。

3.5.3　初次电流分布

初次电流分布与电化学因素无关，完全取决于电解槽中电极间的几何形状。

根据式(3-43)，在不存在极化时：

$$I_{近}/I_{远}=R_{远(电液)}/R_{近(电液)}$$

因为我们采用的阴极面积都是单位面积，相同截面导体的电阻与导体的长度成正比，因此上式可以写为

$$\frac{I_{近}}{I_{远}}=\frac{i_{近}}{i_{远}}=\frac{R_{远}}{R_{近}}=\frac{L_{远}}{L_{近}}=K \tag{3-44}$$

这就是说，电流的初次分布等于远阴极到阳极间的距离($L_{远}$)与近阴极到阳极间距离($L_{近}$)之比。若电极布置已确定，则初次电流分布是一个常数(K)。如果$L_{远}$比$L_{近}$大2倍，那么$I_{近}$比$I_{远}$也大2倍，所以初次电流分布是很不均匀的。

当一定电压加于两电极上时，电解液中每一点都有一定电压存在，其大小介于两电极电压之间。因为金属电极导电性很强，我们可以假设电极表面每一点的电压均相等。同样，在镀液中亦可找出某些具有相等电位的假想平面，一般来说，靠近电极越近的位置，等电位平面与电极形状越为类似。但其形状却随着与电极距离逐渐增大而改变。最终，在初次电流作用下的电沉积，会因电极间距离和形状等因素而出现电沉积层分布极不均匀的情况。

3.5.4　二次电流分布

二次电流分布既考虑了几何因素的影响又考虑了电化学因素的影响。一般可用近阴极和远阴极上的电流密度之比i_1/i_2来表示。在讨论"二次电流分布比初次电流分布是否要均匀"时，都会援引以下两个重要的公式。

同样参照图3-17采用远近电极布置，由于近阴极的电流密度大，极化作用大，相应也增大了极化电阻r_1；远阴极的电流密度小，极化作用小，相应的极化电阻r_2也小，等效电路图如图3-18所示。

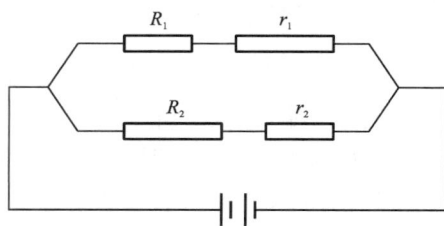

图3-18　有极化作用的等效电路图

近阴极和阳极间的镀液电阻小，附加上较大的极化电阻；远阴极和阳极间的镀液电阻大，附加上较小的极化电阻。这种补偿的结果使两个回路的电阻差缩小，电流分布更为均匀。通过推导，可以得出二次电流分布的表达式为

$$\frac{i_1}{i_2}=\frac{L_2+kR_{p2}}{L_1+kR_{p1}} \tag{3-45}$$

$$\frac{i_1}{i_2} = 1 + \frac{\Delta L}{L_1 + k\Delta\varphi/\Delta i} \tag{3-46}$$

式中：i_1、i_2 为近阴极、远阴极上的电流密度；L_1、L_2 为近阴极、远阴极到阳极的距离，$\Delta L = L_2 - L_1$；R_{p1}、R_{p2} 为近阴极、远阴极上的极化电阻（或极化率）；k 为电解液的电导率；$\Delta\varphi/\Delta i$ 为阴极极化率。

在实际的电解过程中，不管哪一种电解液，阴极极化总是或多或少地存在。

何伟春在通过细致的分析后，对公式(3-46)进行了细致推导，得出如下公式：

$$\frac{i_1}{i_2} = 1 + \frac{\Delta L}{L_1 + k\dfrac{\Delta\varphi_A - \Delta\varphi_K}{\Delta i}} \tag{3-47}$$

二次电流分布把电化学因素考虑在内，它比初次电流分布更具有现实意义。这是一个较完整的关于二次电流分布的表达式，适合于阳极也存在极化的情况。与式(3-46)相比，式(3-47)在分母项中多了 $\Delta\varphi_A/\Delta_i$。

在近远阴极装置中，如果电解液没有添加特别优异的阳极去极化剂，公式(3-47)表明：二次电流分布 i_1/i_2 不仅与阴极的极化率有关，而且与阳极的极化率有关；两种极化率的存在都能促使二次电流分布趋于均匀。该公式较好地揭示了影响电流分布的因素，同时能较好地说明，当电解液的电化学因素即平均极化率(阴极与阳极)和电导率较高时，可使二次电流分布趋于均匀。

对于含有特别优异性能的阳极去极化剂的镀液，$\Delta\varphi_A$ 可能会很小甚至趋于零。如果令 $-\Delta\varphi_K = \Delta\varphi_A$（正值）。则此时，公式(3-47)还原为式(3-46)。

二次电流分布比初次电流分布更均匀。换言之，阴极的极化促使电流在初次分布的基础上朝着均匀的方向重新分布。

这就是说，二次(实际的)电流分布必较初次电流分布均匀。不难看出，电解液的导电性越好，阴极极化愈大，i_1/i_2 就越较 K 值小，并越是趋近于 1(此时电流分布最均匀)。这充分说明电化学因素能促使电流重新均匀分布。

二次电流分布是一个非常重要的概念。它决定着电流密度以及金属沉积层在电极上的分布状况，也决定着电解液的均镀能力。

3.5.5　三次电流分布

除电化学极化外，浓度极化也需要考虑时的电流分布称为三次电流分布，显然这发生在电流密度达到一定值，电极表面附近的反应物浓度显著降低，传质过程已不容忽视时。

在研究电流的三次分布时应考虑电极的表面轮廓，如果电极表面的粗糙度远大于扩散层厚度 δ，那么扩散层将沿表面轮廓分布，并且厚度大致均匀(具有相近的 δ 值)，因此将具有基本均匀的 δ 值；反之，若粗糙度远小于 δ 值，那么在扩散控制下，将形成不均匀的三次电流分布，因为在凸处的 δ 值将大于凹处的 δ 值。

三次电流分布必须考虑浓度过电位的影响，这时电流密度公式不再成立，必须用式(3-48)表示：

$$j = -\left[\sum z_i^2 F^2 D_i c_i/(RT)\right]\nabla\phi - \left[z_i F D_i F/(RT)\right]\nabla c_i \tag{3-48}$$

显而易见，三次电流分布的理论分析相当困难。三次电流分布必须考虑浓差过电位的影响，与活化过电位的影响不同，前者依赖于特征长度 L 与扩散层厚度 δ 之比。

图 3-19 是剖面呈锯齿状的电极示意图，电极表面上"峰"与"谷"之间的距离 a 为其特征长度，根据它和扩散层厚度 δ 的相对大小可以区分两种极端情况：当 $\delta \gg a$ 时称为微观型面（microprofile）；而当 $a \gg \delta$ 时称为宏观型面（macroprofile）。两种型面上的三次电流分布呈不同的规律。

当 $\delta \gg a$ 时，峰比谷容易接受自溶液本体扩散而来的物质（因为峰朝向溶液的扩散自由截面比较大），因此那里的浓差过电位比较小。另外，既然峰上的电流密度较高，那里的活化过电位将比较大。可见，在微观型面上浓差过电位抵消了活化过电位的电流分布均一化作用。微观型面上的三次电流分布在电沉积中具有重要作用，它严重影响沉积层的外观。

图 3-19　剖面呈锯齿状的电极示意图

当 $a \gg \delta$ 时，扩散层的轮廓随电极表面而变化，扩散层厚度处处相等，表面各点接受相同数量的扩散物质。在这种情况下，由于峰上的电流密度较大，所引起的反应物中的消耗量相对较多，因而浓差过电位较高，从而抑制了那里的局部电流。因此，在宏观型面上，浓差过电位与活化过电位一样都能致电流分布变得均匀。不言而喻，上述情况也适用于平板电极。由于流体力学上的原因，δ 值可能沿着电极表面而变化，电极上不同部位的浓差过电位可能不同，因此浓差过电位对电流分布的影响更为复杂。

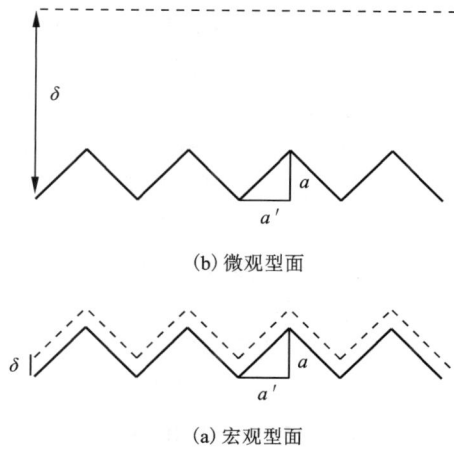

3.6　铜在阴极上析出

3.6.1　电解沉积过程

铜的电解沉积过程是电解液中的铜离子借助外界直流电的作用直接还原为金属铜的过程。铜离子还原析出形成金属铜的过程，并不像一些教科书所说的在阴极发生 $Cu^{2+} + 2e^- = Cu$，阳极发生 $H_2O + SO_4^{2-} = H_2SO_4 + O_2$ 反应那样简单。

由于金属的电解沉积牵涉到新相的生成——电结晶步骤，因此即使在最简单溶液中的反应，也不是一步完成，而是包括以下若干连续步骤。

（1）铜的水化离子扩散到阴极表面。

（2）水化铜离子失去部分水化膜，使铜离子与电极表面足够接近，失水的铜离子主体的价电子能级提高了，使其与阴极上费米能级的电子相近，为电子转移创造了条件。

（3）铜离子在阴极放电还原，形成部分失水的吸附原子。这是一种中间态离子，对于 Cu^{2+} 来说，这一过程由两步组成。

第一步是 $Cu^{2+} + e^- = Cu^+$，该步骤非常缓慢；

第二步是 $Cu^+ + e^- = Cu$，部分失水并与阴极快速交换电子的铜离子，可以认为电子出现在离子中和返回阴极中的概率大致相等，即这种中间态离子所带的电荷约为离子电荷的一半，因此有时也把它称之为吸附离子。

（4）被还原的吸附离子失去全部水化层，成为液态金属中的金属原子。

（5）铜原子排列成一定形式的金属晶体。

由于铜的电结晶过程是一个相当复杂的过程，虽然人们对铜的电结晶过程进行了较长时间的研究，过去一直认为铜的电结晶过程必须先形成晶核，然后再长大为晶体。但近年来，电结晶理论有了较大发展，出现了诸如直接转移理论、表面扩张理论、位错晶体生长理论等，它们一致认为金属电结晶过程除需要形成核外，还可以在原有基体金属的晶格上继续长大，主要取决于电结晶的条件。无论是否形核，目前比较公认的观点是晶核的生成和晶核的成长与电解过程的许多因素有关，包括电解液的特性、电流密度、电解液温度、溶液的搅拌、氢离子浓度以及添加剂的作用等。

铜电沉积是阴极反应过程，一般由以下几个单元步骤串联组成：

（1）铜离子在电解液中的迁移，电解液中的水化 Cu^{2+} 向电极表面迁移。

（2）Cu^{2+} 迁移到阴极电极表面附近发生化学转化反应，即水化 Cu^{2+} 离子脱水，水化程度降低和重排。

（3）电荷传递，Cu^{2+} 得到电子，还原为吸附态 Cu。

（4）电结晶，新生的吸附态金属原子沿电极表面扩散到适当位置与其他铜原子生成金属晶格，之后与晶格相连成金属铜。

Cu^{2+} 在水溶液中都是以水化离子形式存在的，Cu^{2+} 在阴极还原时必须首先发生水化离子周围水分子的重排和水化程度的降低，才能实现电子在电极与水化离子之间的跃迁，形成部分脱水化膜、吸附在电极表面的所谓吸附原子。这种原子还可能带有部分电荷，因而也有人称之为吸附离子，然后这些吸附原子脱去剩余的水化膜，成为金属原子。

电化学生产中水是常用的溶剂，由于水分子中正电荷"重心"和负电荷"重心"不相重合，因此它是一个永久偶极分子。

电沉积过程包括两个方面，即 Cu^{2+} 在阴极还原析出 Cu 的过程和新生态 Cu 在电极表面的电结晶过程。由于在电沉积过程中电极表面不断生成新的晶体，表面状态不断变化，使得金属阴极还原过程的动力学规律复杂化。同时又受到阴极界面电场的作用，Cu^{2+} 相互依存，相互影响，造成了 Cu 电沉积过程的复杂性和不同于其他电极过程的一些特点。

（1）阴极过电位是电沉积过程进行的动力，阴极电沉积过程中 Cu 的析出不仅需要一定的阴极过电位，还要达到一定的极化值。只有达到一定临界尺寸的晶核才能稳定存在，凡是达不到临界尺寸的晶核就会重新溶解，阴极过电位愈大，晶核生成功愈小，形成晶核的临界尺寸才能愈小，这样生成的晶核才既小又多，结晶才细致；阴极过电位决定铜箔的结晶组织结构，结晶取向。

（2）各种粒子在阴极紧密层中的吸附对电沉积过程有明显影响，Cu^{2+} 和其他粒子的吸附，即使是微量的吸附，都将在很大程度上影响 Cu^{2+} 的阴极析出速度和析出位置，并影响随后金属结晶的方式和致密性。

（3）铜箔的晶体结构、性能取决于电结晶过程中新晶粒的生长方式和生长过程，同时与电极表面密切相关。

可以认为，组成电极过程的其他分部反应能以比最慢步骤更快的速度进行。因此当反应以一定的净速度进行时，这些快速度反应可近似地被认为达到了平衡状态，而可以用热力学方法而不是用动力学方法处理这些步骤，即认为它们处于可逆状态，只有最慢步骤受动力学控制，处于不可逆状态。

如图 3-1 所示的电解池中进行电化学沉积时，电极(阳极和阴极)及导线是电子导体，当有外加电压时，电子将在这些导体中流动形成净电流，这种电流并不伴随着物质显著迁移，在电解质导体或电解质中电流是通过大量的离子传导的。正离子 Cu^{2+}(阳离子)将向阴极迁移并可能在阴极表面形成一层 Cu(即电沉积层)。水溶液是电沉积过程中应用最多的也是最重要的电解质，而熔融盐和有机溶液电解质也已被应用于电沉积。有些固体物质也是电解质导体，但由于离子在固体中的运动受到极大限制，因而它不宜用于电沉积，但这些固体电解质在电化学传感器中却是非常有用的。

电解质与电极表面导电机制是由电解质导电向电子导电变化。阴极也就是 Cu^{2+} 还原反应发生的电极，其上电子将通过带正电荷的电解质离子(阳离子)的放电而消耗：

$$Cu^{2+} + 2e^- \longrightarrow Cu$$

$$2H^+ + 2e^- \longrightarrow H_2$$

阳极　　　　　　　　　$$4OH^- - 4e^- \longrightarrow 2H_2O + O_2$$

$$2SO_4^{2-} + 2H_2O - 4e^- \longrightarrow 2H_2SO_4 + O_2$$

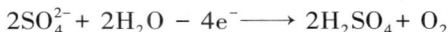

其上通过带负电荷的电解质离子(阴离子)的放电而产生电子，在电解质中导电也符合欧姆定律，即 $I = E/R$，其中 E 为通过电解质的电势差；R 为电解质电阻；I 为电流。

电解法制金属箔(包括铜箔、镍箔、铁箔、锌箔等)就是利用电解的方式使金属或合金沉积在阴极表面，以形成均匀、致密的金属层，然后使其与阴极分离。

3.6.2　铜在阴极辊上的分布

铜箔性能与电解沉积层的结构紧密相联，实际上人们正是通过控制不同的电解沉积条件来获得不同性能的铜箔产品。各种新的电解沉积技术如脉冲、反向脉冲技术的引入使粗晶沉积层可以转化成细晶结构，甚至可以控制固体微粒与沉积层基质共沉积，得到复合表面处理层等，制造不同性能的铜箔产品。

电解铜箔涉及铜在阴极上的析出、氢在阴极上析出、其他金属离子共同析出以及阳极反应等方面的问题，如果要获得厚度与性能均匀的箔材，电流在阴极的分布、析出金属与阴极电流分布的关系等必须一并考虑。

在生产中，只有铜在阴极辊上均匀沉积，才能得到厚度均匀的铜箔。所以，讨论铜在阴极辊表面的分布比讨论电流分布更具有实际意义。但是，这并不是说前面所讨论的电流在阴极辊表面上的分布就不重要。根据前面介绍的法拉第定律可知，电解时在阴极辊表面析出的铜量与通过的电量成正比。可表示为：

$$m = kIt = kQ$$

从这一点来说，金属在阴极表面上的沉积量取决于阴极辊上电流的分布状况。所以，一切影响阴极辊电流均匀分布的因素，都会影响铜在阴极辊上的分布。

但是，实际上，阴极上发生的反应，往往不单单是铜离子的电沉积反应。在铜析出的同时，时常伴随着氢的析出或 $Fe^{3+} + e^- \longrightarrow Fe^{2+}$ 反应的进行。这一点我们已经在前面讨论过。

除此之外，阴极辊的结构、材料和表面状态对铜在阴极辊上的分布都有一定的影响。

（1）阴极辊的结构。

阴极辊作为负极其导电性能对铜箔产量和质量有直接影响。阴极辊的导电途径：电流从整流器的正极到阳极，从阳极经过电解液到阴极表面钛筒，从钛筒经银层到铜衬筒，从铜衬筒通过导电铜环到轴上的铜排，再从铜排到导电环，从导电环经过炭刷（或水银、低熔点合金、导电油）到整流器负极的导电铜排，形成一个完整的闭环回路。阴极辊的导电首先是保证有足够的电流导到阴极辊的钛筒上，之后是其在钛筒上十分均匀地分布，这就要求阴极辊轴与辊筒之间的导电环要分布均匀。电流在阴极辊表面均匀分布是保证铜箔正常生产和质量的前提。

钛的电阻率20 ℃时为 $4.2 \times 10^{-7} \Omega \cdot cm$，为了降低电阻，改善钛辊的导电性能，采取了多种方法。从早期的钢钛复合材料、钢铅钛复合材料、铜钛复合材料，到现在用钢银钛复合材料、铜银钛复合材料等。所有这一切都是为了使钛辊表面的电流分布均匀，保证生产的铜箔厚度均匀。

（2）阴极辊的材质。在电化学中我们知道，在不同的阴极材质上氢的超电位是不相同的，如表3-7所示。

表3-7　氢在不同材料上的超电位　　　　　　　　　　　　　　　　　　　单位：V

铜	黄铜	锌	镍	铬
0.584	0.640	0.746	0.747	0.826

如果在某一材质的阴极上进行电解沉积，若阴极上氢的超电位较小，而在铜上氢的超电位较大，那么氢就容易在这种阴极基体上析出，而不易在所沉积的铜箔上析出（假定阴极上没有其他副反应）。金属和氢的超电位之间存在的关系可以这样理解：在某一金属上氢的超电位越大，金属本身的超电位就越小，如图3-20所示：

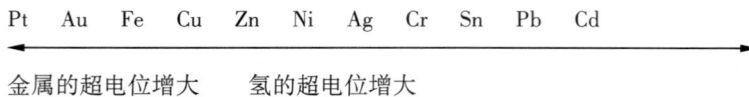

Pt　Au　Fe　Cu　Zn　Ni　Ag　Cr　Sn　Pb　Cd

金属的超电位增大　　氢的超电位增大

图3-20　金属和氢的超电位

虽然这个次序并非永远正确，但它表明，氢越容易析出，金属就越难析出。因此，这点在选择阴极辊的材料时相当重要。因为它关系到工艺能否顺利进行，也关系到电耗及产品成本的高低。实践证明，使用不锈钢阴极辊筒生产铜箔，其针孔是钛阴极辊筒的20倍以上。主要原因就是氢在不锈钢阴极的超电位很小，铜在不锈钢阴极上的超电位很大，造成氢在阴极辊表面大量析出并滞留。

（3）阴极的表面状态。阴极辊的表面状态对铜在其上的分布有极大的影响。众所周知，金属在不洁净的阴极表面上沉积比在净化的阴极辊表面上析出困难得多。即使在最有利的几何情况下，不清洁的阴极辊也难沉积均匀的金属层。换句话说，就是获得的金属沉积层的厚度是不均匀的。若阴极辊表面光洁度不够，则在粗糙的表面上，其实际面积比表观面积大得多，使得实际电流密度比表观电流密度小得多。若某部分的实际电流密度达不到铜的析出电极电位，这部分就没有铜析出。因此，对于生箔电解所用的阴极，对其表面光洁度有一定的要求，需要用专门的设备抛磨，使阴极辊表面达到要求。

在分析铜箔电极反应时，必须清楚，在铜箔生产过程中，无论是电极材料还是阴极表面状态，都是变化的。对于电极材料，在开始沉积铜的瞬间，阴极为钛电极，一旦钛阴极被铜沉积层所覆盖，阴极就变为铜电极。钛辊起着为铜电极（箔材）导电和支撑的作用，对随后沉积的箔材的影响逐渐变小。

3.6.3　晶核的形成

在阴极电解铜箔形成过程中，有两个平行的过程：晶核的形成和晶体的成长。在结晶开始时，铜并不在阴极辊筒的表面上随意沉积，它只在对铜离子放电需要最小活化能的个别点上沉积。被沉积的金属晶体，首先在阴极辊主体金属钛晶体的棱角上生成。电流只通过这些点传送，这些点上的实际电流密度比整个表面的平均电流密度要大得多。

在靠近已生成晶体的阴极部分的电解液中，被沉积铜离子浓度贫化，于是在阴极主体晶体钛的边缘上产生新的晶核。分散的晶核数量逐步增加，直到阴极的整个表面为金属铜的沉积物所覆盖为止。

我们知道，水溶液中结晶时，新的晶粒只有在过饱和溶液中才能形成，因为新生成的晶粒（晶核）是微小晶体，和大晶体比较，它具有较高的能量，因此是不稳定的。也就是说，对于小晶体而言是饱和溶液，对于大晶体已经是过饱和溶液。因此，在溶液中形成新的晶粒的必要条件是溶液达到过饱和。对于铜的电结晶，则必须在一定的超电位（过电位）下，阴极表面才能形成晶核。对于溶液中的结晶，过饱和度越大，能够作为晶核长大的微小晶粒的临界尺寸越小，它的形成功越小，晶核的生成速度就越大。铜的电结晶过程也类似，超电位（也称为过电位）越大，晶核生成越容易，晶核生成速度也越大。

晶核的生成速度除随着超电位的增大而迅速增大外，还与晶面指数有关。这是由于不同晶面上点阵排布方式不同，紧邻的原子树也不相同。因此，不同晶面上的交换电流密度不一样，在相同电流密度下的电化学超电位也不一样，以致不同晶面上的晶核生成速度出现差别。例如，沉积在铜的（111）、（100）和（110）晶面的原子将分别与 3、4 和 5 个晶格原子相邻，并与它们键合。随着相邻原子数目的增多，铜在该晶面沉积速度增大（因为 i_0 大），结果，快速生成的晶面消失，而生成速度慢的晶面存在的时间较长，最后有可能保留下来。

实际上，在铜箔的电解沉积过程中，一部分原子在形成晶核，而另一部分参与晶体成长。晶核的形成速度和其成长速度决定了所得结晶的粗细。假定有 96500 C 的电量在阴极上还原 N 个 Cu^{2+} 离子（N 等于 1/2 阿伏伽德罗常数），那么，设形成晶核的那部分 N 等于 N_n，参与晶核长大的那部分 N 等于 N_g，则得到：

$$N = N_n + N_g \tag{3-49}$$

如果 $N_n > N_g$，那么在阴极上将产生细结晶沉积物；若 $N_n \ll N_g$，则得到粗结晶沉积物。在电解铜箔的生箔生产过程中，人们总是希望晶核的形成速度较快而晶核成长速度较慢，这样，所得到的铜箔的组织较细密，铜箔性能较高。那么在什么条件下，可以使晶核的形成速度大于晶核的生成速度呢？实验证明，晶核生成数 N_n 与电流密度 D_k 和放电铜离子浓度 $c_{Cu^{2+}}$ 之间的关系为：

$$N_n = \frac{KD_k}{c_{Cu^{2+}}}$$ (3-50)

式中：K 为与金属铜离子特性有关的常数。

实践证明，析出金属的极化作用越大，生成晶核的速度就越快，金属电沉积层的结晶就越细。所谓极化就是电解时电极电位发生改变并产生一反向电动势，阻止电流通过的现象。极化所增加的电位称之为超电位（过电位）。电解时发生极化现象，主要是由于电解液中的金属铜离子的迁移速度和放电速度赶不上电子运动的速度，造成阴极表面负电荷增加，而使得电位变得更负；而在阳极，则造成正电荷积累，使其电位更正。极化现象发生在阳极叫阳极极化；发生在阴极则称之为阴极极化。由离子迁移速度所造成的极化称为浓差极化；离子放电迟缓造成的极化称为电化学极化。在铜箔电解过程中，阳极极化和阴极极化两种极化现象同时存在。

3.6.4 影响极化作用的因素

1. 电解液特性的影响

在其他条件（温度、电流密度）不变的情况下，随着金属离子浓度的增加，晶核的形成速度降低，所得到的沉积层组织较粗大，这一现象可以用浓差极化来解释。当电解液中 Cu^{2+} 浓度低时，阴极附近的 Cu^{2+} 浓度必然更低，由主体溶液向阴极附近补充的 Cu^{2+} 扩散速度也比浓溶液缓慢。在同样的电流密度下，稀溶液的阴极极化作用必然大于浓溶液，因而生成的晶核数目也就多一些。

一般来说，电化学极化作用对于提高镀层质量起着很重要的作用，因此我们应尽可能想办法通过提高阴极的电化学极化作用来提高镀层的结晶致密程度。同时，往往通过提高阴极极化度，还可提高镀液的分散能力与深镀能力。

在生产中，一般采取以下措施提高阴极极化作用：

（1）加入络合剂。因为络离子较简单离子难以在阴极上还原，这就使阴极积累较多的电子，从而使阴极极化值提高。

（2）加入添加剂。添加剂吸附在阴极表面上，可减慢金属离子到达阴极表面的速度及金属离子和电子反应的速度，从而提高阴极极化作用。

（3）提高阴极电流密度。在阴极极化作用随阴极电流密度的增大而增大的情况下，可用提高阴极电流密度的办法来提高阴极极化作用。

（4）适当降低电解液温度。降低温度能提高络合剂的络合能力，减慢金属离子扩散到阴极表面的速度，从而提高阴极极化作用。

（5）加入导电盐。在阴极极化度不为零的情况下，提高溶液的导电性可以促使电流在阴极表面更均匀地分布。

实际上，无论是在生箔电解还是在以后的表面处理过程中，稀释电解液、降低金属离子浓度对于改善铜箔或处理层的组织结构的效果并不显著。一般在铜箔生产中也不采用。应用浓溶液有如下好处：电解液的导电性提高，电流密度的上限增大，阴极电流密度增高等。近年来，在电解铜箔生产中，在可能的情况下，都有逐渐采用高浓度电解液的趋势，这样生产率能得到提高。对于浓度高而造成组织粗大的问题，可以通过采用提高电流密度或加入添加剂来解决。

2. 电流密度的影响

在电流密度小的情况下，靠近已经生成晶体的地方，由于扩散作用能及时补充放电引起的 Cu^{2+} 的减少，因此该处溶液中 Cu^{2+} 的供应充分，已经生成的晶体能无阻地继续生长，最后得到由分散的粗结晶所组成的沉积层。

当电流密度高时，在晶体生成后不久，靠近晶体部分的电解液就会发生局部贫化现象，晶体的成长会暂时停止，而产生新的晶核。在此情况下，得到细的结晶沉积层。

由于电流密度增大，沉积同样厚度的箔材或处理层的时间就可以减少，这无疑提高了劳动生产率。故在生产实际中，特别是在生箔电解过程中，要求在允许的电流密度范围内，越大越好。虽然提高电流密度，必然会增大电解液的阴极极化作用，但是，应该指出，在铜箔生产中提高电流密度不是为了获得细密的结晶而主要是为了加快沉积速度。

任何金属的电解液都有一个允许获得合乎要求的沉积层的极限电流密度范围，其下限值叫电流密度下限，上限值叫电流密度上限。当电流密度低于下限时，会使阴极沉积不上金属；当电流密度大于上限时，阴极附近的电解液发生急剧的贫化现象，从而可能引起其他阳离子，特别是引起氢离子开始强烈放电，造成沉积层疏松或成海绵状。有时在不析出氢或少析出氢的 $CuSO_4$ 电解液中也可能发生烧焦现象。一种解释是铜离子来不及脱水而沉积，所夹带的水阻止了晶体的正常成长，因而影响了铜箔的物理性能。

在本章第二节中已经简要地介绍了极限电流密度（i_L）产生的原因及计算公式。极限电流密度必须依照客观因素而定。如果温度高，Cu^{2+} 离子的起始浓度高，搅拌强烈，这些能够导致靠近阴极的溶液浓度恢复的因素显得强烈时，则允许的极限电流密度也可以愈高。但是，在实际生产工艺中，为获得致密沉积组织而允许更高的电流密度的观点可能会造成其他弊端。因此，最合适的电流密度应同时考虑生产过程中的其他条件来选定。

3. 温度的影响

温度的升高会引起溶液许多性质改变：电导率提高，溶液中离子活度改变，所有存在的离子放电电位改变，金属析出和氢气放电的超电位都降低了。其中每一项改变，都会影响阴极沉积层的特性。故温度的影响极为复杂，在不同情况下表现也不同。作为一般规律，在其他条件不变的情况下，升高电解液温度，会降低阴极极化作用，使结晶组织变得粗大。

阴极极化作用降低，主要原因在于：①温度升高，增大了离子由于热运动而产生的扩散速度，减轻了浓差极化；②温度升高，离子脱水过程加快，离子和阴极表面活性增强，电化学极化也降低。但是，不能就以上述所说理论为依据，简单地认为，对于铜箔生产，温度越低越好。任何事物都是一分为二的，既有好的一面，当然也有不利的一面。虽然降低电解液温度，有利于提高极化作用，获得细微晶。但是，必须清楚（前面我们已经介绍过）随着温度的降低，硫酸铜的溶解度也降低，溶液的比电阻增大，导电性能变差。如果能与其他条件（如电流密度、铜离子浓度等）配合恰当，升高温度反而能得到一定的好处。如前所述，当电流密度超过上限之后，由于阴极附近的铜离子严重缺乏，沉积得到的铜箔质量变差，升高温度，正好可弥补这一缺点。此时，允许的电流密度上限提高，同时阴极电流效率也提高，铜箔脆性也得以改善。所以，在确定电解铜箔生产工艺时，电解液温度必须与电流密度、铜离子浓度等条件紧密配合，才能取得预定的效果。

4. 搅拌的影响

搅拌能使阴极附近的铜离子浓度均衡，不致使阴极附近铜离子缺乏，因而降低了极化作用，使铜箔组织变粗。但加强搅拌后，电解液的电流密度上限提高，沉积速度加快。

3.6.5　氢在阴极上的析出

在电解铜箔生产过程中，阴极上除主要发生铜的电解沉积反应外，还发生氢的析出反应，下面着重讨论氢在阴极上析出的原理及其有关的问题。

按照现代的观点，作为物理质点存在于水溶液中的氢离子，系与水分子化学结合着的阳离子：

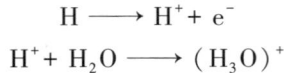

$$H \longrightarrow H^+ + e^-$$
$$H^+ + H_2O \longrightarrow (H_3O)^+$$

荷正电的质点$(H_3O)^+$由于静电作用而吸引几个水分子。因此，在水溶液中存在着水化离子$(H_3O)^+$，这种离子简称为氢离子。

氢离子在阴极上析出可分为下列 4 个步骤：

第一个步骤：水化离子$(H_3O)^+$的去水化。可以设想，在阴极的电场中，水化离子$(H_3O)^+$从其水化分子中游离出来。

$$[(H_3O) \cdot xH_2O]^+ \longrightarrow (H_3O)^+ + xH_2O$$

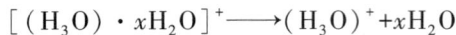

第二个步骤：去水化后的$(H_3O)^+$的放电，也就是质子与水分子之间的化合终止，以及阴极表面上的电子与其相结合，结果便有为金属(电极)所吸附的氢原子生成。

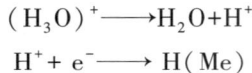

$$(H_3O)^+ \longrightarrow H_2O + H^+$$
$$H^+ + e^- \longrightarrow H(Me)$$

第三个步骤：吸附在阴极表面上的氢原子相互结合为分子。

$$H + H \longrightarrow H_2(Me)$$

第四个步骤：氢分子的解吸及其进入溶液，由于溶液过饱和，氢在阴极表面上生成氢气泡而析出。

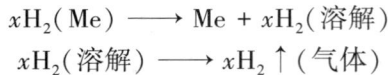

$$xH_2(Me) \longrightarrow Me + xH_2(溶解)$$
$$xH_2(溶解) \longrightarrow xH_2 \uparrow (气体)$$

如果上述 4 个步骤之一的速度受到限制，那么便会发生氢在阴极上析出时的超电位现象。加速这个过程需要消耗附加的能量(活化能)，同时因为活化能在上述情况下等于电量(广度因素)和电位(强度因素)的乘积。故可用方程表示：

$$W_{活化} = -2F\Delta\varepsilon_H \qquad (3-51)$$

式中：$\Delta\varepsilon_H$ 为氢原子的还原超电位，V；$2F$ 为生成 1 mol 氢分子的常数，等于 2×96500 C。

现在，有学者认为，上述第二个步骤需要活化能。

为了使阴极只析出金属铜而不析出氢，就必须使氢的电位在电解的条件下，比铜的电位更负。如果电流密度不超过一定的界限，那么正电性的金属铜的析出没有任何困难；但对于表面处理过程中的沉积金属锌等负电性的金属沉积，则只有当电解液中氢离子浓度很小或氢离子的还原超电位很大时，才能顺利进行。

与铜离子在阴极还原一样，氢离子在阴极析出同样需要消耗电能。因此，无论是生箔电解还是后面的表面电化学处理，为了提高电能的有效利用率，提高产量，在生产中都要想方设法提高氢在阴极上的超电位，减小氢在阴极析出。同时，从保护环境的角度，也应该减少氢的析出, 因为大量的气泡会带出大量的硫酸, 污染环境。

氢的超电压与许多因素有关, 其中主要因素包括阴极材料、电流密度、电解液温度、电解液的组成等。

如上所述, 氢在阴极析出时产生超电位的原因, 在于氢离子放电阶段缓慢, 这一点对于大多数金属来说已经得到证实。超电位的大小可由塔费尔方程计算:

$$\eta_{阴} = -\Delta\varepsilon_H = a + b\ln D_k \qquad (3-52)$$

式中: $\eta_{阴}$ 为氢在阴极上的超电位, V; D_k 为阴极电流密度, A/m²; a 为常数, 其与金属的本身性质有很大的关系; b 为常数, 对于常见的金属, 其值几乎保持不变。

按照 a 值的大小, 可将常见的电极材料分为以下 3 类:

(1)高超电位金属($a=1.0\sim1.5$ V), 主要有 Ti、Pb、Cd、Zn、Sn 等, 由于氢在其上的超电位高, 因此氢不易析出。

(2)中超电位金属($a=0.5\sim0.7$ V), 其中最主要的是 Fe、Co、Ni、Cu、W、Au 等。

(3)低超电位金属($a=0.1\sim0.3$ V), 主要的是 Pt、Pd 等铂族元素。

值得注意的是, 阴极表面状态对氢的超电位发生间接影响: 表面愈粗糙, 其真实表面越大, 这就意味着真实电流密度越小, 从而氢的超电位愈小; 反之, 超电位就愈大。

随着电解液温度的升高, 氢的析出电位降低, 也就是氢离子放电更容易。这是由于可逆电位会向正的方向移动以及超电位降低的缘故。超电位的温度系数随着电流密度的增大而减小。对于电解铜箔生产过程中实际采用的电流密度, 其温度系数一般为 $0.002\sim0.003$ V/℃。

电解液的 pH 对氢离子还原超电位也有一定的影响。总的来说, 在其他条件相同的情况下, 酸性溶液中氢的超电位随着 pH 增大而增大; 在碱性电解液中, 超电位随着 pH 增大而减小。因此, 在其他条件相同的情况下, 在酸性电解液中, 为了减少氢的析出, 也就是为了提高电流效率, 应尽可能使 pH 更高; 对于碱性电解液来说, 为了减少氢的析出, 提高氢的超电位, 必须使 pH 尽可能地低。

3.6.6　阳离子在阴极上共同放电

在生箔电解过程中, 常常有少量的氢和其他金属与铜共同在阴极析出。生箔电解的电解液主要由具有一定浓度的 $CuSO_4-H_2SO_4$ 水溶液体系构成。由于使用不锈钢管道、泵、阀、储罐的腐蚀和使用表面处理铜箔的废料等, 电解液中常常含有 Zn、Fe、As、Cr、Ni、Fe、As、Sb、Bi 等金属或非金属杂质。它们常常伴随铜离子的还原而变得更加复杂。由于其他金属在阴极共同析出, 不仅降低了电流效率, 而且其他金属在阴极的析出会直接影响生箔的内在质量。

在几种离子共同放电的情况下, 每种离子的还原速度相当于一定的电流密度 D_i, 总的电流密度 D_k(即整流柜输出的电流强度除以阴极有效面积)等于所有在阴极上进行还原反应的电流密度之和。亦即

$$D_k = \sum D_i \qquad (3-53)$$

金属离子在阴极共同放电具体可以分为下列两类情况。

1. 铜离子与氢离子共同放电

首先, 我们来分析一下阴极电流效率的基础理论问题。如果以 η_{Cu} 表示铜离子的阴极电

流效率(以分数表示)，显然可得到：

$$\eta_{Cu} = \frac{D_{Cu}}{D_k} \qquad (3-54)$$

同样，氢的电流效率为：

$$\eta_H = \frac{D_H}{D_k} \qquad (3-55)$$

假定在生箔电解时只有铜离子与氢离子在阴极共同放电，则：

$$\eta_{Cu} + \eta_H = 1 \qquad (3-56)$$

将式(3-54)除以(3-55)并将式(3-56)中的 η_H 代入，则得到：

$$\frac{\eta_{Cu}}{1-\eta_{Cu}} = \frac{D_{Cu}}{D_H} \qquad (3-57)$$

由于氢在大多数金属上析出的极化基本上是由于离子放电阶段缓慢所致，因而可导出铜从硫酸铜溶液中析出时阴极电流效率 η_{Cu} 与阴极电位 ε、溶液中铜离子的活度 a_{Cu}、温度 T 以及动力学系数 R 的关系式：

$$\frac{\eta_{Cu}}{1-\eta_{Cu}} = \frac{K_{Cu}a_{Cu}}{K_H a_H} e^{-\frac{(2a_{Cu}-a_H)F\varepsilon}{RT}} \qquad (3-58)$$

式(3-58)表明，在其他条件相同的情况下，氢离子在酸性溶液中的活度增大会使铜的电解电流效率降低。

在铜箔电解过程中，阴极电位决定了铜离子的放电过程。

在生产实践中，人们总是希望在电流效率接近于1的条件下进行电解生产。但是，要达到这个目的，并不总能成功。因为靠降低酸度来提高电流效率实际上受到一系列因素的限制。在酸性硫酸铜电解液中，降低硫酸浓度，就会降低硫酸的同离子效应，同时会伴随着溶液电导率的降低，从而为提高电流效率而节约的电能被用于克服电解液电阻升高而额外消耗的电能所抵消。

如式(3-58)所示，提高电解液中铜离子的活度，将会使铜的电解电流效率提高。从定性上来讲，这个原理在生产实践中早为大家所熟知，而定量上却没有得到验证。

然而，为了提高铜离子活度需提高其在电解液中的浓度，这也会受到以下几点限制：第一，电解液泄漏造成不可回收的损失增大；第二，电解液循环系统占有的铜量增大，即铺底资金增大。从经济的角度来看，电解液中的金属铜量愈少愈好。但这个趋势受到电流效率降低以及获得的生箔质量变差的制约。因此，在生产中，通常要根据实验来确定电解液中铜离子的最佳浓度范围，其中包括对上述各种因素的具体情况的综合考虑。

2. 铜离子与杂质金属离子的共同放电

两种金属在阴极辊上共同还原的相互关系，从定性上来讲，与上面讨论过的铜离子与氢离子共同析出的情况基本相似。所不同的是，两种金属的共同还原无疑会导致在阴极上形成铜合金。所获得的铜合金的结构决定于体系的状态图。当然，也与各种金属在合金中的含量有关。但若杂质金属与铜的相互作用的亲和力愈大，它们共同析出就愈容易。

在现实中，讨论杂质金属在电解铜箔中的含量问题具有十分重要的意义。设第 i 种杂质在生箔中的含量(%)为 $[Me_i]$，由于 $D_{Cu}>D_{Me_i}$，因此 $[Me_i]$ 可表示为：

$$[\,\mathrm{Me}_i\,] = \frac{D_{\mathrm{Me}_i}100}{D_{\mathrm{Cu}}} = \frac{100 D_{\mathrm{Me}_i}}{\eta_{\mathrm{Me}_i} D_{\mathrm{Cu}}} \tag{3-59}$$

由于与铜离子共同析出的常见杂质离子的析出主要取决于扩散相传质阶段,也就是说第 i 种杂质的放电在极限电流密度下进行,从而有:

$$[\,\mathrm{Me}_i\,] = \frac{K_\mathrm{c} C_i 100}{\eta_{\mathrm{Me}_i} D_\mathrm{k}} \tag{3-60}$$

式中: K_c 为对流扩散速度常数; C_i 为第 i 种离子在电解液中的浓度。

在杂质的析出受扩散控制的情况下,从式(3-60)可以看出,杂质在电解液中的浓度越高,它在铜箔中的含量便越大。所有能提高对流扩散速度的因素,包括温度和电解液循环速度等,都会使铜箔中杂质含量增加;相反,提高阴极电流密度和电流效率,则可提高铜箔的纯度,降低或减少铜箔中杂质的含量。

大量事实证明,所有的二价金属的对流扩散速度常数实际上可以认为是相等的。这样,既然式(3-60)中没有其他说明个别杂质本性的变量,那么就可以认为:各种在极限电流密度下放电的杂质进入铜箔中的程度,在其他条件相同的情况下,对所有二价杂质金属来说都是一样的。此外,式(3-60)不含有决定于铜特性的变量,因此,在铜箔电解时,杂质在铜箔中的含量与铜离子在电解液中的浓度无关。

对于析出量决定于放电阶段的杂质来说,杂质在铜箔中的含量将随着电解液中杂质浓度的升高和铜离子浓度的降低而升高。且铜箔中杂质金属含量是铜离子浓度的指数函数。

3.6.7　结晶形态和结构

电沉积金属的晶体结构主要取决于沉积金属本身的晶体学性质。然而,它的表面形态和结构的形成主要取决于电沉积的条件。金属电沉积和气相沉积、溶液结晶、熔体结晶有许多类似之处,因此,在讨论电结晶时使用的基本概念(例如,表面扩散、高指数晶面生长、二维成核、螺旋位错等)都是从这些领域中引用来的。但是,电结晶和其他结晶还是有很大的区别,这就构成了电沉积金属在组织结构和性能上不同于其他结晶的特点。这些区别主要表现为在电极表面存在阴离子或水分子或溶剂化的吸附离子(而不是吸附原子)的吸附层及双电层电场;电极表面上的吸附粒子在并入点阵之前与基体的相互作用有本质上的不同,不仅有电化学条件下的吸附离子代替吸附原子,而且有金属和溶剂的交互作用,同时,由于溶液中离子的扩散速度小于气相中原子的扩散速度,因此,扩散控制过程的可能性增大。这些区别从本质上来说是电势对金属表面自由能的影响和表面存在阴离子的接触吸附,造成电结晶的各种形态和结构。

1. 电结晶的主要形态

在电结晶的早期研究中,人们非常注重描述晶体生长的各种形态。1905 年研究人员首次做了显微镜下的观察记录,后来使用 Nomarsk 干涉相衬显微镜和偏振光测量技术,得到了比用电子显微镜观察更为丰富的资料。目前发现的电结晶的主要形态有以下几种。

(1)层状。

层状形态的台阶平均高度达到 50 nm 左右就可观察到,有时每层还包含许多微观台阶。

（2）金字塔状（棱锥状）。

金字塔状是在螺旋位错的基础上，并考虑到晶体生长的对称性而得。棱锥的对称性与基体的对称性有关，锥面似乎不是由高指数晶面构成，而是由宏观台阶构成，锥体的锥数不定。

（3）块状。

块状相当于截头的棱锥，截头可能是杂质吸附阻止晶体生长的结果，截头棱锥向横向生长也可发展为块状。

（4）屋脊状。

屋脊状是在有吸附杂质存在的条件下，层状生长过程中的中间类型，如果加入少量表面活性剂，屋脊状可以在层状结构的基底上发展起来。

（5）立方层状。

立方层状是块状和层状之间的一种结构。

（6）螺旋状。

螺旋状是指顶部的螺旋形排布而言，它可以作为带有分层的棱锥体出现。台阶高度大约为 10 nm，台阶间隔为 1~10 nm，而且随电流密度的减小而增大。

（7）晶须状。

晶须状是一种长的线状单晶体，在相当高的电流密度下，特别是当溶液中存在有机物的条件下容易形成。

（8）枝状。

枝状是一种针状成树枝状结晶，它常常从低浓度的简单金属盐溶液中电解得到。当电解液中有特性吸附的阴离子存在时，也容易获得枝状晶。枝状晶的主干和分支平行于点阵低指数方向，它们之间的夹角是一定的。枝晶可以是二维的，也可以是三维的。

有人研究了电流密度和过电势对铜结晶过程的影响关系，当电流密度和过电势增大时，结晶形态的转变方式为

屋脊状→层状→块状→多晶体

枝晶的产生是在扩散控制条件下电沉积时，晶核的数目本来就不多，形成了粗晶。当达到极限电流密度时，阴极表面附近的溶液中缺乏放电离子，于是只有放电离子能达到的部分晶面才能继续生长，而另一部分晶面却被钝化，结果便形成了枝晶。例如，在铜箔表面处理的粗化过程中，就是在无表面活性剂的硫酸铜电解液中，采用过高的电流密度，使电结晶形成枝状晶，以达到粗化的目的。

2. 铜沉积的外延与结晶的取向

当铜离子在钛辊筒上进行电沉积时，通电后的最初一段时间内，由于铜原子在钛基体表面力场的作用下，优先进入钛筒表面上现成的晶格位置，故所形成的沉积层可以与钛筒表面的结晶取向完全一致。这种沉积层沿袭着基体晶格生长的现象，称之为外延。实验结果表明，在被沉积的金属与基体金属的晶格参数差别不足 15% 时，容易发生外延生长。通常这种外延影响的延伸厚度可达 100 nm，外延持续时间的长短与电结晶过程中出现的位错有关。在电沉积过程中任何引起沉积层中产生位错的因素，都会促使外延生长提早结束。

阴极基体材料的表面条件也是影响织构发展的重要因素。电解铜箔是铜离子在阴极辊表面晶体上结晶结构的延续，阴极钛辊表面的晶体结构决定着电解铜箔最初的结晶状态。

随着电沉积过程的延续，不管基体金属的结晶学性质如何，沉积层终归会由外延转变为

由无序取向的晶粒构成的多晶沉积层。在这种多晶沉积层继续生长过程中，新形成的沉积层将有相当数量的晶粒出现相同的特征性取向，即出现了通常所说的择优取向。各晶粒的 3 根晶轴中，若有一根与参考坐标系具有固定的关系，例如，在晶粒中存在着一根垂直于基体表面的晶轴(择优取向轴)，则可形成一维取向。如果择优取向轴不止 1 根，则随着沉积层厚度的不同，择优取向轴可由一个晶轴转变为另一个。随着电解沉积层的增加，阴极表面基体组织对铜沉积层结晶结构的影响越来越小。

由于铜箔沉积层的结构是在电沉积过程中形成的，电沉积的具体条件(电解液的组成、pH、电流密度、温度、电流的波形、电解液的流速等)对铜箔沉积层的结构有重要影响，因此，正是依靠改变不同的生产工艺条件，才生产出性能各异的电解铜箔，满足不同用户的需求。

3.7　阳极反应

3.7.1　阳极反应和阳极材料

无论是生箔电解沉积过程还是铜箔的表面处理过程，都不可避免地会涉及各个电极上进行的阴极反应和阳极反应。因此，为了全面掌握电解过程，就必须同时对阳极反应的各种规律进行研究和了解。

在水溶液中，可能发生的阳极反应，可以分为以下几个基本类型。

①金属的溶解：

$$Me - ze^- \longrightarrow Me^{z+}(在溶液中)$$

②金属氧化物的形成：

$$Me + 2H_2O - 2e^- \Longrightarrow Me(OH)_2 + 2H^+$$

③氧的析出：

$$2H_2O - 4e^- \longrightarrow O_2 \uparrow + 4H^+$$

$$4OH^- - 4e^- \longrightarrow O_2 \uparrow + 2H_2O$$

④离子价升高：

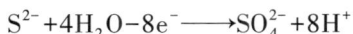

$$Me^{z+} - ne^- \longrightarrow Me^{(z+n)+}$$

⑤阴离子的氧化：

$$S^{2-} + 4H_2O - 8e^- \longrightarrow SO_4^{2-} + 8H^+$$

由于可溶性阳极在生箔生产中已经淘汰(在表面处理过程中仍旧使用，如铜箔表面处理镀黄铜工艺)，下面主要讨论不溶性阳极及在其上进行的阳极过程。

在电解过程中，不溶性阳极通常采用以下各种材料：

①具有电子导电和不被氧化的石墨。

②电位在电解条件下，位于水的稳定状态图中氧线以上的各种金属，其中首先是铂。

③在电解条件下发生钝化的各种金属，如硫酸盐溶液中的铅。

④在某些场合下，也有采用硅与铜、镍以及钛与锰组成的合金作为不溶性阳极。

在电解铜箔生产过程中，过去采用铅或铅合金作为生箔阳极，近年来，大部分企业开始使用表面有贵金属涂层的钛阳极。

3.7.2 铅阳极的阳极过程

当铅在酸性硫酸盐溶液中发生阳极极化时,便可能进行下列各阳极过程:

①金属铅氧化为二价状态:

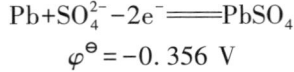

$$Pb+SO_4^{2-}-2e^- \Longrightarrow PbSO_4$$

$$\varphi^\ominus = -0.356 \text{ V}$$

②二价铅氧化成四价铅:

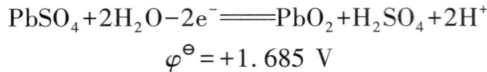

$$PbSO_4+2H_2O-2e^- \Longrightarrow PbO_2+H_2SO_4+2H^+$$

$$\varphi^\ominus = +1.685 \text{ V}$$

③金属铅直接氧化成四价状态,并形成二氧化铅:

$$\varphi^\ominus = +0.655 \text{ V}$$

④氧的析出:

$$4OH^--4e^- \Longrightarrow O_2+2H_2O$$

$$\varphi^\ominus = +0.401 \text{ V}$$

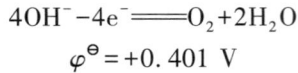

⑤SO_4^{2-} 放电,并形成过硫酸:

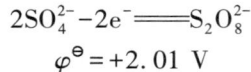

$$2SO_4^{2-}-2e^- \Longrightarrow S_2O_8^{2-}$$

$$\varphi^\ominus = +2.01 \text{ V}$$

铅在硫酸溶液中阳极极化的行为,实验研究表明,当阳极电流密度 D_A 为 0.2 A/m^2 时,全部电流均用于铅溶解成二价离子。当 D_A 增大到 0.2 A/m^2 以上时,阳极电位急剧增大,同时,硫酸铅转化为二氧化铅。当电流密度继续增大时,才有氧析出。

因此,铅阳极在电流作用下的行为,可表述为:当电流通过时,铅便溶解,但由于硫酸铅的溶解度很小,故在阳极上电解液迅速出现硫酸铅过饱和的现象。于是,硫酸铅便开始在阳极表面结晶析出,这样一来,与电解液相接触的金属铅的表面积减少,使得铅离子转入电解液增多,导致有更多的硫酸铅在阳极上结晶,直到电导率很小的硫酸铅几乎覆盖整个阳极表面为止。结果铅阳极上实际电流密度增大,从而阳极电位便急剧增大。

根据标准电极电位来判断,阳极上应该进行氢氧根离子的放电,但由于氧的析出伴随着很大的超电位,实际上首先进行的是二价铅离子和铅本身的氧化反应,并伴随四价盐的生成,此盐发生水解而生成二氧化铅。接着,二氧化铅开始在由硫酸铅组成的阳极膜的空隙中生成,之后硫酸铅逐步被二氧化铅膜所替代。最后,这个二氧化铅成为进行阳极基本过程即氧化析出过程的工作表面。

由于二氧化铅膜的形成,电解时铅阳极被破坏的过程不会终止。

铅阳极由于二氧化铅膜的多孔性而受到破坏,经由这些空隙,电解液可直接通向铅的表面。在这些孔隙中,进行着上述各种氧化和离子放电的过程。

在孔隙中产生和消失的二氧化铅及铅的其他化合物具有不同的比容(铅的比容为 $0.09 \text{ cm}^3/\text{g}$,硫酸铅为 $0.16 \text{ cm}^3/\text{g}$,二氧化铅为 $0.11 \text{ cm}^3/\text{g}$)。由于比容的急剧变化,二氧化铅膜变得松散,甚至从阳极脱落,污染电解液,所以,铅阳极正在被电解铜箔行业淘汰。

3.7.3 钛阳极

1. DSE 阳极的发展

钛基贵金属氧化物涂层阳极，简称 DSE(dimensionally stable electrode)，之前曾称为 DSA(Dimensionally Stable Anode)，由于 DSA 为一家公司的注册商标，逐渐被 DSE 所替代。DSE 是 20 世纪 60 年代末发展起来的一种新型不溶性阳极材料。

1956 年，比利时学者伯尔(H Berr)提出应用金属钛作为活性金属阳极的基体，在钛基上电镀铂，后又改为热沉积法加 10%~30% 的铱，1965 年改为用贵金属氧化物特别是氧化钌代替相应的金属。这些氧化物是通过热分解或电镀的方法涂覆在钛基材上，厚度为 2~5 μm。

2. DSE 阳极的性能

由于表面贵金属氧化物的电催化作用，使电极界面电场对反应速度的影响十分巨大。随着电极反应过电位的增加，反应速度可以增大 10 个数量级。在相同的反应速度(即电流密度)下，DSE 阳极能得到非常低的过电位，从而具有高的能量转换效率。

在 H_2SO_4 为 98 g/L、Cu^{2+} 为 80 g/L、电解液温度为 25 ℃ 条件下的研究结果表明，在相同条件下，钛阳极由于其表面贵金属氧化物的电催化作用，可使阳极氧析出的超电位大大降低。与普通 Pb-Ag 合金阳极相比，DSE 阳极在低电流密度($D \leqslant 1200$ A/m²)下进行铜箔电解时，槽压几乎降低了约 1.0 V。事实上，铜箔电解时的电流密度都较高，一般为 3000~8000 A/m²，最高可达 13000 A/m²。随着电流密度的提高，阳极极化急剧增加，氧的析出超电位迅速升高(图 3-21)，电解效率急剧下降。在高电流密度下，采用 DSE 阳极，槽压降低的效果十分理想。

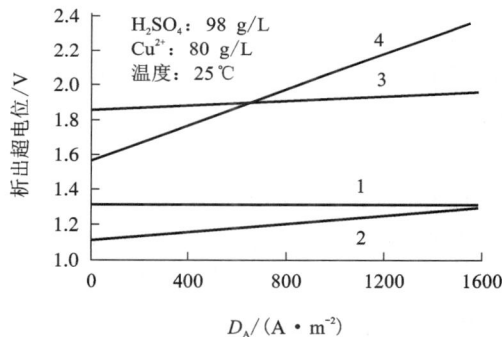

1—表面涂覆氧化铱的钛阳极；2—表面镀铂后涂覆氧化铱的钛阳极；
3—电镀金属铂阳极；4—含银 1% 的普通 Pb-Ag 阳极。

图 3-21　氧在不同阳极上的析出超电位

铜箔用钛基贵金属氧化物阳极是一种高度定制化的产品，其高度定制化不仅体现在基材多变的加工形状，还体现在针对客户端的需求，选取合适的涂层配方设计，以最终满足客户个性化的需求为最终目标。

由于每家电解铜箔企业的添加剂不同，为保证一定的使用寿命，DSE 必须采用不同的阳极涂层设计。根据客户的使用工况，设计合理的阳极涂层才是铜箔 DSE 阳极制造商的核心价值体现。主要表现在以下几个方面。

第一，DSE 阳极涂层寿命与铜箔生产的添加剂密切相关。即决定贵金属含量的因素，不只是根据阳极过电位多少进行简单转化，还需要根据使用条件，例如电解液中有机物含量的多少，是否具有严重影响阳极寿命的物质存在（例如氟），设备是否具有设计缺陷导致的阳极无法正常工作等。

第二，针对添加剂消耗量的控制要求，这是 DSE 阳极涂层设计最为核心的部分。目前大部分铜箔 DSE 阳极生产企业，只关注吸氧电位和使用寿命，认为电解添加剂的多少是铜箔企业工艺技术要求。DSE 阳极需要的是对具有高度催化活性的涂层进行一定的屏蔽，使其减少对不同添加剂的直接接触机会。通常，我们将这类特殊的涂层称之为隔离涂层。同时，针对各厂商的添加剂，以及不同添加剂的性质，需要对涂层设计进行相应的优化和适配。通过改变涂层性质（例如表面粗糙度、表面能、电荷性质等），可以针对某些添加剂的吸附或排斥，在一定程度上调整某些添加剂的消耗量水准。

铜箔电解添加剂大部分是有机添加剂，按照功能基本上可以分为三种类型：光亮剂，整平剂，抑制剂。其中，光亮剂通常为小分子的含硫有机物，以聚二硫丙基磺酸（SPS）为代表；整平剂通常为含氮阳离子表面活性剂，一般为季铵盐类或杂环类表面活性剂；抑制剂多为聚醚类物质，较为常见的是聚乙二醇（PEG）。在这 3 种物质中，以光亮剂单体分子量最小，因此，也更容易被 DSE 阳极分解。

3. DSE 阳极消耗添加剂的原因分析

从钛阳极工作时的反应原理来看，在电沉积反应发生时，DSE 阳极是通过钛基材进行导电，然后通过涂覆在钛基材表面的贵金属涂层最终进行反应。在这个过程中，贵金属涂层本质上是催化剂。而贵金属涂层在发生电化学反应时，具有很强的电化学活性。因此，电镀液中的添加剂在接触到贵金属涂层表面时，也就很容易被贵金属涂层分解。

同时，由于钛阳极的阳极反应是一个电解水的反应，在这个反应过程中，一些具有强氧化性的中间产物，虽然存在时间较短，但也会导致电解液中一部分有机物分解。

比较以上两个主要原因，主要还是添加剂直接接触分解占主导地位。这也就为阳极涂层优化提供了指引方向。

具体到不同添加剂组分消耗量水准差异问题，光亮剂一方面分子量较小，另一方面其在水溶液中通常会电离并以带有磺酸根的状态存在（以 SPS 为例）。这样，光亮剂分子就更容易吸附到阳极表面从而造成大量分解。

相反，整平剂由于是阳离子型表面活性剂，在电解液中往往以带正电的形式存在，因而在很大程度上避免了向阳极表面迁移或吸附而造成的大量分解。而抑制剂由于分子量巨大，通常不容易被阳极完全分解。同时，抑制剂如果只是发生局部断裂，剩余部分仍然可以起作用，因而在 DSE 阳极上消耗量也相对较低。

3.8 化学镀铜

3.8.1 化学镀铜原理

化学镀是靠基体材料的自催化活性起镀，所得到的金属镀层，结晶致密紧密，结合力良好，其结合力一般优于电沉积层。化学镀层在 PET 复合铜箔、PP 复合铜箔、极薄 FCCL、屏蔽铜箔等特种铜箔生产中具有应用价值。

由于铜的外层电子结构为 $3d^{10}4s^1$，3d 能带与 4s 轨道发生重叠，部分 3d 电子转入 4s 能带中，导致 d 轨道不饱和而形成空穴。从铜的 d%（铜的 d% = 36%）来看，铜有强的成键能力（自催化），因而可以实现化学镀铜。从热力学上看，铜离子电极电位较负，氧化性不强，化学镀必须在一定的外部环境下才可进行。

化学镀铜是在具有催化活性的表面上，通过还原剂的作用使铜离子还原析出。

还原（阴极）反应：

$$Cu^{2+}+2e^-\longrightarrow Cu$$

氧化（阳极）反应：

$$2HCHO+4OH^-\longrightarrow 2HCOO^-+H_2+2H_2O+2e^-$$

化学反应发生在催化性异相界面，并不存在外来电源或电子。化学镀铜的总反应可表达为

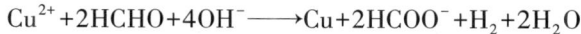

$$Cu^{2+}+2HCHO+4OH^-\longrightarrow Cu+2HCOO^-+H_2+2H_2O$$

利用次亚磷酸钠作为还原剂进行化学镀铜的主要反应式为

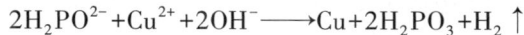

$$2H_2PO_2^-+Cu^{2+}+2OH^-\longrightarrow Cu+2H_2PO_3+H_2\uparrow$$

该化学反应除在热力学上成立外，还必须满足动力学条件。化学镀铜如同其他催化反应一样需要热能才能进行反应，这是化学镀液达到一定温度时才有镀速的原因。

理论上化学镀铜的速度可以由反应产物浓度增加和反应物浓度减少的速度来表达。由于实际使用的化学镀铜溶液中含有某些添加剂，故其影响因素过多，因而情况变得复杂。因此，大多数化学镀铜反应动力学研究开始时仅限于镀液中最基本的成分。

1. 化学镀铜溶液的组成及工艺条件

化学镀铜溶液按照所用的还原剂不同可以分为甲醛、肼、硼氰化物以及次磷酸盐等溶液。按照镀铜的厚度可以分为镀薄铜溶液和镀厚铜溶液；根据溶液的用途又可以分为印制电路板金属化和塑料金属化等溶液；按照络合剂种类可分为 EDTA 二钠盐型、酒石酸盐型和混合络合剂型等。一般的化学镀铜层厚 $0.1\sim0.5~\mu m$，较薄，外观呈粉红色，较柔软。由于其具有较好的延展性、导电性和导热性，因此，常用作非金属薄膜以及印刷电路板孔金属化的导电层。目前，高稳定化学镀铜层厚度随着科技的进步已达到 $5~\mu m$，从而使化学镀铜的应用更加广泛，可直接应用到加成法 PCB 制程。

常见化学镀铜溶液的组成及工艺条件见表 3-8。

表 3-8　化学镀铜溶液的组成及工艺条件

化学成分和工艺条件	镀铜液 1	镀铜液 2	镀铜液 3	镀铜液 4	镀铜液 5
硫酸铜 $CuSO_4\cdot5H_2O/(g\cdot L^{-1})$	$5\sim20$	10	15	12	16
酒石酸钾钠 $NaKC_4H_4O_6\cdot4H_2O/(g\cdot L^{-1})$	$20\sim25$	50	—	—	14
EDTA 二钠盐 $Na_2EDTA/(g\cdot L^{-1})$	—	—	30	42	20
三乙醇胺 $N(C_2H_5OH)_3/(g\cdot L^{-1})$	—	—	—	—	5
氢氧化钠 $NaOH/(g\cdot L^{-1})$	$10\sim15$				

续表3-8

化学成分和工艺条件	镀铜液1	镀铜液2	镀铜液3	镀铜液4	镀铜液5
甲醛 $CH_2O(37\%)$/$(mL \cdot L^{-1})$	8~12	10	12	4	15
亚铁氰化钾 $K_4Fe(CN)_6$/$(g \cdot L^{-1})$	—	—	—	—	0.01
联吡啶 $(C_5H_4N)_2$/$(g \cdot L^{-1})$	—	—	0.1	—	0.02
pH	12.5~13	12~13	12~13	12	12.5
温度/℃	15~25	15~25	25~35	70	40~50

2. 化学镀铜溶液中各组分的作用

(1)铜盐:在溶液中,铜盐作为一种主盐,主要由硫酸铜提供二价铜离子,并且其含量会影响沉淀的速度。当溶液pH处于工艺范围时,虽然沉积速度会随铜含量的增加而加快,但是溶液自然分解倾向也会加大。溶液中不含稳定剂时采用低浓度镀液,含有稳定剂时可提高铜离子浓度。铜离子浓度变化范围较大,主要是其含量不影响镀层质量。

(2)络合剂:为了避免铜离子在碱性条件下析出 $Cu(OH)_2$ 沉淀,而在溶液中能够呈现络合状态,通常会使用络合剂。镀铜的常用络合剂有乙二胺四乙酸(EDTA)及其盐、柠檬酸三钠、苹果酸、乳酸、三乙醇胺(TEA)、酒石酸钾钠等。EDTA和酒石酸钾钠主要用于以甲醛作还原剂的常规化学镀铜液中,但这类镀液的镀速往往较低。EDTA可在较大pH范围内保持优异的螯合性能,并能稳定镀液,其络合能力优于酒石酸盐,通过与 Cu^{2+} 形成络合离子,进而解离出高纯度和低浓度的 Cu^{2+} 进行化学镀铜。但EDTA的生物降解性较差,易污染环境。酒石酸盐无毒,在强碱性环境中能与铜形成稳定的配合物,且废液易处理,但酒石酸盐络合体系主要用于低温低速的化学镀,不适合用于高速镀工艺。TEA作为一种价格低廉且环保的化学试剂,含有N、O两种配位能力较强的配位原子,可与金属离子形成稳定的配合物,提高镀层表面平整度。与EDTA配位体系相比,TEA配位体系的镀速更高,但镀液稳定性和镀层性能不如前者。亚氨基二乙酸(IDA)及其水溶性盐能与 Cu^{2+} 形成蓝色螯合物,沉积速率与EDTA体系相当,但其pH适用范围更广,因此可获得比EDTA体系镀液更厚的铜镀层。在溶液中加入适量的络合剂可以提高溶液的稳定性、沉积速度以及改善镀层性能。络合剂的种类虽然多种多样,但是,在目前的镀铜中使用最广泛的莫过于酒石酸钾钠和EDTA钠盐。

(3)还原剂:还原剂是化学镀液的重要成分,它为金属离子的还原提供电子,促使金属离子在自催化表面还原沉积。随着镀铜工艺的发展,还原剂的种类越来越多,主要有甲醛、次磷酸钠、硼氢化钠、硫酸氢钠、硫代硫酸钠等。出于成本考虑,生产中多采用甲醛。

甲醛是最常用的化学镀铜还原剂之一,具有成本低、易控制、还原能力强的优点。以甲醛作还原剂时沉积速率高,镀层性能优良。但是甲醛的还原能力受pH的影响较大,只有在pH > 11时才具有还原铜的能力,其沉积速率一般随pH升高而增大,但pH过高,镀液容易产生氢氧化物沉淀,稳定性不佳。同时 Cu^{2+} 在还原过程中容易发生歧化反应,导致镀液分解失效。

乙醛酸的氧化还原电位与甲醛相近,乙醛酸还原体系的镀液稳定性和镀速都优于甲醛体系,并且环保、无毒。乙醛酸还原体系的缺点是成本较高,难以量产化。

次磷酸盐因具有价格低廉、溶液成分稳定、相对安全等特点而备受关注。但次磷酸盐还原沉积的铜催化活性极低，需要添加其他具有催化作用的金属离子(如镍离子)。

二甲胺硼烷(DMAB)能溶于水和有机溶剂，还原能力极强，作还原剂时可在较低pH(一般为8~11)下实现化学镀铜，镀层纯度高，目前已应用于钯活化塑料、铜衬底和锡/钯活化环氧树脂等材料的化学镀铜，但存在原料成本高、难以工业化应用等缺点。

肼(联氨)具有较强的还原性，其氧化产物仅为H_2O和N_2，对环境无污染，能获得纯度在99%以上的镀层。但镀液不稳定，沉积能力差。在使用苯基肼作为还原剂进行化学镀铜时会产生焦油副产物，因此难以在玻璃等镀件上形成连续的铜镀层。

(4)氢氧化钠：溶液中其他组分浓度不变时，沉积速度会随着氢氧化钠含量的增加而加快，但含量达到一定后，沉积速度就会变慢且易分解。含量较少时，沉积速度减缓甚至沉淀停止。当一段时间化学镀铜溶液不用时，为了避免溶液自然分解和因甲醛的还原作用下降而停止反应，应采用硫酸钾将溶液的pH调到10以下。再次使用时，用氢氧化钠将pH调到工艺要求值即可。

(5)甲醛只有在pH大于11的碱性条件下才具有还原能力，pH不同，反应也不同。

①在中性或酸性条件下：
$$HCHO + H_2O =\!=\!= HCOOH + 2H^+ + 2e^-$$

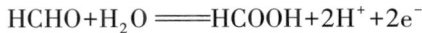

②在pH>11的碱性条件下：
$$2HCHO + 4OH^- =\!=\!= 2HCOO^- + H_2 + 2H_2O + 2e^-$$

甲醛的还原能力以及铜的沉积速度随着pH的升高而增大，但是，溶液的自然分解倾向也会增大。配方不同，甲醛的含量和适宜的pH范围也不同。

当pH = 10~10.5时，镀件表面发生催化反应。

当pH = 11~11.5，且甲醛浓度为2 mol/L，或者pH = 12~12.5且甲醛浓度为0.1~0.5 mol/L时，均可在活化过的非导体表面产生触发反应。

(6)稳定剂：在化学镀铜过程中，除了催化表面产生铜外，还有其他副反应，如：
$$2Cu^{2+} + HCHO + 5OH^- \longrightarrow Cu_2O + HCOO^- + 3H_2O$$

而甲醛还能继续进行还原：
$$Cu_2O + 2HCHO + 2OH^- \longrightarrow 2Cu + H_2 + 2HCOO^- + H_2O$$

化学镀铜反应中生成的氧化亚铜很难通过过滤除去。氧化亚铜与铜共同沉积后，不仅会造成铜层疏松粗糙，还失去了与基体的结合力。当还原成铜后还会以自催化中心促进溶液的自然分解。在镀液中加入亚铁氰化钾、甲基二氯硅烷等有机或无机稳定剂，可有效地抑制氧化亚铜的生成，达到稳定溶液的作用。

3.8.2　影响化学镀铜速率的关键因素

1.铜离子浓度

化学镀铜速率随着镀液中铜离子浓度增高而增加，当硫酸铜质量浓度为10 g/L以下时，基本上成正比例增长。但是当硫酸铜含量超出12 g/L之后，化学镀铜速率不会再增长反倒会产生副反应，进而使化学镀铜液变得不稳定。

2.络合剂

络合剂的浓度对沉积速率基本上无影响。理论上只需确保铜离子在强碱环境下不产生氢氧化铜沉淀即可。实践中，络合剂的浓度控制在铜离子浓度的1~1.5倍为宜。影响化学镀铜速率的核心要素是络合剂的化学结构。有多种络合剂能够用作化学镀铜，络合剂化学结构的差异对化学镀铜速率影响很大。

3. 还原剂浓度

伴随着甲醛在镀液中浓度的增长，甲醛的还原电位增大。当甲醛的浓度超过 8 mL/L 时，还原电位增长开始逐渐放缓。当甲醛含量低于 3 mL/L 时化学镀铜速率下降，与此同时副反应加剧。一般将甲醛的浓度控制在 9 mL/L 左右为宜。

4. pH

化学镀铜反应在特定的 pH 环境下才能够发生。由于不一样的络合剂其与铜的络合常数不一样，并且络合常数随溶液的 pH 发生改变，铜离子的氧化电位也有一定的变化，导致化学镀铜反应所需要的 pH 不一样。

5. 添加剂

当活化过的电路板浸泡在化学镀铜溶液中，被活化的表层直接粘附具备活性的甲叉二醇。这种甲叉二醇在活化剂的影响下转化成强负电性，溶液中铜离子被吸引到负电性的活化剂周围，因而形成了双电层。如果没有添加剂的作用，铜离子超过指定浓度时甲醛和铜离子就会发生氧化还原反应，形成铜沉淀。

6. 温度

提升化学镀铜液的温度可以提升化学镀铜速率。针对特定种类的化学镀铜液都会有个确定的极限温度。当超出温度极限范围时，化学镀铜液副反应加剧，引发化学镀铜液迅速分解。因此须在最适温度环境下操作才可以获得性能优良的化学镀铜层。

7. 溶液的搅拌

化学镀铜环节中高速搅拌能提升沉积速率，随着电极转速上升沉积电流增大。生产过程中采用持续过滤、工件移动的方法，或是采用电磁振动，空气搅拌溶液。这些方法不仅能起到稳定溶液的作用，还能提高沉积速率。

3.8.3 化学镀铜过程

1. 结晶过程

将电沉积与化学沉积进行比较，有助于对化学镀铜成核和生长规律的理解。就铜离子还原反应而言，化学沉积和电沉积的不同就在于化学沉积的电子来源于还原剂；电沉积的电子来自外接直流电源。

M Paunovic 等人从结晶形貌学上分析了化学沉积过程对镀层质量的影响，他们认为，化学沉积镀铜时，持续的结晶生长成核由同时进行着的下列 3 个过程组成：①弥散的三维生长中心(三维晶粒 TDC)的形成；②弥散的 TDC 三维生长；③TDC 的连接聚合。

(1)TDC 的形成。

在单个铜晶基体(100)面上化学沉积铜的初始阶段，优先生长粒子(TDC)的平均密度随沉积时间的增加而提高，该阶段中成核是主要过程，TDC 的平均密度达到最大值后随着时间的延长而降低。在 TDC 密度降低过程中，聚结是主要的晶体产生过程，通过横向生长和 TDC 的聚结形成连续的化学镀层。由于镀层的许多物理性能取决于聚结的类型，因此聚结过程应引起特别注意。TDC 的聚结有两种类型：一种是没有恰如其分地填满 TDC 间的空隙，导致杂质和添加剂掺入，产生应力、空穴和错位，如图 3-22(b)所示；另一种是正好填满 TDC 间隙，晶体连接良好，如图 3-22(a)所示，镀层质量优于第一种聚结方式。聚结过程(类型)很大程度上取决于溶液中添加剂的浓度和类型。

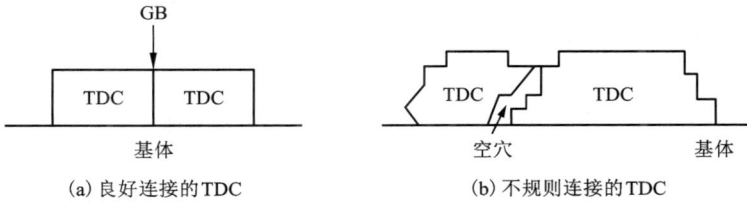

图 3-22　三维晶粒(TDC)的两种聚结方式

(2)弥散的 TDC 三维生长。

形成连续薄膜以后，大多数情况下厚膜层(1~15 μm)的沉积经过以下过程：

①优先生长取向良好的晶粒。

②限制(抑制)不良取向晶粒的垂直生长。

(3)TDC 的连接聚合。

①横向连接优先生长粒子。

②原始粒子生长终止。

③成核和新晶层的生长。

在横向和纵向(垂直)生长过程中，优先生长粒子(TDC)宽度增加，随后与其他优先生长粒子横向连接，最后这些粒子宽度达到一个定值，在以后的纵向生长过程中发展成柱状。如图 3-23 所示粒子，达到一定阶段后，柱状粒子不再纵向生长。单个粒子生长终止后，接着又成核，开始新粒子层的生长，垂直于基体粒子生长的终止受

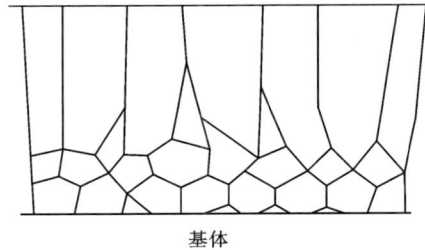

图 3-23　柱状镀层的横截面
(与基体垂直)示意图

过电位和抑制剂的影响，其中最主要的关系是结构与镀液参数之间的关系、结构与化学镀铜沉积电化学动力学参数之间的关系。

被还原析出的金属必须具有催化活性，这样氧化还原沉积过程才能持续进行，镀层才能连续增厚。

因此，连续的化学镀铜层是由 TDC 水平(横向)生长，相互连接合拢而成。当镀液中同时加入两种添加剂 NaCN 和 MBT 后，在同样的条件下，TDC 的平面尺寸较无添加剂时显著减少。TDC 的密度增加了 5 倍，添加剂的作用似乎是增加了足够多的 TDC，充填了原来较大尺寸的 TDC 之间的空间。正是这种对于 TDC 横向生长平面连接式的充填模式，使得化学镀铜层的延展性能得以改善。

2. 化学镀层结构与性能

化学镀铜层的纯度低于电化学沉积铜层，因此它们的物理性质也有所不同。一般化学镀铜层的铜含量、密度、延展率均低于电化学沉积铜层。而化学镀铜层的抗张强度、硬度和电阻高于电化学沉积铜层。

（1）硬度。

化学镀铜层性能研究表明，通过化学镀铜获得的铜层是无定向的分散体。其晶格常数与金属铜一致。铜的晶粒直径为 0.13 μm 左右。镀层有相当高的显微内应力［176.5 MPa（18 kgf/mm²）］和显微硬度［1.96~2.11 GPa（200~215 kgf/mm²）］，并且即使进行热处理，其显微内应力和硬度也不随时间而降低。

（2）塑性。

降低铜的沉积速度和提高镀液的温度，铜镀层的可塑性增加。有些添加物也可以降低化学镀铜层的内应力或硬度，比如氰化物、钒、砷、锑盐离子和有机硅烷等。当温度超过 50 ℃时，含有聚乙二醇或氰化物稳定剂的镀液，镀层的塑性会较高。

（3）微孔率。

有关研究人员利用透射电子显微镜研究了真空溅射、电沉积、化学沉积制备的晶态和非晶态膜层的结构，发现它们都含有大量微空穴（孔）。膜层中空穴的存在表明其中含有局部未填满的晶格，对膜层早期形成阶段的研究表明，大多数微空穴发生在三维晶粒（TDC）的聚结界面，这种空穴形成机理称为"聚结诱导形成空穴"。

（4）渗氢。

通过透射电子显微镜观察发现，较小（直径为 2~30 nm）的 H_2 气泡均匀渗入整个铜层（厚 25~30 μm），而大（直径约 200 nm）气泡被捕集在粒子界面。氢气泡的数量分布与气泡尺寸的关系如图 3-24 所示。由于 H_2 的渗入，化学镀铜层的密度低于一般铜的密度。化学镀铜层的密度仅为 8.56~8.76 g/cm³，正常铜的密度为 8.9 g/cm³。

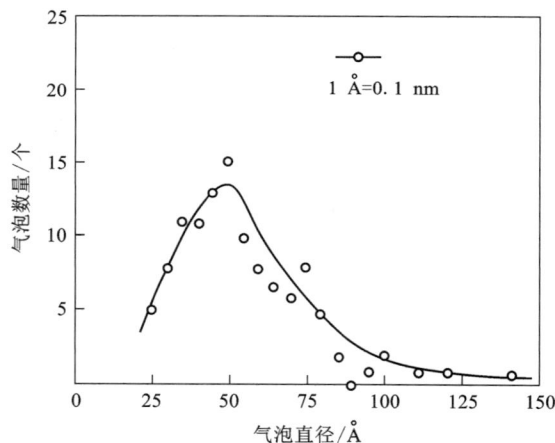

图 3-24　氢气泡的数量分布与气泡尺寸的关系

（5）电阻率。

随着化学镀液温度的升高，镀层的电阻率降低，如图 3-25 所示；镀层在 200 ℃的 H_2 中热处理后，其电阻率降至 1.8~1.9 μΩ·cm。纯铜的电阻率为 1.72 μΩ·cm。

化学镀铜层与电沉积铜层具有明显不同的物理性质，具体见表 3-9。

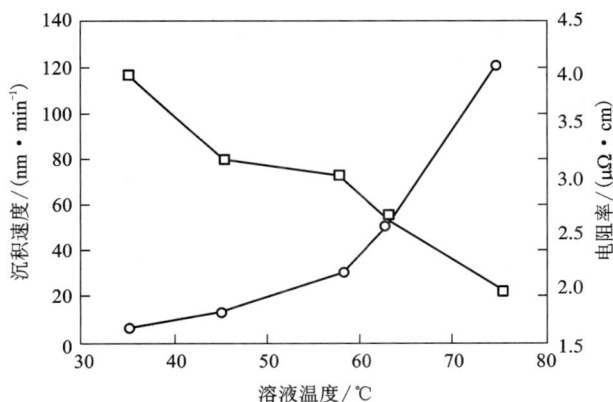

图 3-25　化学镀铜沉积速度、电阻率与溶液温度的关系

表 3-9　化学镀铜层与电沉积铜层的物理性质比较

物理性质	化学镀铜	电沉积铜
铜质量分数/%	≥99.2	≥99.9
密度/(g·cm⁻³)	8.8+0.1	8.92
抗张强度/MPa	207~550	205~380
延展率/%	4~7	15~25
HV 硬度	200~215	45~70
电阻/(μΩ·cm⁻¹)	1.92	1.72

（6）电迁移阻抗。

金属自由电子理论认为，价电子（导电电子）能够在金属中自由移动，电场中电子向正极方向移动，在金属中产生电流，用自由电子移动可以解释金属的高导电性。根据现代量子理论，电子的散射通过晶格产生电阻。当电流密度较低时，散射不会引起金属晶格中离子的大位移；但在高电流密度（$>10^4$ A/cm²）下，电子的传递（电流）可以移动晶格中的金属离子，并且产生跟电子移动同方向的物质（正离子）传递，如图 3-26 所示。这种电子撞击导线中的金

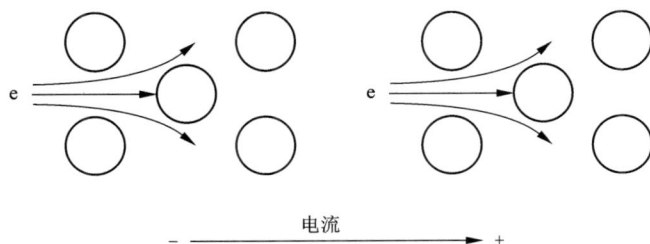

图 3-26　高电流密度（10^4 A/cm²）流动过程中电子动量
向金属晶格中金属离子转移的电迁移原子模型

119

属原子，由于电子将足够的动量转移给金属原子，使得原子脱离原晶格位置，原子随电子流方向移动，这就是所谓的电迁移(electromigration)效应。

在高电流密度($>10^4$ A/cm^2)下，足够的电子动量转移到金属晶格中的金属离子，使它们移向阳极，从而产生物质传递，如图3-26所示。这种物质传递(电迁移)导致微电子元件中导线产生缺陷，电迁移使得导线形态发生变化，阴极出现空穴，阳极产生小丘。

电迁移阻抗的另一种表示方式是电迁移活化能。化学镀铜的活化能约为0.81 eV，比铝合金(0.4~0.5 eV)高得多。

因此，在半导体行业中，硅片之间的互连线，铜的互连线要比铝线寿命更长。

第 4 章

生箔电解

1920 年 7 月 16 日, Edison Thomas A 提出名为 Production of thin metal sheets or foils 的专利申请, 1922 年 5 月 23 日获美国专利机构的授权, 专利号为 US1417464A。这个可生产任意长度的金属箔制造专利(图 4-1), 成为现代电解铜箔连续制造技术的鼻祖。他将阴极旋转辊下半部分浸入电解液中, 经过半圆弧状的阳极, 通过电解而形成金属箔。箔覆在阴极辊表面, 当辊筒转出液面时, 就可连续剥离、卷取得到金属箔。

20 世纪 30 年代, 当时世界上最大的有色金属公司选择在智利的矿山上冶炼粗铜, 然后在新泽西州 Perth Amboy 的 Anaconda(安那康大)铜厂进行电解精炼, 其精炼的最大能力为每月 20000 t。在铜电解精炼过程中, 由于粗铜中所含的氧化铜发生化学溶解, 溶解掉的粗铜量往往多于电解沉积在阴极上的量, 因此, 溶液中的铜含量越来越高。为了确保铜电解精炼的正常进行, 精炼厂一般采用两种方法使电解液中的铜含量保持平衡:①蒸发部分溶液以硫酸铜的形式降低电解液中多余的铜;②采用一种不溶性阳极, 以电沉积铜的形式提取电解液中多余的铜。1937 年美国新泽西州 Perth Amboy 的 Anaconde 铜冶炼厂利用上述 Edison 专利原理及工艺途径, 成功

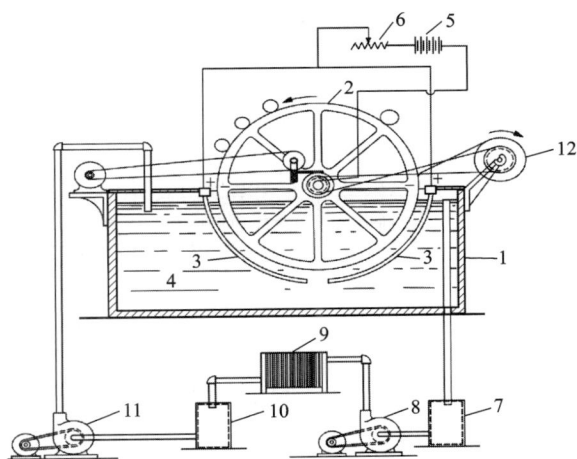

1—电解槽;2—阴极辊筒;3—阳极;4—电解液;
5—直流电源;6—变阻器;7—污液槽;8—污液泵;
9—过滤器;10—净液槽;11—净液泵。

图 4-1　爱迪生发明的连续电解金属箔装置

地开发出工业化生产的电解铜箔产品。他们使用不溶性阳极电沉积铜, 通过连续生产电解铜箔达到整个系统电解液铜离子平衡。这种方法生产铜箔, 要比压延法生产铜箔更加方便。因此, 铜箔当时大量地作为建材产品, 用于建筑上防潮、装饰。

1925 年, 美国的查尔斯·杜卡斯(Charles Ducas)提交了一项专利申请, 提出了一种用导电油墨通过模板印刷, 直接在绝缘表面上形成电通路的方法。奥地利科学家保罗·艾斯勒博士于 1943 年发明了第一块可操作的印制电路板。

1956 年，美国专利局发布了一项"组装电路过程"的专利，由以美国陆军为代表的一小批科学家申请。该专利工艺涉及使用一种基材（如三聚氰胺），首先将铜箔层压，并刻画线路图，然后进行照相，仿照胶印机印版。然后将印在铜箔板的耐酸墨水一面蚀刻，以除去暴露在外的铜，留下"印刷线"。接着，使用模具在图形中冲孔，以匹配元件导线或端子的位置。将引线穿过层压材料中的非电镀孔，再将卡片浸入或漂浮在熔融焊料槽上。焊料会覆盖焊道，并将元件的引线连接到焊道上。这就是当时 PCB 印制电路板的工艺雏形，铜箔正式进入电子工业行列。

最初应用的是压延铜箔。由于电解铜箔一面粗糙一面光滑，特别适宜与基板黏合，电解铜箔从建筑材料迅速变成了电子材料。随着电子工业的发展，电解铜箔的品质不断提高，其制造技术也在不断进步。各铜箔企业和研究机构开发了多种电解铜箔生产技术，虽然各个铜箔企业生产技术千差万别，但电解铜箔的制造工艺流程大致都相同：都包括溶铜造液、生箔电解、表面处理、分切以及相关的检测检验、附属配套等工序。其基本工艺流程如图 4-2 和图 4-3 所示。

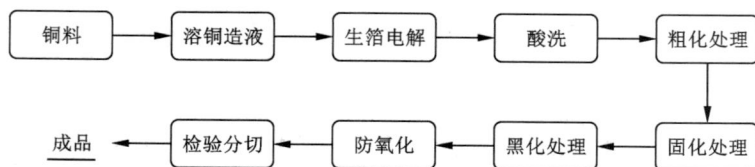

图 4-2　电子电路用铜箔工艺流程

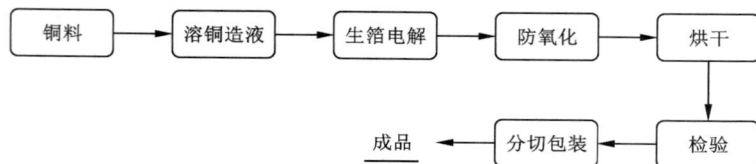

图 4-3　锂电池用铜箔工艺流程

从本章开始，分工序详细介绍电解铜箔的生产技术。

4.1　溶铜造液

4.1.1　溶铜造液的原材料

电解法生产铜箔的电解液为硫酸铜水溶液，其可以用电解铜或废电线溶解于硫酸制得，也可以用硫酸铜晶体直接溶解于水中制得。在实际生产中，一般都是采用电解铜或废铜线在硫酸介质中被氧化后溶解而制得硫酸铜水溶液。这主要是由于直接采用纯净的硫酸铜晶体来制备电解液的成本太高。

1. 铜料

电解铜箔使用电解铜或同样质量的废铜线(或铜米)为原料,在溶铜罐中,铜板或铜线在含硫酸的酸性溶液中,在空气和加热的条件下,溶解为硫酸铜溶液,经过过滤净化除去各种有害杂质,就可以作为铜箔电解的原料供应生箔生产。

溶铜造液所使用的原料优劣,直接关系着电解铜箔产品质量的好坏。溶铜造液工序除了要控制电解液中的铜离子含量和酸度外,还要去除电解液中出现的各种杂质,绝大多数杂质来源于原料。因此,生产高性能铜箔应优先使用 A 级阴极铜为原料。

A 级铜定义:符合 Cu-CATH-1 牌号标准的阴极铜即为 A 级铜,也称为 A 级电解铜、A 级阴极铜、1 级电解铜。

无论是使用铜杆、铜线还是直接用阴极铜溶铜造液,应优先选择 A 级阴极铜为原料。A 级铜标准为 Cu-CATH-1。国标 GB/T 467—2010《阴极铜》中称为 A 级铜,欧标 BSEN 1978:1998《铜和铜合金-阴极铜》中称为 A 级铜,美国美标 ASTMB115—00(R2004)《电解阴极铜》中称为 1 级电解铜。

伦敦金属交易所(LME 伦铜)交割标准采用欧标 BSEN 1978:1998《铜和铜合金-阴极铜》中 A 级铜标准;纽约商品交易所(COMEX 纽铜)交割标准采用美标 ASTMB115—00(R2004)《电解阴极铜》中 1 级电解铜标准;上海期货交易所(SHFE 沪铜)交割标准采用中国国标中 A 级铜标准。从全球 3 大阴极铜的交易所购得的阴极铜,都是 A 级阴极铜。

A 级铜规格:A 级阴极铜由于生产厂商的不同,它们的规格尺寸存在差异,一般 A 级铜长度为 900~1030 mm,宽度为 740~1000 mm,厚度为 7~16 mm,每块铜板的重量 55~140 kg,捆重约 2.5 t。

在铜原料市场,存在 A 级铜、电解铜、阴极铜等多种铜原料。其中将粗铜作为阳极,纯铜作阴极,硫酸铜作电解液,通过电解精炼(电解提纯)得到的纯铜,称为阴极铜。阴极铜包含 A 级铜、1 号标准铜、2 号标准铜、非标阴极铜;一般电解铜包含阴极铜和阳极铜,阳极铜是粗铜。

电解阴极铜中,含铜纯度、杂质含量,符合标准规定的 Cu-CATH-1 要求的,才是 A 级铜,也称 A 级阴极。阴极铜的纯度、杂质量,不符合标准规范的,称为非标阴极铜,也称非标电解铜。

A 级铜和注册铜的区别:注册铜一般是指在上海期货交易所注册的 A 级铜(SHFE 沪铜)、在伦敦金属交易所注册的 A 级铜(London Metal Exchange,简称 LME 伦铜)、在纽约商品交易所注册的 1 级电解铜(COMEX 纽铜)。

A 级铜不一定是注册铜。A 级铜的生产企业,经过交易所审核认定,其生产的 A 级铜成为可交割的阴极铜,就是注册阴极铜,简称注册铜。注册铜是得到市场公认的 A 级铜,具有快速流通性,易辨别,易买卖,可仓单,可质押,可赊销,是金属原料市场的硬通货。

注册铜价格高于非注册 A 级铜的价格。

GB/T 467—2010《阴极铜》电解阴极铜有 3 个牌号:A 级铜 Cu-CATH-1,铜质量分数为 99.9935%;1 号标准铜(也称 1 号电解铜)Cu-CATH-2,铜银质量分数为 99.95%;2 号标准铜 Cu-CATH-3,铜含量 99.90%。1 级电解铜等同 A 级电解铜,不等同 1 号电解铜。自 2022 年 12 月 21 日起,上海期交所不再交割 1 号标准铜,只交割 A 级铜。

A 级铜的化学成分:A 级铜的各项杂质含量都有标准,且全部杂质的总含量低于

0.0065%，铜含量不小于99.9935%。A级铜是纯度最高的电解铜，被称为高纯阴极铜。

我国大部分企业采用高纯阴极铜或标准阴极铜作为生产电解铜箔的原料。国内高纯阴极铜的化学成分要求如表4-1所示。

表4-1 我国高纯阴极铜(Cu-CATH-1)化学成分 单位：%

元素组	杂质元素	质量分数(不大于)	元素组质量分数(不大于)
1	Se	0.00020	0.0003
	Fe	0.00020	
	Bi	0.00020	
2	Cr	—	0.0015
	Mn	—	
	Sb	0.00040	
	Cd	—	
	As	0.00050	
	P	—	
3	Pb	0.00050	0.0005
4	S	0.00150	0.0015
5	Sn	—	0.0020
	Ni	—	
	Fe	0.0010	
	Si	—	
	Zn	—	
	Co	—	
6	Ag	0.0025	
杂质总计			0.0065

我国标准阴极铜的化学成分见表4-2：

表4-2 标准阴极铜(Cu-CATH-2)化学成分(质量分数) 单位：%

Cu+Ag	As	Sb	Bi	Fe	Pb	Sn	Ni	Zn	S	P
≥99.95	≤0.0015	≤0.0015	≤0.0005	≤0.0025	≤0.002	≤0.0010	≤0.002	≤0.0020	≤0.0025	≤0.001

A级铜的质量电阻率≤0.15176 $\Omega \cdot g/m^2$，1号、2号标准铜质量电阻率≤0.15328 $\Omega \cdot g/m^2$。

无论是高纯阴极铜还是标准阴极铜，其表面应洁净，无污泥及油污等各种外来物。高纯阴极铜表面应无硫酸铜；标准阴极铜表面(包括吊耳部分)的绿色附着物总面积应不大于单位面积的 3%。但由于潮湿空气的作用，阴极铜表面氧化而生成一层暗绿色是可以接受的。阴极铜表面及边缘不得有花瓣状或树枝状的结粒（允许修整）。

标准阴极铜表面高 5 mm 以上的圆头密集结粒的总面积不得大于单位面积的 10%（允许修整）。

值得注意的是，按照国内电解铜标准规定，标准阴极铜中的砷、锑、铋等对电解铜箔生产有害的元素是由供应方按批测量的，其他杂质实际上不予检测，只由供应方在技术上做出保证符合标准的规定。

现在也有一些企业采用废铜线或铜米为原料。铜米是用废线缆生产的一种新的工业原料，利用铜米取代电解铜，可以使溶铜效率大幅度提高。通过不同渠道回收的废线缆多数是混杂的，一些废线缆中还含有废钢等杂物（如铜包钢电话线、镀铜锡包钢线等）和黄铜线，如果处理不当，将会导致电解液中杂质含量飙升。

采用铜米的优点：由于电解铜在电解过程中，添加了多种有机添加剂，这些残留在电解铜中的添加剂，对电解铜箔的生产有一定的不利影响，而在生产铜线的过程中，电解铜经过高温熔化，其中的有机物被破坏挥发；另外，废铜线的表面积比电解铜大得多，其溶解速度快，操作更方便。

2. 硫酸

纯硫酸为透明、无色、无味的油状液体，CAS：7664-93-9。分子式 H_2SO_4，分子量为 98.08，其相对密度及凝固点随其含量变化而不同。相对密度 1.841（96%~98%），凝固点分别为 10.35 ℃（100%）、3 ℃（98%）、-32 ℃（93%）、-38 ℃（78%）、-44 ℃（74%）和-64 ℃（65%）；沸点 290 ℃，蒸气压 0.13 kPa（145.8 ℃）。硫酸对水有很大的亲和力，具较强吸水性和氧化性，能从空气和有机物中吸收水分，使棉布、纸张、木材等脱水碳化，人体接触后能引起严重烧伤。与水、醇混合产生大量稀释热，体积缩小。因此，用水稀释硫酸时应将酸缓慢地加入水中，以免酸沸溅。硫酸加热到 340 ℃分解成三氧化硫和水。硫酸的技术指标见表 4-3。

表 4-3　GB/T 534—2014 硫酸的技术指标

指标名称	硫酸品级		
	优等品	一等品	合格品
w（硫酸）/%	≥92.5 或 98.0	≥92.5 或 98.0	≥92.5 或 98.0
w（灰分）/%	≤0.02	≤0.03	≤0.10
w（铁）/%	≤0.05	≤0.010	—
w（砷）/%	≤0.0001	≤0.001	≤0.01
透明度/mm	≥80	≥50	
色度/mL	不深于标准色度	不深于标准≤2.0 度	—
w（铅）/%	≤0.005	≤0.02	

典型的硫酸不含固体悬浮物，如 SiO_2 等，浓度在 96%~98%时，密度为 1.84 g/mL。浓度低一些的硫酸也是可以的，因为在生产时需要向硫酸中加入一定量的水。

对于铜箔生产而言，硫酸质量中对铜箔最具影响的杂质有两个：一个是 Cl^-，另一个是 Pb^{2+}。对于生产 IPC-4562 标准中的 3 级箔而言，生产工艺对电解液中的 Cl^- 有非常严格的要求，有的工艺甚至要求电解液中 Cl^- 的浓度低于 0.5 mg/L。因此，生产高档铜箔，要求硫酸中的 Cl^- 含量尽可能地低。同时，溶液中 Pb^{2+} 会由于储罐、生箔机、表面处理的阳极的溶解而不断增加，但溶液中 Pb^{2+} 的流失途径非常少，且不容易除去。因此，电解铜箔生产要求原材料硫酸中的 Pb^{2+} 越低越好。因此，电解铜箔生产应选用工业硫酸中的优等品或一等品。20 ℃时硫酸的密度与浓度对照表见表 4-4。

表 4-4　20 ℃时硫酸的密度与浓度对照表

相对密度	$w/\%$	相对密度	$w/\%$	相对密度	$w/\%$	相对密度	$w/\%$
1	0.3	1.215	29.6	1.43	53.5	1.645	72.9
1.005	1	1.22	30.2	1.435	54	1.65	73.4
1.01	1.7	1.225	30.8	1.44	54.5	1.655	73.8
1.015	2.5	1.23	31.4	1.445	55	1.66	74.2
1.02	3.2	1.235	32	1.45	55.4	1.665	74.6
1.025	4	1.24	32.6	1.455	55.9	1.67	75.1
1.03	4.7	1.245	33.2	1.46	56.4	1.675	75.5
1.035	5.5	1.25	33.8	1.465	56.9	1.68	75.9
1.04	6.2	1.255	34.4	1.47	57.4	1.685	76.3
1.045	7	1.26	35	1.475	57.8	1.69	76.8
1.05	7.7	1.265	35.6	1.48	58.3	1.695	77.2
1.055	8.4	1.27	36.2	1.485	58.8	1.7	77.6
1.06	9.1	1.275	36.8	1.49	59.2	1.705	78.1
1.065	9.8	1.28	37.4	1.495	59.7	1.71	78.5
1.07	10.6	1.285	37.9	1.5	60.2	1.715	78.9
1.075	11.3	1.29	38.5	1.505	60.6	1.72	79.4
1.08	12	1.295	39.1	1.51	61.1	1.725	79.8
1.085	12.7	1.3	39.7	1.515	61.5	1.73	80.2
1.09	13.4	1.305	40.2	1.525	62	1.735	80.7
1.095	14	1.31	40.8	1.525	62.4	1.74	81.2
1.1	14.7	1.315	41.4	1.53	62.9	1.745	81.6
1.105	15.4	1.32	41.9	1.535	63.4	1.75	82.1
1.11	16.1	1.325	42.5	1.54	63.8	1.755	82.6
1.115	16.7	1.33	43.1	1.545	64.3	1.76	83.1

续表4-4

相对密度	$w/\%$	相对密度	$w/\%$	相对密度	$w/\%$	相对密度	$w/\%$
1.12	17.4	1.335	43.6	1.55	64.7	1.765	83.6
1.125	18.1	1.34	44.2	1.555	65.1	1.77	84.1
1.13	18.8	1.345	44.7	1.56	65.6	1.775	84.6
1.135	19.4	1.35	45.3	1.565	66	1.78	85.2
1.14	20.1	1.355	45.8	1.57	66.5	1.785	85.7
1.145	20.7	1.36	46.3	1.575	66.9	1.79	86.3
1.15	21.4	1.365	46.9	1.58	67.3	1.795	87
1.155	22	1.37	47.4	1.585	67.8	1.8	87.7
1.16	22.7	1.375	47.9	1.59	68.2	1.805	88.4
1.165	23.3	1.38	48.4	1.595	68.7	1.81	89.2
1.17	23.9	1.385	49	1.6	69.1	1.815	90.1
1.175	24.6	1.39	49.5	1.605	69.5	1.82	91.1
1.18	25.2	1.395	50	1.61	70	1.825	92.2
1.185	25.8	1.4	50.5	1.615	70.4	1.83	93.6
1.19	26.5	1.405	51	1.62	70.8	1.835	95.7
1.195	27.1	1.41	51.5	1.625	71.2	1.836	97
1.2	27.7	1.415	52	1.63	71.7	1.84	98
1.205	28.3	1.42	52.5	1.635	72.1		
1.21	28.9	1.425	53	1.64	72.5		

但是对于北方的铜箔企业而言，在冬天应该将浓度98%的硫酸更换为浓度为92.5%的硫酸。这是因为浓度为98%的硫酸凝固点只有+0.1 ℃，在寒冷气候下极易冻结。在冬季，硫酸储罐、输送管道应该进行保温。浓度92.5%的硫酸凝固点为-35 ℃以下，一般不会结冰。

3. 双氧水

(1)主要作用。

双氧水主要用于生箔和表面处理溶液中的有机物污染的快速处理。虽然电解液中有机物污染处理主要靠使用活性炭过滤吸收，但过滤的时间很长。因此，一旦发现电解液被有机物污染，一般使用双氧水进行应急和辅助处理。另外，也可用双氧水处理部分金属杂质离子污染。

双氧水的学名为过氧化氢(H_2O_2)，CAS：7722-84-1，分子式 H_2O_2，分子量34.01，密度为1.11 g/cm³，熔点-0.89 ℃，沸点为151.4 ℃。过氧化氢是天然存在的一种化学物质，存在于空气和水中，光照、闪电和微生物均可产生过氧化氢。过氧化氢溶于水，就成了人们常说的双氧水。

双氧水是一种强氧化剂，不同浓度的过氧化氢具有不同的用途。一般药用级双氧水的浓度为 3%，美容用品中双氧水的浓度为 6%，试剂纯级双氧水的浓度为 30%，食用级双氧水的浓度为 35%，浓度在 90% 以上的双氧水可用于火箭燃料的氧化剂，90% 以上浓度的双氧水遇热或受到震动就会发生爆炸。双氧水还特别易分解，高纯度双氧水的基本形态是稳定的，当与其他物质接触时会很快分解为氧气和水。

（2）化学性质。

H_2O_2 中氧为 -1 价氧化态，因此有向 -2 价和零价氧化态转化的两种可能性，它既可作氧化剂，也可作还原剂。

双氧水可被催化分解，分解反应是放热反应，同时产生氧气。

$$2H_2O_2(液) \longrightarrow 2H_2O(液) + O_2(气)$$
$$2H_2O_2(气) \longrightarrow 2H_2O(气) + O_2(气)$$

影响双氧水分解的因素主要有：温度、pH 和催化杂质等。

①温度。

H_2O_2 在较低温度和较高纯度时还是较稳定的。纯 H_2O_2 如加热到 153 ℃ 或更高温度时，便会发生猛烈爆炸性分解。较低温度下分解作用平稳进行：

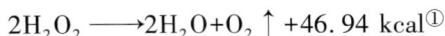

$$2H_2O_2 \longrightarrow 2H_2O + O_2 \uparrow + 46.94 \text{ kcal}[①]$$

②pH。

介质的酸碱性对 H_2O_2 的稳定性有很大的影响。酸性条件下 H_2O_2 性质稳定，氧化速度较慢；在碱性介质中，H_2O_2 很不稳定，分解速度很快。H_2O_2 作为氧化剂时反应速度通常在碱性溶液中更快。因此加热碱性溶液可完全破坏过量的 H_2O_2。

③杂质。

杂质是影响 H_2O_2 分解的重要因素。很多金属离子如 Fe^{2+}、Mn^{2+}、Cu^{2+}、Cr^{3+} 等都能加速 H_2O_2 分解。工业级 H_2O_2 中因含较多的金属离子杂质，所以必须加入较大量的稳定剂来抑制杂质的催化作用，其原理是还原和络合。

④光照。

波长 3200～3800 nm 的光也能使 H_2O_2 分解速度加快。为阻止 H_2O_2 的分解，必须对热、光、pH、金属离子四大因素进行管控。

总之，H_2O_2 既具有氧化性又具有还原性，但一般来说，不论是在酸性介质还是在碱性介质中，H_2O_2 的氧化性较还原性更强，故主要将其作氧化剂使用。

（3）质量要求。

工业过氧化氢执行 GB 1616—2014 标准，检测指标有四项，即含量、游离酸、不挥发物和稳定度，按不同规格和品级，各有不同的规定。铜箔生产一般采用质量分数为 27.5% 的优质品。

4. 硫酸镍

（1）主要用途。

硫酸镍，CAS：7786-81-4，分子式 $NiSO_4 \cdot 6H_2O$，分子量 262.86，外观为绿色结晶，正方晶系。相对密度（水 =1）2.07，易溶于水，微溶于酸、氨水。

硫酸镍主要用于表面处理粗化过程中的添加剂和配置阻挡层溶液，也可用于铜箔表面防

---

① 注：1 kcal = 4.1868 kJ，千卡单位，现在国标已废用，为旧单位，但在一些资料中，仍会出现。

氧化处理。

（2）质量要求。

一般常见的工业硫酸镍的质量要求见表 4-5 所示。

表 4-5　GB/T 26524—2011 精制硫酸镍的质量要求　　　　　单位：%

Ni	Co	Fe	Cu	Pb	Zn	Ca	Mg
≥22.1	≤0.05	≤0.0005	≤0.0005	≤0.001	≤0.0005	≤0.005	≤0.005

工业硫酸镍一般用铁桶或编织袋包装。

5. 铬酐

（1）主要作用。

铬酐化学名为三氧化铬，其他别名有无水铬酸、铬酸、铬酸酐，CAS：1333-82-0，分子式 CrO_3，分子量为 99.99。

其化学结构式为：

铬酐主要用于表面处理过程中防氧化工艺的钝化或与锌/锡共同沉积形成复合沉积层，以提高铜箔的抗氧化能力。

（2）质量要求。

铜箔生产中使用的铬酐，产品选用 GB/T 1610—2009 工业铬酸酐中的优等品或一等品。具体的要求见表 4-6。

表 4-6　GB/T 1610—2009 工业铬酸酐的技术要求

指标	优等品	一等品	合格品
$w(CrO_3)/\%$	≥99.8	≥99.6	≥992.
硫酸盐（以 SO_4^{2-} 计），$w(SO_4^{2-})/\%$	≤0.05	≤0.1	≤0.20
水不溶物，质量分数/%	≤0.001	≤0.03	≤0.05
$w(Na)/\%$	≤0.04	—	—
浊度/NTU	≤5	≤15	—

6. 氢氧化钠

（1）主要用途。

NaOH 固体，又称烧碱、火碱、苛性钠，是常见的重要的碱，CAS：1310-73-2。化学式 NaOH，分子量为 40.01。密度为 2.130 g/cm^3，熔点为 318.4 ℃，沸点为 1390 ℃，溶于水，放热。

氢氧化钠主要用于表面处理过程中碱性镀锌、氰化物镀黄铜，也可用于防氧化工艺的 pH 调整等。离子交换法纯水制备过程中的阳离子再生、污水处理等都需要氢氧化钠。

（2）质量要求。

溶液配制用氢氧化钠应符合国家标准 GB/T 209—2018，具体见表 4-7。固体氢氧化钠可装入 0.5 mm 厚的钢桶中严封，每桶净重不超过 100 kg；也有企业采用塑料袋包装。

表 4-7　GB/T 209—2018 固体氢氧化钠的技术要求　　　　单位：%

成分（质量分数）	品级	
氢氧化钠 NaOH	≥98.0	70.0
碳酸钠（Na_2CO_3）	≤0.80	≤0.5
氯化钠（NaCl）	≤0.05	≤0.05
三氧化二铁（Fe_2O_3）	≤0.008	≤0.008

配制电解液必须选用 NaOH 质量分数大于 98.0% 的固体氢氧化钠，杂质含量要尽可能地低；液态氢氧化钠的浓度比较低，杂质含量高，多用于污水处理。

7. 硫酸锌

（1）主要作用。

硫酸锌 CAS：7733-02-0，分子式 $ZnSO_4 \cdot 7H_2O$，分子量 287.54，为无色针状结晶体或粉状结晶体。密度 1.957 g/cm³，熔点 100 ℃。易溶于水，微溶于乙醇、甘油。干燥空气中逐渐风化。39 ℃ 时失去一个分子结晶水，280 ℃ 时失去全部结晶水，成为无水物。加热至 767 ℃ 时，分解成氧化锌和三氧化硫。

硫酸锌主要用于铜箔表面处理的镀锌、酸性防氧化处理工序中，提供反应所需要的锌离子。

（2）质量要求。

国产工业硫酸锌执行 HG/T 2326—2015 标准，Ⅰ类为一水硫酸锌，Ⅱ类为七水硫酸锌。每类分别分为优等品、一等品、合格品。具体要求见表 4-8。铜箔工艺要求选用Ⅱ类优等品和Ⅰ类产品。

表 4-8　HG/T 2326—2015 工业硫酸锌的技术要求

质量指标		Ⅰ类			Ⅱ类		
		优等品	一等品	合格品	优等品	一等品	合格品
Zn 含量	以 Zn 计，$w(Zn)$/%	≥35.70	≥35.34	≥34.61	≥22.51	≥22.06	≥20.92
	以 $ZnSO_4 \cdot H_2O$ 计，质量分数/%	≥98.0	≥97.0	≥95.0	—	—	—
	以 $ZnSO_4 \cdot 7H_2O$ 计，质量分数/%	—	—	—	≥99.0	≥97.0	≥92.0
不溶物，质量分数/%		≤0.020	≤0.050	≤0.10	≤0.020	≤0.050	≤0.10
pH（50 g/L 溶液）		≥4.0	≥4.0	—	≥3.0	≥3.0	—
氯化物（以 Cl^- 计）质量分数/%		≤0.20	≤0.60	—	≤0.20	≤0.60	—
$w(Pb)$/%		≤0.001	≤0.005	≤0.010	≤0.001	≤0.005	≤0.010

续表4-8

质量指标	I 类			II 类		
	优等品	一等品	合格品	优等品	一等品	合格品
$w(Fe)/\%$	≤0.005	≤0.010	≤0.050	≤0.002	≤0.010	≤0.050
$w(Mn)/\%$	≤0.01	≤0.03	≤0.05	≤0.005	≤0.05	—
$w(Cd)/\%$	≤0.001	≤0.005	≤0.010	≤0.001	≤0.005	≤0.010
$w(Cr)/\%$	≤0.0005	—	—	≤0.0005	—	—

8. 氧化锌

（1）主要作用。

氧化锌为白色粉末状物质，CAS：1314-13-2，分子式 ZnO，分子量 81.38；相对密度 5.606（真）、1.2（容），沸点（升华温度）1800 ℃，熔点 1976 ℃，生成热 -83.24 kcal/mol，生成自由能 -76.08 kcal/mol，熔融热 4470 kcal/mol。

氧化锌主要用于表面处理过程中的碱性镀锌、氰化物镀黄铜、防氧化处理等工序，为电解液提供锌离子。

（2）质量要求

氧化锌有直接法和间接法两种生产工艺，由于直接法氧化锌含量较低，因此电解铜箔生产多采用间接法生产的氧化锌。氧化锌技术要求如表 4-9 所示，常用商品为 25 kg 编织袋内衬塑膜薄袋包装。

表 4-9　GB/T 3185—2016 氧化锌的技术要求

项目	I 型	II 型	III 型
氧化锌含量（以干品计），质量分数/%	99.70	≥99.70	99.50
金属物含量（以 Zn 计），质量分数/%	无	无	≤0.008
灼烧减量，质量分数/%	0.20	≤0.20	0.25
筛余物（45 μm 湿筛），质量分数/%	≤0.10	≤0.15	≤0.20
水溶物含量，质量分数/%	≤0.10	≤0.10（纯白）	≤0.15

注：如有特殊要求，由供需双方协商。

9. 纯水

电解铜箔作为一种高技术产品，它不仅对主要生产原料的质量有严格的要求，而且对生产辅助原材料如生产用水也有明确的品质标准。它要求水中不能有悬浮物、沉淀物、黏结胶质颗粒以及 Fe、Cu、Mg 等杂质元素，也不能含有 Cl^- 及色素。因此普通的工业用水无法满足要求。必须通过纯水制备系统来制取高纯度的纯水，供溶铜造液、配液工序的溶液制备以及生箔、表面处理等工序喷淋洗箔用水。另外，为防止整流器可控硅等结垢，整流器等电气辅助设备也必须使用经纯水制备系统处理后的脱盐水。

铜箔生产企业的纯水制备方法较多，我们在第 11 章中专门讨论。在原材料部分，需要注意的是在实际电解铜箔生产过程中，由于水的问题而导致的损失远远大于其他原材料造成的损失。

一个成功的电解铜箔企业，都是强调使用优质的原料，不论是电解铜、硫酸还是水。使用废杂铜、再生铜短期可以降低成本，但从长期效果来看，是不划算的。

4.1.2 溶铜反应过程

由上述内容可知，铜料在溶铜罐内受热内能增加，给出电子 $Cu-2e^- \longrightarrow Cu^{2+}$($V=0.339$ V)，表面生成 Cu^{2+}。同时 $2H^+ + 2e^- \longrightarrow H_2$($V=0.00$ V)，氢离子从铜料表面得到电子被还原（图4-4），所以造液是耗酸的过程。由于铜料表面给出电子，因此铜料带正电成为阳极，溶液中由于带正电荷的 H^+ 被还原，因而溶液带负电，成为阴极区，其反应为：

阳极（铜料）反应：

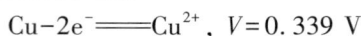

$$Cu-2e^- \longrightarrow Cu^{2+}, \quad V=0.339 \text{ V}$$

阴极（电解液）反应：

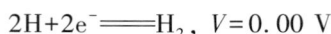

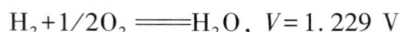

$$2H+2e^- \longrightarrow H_2, \quad V=0.00 \text{ V}$$

$$H_2+1/2O_2 \longrightarrow H_2O, \quad V=1.229 \text{ V}$$

$$CuO+H_2SO_4 \longrightarrow CuSO_4+H_2O$$

阳极反应速度方程：

$$V_1=k_1A_1c \quad\quad (4-1)$$

式中：k_1 为反应速度常数；A_1 为参加反应的金属表面积；c 为 H^+ 的浓度。

阴极反应速度方程：

$$V_2=k_2A_2c_0 \quad\quad (4-2)$$

式中：k_2 为反应速度常数；A_2 为阴极反应区的面积；c_0 为去极化剂浓度（O_2、H^+、SO_4^{2-}）。

溶铜反应速度需要稳定，即反应产物的浓度应为常数。从溶铜反应速度公式可看出，要实现这一点须在溶铜过程中保持固体的表面积恒定，即溶铜罐内的料块、密度保持恒定，实际上溶铜罐内的铜料量是变化的。

从反应速度公式中可以直观看到铜料表面积越大，反应速度越快。图4-5为实际的铜离子浓度与时间的关系，溶铜量与时间成正比。

图4-4 溶铜反应示意图

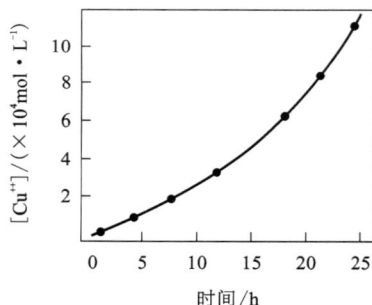

图4-5 铜浓度与时间关系

4.1.3 溶铜方法

众所周知，将电解铜或符合电解铜箔生产要求的金属铜料溶解制备成电解液是生产电解铜箔的第一道工序。由于 Cu^{2+}/Cu 的标准电极电位为 0.337 V，在一般情况下，单质铜不能置换溶液中硫酸的氢离子而溶解于溶液中。根据上节所述，如果没有氧或其他氧化剂存在，则金属铜在任何 pH 的水溶液中都是稳定的，因为铜的电极电位线在氢的电极电位线的上面。这对溶铜造液工序而言，意味着在没有氧或其他氧化剂存在的情况下，既不能用酸也不能用碱使铜转入溶液中；但是，如果有氧或其他氧化剂存在，则金属铜在任何 pH 的水溶液中都变

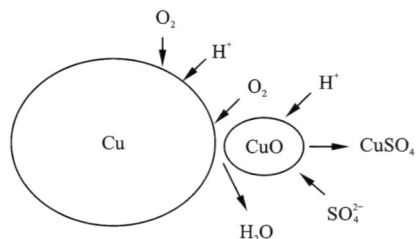

得不稳定。实际上，为了使金属铜溶解，生产上一般采用氧化溶解的方法：

$$2Cu+O_2+2H_2SO_4 =\!=\!=2Cu^{2+}+2H_2O+2SO_4^{2-}$$

溶铜一般分为常压溶铜和高压溶铜两类。

高压溶铜的特点是铜的溶解速度快，效率高，但设备复杂，投资较大。

常压溶铜一般是在桶状的溶铜大罐内进行。

根据溶液与铜料的接触形式，溶铜又可以分为浸泡式和喷淋式。

溶铜速率一般设计为生箔电解能力的 1.1~1.2 倍。理论上，正常生产时制液车间的溶铜速率等于电解车间的提铜速率。

不同溶铜罐结构不同，操作各异。

(1)浸泡式溶铜罐。

浸泡式溶铜罐就是将铜料(阴极铜板、铜线等)完全浸泡在热的硫酸溶液中，通过强制送风，达到生成硫酸铜溶液的目的。由于阴极铜板在运输过程中存在被油、灰尘污染的风险，因此，铜料在加入溶铜罐前，必须进行清洗。

铜料清洗作业控制参数：

碱洗液质量浓度为(35±15) g/L，温度≥50 ℃，碱洗时间≥4 min。

酸洗 H_2SO_4 质量浓度为(100±10) g/L，Cu^{2+} 质量浓度≤20 g/L，酸洗、水洗时间 30~60 s。

加酸要求：补酸量=(目标值-当前参数)×V。

溶铜风速：3~8 m/s。

如图 4-6 所示，浸泡式溶铜罐对生箔系统铜离子的补充依靠溶铜罐的溢流实现，对于两个溶铜罐为一组的作业，补铜流量的计算为：

补铜流量=[(电解总电流×1.186)/(罐铜浓度均值-电解液铜浓度)]/2

浸泡式溶铜的标志是溶铜罐里装满溶液，原料铜浸泡在溶液中溶解。

(2)高效溶铜。

高效溶铜实质上也是一种浸泡式溶铜。它通过引风机和空气压缩机将富氧的空气导入溶铜罐中，通过文丘里混合器使硫酸铜溶液与空气混合激流，加大空气与溶液混合的效率，提高溶铜效率，通过换热器保证溶铜罐的温度稳定，通过引风机将溶铜罐内的酸雾导入酸雾净化塔中统一回收。由于溶铜过程本身为放热反应，高效溶铜提高了溶铜效率，在正常情况下，溶解热基本能维持反应进行，因此不需要额外加热，降低了环保处理成本，便于大量推广使用。

1—空气进风管；2—蒸汽热水管；3—出液管；

4—抽风管；5、6—进液管；7—排液管；8—溶铜罐。

图 4-6　浸泡式溶铜罐示意图

如图 4-7 所示，该高效溶铜系统由溶铜罐、循环溶解泵、循环回液管道、进液分布器构成。循环溶解泵主要是为了加快溶铜罐中溶液流动循环速度，提高溶铜速度，降低溶液温度，

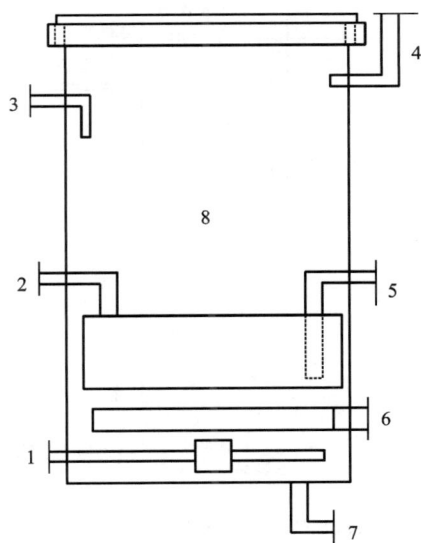

降低能耗。核心部件进液分布器是为了增加空气与溶液的接触时间，有效提高循环回液中含氧量，提高空气的利用率，从而降低空气加入量，降低能耗。同时由于回液含氧量的提高，加快了铜料溶解的速度，有效避免了含氧量不足导致铜料不能完全溶解而生成亚铜离子的现象，这对铜箔品质提高具有重要意义。

高效溶铜系统的进液分布器设置于循环回液管道上，进液分布器分为内外两部分，连接部分采用孔状结构，且孔径总面积小于进液管道横截面积，可保证从孔径流出的溶液带有动力。循环回液从上部入口进入内部，经孔径分股流出，与从侧方入口进入外径空间的空气接触。因为孔径流出的溶液带有动力，所以流出的溶液由竖直流出变为抛物线状流出，有效地增加了溶液与空气的接触面积与接触时间，从而增加了溶液中含氧量，加快了溶解速度，提高了空气的利用率，降低了空气通入量和能耗。

浸泡式溶铜特点：

既能使用阴极铜板、铜箔废料，也可使用铜线，工艺条件宽，不受地区、气候条件影响。

（3）喷淋式溶铜。

如图 4-8 所示，喷淋式溶铜罐塔底为十分坚固的筛板，上面有排风管直通引风机。铜料放置在筛板上，原料铜线始终与空气处于接触状态。硫酸铜溶液由泵从溶铜塔顶部喷淋在铜线上，与铜线表面的氧化铜反应生成硫酸铜进入溶液，之后随溶液从上向下通过溶铜塔底部的筛板流入储液槽。喷淋式溶铜延长了空气与铜料的接触时间，可提升铜料的溶解速度。

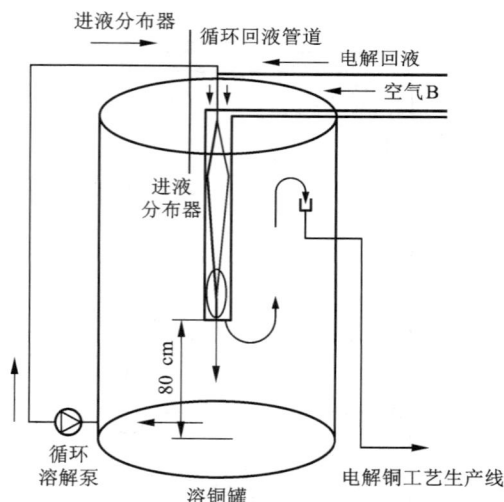

图 4-7　高效溶铜罐示意图

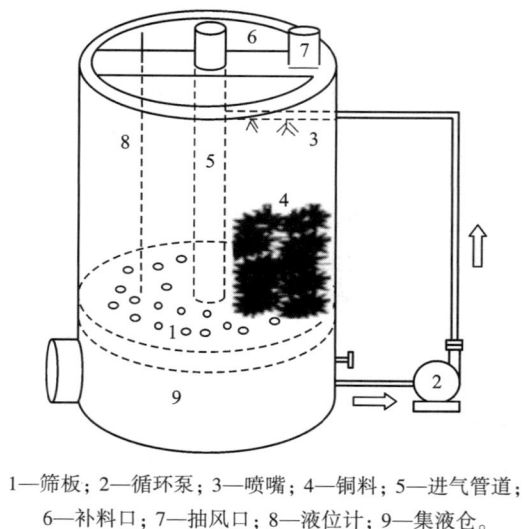

1—筛板；2—循环泵；3—喷嘴；4—铜料；5—进气管道；6—补料口；7—抽风口；8—液位计；9—集液仓。

图 4-8　喷淋式溶铜罐结构示意图

由于溶铜过程本身为放热反应，在正常情况下，溶解热基本能维持反应进行，不需要额外加热。实践证明，喷淋式溶铜不需要蒸汽和压缩空气，在选择合适的铜料量、引风量和电解液循环流量后，即可控制溶铜量与溶液温度，整个系统结构相对简单，易于操作。

与浸泡式溶铜技术相比，喷淋式溶铜在提高铜料溶解速度的同时，可以有效地降低能耗，节约能源。另外，较低的罐温和电解液压力有利于提高溶铜罐的使用寿命。

4.1.4　溶铜工艺

常见溶铜工艺参数如表 4-10 所示。

表 4-10　常见溶铜工艺参数

工艺参数		溶铜方式			
		浸泡式		喷淋式	
溶铜系统	铜质量浓度/$(g \cdot L^{-1})$	150±50	140±10	140±10	140±10
	酸质量浓度/$(g \cdot L^{-1})$	50±20	40±30	70±10	70±10
	温度/℃	75±5	75±5		
	风量/$(m \cdot s^{-1})$	3~8	3~10	—	—
电解系统	铜质量浓度/$(g \cdot L^{-1})$	80±5	80±5	80±5	80±5
	酸质量浓度/$(g \cdot L^{-1})$	100±10	100±10	100±10	100±10
	温度/℃	50±1	50±1	50±1	54±1

影响溶铜速度的因素如下。

1. 温度

温度是影响溶铜速度的关键因素。阿伦尼乌斯方程反映了化学反应速率常数 k 随温度变化的关系。阿伦尼乌斯方程表明，当 $W_R > 0$ 时，升高温度，反应速率常数增大，化学反应速率随之增大。化学反应须提供足够的能量，才能使反应物分子(原子)的旧键破裂，再生成产物，加热可以使反应的能量迅速达到活化能，使反应的分子(原子)变成活化分子(原子)。

如图 4-9 所示，溶铜反应在低温时反应速度慢，反应处于动力学区；加热可以提高反应的热力学温度。温度升高时，体系获得能量，铜料的电子和溶液中的分子运动加快，分子与原子(离子)在溶铜罐内之间碰撞频率增加，反应速率随之增大，反应速度加快。

由于溶铜过程一般处于扩散反应控制区，温度提高，扩散速度增加不多。温度升高 1 ℃ 扩散速度约增加 1%~3%。温度升高，化学反应速度约增加 10%。温度升高 10 ℃，反应速度通常可以增加到原来的 2~4 倍。

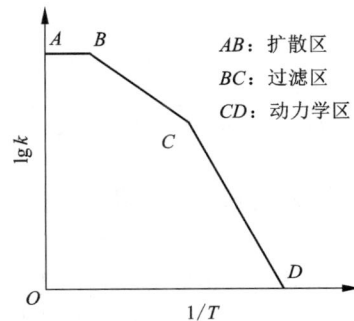

图 4-9　多项反应速度的不同区域

（图中标注：AB：扩散区　BC：过滤区　CD：动力学区；纵轴 lg k，横轴 1/T）

升高溶液温度能增加铜料能量，使其表面活化原子增加。反应时又放出能量，增加溶铜罐内液体的能量，因此溶铜罐无须额外加热而达到低温溶铜的目的。

有人进行过铜在 H_2SO_4 溶液中溶解的试验，随着溶液温度升高，铜的溶解加快，到 85 ℃ 时反应速度达到最大，但到了 90 ℃ 时溶解速度没有变化，再进一步升高溶液温度，溶解速度不再提高,如图 4-10 所示。所以国内溶铜一般都控制在 80 ℃ 左右,即工艺上所说的高温溶铜。在溶铜速度满足生产需要的情况下,选择适当的较低温度具有一定的实际意义,能节约能源,利于环境保护。

加热的另一个作用是提高硫酸铜的溶解度。第 3 章电沉积原理中我们已经讨论了溶解度的概念。

溶解度对电解铜箔生产极为重要,现实中许多资料或技术文件常常将技术人员弄糊涂,例如在 80 ℃ 时,本书前面介绍硫酸铜溶解度为 83.8 g/L,但有的资料却说硫酸铜在

图 4-10　溶铜速度与温度的关系

80 ℃ 时溶解度为 55 g/L。两个说法都没有错,问题出在此硫酸铜非彼硫酸铜,一个是五水硫酸铜,一个是无水硫酸铜。我们常见的都是带 5 个结晶水的蓝色五水硫酸铜。无结晶水的硫酸铜为白色粉末。为了清楚说明它们的区别,请参阅表 4-11:不同温度下不同硫酸铜的溶解度。

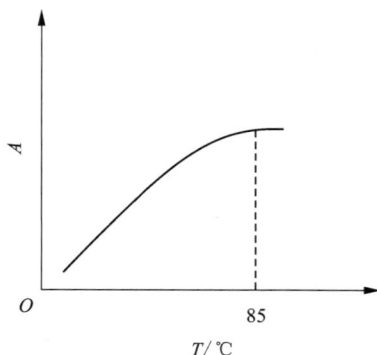

表 4-11　不同温度下不同硫酸铜的溶解度*

温度/℃	溶解度/g	
	$CuSO_4 \cdot 5H_2O$	$CuSO_4$
0	23.1	14.3
20	32	20.7
40	44.6	28.5
60	61.8	40
80	83.8	55
100	114	75.4

*　这里指 100 g 水中物质溶解的克数。

无水硫酸铜通过水合就可以变为五水硫酸铜:

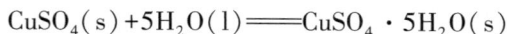

$$CuSO_4(s) + 5H_2O(l) = CuSO_4 \cdot 5H_2O(s)$$

根据范特霍夫方程(Vant Hoff equation),设 K 为平衡常数,ΔH 为焓变,ΔS 为熵变,T 为温度。假设反应焓变在不同温度下保持恒定,则在不同温度 T_1 和 T_2 下,等式的定积分为

$$\ln\left(\frac{K_2}{K_1}\right) = -\frac{\Delta H^\ominus}{R}\left(\frac{1}{T_2} - \frac{1}{T_1}\right) \tag{4-3}$$

式中:K_1 为绝对温度 T_1 下的平衡常数;K_2 为绝对温度 T_2 下的平衡常数;$\Delta H^\ominus$ 为标准焓变;R 为气体常数。

温度对溶解度的影响取决于溶解过程是吸热($\Delta H>0$)还是放热($\Delta H<0$)。当 $\Delta H>0$ 时,溶解度随温度升高而升高;如果 $\Delta H<0$ 时,溶解度随温度升高而降低。

硫酸铜的水合热为 77.66 kJ/mol。硫酸铜溶解是一个吸热过程,因此,升高温度有利于增大硫酸铜的溶解度(图 4-11)。

随着溶铜温度升高,气体在溶液中的溶解度下降。当液温升高到 90 ℃ 以上时,O_2 在水中的溶解度几乎为零。过高的溶铜造液温度不仅不能提高溶铜速度,反而导致溶铜速度下降。

2. 送风量

溶铜过程中影响反应速度的是参与氧化反应的氧的浓度而不是送入溶铜罐的氧

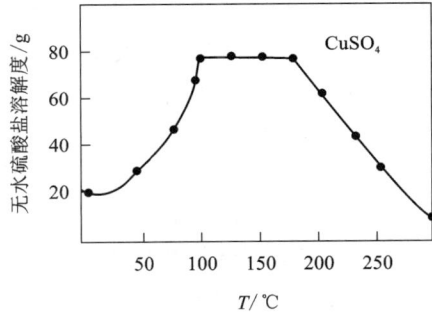

图 4-11　无水硫酸盐溶解度与温度的关系

气量。因此,常见的高效溶铜技术都会考虑如何提高氧在溶液中的浓度。如某高效溶铜罐采用文丘里气液混合器来提高氧气在溶液中的溶解度。

气体溶解度是指该气体在压强为 101 kPa(一个标准大气压),一定温度下,在 1 体积水里溶解达到饱和状态时气体的体积。气体溶解度受气体种类、压强、温度等因素影响。如在 0 ℃、1 个标准大气压时 1 体积水能溶解 0.049 体积氧气,此时氧气的溶解度为 0.049。气体的溶解度除与气体本性、溶剂性质有关外,还与温度、压强有关。其溶解度一般随着温度升高而减小。由于气体溶解时体积变化很大,因此其溶解度随压强增大而显著增大。

气体的溶解度大小,首先取决于气体的性质,同时也随着气体的压强和溶剂的温度的不同而变化。例如,在 20 ℃ 时,气体的压强为 1.013×10⁵ Pa,一升水可以溶解气体的体积如下:氨气为 702 L,氢气为 0.01819 L,氧气为 0.03102 L。氨气易溶于水,是因为氨气是极性分子,水也是极性分子,而且氨气分子跟水分子还能形成氢键,发生显著的水合作用,所以,它的溶解度很大;而氢气、氮气是非极性分子,所以在水里的溶解度很小。常见气体在水中的溶解度见表 4-12。

表 4-12　常见气体在水中的溶解度

气体	溶解度符号	温度/℃								
		0	10	20	30	40	50	60	80	100
O_2	$a×10^2$	4.89	3.80	3.10	2.61	2.31	2.09	1.95	1.76	1.70
	$q×10^3$	6.95	5.37	4.34	3.59	3.08	2.66	2.27	1.38	0
N_2	$a×10^2$	2.31	1.86	1.55	1.34	1.18	1.09	1.02	0.958	0.947
	$q×10^3$	2.94	2.31	1.89	1.62	1.39	1.21	1.05	0.66	0
SO_2	l	79.8	56.7	39.4	27.2	18.8	—	—	—	—
	q	22.8	16.2	11.3	7.8	5.41	—	—	—	—

表中的符号表示的意义如下:

a 为吸收系数,指气体分压等于 101.325 kPa 时,被一体积水所吸收的该气体体积(已经折合为标准状况)。

l 为气体在总压力(气体及水汽)等于 101.325 kPa 时溶解于 1 体积水中的该气体体积。

q 为气体在总压力(气体及水汽)等于 101.325 kPa 时溶解于 100 g 水中的气体质量(单位:g)。

当压强一定时，气体的溶解度随着温度的升高而减小。这一点对气体来说没有例外，因为当温度升高时，气体分子运动速率加快，容易自水面逸出。

当温度一定时，气体的溶解度随着气体压强的增大而增大。这是因为当压强增大时，液面上气体的浓度增大，在重新达到溶解平衡的过程中，进入液面的气体分子比从液面逸出的分子多，所以气体的溶解度变大。并且气体的溶解度和该气体的压强（分压）在一定范围内成正比（在气体不跟水发生化学变化的情况下）。例如，在 20 ℃时，氢气的压强为 $1.013×10^5$ Pa，氢气在一升水里的溶解度是 0.01819 L；在同样的温度条件下，压强为 $2×1.013×10^5$ Pa 时，氢气在一升水里的溶解度是 $0.01819×2=0.03638$ L。

气体的溶解度有两种表示方法，一种是在一定温度下，气体的压强（或称该气体的分压，不包括水蒸气的压强）为 $1.013×10^5$ Pa 时，气体溶解于一体积水里，达到饱和状态时溶解的体积（并需换算成在 0 ℃时的体积数），即为这种气体在水里的溶解度。另一种气体的溶解度的表示方法是，在一定温度下，气体的总压强为 $1.013×10^5$ Pa 时（气体的分压加上当时水蒸气的压强），该气体在 100 g 水里达饱和时所溶解的克数。

溶铜反应，实质上所需要的氧气很少：

$$Cu+1/2O_2+H_2SO_4 =\!=\!= Cu^{2+}+SO_4^{2-}+H_2O$$

溶解 1 mol 铜，需要 0.5 mol 的氧。

已知铜的摩尔质量为 63.546 g，标准状况下，氧气的气体摩尔体积约为 22.4 L/mol；

溶解 1000 mol 的铜，即 63.546 kg 铜，需要 500 mol 的氧气；

即 $500×22.4$ L$=11200$ L$=11$ m^3。

空气中含氧量在 21%左右，需要的空气量（风量）约为 53.4 m^3。

简单来说，每小时溶解 63.5 kg 铜，需要风量约为 53.4 Nm^3。假使 6 机台为一组，溶铜罐每小时溶铜量为 360 kg，理论上需要的风量仅为 320 Nm^3/h。如图 4-12 所示，依靠鼓入过量风量来提高溶铜速率，是不科学的观点。超过反应所需要的有效空气，通过溶铜罐溢出，不仅带走了大量的热能，而且产生巨量酸雾废气。

不同溶铜方式，对溶铜罐送风量的要求不同。许多铜箔企业溶铜鼓风量为 80～120 m^3/min，折合 4800～7200 m^3/h，为理论量的 15 倍之多。喷淋溶铜

图 4-12　溶铜速度与风量的关系

氧化过程中需要的氧气，是通过自动吸风实现的，也就是说喷淋溶铜过程不需要额外空压机送风。

浸泡式溶铜大量送风，除供给溶铜反应的氧外，也可起到搅拌的作用。

对于浸泡式溶铜，铜料是浸泡在硫酸水溶液中，氧气与铜反应，第一步是氧气必须溶解到硫酸溶液中。

溶解：溶解是一种物质（溶质）分散于另一种物质（溶剂）中成为溶液的过程。

扩散：扩散是物质的分子不停地做无规则运动，相互介入，只是一种物理过程。

在铜料表面，存在这样一个空间，称为"界面层"。如果施以强烈的搅拌，使得反应产物扩散开去，将新的酸和氧扩散到铜料表面，新的反应又开始进行。同时通过搅拌可以将新的

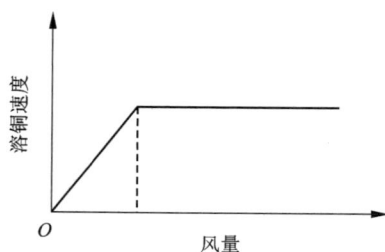

反应产物扩散开去，将溶液中的酸和氧再扩散到铜料表面，使反应周而复始地不断进行下去，否则反应将逐渐减弱直至终止。构成两相边界有一定厚度的空间区域称为界面层或表面层。界面层很薄，可以是单分子层或几个分子层的厚度。界面层有许多与相邻二体相不同的性质和作用，如表面压、表面张力、表面黏度等。

溶铜过程也符合电极与界面的界面反应规律：铜料表面附近的溶液可分为紧密层和分散层两部分。

图 4-13 中 δ 为扩散层厚度，c 为固相在液相中的浓度，c_s 为界面浓度。

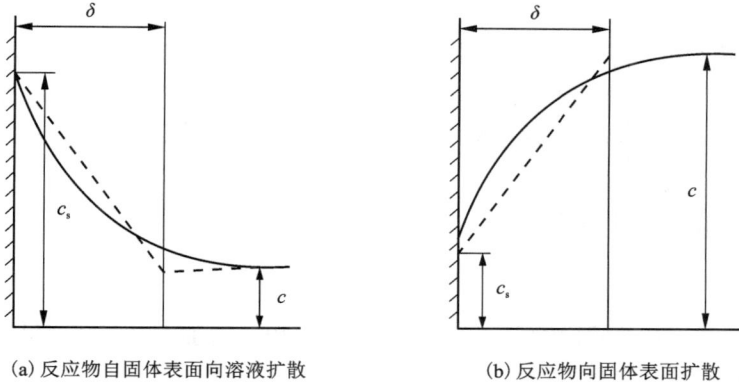

(a) 反应物自固体表面向溶液扩散　　　　(b) 反应物向固体表面扩散

图 4-13　溶解过程的扩散层

简单的溶解反应由扩散过程决定，溶解速度遵循如下方程：

$$\frac{dc}{dt} = k_D(c_s - c_1) \tag{4-4}$$

式中：$\dfrac{dc}{dt}$ 为某一瞬时的溶出速率；k_D 为溶出扩散速度常数；c_s 为化合物在试验条件下在水中的溶解度；c_1 为化合物在溶液中瞬间的浓度。

扩散层厚度：

$$\delta = \frac{k}{V^n} \tag{4-5}$$

式中：k 为常数；V 为搅拌速度；n 为指数，一般为 0.6。

进入溶铜罐的氧气必须溶解在溶液中，这是浸泡式溶铜的关键，只有这样才可能使铜料表面充分地接触氧气。无论是浸泡式溶铜，还是喷淋式溶铜，适当地增大风量，使铜料充分接触空气，可加快对流，有利于铜料的溶解。对于浸泡式溶铜，鼓风量不宜过大。虽然过量的鼓风能起到搅拌作用，在一定程度上能提高溶铜速率，但搅拌越强烈，热损失越大，能源消耗也越大。

3. 铜料大小

溶铜过程中溶解速度目前没有明确的定量数学模型。式(4-4)是一个通用公式，由于 k_D 未知，因此无法直接使用。

Noyes-Whitney 方程为药物溶解应用最为广泛的方程之一。中国科学院物理研究所/北京凝聚态物理国家研究中心清洁能源重点实验室 E01 组岳金明博士在索鎏敏副研究员的指导下，以浓度为核心变量，采用磷酸钒钠正极为研究对象，针对高盐浓度抑制电极溶解机制问题展开了系统研究。通过研究不同状态下正极材料在电解液中溶解速度和溶解量随时间变化发现，溶解速率符合 Noyes-Whitney 线性溶解方程。

$$\frac{\mathrm{d}m}{\mathrm{d}t}=A\frac{D}{d}(c_s-c_b)\tag{4-6}$$

式中：$\frac{\mathrm{d}m}{\mathrm{d}t}$ 为溶解速度；A 为有效溶解接触面积；D 为扩散系数；d 为溶解-扩散层厚度；c_s 为界面浓度；c_b 为体相浓度。

通过将电解液物理化学性质与 Noyes-Whitney 方程各个参数对应，得到以下结论：在超高盐浓度 Water-in-salt 电解液中有效溶解接触面积（A）大大减少，黏度增加导致扩散系数（D）减小，溶解-扩散层（d）因界面限域效应变薄，界面（c_s）以及体相（c_b）浓度差减小，从而使得溶解速率（$\mathrm{d}m/\mathrm{d}t$）大大降低。

如果式（4-6）在电池正极溶解过程中适用，理论上同样适用于铜料在溶铜罐中的铜的溶解过程。即要提高溶铜速度 $\frac{\mathrm{d}m}{\mathrm{d}t}$，可以通过以下方法：

（1）将铜料剪成小块、使用铜线、铜杆、铜球、铜粉等增加铜料的表面积 A。

（2）提高溶铜温度，增加扩散系数 D。

（3）提高电解液流动速率、加强搅拌减小扩散层的厚度 d。

（4）c_s 可以视为硫酸铜在水溶液中的饱和溶解度，温度确定时，c_s 便是一个定值；c_b 为溶铜罐电解液中的铜浓度。若铜料表面积 A 保持恒定，如果 $c_s \gg c_b$，即溶铜罐中铜浓度远远小于该温度下硫酸铜水溶液的饱和浓度，则溶出速度将是恒速的，溶铜速度与溶液中铜离子浓度无关。这个结论与资料中空气氧化溶铜的动力学规律研究结论相一致。如溶铜罐中铜浓度 c_b 接近该温度下的硫酸铜的饱和浓度 c_s，此时当务之急是考虑如何降低或停止溶铜，防止管道结晶，而不是提高溶铜速率。

在实际溶铜过程中，铜料表面积 A 往往逐渐变小且不恒定，因而溶铜速度是随时间而降低的。当溶铜速度降低到不能维持电解系统铜离子平衡时，表明溶铜罐中的铜料不足，需要补加铜料了。

4. 硫酸浓度

合理地提高硫酸浓度有利于溶铜的化学反应和扩散的进行，而不利于氧气的溶解。氧气在 2.5% 的硫酸溶液中溶解度比在同温度下 20% 的硫酸溶液中的溶解度增大约 1.4 倍。由于同离子效应原理，也不利于硫酸铜溶解，溶铜速度随酸浓度（在一定的值内）增加而降低，因为阴极极化随溶液中 H^+ 浓度的增加而降低，有人对溶铜反应做过专门的试验，得出的规律如图 4-14 所示。

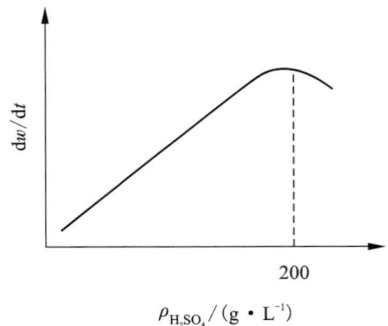

图 4-14 H_2SO_4 浓度与溶铜反应速度关系

实验表明：随着硫酸浓度的增加反应速度加快，当达到一定值时，再继续提高硫酸浓度，反应速度反而下降。

由生箔机直接回到溶铜罐中的高酸低铜电解液，硫酸浓度一般在 100~130 g/L。在生产实践中，溶铜罐内硫酸浓度超过 100 g/L 时，铜溶解速度较慢，在 80 ℃ 左右，硫酸浓度在 65~80 g/L 时铜溶解速度最快。对于浸没式溶铜，溶铜罐内的硫酸浓度控制在 55 g/L 左右最好。硫酸是弱氧化酸，沸点高，在常压下可以采用较高的溶出温度，能使溶出过程强化。

5. 铜离子浓度

空气氧化溶铜的动力学规律研究结果表明：当 Cu^{2+} 质量浓度大于 2 g/L 时，反应级数为 0；当 Cu^{2+} 质量浓度小于 2 g/L 时，反应级数为 0.9，可认为反应受 Cu^{2+} 扩散控制并非化学反应控制。当 Cu^{2+} 质量浓度>2 g/L 时反应级数为 0，证明过程在此条件下铜的溶出速度与 Cu^{2+} 的浓度变化无关。

即反应 $Cu^{2+}+Cu=\!=\!=2Cu^+$ 中铜粒表面的 Cu^+ 达到饱和，而 Cu^+ 由颗粒表面向溶液本体扩散，O_2 由气相向液相扩散，两者的反应为：

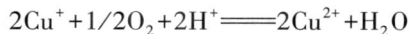

$$2Cu^++1/2O_2+2H^+=\!=\!=2Cu^{2+}+H_2O$$

该反应可能成为溶铜过程的控制步骤。因此，溶铜罐中电解液中铜浓度高低对溶铜速率是没有影响的。

4.1.5　溶铜新技术

1. 纳米气泡技术

纳米气泡通常是指存在于水中直径为 200 nm 的微小气泡，与传统上的气泡相比，纳米气泡直径小，其传质特性和界面性质均显著不同于传统气泡。纳米气泡具有三个显著特点，其一是纳米气泡具有较大的比表面积，在一定体积下纳米气泡的比表面积理论上是普通气泡的 100 倍。其二是纳米气泡在溶液中停留的时间长，例如传统充氧曝气产生的气泡直径大，与水体接触表面积小，气泡快速上升到水面并破裂消失，停留时间过短，溶氧效果差。而纳米气泡在水中上升的速度较慢，从产生到破裂的历程通常达几十秒甚至几分钟。有研究表明，直径 1 mm 的气泡在水中上升的速度为 6 m/min，而直径 10 μm 的气泡上升速度为 3 mm/min，前者是后者的 2000 倍，而直径为纳米级的气泡在水中则可以存在 1 周左右。其三是纳米气泡可自身增压溶解，水中的气泡四周存在气液界面，气液界面的存在使得气泡受到水的表面张力作用。对于具有球形界面的气泡，表面张力能够压缩气泡内的气体，从而使气体更易溶解到水中，压力的上升会增加气体的溶解度。随着比表面积的增加，气泡缩小的速度逐渐变快，最终完全溶解。基于纳米气泡的高比表面积、在水中长时间的停留以及自身增压溶解的特性，通过纳米气泡发生装置可以将纳米氧气泡导入到溶铜罐中，大幅提高硫酸水溶液介质中的溶解氧浓度，实现快速溶铜。由于铜电解液中大量氧气的存在，可很好地抑制铜生成一价铜的歧化反应，有助于高品质电解铜箔的生产。溶解方法简单，易行，所需设备也简单。

2. 电化学快速溶铜

针对空气氧化溶铜技术存在溶铜速度慢的缺点，有铜箔企业提出了电化学溶铜技术路线。

例如一种具有电解功能的溶铜罐，如图 4-15 所示。制备铜电解液时，将待溶解的铜料置于溶铜罐中的阳极室，由于铜料在阳极氧化，实现铜料在硫酸溶液中的快速溶解。溶铜罐设有阳极室和阴极室，阳极室和阴极室之间用阴离子交换膜隔开。溶铜罐中的阳极可使用比铜难于氧化的导电材料，如碳、钛、钛氧化物等，从生产成本和材料强度的角度出发，溶铜罐阳极材料的最佳选择是钛金属材料。溶铜罐阴极材料除能耐硫酸的腐蚀外，同时还应具有较大的析氢电位，可选用碳、钛、钛氧化物等作阴极，溶铜罐阴极材料的最佳选择是碳材料。

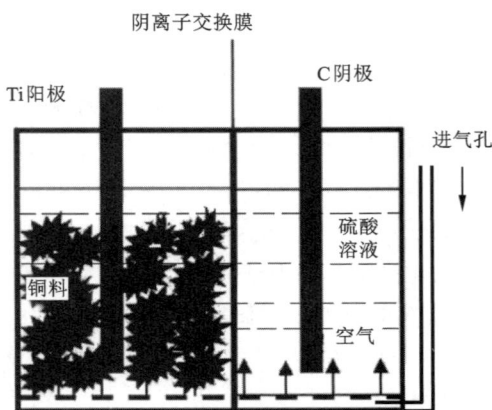

图 4-15　具有电解功能的溶铜罐

在制备铜的电沉积溶液时，在溶铜罐中的阳极室和阴极室分别加入浓度约为 100 g/L 的硫酸。将铜料加入阳极室内，搅拌溶液，可选择通入空气搅拌，通入空气的目的有二：其一是起到对溶液的搅拌作用，降低浓差极化；其二是空气中的氧气起到对铜料的氧化作用，加速铜料的溶解。

在溶铜过程中不必刻意加温，因为铜在硫酸中溶解本身就是一个放热过程，后续添加硫酸进行硫酸浓度调整，也是个放热过程。但若溶铜罐温度过低，则需要对溶铜罐进行加热，为了保证溶铜的速度，溶铜罐的温度要高于 50 ℃。

将直流电源连接到溶铜罐的阴极和阳极，直流电源的正极接到溶铜罐的阳极上，直流电源的负极接到溶铜罐的阴极上，施加的电压可设定为 2~20 V，电压越大，溶铜的速度也越快。电解槽未加电压时，即便是通入空气进行氧化，溶铜时间仍需要 600 min，溶铜速度很慢。当对电解槽施加电压时，溶铜速度明显加快，电压为 8 V 时溶铜时间为 6 min，15 V 时仅为 4.5 min。但溶铜速度与电压并不是呈线性增长关系，这主要是随着电压增高，阴极和阳极发生副反应(副反应为阴极产生氢气，阳极产生氧气)，所以最佳的电压是既要控制副反应的发生，降低生产成本，同时又要使阳极上铜溶解的速度最大，最佳电压范围是 5~10 V。

3. 二氧化硫助溶技术

溶铜就是将固体铜变成 Cu^{2+}，溶解于水溶液中。传统的溶铜技术采用空气作氧化剂，生产过程中将空气充入溶解液，使之同金属铜反应。利用空气(主要是空气中的氧气)做氧化剂，氧化电位较低，只有 400~500 mV，溶铜速度慢，反应时间长，生产效率低。

二氧化硫助溶技术是指通过在热的硫酸铜溶液中加入压缩空气和一定量的二氧化硫使铜块加速溶解，该过程发生如下反应：

$$SO_2 + H_2O \Longleftrightarrow (可逆) H_2SO_3 (亚硫酸)$$

SO_2 可以自偶电离：

$$2SO_2 \Longleftrightarrow (可逆) SO + SO_3$$

从而提高溶液的氧化电位，实现快速溶铜。

二氧化硫助溶包括以下步骤：

(1)将阴极铜或废铜剪切成 100 mm×100 mm 块状，加入溶铜罐中(溶铜罐尺寸 ϕ2500 mm×4000 mm)，加入铜量约 5 t，料层堆积厚度约 1.0 m，然后封闭加料口。

（2）开启循环泵，向溶铜罐中加入溶解液，溶解液成分为硫酸、水、硫酸铜，其中硫酸浓度 85 g/L 左右，Cu^{2+} 浓度 10 g/L 左右，溶解液体积为 15 m^3。

（3）开启加热设备，将溶解液加热到 50~60 ℃。

（4）向溶铜罐通入压缩空气，压缩空气流量 100 m^3/h，压力 0.25 MPa。

（5）向压缩空气中通入 SO_2，流量 0.15~55 m^3/h，压力 0.035~0.35 MPa，压缩空气与 SO_2 气体两者的体积比为 100∶（3~10），提高溶解液的氧化电位，使铜快速氧化生成 $CuSO_4$。

（6）溶铜大约 5 h，溶铜罐溶解液 Cu^{2+} 浓度达到 100 g/L 时，满足下道工序生产要求。

（7）将合格的电解液送往下游工序应用。

二氧化硫助溶技术与现有氧化法溶铜方法相比较，具有以下优越性：

①空气加入溶铜罐前加入占压缩空气体积 3%~10% 的 SO_2，溶解液氧化电位由 400~500 mV，提高到 1000~1200 mV（即 SO_2 溶解于水，电离出 SO_3^{2-}；SO_3^{2-} 与空气中的 O_2 结合生成 SO_5^{2-}，SO_5^{2-} 具有高能团，溶解液的氧化电位最高可达 1200 mV），氧化效率提高 2 倍以上，铜可快速溶解生成 $CuSO_4$，空气中氧的利用率达到 80%，吸入空气量大幅减少，溶解液蒸发量减少约 30%，溶铜能力可达 800 kg/（$m^3 \cdot$ d）。

②SO_2 与空气一起加入溶解液后最后生成硫酸，参与溶铜反应，与 Cu 反应生成 $CuSO_4$，溶解液中无多余的物质生成，无副反应，可以减少硫酸消耗。

③由于溶解液氧化电位高，铜溶解速度快，单位时间内释放热量多，溶铜过程中溶解液无须加热。

④溶铜时，温度过低生产效率低，温度超过 80 ℃溶解液中氧气及其他气体溶解量会急剧下降，生产速度大幅降低；由于固体铜溶解为放热反应，仅需在生产初期将溶解液加热至 50~65 ℃即可，由于溶解液氧化电位高，铜料可以在低温 50~60 ℃条件下快速溶解，即使硫酸浓度为 20 g/L 时，铜的溶解速度依然很快。

⑤溶铜罐体积可根据生产需要确定，一般为 3~120 m^3，高度在 3 m 至 6 m；在溶铜罐内设置多个固体铜料层，增加固体铜装料量，将固体铜堆积在每一层上，厚度以混合气体顺利通过为准，增大了与空气、溶解液的接触面积，加快反应速率，缩短生产周期。

⑥适用性强。铜料可以是铜块、铜米、铜线、铜粉等，通过对其进行剪切增大比表面积，比表面积越大，反应面积越大，溶解速度越快，生产效率越高。

⑦SO_2 气体进入溶铜罐前与空气混合。压缩空气与 SO_2 气体的体积比为 100∶（3~10）。SO_2 气体浓度过低溶液氧化性较弱，SO_2 气体浓度过高溶液呈还原性，溶解速度急剧降低。

由于二氧化硫是一种无色刺激性气体，对环境和人体健康都有害。它可以通过空气污染物的传输和转化进入人体，对呼吸系统、心血管系统和中枢神经系统等造成损害。长期暴露于高浓度二氧化硫的环境中，会导致慢性肺部疾病、心脏病、肺癌等疾病发生率的增加。因此，二氧化硫助溶技术对废气处理要求比较严格。

4.2　电子电路用铜箔电解工艺

4.2.1　铜箔的主要性能要求

GB/T 5230—2020 印制板用电解铜箔，对电子电路用铜箔的性能要求见表 4-13。

表 4-13　铜箔的物理性能

铜箔型号		抗拉强度/MPa（不小于）					延伸率/%（不小于）					疲劳延性/%（不小于）				
		9 μm	12 μm	18 μm	35 μm	70 μm	9 μm	12 μm	18 μm	35 μm	70 μm	9 μm	12 μm	18 μm	35 μm	70 μm
E-01 室温		280					3	3	4	5	5	—	—	—	—	—
E-02 室温		—	280				—	5	5	10	15			—		
E-03	室温	280					3	3	4	5	5			—		
	180 ℃	110	138	138	138	138	2	2	2.5	2.5	3					
E-04	室温	—	—	276	276	276	—	—	5	10	10			—		
	180 ℃	—	—	138	138	138	—	—	15	20	20					
E-05 室温		—	—	103	138	138	—	—	5	10	10	—	—	25	25	25

4.2.2　高温高延铜箔

普通高温高延铜箔（HTE）生产工艺，国内外基本上差别不大，表 4-14 列出了部分 HTE 铜箔电解工艺条件。

表 4-14　部分 HTE 铜箔电解工艺

工艺参数	工艺 1	工艺 2	工艺 3	工艺 4
$\rho(Cu^{2+})/(g \cdot L^{-1})$	90±3	95±5	105±2	88
$\rho(H_2SO_4)/(g \cdot L^{-1})$	110±5	110±8	110±5	140
$\rho(Cl^-)/(mg \cdot L^{-1})$	35±5	≤5	35±5	
添加剂	明胶	胶原蛋白+HEC	明胶	明胶
温度/℃	64±1	60±1	75±1	60±1
流量/(m³·h⁻¹)	15～18	105+3	60	120
电流/A	25000	50000	35000	40000
$D_k/(A \cdot m^{-2})$	3500～3980 或 4700～5300	12400	6200	7080

（1）铜离子浓度。

电流强度增加，电解液中的铜离子浓度也相应增加，以保证电解需要。铜离子浓度大，铜箔硬度、强度和延伸率均较高。铜离子浓度必须结合溶解度考虑，过分接近饱和浓度，易受温度微小波动引起结晶，影响产品质量。铜离子浓度控制在 65～100 g/L 为宜。

（2）硫酸浓度。

电解过程中，85%以上的电流靠溶液中硫酸的 H⁺传递，由含酸 90～140 g/L 的硫酸铜溶液电解的生箔质量较好。低浓度酸会使材质疏松，延伸率下降；若含酸过高则铜箔发脆，增加了设备的腐蚀。

（3）电解液温度。

提高电解液温度可提高工作电流密度。温度升高 10 ℃，极限电流密度可提高 10%。然而温度升高会降低阴极极化作用，使结晶变粗，造成金属箔电导率、弹性、硬度及强度下降，但延伸率会有所提高。所以在生产中温度不宜波动过大，一般控制在 55~65 ℃。

（4）电解液流速。

提高电流密度必须增加流速，以促进对流传质而降低浓差极化，获得均匀的沉积物。日本的试验证明，在流速为 2 m/s 时，电流密度增加到 25000 A/m²，仍可以获得平滑致密的电解沉积层。不过，此时阴阳极距只有 5 mm，对设备要求很严。

（5）添加剂。

往电解液中加入适量添加剂，可不同程度地加大阴极极化作用而抑制金属的异常生长，有利于获得致密的阴极沉积物，提高铜箔的弹性、强度、硬度和平滑感。添加剂的加入量必须适当，若添加量过多，不仅槽电压升高，而且生箔毛面出现条纹，铜箔变脆。由于添加剂的吸附，某些金属杂质，如砷、锑的两性氧化物，还可能与表面活性物质组成络合物一起吸附于阴极上，因此添加剂宁可少加而不能多加。

（6）电流密度。

提高电流密度是提高产量的重要措施。目前生箔生产的电流密度在 3500~13000 A/m²。电流密度的提高将使电化学极化及浓度极化增大，晶核生成数目增加，生箔结晶变细。

（7）铁在铜箔电解过程中的行为。

在硫酸铜电解液中，铁以 Fe^{2+} 或 Fe^{3+} 离子状态存在。铁离子一方面使硫酸铜溶解度降低，电解液电阻、黏度和密度增大；另一方面，电解液中 Fe^{2+} 和 Fe^{3+} 铁离子在阳极和阴极间反复耗电，使电流效率降低和吨铜箔电耗增加。

电解过程中，阴阳两极上可能发生的反应主要为：

阳极反应：

$$Cu-2e^-=Cu^{2+} \qquad \varphi^{\ominus}_{Cu^{2+}/Cu}=0.34\ V$$

$$Me-2e^-=Me^{2+} \qquad \varphi^{\ominus}_{Me^{2+}/Me}<0.34\ V$$

$$H_2O-2e^-=2H^++\frac{1}{2}O_2 \quad \varphi^{\ominus}_{O_2/H_2O}=1.229\ V$$

$$SO_4^{2-}-2e^-=SO_3+\frac{1}{2}O_2 \quad \varphi^{\ominus}_{O_2/SO_4^{2-}}=2.42\ V$$

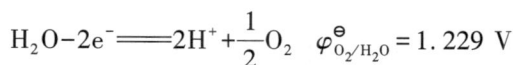

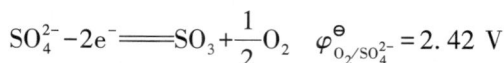

上述反应中，H_2O 和 SO_4^{2-} 的标准电位很大，正常情况下两者不会在阳极放电。

阴极反应：

$$Cu^{2+}+2e^-=Cu \qquad \varphi^{\ominus}_{Cu^{2+}/Cu}=0.34\ V$$

$$2H^++2e^-=H_2 \qquad \varphi^{\ominus}_{H^+/H_2}=0\ V$$

$$Me^{2+}+2e^-=Me \qquad \varphi^{\ominus}_{Me^{2+}/Me}>0.34\ V$$

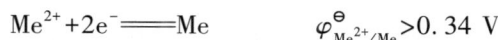

由电化学原理可知，阳极放电物质电极电位较小呈还原特性，阴极放电物质电极电位较大呈氧化特性。因此，铜箔电解过程中电极电位较铜更负的杂质金属（$\varphi^{\ominus}_{Me^{2+}/Me}<0.34\ V$）将在电解液以离子形式存在，电极电位较铜更正的贵金属和某些化合物（$\varphi^{\ominus}_{Me^{2+}/Me}>0.34\ V$）则在阴极还原，与铜共沉积。

因铁的电极电位较铜更负，其能以 Fe^{2+} 形式溶解进入电解液中：

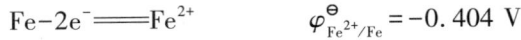

$$Fe-2e^- \Longrightarrow Fe^{2+} \qquad \varphi^\ominus_{Fe^{2+}/Fe} = -0.404 \text{ V}$$

电解过程中，Fe^{2+} 在阳极易被氧化生成 Fe^{3+}，使阳极电流效率降低，同时一部分 Fe^{2+} 也可被空气或电解液中存在的氧气氧化生成 Fe^{3+}，即

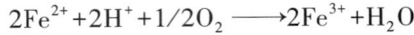

$$2Fe^{2+} + 2H^+ + 1/2O_2 \longrightarrow 2Fe^{3+} + H_2O$$

在电势作用下，Fe^{2+} 移向阴极过程中被氧化成 Fe^{3+}，使阴极电流效率降低。Fe^{2+}/Fe^{3+} 浓度越高，电流效率降低越大。

有资料介绍，溶液中铁含量每升高 1 g/L，电流效率降低 3%。

因此，电解铜箔要求严格控制电解液中铁的含量，一般控制在 3 g/L 以下，超过 3 g/L 则要降低铁离子浓度或更换电解液。

4.2.3　可退火电解铜箔

电解铜箔的性能主要与电解液成分、温度、流速、阴极辊转速及电流密度等参数有关，常见的有机添加剂包括有机硫化物、胺类、聚醚类、有机染料类及其衍生物等，将其组合使用可获得光亮、平整、机械性能优良的镀层，是调控电解铜箔表面状态和结晶方式的重要手段。

常规电解铜箔由微米尺寸的柱状晶粒或等轴晶构成，对比压延铜箔其力学性能上的抗拉强度更高，但延展性低。一般商用微米晶组织电解铜箔表现为"退火软化韧化"，即在常见热处理温度范围内（例如 200~400 ℃），铜箔随着退火温度的升高和时间的延长发生再结晶。该过程包括杂质扩散、晶界迁移、晶粒长大、缺陷减小、应力释放等方面，最终铜箔相比退火前室温抗拉强度减小且延展性提升，抗拉强度减小约一半且延伸率增加约一倍。以覆铜板 70 μm 厚的常规铜箔为例，通常室温抗拉强度 ≥250 MPa，延伸率 ≥5%，180 ℃热处理后抗拉强度 ≥150 MPa，延伸率 ≥10%。

高性能电子电路铜箔的重要发展方向是提升力学性能。纳米孪晶铜组织电解铜箔因具有高比例垂直于生长方向、沿（111）晶面密集生长的孪晶片层结构，故材料组织热稳定性得到提升。

所谓孪晶是指两个晶体（或一个晶体的两部分）沿一个公共晶面构成镜面对称的位向关系，这两个晶体就称为孪晶，此公共面就称为孪晶面。孪晶界可分为两类，即共格孪晶界和非共格孪晶界。共格孪晶界就是孪晶面，在孪晶面上的原子同时位于两个晶体点阵的结点上，为两个晶体所共有，是无畸变的完全共格晶面，因此它的界面能很低，很稳定，在显微镜下呈直线，这种孪晶界较为常见。如果孪晶界相对于孪晶面旋转一个角度，就可以得到非共格孪晶界。此时孪晶界上只有部分原子为两部分晶体所共有，因而原子错排较严重，这种孪晶界的能量较高。

孪晶界是一种特殊亚晶界，在晶粒内生长高比例孪晶界能够阻碍位错运动同时不引起显著的电子散射，从而使铜材具备超高强度，以及不退化的延展性和导电性。普通电解铜箔抗拉强度在 300~500 MPa，延伸率在 3%~25%。

由于孪晶界相比普通晶界能量更低，在退火或自退火过程中抑制晶界迁移和晶粒长大，从而使组织结构表现出热稳定性，强度与延伸率在一定温度窗口内无显著变化。纳米孪晶组织铜箔往往表现为"退火不软不韧"或温和的"退火软化韧化"，其能够通过稳定的高密度生长孪晶抑制再结晶，其退火前抗拉强度是一般电解铜箔的 24 倍，虽然随退火温度升高强度下降缓慢，但延伸率增加不显著，有时甚至降低，约为一般电解铜箔的一半或更低。

下面简介某退火铜箔制造方案，该退火铜箔制造技术方案介绍一种特定添加剂的电解液，通过对电解液添加剂的选择和组合等简便化学调控手段，采用该电解液进行电沉积获得的电解生箔材料在 ≥200 ℃ 的温度热处理后可以形成高比例退火孪晶界而具备独特的"退火强化韧化"力学特性，退火孪晶比例随着温度的升高而增加，从而极大地抑制再结晶速率，使铜箔表现出优异的力学性能，热处理实验条件下晶粒无明显长大，铜箔抗拉强度与退火前相比甚至更高，同时延伸率增加约一半。与普通电解铜箔及生长孪晶铜箔的"退火软化韧化"的高温力学行为形成鲜明对比，该技术方案制备的铜箔具有明显的力学性能。

该技术方案采用一种加入了特别添加剂的电解液。该添加剂包括抑制剂和辅助剂，辅助剂包括聚苯乙烯磺酸盐、聚乙烯磺酸盐、烷基磺酸盐和烷基苯磺酸盐中的至少一种；抑制剂能够降低沉积速率，避免结晶粗大不致密，辅助剂能实现抑制剂可控脱附，提升沉积速率。

电解液成分、工艺技术条件如下：

Cu^{2+}：30 g/L

H_2SO_4：30 g/L

Cl^-：30 mg/L

明胶：50 mg/L

聚苯乙烯磺酸钠：300 mg/L

纯水：250 mL

其中，明胶凝结值为 100 bloom

辅助剂聚苯乙烯磺酸钠的分子量为 40000。

（1）直流电镀。

①阴极前处理。采用高纯钛板为阴极，依次经过碱洗、酸洗、水洗过程。

②直流电镀。将钛板阴极、磷铜阳极（磷含量 0.05%）浸入上述电解液中，施加转速为 300 r/min 的机械搅拌，控制镀液 25 ℃ 恒温。然后接入整流器，以 3 A/dm² 电流密度施镀 120 min，得到预电沉积铜箔材料。

③铜箔后处理。将铜箔从电解液中取出，并与基底分离，用纯水反复冲洗镀层，移除残余镀液，最后用压缩空气吹干铜箔表面。

（2）退火处理。

将铜箔置于退火炉，通入氮气保护气体，设置炉内温度以 10 ℃/min 的速度从室温升至 200 ℃ 并保温 1 h，然后自然冷却，取出铜箔。

4.2.4　挠性铜箔

挠性覆铜板（FCCL）已广泛应用于航空航天设备、导航设备、飞机仪表、军事制导系统和手机、数码相机、数码摄像机、汽车卫星方向定位装置、液晶电视、笔记本电脑等电子产品中。由于电子技术的快速发展，使得挠性覆铜板的产量稳定增长，生产规模不断扩大，特别是高性能的以聚酰亚胺薄膜为基材的挠性覆铜板，其需求量和增长趋势更加突出。FCCL 除具有薄、轻和可挠性等优点外，以聚酰亚胺为基膜的 FCCL，还具有电性能、热性能、耐热性优良的特点。它的介电常数较低，使电信号得到快速传输。其良好的热性能使组件易于降温。较高的玻璃化温度，可使得组件在更高的温度下良好运行。由于 FCCL 大部分的产品，是以连续成卷状形态提供给用户，因此，采用 FCCL 生产印制电路板，利于实现 FPC 的自动化连续生产和在 FPC 上进行元器件的连续性表面安装。

生产工艺如下：

Cu^{2+}：80～120 g/L

H_2SO_4：90～130 g/L

Cl^-：50～100 mg/L

温度：45～60 ℃

电解液流量：60～90 m³/h

电流密度：4500～12000 A/m²

添加剂流量：100～300 mL/min

添加剂依照以下步骤进行制备：

（1）制备以下重量比的原料组分

3-巯基丙烷磺酸钠：30～200 mg/L

聚二硫二丙烷磺酸钠：20～120 mg/L

乙撑硫脲：30～180 mg/L

2-巯基噻唑啉：40～250 mg/L

羟甲基磺酸钠：35～250 mg/L

聚乙二醇 10000#：75～300 mg/L

脂肪胺聚氧乙烯醚：30～180 mg/L

羟乙基纤维素：170～420 mg/L

按照重量分配比 1.5：1：1.5：2：2：2.5：1.5：3.5，分别称量 3-巯基丙烷磺酸钠、聚二硫二丙烷磺酸钠、乙撑硫脲、2-巯基噻唑啉、羟甲基磺酸钠、聚乙二醇 10000#、脂肪胺聚氧乙烯醚、羟乙基纤维素。

（2）将 3-巯基丙烷磺酸钠、聚二硫二丙烷磺酸钠、乙撑硫脲、2-巯基噻唑啉、羟甲基磺酸钠、聚乙二醇 10000#、脂肪胺聚氧乙烯醚、羟乙基纤维素分别溶于 250 mL 去离子纯水中，得到溶液 A、溶液 B、溶液 C、溶液 D、溶液 E、溶液 F、溶液 G、溶液 H。

（3）将步骤（2）中的溶液混合倒入到 5 L 恒温搅拌盅中，加入去离子水 2 L，在恒温 55 ℃ 至 60 ℃ 环境下搅拌 30 min，得到混合液。

（4）将步骤（3）中的混合液用去离子水定量稀释到 10 L，完成混合添加剂制备。

采用上述工艺，电解得到的电解铜箔表面晶粒平整、轮廓低，抗拉强度和延伸率较高。铜箔毛面粗糙度 $Rz < 2$ μm，光面粗糙度 $Ra < 0.35$ μm，厚度为 6～12 μm，面密度为 [（57～100）±1.5] g/m²，亲水性 > 35dyn（35×10⁻³ N/m），常温抗拉强度 >294 MPa（30 kg/mm²），弯折性能大于 10 万次，常温延伸率 5.5%。

4.2.5　低轮廓铜箔

高性能电子电路铜箔包括高频高速电路用铜箔、IC 封装载板用极薄铜箔、高密度互连电路（HDI）用铜箔、大功率大电流电路用厚铜箔、挠性电路板用铜箔等。其中，高频高速用低轮廓铜箔的应用最多、用量最大，可以实现高频下更低的信号传输损耗性能。而低轮廓电解铜箔按照表面粗糙度可以分为 VLP、RTF 以及 HVLP 三大类。常规 RTF 和高级别 RTF 主要应用于中耗损和低损耗类覆铜板中，HVLP 铜箔应用于极低损耗和超低损耗的覆铜板中。

低轮廓铜箔与普通 HTE 铜箔最显著的差异在于其处理面粗糙度很低。常见的 VLP、HVLP 和 RTF 铜箔处理面粗糙度指标见表 4-15。

表 4-15　低轮廓铜箔表面粗糙度要求

产品类别	处理面粗糙度 $Rz/\mu m$	抗剥离强度 Ib/in*
VLP	$2.0<Rz\le4.0$	客户要求
HVLP1（一代）	$1.5<Rz\le2.5$	客户要求
HVLP2（二代）	$1.0<Rz\le1.5$	客户要求
HVLP3（三代）	$0.5<Rz\le1.0$	客户要求
HVLP4（四代）	$Rz\le0.5$	客户要求
RTF（一代）	$2.5<Rz\le3.5$	客户要求
RTF2（二代）	$2.0<Rz\le2.5$	客户要求
RTF3（三代）	$Rz\le2.0$	客户要求

HVLP 铜箔为最高端的低轮廓铜箔，信号传输损失最小。HVLP 铜箔的表面粗糙度极低，信号传输更快、损耗最小，主要应用于对信号完整性有更高要求的射频-微波基板、高速数字信号基板和高频特性的模块基板中。

由于低轮廓铜箔属于特种铜箔，下游用户使用的基材没有统一的标准，从改性 FR-4、PTFE、PPE、PPO 到 C—H 都有可能，对于抗剥离强度，无法给出统一标准。

低轮廓铜箔生产关键在于选择合适的表面处理工艺，也需要用极低粗糙度的生箔作为表面处理的基材。

明胶分子能够吸附在阴极表面，阻碍铜离子的电沉积，促进铜阴极的电化学极化，增大沉积过电位，促进铜形核，从而细化晶粒降低表面粗糙度，同时有利于铜箔获得良好均匀的变形能力，提高延伸率。明胶常常用来作为低轮廓铜箔生箔电解的主要添加剂。然而明胶在硫酸铜酸性溶液中易发生水解，水解后形成的低分子多肽失去细化铜箔晶粒的效果；且残存在电解液中的明胶小分子容易诱发铜箔产生杂质缺陷，影响铜箔质量性能。有关研究人员提出如下方案。

1. 技术方案 1

该方案提供了一种将明胶进行微波辐照处理后作为电解添加剂生产低轮廓电解铜箔的工艺。包括如下步骤。

（1）将明胶粉末溶于水中，搅拌溶解获得明胶溶液，在微波发生器的微波频率为 $0.5\sim200$ GHz，功率为 $10\sim1000$ W，明胶溶液在螺旋管中的流速为 $0.5\sim50$ L/min 的条件下对明胶溶液进行微波辐照。

（2）将微波辐照后的明胶溶液与硫酸铜溶液混合，使明胶分子均匀分散在硫酸铜溶液中形成铜箔电解液。

---

* 　1 in＝25.4 mm。

（3）将含有微波辐照明胶的电解液进行电解沉积，可得到低粗糙度铜箔。

生产工艺如下：

Cu^{2+}：60~110 g/L

H_2SO_4：80~120 g/L

Cl^-：15~30 mg/L

温度：50~60 ℃

电解液流量：60~90 m^3/h

电流密度：4500~6000 A/m^2

添加剂浓度：0.1~10 mg/L

该技术方案特点：

（1）使用的添加剂种类仅为明胶和氯离子两种，铜离子与氯离子形成的配合物可以为明胶提供结合位点，有利于其在铜的（220）晶面上形成吸附层。所制得的铜箔物理性能良好，可以在满足相应要求的条件下，显著简化生产制备流程，降低生产成本。

（2）明胶水解动力学过程得到抑制，提高了电解液性能稳定性，保障了产品质量的一致性。

（3）该制备方法得到的铜箔室温延伸率为8%~10%，优于行业标准。

（4）该制备方法得到的铜箔，光面粗糙度 $Ra<0.3~\mu m$，毛面粗糙度 $Rz<2~\mu m$，属于低轮廓铜箔。

（5）铜箔沉积结束后，对铜箔进行一系列钝化干燥处理后，进行物理机械性能的测定，其中高温力学性能参考 GB/T 29847—2013 印制板用铜箔实验方法进行测试，即获得的高温力学性能数据为180 ℃停留5 min 后测试的结果。高温抗拉强度≥165 MPa；高温延伸率≥10.7%。

2. 技术方案2

技术方案1从生箔工艺着手，解决生箔粗糙度的问题。但生箔必须经过表面处理后才能成为产品。再低的生箔轮廓度，如果没有合适的表面处理技术，最终的产品粗糙度仍旧很高。

为降低铜箔表面粗糙度，有人尝试在铜箔表面采用无瘤化处理以便最大限度地降低粗糙度。然而，因铜箔无粗化颗粒，其表现出极弱的黏合力，与高频基材压合后黏合力无法满足市场要求，因此，目前此方法并无市场成熟应用。

在降低粗糙度的同时，能保持一定的黏合力，有人提出微粗化处理，即在表面处理粗化液中添加无机添加剂，主要形成由微细颗粒构成的低轮廓铜箔粗化面，虽然常态剥离上去了，但同时带来了两个问题，即耐高温性减弱和铜粉掉落问题。这也成为低轮廓铜箔开发面临的新问题，当表面粗糙度 Rz 做得越小时这两个问题越突出。因此，在进行粗化时，如何适当地调配电镀液组分及其浓度范围，既能降低电解铜箔表面粗糙度、提高黏合力，又能保证其耐高温性能和克服铜粉掉落问题的同时，制作出具有低粗糙度且能应用于高频 PCB 的电解铜箔，这是一个很棘手的问题。

技术方案2采用一种复合电镀液及高频 PCB 用低轮廓电解铜箔的制备方法，用该复合电镀液制备的电解铜箔表面粗糙度 Rz 降低，黏结强度提高，同时还具有良好的耐热性、抗高温氧化性。经该工艺处理后的铜箔适合于聚四氟乙烯（PTFE）、液晶聚合物（LCP）等高频印制电路。整个表面处理工艺流程为酸洗、粗化、固化、镀镍、镀锌、硅烷、烘干。主要在粗化工序采用复合电沉积溶液，通过控制电解液组分及其浓度范围，同时控制操作温度和操作电流密度而实现。

复合电镀液为酸性硫酸铜溶液，主要成分为铜离子、硫酸和无机添加剂，该无机添加剂包含有铁离子、钼离子、镍离子，具体如下：

Cu^{2+}：12 g/L

H_2SO_4：110 g/L

Ni^{2+}：500 mg/L

Fe^{2+}：200 mg/L

Mo^{2+}：500 mg/L

T：25 ℃

D_k：3000 A/m^2

该方案生产的低轮廓电解铜箔，其毛面粗糙度 Rz 为 1.0 μm，抗剥离强度达 0.8 kg/cm。

4.2.6　操作与维护

1. 辅助阴极

辅助阴极也叫负阴极，一般是设在阳极槽端板上的两个 U 形铜线，图 4-16 中的 5 即是。当阳极槽内注入硫酸铜溶液时，传动机构带动阴极辊转动，在阳极槽体两边部的负阴极可以吸附阴极辊钛边的铜离子，防止钛边镀铜。

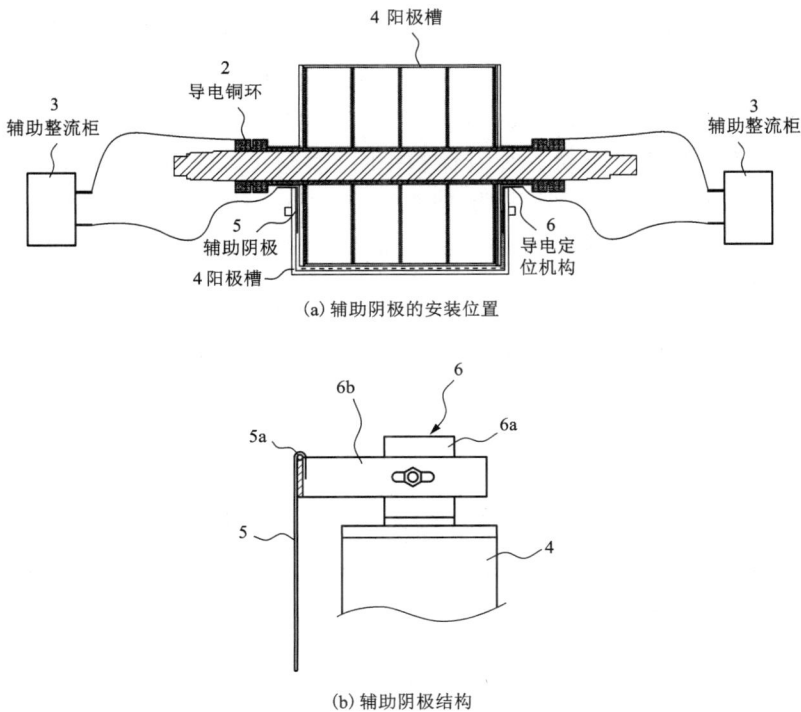

(a) 辅助阴极的安装位置

(b) 辅助阴极结构

1—阴极辊；2—导电铜环；3—整流柜；4—阳极槽；5—辅助阴极；6—导电定位机构。

图 4-16　辅助阴极

如图 4-16 所示，在阴极辊 1 两侧的导电铜环 2，通过对应的导电座分别连接辅助整流柜 3，辅助整流柜 3 的输出端为稳直流电。导电铜环 2 与辅助整流柜 3 的正极连接；在阴极辊 1 两侧与阳极槽 4 之间分别设有辅助阴极 5，辅助阴极 5 通过导电定位机构 6 固定在对应的阳极槽 4 内侧，铜线 5 下部位于硫酸铜电解液内，导电定位机构 6 与对应的辅助整流柜 3 负极连接。

导电定位机构 6 由设置在阳极槽操作机台上的两个安装支架 6a 及固定在安装支架 6a 之间的导电铜排 6b 构成，位于两个安装支架 6a 之间的导电铜排 6b 部分悬在阴极辊 1 侧边和阳极槽 4 之间；导电铜排 6b 与辅助整流柜 3 的负极连接；辅助阴极铜线 5 呈 U 形结构，在铜线 5 的两端分别有与导电定位机构 6 相适应的挂钩部 5a，所述铜线 5 活动挂设在导电铜排 6b 上。采用这种结构，可以非常方便铜线 5 的更换，操作便捷。

待开机后将辅助整流柜 3 开启至稳流状态，设定辅助整流柜 3 的输出电流。一般为 10～25 A，最大不超过 50 A。运行 8～12 h 更换一次辅助阴极铜线 5。电流一般调整至铜箔不撕边即可。

2. 阳极

最早使用的阳极为铅合金阳极，但铅合金阳极易腐蚀，且杂质元素较多，随着电解时间的延长，阴阳极极距会发生明显变化，导致电解铜箔品质下降和电解过程难以有效控制。DSE 钛基贵金属氧化物涂层阳极与铅合金阳极相比，具有更低的槽压和更长的使用寿命。因此，在现有的铜箔生产中，钛阳极已完全取代铅合金阳极。

电解铜箔生产最理想的原料是上引铜杆、铜粉，但出于成本考虑，在实际生产中，经常使用回收废杂铜和废铜箔，因此会引入多种杂质元素进入电解系统，其中影响最大的是铅离子。20 ℃下，$PbSO_4$ 在水中的溶解度只有 0.0041 g，属于难溶物质。随着温度升高，溶解度会缓慢增大，铅对 DSE 阳极涂层是有害的。在电解过程中，$PbSO_4$ 会首先吸附在 IrO_2 晶体表面，随着电解的持续进行，会逐渐向碱式硫酸铅、氧化亚铅到 PbO_2 的转变。PbO_2 是一种良好的电催化材料，在一定程度上对 IrO_2 有保护作用，会延长电极寿命。但是，在电解中后期，阳极表面铅化合物垢层持续沉积甚至达到毫米级，会引起阳极表面电力线分布不均和阳极局部区域贵金属溶蚀过快，造成铜箔产品出现厚度不均匀、氧化等缺陷，严重时会出现竖棱，严重影响铜箔品质。

一般生箔机停机后，为了保护 DSE 阳极，要求尽快用纯水将阳极表面的硫酸铜电解液冲洗干净，防止贵金属氧化物和钛基体在电解液中构成原电池，导致贵金属氧化物溶解脱落。同时用水冲洗，也能将沉积在阳极表面的新鲜铅化合物覆盖层冲洗干净。

但是，铅化合物垢层是 $PbSO_4$、碱式硫酸铅、氧化亚铅和 PbO_2 的混合物，成分较为复杂，仅仅用水很难清洗干净。

在溶铜阶段，铅会随着铜料溶解并进入溶液。由于溶铜罐温度在 60～80 ℃，酸含量低，因此硫酸铅的溶解度大。$PbSO_4$ 通过管道进入生箔系机时溶液的温度降低（45～55 ℃），$PbSO_4$ 会析出并沉积在阳极板上形成阳极泥。

因此，需要定期为 DSE 阳极板离线清洗。目前各企业有各自的清洗机配方，大部分采用以醋酸为主成分的配方，也有用柠檬酸-草酸体系的。

（1）技术方案 1。

该方案采用一种醋酸-醋酸钠体系的阳极清洗剂，其清洗步骤如下。

步骤一，在室温下，称取 5.2 kg 的无水乙酸钠溶于一定体积的去离子水中，混合均匀后，向乙酸钠溶液中加入乙酸，之后继续加水至溶液中乙酸钠的浓度为 52 g/L，溶液的 pH 为 5.0，最后形成缓冲溶液。其中，乙酸、无水乙酸钠的纯度不低于 99.7%，去离子水的电导率低于 0.056 μs/cm。

步骤二，将待清洗的阳极板转移至带有加热和超声辅助清洗功能的清洗槽中，然后向清洗槽中加入步骤一中配置的缓冲溶液，并确保阳极板完全浸没于缓冲溶液中。其中，缓冲溶液需要加热至沸腾状态。

步骤三，将步骤二中清洗槽的升温速度调到 2 ℃/min、超声频率调到 28 kHz，开始对阳极板进行加热与超声辅助清洗。

步骤四，待步骤三中清洗槽内的缓冲溶液加热至沸腾以后，再在该温度下保温 10 min，之后继续对阳极板进行加热与超声辅助清洗。

步骤五，阳极板清洗结束后，关闭清洗槽的加热和超声功能，将清洗槽中的液体收集至特定的废液收集装置中，然后继续向阳极板清洗槽中加入相同体积的去离子水。

步骤六，开启清洗槽的超声功能，对阳极板进行超声清洗，去除阳极板表面残留的缓冲溶液和乙酸铅溶液。

步骤七，测定清洗液的酸碱度，至清洗液的 pH 在 7±0.5 后，停止清水冲洗，将阳极板自然晾干。

（2）技术方案 2。

该方案采用一种将柠檬酸与草酸及水按比例配制的混合液，用于无损清洗电解铜箔阳极板上的 $PbSO_4$。具体配方如下：

柠檬酸：10%

草酸：3%

水：87%

柠檬酸和草酸形成柠檬酸–草酸体系；在该体系中，草酸会和硫酸铅发生如下反应：

$$PbSO_4 + HOOC—COOH \longrightarrow PbC_2O_4 + H_2SO_4$$
$$PbC_2O_4 + H_2SO_4 \longrightarrow PbSO_4 + HOOC—COOH$$

室温下，$PbSO_4$ 的 $K_{sp} = 1.8 \times 10^{-8}$，水中溶解度为 $4.0 \times 10^{-5}\%$，PbC_2O_4 的 $K_{sp} = 4.8 \times 10^{-10}$，水中溶解度为 $1.5 \times 10^{-5}\%$，且 PbC_2O_4 溶于酸或碱，硫酸是强酸。虽然上述两个反应为可逆反应，但由于生成的 H_2SO_4 含量较少，所以在该体系下，硫酸铅转化为乙酸铅的反应较为完全，乙酸铅转换为硫酸铅反应不完全。

柠檬酸在此步骤中起到调节 pH 的缓冲剂作用。同时生成的 PbC_2O_4 也会溶于柠檬酸–草酸体系中。由此，将硫酸铅转换为乙酸铅，阳极结垢物较容易从阳极板脱落，后续清洗过程中较为容易从阳极板剥落，且不易伤害阳极板。

4.3　流场与磁场

生箔机作为铜箔的主要生产设备，硫酸铜溶液从阳极槽的底部的上液装置输送到阳极槽槽体中，然后进行电解。电解区域中的铜离子在电场的作用下，逐渐沉积到阴极辊的表面，随着阴极辊的缓慢旋转，在阴极辊的表面上，沉积成了具有一定厚度的电解铜箔。因此，对铜箔电解过程中的电流分布、电场分布研究较多,所以大家更多的是关注阴极辊、阳极槽的电流分布是否均匀。实际上,电解铜箔是电场、流场和磁场相互作用的结果。阴极辊和阳极槽的结构决定了电场和磁场的分布;电(磁)力线分布的均匀与强弱;电解液进液方式和阳极槽对电解液的流场分布。传统阳极槽中部进液与从阴极辊旋转方向入口进液流场分布完全不同。

4.3.1 流场的影响

流场理论——把液体看作是充满一定空间而由无数液体质点组成的连续介质运动。不同时刻,流场中每个液体质点都有它一定的空间位置、流速、压强等,研究液体运动规律就是求解流场中这些运动要素的变化情况,该方法将液体运动看作是三元流动。

在复杂的情况下,流场的测量往往是很困难的,甚至是不可能的。

随着计算流体力学(computational fluid dynamics,CFD)的发展,借助计算机辅助设计,能方便地提供全部流场范围的详细信息。

CFD 是多领域交叉学科,涉及计算机科学、流体力学、偏微分方程的数学理论、计算几何、数值分析等,这些学科的交叉融合,相互促进和支持,推动了学科的深入发展。

电解槽内涉及复杂质量、动量和热量传递及电化学反应过程,其工作性能受多物理场显著影响。槽内流场是其他物理场的动因,而电场分布影响槽内电化学反应,且通过电解液阻抗产生焦耳热,这些热与循环电解液物理显热构成槽内温度场的热源。槽内不同区域温度的高低分布,会对电解液的黏度、各种离子的扩散速度、电解液阻抗、槽电压等产生重要影响。

流场分布影响电场和温度场的均匀分布,而电场和温度场影响铜箔的性能一致性。目前许多对电解铜箔装置的改进,往往都是基于经验而不是科学试验。要获得性能均匀的电解铜箔产品,必须从优化流体场角度出发,改善热场和电场。

必须说明,理论的预测出自数学模型的结果,而不是出自一个实际的物理模型的结果。毕竟物理模型与数学模型差距明显。

所谓物理模型,就是根据相似原理,把真实事物按比例放大或缩小制成的模型,其状态变化和原事物基本相同,可以模拟客观事物的某些功能和性质。物理模型的特点是实物或图形的形态结构与真实事物的特征、本质非常相像,大小一般是按比例放大或缩小。

数学模型就是用来定性或定量表述活动规律的计算公式、函数式、曲线图以及由实验数据绘制成的柱形图、饼状图等。

在进行铜箔流程模拟时,必须根据实物构建物理模型,然后设计边界条件,将其简化为数学模型。

物理模型转化为数学模型的边界条件很多,许多基础数据不全,且对生箔机流场关注不多,导致铜箔生产过程中阳极、阴极表面温度不一致,阳极、阴极表面电位、电场不一致,有机物分解、吸附不一致,严重影响铜箔结晶组织形态的一致性。这就是铜箔生产的难点,也是造成软纹、鱼鳞纹的主要原因。

4.3.2 磁场的影响

很多人都怀疑铜箔电解是否会产生磁场。有电流通过,必然产生磁场。电生磁的本质是电子的定向移动。在大电流密度下,电解液中定向移动的阴阳离子都含有大量电子,因此必然会在阴极、阳极之间产生磁场。

在认识磁场对流场的影响前，我们简单介绍一个名词：流体速度环量，它表示流体在一定体积范围内的速度，可以用来描述流体流动的性质，从而更好地理解流体运动的规律。流体速度环量对流体运动性能的影响很大。它不仅可以反映流体的运动速度，还可以反映流体的压力变化。当流体的速度环量改变时，它的压力也会变化。

流体速度环量也可以衡量流体的冲击力。流体的冲击力反映的是流体在运动时所产生的力，它可以描述流体冲力的大小。

随着电场对电解质溶液环流速度研究的不断深入，人们认识到磁场对环流速度有以下多种影响。

(1) 电解液本身的性质：电解液的类型、浓度、pH、电导率等性质能改变环流速度。

(2) 磁场强度：磁场强度大小不同，会对环流速度造成抑制或推动作用，研究人员发现，在某一特定的磁场强度下，溶液的环流速度比无磁场时更快。

研究人员采用分子动力学模拟方法计算不同磁场强度对电化学反应中浓度为 3.5% 的 NaCl 溶液扩散系数的影响，结果表明，随着磁场强度的增加，电化学反应中 NaCl 溶液中水分子扩散系数也随之增加，说明在磁场作用下，电解液中的水分子之间形成氢键的能力减弱，并且形成氢键的数目减少；由于洛伦兹力对溶液中离子具有搅拌作用，离子在溶液中的移动性增强，因此扩散系数也随着磁场强度的增加而增大。

所谓洛伦兹力是磁场对运动中的带电粒子的作用力，是对单个带电粒子而言；我们熟悉的安培力是磁场对通电导线的作用力，是对整个在磁场中的导线而言。之所以磁场会对通电导线有安培力的作用是因为通电导线中有很多运动的电荷；安培力正是磁场对所有这些电荷的洛伦兹力的总和。所以安培力是洛伦兹力的宏观体现；而洛伦兹力是安培力的微观原理。

有研究者在铜电解原循环管道上添加磁场和过渡槽，并通过对比施加磁场前后电解槽 Cu^{2+} 的分布、电解液的清晰度以及阴极铜质量和产量的变化来研究、探索磁场协同作用对铜电解过程的影响。研究结果表明，磁场可强化 Cu^{2+} 的扩散性能，加快阳极溶解速度，在磁场作用下阴极铜析出量提高 10%，电流效率提高 3%。

4.3.3 进液分配器

对传统生箔机流场影响最大的是进液分配器。目前常见的电解液进液分配器主要有以下几种。

1. 技术方案 1

在铜箔加工生产过程中，生箔机供液系统是整个铜箔生产的首要环节，一般所采用的方式是通过净液泵将溶液通过精滤器高精度过滤后送入板式换热器进行温度调节，为生箔机提供温度、纯净度、浓度等均衡一定的溶液。由此可见，生箔机的电沉积过程对溶液的纯净度、浓度、温度、流量的控制要求精度很高，因此对供液系统的参数稳定性、纯净度均衡性要求很高。大部分企业采用一台供液泵和一台精密过滤器对一组生箔机进行供液，一组生箔机由 4~8 台生箔机组成；也有部分企业采用由一台供液泵和一台精滤器单独向一台生箔机供液的方式。无论采用何种供液方式，最后都需要通过生箔机进液结构进入生箔机。

常见的生箔机的进液结构，有整体盒式、钻孔管子式、盒式多管筛板上液等几种结构。

传统的进液结构很简单，电解液经过一个进液阀门，通过漏斗形状增压腔进入阳极槽，依靠进液阀门调节进液流量而不能调整电解液的分布。如果电解槽电流分布不均匀，很难得到厚度均匀的高精度铜箔。

目前常见的进液方式如图 4-17 所示，为阀门组与进液腔组合的多管分配器进液。多管分配器包括分液器 c、生箔机 b 和上液支管 d，上液支管 d 上设有手动隔膜阀 a，流量调节一般为手动隔膜阀 a。通过设置多个进液口，每个进液口电解液流量可调，在宽度方向通过不均匀电解液供液方式，弥补电流分布不均的缺陷。

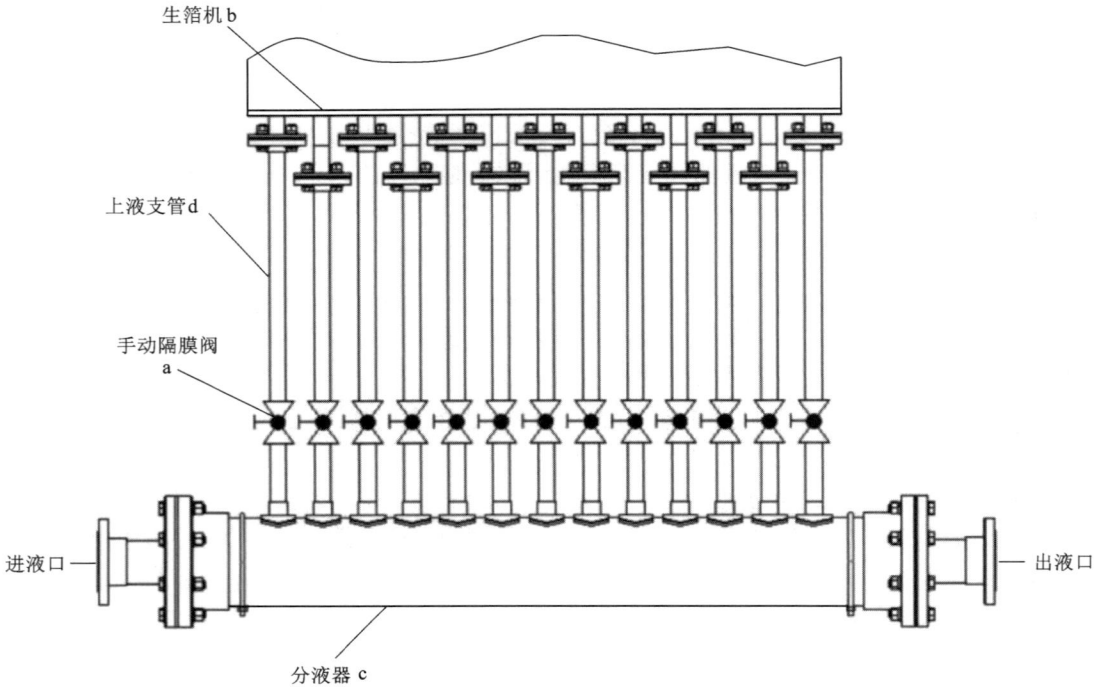

图 4-17　多管分配器

由于手动隔膜阀流量特性并非线性，调节往往不够精准，因而需要多次调节。当切换不同厚度铜箔时，就需要进行流量微调。

2. 技术方案 2

常规多管进液分配器可以调节电解液在宽阔方向的流量分布，但仍旧存在以下缺陷：

(1)上液口宽度占据了阳极板的空间，使阳极板的有效使用面积减少。

(2)液体流经上液口时没有有效过渡，会产生旋涡或者紊流现象，容易使上液的流体产生气泡，对生箔过程产生针孔或渗透点。

(3)生箔机上液装置与生箔机控制面板设置的距离较远，上液流量大小调控一般需要两人进行协作才能完成，流量调节凭借操作员经验手动调节流量阀门大小，流量不可控，此过程调节耗时较长，调控偏差大。上述问题会影响上液流量的稳定，导致生产出的铜箔面密度不均匀，影响铜箔的质量和生产效率。

因此，技术方案 2 提供了一种生箔机电动上液装置，如图 4-18 所示。在手动隔膜阀后增加一组电动调节阀与流量计(涡流/电磁),通过 PLC 的触摸屏即可电动调节进液流量分布。

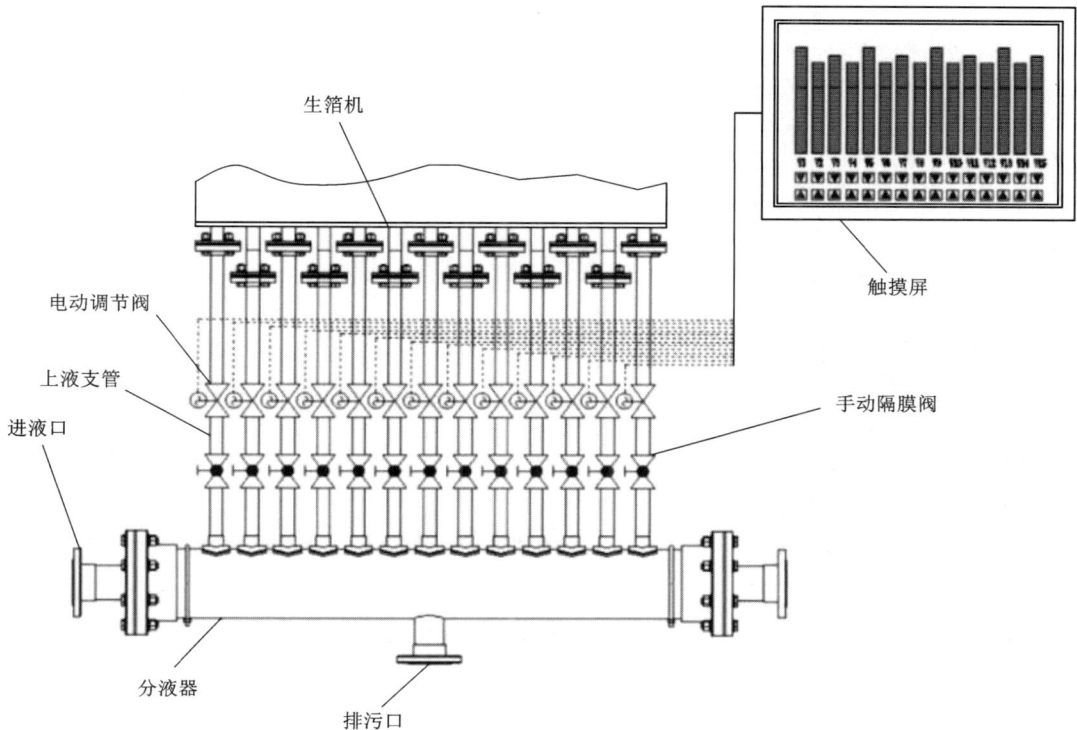

图 4-18　电动调节进液分配器

3. 技术方案 3

技术方案 3 同样是一种可电动调节的进液分配器结构,如图 4-19 所示。它在分液器内管的下方开设若干进液口,进液口的方向向下,有利于减缓进液压力,然后,再在上液管上设置电动阀和手阀,可以在生箔机控制面板上调节上液流量的大小,也可以通过设置测厚仪来反馈信息实现自动调节上液流量的大小,实时监控生箔机上液时溶液流量。同时,在分液器主体的下方设置排污口,当生箔机停止使用时,可以用来排出分液器主体内的溶液。

该方案槽体的底部设置有若干上液扁口,上液扁口分别与上液管法兰连接,上液扁口设计为扁平状,有利于保证进液的流速。同时,在槽体的内部等间距设置有若干上液口隔板,相邻的上液口隔板之间设置有上液口折板,上液口隔板分别将上液扁口分隔开。焊接时,上液口折板倾斜焊接,将该整体安装于槽体内,并且每两个上液口隔板之间的两个上液口折板分别与槽体的两侧固定连接,工作过程中,上液口折板可以起到缓冲流量压力的作用。

硫酸铜溶液经过供液泵送入分液器内,经过电动阀调节到合适的流量后,再通过上液管进入上液口槽的槽体中均衡流速、平缓溶液流量压力,然后加快流量流速再溢进阳极槽内。整个过程溶液流量调节精确便捷,减小了溶液上液时喷射的压力,可以避免未进入阳极槽的溶液发生四散的情况。溶液进入阳极槽时分布均匀,进而实现生产铜箔面密度的均匀性,保证了铜箔的品质。

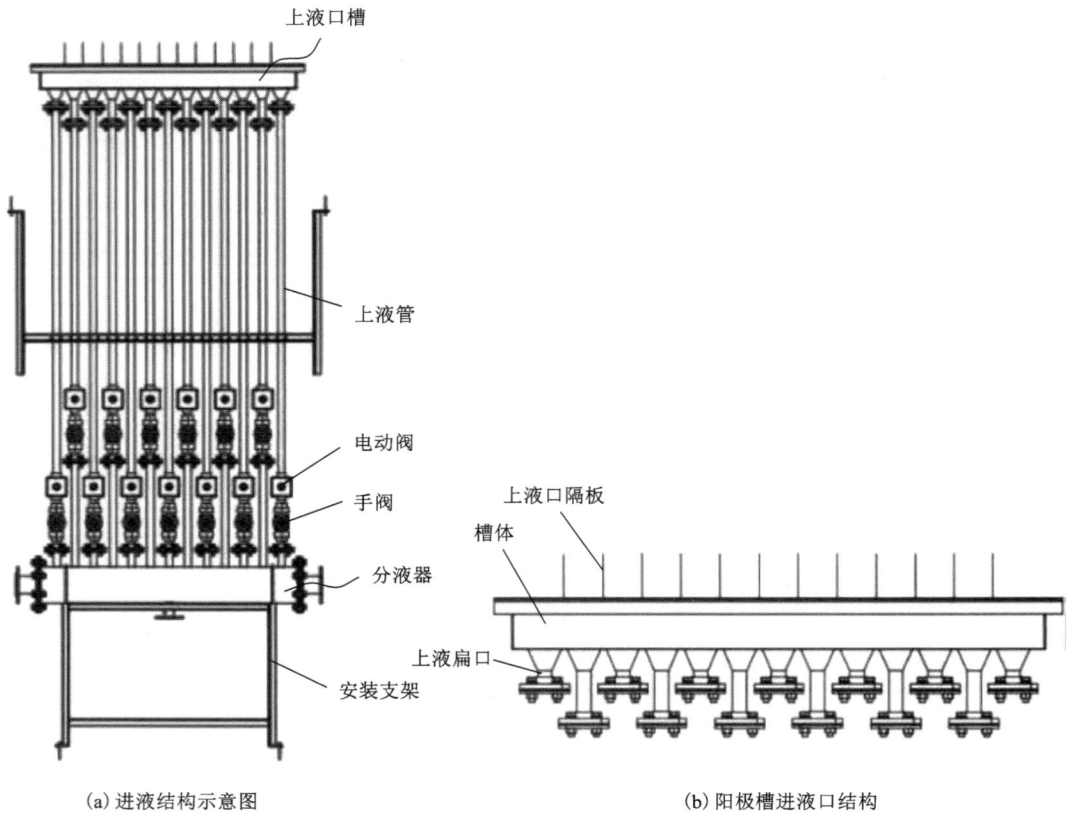

（a）进液结构示意图　　　　　　　　　（b）阳极槽进液口结构

图 4-19　生箔机进液机构

4. 技术方案 4

本技术方案提供一种改善电解铜箔面密度均匀性的供液方式，具体如下。

通过多孔供液分配器实现均匀供液，如图 4-20 所示。多孔供液分配器包括两端进液口以及分布于多孔供液分配器上的若干分散孔；分散孔的直径从两端进液口到中间位置逐渐增大。电解液从多孔供液分配器两端进液口同步供入，多孔供液分配器从两端进液口到中间位置的电解液压力逐渐递减。与多孔供液分配器连接的稳流管，连接有若干根分流管，电

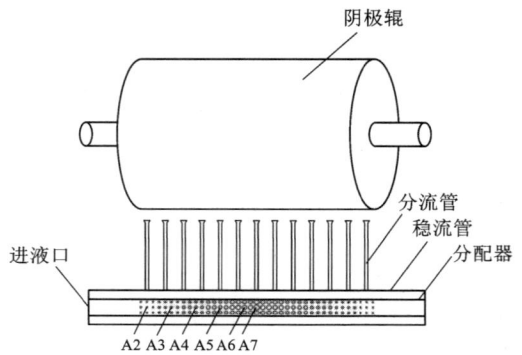

图 4-20　带分散孔的进液分配器

解液由多孔供液分配器流入稳流管后进入分流管，最后送入生箔机。

分散孔从多孔供液分配器两端至中间对称分布，分流管沿稳流管也呈对称式排列。

电解液从分配器左右两端进液口同时供入，避免单线长流带来的电解液不稳定问题，提

高电解液供液时的均匀性；分配器从两端进液口到中间位置，电解液压力逐渐递减，即中间压力小，两端压力大，依据压力变化特点设计渐变式多孔供液分配器。例如，从两端至中间对称分布 φ10 mm 分散孔、φ15 mm 分散孔、φ20 mm 分散孔、φ25 mm 分散孔、φ30 mm 分散孔、φ35 mm 分散孔，保证整体的电解液压力的均衡性和供液流量的稳定性；电解液经分配器均匀流入稳流管，形成稳定性较好的电解液，稳流管与 13 个分流管相连接，分流管呈对称式分布，最终实现生箔设备电解液供应的稳定与均匀。

4.4　锂电铜箔生产

4.4.1　铜箔性能要求

锂电铜箔的基本性能指标见表 4-16。

表 4-16　锂电铜箔基本性能指标

型号		$w(Cu)$ /%	抗拉强度/MPa		延伸率/%		表面粗糙度/μm			湿润性 /dyn	抗氧化性 10 min/ 160 ℃	Cr 附着量/ (mg·m^{-2})	
			普通	高抗张	普通	高抗张	毛面 Ra	毛面 Rz	光面 Rz			光面	毛面
LBEC -01	6 μm	≥ 99.9	≥350	≥530	≥5.0	≥5.0	≤0.5	≤1.6	≤1.6	≥38	无氧化、无变色	0.5~2.5	0.5~2.5
	8 μm		300~350	≥530	≥6.0	≥6.0	≤0.5	≤1.6	≤1.6				
	9 μm		300~350	≥530	≥6.0	≥6.0	≤0.5	≤1.6	≤1.6				
	10 μm		300~350	≥530	≥6.0	≥6.0	≤0.5	≤1.6	≤1.6				
	12 μm		300~350	≥530	≥6.0	≥6.0	≤0.5	≤1.6	≤1.6				
LBEC -02	6 μm		≥300	≥530	≥2.5			≤3.6	≤1.6			0.5~2.5	0.5~2.5
	8 μm							≤3.6	≤1.6				
	9 μm							≤4.0	≤1.6				
	10 μm							≤4.5	≤1.6				
	12 μm							≤5.0	≤1.6				

4.4.2　锂电铜箔工艺

目前，锂电铜箔生产工艺主要由溶铜、生箔电解、防氧化、分切四大工艺组成。

各铜箔企业，溶铜、防氧化、分切工艺相同。溶铜技术与电子电路铜箔相同，分切则是按照客户要求将铜箔裁切成要求的幅宽和长度。锂电铜箔的防氧化处理比较简单，从上节的电子电路铜箔生产工艺可知，电子电路铜箔防氧化是通过表面处理工序的镀锌和钝化来实现的。锂电铜箔在电解完成后立即通过钝化槽，在铜箔两面生成一层防氧化层。锂电铜箔防氧化层一般在亲水性、高温抗氧化性以及于负极活性物质的附着强度等方面有良好性能，可防止铜箔在储存、运输、使用过程中氧化变色。大部分企业是将电解所得的铜箔在 CrO_3+T(三氧化铬+葡萄糖)溶液中钝化，其中，钝化参数为：pH 控制在 3~3.5，温度控制在 20~30 ℃，钝化电流控制在 1~3 A/dm^2，然后烘干即可。

锂电铜箔技术的差异在生箔电解上，准确的说法是电解添加剂的不同。

锂电铜箔生产技术的核心就是添加剂的开发与应用：为了调整抗拉强度、模量、延伸率等性能，各企业开发了不同的电解添加剂。

电解铜箔在锂离子电池中既是负极活性物质的载体，又充当负极电子流的收集与传输体。铜箔的抗拉强度、延伸性和致密性等，对锂离子电池负极制作工艺和电池的电化学性能有重要影响。同电子电路用铜箔一样，简单依靠调整电流、铜离子浓度、电解温度，最终得到的铜箔性能会有差异，导致抗拉强度的波动范围较大。

锂电铜箔在电解生产过程中，电解液的主成分 Cu^{2+}、H_2SO_4、Cl^- 含量在不同厂商的技术方案中区别不大，不同性能的铜箔核心差异在于其添加剂种类和含量的不同。添加剂是调控铜箔表面性状、优化物理性能的关键。

锂电铜箔生产采用的添加剂种类很多，即使同一款锂电铜箔产品，不同的企业，添加剂配方也不相同，很难用一张表格的形式进行简要展示，下面就以技术方案的形式对部分工艺技术进行介绍。

随着人们知识产权意识的提高，各企业的电解铜箔配方都是以专利的形式进行保护。下面的方案均来自不同厂家的公开专利，有关的技术路线是否合理，需要读者自行评估。

1. 技术方案 1

技术方案 1 介绍了一种高抗拉锂电铜箔的制造方法，将铜溶解制备成主电解液，主电解液经多级过滤后与添加剂溶液混合得到电解液，在 30~70 ℃ 及 30~85 A/dm^2 的电流密度下进行电解，得到厚度为 6~9 μm 原箔。该方案制造的锂电铜箔抗拉强度及延伸率均取得良好效果，并且铜箔颜色、光亮度，稳定易控。

电解工艺如下：

Cu^{2+}：50 g/L

H_2SO_4：80 g/L

Cl^-：30 mg/L

温度：30 ℃

电流密度：3000 A/m^2

添加剂：

聚二硫二丙烷磺酸钠：1 mg/L

巯基苯并咪唑：2 mg/L

胶原蛋白(均数分子量 3000~5000)：3 mg/L

聚乙烯亚胺(均数分子量 1200)：2 mg/L

硫脲：5 mg/L

将上述电解液经换热器换热到 30 ℃，送入电解槽。电解槽阴极为无缝钛辊筒，阳极为DSE 钛基贵金属氧化物阳极。在规定的电流密度下电解，剥离后采用常规的铬酐水溶液进行防氧化处理后，经过分切即可成为成品电解铜箔。

2. 技术方案 2

该方案介绍了一种高弹性模量锂电铜箔的生产工艺，包括以下步骤。

步骤一，将原料铜在硫酸溶液中溶解形成含铜溶液，过滤除杂后与复合添加剂混合，得到电解液；其中，复合添加剂包括胶原蛋白、聚乙二醇、醇硫基丙烷磺酸钠和己基苄基胺盐。

步骤二，将电解液加入生箔机中，电镀后得到生箔。

步骤三，将生箔采用直流电沉积工艺进行表面处理，收卷后，得到厚度为 4.5 μm 和 6 μm 的超薄锂电铜箔。该方案通过在电解液中添加复合添加剂，改善了锂电铜箔的微观晶粒结构，使得锂电铜箔的晶粒尺寸减小、光亮度增加，提升了锂电铜箔的抗拉强度和延伸率。

电解工艺如下：

Cu^{2+}：95 g/L

H_2SO_4：120 g/L

Cl^-：30 mg/L

温度：54 ℃

电流密度：30 kA/m^2

胶原蛋白：10 mg/L

聚乙二醇：1 mg/L

醇硫基丙烷磺酸钠：4 mg/L

己基苄基胺盐：10 mg/L

钝化，采用浓度为 4 g/L、pH 为 5.8 的铬酸盐溶液对生箔进行防氧化处理，收卷后，得到厚度为 6 μm 的高弹性模量锂电铜箔。

3. 技术方案 3

厚度为 4.5 μm 的高弹性模量锂电铜箔工艺条件如下：

Cu^{2+}：85 g/L

H_2SO_4：100 g/L

Cl^-：25 mg/L

温度：53 ℃

电流密度：20 kA/m^2

胶原蛋白：10 mg/L

聚乙二醇：1 mg/L

醇硫基丙烷磺酸钠：4 mg/L

己基苄基胺盐：10 mg/L

技术方案 2 与方案 3 都是通过调整电解液中复合添加剂的成分和用量，使得超薄锂电铜箔（4.5 μm 和 6 μm）的抗拉强度>400 MPa，稳定生产时抗拉强度可达到 435～460 MPa；超薄锂电铜箔（4.5 μm 和 6 μm）形变 0.8%处，抗拉强度>350 MPa，稳定生产时铜箔 0.8%形变处抗拉强度可达 350～370 MPa；4.5 μm 锂电铜箔的延伸率>4%，稳定生产时可达 5%～6%，6 μm 锂电铜箔的延伸率>6%，稳定生产时达 6%～8%；实现了对锂电铜箔弹性模量的提升。

4. 技术方案 4

技术方案介绍了一种锂电池用 4.5 μm 厚双面光铜箔的生产技术，其生产工艺如下：

Cu^{2+}：80 g/L

H_2SO_4：100 g/L

Cl^-：25 mg/L

温度：40 ℃

电流密度：8500 A/m²

聚二硫二丙烷磺酸钠：4 g/L

胶原蛋白：5 g/L

羟乙基纤维素：0.8 g/L

聚乙二醇（分子量为 3000 da）：0.5 g/L

N，N-二甲基-二硫代羰基丙烷磺酸钠：0.1 g/L

香草醛：3 mg/L

二甲氨基磺酸钠：5 mg/L

5. 技术方案 5

技术方案介绍了厚度为 4.5 μm 双面光锂电铜箔工艺条件如下：

Cu^{2+}：85 g/L

H_2SO_4：110 g/L

Cl^-：30 mg/L

温度：60 ℃

电流密度：5000 A/m²

聚二硫二丙烷磺酸钠：6 g/L

胶原蛋白：10 g/L

羟乙基纤维素：0.4 g/L

聚乙二醇（分子量为 3000 da）：0.1 g/L

N，N-二甲基-二硫代羰基丙烷磺酸钠：0.3 g/L

香草醛：3 mg/L

技术方案 4 和方案 5 通过对锂电池用双光面铜箔生产工艺的改进，意在提高 4.5 μm 双光铜箔的延伸率和抗拉强度，减少针孔产生，提高锂电池的安全性。相比现有技术，其添加剂用量少，成本低，更适合规模化推广。

6. 技术方案 6

为一种 6 μm 高抗铜箔锂电池生产工艺，其生产工艺如下：

Cu^{2+}：90 g/L

H_2SO_4：100 g/L

Cl^-：20 mg/L

电解液温度：45 ℃

电解液流量：40 m³/h

电流密度：20000 A/m²

胶原蛋白（QS）：5 mg/L

聚乙二醇（PEG）：0.5 mg/L

聚二硫二丙烷磺酸钠（SP）：1 mg/L

复合添加剂：10 mg/L

复合添加剂由苄基-甲基炔醇吡啶内盐（BOSS）和酸铜强整平剂（POSS）混合而成，其中电路板镀铜走位剂（SLP）、苄基-甲基炔醇吡啶内盐（BOSS）和酸铜强整平剂（POSS）的质量比为 4：4：2；再以 5 g/h 的速度向电解液中加入活性炭。工艺步骤如下：

步骤一，在上述电解液中，以 20000～25000 A/m² 电流密度进行电镀，然后进行水洗处理。

步骤二，水洗处理后进行铬酐钝化处理。

步骤三，铬酐钝化处理后进行烘干处理。

通过在电解液中添加提抗拉剂，并调控提抗拉剂的组成和浓度，可以有效提高制备得到的铜箔的抗拉性能。提抗拉剂具有优异的低区填平走位能力，使用范围广泛，低区整平特性强，长效性好。提抗拉剂包括电路板镀铜走位剂、苄基-甲基炔醇吡啶内盐或酸铜强整平剂中的一种或多种。此外，在电解液中添加提抗拉剂，还不会对制备得到的铜箔的光泽度产生太大的影响，同时制备得到的铜箔的晶粒尺寸减小，晶体细小。

7. 技术方案 7

为一种高延伸高抗拉锂电铜箔生产技术，具体方案如下：

Cu²⁺：85 g/L

H₂SO₄：100 g/L

Cl⁻：20 mg/L

电解液流量：50 m³/h

电流密度：20000 A/m²

添加剂制作：

①将胶原蛋白和乙二胺四乙酸以及水按质量比 20：1：179 混合后装入搅拌设备中，以 200 r/min 的转速搅拌混合 20 min，搅拌混合完成后得到胶原蛋白水溶液。

②按质量比 2：1：50 将 3-巯基丙烷磺酸钠、苯基聚二硫二丙烷磺酸钠和上述胶原蛋白水溶液混合后装入搅拌设备中，以 50 r/min 的转速搅拌混合 30 min 后，得到光亮整平剂。

③按质量比 1：15 将二乙基硫脲和聚丙烯酰胺混合后放入搅拌釜中，以 200～300 r/min 的转速搅拌混合 20 min，搅拌混合完成后得到高抗剂。

④将四氢噻唑硫酮和浓硫酸按质量比 1：10 混合得到混合溶液，将混合溶液和水按质量比 1：8 混合后，再加入与四氢噻唑硫酮等质量的烯丙基聚乙二醇，放入超声振荡仪中，以 30 kHz 的频率超声振荡混合 15 min，得到自制四氢噻唑硫酮分散液。

⑤按质量比 50：1：1：1 将自制四氢噻唑硫酮分散液、烯丙基聚乙二醇、脂肪醇聚氧乙烯醚和羟乙基纤维素混合后放入搅拌釜中，以 100 r/min 的转速搅拌混合 15 min，得到稳定剂。

⑥按等体积比将光亮整平剂、高抗剂和稳定剂混合均匀即得高延伸高抗拉添加剂。

⑦高延伸抗拉添加剂在使用时，按 0.5 mL/L 添加量将高延伸高抗拉添加剂加入铜箔电解液中，在电流密度 20000 A/m² 下进行电解沉积，电解完成后取出铜箔，在 140 ℃ 下烘烤 15 min 后即得电解铜箔成品。

以含巯基团的化合物作光亮剂，它能够形成亚铜配合物并吸附在铜沉积位点上，起催化促进沉积作用，从而在一定浓度内降低铜箔表面粗糙度，增大抗拉强度和延伸率。高抗剂中胺类有机物的存在可以促进阳离子在活性位点吸附，不饱和键增强吸附，增大阴极极化，从而使得在有对流的情况下，减小表面微观轮廓起伏，降低表面粗糙度，增大抗拉强度和延伸率。硫脲类衍生物也具有促进沉积的效果，可降低铜箔表面粗糙度，增大抗拉强度和延伸率。自制四氢噻唑硫酮分散液可以促进铜离子的沉积与阳极的溶解，充当"电荷转移桥梁"角色，加速铜的价态转换，并且自制四氢噻唑硫酮分散液具有对流依赖吸附特性，能显著影响光亮剂、稳定剂和高抗剂之间的竞争吸附过程，进一步提高铜箔的抗拉性能和延伸率。

8. 技术方案 8

为一种 4.5 μm 极薄电解铜箔制备工艺。

4.5 μm 锂电铜箔的制备工艺如下：

Cu^{2+}：95~120 g/L

H_2SO_4：100~120 g/L

Cl^-：30~50 mg/L

温度：52~56 ℃

循环流量：40~60 m³/h

电流密度：5000~10000 A/m²

添加剂由 3-巯基丙烷磺酸钠、聚二硫二丙烷磺酸钠、多肽蛋白、脂肪醇聚氧乙烯醚、羟乙基纤维素按照一定比例充分混合制成。具体配方见表 4-17。

表 4-17　添加剂配方

序号	添加剂成分	比例/%	作用
1	3-巯基丙烷磺酸钠（MPS）	20~28	光亮剂
2	聚二硫二丙烷磺酸钠（SPS）	3~9	光亮剂
3	多肽蛋白	33~42	整平剂
4	脂肪醇聚氧乙烯醚（AEO）	26~33	晶粒细化剂
5	羟乙基纤维素（HEC）	30~40	晶粒细化剂

9. 技术方案 9

该技术工艺为一种低翘曲度电解铜箔生产工艺，包括溶铜制液和电解生箔步骤。溶铜制液步骤所得硫酸铜电解液中 Cu^{2+} 70~95 g/L、H_2SO_4 90~120 g/L、羟乙基纤维素 3~30 g/L、明胶 2~35 g/L、添加剂 A 5~35 g/L、添加剂 B 1~20 g/L；电解生箔步骤的工艺条件：温度45~55 ℃，电流密度 4500~7000 A/m²；添加剂 A 为聚乙二醇、聚二硫二丙烷磺酸钠、硫脲中的一种或几种；添加剂 B 为酰胺、HCl、糖精钠中的一种或几种。

推荐的工艺条件如下：

Cu^{2+}：85 g/L

H_2SO_4：105 g/L

温度：50 ℃

循环流量：40~60 m³/h

电流密度：6000 A/m²

羟乙基纤维素：15 g/L

明胶：20 g/L

聚二硫二丙烷磺酸钠：20 g/L

盐酸：10 g/L

本方案制备 12 μm 厚电解铜箔，选取 200 mm×200 mm 的试样，测试其四角翘曲高度，最大值为 9 mm。

4.4.3　铜箔表面张力

1. 控制铜箔表面张力的意义

对于锂电池用铜箔，它作为负极的集流体，需要在铜箔两面涂覆活性物质，并且要保证铜箔与活性材料之间具有一定的黏结力。目前使用最多的是碳基负极材料，无论是硬碳还是软碳、人造石墨、天然石墨，必须依靠电极黏结剂才能与铜箔黏结在一起。活性材料涂层的附着力不仅仅取决于涂层，也与铜箔表面性能有关。

无论是从热力学还是从材料湿润性能的接触角以及与活性材料的黏合有关的扩散、键合、机械作用等理论分析，铜箔与浆料的黏结力都与固液两相及其界面的表面能-表面张力有关。

所谓表面张力，指的是液体表面层由于分子引力不均衡而产生的沿表面作用于任一界线上的张力。

目前应用的锂离子电池黏结剂主要有三大类：聚偏氟乙烯（PVDF）、丁苯橡胶（SBR）乳液和羧甲基纤维素（CMC），此外以聚丙烯酸（PAA）、聚丙烯腈（PAN）和聚丙烯酸酯作为主要成分的水性黏结剂也占有一定市场。

因此，要保持高的黏结强度，负极集流体铜箔的表面张力需要与浆料的表面张力匹配。

锂电池浆料是一种复杂的多相混合非牛顿型流体。负极浆料由活性物质、导电剂、黏结剂、增稠剂及溶剂去离子水等多相物质混合制成。负极活性物质主要是各类型的石墨、硅碳负极，导电剂为炭黑、CNT、VGCF 等。目前市场上负极黏结剂一般选择对环境无污染的水系黏结剂如 CMC、SBR、LA132 等。当负极材料采用钛酸锂时，黏结剂一般选择油系的 PVDF，用 NMP 来作溶剂。由于活性物质、导电剂、溶剂对金属铜箔没有黏附性，因此必须加入黏结剂。黏结剂将各种颗粒黏接在一起，形成了具有黏附性的浆料，将其与铜箔紧密黏接在一起。好的黏结剂，不仅有利于电池能量密度的提高，而且能明显降低电池内阻，对电池的电化学性能也具有重要的影响。用液态黏结剂将石墨混合，搅拌均匀，形成黏度为 8000～10000 的混合浆料，涂覆在铜箔的两面，经过碾压烘烤、裁切，形成电池负极。

涂层的质量和耐久性与附着力的性质直接相关。有研究者倾向于将黏附力与两个表面相遇形成紧密接触的界面所释放的能量联系起来。换句话说，黏附力可以定义为拆除两种材料之间的界面所需的能量。物理学家和工程师通常用力来描述黏附力，黏附力是使两种黏附材料分离施加的最大力。关于黏附机制的理论，例如吸附（范德华力）、静电、扩散（聚合物与基材的缠结）、化学键合、机械锚定等，所有这些都可能在界面键合中发挥重要作用。分离黏合剂（涂层）和基材所需的能量是黏附水平的函数，即界面处的相互作用，但它也取决于涂层材料的机械性能和黏弹性。可以肯定的是，所有提到的机制都会影响黏合强度和黏合力。由于黏附现象的复杂性，它有很多模型。每个模型都描述了与黏附有关的复杂过程的一部分，但现在还没有一个模型可以单独完全解释清楚黏附过程。

2. 铜箔表面张力

锂离子电池浆料涂布过程是非牛顿流体与固态铜箔接触、流动、固化的过程。与固态之间的接触不同，锂电池浆料由涂布头喷出，瞬间涂覆在铜箔、铝箔之上，会出现液态的动态变化，包括附着、润湿、流平、回弹等微观变化，动态变化往往在短时间内完成，然后经过涂布烘箱和一定温度和时间的烘烤，逐渐固化下来，形成锂电池的电极极板。在这些短时间动态变化过程中，浆料的表面张力对铜箔极片的最终形态有着较大影响。浆料的表面张力引起的缺陷主要有：厚边、橘皮、针孔、凹坑等。

锂电池企业根据浆料使用的黏结剂的性能不同，一般要求锂电铜箔的表面张力 $\geqslant 38 \times 10^{-3}$ N/m(或 dyn/cm)，有的企业甚至要求表面张力 $\geqslant 50 \times 10^{-3}$ N/m。这个要求是根据电池厂所用浆料的性能确定的。

如果要求锂电铜箔的表面张力 $\geqslant 38 \times 10^{-3}$ N/m，用户不是采用黏结剂，铜箔的表面张力如何确定呢？如前所述，铜箔的表面张力必须高于所涂覆的浆料的表面张力，否则，浆料在铜箔上将很难平整地铺展开而导致涂布质量比较差。一个经验原则是，铜箔的表面张力要比所涂覆的浆料的表面张力高 5×10^{-3} N/m 以上。浆料的表面张力可以通过改变配方比例来调整，而铜箔表面张力的改变则需要改动表面处理工艺。

因此，为了获得最佳附着力，确保所涂浆料与铜箔具备良好的润湿性是绝对必要的，从而为成膜剂分子接近基材创造理想条件。一般来说，为了使浆料与铜箔具有良好的润湿性，浆料的表面张力应低于铜箔的表面张力，或至少应相等。铜箔润湿不足的真正原因是活性电子浆料的表面张力过高，但其他因素也会对表面张力造成影响。需要注意的是通过测量施加到铜箔表面液滴的接触角来间接表征表面张力，不是真正的表面张力。

3. 接触角与润湿能力

润湿是指液体与固体接触，使固体表面能下降的现象，常见的润湿现象是固体表面上的气体被液体取代的过程。例如水在干净的玻璃板上铺展，形成新的固/液界面，取代了原有的固/气界面，这个过程与固体和液体的表面性质以及固液分子的相互作用密切相关。

液体内部的水分子受到周围分子对它的作用力，由于内部分子处于周围分子的包围之中，周围分子对它的作用力大小相等，方向相反，因而相互抵消，合力为零，所以内部分子受力平衡。表面层的水分子，由于它位于表面，空气一侧气体分子稀疏，对水分子的作用力要比液体内部分子对它的作用力小很多，合力的结果就是表面层水分子受到液体内部分子向里拉的力，使得液体表面犹如张紧的橡皮膜，收缩使液体尽可能地缩小它的表面积。

众所周知，球形是相同体积下具有最小表面积的几何形体。因此，由于表面张力的作用，液滴总是力图保持球形。如树叶上的水滴往往呈球形，是水收缩表面积造成的。

润湿吸附理论实质上就是以表面能为基础的吸附理论，它认为黏合的好坏，决定于润湿性。若润湿得好，被黏物体和黏合剂分子之间紧密接触而发生吸附，则黏合界面形成巨大分子间作用力，同时排除了黏合体表面吸附的气体，减少了黏合界面的空隙率，我们常把润湿性作为一个量度来预测和判别黏合效果。

液体对固体的表面润湿程度可用接触角 θ 表示。它是液滴、固体面的切线与固体表面的夹角。可见，液体在固体表面接触角越小，润湿程度越好。润湿角的大小取决于它们的表面张力的大小。当一滴液滴在固体表面达到平衡时，应该满足下列方程：

$$r_s = r_{sL} + r_L \cos\theta \qquad (4-7)$$

式中：r_s 为固、气表面张力；r_L 为液、气表面张力；r_{sL} 为固、液表面张力；θ 为接触角。

如果式（4-7）成立，则液体处于静止状态，此时的接触角称为润湿角。要想增加润湿性，就应该增加 $\cos\theta$，减小 θ 或提高固气表面张力。随着润湿程度的增加，θ 角相应减少，当 $\theta = 0$ 时，即成完全润湿。也就是说，只有液体的表面张力小于固体的表面张力时，才有可能润湿；而表面张力大的物质不能润湿表面张力小的物质。这也是铜箔表面张力必须大于浆料表面张力的原因。

4. 接触角与表面张力的关系

表面张力是决定涂层润湿和黏附到基材的能力的重要因素。通过使用具有较低表面张力的溶剂，可以改善浆料润湿基材的能力。润湿可以通过参考在固体表面上处于平衡状态的液滴来定量定义（图 4-21）。接触角越小，润湿性越好。当 θ 大于零时，液体是否完全润湿固体取决于液体黏度和固体表面粗糙度。位于理想的光滑、均匀、平坦和不可变形表面上的液滴的平衡接触角与杨氏方程的各种界面张力有关。

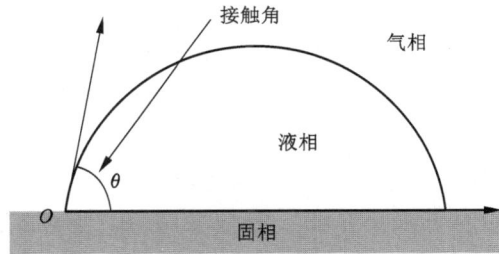

图 4-21　湿润角

表面张力起源于分子引力，从其作用效果来看，它属于一种拉力。液体能否浸润固体，与其表面张力有关。表面张力系数小者，几乎能浸润一切固体；水的表面张力系数较大，它只能浸润某些固体。表面张力系数是表征表面张力大小的物理量，它与温度、压强、密度、纯度、气相或液相组成以及液体种类等有关。一般液体表面张力系数约为 40×10^{-3} N/m。

5. 浆料表面张力与温度的关系

表面张力一般随温度降低而升高。随着温度降低，分子热运动减缓，液体分子之间距离缩小，相互吸引力将增大，所以表面张力相应地增加。也就是说温度降低，浆料与铜箔的结合力会下降。

如果温度升高，到达临界温度（物质以液态形态出现的最高温度）时，表面张力减小到零，通常表面张力和温度的关系呈一直线，常见的如水；也有表面张力虽随温度增加而减小的，但不是直线关系，如正丁醇等；有的二者关系则更复杂。表 4-18 是不同温度下水的表面张力。

表 4-18　不同温度下水的表面张力

$t/℃$	0	5	10	11	12	13	14	15	16	17	18	19	20
$\sigma / \times 10^{-3}$ N·m^{-1}	75.64	74.92	74.22	74.07	73.93	73.78	73.64	73.49	73.34	73.19	73.05	72.90	72.75

$t/℃$	21	22	23	24	25	26	27	28	29	30	35	40	45
$\sigma / \times 10^{-3}$ N·m^{-1}	72.59	72.44	72.28	72.13	71.97	71.82	71.66	71.50	71.35	71.18	70.38	69.56	68.74

由于液体表面层分子显著地受到液体内部分子引力的作用(这期间也存在着分子斥力,只是分子引力占了优势),表面层外气体或其他液体分子的作用很小。因此,表面层内分子受力上、下不均,所以表面层分子仅受到了指向液体内部的合引力,这一引力导致表面层分子有向液体内部运动的趋势,宏观上便表现出液体表面具有自动收缩的趋势。由于液体表面层内出现了一个指向液体内部、自液面而下逐渐增强的分子引力场,液体分子由液体内部进入分子引力场,需

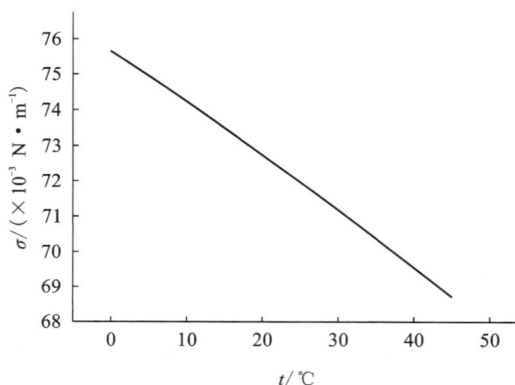

图 4-22　水的表面张力与温度曲线

要外力做功,其分子势能将增大(类似重力场中举起重物),而液体分子由表面进入液体内部,其势能会减小(类似重力场中下落物体)。因任何物体的势能总有减小的倾向,以便使其稳定(势能最小原理),所以表面层的分子总想进入液体内部以获得"安稳",从而使表面层分子的总势能尽可能减小。这一趋势宏观上使表面积趋于减小,即液面具有自动收缩的趋势。

物体表面具有表面张力,这与表面上分子与体相内分子所处的状态不同有关。表面层的分子处于不对称的力场中,体相内分子受到四面八方分子的作用力,总的作用力之和等于零。而表面层分子只受到下边分子的作用力,于是表面分子就沿着表面平行的方向增大分子间的距离。总的结果相当于有一种将表面分子之间的距离扩大的力,这个力称为表面张力,单位为 N/cm。

6. 界面张力与黏附功

不同的两相高聚物相接触,其接触面就是两相的界面。将界面可逆地分离所需要的能量即为黏附功(W_a),它和两相的表面张力 r_1 和 r_2 以及界面张力 r_{12} 的关系为:

$$W_a = r_1 + r_2 - r_{12} \tag{4-8}$$

要使黏附功 W_a 增大,就要降低界面张力 r_{12}。当两相物质相同时,$r_{12} = 0$,$r_1 = r_2$。高分子材料的表面张力和极性决定了界面张力的大小,温度、介质等也影响其大小。

7. 铜箔表面张力的影响因素

(1)铜箔表面张力与铜箔金相组织有关。通过扫描电镜(SEM)可以发现,亲水性好的铜箔,其晶粒细密,表面粗糙度相对较低。表面粗糙度低的生箔,经表面处理后其亲水性仍旧良好。这主要由于电解铜箔的球团晶粒越细,其真实比表面积就越大;而表面粗糙度越大,其真实表面积反而越低,导致铜箔表面张力降低。

(2)表面张力与铜箔表面状态、吸附物有关。如果将铜箔长时间地放置在空气中,空气中的非极性气体分子 N_2、O_2、CO_2 等会吸附于金属表面,从而改变铜箔的亲水性。例如将亲水性良好的铜箔在空气中暴露 90 min 后其亲水性明显下降。这是由于比表面能高的金属表面很容易被表面张力低的液体润湿,因为润湿过程使体系的自由能下降。新金属表面的比表面能都较高(铜的比表面能约为 1.0 J/m^2,铝和锌的比表面能为 $0.7 \sim 0.9 \text{ J/m}^2$),但是如将铜箔表面尤其是新电解铜箔的表面暴露在空气中,则会吸附许多气体分子而形成单分子吸附层。表面压的存在明显降低了铜箔表面的润湿性。

（3）与处理层工艺有关。目前，铜箔生产企业采用的铜箔防氧化策略为表面镀覆金属铬层、锌镍层、涂覆有机层等工艺，在铜箔表面形成保护膜，将铜箔与空气隔绝，以避免铜箔表面发生氧化反应，起到防锈、防斑等作用。铜箔的表面张力，主要与防氧化层的性能有关。不同的防氧化工艺，产生的表面张力大小不同，需要具体检测。需要特别说明的是，铜箔的表面张力不能直接测出，一般都是采用间接的方法：测试纯水的在铜箔表面的接触角，并进行比较。

（4）与表面杂质有关。除了非极性气体分子外，铜箔表面还可能吸附空气中的尘埃、有机油污，而使其疏水性增强。因此，对于锂离子电池用铜箔的包装必须采用真空包装，以减少铜表面的氧化，保持铜箔的亲水性。

8. 表面张力测量

铜箔表面张力可以采用达因值来表示，它为材料表面吸附效果的一项指标，是反映膜材附着力的一项关键参数，一般可以用对应值的达因笔来做检测。达因笔有很多种达因值，从 30 到 70 多不等。达因值来源于达因，达因是力的单位，通常我们说的表面张力、达因值都是通俗的叫法，准确地说应该是表面张力系数。其定义是液体表面相邻两部分之间，单位长度内互相牵引的力。表面张力的单位在 SI 制中为牛顿/米（N/m），但仍常用达因/厘米（dyn/cm），$1 \ dyn/cm = 1 \ mN/m$。

达因值标准是指经达因笔测试出来的表面张力的值。一般来说，达因值越高，浆料的附着力越好，达因值越高，表面能量越多，因此铜箔表面也就越容易接受活性浆料。如果铜箔表面达因值过低，电池活性物质浆料就无法干透并会剥落。

实验室通常采用接触角测量仪来测量纯水在铜箔表面的接触角来判断铜箔表面张力的大小。

若 $\theta < 90°$，则铜箔表面是亲水性的，表面能高，达因值高，即液体较易润湿固体，其角越小，表示润湿性越好。

若 $\theta > 90°$，则铜箔表面是疏水性的，表面能低，达因值低，即液体不容易润湿铜箔，容易在表面上移动。

达因值、接触角都是评估铜箔表面润湿性能的指标，相对来说，接触角测量仪更准确，达因笔则适于快速粗略判断。

4.4.4　铜箔表面粗糙度对电池性能的影响

前面介绍了各种双面光锂电铜箔的生产技术方案，要求铜箔两面的粗糙度基本接近。但还是有人不理解为什么锂电铜箔毛面和光面的粗糙度要基本相近。

在电解液中模拟铜箔的循环伏安行为时，会发现在扫描电位为 0~3 V 时电解液在毛面铜箔表面的还原反应比在光面铜箔表面剧烈。当扫描电位为 1.5 V 时，电解液在毛面铜箔表面开始发生还原反应，达到 1.0 V 时出现还原峰电流，相应的氧化峰电流在 1.2 V 时出现。而在光面铜箔表面则出现较小的电解液还原电流。当电压在 3.7 V 时毛面铜箔阳极溶解电流急速增加，说明 3.7 V 是毛面铜箔的溶解电位，并且从电压和电流曲线围成的面积可知溶解毛面铜箔需要较小的能量，溶解过程容易进行；当电压为 4.5 V 时，光面铜箔才发生溶解，并且溶解所需的能量要比毛面铜箔大得多，从而可知光面铜箔的耐腐蚀性能优于毛面铜箔。由于铜箔的溶解会加速石墨在集流体表面的脱落，进一步加速了电池的循环衰减。

分析原因可能是由于扫描过程中施加的变化电位主要分布于电解液中，铜箔集流体承担的电位较低，使电解液易在裸露的铜箔表面发生还原反应。而对于商品化锂离子电池，电解液在铜箔表面还原分解的现象则主要发生在以下两种情况。

首先，为了降低电池内阻，装配过程中负极极片与电池壳体接触的部分一般没有活性物质，使得铜箔集流体与电池壳内壁直接接触，电池在充电过程中，负极电位降低，电解液必然在铜箔集流体的裸露表面发生还原反应；其次，电池在装配或循环过程中不可避免地出现脱料、掉粉现象，易导致电解液和铜箔直接接触。相应地，在电池充电过程中电解液在铜箔表面发生还原反应。

上述两种情况都是毛面铜箔作负极集流体使电池不可逆容量损失增加。一方面电解液在铜箔表面的还原过程中可能产生气体，电池发生气胀，使正负极和隔膜发生分离并影响电池寿命，在电池循环过程中，电解液在毛面铜箔表面还原产生的气体显然要多于在光面铜箔表面，相应对电池循环性能的影响就大；另一方面。在电池循环过程中，必然会有负极石墨从铜箔上发生脱落，造成电解液与铜箔直接接触。

在前 100 次循环中，石墨脱落可能并不严重。电解液只在与电池壳接触的铜箔表面发生反应。两种电池的容量衰减相差不大，但是随着循环的进行，石墨在铜箔上的脱落越来越严重，导致电解液和铜箔接触的面积显著增加。又由于电解液在毛面铜箔表面的还原分解明显强于光面铜箔，使毛面负极集流体电池的电解液浓度高于光面铜箔电池的电解液浓度，并且铜箔表面局部腐蚀或全部腐蚀都会使电极反应阻力增大，从而使前者电池内阻高于后者，容量衰减明显加快。此外，电解液在铜箔表面的分解也会影响电池的安全性，这是因为电池内阻的增加和气胀都会产生热量，使电池的安全性降低。

由此可见，光面铜箔作锂离子电池负极集流体其性能显著优于毛面铜箔。毛面铜箔的较毛面表面较光面铜箔相应的毛面较粗糙，电解液在毛面铜箔表面的还原程度较强。光面铜箔不但阳极溶解电位高，而且溶解需要更高的能量，其耐腐蚀性强于毛面铜箔。毛面铜箔作为锂离子电池负极集流体对电池循环性能的影响大于光面铜箔，且随着循环次数的增加，影响更加显著。因此，锂电铜箔一个明显的特征就是双面光或双面毛，而不是像 PCB 用铜箔一样，一面粗糙一面光滑。

4.5 添加剂的影响

4.5.1 添加剂的作用

电解铜箔性能的优劣，主要取决于它们的组织结构和杂质含量，若要获得优质铜箔，必须严格控制好各项技术条件，如电流密度、电解液温度、电解槽进液方式及进液量、添加剂等。

添加剂是铜箔生产技术最主要的控制手段。实践证明，加入适量合适的添加剂，是获得结构致密、表面光滑、杂质含量少的优质电解铜箔的有效措施。有机添加剂对铜电沉积机理的影响也主要是通过吸附作用实现。有机添加剂作用分物理吸附和化学吸附，物理吸附时添加剂只改变双电层的结构，减少电极的有效表面，同时也有阻碍金属离子接近电极表面还原的作用，使过电位有所增加，但其本身并不发生电极还原反应，因而这类添加剂提高过电位的作用有限。

化学吸附时，添加剂不仅改变双电层结构和电极的有效面积，而且添加剂的 N、O、S 等原子可与金属配位离子在电极表面形成配合物，使配位离子还原的速度明显下降。

可溶性的离子分子基团对铜箔质量的影响机理非常复杂。溶液中的离子除 Cu^{2+}、H^+、SO_4^{2-} 之外其他离子都会干扰铜箔正常的电沉积过程。某些金属阳离子直接参与铜箔晶体的成核过程，导致铜箔微观组织结构缺陷——孪晶、错层等；这些金属阳离子杂质具有与 Cu^{2+} 的离子水合物体积大小接近或在硫酸体系下与其电极电位接近的特点。Cu^+ 离子在正常溶液中含量极少，而且随着 H_2SO_4 浓度的提高而降低。Cu^+ 离子自身会发生歧化反应生成 CuO 并以分子状态分散在溶液中，阴极沉积时随机夹杂于铜箔组织中，其结晶尺寸远比正常结晶大得多，使箔层出现毛刺、粗糙、针孔等缺陷。

众所周知，在铜电沉积时，添加剂特别是有机添加剂在发生电化学反应时与铜离子结合形成络合物，从而对铜电沉积过程产生影响，但人们现在并没有对这种络合效应继续进行深入的探讨。现在大多数的研究都集中于添加剂单因素的影响，两种或两种以上添加剂之间的交互作用研究很少。但铜箔生产基本上都是多种添加剂同时加入，如锂电铜箔生产采用 4 组元以上的添加剂。多种添加剂之间的协同作用非常复杂，在电极表面发生反应时，它们之间会不会有抵触抑或是促进作用，目前还没有研究。

这是由于缺乏有效的研究手段和检测设备，特别是添加剂消耗量的现场检测手段和设备。因为添加剂的加入量极微，大概占电解液质量分数的万分之几，很少有设备能达到如此之高的精度。同时，生产现场的电解液大都是过饱和溶液，温度维持在 60 ℃ 左右，温度降低会造成硫酸铜结晶析出，从而妨碍结果的准确性，这也给检测带来不小的困难。

目前的研究都是在实验室条件下进行，这与生产现场的工艺条件相差甚远。无论是生产设备还是工艺参数，都有明显的差别。因此，即使在实验室效果好的添加剂也可能无法运用到实际生产中，这给铜箔技术开发研究带来了很大的局限性。

因此，不断发展和创新电沉积的研究方法和设备，已成为现阶段研究的当务之急。选择合适的添加剂，确定合理的添加剂配比，制备出致密平整，内应力低，各种物性都优良的电解铜箔，使研究具有工业生产指导作用，具有重大意义。

4.5.2　添加剂的类型

1. 添加剂分类

在电解铜箔生产中，常常有意识地加入某些表面活性物质来影响电结晶过程，以控制所需要的性能。这些加入极少的量就可以显著地改善电结晶过程的表面活性物质统称为添加剂。

铜箔电解液添加剂大体上可分为无机添加剂和有机添加剂两大类，目前基本上以有机添加剂为主。在第 3 章中，已经简要介绍了有机表面活性物质对金属阴极过程的影响，有机表面活性剂就是有机添加剂。

电解铜箔电沉积过程的有机添加剂大致可分为三类：光亮剂、整平剂和润湿剂。也有人把添加剂分为光亮剂、辅助光亮剂、结晶细化剂、柔软剂、走位剂等五类。

光亮剂（又称促进剂）在氯离子协同下会产生一种"去极化"的作用，镀铜时会加速晶粒形核，故又称加速剂，能得到晶粒细小、镀层光亮的铜箔。抑制剂在反应中会起"增极化"的

171

作用，可抑制铜的沉积和晶粒长大，还可协助促进剂向镀面各处分布，故又称走位剂。

电解铜箔整平剂最重要的作用是细化晶粒。整平剂具有明显的增大极化的作用，有的甚至可以使金属的还原电位负移 1 V 以上。

整平剂带有很强的正电性，容易被吸附在电沉积表面电流密度较高处（即负电极性较强处），与铜离子竞争沉积位置，抑制铜晶体在伸出镀液部分晶体的进一步长大，从而起到整平的作用（因此整平剂也是广义的抑制剂）。它能降低铜箔表面峰谷差和粗糙度，提高光泽度。整平剂通常为含氮杂环类化合物/聚合物，如巯基杂环化合物、硫脲衍生物及染料。

润湿剂可以降低电极与溶液间的表面张力，改善电解液对电极的表面湿润性，故称为润湿剂，如十二烷基硫酸钠等。

在电解铜箔制造工艺开发过程中，通过往电解液中适当添加各种水溶性高分子物质、表面活性剂、有机硫类化合物、氯离子等，以便得到不同性能的产品。例如在电解液中添加 SPS、糖精钠、氯离子、胶原蛋白等，可使铜箔光泽面与粗糙面的粗糙度差变小，达到锂电铜箔双面光效果；或在电解液中添加纤维素醚、低分子量胶、具有巯基的化合物及氯化物离子，可降低毛面粗糙度，生产具有较高延伸率的高延伸 VLP 铜箔等。

2. 电镀添加剂中间体

电沉积添加剂特别是有机添加剂的开发虽然有很大的偶然性，但是有机物在电解液中的作用一经发现，就会成为人们研究改进电解液性能的重要选择材料。

早期对有机电镀添加剂的开发带有很大的盲目性，各种有机物都曾往电镀溶液里加，包括砂糖、明胶、磺化油脂等。传说在 20 世纪 20 年代，美国一家生产电镀设备和提供电镀技术的公司的推销员吹牛皮可以生产镀出光亮镉镀层的设备。但是当时他们并没有这种技术。结果售出的镀液都被退回来，客户要求退换。公司的技工只好日夜加班调整镀液，但是一直都没有什么进展。在又是一个大半夜的白忙之后，大家只好先去吃夜宵，准备回来将镀液倒掉再重来。吃饱喝足以后，回到工作现场，有人提议再试镀一回，结果出人意料的是发现镀层变得光亮细致起来。而究其原因，竟然是一件羊毛衫不慎落入镀槽内没有被发现，羊毛的溶解物起到了光亮作用。公司不仅挽回了声誉，还将用碱溶解羊毛制成镀镉光亮剂申请了专利。传说可能不一定是事实，但英国在 1926 年 6 月 24 日批准授权给 Udylite Process Company 一件名为 Electroplating with cadmium（专利号 GB235159A）的专利，该专利内容为将羊毛溶解在温热的浓苛性钠中，酪蛋白溶解在温热的稀氨水中，作为添加剂加入电镀液中镀镉。

早期的电镀添加剂为一些现成的有机化学物质或天然的有机物，经过这么多年的开发和深入研究，现在人们对能够影响电镀阴极过程的某些有机物基团有了一定的了解，并可以进行合成和改进，对它们在不同组合中发挥的作用有了定性和定量的认识。这就形成了电镀添加剂及其中间体的研制和生产产业。这些已经被确定可以用来配制成电镀光亮剂或添加剂的中间体，成为电镀添加剂开发商的重要原料。

也许在不久的将来，通过微观电子技术，人们可以直观地看到各种有机物对阴极过程是如何影响的，那样，我们就可以设计基团或结构，让这种特定的结构去发挥特定的表面干扰作用，以改变现有添加剂的研发过程。

经过众多科技工作者的努力，人们逐渐找到了在电沉积过程中起作用的某些有机基团的作用机理，从而人工合成出含有这类基团的有机化合物。这些化合物一般不能直接用作添加剂，而需要与其他同类和相辅相成的有机物复配成有某种功能的添加剂或光亮剂。由于这种有机化合物只是电沉积添加剂的中间物，因此借助有机合成化学中的叫法，称为电镀中间体。

3. 有机物添加剂的纯度和含量

在谈到添加剂质量时，有的供应商说纯度，有的说含量，纯度与含量完全不一样。

纯度是指同一个波长下目标化合物峰面积占总峰面积的百分含量，这是一个相对纯度，因为不同物质的光吸收特性是不同的。纯度是有机物中主成分除去有机杂质后（往往是液相系统或气相系统中一个系统的杂质）的含量。

而含量一般指主成分除去有机杂质（液相杂质、气相杂质）、无机杂质（如金属盐阳离子杂质、无机阴离子杂质）、水分后的含量。

纯度和含量具有明显区别。

（1）纯度。

纯度只表明试样中某些杂质离子存在多少，即试样纯净程度。纯度高，说明杂质少，并不表示试样中所含主体的量也一定高。

测定方法：测定纯度一般采用化学分析方法或仪器分析方法，先测出要测的所有杂质含量，然后通过计算求出其纯度。

①纯度是由 100% 减去杂质总量计算求得的。

②在计算杂质总量时，通常只累计试样中存在的金属阳离子和某些非金属离子（如磷、硫、硅等）的总量，而一般不累计阴离子的总量。

③在累计阳离子杂质总量时，不必要也不可能求出所有阳离子杂质的总量，而通常只累计常见元素、主体的伴生元素和工艺中容易引进的元素的含量，其数目为十多个、二十多个或三十多个不等，根据试样的情况和测试手段不同而定。

④表示方法：目前纯度以 99.99%~99.99999% 质量分数表示，随着测试水平的提高"9"的数目也在逐渐增加。

（2）含量。

含量概念表示试样中所含主体量的多少。

测定方法：含量的测定方法工厂通常采用容量法和重量法等。

表示方法：由于测定方法受有效数字的限制，测定结果一般准确至小数点后两位数，表示方式为 XX.X%~XX.XX%。

从这两种表示法和它们测定方法的不同也可看出含量与纯度之间的差别。举例如下。

例1 高纯盐酸

纯度：99.9999%

含量：36%~38%

阳离子：铜、铁、铅等十多种常见杂质元素含量的总和小于 0.0001%

阴离子：略

显而易见，在纯度为 6 N 的高纯盐酸中盐酸含量这么低的主要原因是试样中含有大量的水。

例 2 高纯铜粉

纯度：99.99%

含量：98%

阳离子：钴、镍、铅、铁等十多种常见杂质元素含量的总和小于 0.01%

在这个标准中，铜粉含量偏低的主要原因是粉末试样在空气中容易氧化，即在试样中含有较多的氧。

从上面的例子可以看出，纯度很高的试剂的含量可能很低，反过来，含量很高（如99.9%）的试剂其纯度不一定很高。因此，在高纯度的情况下（纯度在 99.99% 以上）含量与纯度基本上是两个不同的概念。

总之，纯度是一个相对值，通常的色谱纯度实际上只是指在某个波长下某个物质峰面积占该浓度条件下能出峰的几种物质的峰面积总和的比例，是相对值；电解铜箔生产过程中添加剂的配置，一般按照含量计算就完全能够满足需要了。

4. 有机添加剂的酸度和碱度

酸的定义：在水溶液中电离出的阳离子全部是氢离子（H^+）的化合物称作酸。

碱的定义：在水溶液中电离出的阴离子全部是氢氧根离子（OH^-）的化合物称作碱。

强酸、弱酸是根据化合物的电离程度来确定的，酸性强弱是根据电离出氢离子浓度的大小决定的，酸性越强，溶液的 pH 越小；同样，强碱、弱碱也是由化合物的电离程度决定的，碱性强弱是由电离出的氢氧根离子的浓度决定的，碱性越强，溶液的 pH 越大。

有机物中能够显示酸性，是含有磺酸基（$—SO_3H$）、羧基（$—COOH$）、酚羟基（$—OH$）的物质。

常见有机物酸性由强到弱的顺序：

苯磺酸 $C_6H_5—SO_3H$>乙二酸（俗称草酸）$HOOCCOOH$>甲酸（俗称蚁酸）$HCOOH$>苯甲酸 C_6H_5COOH>乙酸 CH_3COOH>苯酚（俗称石炭酸）C_6H_5OH。

烃基越长、越大，在水中的溶解性越小，酸性一般越弱。苯磺酸属于一元强酸，苯酚的酸性比碳酸的酸性还弱。

有机物中能够显示碱性的是含有氨基的物质，这些物质的碱性很弱，它们自身不能电离出氢氧根（OH^-）离子。由于氨基—NH_2 的 N 原子上有孤对电子，需要借助氮原子结合水电离出氢离子来产生 OH^-，这和氨气溶于水，与水结合生成一水合氨 $NH_3 \cdot H_2O$，然后电离出氢氧根（OH^-）离子类似。

碱性强弱顺序：

乙二氨 $H_2NCH_2CH_2NH_2$>甲氨 CH_3NH_2 等。

一般来说，烃基越长，碱性越弱。另外一些氨基酸，比如最简单的氨基酸——α-氨基乙酸 H_2NCH_2COOH，由于它既有氨基，又有羧基，因此既表现出碱性，也表现出酸性，属于两性化合物。

4.5.3　电解铜箔常用添加剂

通常，生产商根据作用效果将添加剂分为润湿剂、整平剂和光亮剂等。当然，不同的人，有不同的叫法。

　　光亮剂一般为含有巯基团的化合物，且只有在与其他添加剂同时存在并发生协同作用时才能发挥光亮作用，用于调控铜箔表面的光亮性。光亮性指铜箔表面对光的镜面反射能力，常用镜像光泽度来表示。目前，平滑细晶理论被广泛采纳，即要得到光亮的沉积表面，必须同时满足表面平滑和结晶细小两个条件。光亮剂作用时，会在沉积层表面的特定晶面选择性吸附，阻碍晶体的单向生长，抑制锥形或块状生长，细化晶粒，结合其他添加剂的整平作用后，铜箔表面平滑、光亮、晶粒细小。

　　润湿剂多为表面活性剂，常使用链状聚醚类有机物作润湿剂。其在作用过程中，可降低电极/溶液界面的表面张力，促进气泡逸出，防止产生针孔等缺陷。同时，可在电极表面定向吸附，提高阴极极化，抑制铜离子的沉积速率，使镀层结晶致密。因此润湿剂也被称为第一类抑制剂。

　　整平剂一般是含氮的胺类有机物。主要作用为平滑铜箔表面的微观轮廓、降低表面粗糙度。铜箔的微观粗糙表面上，峰处和谷处的扩散层厚度存在差异，整平剂在扩散层有效厚度较小的峰处吸附较多，阻碍了铜离子的还原，降低了峰高，减缓了铜箔表面的轮廓起伏。大部分情况下，整平剂对铜的电沉积起抑制作用，因此也被称作第二类抑制剂。

　　由于单种添加剂常常同时发挥多种作用，例如 2-巯基吡啶可同时具备光亮剂和整平剂的效果，并且多种添加剂间相似的作用往往与特定官能团有关，因此有时很难准确对其进行归类。

　　本书按照添加剂的官能团来进行分类。按照不同的特征官能团，有机添加剂可分为含硫有机物、胺类有机物、聚醚类有机物以及在此基础上改性得到的复合基团有机物等；无机添加剂则主要为卤素离子、稀土元素等。

　　近年来，是通过对这些添加剂，尤其是对有机添加剂进行研究、筛选、组合和优化，得到兼具高光泽度、低粗糙度和高力学性能的铜箔。下面将分别对这几类添加剂在电解铜箔中的作用机理和效果等进行讨论、分析。

1. MPS 和 SPS

　　MPS 和 SPS 都是含硫有机物。硫脲是早期使用较多的添加剂，可提高铜箔的光泽度，降低铜箔的表面粗糙度，但会引入硫元素，使铜箔电阻率增加及发脆，因而近年来较少直接使用，一般对其进行组合优化或改性来消除不利影响。而另一类常用含硫有机添加剂，聚二硫二丙烷磺酸钠（SPS）和 3-巯基-1-丙烷磺酸钠（MPS）则不存在这种问题，因此成为当前主流的光亮剂类添加剂。SPS 为 MPS 的二聚体，两者的作用效果相似，只是在机理上略有不同。

　　SPS：全称聚二硫二丙烷磺酸钠，为白色或浅黄色粉末，质量分数≥95%（HLPC，高效液相色谱法测定）。在水中溶解度约为38%（微溶于醇）。SPS 用于酸性镀铜光亮剂，可得到装饰性和功能性镀层（如印刷电路板）。SPS 可以和典型镀铜配方中的非离子表面活性剂、聚胺和其他巯基化合物结合使用，也可以与染料结合使用，如果再结合 DPS 和 EXP2887 一起使用，效果更佳。

　　MPS 和 SPS 对铜沉积反应的影响机理主要有两种：一是吸附，二是络合。就吸附机理而言，目前存在两种不同的观点。Dow 等认为，MPS 或 SPS 利用巯基官能团吸附在阴极铜面上，末端的磺酸根阴离子捕捉电解液中的水合铜离子［图 4-23（a）］，使其先破坏水合作用，再与吸附在阴极表面上的氯离子产生交互作用，进而使电子通过氯离子传递给被捕捉的铜离子［图 4-23（b）］，从而大幅提升铜离子的电化学还原速率。而 Lai 等通过分子动力学模拟发

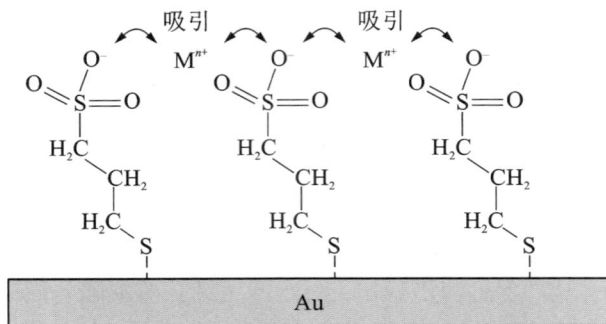

(a) MPS 吸附和磺酸根捕捉金属离子

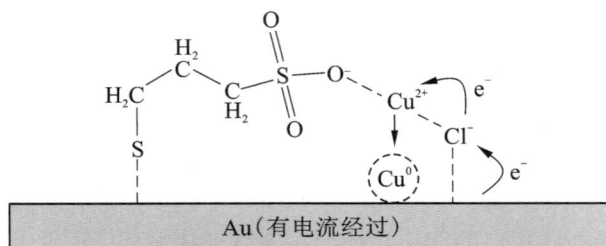

(b) MPS 与氯离子交互作用促进电子传递

图 4-23 MPS 吸附加速作用机理

现，在约 50 ℃ 的镀液沉积环境下，MPS 和 SPS 在 Cu(111) 表面的吸附基团均为磺酸基团（—SO$_4$），向溶液延伸的是尾部巯基（—SH）或二硫键（—S—S—），如图 4-24 所示。目前尚未有直接的测试方法证明实际吸附情况，因此 MPS 和 SPS 的吸附加速机理有待进一步确定。

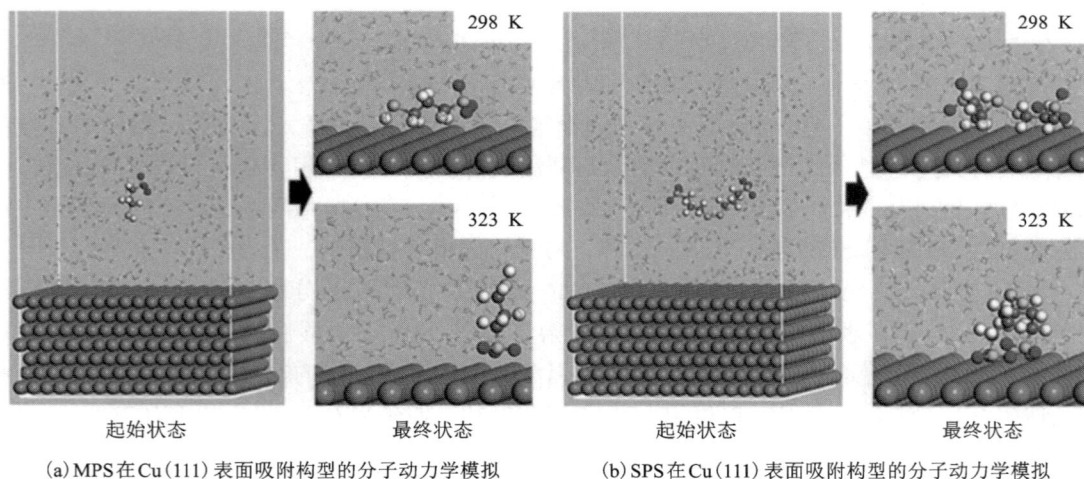

起始状态　　最终状态

(a) MPS 在 Cu(111) 表面吸附构型的分子动力学模拟

起始状态　　最终状态

(b) SPS 在 Cu(111) 表面吸附构型的分子动力学模拟

橙色—铜原子；灰色—碳原子；白色—氢原子；黄色—硫原子；红色—氧原子。

图 4-24 MPS 和 SPS 在 Cu(111) 表面的吸附构型分子动力学模拟

MPS 和 SPS 作添加剂时，对阴极电沉积反应电位的影响反馈于电化学测试中。图 4-25 中曲线分别为加入 MPS、SPS 和无添加剂时电沉积铜的线性扫描循环伏安曲线，加入 MPS 和 SPS 都会使曲线产生正移，即发生去极化现象，对电化学反应的影响表现为加速沉积。

吸附和络合是目前被广泛认同的机理，但亦有研究表明，MPS 和 SPS 对铜电沉积起阻碍而非促进作用。例如 Lin 等认为 MPS 与 Cu(Ⅰ) 和氯离子反应形成的 Cu(Ⅰ)-硫醇盐中间体是铜沉积物的晶粒细化剂；而黄令等研究

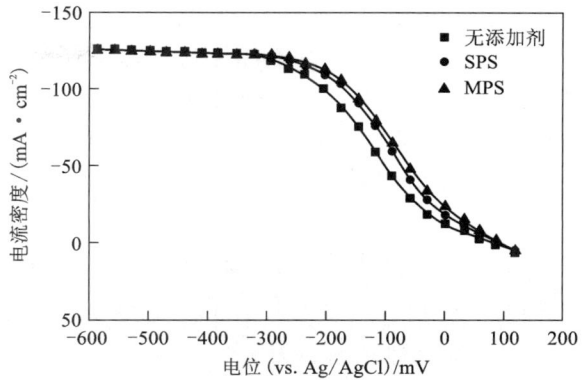

图 4-25　加入 MPS、SPS 与无添加剂时电沉积铜的线性扫描循环伏安曲线

认为，SPS 单独作用在阴极表面吸附时会阻碍晶核的生长，从而有利于晶核的形成，细化晶粒。也有人认为，该种添加剂的作用效果是会随浓度变化而发生变化的，Hung 等发现 SPS 在质量浓度小于 100 mg/L 时，会抑制铜的电沉积；而当浓度高于 100 mg/L 时，则会促进铜的电沉积过程。

MPS、SPS 具有良好的择优取向。几何选择理论认为，择优取向是不同晶面的生成速度不同造成的。通常由于晶面生长的速度不同，生长快的晶面消失，生长慢的晶面得以保留。随着电沉积的继续，暴露于沉积层表面的具有慢生长晶面的晶粒所占比例增大，于是电结晶的最后阶段就出现了择优取向现象。如表 4-19 所示，单独添加 MPS 时，(200) 晶面取向程度从不加添加剂的 17.80% 增大到 52.55%，说明 MPS 吸附于 Cu 的 (220) 晶面，阻止了该晶面的生长，导致该晶面成为保留晶面。MPS 与 PEG 或 Cl^- 的作用与电流密度有很大关系。在高电流密度下，MPS+Cl^- 在 (220) 晶面吸附作用最强，导致 TC_{220} 达到 100%，得到全择优的电沉积层。SPS+Cl^- 也具有同样的全择优效果。但在低电流密度下，添加剂 MPS+Cl^- 反而使 (220) 晶面取向程度降低，由没有添加剂的 17.80% 降为 6.38%，SPS+Cl^- 也具有同样类似的作用。

表 4-19　0.150 A/cm^2 下酸性 $CuSO_4$ 溶液及其含 SPS 等添加剂组合的 Cu 镀层和各晶面的 TC 值

单位：%

序号	添加剂	TC_{111}	TC_{200}	TC_{220}	TC_{311}
1	无	29.37	22.73	27.06	20.85
2	SPS	18.38	25.87	38.25	17.50
3	SPS+PEG	28.37	34.79	18.78	17.96
4	SPS+Cl^-	0	0	100.00	0
5	SPS+PEG+Cl^-	16.89	61.80	16.08	5.23

考虑到含硫有机物对电解铜箔的光亮作用需与其他添加剂(常为一定量的 Cl⁻)共同作用才能实现。因此,以下以 SPS 为代表讨论其对电解铜箔性能的影响,包含其与 Cl⁻ 的共同作用部分。

图 4-26 为使用不同浓度 SPS 制备的电解铜箔毛面的 SEM 图像,由图 4-26(a)~(c)可发现,表面轮廓起伏随 SPS 浓度的升高而明显减弱,由无添加剂时约 6 μm 的山形变为平坦无明显颗粒的形貌,晶粒也逐渐细化。添加浓度为 1.3 mg/L 的 SPS 时,铜箔表面情况满足了平滑细晶理论的光亮条件,其光泽度良好。

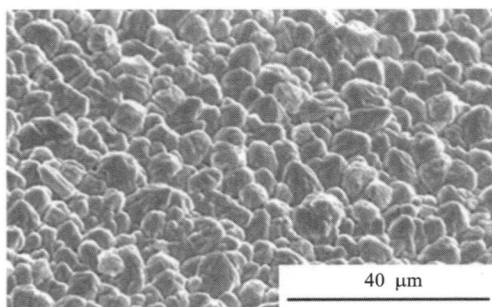

(a) 无SPS的电解铜箔毛面SEM图

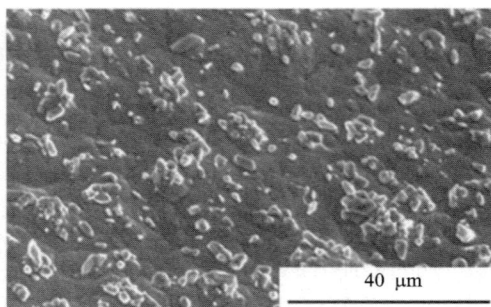

(b) 浓度为0.9 mg/L的SPS制备的电解铜箔毛面SEM图

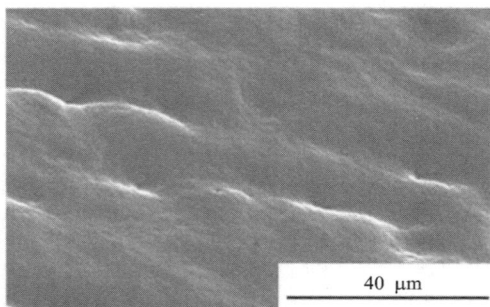

(c) 1.3 mg/L SPS制备的电解铜箔毛面SEM图

图 4-26　不同 SPS 浓度制备的电解铜箔毛面 SEM 图

图 4-27 为 SPS 浓度对电解铜箔毛面粗糙度的影响,在该浓度范围内,铜箔毛面粗糙度随 SPS 浓度的升高显著降低。同时,随 SPS 浓度升高,其常温抗拉强度[图 4-28(a)]及延伸率[图 4-28(b)]均增大。陈昀钊的研究结果表明,SPS 浓度过大时,将对表面平整性造成不利影响,例如使用 4 mg/L 的 SPS 制得的铜箔表面粗糙度为 4.887 μm,远大于无添加剂时的 2.857 μm,并且晶粒尺寸不均匀性增加,容易发生应力集中而恶化力学性能。

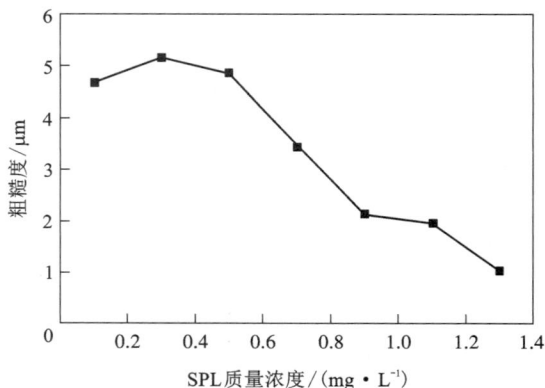

图 4-27　SPS 浓度对电解铜箔毛面粗糙度的影响

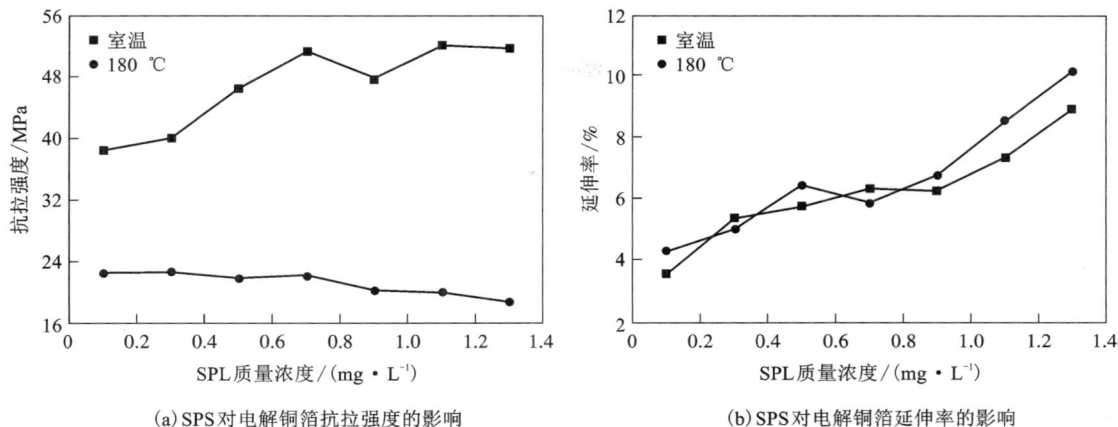

(a) SPS对电解铜箔抗拉强度的影响　　　　(b) SPS对电解铜箔延伸率的影响

图 4-28　SPS 浓度对电解铜箔力学性能的影响

此外，使用含硫有机物添加剂也是目前在直流电解条件下获得具有纳米孪晶结构高强度铜箔的有效方法。两种典型添加剂为 MPS 和 SPS，在一定条件下与 Cu^+ 和 Cl^- 可形成足够浓度的稳定中间体，能显著增加铜沉积的成核位点数量，并通过应力释放降低界面能，有利于孪晶的形成。这一作用对于提高铜箔的力学性能具有重要的意义。

可以明确的是，实际生产中在多种添加剂协同作用下，相比单独使用含硫有机物能够得到光泽度良好的双面光铜箔。含硫添加剂与胺类、聚醚类等其他有机添加剂的协同作用机理和作用效果将在后文添加剂的协同作用一节中进行具体阐述。

2. 明胶、胶原蛋白

在电解铜箔工业生产中，使用最广泛的胺类有机物是明胶、胶原蛋白等氨基酸聚合物。明胶是动物的皮、骨、筋腱中的胶原，经部分水解后提纯而获得的蛋白质制品，属于天然的高分子多肽聚合物，各种动物的骨和皮都可以作提炼原料。

目前，明胶按用途可分为食用、药用、照相及工业用四类。其不仅应用于食物中，明胶还有助于把数字相片高质量地打印在有明胶膜的照相纸或传统照片纸上。明胶还可用于清洁历史文件。它还有利于医疗伤口和骨骼的愈合，制作药品胶囊等。

现在明胶生产中最常用的是猪、牛的皮和骨，其含有 85%～90% 的蛋白质，0.3%～2% 的矿物质，9%～12% 的水分。干明胶颗粒能吸水膨胀，加热熔化后就变成具有流动性的凝胶，冷却之后会形成有弹性的胶冻。

需要特别注意的是作为电解添加剂，最好使用骨胶，因为动物皮要经过鞣制阶段，皮革会变得柔软和耐用。鞣制过程是高价阳离子和胶原蛋白发生一系列化学反应的过程。自从 1893 年美国人马丁·丹尼斯(Martin Dennis)发明铬鞣制法之后，世界上约 90% 的皮革都是用这个方法制成的。这就是为什么皮革中会含有大量的铬。用皮革碎料熬制的明胶含有有害的铬元素。

商品明胶是一种无色(少数略带浅黄色)、无味、半透明、坚硬的非晶态物质，相对密度为 1.37，分子结构式为 HENCHRCOOH，明胶分子没有固定的结构，也没有固定的分子式，分子量一般为 17500～450000。由于其结构中既有氨基也有羧基，故其具有双重化学性质。

179

collagen 译为胶原（蛋白），通常称为胶原，有时候为了叙述上的方便或强调其蛋白的特性，也把 collagen 称作胶原蛋白。胶原是指动物组织器官中存在的一类蛋白质，在提取、分离时，随着方法和条件的不同，可以产生胶原、明胶和胶原蛋白三种产物。能被称为胶原的物质必须是其三螺旋结构没有改变的那类蛋白质，并保留有生物活性。

明胶是胶原在酸、碱、酶或高温作用下的变性产物，与胶原一样由 18 种氨基酸组成，但它已失去了生物活性。

胶原的第一种水解产物便是胶原蛋白，胶原的三螺旋结构彻底松开，成为 3 条自由的肽链，且降解成多分散的肽段，其中包括小肽。因此胶原蛋白是多肽混合物，相对分子质量从几千到几万，分子量分布很宽，它没有生物活性，能溶于冷水，而且能被蛋白酶利用。胶原蛋白与机体的生长、衰老和疾病有着极其密切的联系。因其具有良好的生物相容性、营养性、修复性、保湿性、配伍性和亲和性，所以被广泛应用于生物医学材料、化妆品、食品及保健品等功能性产品。胶原蛋白具有美容（防皱、保湿、美白、减肥、丰胸），预防骨质疏松，改善关节状况和血液循环，健胃，提高人体免疫力等功效。

作为一种重要的高分子生物材料，明胶具有许多优良的物理化学性质，如亲水性强、在水中形成高黏度的溶液、溶液冷却后具有形成凝胶的能力、溶胶与凝胶间可发生可逆性转化、成膜性好、侧链基团反应活性高等，因而被广泛应用于许多科学和工业领域。

明胶的 Bloom 值或 Bloom 力即常说的明胶冻力是指明胶的胶冻强度。它是一种物理力，计量单位为克，其大小等于把明胶凝胶表面向下压入 4 mm 所施加的压力，采用一个标准的直径为 12.7 mm 的圆柱施压。胶液的浓度为 6.67%，并已经在 10 ℃下放置了 17 h。根据明胶的凝胶冻力，可将明胶分为多种规格。明胶冻力一般为 50~300 g。将明胶溶液在低温下冷却至发生凝胶化并在一定的低温下老化一定时间，即可测得其稳定的凝胶强度数值。我们平时提到的低、中、高冻力具体划分如下：

低冻力：胶冻强度小于 120 g
中冻力：胶冻强度介于 120 g 到 200 g 之间
高冻力：胶冻强度大于 200 g

明胶的胶冻强度与明胶的分子量及其分布、氨基酸组成及工艺过程有关，不同用途的明胶所要求的凝胶强度也不同。由于明胶分子量测定较为复杂，根据明胶冻力的大小，可以粗略地区分明胶分子量的大小。

在酸性溶液中，分子中的氨基容易得到氢离子而使明胶胶团带正电。在碱性溶液中，分子中的羧基容易失去氢离子而使明胶胶团带负电。阴极表面一般具有一定粗糙度，这样就会造成电流密度在阴极表面分布不均匀。铜离子的沉积速度在电流密度高的地方明显快于电流密度低的地方，导致铜箔晶粒大小不均，粗糙度增大，给铜箔性能带来不利影响。明胶在酸性电解液中离解成阳离子，这些阳离子易吸附在阴极表面的活性点上，增大了阴极极化，使该处的电阻增加，阻碍铜离子的析出。

使用明胶作为添加剂，控制好明胶的浓度、分子量、所处的温度以及在电解液中分散的均匀性等是获得优质电解铜箔的前提。明胶分子量的大小与电解铜箔的表面形貌有直接关系：分子量大，吸附在阴极表面的区域就大，铜箔毛面呈丘陵状；分子量小，吸附的面积小，铜箔毛面呈尖锥状。随着明胶浓度的增加，阴极极化增大，阴极过电位增加，并当浓度为 30 mg/L 时，明胶在电解液的分散能力最大，阴极过电位达到最大值。浓度超过 30 mg/L 后，明胶胶体粒子发生凝聚或胶体分子负极部分在阴极还原作用下，沉积在镀层中，导致铜箔松软变脆。研究表明，若只加一种明胶，铜箔晶粒择优生长明显，导致晶粒粗大；若多加一种明胶，晶粒会细化，晶面择优生长趋势减弱。明胶吸附 Cu^{2+} 发生络合，形成带电的络合物，由于静电引力的作用，被吸附在阴极表面的 Cu^{2+} 要从络合物中还原出来，就必须提供多余的能量，因此阴极表面形核率增加，而晶粒长大速度减小。另外，由于表面吸附会降低表面能，有利于新晶核的生成。

　　明胶具有较强的时效性。电解液温度一般维持在 60 ℃，7 h 后明胶会完全失效而不会积累。铜电解液中 Cu^{2+} 基本不影响明胶的稳定性；电解液温度升高和硫酸质量浓度增大，都可加剧明胶的分解。在相同温度下，硫酸质量浓度为 150~180 g/L 时每增加 15 g/L，明胶分解反应速率常数增大约 1.2 倍；而在相同的硫酸质量浓度下，温度在 55 ℃ 至 70 ℃ 范围内每增加 5 ℃，明胶分解反应速率常数增大约 1.5 倍。

　　明胶的分子量会影响铜箔的表面形貌。在阴极表面吸附区域大时，铜箔毛面呈丘壑状；分子量小时吸附区域小，铜箔毛面则呈尖锥状。明胶具有细化晶粒和整平的作用，能提高铜箔常温抗拉强度和延伸率，但会降低铜箔高温抗拉强度和延伸率。因为能促进(200)、(111)织构生长，在酸液中明胶胶团带正电(结构中有氨基)，阳离子电泳移动到电流密度高的地方吸附并和铜离子进行络合，使铜离子难得到电子，因此阻碍了铜离子在阴极辊上快速沉积，使阴极辊上铜的生长点增多，晶核更均匀，所以明胶具有整平作用。

　　这一点在明胶上有突出的体现，不同的明胶分子量不同，支链结构不同，因此对性能的影响更为复杂，实际使用时需要结合具体情况进行考虑。图 4-29 为不同明胶及明胶浓度对电解铜箔表面粗糙度和抗拉强度的影响，大部分情况下，胺类有机物对粗糙度的影响也基本上分为以下两类：随浓度增大粗糙度略降低，或随浓度增大粗糙度升高。抗拉强度等力学性能则与粗糙度变化趋势相反。

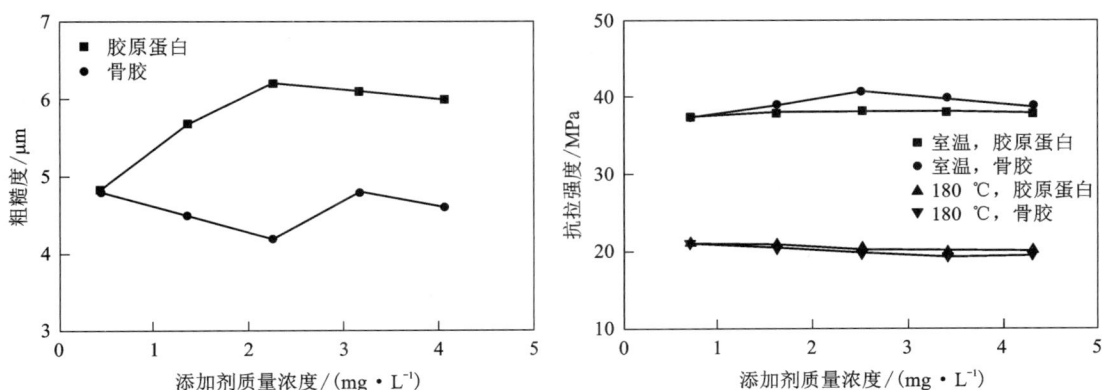

(a) 不同明胶及明胶浓度对电解铜箔表面粗糙度的影响　　(b) 不同明胶及明胶浓度对电解铜箔抗拉强度的影响

图 4-29　不同明胶及明胶浓度对电解铜箔表面粗糙度和抗拉强度的影响

　　工业上常用的明胶在酸性条件下，其氨基键会接受氢离子形成带正电的 NH_3^+ 而发挥整平作用。明胶的作用效果与其分子量有关，使用的明胶分子量分布越宽，细化晶粒作用越好，并且可以减弱晶面择优生长趋势，提高电沉积铜箔表面质量。然而，明胶在高温下易溶解，冷却后冻结，操作不便，工业上也常使用常温下不冻结的低分子蛋白多肽，以实现与明胶相近的作用效果，二者的作用原理也基本相近。

生箔电解需要的是结晶致密的沉积铜层，而达到此目的的手段包括控制阴极交换电流或极化值以及阴极的电流密度分布。明胶作为铜箔电解添加剂可以改变阴极的极化值。一般认为，增加明胶浓度可减少阴极交换电流或增加极化值，减小交换电流可减小结晶颗粒直径。另外表面平整程度可用表面粗糙度表示，而表面粗糙度随铜晶粒尺寸增加而增加。此外，明胶的作用还表现在明胶对阴极电流密度的均匀化作用，即表现在明胶有集中到电流密度大的部位的趋势，趋势大则阴极平整无粒子。

国内外铜箔厂添加剂的添加方式不尽相同，一般分为连续性添加和间断性添加两种形式。连续添加是指在电解液进入电解槽前，通过计量泵（或其他连续滴加设施），在电解液中加入配好的添加剂溶液。连续加入的好处是添加剂的浓度稳定。间断性添加则根据添加剂的消耗量，2~4 h 添加 1 次。间断性添加的最大优点是操作简便。

3. 健那绿（JGB）

健那绿（JGB）是含季铵阳离子的添加剂，为具有季铵阳离子和 1 个卤素离子的有机染料类整平剂。整平剂通常带有正电荷并且可以吸附在高电子密度区域以抑制铜沉积，对于超填充或自下而上沉积至关重要。因此，找到一个能够实现优异的填充性能的整平剂是关键。目前工业上使用的整平剂几乎都是大分子化合物，如 JGB 等及其他季胺类化合物，且大多为合成的有机物或多种有机物的混合物，成本较高，毒性和污染较大。因此，需要寻找价格低廉、毒性小、稳定且电沉积效果较好的整平剂。

JGB 因具有季铵阳离子而带正电，电解过程中易在电极表面的活性位点（一般为负电荷集中的凸起部位）形成吸附层，如图 4-30 所示。吸附层对初始成核的阻碍作用使该处沉积受到抑制，而凹处的沉积可正常进行，从而降低铜箔表面的峰高并提升谷底，宏观表现为轮廓起伏减小和表面粗糙度降低。此外，Lai 等研究发现，不饱和键数量多或者接受电子能力强的分子（如 JGB）均有利于增强其在金属表面的吸附作用。

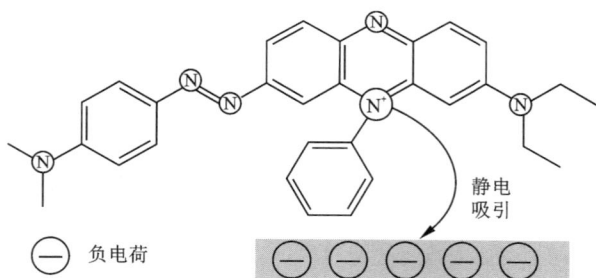

图 4-30　JGB 吸附行为

JGB 分子较高的能隙和在阴极表面的吸附，使得铜离子沉积需要更高的过电位，促进形核并细化晶粒。

如图 4-31 所示，亚甲基紫（MV）和 JGB 具有相似的分子结构，但 MV 分子比 JGB 少了 1 个 N，N-二甲基对苯二胺结构单元，即少了 2 个易与 PEG 中氧原子形成氢键的氮原子。为了研究整平剂分子的构效关系，揭示分子结构差异引起的性能改变，首先测试了在基础电解液中分别添加 MV 和 JGB 对铜沉积的电化学行为。

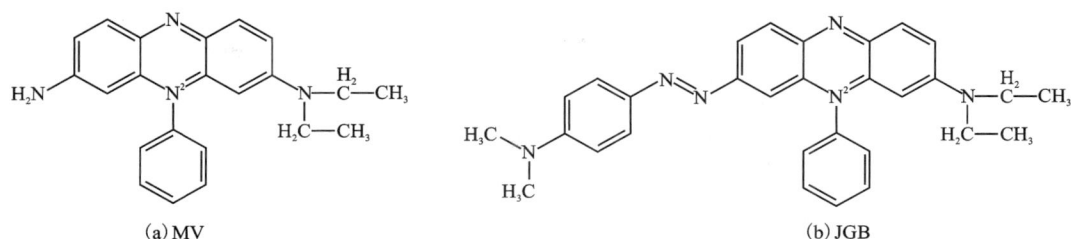

图 4-31　MV 与 JGB 的分子结构

由图 4-32 可以看出，在基础电解液中加入不同质量浓度的 MV 或 JGB 后，铜的沉积电位都正移，但随着 MV 或 JGB 质量浓度的升高，电位正移的幅度减小，即加入整平剂前、后的电极电位差减小。这说明 2 种整平剂对铜沉积过程电化学行为的影响相似。随 JGB 浓度的增加，极化曲线负移，阴极极化增大，沉积过电位提高。但与 JGB 相比，基础电解液中添加相同质量浓度的 MV 时电位的正移幅度更大，说明在相同质量浓度下 MV 对铜沉积的加速作用更强。

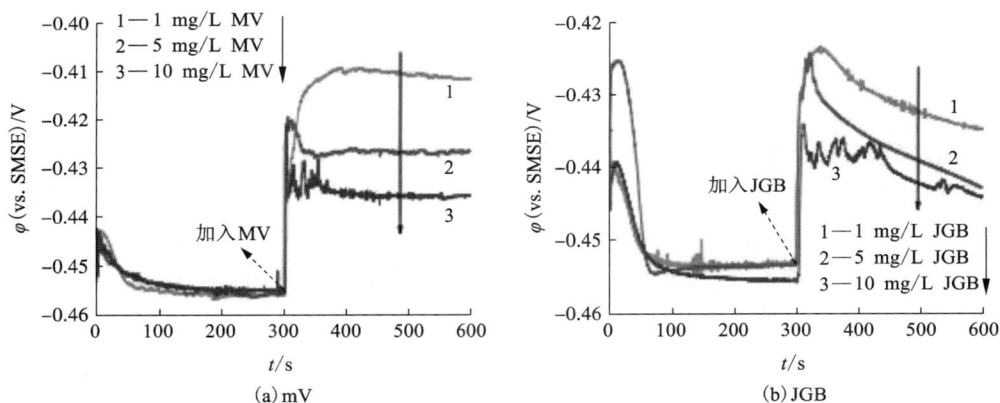

图 4-32　无 PEG 8000 时，不同 MV 或 JGB 质量浓度下铜电沉积过程的电位-时间曲线

由图 4-33 可以看出，以 MV 或 JGB 作为整平剂时，电沉积得到的铜层均为(111)晶面择优生长。上面(111)峰线最高的是浓度为 3 mg/L 的 MV，下面峰线较低的是 3 mg/L 的 JGB。采用谢乐方程计算得到以 MV、JGB 为整平剂时铜层的晶粒尺寸分别为 65 nm 和 32 nm。根据晶粒尺寸推断，以 JGB 为整平剂时得到的铜层表面应该更平整。

在不同流速有 JGB 添加剂和无添加剂的情况下制得的电解铜箔的表面粗糙度(包括轮廓的算术平均偏差 Ra 和轮廓的最大高度 Rz)见表 4-20，发现在低流速下，JGB 的加入反而会使铜箔表面粗糙度增大，而流速增大后，粗糙度则会明显减小。究其原因可能是 JGB 带正电的官能团选择活性位点吸附，而在铜沉积过程中，活性位点的位置会不断发生变化，因此需要有效的添加剂吸附脱附过程。所以在电解液流速低时，添加剂的脱附和迁移较为困难，分布不均匀，直接导致了铜晶粒局部生长过大，粗糙度升高。

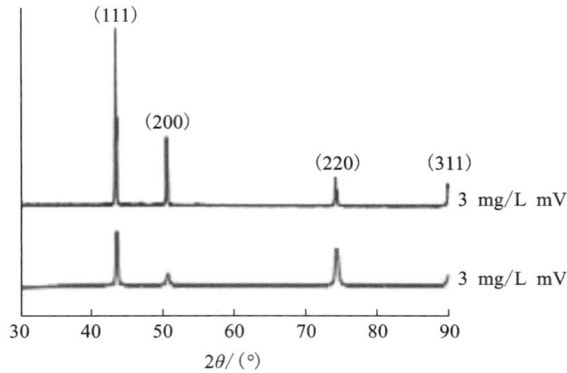

图 4-33　分别以 MV 和 JGB 为整平剂时电沉积铜层的 XRD 图谱

表 4-20　不同流速下 JGB 对电解铜箔表面粗糙度的影响

样品	流速/(L·min^{-1})	Ra/μm	Rz/μm
空白对照	30	0.542	1.068
	60	1.579	2.256
JGB	30	1.336	3.892
	60	0.992	1.456

4. 聚乙烯亚胺及其衍生物

聚乙烯亚胺(polyethyleneimine, PEI)又称聚氮杂环丙烷,是一种水溶性高分子聚合物,为无色或淡黄色黏稠状液体,有吸湿性,溶于水、乙醇,不溶于苯。

聚乙烯亚胺及其衍生物也是常用的整平剂,含有—NH—基团和共轭双键,在酸性电镀铜添加剂中起配位协同的综合作用,但生产经验表明其要配合含硫光亮剂使用。此外,也有研究表明其在低电流密度时同时具有光亮作用。

针对含长链烷基的铵离子,研究表明其在阴极表面的吸附和对铜电沉积的阻碍机理与其仅含氨基时略有不同。有关资料介绍,十二烷基三甲基胺阳离子(DTA$^+$)在阴极铜表面上会形成聚集体,并以聚集体的形式通过外圈正电荷吸附在带负电荷的阴极界面上,如图 4-34(a)所示。研究表明 DTA$^+$能够充当铜电沉积的抑制剂,增大阴极极化[图 4-34(b)],可以降低铜箔表面粗糙度,并且不会作为杂质结合到沉积物中。

5. 聚丙烯酰胺(PAM)

聚丙烯酰胺(PAM)是一种线型高分子聚合物,化学式为$(C_3H_5NO)_n$。聚丙烯酰胺(PAM)是丙烯酰胺均聚物或与其他单体共聚而得到的聚合物的统称,是水溶性高分子中应用最广的品种之一。由于聚丙烯酰胺结构单元中含有酰胺基,易形成氢键,因此其具有良好的水溶性和很高的化学活性,易通过接枝或交联得到支链或网状结构的多种改性物。

在适宜的低浓度下,聚丙烯酰胺溶液可视为网状结构,链间机械的缠结和氢键共同形成网状节点;浓度较高时,由于溶液含有许多链-链接触点,因而 PAM 溶液呈凝胶状。PAM 水溶液与许多能和水互溶的有机物有很好的相容性,与电解质也有很好的相容性,对硫酸铜、

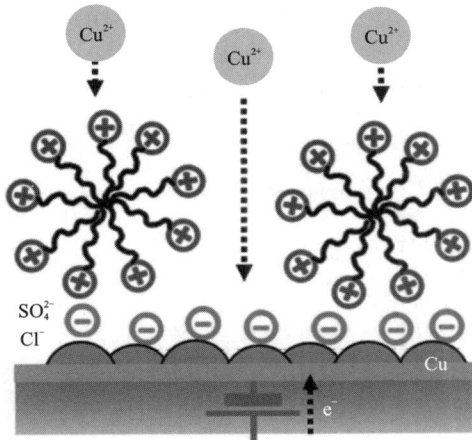

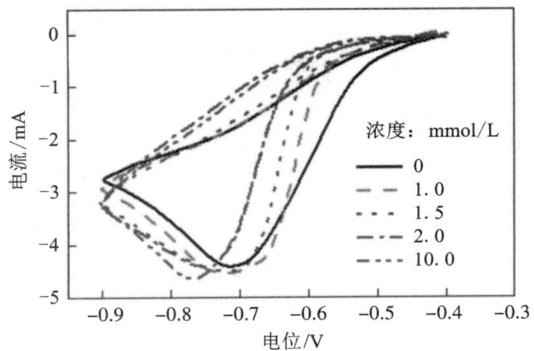

(a) DTA$^+$的吸附示意图　　(b) 不同浓度的 DTA$^+$的循环伏安曲线

图 4-34　DTA$^+$的 4-36 吸附示意图及循环伏安曲线

氢氧化钾、碳酸钠、硼酸钠、硝酸钠、磷酸钠、硫酸钠、氯化锌、硼酸及磷酸等物质不敏感。

聚丙烯酰胺(PAM)用作整平剂，起减小表面粗糙度的作用。聚丙烯酰胺可以使铜箔更光滑致密，并在 65 ℃时显著降低其表面粗糙度。

6. 聚乙二醇(PEG)

聚乙二醇，是含有 α，ω-双端羟基的乙二醇聚合物的总称。它是一种高分子聚合物，化学式是 $HO(CH_2CH_2O)_nH$，无刺激性，味微苦，具有良好的水溶性，与许多有机物有良好的相容性。具有优良的润滑性、保湿性、分散性，是电解铜箔添加剂中最重要的润湿剂，通常与 Cl$^-$配合使用。

研究表明，PEG 在 Cl$^-$和 Cu$^+$存在的情况下，会以 PEG-Cu$^+$-Cl$^-$(图 4-35)的结构单层吸附到金属表面，使界面的表面张力降低，促进析氢反应产生的气体排出，避免针孔缺陷的产生；以该结构吸附的添加剂可在阴极表面发生定向排列，使晶粒均匀。同时减少阴极表面活性位点数目并通过位阻效应抑制铜的沉积，增强阴极极化，使铜箔结晶致密紧密。

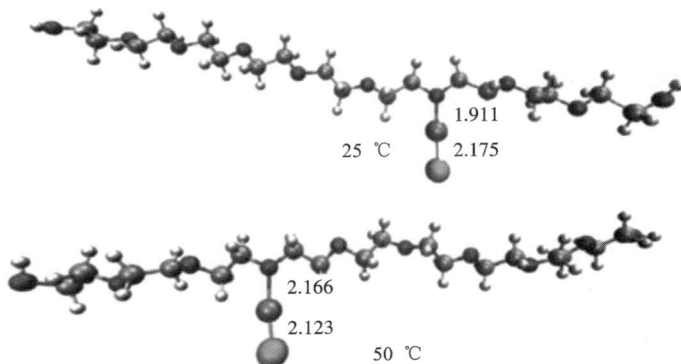

灰色—碳原子；白色—氢原子；红色—氧原子；橙色—铜离子；绿色—氯离子。

图 4-35　PEG-Cu$^+$-Cl$^-$结构单层

由图 4-36 可知，加入 PEG 后，阴极电位均有较为明显的增大，极化增加。

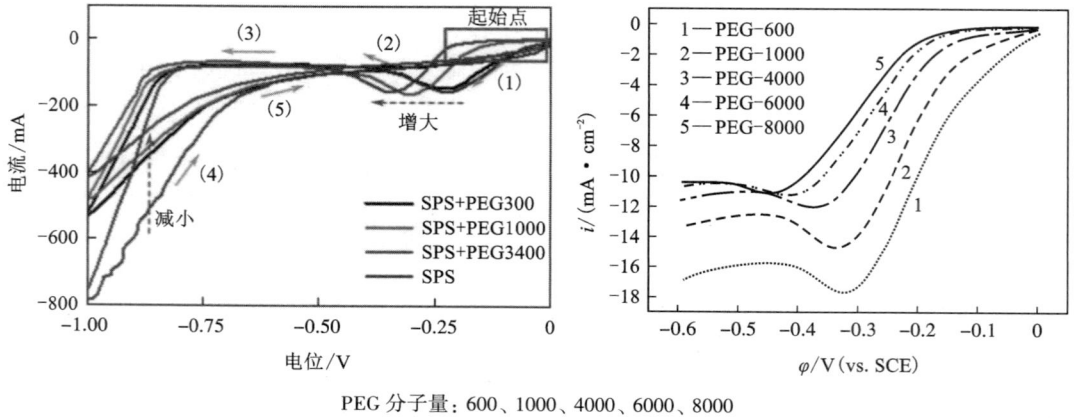

PEG 分子量：600、1000、4000、6000、8000

图 4-36 添加不同分子量的 PEG 的电解液阴极极化曲线

图 4-36 为添加不同分子量的 PEG 的电解液的阴极极化曲线。随着 PEG 分子量由 600 增至 8000，Cu 的还原电位也从 -0.32 V 逐渐负移到 -0.45 V，同时，还原电流也明显变小。Cu^{2+} 还原电位的明显负移和还原电流的显著减小说明随着 PEG 分子量增大，PEG 对铜沉积的抑制作用越来越强。

Manu 等对 PEG 单独作用和与 Cl^- 共同作用时得到的电解铜箔的硬度和粗糙度影响进行了研究，结果(表 4-21)显示，PEG 单独作用时，粗糙度降低并不明显；而与 Cl^- 配合时，粗糙度则明显降低，硬度的明显提高也表明铜箔的结构致密度提高。

表 4-21 PEG 添加剂对电解铜箔性能的影响

样品	HV 硬度	粗糙度/μm
无添加剂	150	0.21
PEG	190	0.24
PEG+Cl^-	210	0.15

PEG 的浓度对铜箔性能存在不同的影响。大部分情况下随着添加剂浓度的升高，铜箔的表面粗糙度降低，如图 4-37 所示。

力学性能方面，通常在 1.0 mg/L 至 1.5 mg/L 的浓度附近出现极大值，如图 4-38 所示。说明加入适量的 PEG 有助于获得综合性能良好的电解铜箔。Wang 等研究证实，过量的 PEG 会导致添加剂分子自身聚集及

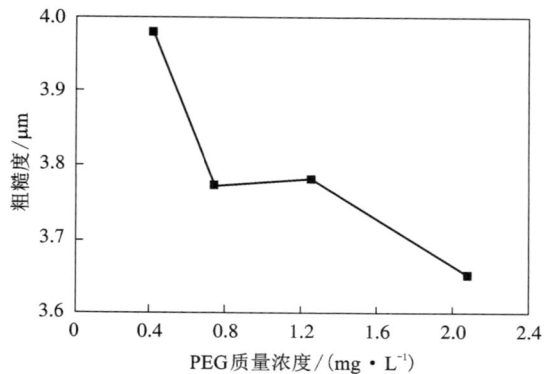

图 4-37 电解铜箔表面粗糙度随 PEG 浓度的变化曲线

相互缠结，难以与 Cu^+ 和 Cl^- 吸附结合，从而减弱对铜离子沉积的抑制作用，并且 PEG 团聚体可能会留下空隙等缺陷，使铜层致密性下降，影响铜箔的力学性能。

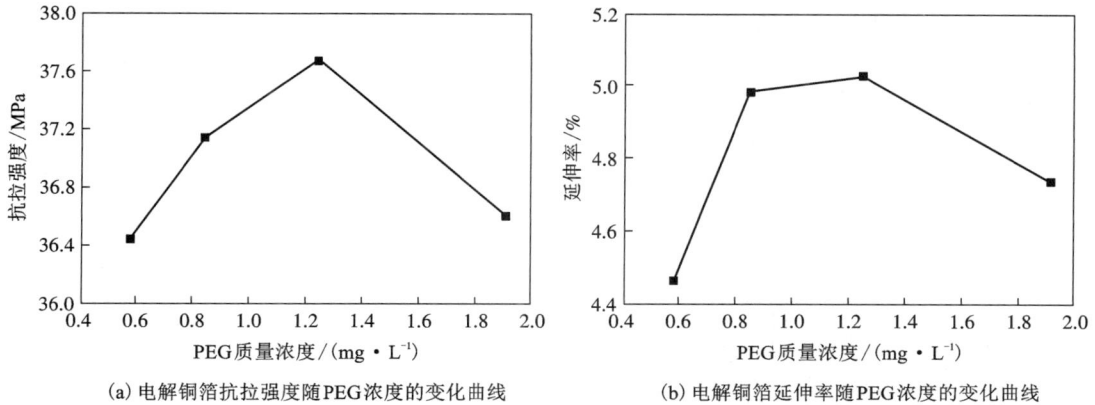

(a) 电解铜箔抗拉强度随 PEG 浓度的变化曲线　　　(b) 电解铜箔延伸率随 PEG 浓度的变化曲线

图 4-38　电解铜箔力学性能随 PEG 浓度的变化曲线

7. 氯离子

氯离子是目前各电解铜箔公司必加的添加剂之一，大部分以盐酸的形式加入，也有公司采用加食盐的方式。采用盐酸的好处是可以避免带入新的杂质离子，而食盐的优势是成本低，安全。Cl^- 是一种特殊的添加剂，微量 Cl^- 能与其他添加剂协同作用，增大阴极极化，从而影响电解铜表面的光亮度。Cl^- 是卤族元素，化学性质很活泼，最外层电子容易吸收电子发生变形，因此易于在阴极表面发生特性吸附，也容易与添加剂中的 O 或其他存在空轨道和孤对电子的原子等发生较强的相互作用。Cl^- 会与 Cu^+ 发生络合反应：

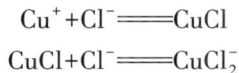

$$Cu^+ + Cl^- \rule[0.5ex]{1.2em}{0.4pt}\rule[0.2ex]{1.2em}{0.4pt} CuCl$$

$$CuCl + Cl^- \rule[0.5ex]{1.2em}{0.4pt}\rule[0.2ex]{1.2em}{0.4pt} CuCl_2^-$$

在铜电沉积过程中，向电解液中加入 Cl^-，会使添加剂与电活性离子（Cu^+/Cu^{2+}）之间的相互作用加强，导致反应离子的电化学行为发生改变，影响铜电沉积行为。但 Cl^- 单独作用时，只会得到表面粗糙的沉积物，并随着 Cl^- 浓度的升高可能出现针状结构沉积物。因此只有当氯离子作为复合添加剂组分时，才有改变阴极沉积物结构的作用。

Cl^- 吸附能的计算显示，在酸性镀铜的低 pH 条件下，氯化物会以高覆盖率吸附在阴极铜上，优先吸附面为（111）面，并且在铜层增厚的过程中，Cl^- 可以持续向表面位置移动，吸附的氯离子并不会妨碍铜的沉积，甚至可以吸引铜离子并作为电子转移的通道。

此外，Cl^- 在阴极还原作用下，易和 Cu^+ 配位形成 CuCl，而 CuCl 在不同电位下作用不同。一般当电位较正时，Cl^- 与 Cu^+ 配位能促使 Cu^{2+}/Cu^+ 转化，但形成的 CuCl 不溶性钝化膜会吸附在阴极表面，抑制 Cu^+/Cu 的转化，从而对铜的电沉积表现出较强的抑制作用。而电位较负时，钝化膜迅速溶解，Cu^+—Cl^- 配合物的氯桥作用加强，催化 Cu^+/Cu 进一步电还原沉积，此时表现为对电沉积的促进作用。

图 4-39 为不同 Cl^- 浓度电解液的循环伏安曲线，相比无添加剂，存在 Cl^- 时曲线斜率明显增大，即 Cl^- 单独作用且质量浓度小于 40 mg/L 时，电化学反应发生去极化，并且作用程度

近似。说明 Cl⁻ 浓度低时其表现为加速作用,一定程度上有利于获得更致密的铜层。

Cl⁻ 对铜箔性能影响的浓度拐点会随电解条件而发生改变。虽然上述电化学测试结果表明质量浓度小于 40 mg/L 时 Cl⁻ 作用效果近似。但实际中,Cl⁻ 含量越高,阴极辊表面氧化越严重,使用寿命越短。

一般认为,如果电解液中 Cl⁻ 含量太低,会得不到整平性能高且亮度好的沉积层,Cl⁻ 可促进铜离子沉积,增大

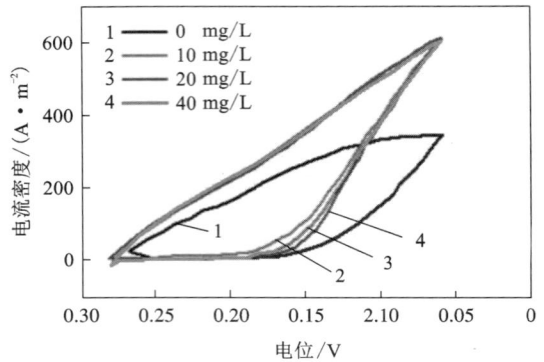

图 4-39 不同 Cl⁻ 浓度电解液的循环伏安曲线

Cl⁻ 的浓度有利于增大铜离子的还原电流。Cl⁻ 与有机添加剂同时存在时,有机添加剂的吸附与 Cl⁻ 的特性影响吸附相互作用,对铜箔的结构和力学性能影响较大。它同时也是一种有效的光亮剂,负电性的 Cl⁻ 因电场作用虽然只有少量在阴极附近,但仍然参与了 Cu⁺ 的阴极沉积过程,Cl⁻ 的存在加快了 Cu²⁺ 的转化结晶速度,提高了阴极极化,使铜箔晶粒组织和表面均匀细致;Cl⁻ 还影响镀层的表面形貌、结构、显微硬度、晶格取向和内应力。在卤化物中,Cl⁻ 能在很宽的浓度范围内(40~150 mg/L)有效地消除应力,更重要的是 Cl⁻ 能与光亮剂协同作用。Cl⁻ 还具有去极化作用,对于铅、铋过高造成的阳极钝化具有活化作用。Cl⁻ 在硫酸铜溶液中能起活化作用,但因为 CuCl₂ 在硫酸铜溶液中溶解度较小,所以 Cl⁻ 浓度太高将产生有害的影响。在含有硫脲或明胶-硫脲的硫酸铜溶液中,中等浓度的 Cl⁻ 将使阴极沉积物的内应力最小,从而改善铜箔翘曲。

Cl⁻ 与硫脲形成 [Cu(N₂H₄CS)]Cl₂ 胶体沉淀,当硫脲浓度过低时,这种胶体会部分分解以补充其不足。当这种胶体浓度过大时,会大量沉淀于槽底或黏附于阴、阳极上,造成添加剂的损失,并且引起槽电压升高。

生产经验表明,单独使用 Cl⁻ 做添加剂时,制得的铜箔性能较不稳定,因此 Cl⁻ 更多地与其他有机添加剂配合使用,作为氯桥发挥作用。一方面,Cl⁻ 形成的 Cu⁺-Cl⁻ 配位体可以为聚醚类添加剂醚键的吸附提供结合位点,又因其带负电而易与带正电的胺类添加剂发生静电作用,使上述两种整平剂易于在阴极表面形成吸附阻挡层;另一方面,Cl⁻ 能够与含硫添加剂和铜离子结合形成桥梁,加快物质传输,提高 Cu²⁺ 的沉积速率。实际使用中,需综合考虑氯离子在添加剂配方中发挥的作用。

在生箔和锂电铜箔工艺中,必须严格限制氯离子的浓度。这是因为在生箔和锂电铜箔生产电解液中,一方面低浓度的 Cl⁻ 作为一种去极化剂和整平剂,会加强晶体学择优织构,引起延性的降低。另一方面过高浓度的 Cl⁻ 会导致铜镀层中针孔的形成,使铜箔的延性大大降低。

在实际生产中,如果发现铜箔在常温和 180 ℃ 时延伸率和疲劳延性出现问题,首先应该检查生箔机电解液的 Cl⁻ 浓度是否超标,其次是检查电解液中是否有有机物杂质。如果超标,可用活性炭吸附过滤,然后检查添加剂、Cu、H₂SO₄、温度和流量。

但 Cl⁻ 的含量绝对不能过高。当含量超过 60 mg/L 时,铜箔会变粗糙,低电流密度区发雾而高电流密度区烧焦,阴极辊面氧化严重,铜箔毛面发花。电解液中 Cl⁻ 含量过高,铜箔易

出现土黄色的氧化膜。向电解液里加硫脲时，一般需要加入 Cl^- 进行平衡，如 Cl^- 的添加量过高，则在阴极表面会生成氯化亚铜膜阻碍铜离子吸附，影响吸附铜原子的表面扩散，而生产不溶的氯化亚铜并夹杂于晶界间，使铜箔粗糙长铜刺。加入适量的 Cl^- 可以增加铜箔表面的"小山峰"，可使铜沉积物晶粒细小致密。

若电解液中 Cl^- 过多，则明胶整平作用会减弱，会发生去极化作用，导致不溶物氯化亚铜的形成并夹杂于电沉积层中，氯化亚铜还会降低阴极界面铜离子浓度，使阴极发生析氢反应而造成铜箔粗糙，铜离子在电沉积时形成枝状晶而产生毛刺。毛刺使铜箔变得粗糙和铜箔单位面积质量降低，因而只能增加明胶的添加量。Cl^- 和明胶量不匹配时，铜箔纵向无拉力，用手一拉铜箔变成一条一条的，这是盐酸加入太快或加入太多造成的。阴极吸附 Cl^- 后产生强静电引力，强烈吸附有机物，故只能适当添加有机添加剂，或停产。向电解液里添加过量的明胶，进行较强烈的搅拌，电解液里 Cl^- 和有机物含量会过多，或电解液里的杂质含量太多，都会造成铜箔无拉力、无延伸率。

由于原材料、活性炭将 Cl^- 带入电解液中，生产过程中又添加了 Cl^-，因此，电解液中 Cl^- 含量较高。虽然铜箔表面看不出明显改变，但铜箔结晶体的枝状晶增多，孔穴增多，结晶不均匀性增大。随着 Cl^- 含量的进一步增多，镀层表面会发生一系列不良反应，铜箔结晶组织中的缝隙增大，粗糙度增大，渗透点增多，有的成了针孔，抗拉强度下降。电解液中 Cl^- 含量高，铜箔毛面的铜瘤峰值增大，即铜瘤高度增加，尖锐，座小。Cl^- 含量低，铜瘤峰值小，铜瘤个大，座大，铜瘤大小不一，且不稳定，造成铜箔抗剥力低。Cl^- 会与铜电沉积的中间产物 Cu^+ 发生特殊的化学反应，实践证明 Cl^- 与电解铜箔的表面形态及疙瘩缺陷有着密切的关系。Cl^- 的浓度宜为 $10\sim50$ mg/L，浓度太低不能发挥光亮剂作用，浓度过高会使铜箔表面粗糙并产生毛刺，设备腐蚀速度加快。

生产中应根据酸浓度、温度、明胶含量、杂质含量等工艺条件精确分析 Cl^- 的消耗量并持续补充以保证连续生产。在生产过程中 HCl 每添加 0.001 mol/L，电解液中 Cl^- 的浓度就会增加 35 mg/L。

除去过多的 Cl^- 的方法：向电解液中加入 $AgNO_3$，并不断搅拌，生成 AgCl 沉淀后，用活性炭和硅藻土过滤电解液。此法可以将 Cl^- 的浓度降到 5 mg/L 以下，但缺点是成本较高。

工作电流密度是影响 Cl^- 作用的主要因素，当 Cl^- 加入量少于 10 mg/L 时，促进沿（220）晶向晶粒的生长，晶粒表面呈脊状，当 Cl^- 超过 10 mg/L 时，促进沿（111）晶向晶粒的生长，表面呈锥状。

8. 羟乙基纤维素 (HEC)

羟乙基纤维素为非离子型表面活性剂，是一种白色或淡黄色、无味、无毒的纤维状或粉末状固体，其理化性质如下：

软化温度：$135\sim140$ ℃

表观密度：$0.35\sim0.61$ g/mL

分解温度：$205\sim210$ ℃

平衡含湿量：23 ℃，相对湿度 RH 为 50% 时，平均含湿为 6%；相对湿度为 84% 时，平均含湿量为 29%。

纤维素醚产品是由纤维素链上葡萄酐单元的羟基与醚化基团反应生成的。HEC 的醚化基团是环氧乙烷。分子结构的聚合度一般大于 600。HEC 的分子取代度（简称 MS）是一个葡萄糖酐单元所加入的环氧乙烷摩尔数的平均值。通过选取精确的分子取代度、反应条件和控制取代的均匀性,可以得到不同聚合度和不同 MS 的 HEC 产品。

HEC 在电解铜箔生产过程中,可提高铜箔的致密性,减少针孔生成,在一定程度上能改善铜箔的翘曲,增加铜箔机械强度。目前在电解铜箔行业,尤其是超薄锂电铜箔工艺中,HEC 能促使晶粒面向生长,抑制针孔的产生,但会引起铜箔翘曲。

9. GSR

谷胱甘肽(glutathione)是人类细胞中自然合成的一种肽,以还原型(GSH)、氧化型(GSSG)以及其他二硫键化合物形式存在,如 GS-S-CoA 和 GS-S-Cys。GSH 作为细胞内一种重要的代谢调节物质和抗氧化剂,具有清除氧自由基、增强酶活性、抗氧化等作用,作为生物活性添加剂及抗氧化剂用于食品领域。

利用添加剂的作用与其结构或官能团相关联的原理,将原来用于医药、食品等领域的 GSR 类物质引入电解铜箔领域,克服了低轮廓电解铜箔添加剂配方相对复杂、不容易调控的技术难题。引入后的 GSR 类物质可与具有润湿作用的聚醚类化合物组成新的具有协同作用可提升电解铜箔品质的添加剂,该添加剂配方简单,可以大幅降低添加剂工艺管控的难度和风险。同时,GSR 类添加剂与具有润湿作用的聚醚类化合物组合使用后,可大幅提升电解铜箔的品质,可有效降低毛面粗糙度,提升电解生箔的物理性能,如常温和高温条件下的抗拉强度和延伸率等。

10. 有机添加剂的相互作用

生产实践中,为了获得综合性能较好的电解铜箔,一般会使用多种添加剂。此时电解液的情况复杂,不同添加剂之间可能存在协同作用或竞争作用。现有研究多集中于部分典型添加剂双组分的作用机理和效果。

氯离子与三种主要有机添加剂的相互作用已在前文进行了阐述,因此此处重点介绍三种主要有机添加剂之间的相互作用。

含硫添加剂与聚醚类添加剂之间存在对抗作用,前者表现对为电沉积铜的加速作用,后者表现为对电沉积铜的抑制作用,从电化学角度来看,含硫添加剂对聚醚类添加剂有去极化作用;同时二者在阴极铜表面上存在竞争吸附。一般认为含硫添加剂具有更强的配位作用,易于从"聚醚类添加剂-Cu$^+$-Cl$^-$"的吸附结构中夺取 Cu(I),破坏聚醚类添加剂吸附层,同时取代其原有位置。Walker 等使用原位椭圆偏振光谱结合反向稀释法测定了吸附层模型厚度的变化,实验结果证明 MPS 几乎可以完全取代预先吸附的 PEG 层。

Dow 等认为胺类添加剂 JGB 与聚醚类添加剂 PEG 间存在协同作用,作用强度与对流相关。也有文献报道一种基于胆碱合成的含有两个季铵结构的新添加剂,在强对流条件下能与聚醚类添加剂共吸附在金属表面,增强了对铜电沉积的抑制效果。

胺类有机物通常含铵阳离子,含硫有机物则含有带负电的磺酸基团,二者可以发生静电吸引,同时都可与铜离子形成配位。胺类添加剂和含硫添加剂间的相互作用会随胺类有机物整体结构和其他基团的不同而产生促进或拮抗作用。

通常先加入胺类添加剂,稳定后再加入含硫添加剂,测定过程中电位或电流的变化趋势,观察两种添加剂之间的相互作用情况。Broekmann 等的研究结果表明,在某胺类添加剂之后加入 SPS,电位会上升一个小台阶,如图 4-40 所示,即二者存在协同作用使极化增强。图 4-41 为 Lai 等分别加入 JGB 和 IMEP(咪唑与环氧氯丙烷化合物)稳定后再加入 MPS 的电位变化曲线，二者均和 MPS 有竞争作用，并且胺类添加剂结构不同，其发生拮抗作用的程度也不同。IMEP 作用稳定后加入 MPS，出现了瞬时的极化加强峰，即有瞬时的协同作用，而稳定后则表现为去极化。结合计算模拟结果推测：MPS 首先吸附在 IMEP 的长链上，磺酸基对附近 Cu^{2+} 的捕捉作用导致反应层的铜离子浓度降低，极化加强；后续 MPS 和 IMEP 在阴极铜表面发生竞争吸附，MPS 的去极化作用更显著。而 JGB 加入 MPS 后出现了短暂的去极化峰，稳定后并没有发生明显的去极化现象，说明二者存在竞争吸附，并且在稳定条件下，JGB 的吸附作用明显大于 MPS。

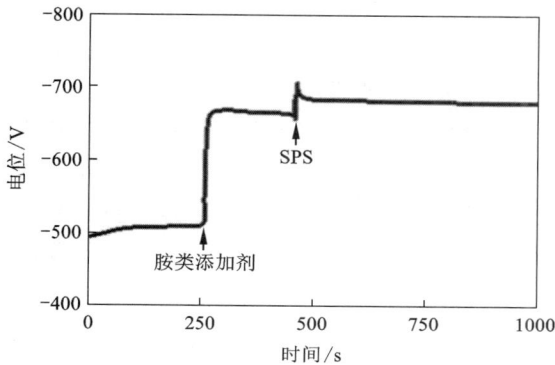

图 4-40　某胺类添加剂和 SPS
对铜电解反应电位的影响

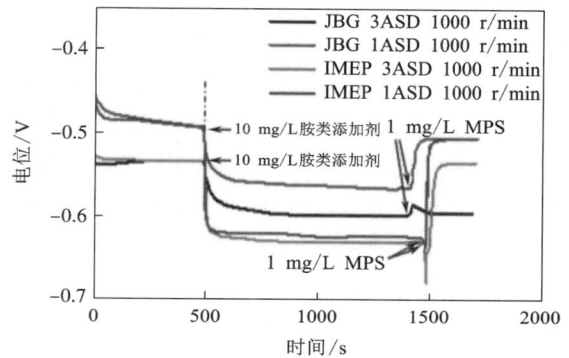

图 4-41　JGB、IMEP 与 MPS
对铜电解反应电位的影响

含硫有机物与胺类有机物共同作用时，电解铜箔通常具有较好的光泽度。表 4-22 为胶原蛋白与 SPS 协同作用对铜箔性能的影响，在二者协同作用下，铜箔的光泽度显著提高，而其力学性能变化不大。研究资料表明，采用正交试验法研究羟乙基纤维素（HEC）、硫脲（N）、聚乙二醇（P6000）和 N，N-二甲基二硫代甲酰胺丙烷磺酸钠（DPS）这四种添加剂对 6 μm 厚电解铜箔性能的影响。最佳的添加剂配方为：HEC 1.0 mg/L，P6000 2.0 mg/L，N 0.05 mg/L，DPS 2.0 mg/L。并且有如下规律。

表 4-22　胶原蛋白与 SPS 协同作用对铜箔性能的影响

明胶质量浓度/(mg·L⁻¹)	SPS 质量浓度/(mg·L⁻¹)	光泽度(60°)	抗拉强度/MPa	延伸率/%
3	0	11	374.5	2.4
3	1	186	379.1	2.5
3	2	266	384.6	2.5
3	3	107	382.2	2.4
6	2	190	382.1	2.5
6	3	256	388.4	2.7
9	3	462	394.3	2.4

（1）随着 HEC 质量浓度的增加，毛面粗糙度 Rz 逐渐升高，毛面亮度变化不明显，高温抗拉强度明显提高，高温延伸率先升高后降低。当 HEC 的质量浓度为 1.5 mg/L 时，高温抗拉强度达到 348.9 MPa，高温延伸率达到 3.03%。这主要是因为 HEC 是一种非离子型水状胶体，它能与大多数的水性溶胶在高质量浓度的电解质溶液中混溶形成清晰且均匀的高黏度溶液。羟基离子释放电荷导致氧离子集结，氧离子和硫酸根离子重新结合，提高了硫酸的质量浓度，增加了铜箔毛面峰的个数，从而增强了其高温抗拉强度。

（2）随着 N 元素的质量浓度的增加，毛面 Rz 逐渐升高，毛面亮度小幅度提高，高温抗拉强度先升高后降低，高温延伸率变化不明显。电解液中无添加剂时，铜的沉积属于"瞬间成核"，加入硫脲后，铜沉积由"瞬间成核"转变为"持续成核"。当 N 元素的质量浓度为 0.05～0.10 mg/L 时，阴极表面成核数量增加，电解铜箔的综合性能提高。但当 N 元素的质量浓度进一步增加时，电解铜箔的综合性能下降。这主要是因为过多的添加剂影响成核过程。

（3）随着 P6000 的质量浓度的增加，毛面 Rz 逐渐降低，毛面亮度明显升高，高温抗拉强度无变化，高温延伸率升高。P6000 选择性地吸附在晶粒生长较快的活性点上，降低了晶粒的生长速率，使晶粒细化。随着 P6000 质量浓度的增加，阴极极化作用增强，过电位增大，结晶核心部位增多，表面离子的扩散变得容易，局部区域不可能生长过快。因此，铜沉积层的晶粒多且细小。

（4）随着 DPS 的质量浓度的增加，毛面 Rz 先下降后上升，毛面亮度逐渐升高，高温抗拉强度基本无变化，高温延伸率先升高后稳定不变。DPS 的磺酸基具有很强的吸附电子能力，使 C—S 键具有部分变键的性质，可以与硫基构成共体系，从而使分子的能阶升高，添加剂变得不容易被吸附。吸附在阴极上的 DPS 对峰尖电沉积的抑制作用大于峰谷的抑制作用，可以细化晶粒，起到整平的作用。同时，根据自由流动理论，DPS 在阴极析出金属时也会被还原，形成的金属硫化物混杂在沉积层中。由于金属硫化物具有半导体的电子传导性，当光照射到表面时，电子流能将光传递到整个晶体中，从而提高了毛面亮度。

目前，锂离子电池用的双光面铜箔对光泽度有一定要求，故对添加剂协同作用的研究，多是直接比较或者研究使用三类添加剂的体系，很少研究单添加剂。例如王海振等的研究结果表明，在胶原蛋白与 SPS 复合作用的基础上添加羟乙基纤维素，可以提高铜箔的光泽度和延伸率，但抗拉强度会下降，如表 4-23 所示。Woo 等比较了 6 种不同电解液制得的电解铜箔的表面粗糙度，结果如图 4-42 所示。

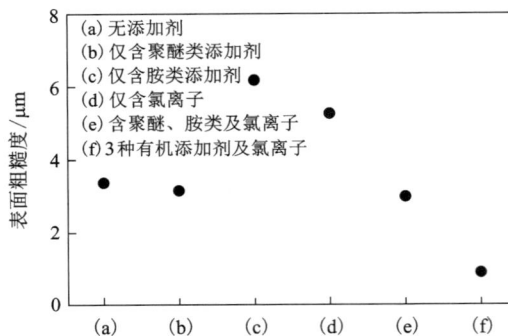

图4-42　使用不同添加剂时的电解铜箔表面粗糙度比较

从图 4-42 可看出，3 种有机添加剂共同作用时，铜箔的粗糙度显著降低。

表 4-23　不同浓度 HEC 与浓度为 6 mg/L 的胶原蛋白及浓度为 2 mg/L 的 SPS 复配时铜箔的性能

HEC 质量浓度/(mg·L^{-1})	光泽度(60°)	抗拉强度/MPa	延伸率/%
0	231	374.5	2.4
1	238	369.1	2.5
3	246	344.2	3.0
6	266	312.4	3.4
9	282	308.3	3.6

4.5.4　霍尔槽试验

对于电解生产而言，由于实际生产条件过于复杂不易确定两两参数之间的规律，而试验室的理想状态又掩盖了其他因素的影响。因此，选用切合生产实际的试验方法就成为必然。霍尔(Hull Cell)试验法在电解铜箔行业是一种实用的评价添加剂效果的方法，该方法的特点是能有效地模拟实际生产情况。

霍尔槽试验是一种利用特殊尺寸电解槽进行电解试验的方法，根据电解后阴极试片上的状况来判定待测添加剂对电解液特性的影响。

(1)霍尔槽试验的特点。

霍尔槽试验只需要少量电解液，经过短时间试验便能得到在较宽的电流密度范围内电解液的电沉积效果。由于霍尔槽试验对电解液组成及操作条件敏感，因此，常用来确定电解液各组分的浓度、pH，判断添加剂的范围及效果，同时也常用于电解液的故障分析。

(2)霍尔槽的形状及试验装置。

霍尔槽又称哈氏槽，赫尔槽，是一种分析添加剂对电解溶液的影响既简单又实用的试验槽，系 R O Hull 先生在 1939 年发明。霍尔槽常用有机玻璃或硬聚氯乙烯等绝缘材料制成，底面呈梯形，阴、阳极分别置于不平行的两边，容量有 1000 mL、267 mL 两种。人们常使用 267 mL 试验槽，在其中加入 250 mL 镀液，便于计算添加物的浓度。

霍尔槽试验电路与一般的电解电路相同，电源根据试验对电压波形要求选择。串联在试验回路中的可变电阻及电流表用以调节试验电流并指示电流，并联的电压表用以指示试验的槽电压。

(3)霍尔槽阴极上的电流分布。

霍尔槽的阴极板与阳极板互不平行，阴极的一端离阳极近，称近端；另一端离阳极远，称远端。由于电流从阳极流到阴极的近端和远端的路径不同，不同路径槽液的电阻也不同，因此阴极上的电流密度从远端到近端逐渐增大，250 mL 的赫尔槽近端的电流密度是远端的 50 倍。因而一次试验便能观察到在相当宽范围的电流密度下所获得的镀层。

为了给霍尔槽的使用者提供一个阴极电流密度分布的参考数据，学者们进行了大量研究并提出了许多阴极电流密度分布的近似处理理论和计算公式，霍尔槽供应商还提供了阴极电流密度分布的标度尺。阴极上各点的电流密度与该点离近端距离的关系的经验公式：

1000 mL 赫尔槽：

$$D_k = I \times (3.26 - 3.05 \lg l) = IK_1 \tag{4-9}$$

267 mL 赫尔槽：

$$D_k = I \times (5.10 - 5.24 \lg l) = IK_2 \tag{4-10}$$

式中：D_k 为阴极上某点的电流密度值，A/dm^2；I 为试验时的电流，A；l 为阴极上该点距近端的距离，cm。

必须注意，靠近阴极两端各点计算所得的电流密度值是不正确的。当 l 为 $0.635 \sim 8.255$ cm 时，计算值有参考价值。

酸性硫酸铜溶液的阴极极化较小，实际电流分布与经验公式计算结果较接近，而极化较大的光亮氯化钾镀锌和氰化镀锌溶液阴极电流分布与公式计算结果偏差较大。

267 mL 赫尔槽中放入 250 mL 电解液做试验时，阴极上各点的电流密度应是 267 mL 的 1.068 倍，即 267 mL 赫尔槽阴极的相应点的电流密度乘上 267/250。由于不同电解液的电导率和极化率不同，因此求得的电流密度是近似的。为方便使用，将常用的电流强度和阴极各点的电流密度值列于表 4-24 中。

表 4-24　霍尔槽阴极上的电流分布

至阴极近段的距离/cm	$D_k/(A \cdot dm^{-2})$												
	267 mL						1000 mL						
	I/A					K_2	I/A						K_1
	1	2	3	4	5		2	4	6	8	10	15	
1	5.1	10.2	16.3	20.4	25.5	5.1	6.5	13.0	19.6	26.1	32.6	48.9	3.26
2	3.5	7.0	10.5	14	17.5	3.5	4.7	9.4	14.0	18.7	23.4	35.1	2.34
3	2.6	5.2	7.8	10.4	13.0	2.6	3.6	7.2	10.9	14.5	18.1	27.2	1.81
4	1.95	3.9	5.85	7.8	9.75	1.95	2.8	5.7	8.5	11.4	14.2	21.3	1.42
5	1.44	2.88	4.32	5.76	7.20	1.44	2.3	4.5	6.8	9.0	11.3	17.0	1.13
6	1.02	2.04	3.06	4.08	5.1	1.02	1.8	3.6	5.3	7.1	8.9	13.4	0.89
7	0.67	1.34	2.01	2.68	3.35	0.67	1.4	2.7	4.1	5.4	6.8	10.2	0.68
8	0.37	0.74	1.11	1.48	1.85	0.37	1.0	2.0	3.0	4.0	5.1	7.6	0.506
9	0.10	0.2	0.3	0.4	0.5	0.1	0.7	1.4	2.1	2.8	3.5	5.3	0.35
10							0.4	0.8	1.3	1.7	2.1	3.2	0.21
11							0.17	0.34	0.5	0.67	0.84	1.3	0.084
11.5							0.05	0.10	0.15	0.20	0.25	0.38	0.025

霍尔槽的最大优势在于一次试验就可以在很宽的电流密度范围内筛选出一定配比浓度添加剂时最优的电流密度。也可以反向验证在确定的电流密度下，微量添加剂的配比浓度是否合适。

4.6　阴极辊的抛磨

4.6.1　阴极辊抛磨的作用

钛辊表面的晶体结构决定着电解铜箔最初的结晶状态。阴极表面粗糙度低，晶粒细小，电解沉积铜层的组织就细密。阴极辊筒表面的晶格大小、形状排列不同，电化学性质、电极电位和超电压也不同，表现出与电解液中杂质和添加剂之间的电化学行为不同。电势是金属表面状态的反应。金属的表面状态决定了它的电化学行为，在电解制造铜箔过程中，制造阴极辊一般使用高纯度的钛材，其常温下为体心立方晶格的 α 相，经过连续轧制或强力旋压加工，表面晶粒得到进一步细化。在使用过程中，随着氧气的氧化和硫酸腐蚀，阴极表面始终处于变化中。当电解液温度偏高，电流密度偏大，工艺酸高、铜低或循环量不足时，氢离子析出比例增加，钛材吸收氢形成氢化钛导致阴极辊吸氢腐蚀加快。阴极辊筒表面钝化膜薄的地方电势较负，钝化膜较厚的地方电势就较正，阴极辊筒表面钝化膜厚度不均同样会导致电流在钛筒表面分布不均。此外，钝化膜厚度会影响铜箔光面的粗糙度，影响铜箔基体组织结构和毛面的粗糙度。当表面钝化层增厚到一定程度时，铜箔表面就会发白，无金属光泽，粗糙度上升，故需要对阴极辊进行抛磨。

造成阴极辊需要磨辊的原因很多。辊面氧化膜偏厚，边部密封效果不好渗液，辊面边部腐蚀严重，在铜箔上出现痕迹需要对阴极辊进行磨辊抛光。其他如辊面操作过程失误造成铜箔表面暗迹，电击打辊和处理阳极缺欠、因其他故障停槽等同样都需要重新研磨、抛光阴极辊表面。

在电解铜箔生产中，阴极辊辊面因为电化学腐蚀、使用过程中划痕、氧化点、氧化色差造成铜箔外观不良时，阴极辊就需要重新抛磨。阴极辊运行一段时间后必须定期对其进行处理。其目的就是把阴极辊表面因腐蚀而生成的氧化膜去除，让阴极辊表面重新呈现出平整、光滑、光亮的表面。

阴极辊的抛磨通常分为研磨和抛光两个工序。

研磨主要是消除新使用阴极辊表面车削加工的痕迹和已使用阴极辊表面的氧化、损伤部分。研磨操作的关键是确保磨料和磨削钛屑不在辊面积留。不论采用砂带研磨还是采用 PVA 磨轮研磨，从辊面磨削下来的钛屑和脱落的磨料黏附在钛辊表面，容易使其形成橘皮、划伤、表面硬化等质量缺陷。选择合适的研磨材料，控制研磨材料对辊面的横向给进速度、相对运动速度、研磨材料对辊面的压力是提高阴极辊研磨质量的有效措施。研磨后的辊面粗糙度 Ra 要小于 0.5 μm。

抛光可使辊面呈现哑光状态，消除金属镜面光泽，使铜箔光面（辊筒面）色泽均匀柔和、微观结构细腻，满足高档铜箔生产工艺要求。光泽度是一个反映物体表面反射光能力的物理量。自然界存在的大部分物体既不是完全镜面，也不是完全无光的。高光泽度物体就是在特定的几何角度下，镜面反射光能力较强的物体。其测量方法就是从固定角度向被测表面发射强度不变的光束，然后监测同一角度反射光的量。不同表面要求的反射角度是不一样的。光泽度越高表面越亮，光泽度越低表面越暗。一般认为，用入射角为 60° 的光泽度仪测量光泽度，测量结果小于 40 GU，该材料可被称为"哑光"。

抛光材料一般选用含磨料的纤维状材料制成的抛光轮。抛光时由于纤维的弹性作用，磨料在辊面呈现弹跳点击式磨削。在电子显微镜下放大 1000 倍观察铜箔光面微观形貌可以看出，研磨后微观表面沿纵向有浅沟状刮削痕迹，抛光微观辊面呈现点状浅坑，所以抛光后的阴极辊更加均匀柔和，表面粗糙度 Ra 很小。由于铜箔光面是阴极辊辊面的镜像，光面粗糙面的微观峰谷结构与辊面粗糙度有直接关系。可根据生产不同产品光面粗糙度的要求选用不同目数的抛光轮，目数越大，抛光后的粗糙度越小。比如采用目数为 3000# 的抛光轮，铜箔光面的 Rz 可以控制在 0.5 μm 以下。

在电解铜箔生产过程中，工艺参数确定之后，辊面质量就成为影响铜箔质量的主要因素。阴极辊的研磨、抛光、哑光化有一系列的技术要求与操作规范。辊面抛磨质量差，不仅可能导致铜箔内应力增加，产生翘曲，而且有可能使铜箔光面产生特殊光亮或条纹等，影响铜箔质量。阴极辊筒表面粗糙度越小，实际表面积与表观面积相差越小，相对应的电流密度值就越准确。阴极辊表面越光滑，阴极电位越向负的方向移动，阴极极化值也越大，铜的析出超电位越高，金属铜结晶也越细腻。

钛的一个重要特性是能够强烈地吸收气体（O_2、N_2、H_2）。钛和氧的作用是不可逆的，钛的氧化膜和钛基体能紧密地结合在一起。钛在室温下能吸收大量的 H_2（407 mL/g）形成固溶体和固定组成的氢化物。所以，阴极辊研磨抛光之后，用水冲洗干净，及时装槽生产。钛辊长时间不用时最好在表面镀上一层铜箔，以下防止表面腐蚀。

阴极辊在空气中会很快形成钝化膜，所以辊面抛光时要随时保持湿润状态，防止辊面氧化变色。

若阴极辊表面粗糙度高，则实际表面积比表观面积大，实际的电流密度比表观电流密度小，阴极极化度也随之变小。因此可能造成某些地方的实际电极电位偏低，获得的铜箔不仅表观色差明显，而且内在性能差别也很大。表面粗糙度低，获得的铜箔内在性能和表面色差则均匀一致。在电解制造铜箔的过程中，阴极辊表面始终处在变化状态中，当阴极辊装入电解槽时，从送电开始生产铜箔时起，辊面的腐蚀就伴随着生产同步进行。阴极辊在电解槽里，由于电化学腐蚀和机械腐蚀，阴极辊表面由光滑细腻逐渐变为越来越粗糙，最后不能生产出合格产品。因此阴极辊在生产一段时间后，必须对表面进行抛磨，去除表面的腐蚀层，让表面产生一种极薄的新生的氧化膜，保证阴极辊表面的金属表面活性，使表面电位更负，而不易被腐蚀，以提供均匀充足的电子。

抛磨分两种情况：氧化严重的，需要把阴极辊吊到专用磨床进行研磨；氧化轻微的，一般就在生箔机上在线抛磨（新建的生产线，生箔机一般配在线抛磨装置；未配在线抛磨装置的生箔机，一旦阴极辊表面氧化，就必须吊到专用磨床进行抛磨）。

4.6.2　阴极辊在线抛磨

1. 辊刷粒度

目前在线抛磨主要采用不织布辊刷抛磨方式。其目的是清洁阴极辊表面，去除阴极辊表面因腐蚀而生成的氧化膜，提高阴极辊表面一致性效果。生产普通 HTE 铜箔，一般要求钛辊的表面粗糙度 $Ra \leqslant 0.43$ μm，生产 RTF 或 HVLP 等特殊铜箔，要求钛筒表面的 Ra 更小。

不织布辊刷的不织布材料沿径向固定在芯轴上，具有对辊筒表面贴服性好、被研磨表面均匀一致、粗糙度稳定的特点。在线研磨的辊刷长度一般要比阴极辊筒宽度大 10~20 mm。

可根据生箔表面粗糙度选用不同目数的抛光刷。现在可选用的抛光刷目数为 400# ~ 3000#，软硬不同，当然抛光刷的直径和长度也需要与阴极辊匹配。

这里所说的抛光刷目数准确的术语是抛光刷磨料的粒度。磨料可按其颗粒尺寸的大小分为磨粒、磨粉、微粉和超微粉 4 组。其中，磨粒和磨粉这两组磨料的粒度号数用每一英寸筛网长度上的网眼数目表示，即在粒度号数的数字右上角加"#"号。比如 400#，是指每一英寸筛网长度上有 400 个孔，粒度号的数值越大，表明磨粒越细小。而微粉和超微粉这两组磨料的粒度号数是以颗粒的实际尺寸来表示的，即在颗粒尺寸数字的前面加一个字母"W"。例如 W20，是表示磨料颗粒的实际尺寸在 14 μm 至 20 μm 之间。

我们常说的"粒度"其实就是"粒度号"，它是区分磨料粒度粗细的一种指标，国标上采用筛分法对其进行检验。比如 80/100 就是一个粒度号，它的公称尺寸范围是 150 μm 至 180 μm，表示落在筛孔尺寸分别为 180 μm 和 150 μm 两层筛子之间的超硬磨料。

其中，上限筛筛上的磨料最粗粒，也就是通常所说的大颗粒，需要严格限制，因其很容易造成工件"划伤"等缺陷；上检查筛筛上的磨料为粗粒；下检查筛上的为基本粒；下检查筛下的为细粒；下限筛筛下的为最细粒。

"粒度"直接关系着磨削加工质量，特别是表面粗糙度。表面研磨粗糙度与磨料粒度之间的关系，可查阅相应的曲线图。要想获得满意的粗糙度，磨料粒度的选择可是很重要的。

需要提醒的是，国内外磨料粒度标准不同，在选取"粒度号"时一定要注意，同时国内粒度号也有新标准和旧标准之分。

2. 抛磨影响因素

在线抛磨过程中，以下几个方面可能对阴极辊筒质量产生影响：

（1）辊刷不织布的粒度和质量，包括辊刷的粗细均匀性、圆度。

（2）钛辊轴芯与刷滚的平行度。

（3）抛磨前钛辊的表面状态。

（4）抛磨参数。

（5）抛光刷辊的质量。抛光刷辊是由不织布纤维、磨料以及胶构成的开放性、三维网状结构，它具有多种类型，不同的粒度。可根据生产产品的不同，确定阴极辊的表面粗糙度，选择 600# ~ 3000# 不等的刷辊。

阴极辊在线抛磨一般在生箔换卷后进行。为安全和操作方便，抛磨时生箔机需要降电流运行，电流控制在正常生产的 50% 左右，阴极辊转速根据抛磨工艺确定。抛磨时按照操作要求，开启刷辊喷淋水，设定好刷辊的转速、震动频率后，将刷辊与阴极辊压靠，压力大小，可观察刷辊电流。抛磨结束后将抛刷退回原位，挤干抛刷上面的水。

在线研磨在使用抛光刷过程中对辊刷的保养也非常重要。电解槽里面的强酸性液体会严重腐蚀不织布材料，因此每次使用辊刷后，都必须用清水冲洗辊刷表面，清洗干净辊刷。

抛光刷在长期使用过程中会磨损，直径会变小。当抛光刷直径小于规定数值后，就需要更换辊刷。具体由辊刷的材料、长度、直径所决定。

抛光刷长期不使用时最好将其竖直放置，勿在辊刷上面放置重物，辊刷重新使用前需用清水均匀冲洗刷子表面几分钟。

在线抛磨期间生箔机生产的生箔，基重等无法精确控制，必须做出明显的标记，以防止被误用。

4.6.3 阴极辊离线研磨

1. 常用磨料

无论是砂轮还是砂带，起磨削作用的是其中的磨料。根据材质的不同，磨料可分为氧化铝系、碳化物系、金刚石系三大系列。

（1）氧化铝系。

氧化铝系列磨料主要有棕刚玉、白刚玉、单晶刚玉、微晶刚玉等。

①棕刚玉。

棕刚玉外观为棕褐色，主要化学成分是 Al_2O_3，其质量分数为 94.5%～97%，具有硬度高，韧性大，颗粒锋锐，价格比较低廉的特点，适合于磨加工抗张强度高的金属，在缺少其他磨料的情况下，一般可由棕刚玉磨料来代替。

其广泛用于普通钢材的粗磨，如碳素钢、一般合金钢、可锻铸铁、硬青铜等。棕刚玉的二级品磨料常用作磨米砂轮、树脂切割砂轮、砂瓦、砂布、砂纸等。

②白刚玉。

白刚玉的硬度略高于棕刚玉，但韧性稍差，磨削时易切入工件，自锐性较好，发热量较小，磨削能力强，效率高，价格高于棕刚玉。

适合于磨硬度较高的钢材，如高速钢、高碳钢、淬火钢、合金钢等。

③单晶刚玉。

单晶刚玉磨料的颗粒由单一晶体组成，并具有良好的多棱切削刃，较高的硬度和韧性，且磨削能力强，磨削发热量少。缺点是生产成本较高，生产中有废气、废水产生，产量较低。

可用于磨削较硬且韧性好的难磨金属材料，如不锈钢、高钒高速钢、耐热合金钢及易变形、易烧伤的工件，考虑到单晶刚玉磨料受生产条件的限制，一般只推荐用于耐热合金和难磨金属材料的磨削。

④微晶刚玉。

属于棕刚玉的派生品种，外观色泽和化学成分均与棕刚玉相似，特点是晶体尺寸小(50～280 μm)，磨粒韧性好，强度大且自锐性好。

适用于磨不锈钢、碳素钢、球磨铸铁等，磨削方式适于成型磨、精磨和重负荷磨削。

⑤铬刚玉。

为白刚玉的派生品种，外观呈玫瑰色，硬度与白刚玉相近，韧性略高于白刚玉且强度高，磨削性能好，磨削精度高。用这种磨料制成的磨具其形状保持性好。

应用范围与白刚玉相似，尤其适于各种刀具、量具、仪表零件的精磨和成型磨。通常铬刚玉较白刚玉具有更好的磨削性能。

⑥锆刚玉。

锆刚玉为 α-Al_2O_3 和 Al_2O_3-ZrO_2 的共晶体化合物，其特点是硬度略低，但韧性较大、强度较高，通常晶体尺寸较小，耐磨性能好。

国外锆刚玉磨料主要用于重负荷磨削，适合于磨耐热合金钢、钛合金钢和奥氏体不锈钢等。

⑦烧结刚玉。

用矾土或铝氧粉的细料烧结而成，特点是韧性好，可制成各种特殊形状和尺寸的磨粒，主要用于重负荷磨钢锭砂轮，适用于研磨不锈钢钢锭等。

⑧黑钢玉。

属于棕刚玉的派生品种，外观呈黑色。特点是 Al_2O_3 含量较低，并有一定量的 Fe_2O_3（10%左右）存在，因而硬度较低，韧性好，多用于自由研磨，如制品电镀前的打磨或粗磨，也用于制作涂附磨具、树脂切割片、抛光块等。

（2）碳化物系列。

碳化物系列磨料主要有黑碳化硅、绿碳化硅和碳化硼。

①黑碳化硅。

黑碳化硅外表呈黑色有光泽，硬度比白刚玉高，脆而锋利，导热性和导电性好。适用于研磨铸铁、黄铜、铝耐火材料及非金属材料。

②绿碳化硅。

绿碳化硅外表呈绿色，硬度和脆性比黑碳化硅高，具有良好的导热性和导电性。适用于研磨硬质合金、宝石、陶瓷、玻璃等材料。

③碳化硼。

碳化硼外表呈灰黑色，硬度仅次于金刚石，耐磨性好，适用于研磨和抛光硬质合金、人造宝石等硬质材料。

（3）金刚石系。

金刚石系列磨料主要是人造金刚石和天然金刚石。

人造金刚石和天然金刚石为无色透明或淡黄色、黄绿色、黑色固体，硬度高，人造金刚石比天然金刚石略脆，表面粗糙。天然金刚石硬度最高，价格昂贵。适用于粗、精研磨硬质合金、人造宝石、半导体等高硬度脆性材料。

2. 研磨方式

根据研磨润滑液的不同，研磨工艺可分为油研磨、水研磨、干研磨和电解研磨。

（1）油研磨。

使用研磨油做研磨润滑液，经过多次研磨后可以修复钛辊上的缺陷。油研磨的效果明显优于传统的水研磨。但是，使用研磨油的缺点同样突出：离线研磨后，如何彻底清洗研磨油是一个关键问题。一般来说，离线研磨车间需要专人专门花费一到两个小时来清洁钛辊上的油迹，严重影响生产效率。假如清洗不干净，油会随着钛辊进入电解液从而污染电解液，影响铜箔质量。而且，基于环保要求，研磨油需要处理后才能排放；工人长期处于充满油迹的车间，健康亦会受影响。

目前也有企业在研究代油磨轮，用水做研磨润滑液，效果与油磨相当，克服了油磨带来的弊端，提高了生产效率。

（2）水研磨。

所谓水研磨，就是用水做研磨润滑液，对阴极辊进行研磨，其研磨工艺步骤如下：

步骤一，将待研磨的阴极辊放置在阴极辊转动架上，启动阴极辊转动架，转速为 10 r/min。

步骤二，将粒度为 400 目的绿碳化硅砂轮片安装在磨头电机上，启动磨头电机，将转速调整为 2000 r/min。

步骤三，通过平行车床带动磨头电机移动至绿碳化硅砂轮片与待研磨的阴极辊相对，开启水泵将水喷淋到绿碳化硅平行砂轮片外表面,水流量为 1.8 m³/h。

步骤四,通过安装在平行车床上的汽缸带动磨头电机移动至绿碳化硅平行砂轮片与待研磨的阴极辊相接触进行研磨,研磨时的工作压力为 0.15 MPa 左右;

步骤五,在研磨过程中,平行车床同时沿阴极辊轴向移动,从阴极辊的一端移动至另一端,移动速度为 4.2 cm/min。当到达阴极辊另一端时,再往回研磨至起点,完成 400 目绿碳化硅砂轮片的研磨。停止平行车床移动,汽缸带动绿碳化硅平行砂轮片退回,停止水泵和磨头电机。

步骤六,卸下 400 目绿碳化硅砂轮片,依序更换为 600 目绿碳化硅砂轮片、800 目绿碳化硅砂轮片,重复步骤二至步骤五完成各规格绿碳化硅砂轮片的研磨;采用 600 目绿碳化硅砂轮片研磨时,磨头电机转速为 2000 r/min,工作压力为 0.15 MPa,平行车床移动速度为 3.2 cm/min;采用 800 目绿碳化硅砂轮片研磨时,磨头电机转速为 2800 r/min,工作压力为 0.12 MPa,平行车床移动速度为 2.5 cm/min。

步骤七,研磨完成后,将含砂粒度为 1000 目的百洁布安装在支架上对阴极辊进行抛磨,抛磨时百洁布与阴极辊之间的工作压力为 1.5 MPa,阴极辊的转速为 10 r/min;在百洁布抛磨过程中,平行车床同时带动百洁布沿阴极辊轴向移动,从阴极辊的一端移动至另一端,移动速度为 2 cm/min;当到达阴极辊另一端时,再往回抛磨至起点,停止平行车床,汽缸带动百洁布退回,即可得到电解铜箔生产甚低轮廓铜箔用阴极辊。

(3)干抛。

采用抛光刷对表面洁净干燥的阴极辊进行直接抛光,抛光刷转速为 120~300 r/min,抛光摆动频率为 15~80 次/min,抛光电流为 1.5~6.0 A。抛光刷的目数为 1000#~2000#,抛光刷添加磨料为 SiC 或 Al_2O_3。抛光时间为 10~60 min。

阴极辊表面直接抛光无须采用任何液体介质,简化了工艺,且能够有效改善阴极辊表面的形貌,利于铜结晶在阴极辊表面的有序电沉积,使电解出的铜箔表现出优异的性能,同时采用该工艺避免了生箔针孔的产生。

钛的导热系数 $\lambda = 15.24$ W/(m·K),约为镍的 1/4,铁的 1/5,铝的 1/14,而各种钛合金的导热系数比钛的导热系数约下降 50%。钛导热性能差,在磨削加工时产生的高温难以向材料内传导,导致其磨削区温度增高,溶液产生磨削过热,使表面粗糙度变大,严重时表面产生烧伤裂纹等现象。磨削区高温促进了材料的活性,进一步加大了磨料的化学磨损,导致钛屑在磨轮上黏附,降低了砂轮的耐用度。

因为钛及钛合金中有氧、氢、碳,有时还包括硅、铁等杂质,这些元素发生强烈反应,以间隙式存在于晶格中,使钛材强度提高,塑性下降。

钛在高温中化学活性极高,在一定的磨削温度下,钛能吸收大气中的氧、氢、氮等而发生化合作用。钛在 500 ℃ 以上开始强烈吸收氧、氢、氮等元素,具有强烈的吸收气体能力。这些元素与钛作用后,可形成氧化钛、氢化钛和氮化钛保护薄膜,使表面层硬化,形成硬脆层,深度为 0.1~0.15 mm。因此,要求干磨的速度较慢,技术要求更高。同时干磨的粉尘容易飘扬,操作人员必须戴防尘口罩。

(4)化学抛磨。

采用化学抛磨液,通过浸泡方法,将阴极辊表面微观凸起处溶解 0.005 mm 左右,能除掉表面的氧化层、微小毛刺、毛边和锐角。化学抛磨可达镜面程度,可改变阴极辊筒表面的物理化学性质，其平滑性、光泽性、耐蚀性、抗黏附性等得到极大提高，效果超过机械抛磨，且使用方便成本低。

化学抛光是通过金属在化学介质中的氧化还原反应而达到整平抛光的目的。其优点是化学抛光与金属的硬度、抛光面积与结构形状无关，凡与抛光液接触的部位均被抛光，不须特殊复杂设备，操作简便。

常见的钛化学抛光液是由 HF 和 HNO_3 按一定比例配制的。HF 是还原剂，能溶解钛金属，起到整平作用，质量分数小于 10%；HNO_3 起氧化作用，防止钛过度溶解和吸氢，同时可产生光亮作用。阴极辊抛磨需要的化学抛磨液数量取决于下列因素：阴极辊表面氧化程度；阴极辊抛磨表面质量要求；抛磨时间的长短。化学抛磨液一般每升可抛磨面积为 $0.2 \sim 1 \ m^2$。

化学抛磨是将阴极辊磨面上的微小凸部优先溶解，改善金属表面粗糙度，获得平滑光亮表面的过程。机械抛磨是将阴极辊磨面的凸部通过砂轮或砂带磨耗除去，获得平滑光亮表面的过程。两种抛磨方式对阴极辊面有不同的影响，金属表面的许多性质被改变，所以化学抛磨与机械抛磨有本质上的不同。

阴极辊离线研磨的另一个重要任务是修整 O 型圈槽。将辊面用纯水清洗干净，仔细检查辊面状况，辊面边部的直角要特别留心，需要专门处理，辊面应十分平整光滑，不能有飞边毛刺。阴极辊钛圈的端部，同样需要抛磨光滑。阴极辊端部密封的塑料板与密封胶圈接触部分的尺寸，每次在抛磨时，都必须认真复测，必要时重新补焊、车削，确保能与密封胶圈精密配合，使电解液不能接触到阴极辊钛圈，阻止在阴极辊钛圈的端部沉积铜层，防止铜箔撕边。

3. 研磨工艺

在某些情况下，在线研磨是无法让钛辊筒恢复到良好的表面状态的，这个时候必须使用离线研磨的方式来解决。下列情形，阴极辊就必须返回阴极辊磨床进行离线研磨：

（1）阴极辊表面氧化严重，通过在线抛光已经无法消除。

（2）电解槽内阴阳极短路，强大的电流击伤阴极辊表面，产生较深的电击痕。

（3）硬物刮碰伤辊面。

锂电铜箔或低轮廓铜箔生产，要求阴极辊表面粗糙度 $Ra \leqslant 0.15 \ \mu m$。这时需要采用 PVA 磨轮进行研磨。

PVA 磨轮研磨在专用的磨辊机上进行。磨辊机与机械磨床结构基本相同。用 PVA 磨轮代替砂轮，研磨时 PVA 磨轮从阴极辊一端以螺旋形式磨到另一端，然后再磨回来。

PVA 磨轮也叫聚乙烯醇缩甲醛砂轮，是采用聚乙烯醇缩甲醛形成的硬弹性体结构作为磨料载体，通过浇注法制成的一种抛光磨具。与砂带或砂纸相比，具有以下特点：

（1）PVA 富有弹性效果，可以让磨粒所造成的切削深度一致，经此可获得出色的精细表面及平坦度，同时也可以避免表面产生太深的刮痕。

（2）独特且规则的气孔允许长时间持续性地研磨加工，同时因为较少的堵塞，降低了研磨热能的产生。

（3）PVA 对于弯曲的表面，拥有良好的一致性，也因此相较于砂纸等其他研磨材料，PVA 可以研磨出极出色的精细表面。

4.7 防氧化处理

铜的化学性质特别活泼，很容易与空气中的氧发生化学反应，变蓝或变黑，造成铜箔润湿性偏低，导致乙炔黑、黏合剂(PVDF)、铜箔(锂电箔负极)凹陷处被架空，润湿性不足，黏合力不够，黏接强度不佳，局部涂布的均匀性不一致，铜箔导电性、导热性、可焊接性大大降低或直接报废。因此锂电铜箔在阴极辊铜剥离后，必须尽快进行防氧化处理。

1. 技术方案 1

该方案提供了一种常用的锂电铜箔防氧化工艺。阴极辊表面电解生成的铜箔，通过剥离，进入钝化槽，进行防氧化处理，具体工艺条件如下：

第一步，防氧化液配制，按照铬酐和葡萄糖的质量比 1:3.2，称取铬酐 0.6846 kg，葡萄糖粉 2.1 kg，将铬酐和葡萄糖粉转移至体积为 1050 L 的配制罐中，加满纯水，混合均匀，使葡萄糖在所述初始防氧化液中的浓度为 2.0 g/L，即得初始防氧化液。

第二步，将所述初始防氧化液转移至防氧化槽中，钝化槽防氧化电镀的电流为 5 A，电压为 4.8 V，铜箔运行速度为 5.2 m/min。自锂电铜箔开始进入防氧化槽起，控制防氧化液的循环流量为 2 m³/h，温度为 32~34 ℃，六价铬的浓度为 0.5~0.7 g/L，用 10% 的氢氧化钾水溶液保持 pH 为 5~6。再经过烘箱烘干收卷后进行分切成品。

得到的锂电铜箔在 150 ℃ 10 min 抗氧化性均合格。单面铬质量浓度均小于 3 mg/m²。

2. 技术方案 2

该技术为一种 6 μm 厚双面光锂离子电池铜箔改性处理工艺，工艺流程为：生箔→酸洗→水洗→表面特殊处理→水洗→表面改性处理→水洗→干燥→收卷。其中，表面改性处理环节须往处理槽中加入改性剂，对锂电铜箔进行在线改性处理，改性温度为 20~40 ℃，电流密度为 30~360 A/m²，改性时间为 3~35 s，干燥烘烤温度为 100~260 ℃。

所述改性剂的制备原料包括植酸钠、植酸、乳化剂 OP10、硅烷偶联剂(KH570)和无水乙醇；将去离子水加入机械搅拌槽中，称取植酸钠加入搅拌槽中进行机械搅拌；将植酸加入加料桶，加水进行初溶解后再加入搅拌槽中；将乳化剂 OP10、硅烷偶联剂及无水乙醇混合，然后将所得的溶液加入机械搅拌槽中，加入去离子水稀释后搅拌 1 h，保持温度<45 ℃；过滤后加入防氧化槽待用。

工艺条件如下：

改性温度：22~32 ℃

电流密度：40~200 A/m²

改性时间：3~20 s

干燥温度：110~140 ℃

每 1 L 改性溶液中各组分含量分别为：

植酸钠：10~80 g/L

植酸：20~110 mL/L

乳化剂 OP10：5~40 mL/L

硅烷偶联剂(KH570)：1~10 mL/L

无水乙醇：150~300 mL/L

这种特制的复合添加剂（改性剂）适用于标准铜箔、锂电铜箔、铜合金的表面改性，使用复合添加剂改性后不会改变原有金属的物理化学性能；经改性处理工艺处理的铜箔抗氧化性强、表面润湿性优、黏合性佳、保质时间长，减轻了储存压力；同时无须添加 Cr^{6+}，消除了 Cr^{6+} 对环境和人体的危害。

3. 技术方案 3

步骤一，无铬钝化液的配制：1000 mL 容量瓶中分别加入浓度为 50% 的植酸 5 mL、钼酸钠 30 mg、苯并三氮唑 40 mg、98% 浓硫酸 5 mL，定容摇匀。

步骤二，生箔电镀结束后取出阴极板用纯水冲洗干净，将镀有铜箔的阴极板放入电流为 1.5 A 的钝化液中，在无铬钝化液中钝化 15 s，钝化结束后将铜箔用纯化水冲洗干净，吹干，剥离。

步骤三，将样品悬挂于 150 ℃ 的烘箱内加热 15 min，取出冷却后观察有无氧化发生。采用该方案铜箔钝化后抗氧化性好，抗氧化温度高；钝化后箔面亲水性好，解决了普通无铬钝化亲水性差、浆料在箔面涂覆不牢的问题；钝化处理过程中，没有使用铬、砷、硒等有毒物质，实现了无毒环保的钝化工艺，且生产成本也比较低。

4. 技术方案 4

将 0.1 份苯骈和 0.2 份苯甲酸溶于 1 份乙酸正丙酯，之后与 0.1 份单宁酸混合共同溶于 100 份水中，混合均匀得到有机钝化液。

将铜箔浸入钝化液使上下表面充分浸润，保持 10 s。将取出的铜箔用清水冲洗、风干处理，制备完成。

在该方案中，苯骈与铜原子形成共价键和配位键，相互结合成链状聚合物，在铜表面形成保护膜，避免铜与氧气分子的接触。单宁酸起抗氧化作用，一方面它通过还原反应降低铜表面氧含量，另一方面作为氢供体释放出氢与环境中的氧自由基结合，中止聚合物内自由基引发的链式反应，阻止氧化反应的传递和发展。苯甲酸不易被氧化，其苯环上可发生亲电取代反应，主要得到间位取代产物。乙酸正丙酯能够增加上述三种有机物的溶解度，对比传统溶剂乙醇和甘油，更容易从溶液中释放出活性物质吸附于铜箔表面。因此使用其作助溶剂时，钝化效率更高，可以使铜箔获得良好的抗氧化性能，其氧化膜厚度甚至略低于常规六价铬钝化液处理后铜箔的氧化膜厚度。

4.8　成化

4.8.1　成化工艺

对于超薄电解铜箔来说，翘曲是最常见且无法忽略的缺陷，并且严重影响下游客户的使用，主要影响工序是涂布和极耳焊接。电解铜箔越薄翘曲越严重。铜箔翘曲主要是铜箔光面、毛面组织、结构不同而产生的压应力不平衡造成的。残余应力越大铜箔翘曲越严重。

铜箔内应力形成机理较复杂，与阴极辊表面形貌、添加剂、电流密度、织构、晶粒尺寸及各种工艺参数均有关系。例如在生箔电解过程中为满足锂电池对铜箔毛面亮度的要求，使用大量的光亮剂，造成铜箔翘曲度的增加；此外，增大电流密度造成阳极与阴极发热，与电解液产生温度梯度,形成热应力,电流密度增大,铜的电沉积速率增加,同时铜箔内部晶格空位、位错等缺陷增多,这些都可能使内应力增加,铜箔的抗拉强度也出现明显波动。

铜箔翘曲一般都是光面朝毛面方向翘曲,这主要是由于光面一般呈层状结构,结晶致密,空位较少,不利于内应力的释放,而毛面结晶疏松,孔隙较多利于内应力的释放,这样就导致光面残余应力大于毛面残余应力,从而在宏观上表现为光面朝毛面方向翘曲。

锂电铜箔轻薄化主要通过大量使用添加剂来改善锂电铜箔延伸率、抗拉强度及光亮度等性能。但是这类添加剂都会导致铜箔内部出现更多的内部缺陷及杂质含量升高等问题,导致铜箔内部内应力加大。锂电铜箔由于从电解到分切过程时间短,内部应力不能及时释放,铜箔内部应力就以翘曲的形式展现出来。铜箔翘曲偏高不仅会影响铜箔涂覆活性材料,边部翘曲严重,使得铜箔弯曲甚至折叠产生打皱现象,而且还影响后续极耳裁切,使得客户生产效率降低,严重者可造成报废。

目前电芯企业基本要求翘曲值≤10 mm,部分客户要求其≤5 mm。

为解决铜箔翘曲和抗拉强度波动的问题,很多铜箔厂对生产出来的锂电铜箔进行成化处理,即通过低温退火的方式来获得抗拉强度稳定、翘曲小的产品。但成化工艺的设计都是依据各自经验进行的,没有统一标准,且理论研究较少。

有文献介绍了一种降低电解铜箔翘曲的成化处理工艺方法,通过二级或三级成化处理,电解铜箔母卷光面与毛面压应力趋于平衡,铜箔内应力得以释放,且这种低温时效处理在不改变铜箔抗拉强度与延伸率的条件下,可使铜箔内部(111)面织构增加,大量孪晶生成,铜箔晶粒长大,细晶强化作用减弱,铜箔内应力降低,同时可缩短成化时间。具体如下。

按翘曲值将电解铜箔母卷分为 A、B、C 三类,其中 A 类的翘曲值大于或等于 20 mm,B 类的翘曲值大于 15 mm 且小于 20 mm,C 类的翘曲值小于 15 mm。

对不同类别的电解铜箔母卷分别进行对应的成化处理。成化处理过程包括二级时效处理或三级时效处理,其中二级时效处理依次包括升温处理阶段和恒温处理阶段,三级时效处理过程依次包括升温处理阶段、恒温处理阶段和降温处理阶段;对于不同类别的电解铜箔母卷,在采用二级时效处理或三级时效处理过程中,需要适应性采用不同的工艺参数,下面分别对不同类别不同时效处理的工艺参数进行详述,工艺参数参见表 4-25 和表 4-26。

表 4-25　二级时效处理工艺

铜箔翘曲程度	升温处理		恒温处理	
	温度/℃	时间/h	温度/℃	时间/h
A	(25±2)~(75±5)	5.5~6.5	75±5	7.5~8.5
B	(25±2)~(60±5)	5.5~6.5	60±5	7.5~8.5
C	(25+2)~(50±5)	5.5~6.5	50±5	7.5~8.5

表 4-26　三级时效处理工艺

铜箔翘曲程度	升温处理		恒温处理		降温处理	
	温度/℃	时间/h	温度/℃	时间/h	温度/℃	时间/h
A	(25±2)~(75±5)	5.5~6.5	75±5	7.5~8.5	(75±5)~(25±2)	3.5~4.5
B	(25±2)~(60±5)	5.5~6.5	60±5	7.5~8.5	(60±5)~(25±2)	3.5~4.5
C	(25±2)~(50±5)	5.5~6.5	50±5	7.5~8.5	(50±5)~(25+2)	3.5~4.5

4.8.2　成化工艺的影响因素

1. 成化温度

铜箔行业现行的成化技术是通过使用烘箱对铜箔进行烘烤或将其放置在空气中来释放应力。通过烘箱释放应力的技术方案为：将铜箔在 50~100 ℃条件下烘烤 12~30 h，烘烤结束后将铜箔冷却至室温；将铜箔放置在空气中自然成化则需要更多的时间，夏天一般需要 3~5 d，冬天则需要一周的时间才能达到客户的要求。在对铜箔进行成化时，往往由于烘烤时长和烘烤温度存在差异，锂电铜箔的翘曲度达不到理想范围，同时由于没有对锂电铜箔的表面进行包装处理便直接加工，影响了烘烤效果。

对铜箔进行成化处理基于以下原理：金属材料在成化处理过程中，由于过饱和固溶体脱溶和晶格沉淀、内应力释放等因素，材料的内应力会消除，尺寸趋于稳定，强度逐渐升高。

研究结果表明，当成化温度较低时，铜箔内部的原子扩散困难，不利于原子的偏聚，影响了第二相的析出，且难以形成 GP 区的点畸变，成化处理后的铜箔抗拉强度升高有限；随着成化温度的升高，铜箔内部原子的扩散能力增强，沿晶界处固溶体分解产物的质点增多，晶格发生畸变，阻碍位错运动，因此抗拉强度提升较多，40 ℃条件下成化处理 24 h，铜箔的抗拉强度达到最大值。此后，随着成化温度的进一步提高，虽然原子的扩散能力增强，但铜箔内部的化学成分已趋近平衡，晶格畸变降低，抗拉强度有所回落。

2. 成化时间

成化处理使铜箔晶粒之间夹杂的有机添加剂分解、扩散，铜晶粒出现再结晶，在晶粒变大的同时，铜箔内应力得到释放，抗拉强度提高。成化时间太长，得到充足能量的铜晶粒又太大，不但细晶强化作用减弱，而且晶粒的变形程度受影响，使相邻的晶体颗粒之间因存在位向差，不能均匀传递形变，铜箔抗拉强度降低。因此，合适的成化处理时间，不仅可使铜箔加速趋向稳定态，晶界处杂质原子向空位和位错处扩散，界面能降低，微观内应力减小，而且在铜箔晶粒二次生长后，可使颗粒大小不均的现象趋于减少，抗拉强度提高。

研究表明，铜箔翘曲是内应力（残余应力）引起的。铜箔亮面和毛面均存在压应力，但亮面压应力大于毛面压应力，因此残余应力表现为朝毛面的压应力，表现为铜箔朝毛面翘曲。铜箔亮面的压应力主要来自添加剂的作用机制。毛面压应力主要来自添加剂和（220）织构的综合作用机制。HEC、PEG、SP 等添加剂能有效抑制杂质，避免铜箔针孔产生。但 HEC、PEG、SP 等添加剂的过量，会引起铜箔严重翘曲。电解铜箔织构、晶粒尺寸、孪晶界及内部空洞等因素影响铜箔的内应力和翘曲程度。

晶粒晶面的形成需满足两个必要条件：必须有一定应力的存在，且能保证其晶面应变能大小的能量可以释放；必须能稳定持续提供晶面原子在空间、膜表面迁移所需的动能。铜沉积晶粒的发展方向是形成致密低能结构。不同晶面的转变就是一种固-固相转变，固-固相转变伴随着能量的释放或吸收。不同晶面的原子密度、应变能密度是不一样的，故提出了晶面原子相对应变能密度的定义。晶面在生长初期都是原子相对应变能密度低的晶面先生长，当应力达到一定程度，能获得足够的动能，原子相对应变能密度较高的晶面则开始生长。

铜箔电沉积过程中的内应力无法避免，可通过成化、超声波处理，使残余内应力控制在可接受范围内。

第5章

表面处理

5.1 铜箔表面处理的作用

电子电路铜箔作为印制电路板(PCB)的功能材料,主要起信号(电流)的传导作用。随着印制电路板结构多层化、信号传输高速高频化的发展,多层印制电路板制造工艺要求电子电路铜箔在满足导体功能(导电性)的同时,还必须满足铜箔与PCB基材的结合力、铜箔表面粗糙度、铜箔抗氧化、可焊性、信号传输损耗等一系列功能性要求。换而言之,电子电路用电解铜箔质量的优劣不仅与铜箔基体(生箔)有关,还与其表面处理过程有着重要关系。电解生箔经过合适的表面处理,可以获得良好的品质和性能,保证其具备优良的使用性能(耐热性、耐腐蚀性、抗剥离强度),满足客户工业生产的要求。

图5-1是一个6层印制电路板的结构模型,它是由6层电子电路铜箔与5层绝缘基材-半固化片(PP)压合蚀刻而成。多层印刷电路板制造,目前多采用减成法,先将2层铜箔与1层PP压制成双面覆铜板,再将覆铜板上导电线路之外的多余铜箔通过化学腐蚀除去形成导电图形。为制成精确的线路,在形成导电图形的铜箔表面涂覆一层抗蚀剂,再将未保护之铜箔腐蚀除去。早期之抗蚀剂是采用丝网印刷方式将抗蚀油墨以线路形式印刷完成的,故称"印制电路板(printed-circuit board,PCB)"。随着电子产品越来越精密化,印制电路的图像分辨率无法满足产品需求,继而引用光致抗蚀剂作为图像解析材料。光致抗蚀剂是一种感光

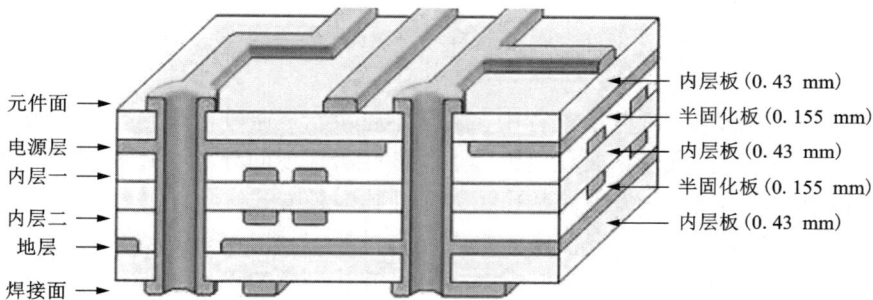

图5-1 铜箔在印制电路板中的作用

材料，对一定波长的光源敏感，与之发生光化学反应，形成聚合体，只需使用图形底片对图形进行选择性曝光后，再通过显影液(例如1%碳酸钠溶液)将未聚合之光致抗蚀剂剥除，即形成图形保护层。

光致抗蚀剂，又称紫外固化光刻胶，是由感光树脂、增感剂和溶剂三种主要成分组成的对光敏感的混合物。感光树脂经光照后，在曝光区能很快地发生光固化反应，使得这种材料的物理性能，特别是溶解性、亲和性等发生明显变化。经适当的溶剂处理，溶解去除可溶性部分，得到所需图像。

紫外固化光刻胶是制造印刷电路板(PCB)电路图形的关键材料，主要分为湿膜光刻胶(又称为"液态光致抗蚀剂")和干膜光刻胶两大类。

曝光就是利用紫外线通过底片使菲林上的图形感光，产生一种不溶于弱碱 Na_2CO_3 的聚合物，从而使图形转移到覆铜板上。

显影是将未曝光部分的干菲林去掉，留下感光的部分。未曝光部分的感光材料没有发生聚合反应，遇弱碱 Na_2CO_3 溶解，而聚合的感光材料则留在覆铜板的铜箔上，保护下面的铜箔不被蚀刻液溶解，从而形成需要的导电线路(图5-2)。

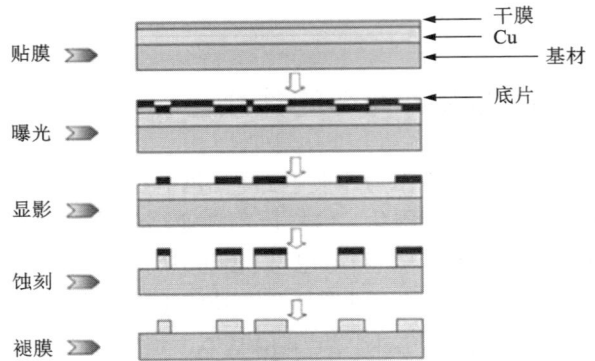

图5-2　导电图形的形成

下面以多层印刷电路板制造过程中常规六层PCB的制作流程为例作介绍。

第一步，先做两块无孔双面板：

开料(原材双面覆铜板)→内层图形制作(形成图形抗蚀层)→内层蚀刻(去掉多余铜箔)。

第二步，将两张制作好的内层芯板用环氧树脂玻纤半固化片黏连压合。

先将两张内层芯板与半固化片铆合，再在外层两面各铺上一张铜箔，用压机在高温高压下压制，使之粘连结合。关键材料为半固化片，成分与原材相同，也是环氧树脂玻纤，只是其为未完全固化态，在70~80 ℃下会玻璃化(软化)，因其中添加有固化剂，在150 ℃时会与树脂交联反应固化，之后不再可逆。通过这样一个半固态—液态—固态的转化，在高压力下完成粘连结合。

在目前的多层印刷电路板制造过程中，层间导通功能是通过金属化孔来实现的。对需要导通的地方开孔，并对孔进行金属化电镀作业，最终实现不同导电线路层间的导通。开孔方式根据线路制造工艺不同，分为机械钻孔和激光开孔两种方式。

在印制电路板制造工艺中，铜箔作为主要导体材料(过孔导体为电镀铜层不是铜箔)，提高线路层间结合力、控制导体表面粗糙度一直是提升其品质的重点。这就要求对电子电路铜箔表面必须采取物理、化学等手段进行化学、电化学处理或增加有机涂层等进行改性，改变铜箔与绝缘基板粗糙度、化学亲和力等表面特性，提升铜箔与基板的结合力和印制电路板电气性能(如减少信号损耗、提升高频信号的完整性)等。提高铜箔与基板的结合力可以有效防止"分层""爆板"等 PCB 严重缺陷的产生，而控制粗糙度可有效地提高信号传输的质量。

生箔是指从生箔电解工序出来未经过处理的箔片。它由纯铜组成，它的导电性仅次于银并具有较好的导热性，但生箔在室温下会与氧气发生反应，在潮湿的环境中反应速度更快。未经表面防氧化处理的生箔，在潮湿的南方大气环境中，两天即氧化变色；即便是在干燥的北方，存放一周也会变蓝发黑。这是因为在干燥的环境中，空气中的氧气会与新鲜的铜层发生反应，产生一层透明的氧化保护膜，阻止铜进一步氧化。然而，微量的水蒸气会促进的氧化，甚至会产生铜的氧化物晶须，并涉及表面原子的迁移。换句话说，暴露在空气中的铜的腐蚀是由水蒸气引发的。这种被称为铜绿的绿色化合物，是由二氧化碳和水蒸气产生的一种铜盐混合物，主要是碳酸盐。对导电性、导热性、信号传输及焊接等诸多性能产生严重影响。因此，为了便于保存和运输，铜箔首先必须进行防氧化处理。

其次，铜箔必须与绝缘基材压合、制作成印制电路才能发挥传导信号的作用。通常是将铜箔与树脂基材在加热加压条件下层压成覆铜板。为满足生产无胶印制电路板的需要，铜箔（含压延铜箔、电解铜箔）必须进行表面处理，才能保证在无胶（相比上胶铜箔）情况下铜箔和绝缘基底材之间有足够的黏结强度（抗剥离强度）。同时，无论是电解铜箔还是压延铜箔，在层压到树脂极板上之前总是存在如氧化变色、侧蚀或底蚀、铜粉脱落等问题。各国生产商为解决上述问题，对铜箔采取各种表面处理工艺。

为提高铜箔抗剥离能力，过去使用氧化粗化技术，现在普遍采用电化学粗化技术。简单来说，氧化粗化就是通过在铜箔的表面产生一层均匀的氧化膜，来提高基板与铜箔的黏结强度。电化学粗化则是通过在生箔的表面形成"瘤化"（一般称为粗化）层来提高铜箔的粗糙度和比表面积，通过固化层加固"瘤化"层与铜箔的连接强度，然后再沉积一层"非铜型"的阻挡层。这样，当铜箔的黏结面与树脂基板层压时，这层阻挡层阻挡了铜与树脂发生反应，热压后的层压板在蚀刻后就不会留下蚀刻污迹，并且在热压后仍保持良好的黏结强度。

目前电解铜箔采用的阻挡层，多以二元或三元合金构成。最早采用在铜箔表面沉积一层锌或黄铜作为阻挡层。另一种较早使用的阻挡层由铟、锡、钴、镍、铬等组成。这些阻挡层不是出现侧蚀现象，就是不溶于普通的蚀刻溶液，蚀刻后残留的阻挡层影响绝缘性，需要进行多次蚀刻或其他特殊的蚀刻才能形成完整的线路。

为了克服上述阻挡层缺点，生产出更完美的铜箔材料，目前常采用锌系阻挡层，也有企业采用镍系阻挡层、锡系阻挡层等，每种阻挡层的形成机理不尽相同。例如锌系阻挡层，就是在铜箔"瘤化"层上，电沉积一层 Zn 与 Ni、Co、V、W、Mo、Sn、Cr 中一种或两种金属组成的 Zn 合金层作为阻挡层。

锌与其他金属、镍与其他金属等组成的合金沉积层作为阻挡层，既能防止蚀刻锈迹又能防止底蚀，而且溶于所有的蚀刻液，能使用标准的蚀刻液形成线路。这些沉积层一般在铬酸盐溶液中进行钝化处理，一方面可防止氧化，另一方面可以提高铜箔与树脂的黏结强度。

随着新的电解沉积技术，如脉冲电沉积技术、反向脉冲沉积技术的引入，铜箔表面处理层变得多种多样。为了提高铜箔的性能，有研究者利用短纤维或不同粒度的不规则微粒在铜箔表面沉积的复合层来改善铜箔的性能，如采用弥散技术或控制固体微粒与其他基质在铜箔表面共沉积的复合沉积层作为铜箔表面处理层。

5.2 铜箔质量设计

5.2.1 铜箔质量设计的内容

电子电路铜箔在下游加工过程中会进行高温热压合、化学蚀刻、高温回流焊接等一系列处理，需要保持高的可靠性和稳定性。因此，需要对铜箔进行产品质量设计。之前，铜箔性能改进主要依靠大量的试验进行优化实现。随着技术的发展，目前先进的企业，铜箔产品的性能是通过先设计后验证来获得。

所谓产品质量设计是指根据市场和用户需求，设计出一种铜箔新产品的过程。它包括产品的外形、功能、性能、材料、制造工艺等方面的设计，旨在满足用户的需求和提高产品的竞争力。

铜箔产品质量设计任务主要有以下三项：

第一，保证产品的功能质量，要求所设计的新产品达到技术上规定的功能目标。

第二，保证产品的价值质量，即质量成本，要使产品的生产技术准备费用、制造费用和使用费用最低，使产品在价格上有较强的市场竞争能力。

第三，容错能力强，生产工艺的较小波动，不会导致产品质量的变异。

很多人对铜箔产品质量、铜箔品质、铜箔性能（功能）的概念不是很清楚，下面进行简单的梳理。

铜箔产品质量：包括产品质量（使用质量）在内的五大要素，即质量 Q（狭义的）、成本 C、制造周期 T、环境 E 和售后服务 S 等的所有要求，这些要求可以概括为用户、企业及社会对产品设计工作提出的各种质量要求。

产品功能：产品能够满足某种需求的一种属性。凡是满足使用者需求的任何一种属性都属于功能的范畴。满足使用者现实需求的属性是功能，而满足使用者潜在需求的属性也是功能。电子电路铜箔的主要功能就是导电或信号传输。

产品性能：具有适合用户要求的物理、化学或技术特性，如基重、化学成分、纯度、抗拉强度、延伸率等。

相互关系：产品质量设计应是功能和性能的综合。功能和性能既有其独立性，又有其内在联系，功能不等于性能。因此，产品设计的理想目标应是实现全部功能和全部性能。

功能设计阶段主要分为三大阶段，分别是产品定位阶段、功能设计阶段、产品制造阶段。

如图 5-1 所示，铜箔在印制电路板中主要起互连导通和支撑的作用，有的时候，为了散热，或者减少干扰，在 PCB 上保留了覆铜板上面的铜箔。铜箔对电路中信号的传输速度、能量损失和特性阻抗等有很大的影响。因此，印制电路板的性能、品质、制造中的加工性、制造水平、制造成本以及长期的可靠性及稳定性在很大程度上取决于铜箔质量设计。

对铜箔产品设计来说，设计产品的首要目标是产品质量定位。要开发的铜箔产品最终用于什么样的电路板？是高频传输还是高速信号传输？下游客户有几十个产品类型，单基材树脂就有环氧树脂、BT 树脂、PTFE、PI、C-H 等多种，不同用途的产品，它的功能和性能要求是不同的。产品定位不清，则很难达到设计要求，它的使用价值就会显著降低，甚至完全丧失，从而在市场中缺乏竞争力，最终被市场所淘汰。

产品质量设计的主要任务：收集分析质量信息，制定质量目标，组织质量评价活动，进行设计评审，DFMEA，实验室试验，小批量试生产，客户验证等。

过程设计则是指对产品的业务流程进行优化和改进。

设计是产品质量的基础。虽然很多铜箔企业口头上讲质量是设计与制造出来的，而不是检验出来的，但实际上却鲜有产品质量设计环节。

综上所述，对于产品质量和功能、性能，可以概况为：

（1）质量是一个总的说法，就是对产品本身品质做出的评价。

（2）品质包含多种评价指标，其中性能是一项重要的指标。

（3）性能一般是对产品的一个量化评价，是较细的评价，通常通过与其他产品比较得到。比如，这个产品质量好，可能包含耐用、安全、可靠等方面，比较笼统和概括，主观性也较强；而说它性能好，则是指在某一方面达到某一指标，或比同类产品在某些指标上表现优秀。

在单面板和低频通信时代，印制电路板对铜箔要求比较简单：能传导信号，与基材有足够的结合力和一定的防氧化能力就可以了。

随着电子产品向智能化、网络化方向发展，PCB 逐步走向高频高速化、高密度化，也对其制造的专用材料——电解铜箔的性能、品质提出了更为严苛的要求。电子线路以及载体基板的表面性能（如粗糙度）、耐离子迁移等成为决定系统信号完整性、可靠性的重要组成部分。

采用低轮廓/超低轮廓铜箔成为解决高频基板传输损耗的有效途径之一，低粗糙度铜箔技术成为 PCB 行业的重要应用方向。根据制造工艺，常见电解铜箔材料可分为五类：

HTE 铜箔：为传统的高温高延性电解铜箔，一般对毛面进行抗剥离强度增强处理。

RFT 铜箔：对生箔光面进行抗剥离强度增强处理的铜箔。

VLP 铜箔、HVLP 铜箔：为生箔毛面进行抗剥离强度增强处理，具有较低和超低表面轮廓的铜箔。

FP 铜箔：表面轮廓几乎趋近于平整状态的铜箔。

从上面的分类来看，铜箔的表面粗糙度会越来越小。这是由于多层板可以实现更高的封装密度，但由于高频信号的趋肤效应，要求铜箔的表面粗糙度较小。

国外很早就开始对铜箔形态与传输质量、表面处理工艺开展了大量研究，而国内对于铜箔表面处理工艺的研究起步较晚，相关理论比较匮乏。

铜箔产品需要满足以下性能要求：

（1）高导电性。

（2）与树脂基材有良好的结合力。

（3）抗氧化能力强。

（4）内应力小。

（5）可焊性。

（6）加工性良好。

（7）耐离子迁移。

（8）信号损耗小。

（9）玻纤效应。

（10）信号完整性。

（11）PIM 小。

下面分别就这些性能要求进行讨论。

1. 导电性

GB/T 5230—2020《印制板用电解铜箔》规定，未经处理的铜箔，在 20 ℃时的质量电阻率应该符合表 5-1 的规定。有要求时，供应方应该提供未经处理的铜箔样品以供分析。

表 5-1　20 ℃时铜箔质量电阻率

铜箔代码	名义厚度/μm	质量电阻率/$(\Omega \cdot g \cdot m^{-2})$
E	5	≤0.181
Q	9	≤0.171
T	12	≤0.170
J	15	≤0.166
H	18	≤0.166
M	25	≤0.164
	≥35	≤0.162

2. 与基材的结合力

（1）控制抗剥离强度的意义。

铜箔与绝缘基材的结合力，意即抵抗剥离的能力，一般用铜箔与基材的抗剥离强度大小来表征。对于电子电路用铜箔而言，抗剥离强度是最重要的性能。当铜箔被压在覆铜板的外表面时，如果剥离强度较差，蚀刻形成的铜箔线路很容易从绝缘基材的表面脱落、分离。为了使铜箔与基材之间有较强的结合力，需对生箔的压合面(与基材的结合面)进行抗剥离增强处理，提高铜箔与基材的结合力。很多人都很疑惑，抗剥离强度这么重要，但无论是 IEC、IPC、JIS 还是 GB/T 5230 标准中，都对剥离强度没有明确的要求，只是规定剥离强度必须符合采购文件的规定或者经供需双方同意。这是因为下游的覆铜板或 PCB 厂家的生产工艺千差万别：PCB 用途不一样，所用基板的树脂体系也不一样。目前已知的 PCB 基板有 FR-4、PTFE、PI、PPO、PPE、C-H、BT 以及陶瓷基板、金属基板、复合基板等，树脂或基板材质不同，与铜箔的结合力自然不一样。即使同样为环氧 FR-4 半固化片(PP)，也分生益系、南亚系、超声系等，同样的铜箔，与不同厂的 FR-4 半固化片层压后，抗剥离强度差别也很大，且没有规律可言，相互不可换算，需要与具体使用的 PP 进行测试和对标。

根据半固化片玻璃转化温度不同，铜箔的抗剥离强度又可以分为 T_g 140、T_g 150、T_g 170 和 T_g 200 抗剥离强度等。半固化片的 T_g 值越高，铜箔的抗剥离强度越不容易提升。

抗剥离强度除上述常温抗剥离强度外，根据 PCB 的可靠性要求，还要模拟各种复杂使用状况(劣化条件)、老化状态下，如在 177 ℃/24 h 烘烤、288 ℃浸锡 10 s、288 ℃浸锡 5 min、288 ℃浸锡 10 min、288 ℃浸锡 20 min 条件下铜箔与基材的结合力。

（2）铜箔抗剥离强度的数学模型。

要提高铜箔抗剥离强度，必须清楚铜箔抗剥离强度的模型。由于印制电路板在制造、装

配和标准使用过程中受到条件的限制，导
体和绝缘体之间的界面附着力必须非常
强。该界面在加工过程中暴露于腐蚀性化
学品中，在使用过程中暴露于高温、高湿
度、低温、冲击、振动和剪切应力环境中，
优化表面和树脂化学成分以及表面积的
技术被铜箔制造商和层压机用来促进和
保持附着力。铜箔表面粗糙度与附着力有
关。按照 IPC-TM 6502.4.8C 的 90°剥离强
度标准分析铜箔从基材上剥离的情况，如
图 5-3 所示。

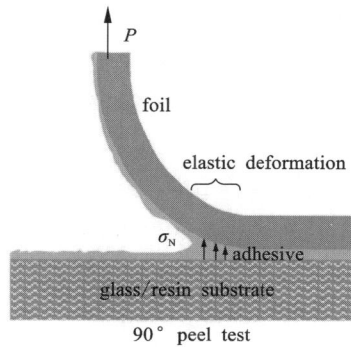

图 5-3 影响剥离强度的主要因素关系

根据弹性理论，影响机械黏结的因素
是变形树脂的厚度、树脂的抗拉强度 σ_N、铜箔的厚度 δ 以及铜箔模量 E 与树脂模量 Y 的比值，粗糙度通过黏结中间层厚度进入这一理论。如图 5-3 所示，胶黏剂中间层厚度与处理高度相关。较高的粗糙度增加了层间厚度、表面积和化学成分对剥离强度的贡献。

根据弹性原理，铜箔的抗剥离强度可表示为：

$$p=0.38\sigma_N\left(\frac{E}{Y}\right)^{\frac{1}{4}}y_0^{\frac{1}{4}}\delta^{\frac{3}{4}} \qquad (5-1)$$

式中：p 为铜箔的抗剥离强度；σ_N 为树脂的抗拉强度；E 为铜箔的杨氏模量；Y 为树脂的杨氏模量；y_0 为变形树脂的厚度；δ 为铜箔总厚度。

由式(5-1)可知，提高杨氏模量(E)、铜箔厚度(δ)、变形树脂厚度(y)，剥离强度就会得到提高。铜的杨氏模量(E)是由原箔微结构所控制的。假设铜箔总厚度(δ)是固定的，那么调整生箔(原箔)厚度和小瘤尺寸，生箔厚度占总的铜箔厚度之比发生改变，会使有效厚度(原箔厚度)得以改变。改动小瘤的大小、阻隔层和硅烷抗氧化层，就可以起到增加变形树脂厚度的效果，达到提高剥离强度的目的，并且没有增加铜箔表面粗糙度。

(3)提高铜箔抗剥离强度的思路。

①提高整个铜箔层，包括瘤化层与生箔(原箔)的杨氏模量，对铜箔的剥离强度有利，而铜箔表面的瘤化粒子的尺寸越小(瘤化粒子小，铜箔表面轮廓度低)，铜箔杨氏模量越有可能提高。

②树脂在铜箔表面上"占据"的空间越大，变形树脂厚度就越大。变形树脂厚度增加，剥离强度随之提高。这也是分析铜箔抗剥离强度不合格的主要依据。

③研究铜表面构形对电性能影响的特性。即建立模型，根据粗糙度与铜瘤堆叠来推算电性能的特性。

④铜箔表面涂覆底胶，以提高剥离强度。

⑤在铜箔处理面生成须晶，增加铜箔表面与树脂的接触面积，以提高抗剥离强度。

⑥通过铜箔表面涂覆有机层，增强铜箔与基材树脂之间的分子键作用力，提高铜箔抗剥离能力。

除基材之外，铜箔抗剥离强度还与铜箔类型、厚度、表面粗糙度、测试温度等有关。以 18 μm 厚的铜箔为例，其抗剥离强度一般在 0.53 N/mm 至 1.75 N/mm，HVLP 铜箔抗剥离强

度最小，普通 HTE 铜箔最高。但需要注意的是，铜箔与基材的抗剥离强度并不是越高越好。

3. 抗氧化能力

抗氧化性，是指铜箔抵抗氧化性气氛腐蚀作用的能力。铜箔抗氧化性分为常温抗氧化性和高温抗氧化性。常规抗氧化又称常温储存性能，一般指铜箔的耐候性，是指铜箔在存放过程中不会氧化。

高温抗氧化性能是指铜箔在与树脂压合或 PCB 制造过程中不会因高温而氧化变色，一般要求在 150 ℃ 条件下一定时间内（一般为 30 min）铜箔表面不应氧化变色；对于某些特殊 PCB，如 PTFE（聚四氟乙烯）、PI（聚酰亚胺）、LCP（液晶聚合物）等基材覆铜板，需要经过高温压合工艺，要求铜箔必须具有 260 ℃ 以上的抗氧化能力。

在常温常压下，保存 6 个月以上，铜箔表面不应该氧化变色。

铜箔经过抗氧化处理后，表面会形成一层无色透明但致密的保护膜层（钝化膜），可以有效地防止铜件继续被空气中的氧气等氧化腐蚀性介质所氧化与腐蚀，可以长久保持铜原有的金属光泽，而且几乎不改变铜箔原有的所有性质（表面已氧化除外）。

4. 内应力

内应力指在没有外在载荷的情况下，铜箔内部所具有的一种平衡应力。

这种应力是在电沉积过程中铜箔受到一些沉积因素的影响，引起金属晶格缺陷所致。特别是某些金属离子和有机添加剂的作用，会显著增加镀层的内应力。

镀层内应力有宏观应力和微观应力两类。宏观应力表现为翘曲和泡泡纱，微观应力则主要通过箔材硬度表现出来。

5. 可焊性

可焊性是指被焊接母材在规定的时间、温度下能被焊接的能力。通常采用浸渍法或润湿平衡法评价，此两种方法本质上是一致的，就是看被焊接母材在规定的时间、温度下能否被润湿。因此，可以说可焊性与润湿性是密切相关的。

在浸渍法试验中，从熔融焊料槽中拿出的试样，可以观察到下列一个或几个现象。

（1）不润湿，表面又变成了未覆盖的样子，没有任何可见的与焊料的相互作用，被焊接表面保持了它原来的颜色。如果被焊表面上的氧化膜过厚，在有效的焊接时间内焊剂无法将其除去，这时就出现不润湿现象。

（2）润湿，熔融焊料铺展并覆盖在被焊金属表面上的现象。把熔融的焊料排除掉，被焊接表面仍然保留了一层较薄的焊料，证明发生过金属间相互作用。润湿表示液态焊料与被焊接表面之间发生了溶解扩散作用，形成了金属间化合物（IMC），它是软钎焊接良好的标志。

当覆铜板试样浸入液态焊料槽时，铜箔表面和液态焊料间就产生接触，但这不意味着铜箔已经被液态焊料所润湿，因为它们之间有可能存在着阻挡层，只有把覆铜板试样从焊料槽中抽出才能看出是否润湿。

（3）部分润湿，被覆铜板铜箔表面一些地方表现为润湿，一些地方表现为不润湿。

（4）弱润湿，铜箔表面起初被润湿，但过后焊料从部分表面缩回成液滴，而在弱润湿过的地方留下很薄的一层焊料。

按照 IPC-TM-650 2.4.12 铜箔在 288 ℃ 锡槽中漂锡后，至少 95% 的表面被锡或焊料湿润。

6. 可加工性

铜箔可加工性没有确切的定义，本书定义为可棕化处理、可蚀刻性和抗侧蚀性。

作为 PCB 的外层铜箔，铜箔的处理面已经进行了抗剥离增强处理，其与基材的结合力是足够的。但对于 PCB 的内层导电线路，铜箔只有一面进行了结合力增强处理，另一面没有进行处理。铜箔与基板压成双面覆铜板后，作为多层印制电路板的芯板，需要在 PCB 工厂对芯板铜箔的光面进行处理，以提高内层间的层间结合力。过去采用黑化处理工艺，但黑化技术本身存在的缺陷，如易出现粉红圈、高温操作、流程复杂、操作时间长、需要使用危险性物料等。目前 PCB 行业普遍使用棕化处理代替黑化处理。

HDI 工艺要求铜箔经过棕化处理后，处理面色泽均匀，无色差和条纹，不影响激光开孔。

铜箔的可蚀刻性基本要求就是能够将除抗蚀层下面以外的所有铜层去除干净，蚀刻后没有金属残留。

抗侧蚀性被定义为侧蚀宽度与蚀刻深度之比，称为蚀刻因子。在印制电路工业中，它的变化范围很宽泛，从 1∶1 到 1∶5。显然，小的侧蚀度或低的蚀刻因子是最令人满意的。从严格意义上讲，如果要精确地界定，那么蚀刻质量必须包括导线线宽的一致性和侧蚀程度。侧蚀与铜箔处理层的结构有关。

7. 耐离子迁移（CAF）

20 世纪 50 年代美国贝尔实验室的 Kohman 等人发现，在电话交换机的连接件中，镀在铜接线柱上的银在酚醛树脂基板内被检出，他们证实是银离子的迁移。这种现象有时会引起基板的绝缘性能下降。其发生的原因可能是在直流电压下受潮的镀层发生离子化。经研究发现，除了银外，铝、锡、铜都有类似现象。由此离子迁移现象进入人们的视线。

耐离子迁移性（CAF）是指绝缘基材在电场作用下能承受电化学绝缘破坏的能力。CAF 表现为两种形式：一种是印制板表面的离子迁移，是在板的表面有离子污染和一定湿度的条件下产生的；另一种是导电的离子在材料内部沿玻璃纤维迁移。在铜箔质量设计过程中考虑的是后一种情况：在 PCB 中，两个导体在高温高湿和一定电势差条件下，铜离子或者铜盐顺着纤维布与树脂之间的缝隙发生缓慢迁移，导致形成微小的漏电流，使本该绝缘的两端出现通路或者绝缘阻值急剧减小，最终影响电路板电气性能(图 5-4)。

离子迁移现象是一种电化学现象，当绝缘体两端的金属之间有直流电场时，这两边的金属就成为两个电极，其中作为阳极的一方发生离子化并在电场作用下通过绝缘体向另一边的金属(阴极)迁移。整个迁移过程可分为：阳极反应(金属溶解过程)→金属离子的移动过程→阴极反应(金属或金属氧化物析出过程)。

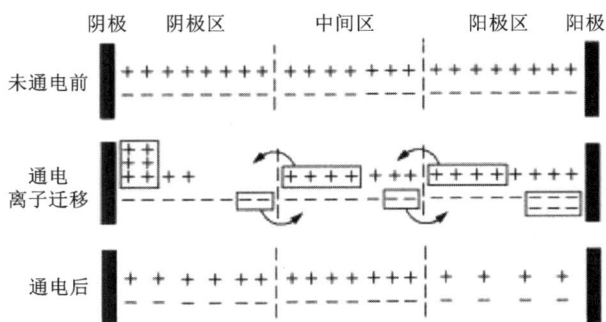

图 5-4　离子迁移现象机理

由于早期的电路板线间距比较宽，很少会发生这种故障，并且只有在高温和潮湿的环境下才有可能发生，因此并未引起人们的重视。随着印制电路板向高密度、高稳定性方向发展，电路板开始越来越小型化，对基板材质和性能提出了更高的要求，使得人们又开始重视离子迁移对基板绝缘性能的影响，从而对离子迁移的研究又引起了人们的注意。

一般高密度 PCB 电路板的故障模式主要有两种。第一种为导体层间的铜离子迁移，对半径只有 0.087 nm 的铜离子而言，环氧树脂可视为海绵状结构，因此铜离子如果受到导电层间电压的影响很容易通过环氧树脂而由阴极到达阳极形成树枝状的铜析出物。第二种为同层线与线之间的导通。

过去铜离子迁移比较容易发生在上下相间的导电层，不容易发生在同一层导线之间，主要原因是上下导电层之间的绝缘层厚度通常只有 40 μm，同一导电层内的导线间距一般为 100 μm，而从电场强度的观点来看，垂直导线方向的电场强度比平面上的电场强度大，因此上下相间的导电层比较容易产生铜离子迁移。但随着 HDI 技术的发展，线距下降到 50 μm，同层线路之间导通的风险增大。

离子迁移所造成的不良影响主要是使印制 PCB 的电绝缘性能下降，严重的会引起线路间的短路。

CAF 通道产生传输通道的原因比较多，主要体现在以下四个方面：

（1）PCB 的大部分基材是由树脂浸润玻璃纤维布而成，那么起浸润作用的偶联剂在长时间的高温高湿条件下会发生一定的水解，从而降低了玻璃纤维布与树脂的附着性，最后导致两者之间形成了微小的缝隙。

（2）钻孔时高速运转的钻头会使玻璃纤维束承受比较大的应力，导致其被拉扯分离，最终在玻璃纤维和树脂之间产生一定的缝隙，从而为传输通道的产生提供了条件。

（3）除胶渣药水的用量、浓度、时间等参数的调整不匹配也会使玻璃纤维束被过度咬蚀，从而在玻纤和树脂之间产生一定的缝隙形成传输通道，这就是"灯芯效应"的概念。

（4）在多层板层压工艺中若层压不良，会使存在于玻纤和树脂之间的气泡难以赶尽，而产生 CAF 传输通道。

从铜箔质量设计过程而言，就是如何防止铜与基板直接接触，在潮湿环境中产生铜离子。

8. 信号损耗

损耗是传输线一个非常重要的效应，传输信号的速率越高损耗越明显。随着高速互联链路信号传输速率的不断提高，作为器件和信号传输的载体，印制电路板的信号完整性对通信系统的电气性能影响越来越突出。尤其是随着 10 G 和 25 G 以上产品的大规模商用，插入损耗（insertion loss）成为管控高速产品研发和量产过程的重要指标。为了减小信号在传输过程中的介质损耗，近些年开发推出了大量的低介电常数/低损耗因子的覆铜板、半固化片材料和低损耗阻焊油墨等。同时，为了降低趋肤效应及铜箔表面粗糙度引起的导体损耗，在高速 PCB 中越来越多地采用低粗糙度铜箔，如 RTF、VLP、HVLP 等。

影响 PCB 信号损耗的因素很多，下面就主要因素进行讨论。

（1）介电常数 D_k。

D_k（dielectric constant）中文名称为介电常数，它是表示绝缘能力特性的一个系数，以字母 D_k 表示。在工程应用中，介电常数时常以相对介电常数的形式来表达，而不是绝对值，常见应用有计算阻抗和时延。

D_k 越小对高速信号越好。

（2）介质损耗因子 D_f。

D_f(dissipation factor)，中文名称为介质损耗因子，又叫阻尼因子，是材料在交变力场作用下应变与应力周期相位差角的正切，也就是信号线中已漏失在绝缘板材中的能量与尚存在线中能量的比值。

一般地，按损耗因子的高低，覆铜板材料可分为 5 个等级：

标准损耗（D_f：不要求）

中损耗（D_f：0.008~0.010）

低损耗（D_f：0.005~0.008）

极低损耗（D_f：0.002~0.005）

超低损耗（D_f：<0.002）

因此，铜箔也需要与之匹配，相应分为标准损耗、中损耗、低损耗、极低损耗和超低损耗 5 大类。

需要注意的是，应区别介质的相对介电常数（D_k）与介质损耗（D_f）这两个概念。相对介电常数是描述材料影响电容量和电磁波传播速度的系数度量，涉及偶极子与电场的不同相运动及引起的电容变化；介质损耗（D_f）则是描述参与运动的偶极子数量及运动剧烈程度随频率提高的系数度量，涉及偶极子与电场的同相运动及引起的损耗。介质损耗与 D_k 和 D_f 有直接关系，D_k/D_f 越小（稳定），损耗也越小（稳定），合理稳定的介质参数可以在工程应用上更好地控制产品的性能。

D_f 越小介质损耗就越少。

对于同样一块基板，它的 D_k、D_f 在不同频率下并不是固定的：频率越高，D_k 单调下降，D_f 有可能先上升，然后小幅波动。

（3）传输损耗。

信号在传播过程中能量损失不可避免，传输线损耗组成见图 5-5。导体损耗，导线的电阻在交流情况下随频率变化，随着频率升高，电流由于趋肤效应集中在导体表面，受到的阻抗增大，同时，铜箔表面的粗糙度也会加剧导体损耗；介质损耗，源于介质的极化，交流电场使介质中电偶极子极化方向不断变化，消耗能量；耦合到邻近走线，主要指串扰，造成信号自身衰减的同时给邻近信

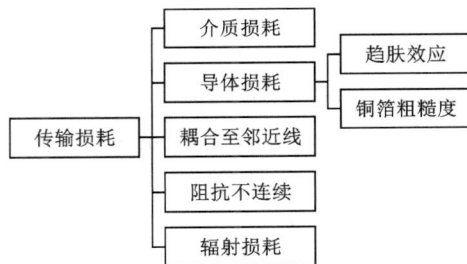

图 5-5　损耗组成

号带来干扰；阻抗不连续，反射也会导致传输的信号损失部分能量；对外辐射，辐射引起的信号衰减相对较小，但是会带来 EMI 问题。

对于 HTE 铜箔，由于传输的信号频率一般在 1 GHz 以下，信号损耗或者铜箔表面粗糙度对信号传输损耗影响较小，一般很少关注。但对于高速高频线路用铜箔，信号损耗则很大，介质损耗和导体损耗是传输线上信号衰减的根本原因。

根据电磁场和微波理论，PCB 传输损耗主要由介质损耗、导体损耗和辐射损耗三部分

组成。

（4）导体损耗。

导体损耗又包含直流损耗、交流损耗，导体直流损耗就是导体的直流电阻引起的损耗。

导体直流损耗的计算公式为：

$$R = \rho \frac{L}{W \times t}$$

式中：R 为导体（铜箔）的体积电阻率，$\Omega \cdot inch$；L 为传输线长，$inch^*$；W 为传输线线宽，$inch$；t 为传输线的厚度，$inch$。

导体直流损耗都比较小，一般忽略不计。在铜箔质量设计中，我们需要考虑的是铜箔在 PCB 线路中的交流损耗。

研究交流损耗就必须熟悉趋肤效应的概念。趋肤效应（又称集趋肤效应，skin effect）是指导体中有交流电或者交变电磁场时，导体内部的电流分布不均匀的一种现象。随着与导体表面距离的逐渐增加，导体内的电流密度呈指数递减，即导体内的电流会集中在导体的表面。从与电流方向垂直

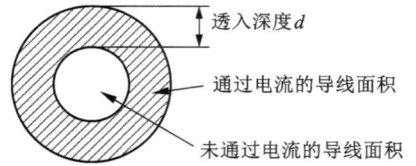

图 5-6 趋肤效应

的横切面来看，导体的中心部分几乎没有电流流过，只在导体边缘的部分有电流（图 5-6）。简单而言，就是说电流集中在导体外表的薄层，越靠近导体表面，电流密度越大，导体内部实际上电流较小。结果是导体的电阻增加，它的损耗功率也增加。产生这种效应的原因主要是变化的电磁场在导体内部产生了涡旋电场，与原来的电流相抵消。

在 GB/T 2900.1—2008《电工术语 基本术语》中，趋肤效应（skin effect）定义如下：由于导体中交流电流的作用，靠近导体表面处的电流密度大于导体内部电流密度的现象。

（注 1：随着电流频率的提高，趋肤效应使导体的电阻增大，电感减小。）

（注 2：在更一般的情况下，任何随时间变化的电流都产生趋肤效应。）

需要说明的是不仅仅只有铜会产生趋肤效应，所有的金属（包括焊料），在高频下都会产生趋肤效应。

研究表明：传输的信号频率越高，趋肤效应越明显。随着电流频率的升高，导体内部电流趋向分布于导体的表面，这就导致电流流过导体的横截面积减小，电流感受到的电感和电阻就随电流频率升高而增加，导致铜箔中传输的高频信号以热能形式散失的比例升高。从而产生更大的损耗。

图 5-7 展示了频率分别为 60 Hz、1000 Hz、400 kHz 的 3 个正弦波信号在圆柱形导体流过时电流的分布情况。用颜色的深浅表示电流分布的不同，颜色越深表示电流密度越大。可以看到频率为 60 Hz 的信号趋肤深度为 150 mm（6 inch），1 kHz 的信号趋肤

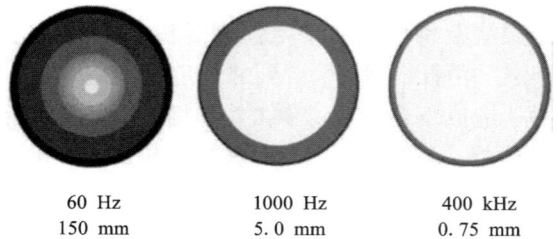

| 60 Hz | 1000 Hz | 400 kHz |
| 150 mm | 5.0 mm | 0.75 mm |

图 5-7 不同频率下的趋肤效应

---

* 1 inch=2.54 cm。

深度为 5.0 mm(0.2 inch)，400 kHz 信号的趋肤深度为 0.75 mm(0.03 inch)。

趋肤深度随着频率变化的趋势如图 5-8 所示。我们可以清楚地看到从 DC 直流开始随着频率的提高，趋肤深度迅速地降低，在 5 GHz 时仅仅只有 1 μm。

趋肤深度是频率的函数，频率越高，趋肤深度越小，导体传输信号的有效横截面积就越小，这就导致相同的传输线、相同的导体对不同的频率信号表现出不同的损耗特性。正是趋肤效应的存在，才导致在高频情况下，铜的厚度对传输线阻抗的影响变得非常小。

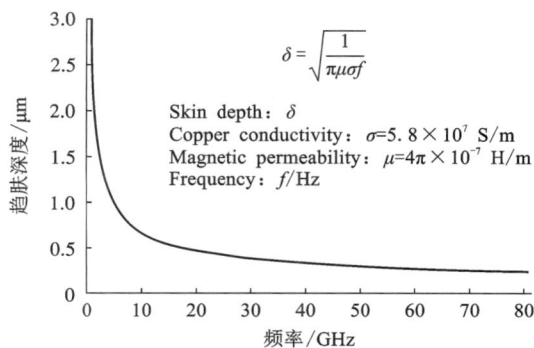

$$\delta = \sqrt{\frac{1}{\pi\mu\sigma f}}$$

Skin depth：δ
Copper conductivity：$\sigma=5.8\times10^7$ S/m
Magnetic permeability：$\mu=4\pi\times10^{-7}$ H/m
Frequency：f/Hz

图 5-8　频率与趋肤深度的关系曲线

导体损耗 α_c 与信号频率成正比，与导体的阻抗成反比

$$a_c = \frac{31.6\sqrt{f}}{(W+T)Z_0}$$

式中：a_c 为线路的导体损耗；f 为信号频率，GHz；W 为铜箔宽度，miL(1 密耳 = 0.0254 mm)；T 为铜箔厚度，miL；Z_0 为阻抗，Ω。

(5)介质损耗。

介质损耗是指电场通过介质时，介质分子交替极化和晶格不断碰撞而产生的热损耗。

通常介质损耗与 D_k 和 D_f 关系密切，该损耗的近似计算公式为：

$$\alpha_d = k\times f\times\sqrt{\varepsilon_r}\times\tan\delta$$

式中：α_d 为信号衰减，db/inch；f 为信号频率，GHz；$\tan\delta$ 为损耗正切材料；ε_γ 为材料的有效相对 E_r。

泄漏损耗的影响可以忽略，因为 PCB 具有很高的体积电阻。

(6)辐射损耗。

辐射损耗是电路由于射频辐射而损失的能量。该损耗取决于频率、介电常数(D_k)和铜箔厚度。对于特定的传输线，在较高的频率下损耗会更高。对于相同的电路，当使用具有较高 D_k 值的较薄基板时，辐射损耗将较小，一般也可以忽略。

(7)导体粗糙度产生的损耗。

铜箔的表面并不是绝对光滑的，即使是铜箔的光面，如果用显微镜去观察，表面也是充满了高山沟壑，所以信号在传输线上传输并不是一马平川，而是充满了荆棘的。图 5-9 为铜箔表面粗糙度与趋肤深度的示意图，可以清楚地看到铜箔的粗糙度与趋肤效应，大大地加大了导体的损耗。

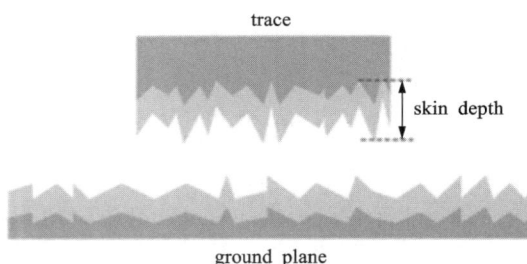

图 5-9　铜箔表面粗糙度与趋肤深度示意图

由于趋肤效应的影响,导线的等效电阻增加,损耗增大。粗糙度增大,等效电阻增加。传输信号的频率越高,趋肤深度越小,当趋肤深度比铜箔上的粗糙程度还小的时候,信号损耗就越大(图5-10)。

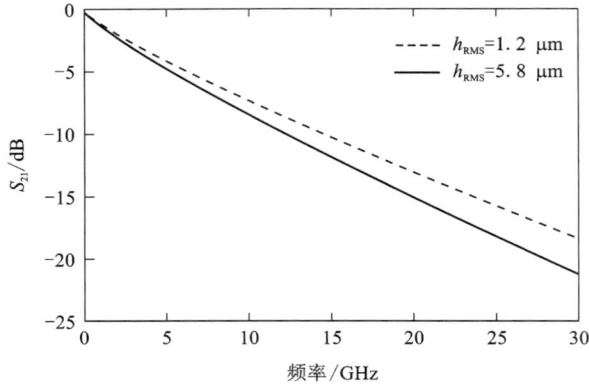

图 5-10　铜箔表面粗糙度对信号传输的影响

9. 玻纤效应

印制电路板的基础材料是覆铜板,目前最常用的 FR4 覆铜板是以电子玻纤布为增强材料,浸以环氧树脂,单面或双面覆以一定厚度的铜箔,经热压处理而成的板状材料。玻纤布是基板材料的骨架,它可以提高基板材料的强度,同时维持其结构稳定性。目前,覆铜板中应用的电子玻纤布主要有 E-玻纤布(electrical glass,E-glass)、扁平 E-玻纤布(miracle super glass,MS-glass)和 NE-玻纤布(NE-glass)三种。对于 PCB 介质层来说,其介电常数差异主要取决于使用的玻纤布类别。在信号传输以低频为主的时代,人们一直认为 PCB 介质层是均匀的,玻纤布对 PCB 电气性能的影响极小。但当 PCB 传输的信号频率高达数 GHz 时,介质层局部特性的扰动使均匀电介质假设不再可行,因为会产生玻纤效应。

所谓玻纤效应就是玻璃纤维束之间存在明显的间隙,间隙中的物质主要为树脂,而玻纤及经纬玻纤叠加位置的节点上 D_k/D_f 存在差异,信号线经过的这些位置介质层的介电常数不是固定值。对于差分信号线来说,D_k 值变化和不一致会使两根信号线的传输速度不一致,而导致差分失真(skew)问题,而 skew 会导致其模式电压增加和相应的差分信号降低,且产生的交流共模(ACCM)效应成为系统里串扰(crosstalk)和 EMI 的来源。

与常规玻纤布相比,扁平玻纤布的玻纤束更加分散,玻纤束之间的间隙更小,介质均匀性更好,其介电常数差异要比常规玻纤布更小。因此当采用扁平玻纤布时,玻纤效应带来的差分 skew 要更小。

为了减小玻纤效应的影响,通过调整布线的方向,将导电图形旋转,使之不与板边缘平行,或者进行辐射状的走线,避免导电线路平行于经纬向玻纤,这样可以使玻纤交织效应达到平均。理论上来说,与板边呈 45°走线可使影响降到最小。但考虑到板材利用率问题,应尽量减小旋转角度。有研究表明,在进行布线设计时,传输线长度为 1 inch,旋转角度为2.3°时,即可解决差分失真问题。

虽然玻纤效应与铜箔本身无关,但它引起的系统串扰、差分失真和 EMI 都与铜箔有关。

10. 信号完整性 SI

信号完整性 SI(signal integrity)是指在高速电路设计中互连线所引起的所有问题。

信号具备信号完整性是指在不影响系统中其他信号质量的前提下，接收端能够接收到符合逻辑电平要求、时序要求和相位要求的信号。信号完整性设计的根本目标是保证信号波形的完整和信号时序的完整。宏观的信号完整性问题可以分为以下四类：

(1)单条传输线的信号完整性问题。

(2)相邻传输线间的信号串扰问题。

(3)与电源和地相关的电源完整性问题(PI)。

(4)高速信号传输的电磁兼容性问题(EMC)。

按照 CCL/PCB 表征信号完整性(signal integrity)要求，不同的应用场景，需要配套不同的铜箔(表 5-2)。HTE 铜箔，可以满足所有标准损耗应用场景的需要，因为标准损耗实质上对信号损耗无要求。但中、低损耗等高端应用场景完全不同，几乎每家 CCl 产品所用的 PP 配方都不相同，原则上需要个性化定制。

表 5-2　不同铜箔的应用场景

基材传输损耗等级	基材介电损失因子(D_f)	传输数据速率/(b·s^{-1})	铜箔品种类	处理面指标	
				Rz/μm(Rz：JIS)	R_q/μm
标准损耗(STD loss)	—	1	HTE	≤7.5	
			HTE	≤7.5	
中损耗(mid loss)	0.008~0.010	5	HTE	≤6.0	
			RTF 1	≤3.0	1.2~0.9
			RTF2	≤2.5	0.9~0.7
			RTF3	≤2.0	0.7
			VLP	≤4.2	2.0~1.2
			HVLP	≤2.0	0.7~0.64
			HVLP2	≤1.5	0.3
低损耗(low loss)	0.005~0.008	10	RTF 2	≤2.5	0.9~0.7
			RTF3	≤2.0	0.7
			VLP	≤4.2	2.0~1.2
			HVLP	≤2.0	0.7~0.64
极低损耗(very low loss)	0.002~0.005	25	RTF3	≤2.0	0.7
			HVLP1	≤2.0	0.7~0.64
			HVLP2	≤1.5	0.3
超低损耗(oltra low loss)	≤0.002	56	HVLP1	≤2.0	0.7~0.64
			HVLP2	≤1.5	0.3

由于高速高频信号传输聚集于铜箔表层进行，为了降低趋肤效应对信号传输的不利影响，要求铜箔具备较低的表面粗糙度，而且表面处理层的厚度要尽可能小。而限制铜箔表面粗糙度降低的主要因素为：

除了铜箔表面粗糙度对高速高频交流信号的影响，在对铜箔表面进行粗化增强处理时，由于处理层本身由多种金属和金属氧化物组成，其电阻高于纯铜基体，铜箔表层的电阻变大时，会进一步加剧信号的损耗。

尤其是经典的铜箔表面处理过程会在表面处理层中引入镍、钴等铁磁性金属元素，这些铁磁性成分会在一定程度上对基板的无源互调 PIM(passive inter-modulation)性能产生不利的影响。而 5G 通信用的射频-微波电路基板(如毫米波车载雷达用基板)所用的铜箔，要求表面处理层不能含有镍、钴、铁等铁磁性元素。传统铜箔表面处理方法不能为高速高频信号用的印制电路板提供一种具有较低轮廓度且同时满足抗剥离性能要求的原料铜箔，更是无法为 5G 通信提供一种不含铁磁性金属元素、具有出色的 PIM 性能的铜箔。

必须在此特别提醒，信号损耗虽然与铜箔有关，但实际上 80%的损耗源自线路设计不合理和 PP 选择不当。高速 PCB 材料的选择以及加工制作工艺对信号损耗特性有着至关重要的影响，且 PCB 板卡上信号传输速率越高，PCB 损耗性能受材料和加工工艺的影响越大。PCB 设计师通过选择合适等级的材料，合理搭配铜箔、玻纤布类型、阻焊油墨等，并对加工工艺进行优选，可以获得电性能符合要求的 PCB。

不要看到信号损耗不合格，就认为铜箔质量有问题，理由如下。

(1)绝缘基板材料对 PCB 的损耗影响极大。在不同传输频率下，不同等级材料之间的插入损耗值差异为 15% ~ 30%。

(2)铜箔选型的影响。低粗糙度铜箔能显著降低信号传输损耗，其中，采用 HVLP 铜箔的损耗值比 HTE 铜箔小 12% ~ 16%，比 RTF 铜箔损耗值小 4% ~ 12%。

(3)线路设计的影响。在不改变材料、叠构等前提下调大信号线宽可明显降低信号线的损耗。

(4)玻纤布影响很大。与 E-glass 相比，采用 NE-glass 后损耗值可降低 4% ~ 22%，且信号传输频率越高，NE-glass 对损耗性能的改善越明显。

(5)相同材料、相同介质厚度时，有多张数高 RC 薄玻布与少张数低 RC 厚玻布等多种选择方案时，可按照模拟 xD_f 值的大小来做基本判定，模拟 xD_f 值低的损耗值一般更低。

(6)覆盖阻焊油墨后外层线路损耗值增大 50% ~ 70%，且信号频率越大，阻焊油墨对损耗的影响越大；与常规阻焊油墨相比，采用低损耗油墨可使外层线路的损耗值降低 10% ~ 20%。

(7)采用低粗糙度药水处理后的损耗值比用传统粗化药水处理低 5%左右，且 PCB 的可靠性满足要求。

(8)不同 PCB 表面工艺信号对损耗的影响强弱为：沉金>无铅喷锡>沉锡>OSP>沉银，与裸铜相比，不同表面工艺处理后微带线损耗值增大 1% ~ 20%。

11. PIM

PIM，中文为"无源互调"(passive intermodulation)，属于一种信号失真。PIM 由两个或更多载波频率之间的非线性混频产生，而生成的信号内含有额外的非所需频率或互调产物。正如"无源互调"这一名称中"无源"两字所表达的意思一样，上述引起 PIM 的非线性混频并不涉及有源器件，而通常是金属材料、互连器件的制造工艺，或系统中其他无源元件引起的。

无源是相对有源而言，简单地讲就是需能(电)源的器件就叫有源器件，不需能(电)源的器件就是无源器件。有源器件一般用于信号放大、变换等，无源器件用来进行信号传输，或者通过方向性进行"信号放大"。电容、电阻、电感都是无源器件，IC、模块等都是有源器件。如果电子元器件工作时，其内部没有任何形式的电源，则这种器件叫作无源器件。从电路性质上看，无源器件有两个基本特点：

(1)自身或消耗电能，或把电能转变为不同形式的其他能量。

(2)只需输入信号，不需要外加电源就能正常工作。

PIM 产生的原因非常复杂，磁性物质含量、不良的连接、杂质的污染等都会导致 PIM 的产生。因此对于天线系统，工程师在设计阶段，要求系统的各个部件都具有良好的 PIM 性能，以将系统的整体 PIM 减至最低。因此对基材的 PIM 也提出了更高的要求。

PCB 线路产生 PIM 的原因包括以下三方面。

(1)电气连接中的瑕疵：由于世上不存在毫无瑕疵的平滑表面，因此不同表面之间的接触区域中可能存在着电流密度较高的部分。这些部分因导电路径受限而发热，从而导致电阻发生变化。基于这一原因，连接器应始终被准确旋紧至目标转矩。

(2)大多数金属表面至少存在一个薄的氧化层，该氧化层可导致隧穿效应，或简单地说，将导致导电面积减小。有人认为，这种现象可产生肖特基(Schottky)效应。这就是蜂窝塔附近的生锈螺栓或生锈金属屋顶可导致强烈 PIM 失真信号的原因。

(3)铁磁材料：铁等材料可产生较大的 PIM 失真，因此采用频率复用的蜂窝系统中不应使用此类材料。

随着同一站点内开始采用多种不同技术及不同代的系统，无线网络变得更加复杂。当各种信号组合后，便会产生 PIM 这种对 4G 网络 LTE 信号造成干扰的失真。天线、双工器、电缆、脏污或松动的连接器以及位于蜂窝基站附近或一定距离内的损坏射频设备、金属物体都可能成为 PIM 的来源。

由于 PIM 干扰可对 LTE 网络性能产生重大影响，因此无线运营商及承包商极为重视 PIM 的测量、来源定位及抑制。因此，在高频电路中，各部件(包括 PCB)在设计和生产过程中均会进行 PIM 测试，以确保其在安装后不会成为重大的 PIM 源。

与损耗相比，PIM 影响因素更加复杂。铜箔对电路板 PIM 的影响较小。表现在以下方面。

(1)铜箔表面粗糙度会影响 PIM，普通铜箔表面粗糙度较大，铜箔上表面和下表面粗糙度都会影响 PIM(图 5-11)。

(2)铜箔厚度会影响电流密度分布，如表 5-3 所示，从而影响 PIM。低电流密度分布对 PIM 影响小，所以应尽量选用薄铜箔。

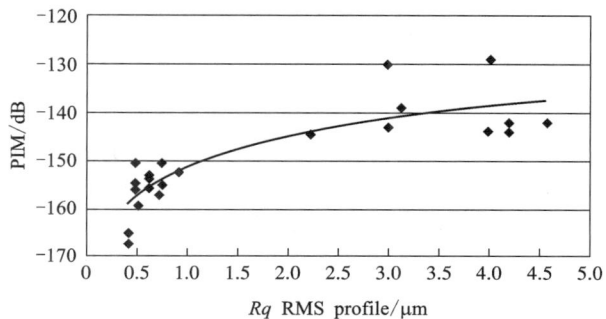

图 5-11　印制电路板铜箔表面粗糙度与 PIM 性能的关系

表 5-3　PTFE 基板参数与 PIM 的关系

基板参数	与 PIM 关系
面铜厚度	成正比，铜层越厚，对 PIM 影响越大
线宽	成正比，线宽越大，对 PIM 影响越大
蚀刻因子	成反比，蚀刻因子越大，对 PIM 影响越小
油墨厚度	无影响
PCB 的表面处理	无处理 PIM 较大，处理后 PIM 较小

（3）含有 Fe、Co、Ni 元素的 PCB 表面处理会恶化 PIM。

对于普通铜箔产品，完全没有必要关注 PIM。对于 5G 天线等特种电路板而言，铜箔仅仅是影响 PIM 的一种可能，并且很小。温度和测试环境对 PIM 的测试影响很大，PIM 跳跃非常厉害。铜箔所产生的问题，绝大多数是 PCB 设计师应用错误所致，而非铜箔材料本身的原因。

铜箔的可靠性由固有可靠性和使用可靠性组成。在进行铜箔质量设计过程中，应掌握铜箔本身设计的细分性、表面处理工艺流程、相关标准以及工艺的匹配性。铜箔固有的加工过程影响其外观、表面微观形态、抗剥离强度、抗氧化性、微蚀性、蚀刻性及绝缘性等性能，而这些性能又与 CCL 或 PCB 的树脂种类、工艺制程、PCB 产品规格相关，需设计跨越产品规格指标的实验来充分评估其对 PCB 的适用性、使用可靠性。

5.2.2　表面处理工艺设计

1. 铜箔结构

首先通过铜箔结构设计来满足铜箔质量设计的要求。然后根据工艺条件，来实现设计的铜箔结构。

铜箔与半固化片之间的结合强度由机械结合力和化学结合力构成，其中机械结合力主要通过铜箔表面结构与半固化片之间的机械咬合实现，化学结合力主要通过化学键的形成实现。

粗化层上形成的铜瘤可以增大铜箔压合面的粗糙度，提高铜箔与半固化片之间的机械结合力，固化层能提高铜瘤的强度，防止其受力时断裂。

黑化层作为阻挡层，主要成分为镍及其衍生物。铜箔在下游的加工过程中需要进行热压合和蚀刻处理，含镍黑化层的存在可以有效阻挡热压合过程中铜向外扩散，有效降低铜与半固化片中树脂发生反应的概率。同时镍的抗蚀刻性优于铜，蚀刻过程中含镍阻挡层可以防止铜箔的侧向蚀刻，对于降低短路风险、提升线路垂直性有积极意义。

灰化层主要成分为锌及其衍生物，含锌灰化层在加工过程中可以提高铜箔在高温条件下的抗氧化性能。此外，在潮湿环境下铜和锌可以形成原电池，含锌灰化层可以作为牺牲层，实现对铜层的保护。

钝化层的主要成分为铬及其衍生物，主要功能是增强铜箔在室温条件下的抗氧化性能。经钝化处理的铜箔表面会形成致密的含铬钝化层，可以有效隔绝空气中的氧气、水分和二氧化碳，防止铜发生氧化变色。

硅烷偶联剂一般位于铜箔压合面的最外层，主要作用是在热压合过程中与树脂的有机官能团之间形成—O—Si—O—化学键，提升铜箔与半固化片之间的结合力，提升电子电路铜箔在加工过程中的可靠性。

据此，可以设计出电子电路铜箔的结构，如图 5-12 所示。从图 5-12 可以观察到，电解铜箔的生箔经过表面处理后压合

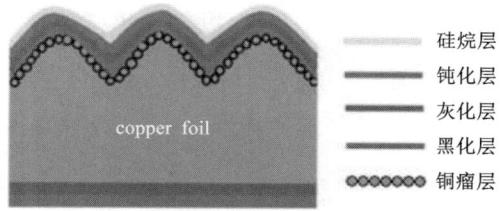

	硅烷层
	钝化层
	灰化层
	黑化层
	铜瘤层

图 5-12　高性能电子电路铜箔结构示意图

面从内至外依次形成了铜瘤层、黑化层、灰化层、钝化层和化学结合层，非压合面依次形成灰化层和钝化层。

2. 工艺设计

铜箔表面电化学粗化处理通常是指通过电化学沉积的方法，提高生箔的一个表面或两个表面的粗糙度，达到增加表面面积，增强铜箔与 PP 的结合力的目的。这一操作的目的是在铜箔的至少一面(通常是毛面)上电沉积出树枝状、比表面积大的电沉积层结构，使铜箔粗化组织在将来与绝缘基材 PP 层压时能镶嵌在基材的树脂中，从而提高抗剥离强度。抗剥离强度是电子电路铜箔最重要的特性参数，基本要求是在 PCB 制造过程中铜箔与绝缘基材的结合力在腐蚀、钻孔、电镀、热风整平等所有作业步骤中不得降低，并且在整个 PCB 的使用寿命中维持恒定。

铜箔表面处理操作在表面处理机列中进行，成卷的生箔连续展开并利用传动辊送入处理机，利用导电辊使铜箔作为阴极，并依次通过多个电解槽，在每一槽中其面向矩形阳极。每一槽具有其自身的合适的电解液以及直流电源。在各槽之间，对该箔的两面进行彻底漂洗。常说的铜箔表面处理，不仅包含粗化处理、固化处理、阻挡层处理，还包括防氧化处理、有机薄膜预涂处理、水洗、烘干以及卷取等。

目前国内外各铜箔生产企业所采用的铜箔表面处理工艺过程见图 5-13。

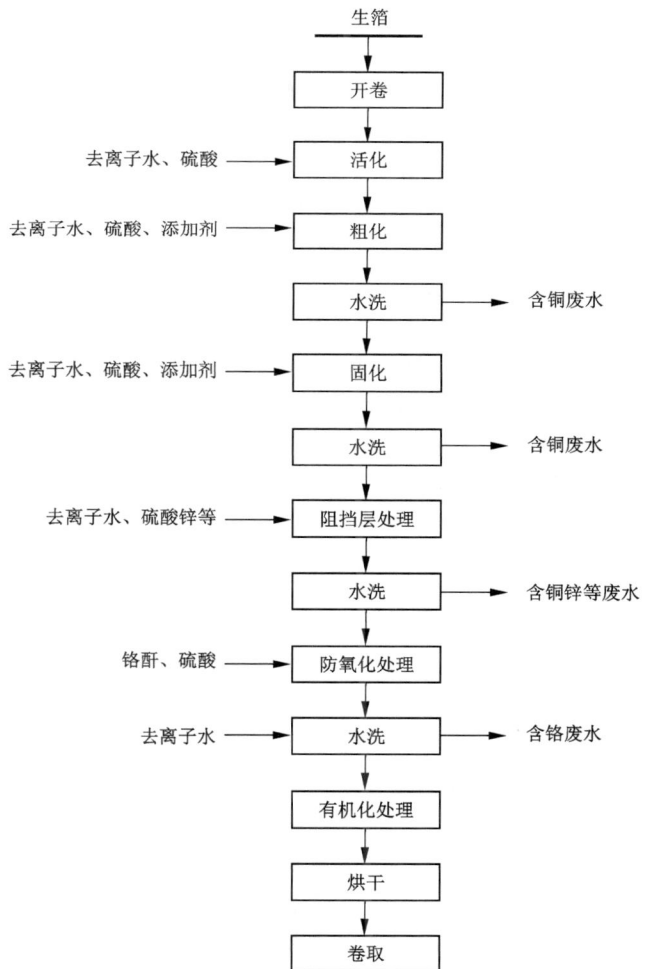

图 5-13　铜箔表面处理工艺流程

图 5-14 是实际电子电路铜箔表面处理生产线照片，从图 5-14 中可以直观地观察到表面处理线呈典型的水平分布。相邻的电解槽之间通过辊系串列分布，不同的电沉积工序之间需要设置纯水洗涤装置，防止不同电解槽之间发生窜液现象，造成电解液的相互干扰。

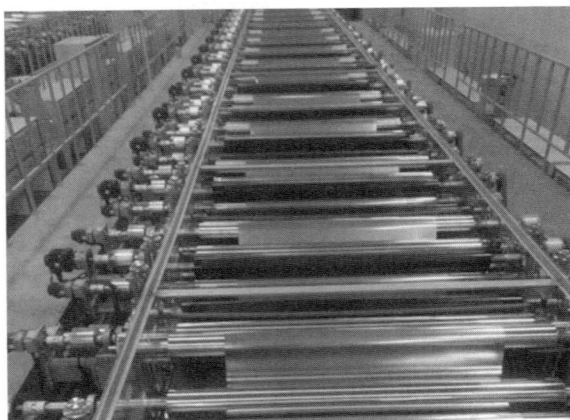

图 5-14 电子电路铜箔表面处理生产线

5.2.3 活化处理

生箔电解工段生产的半成品铜箔一般被称为生箔，生箔经过表面处理后得到成品箔。由于生箔机速度很慢，生产一卷生箔，需要 20 h 以上，电解生产的生箔在表面处理时都已经存放了一段时间。由于铜的活性很强，未经防氧化处理的生箔很容易氧化变色。因此，须对生箔进行活化处理以清洗除去箔表面的氧化膜恢复其活性。

在表面处理前的放置过程中金属铜会与空气中的氧气、水和二氧化碳之间发生化学反应，在铜箔表面形成铜的化合物，导致铜箔在外观上发生明显的颜色变化。

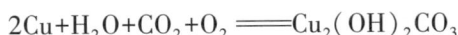

$$2Cu+O_2 =\!=\!= 2CuO$$

$$2Cu+H_2O+CO_2+O_2 =\!=\!= Cu_2(OH)_2CO_3$$

通常情况下，表面处理工段使用的预处理液主要成分为稀硫酸。预处理过程中通过硫酸与 CuO 和 $Cu_2(OH)_2CO_3$ 之间的化学反应，达到去除铜箔表面杂质的目的。预处理过程中发生的化学反应：

$$CuO+H_2SO_4 =\!=\!= CuSO_4+H_2O$$

$$Cu_2(OH)_2CO_3+2H_2SO_4 =\!=\!= 2CuSO_4+3H_2O+CO_2\uparrow$$

需要指出的是，随着时间的逐渐延长，活化处理液中硫酸被逐渐消耗，活化处理液对铜箔表层杂质去除能力将逐渐减弱。因此，为了保证活化处理液对铜箔表层杂质的有效去除，需要密切关注活化溶液中铜离子浓度的变化。当活化处理液中铜离子浓度超过一定数值时，需要及时更换或补充硫酸，以保证活化处理液对生箔表面杂质层充分的去除能力。

在活化处理过程中，硫酸与铜箔表面物质发生的化学反应不仅可以去除杂质而且杂质去除后会形成一定程度的微蚀效果。微蚀处理后的铜箔表面凹凸不平的微结构可以在一定程度上增大电化学沉积的形核位点密度，有利于提升后续粗化处理效果。

5.2.4　粗化处理

1. 粗化原理

粗化处理能够进一步提升铜箔表面的比表面积，从而提升铜箔与基材的有效接触面积，可以在一定程度上提升抗拉强度。具体可以分解为粗化和固化工序。在粗化工序中，先施加超过极限电流密度的电流，以在生箔表面电沉积一层树枝状粗大结晶组织，再通过固化工序在粗化层上电沉积一层细密的铜层对其进行加固，从而可有效地提升铜箔的比表面积，大大提升树脂渗透时的嵌合力，增加与树脂之间的结合力。

粗化处理过程中使用的电解液一般称为粗化液，粗化液的主要成分为硫酸铜和硫酸。其中硫酸铜作为电解液的铜源，为粗化电沉积提供铜离子；硫酸作为导电增强剂，提供用于导电的氢离子，提高电解液的导电性。

粗化工序的影响因素较多，主要包括添加剂浓度、温度、流量和电流密度。

粗化处理过程中粗化液中含铜量宜控制得较低，含酸量宜较高，通过施加极高的电流密度，不仅铜可在铜箔表面发生沉积，氢也可在铜箔表面析出，使得粗化电沉积铜结晶极为松散。有时，为了增强粗化效果，在粗化溶液中加入添加剂，最知名的添加剂为砷的氧化物，它能使粗化组织更加均匀粗大，抗剥离强度增强效果极为明显。但由于砷的化合物有剧毒，目前仅有少部分企业还在使用。

为了增大粗化组织的展开度，电化学沉积过程中一般采用铜离子浓度相对较低的粗化液和相对较高的电流密度。如图 5-15 所示，在电流密度接近极限电流密度的情况下，粗化组织沿着电场线方向形核生长，形成树枝状结构。树枝状结晶的形成可以有效增大铜箔的表面面积，提高粗糙度。由于树枝状铜枝晶很脆，极易断裂，这时的抗剥离强度很低。

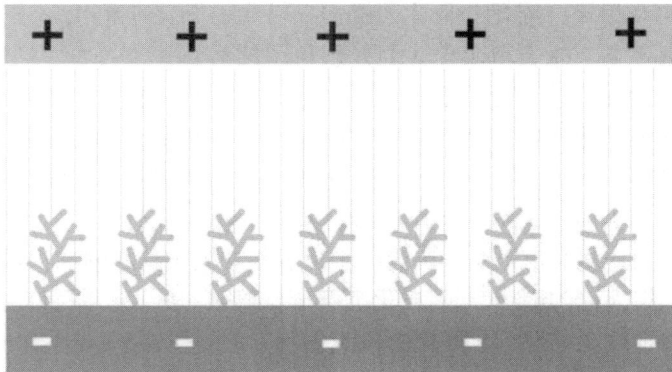

图 5-15　电化学粗化处理示意图

当粗化液中不含添加剂时，电解液的主要反应物为水合铜离子 $[Cu(H_2O)_4]^{2+}$。粗化处理过程中铜箔为阴极，一定电流密度下阴极侧水合铜离子发生如下反应：

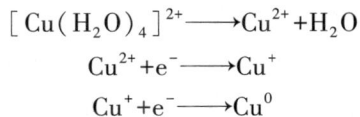

$$[Cu(H_2O)_4]^{2+} \longrightarrow Cu^{2+} + H_2O$$

$$Cu^{2+} + e^- \longrightarrow Cu^+$$

$$Cu^+ + e^- \longrightarrow Cu^0$$

粗化过程中阳极板和电解液的界面处可以观察到大量的气泡，这主要是因为阳极侧发生了析氧反应：

$$4OH^- - 4e^- \longrightarrow O_2 \uparrow + H_2O$$

当电流密度较高时电极反应的过电位较高，电解液中氢离子 H^+ 与铜离子 Cu^{2+} 的还原会形成竞争，阴极侧可能发生析氢反应：

$$2H^+ + 2e^- \longrightarrow H_2 \uparrow$$

阴极侧析氢反应生成的气泡可以对电化学沉积铜的形貌产生一定程度的影响，诱导形成枝状晶。析氢反应会导致电化学沉积铜的电流效率降低，对表面处理的能耗造成不利影响。因此需要将粗化处理过程中的电流密度和析氢反应程度控制在一定范围内。

对于传统的 PCB 产品，印制电路板的线宽/线距都很大，导电层与导电层之间的绝缘间隔也很大，对铜箔表面粗糙度没有要求，只要没有蚀刻残留就可以。但随着电子产品的小型化、高性能化、多功能化和信号传输高频（速）化的迅速发展，PCB 快速地从传统 PCB 工业走向以高密度化、精细化为特点的现代电子产品时代。PCB 产品迅速向高密度互连积层板（HDI/BMM）、封装基（载）板、集成（埋嵌）元件印制板（ICPCB）和刚-挠性印制板（G-FPCB）发展，使得 PCB 的线宽/线距大幅度缩小，有的产品已经达到 25/25 μm 的水平，绝缘层厚度只有 40 μm，迫使铜箔低粗糙度化。

粗化处理以生箔为阴极，在硫酸铜电解液中进行多次电沉积。通过控制不同的工艺条件（如电解液浓度、电流密度等）对铜箔表面进行粗化及固化处理，铜箔表面先产生松散的树枝状瘤体，然后粗化瘤体被正常的铜电沉积层所包围及加固，与铜箔基体牢固结合，形成最终的粗化层。

粗化层处理包括粗化和固化两个过程，一般采用粗化→固化→粗化的工艺流程。根据电解铜箔使用要求的不同，可将粗化和固化过程分解为两步或更多步完成，形成粗化→固化→粗化→固化、或粗化→粗化→固化→固化、粗化→粗化→固化→粗化→固化的工艺流程。采用三粗三固还是两粗两固，主要取决于表面处理机列的运行速度：表面处理机列设计运行速度高，就需要多个处理槽；设计运行速度较低，表面处理机列槽子就可以少一些，采用两粗两固就可以了。在阳极面积和电流密度一定的条件下，表面处理机列速度越快，铜箔在一个电解槽的电化学反应的时间越短。为达到规定的沉积量，就需要增加铜箔有效接触面积和反应时间。

应严格控制粗化反应的总沉铜量。因为抗剥离强度与粗化总的铜沉积量有关：生箔粗糙度高，粗化量可以低一些，生箔粗糙度低，粗化沉铜量就要多一些。总体而言，厚箔粗化层要薄，薄箔粗化层要厚。普通铜箔的总粗化处理的铜沉积量应控制在 3.5 g/m² 至 5 g/m² 的范围。

2. 粗糙度表征

目前，电子电路铜箔按照表面粗糙度，可以分为常规轮廓（STD 型）、低轮廓（LP 型）、超低轮廓（VLP 型）、极低轮廓（HVLP 型）和无轮廓（profile free，PF 型）5 种类型。其中 HVLP 型可进一步可细分为 HVLP1、HVLP2、HVLP3 和 HVLP4；PF 型强调无铜瘤、平滑，具体见表 5-4。

反向处理铜箔（RTF）的 Rz 值属于 VLP 范围，而 Rq 值又与 HVLP 铜箔接近，RTF 具有一般铜箔之晶粒形态与机械性质，在本质上仍是一般铜箔。HVLP 铜箔处理技术在 2010 年左右问世，采用全新微细结晶结构生箔+微细瘤化特殊表面处理技术，生箔呈现片层状结晶构造

（类似 RA 铜箔），区别于常规电解铜箔的树枝状结晶构造，瘤化颗粒直径小，峰谷之间距离短，瘤化颗粒层将生箔轮廓的峰与谷全部覆盖。

表 5-4　电解铜箔按照表面粗糙度 Rz 分类

类型	粗糙度/μm		备注
	JIS 标准	ISO 标准	
STD	8~5	>10	经典 STD 和 HTE 属于此类
LP	5~4.2	10.2~5.1	
VLP	4.2~2.0	5.1~2.5	
HVLP	2.0~1.0	2.5~1.25	
PF	≤1.0	≤1.25	无轮廓铜箔

因此，必须根据不同用途，来控制铜箔表面的粗化程度：成品铜箔 Rz 越小，粗化处理程度越低。

值得注意的是，GB/T 5230 和 IPC 4562 标准中对铜箔表面轮廓只用了 Rz 和 Ra 来描述，而机械制造行业常用 3 个指标来评定表面粗糙度（单位为 μm）：轮廓平均算术偏差 Ra、不平度平均高度 Rz 和峰谷最大高度 Ry。对于铜箔生产，上述指标远远不够。特别是在一些特种铜箔质量控制中，技术人员还会使用 S_a、S_{dr}、S_{tr}、V_v 等面粗糙度、空间粗糙度参数来分析粗糙度，以便有效指导铜箔生产，使产品满足客户需要。

Ra：为轮廓平均算术偏差，指在取样长度内，轮廓偏离绝对值的算术平均值，是基于线轮廓法评定粗糙度时使用的参数。

Rz：为微观不平度 10 点高度，在取样长度内 5 个最大的轮廓峰高的平均值与 5 个最大的轮廓谷深的平均值之和。

Ry：为在取样长度 L 内轮廓峰顶线和轮廓谷底线之间的距离。

国家标准 GB/T 3505—2000《产品几何技术规范 表面结构 轮廓法 表面结构的术语、定义及参数》已经对 Rz 的定义进行了更改，微观不平度十点高度的定义被取消，Ry 不再使用，Rz 取代了 Ry，定义为轮廓的最大高度。由于 GB/T 3505—2000 实施不久，GB/T 5230—2020《印制板用电解铜箔》、SJ/T 11483—2014《锂离子电池用电解铜箔》和检测标准 GB/T 29847—2013《印制板用铜箔试验方法》还没有修订，本书仍旧采用 Rz 为微观不平度十点高度，与铜箔标准和国外资料保持一致。

除了常见的 Ra、Rz、Ry 线粗糙度参数外，还有三维粗糙度表征参数，可分为功能参数、幅度参数、空间参数、综合参数和体积参数共 5 大类 23 个，如表 5-5 所示。

表 5-5　三维粗糙度参数分类

功能参数	幅度参数	空间参数	综合参数	体积参数
表面支撑面积比率 S_{mv}	表面形貌的均方根偏差 S_q	最速衰减自相关函数 S_{al}	表面均方根斜率 S_{dq}	给定高度空体体积 V_v

续表5-5

功能参数	幅度参数	空间参数	综合参数	体积参数
表面支撑面积比率的高度 S_{mc}	表面高度分布的偏斜度 S_{SK}	表面结构形状比率 S_{tr}	表面算术平均曲率 S_{sc}	在材料曲率谷区空体积 V_{vv}
区域表面的高度差 S_{dc}	表面高度分布的峭度 S_{ku}	表面峰顶密度 S_{ds}	表面展开界面面积比率 S_{dr}	核空体积 V_{vc}
	表面分布的十点高度 S_z、表面算术平均高度 S_a	表面纹理方向 S_{td}		给定高度的材料体积 V_m 峰区支撑体积 V_{mp}
	峰顶最大高度 S_p			核支撑体积 V_{mc}
	谷底最大深度 S_v			

下面简要介绍主要的三维粗糙度表征参数的含义。

（1）最大高度（S_z）。

该参数将轮廓（线粗糙度）参数 Rz 扩展到三维。最大高度 S_z 等于最大峰高 S_p 和最大谷深 S_v 之和（图 5-16）。

$$S_z = S_p + S_v$$

最大高度（S_z）使用频率很高，但因该参数使用峰点值，受划痕、污染及测量噪声的影响很大。

（2）最大峰高（S_p）。

该参数将轮廓（线粗糙度）参数 Rp 扩展到三维。即峰高的最大值（图 5-17）。

$$S_p = \max[Z(x, y)]$$

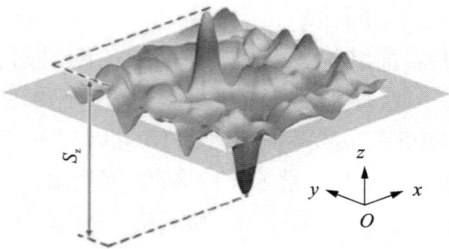

图 5-16　最大高度 S_z

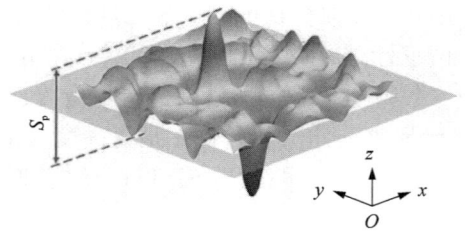

图 5-17　最大峰高 S_p

（3）最大谷深（S_v）。

S_v 是将轮廓（线粗糙度）参数 Rv 扩展到三维，即谷深的最大值（图 5-18）。

$$S_v = |\min[Z(x, y)]|$$

（4）算术平均高度（S_a）。

S_a 是将线粗糙度参数 Ra 扩展到三维，表示一个定义区域内绝对坐标 $Z(x, y)$ 的算术平均值（图 5-19）。

$$S_a = \frac{1}{A} \iint_A | Z(x, y) | \mathrm{d}x \mathrm{d}y$$

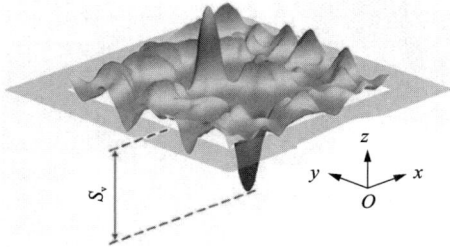

图 5-18　最大谷深 S_v

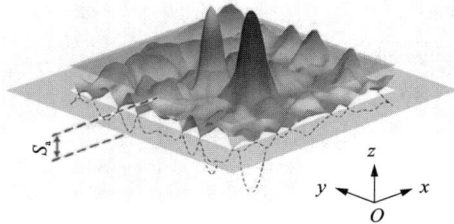

图 5-19　算术平均高度 S_a

同 Ra 一样，S_a 也是使用最广泛的粗糙度参数之一，它描述平均平面高度差的平均值。该参数不受划痕、污染和测量噪声的影响，可提供稳定的结果。

（5）均方根高度（S_q）。

S_q 是将线粗糙度参数 Rq 扩展到三维，表示一个定义区域内 $Z(x, y)$ 的均方根值（图 5-20）。

$$S_q = \sqrt{\frac{1}{A} \iint_A Z^2(x, y) \mathrm{d}x \mathrm{d}y}$$

均方根高度 S_q，有时也被称为 RMS 值。它是粗糙度的一个统计学参数，与高度分布的标准差对应。不受划痕、污染和测量噪声的影响，可以获得稳定的结果。

（6）偏斜度（S_{sk}）。

S_{sk} 是将线粗糙度参数 R_{sk} 扩展到三维，用于评估高度分布偏差（图 5-21）。

$S_{sk} = 0$，相对于中线对称；$S_{sk} > 0$，偏向中线下方；$S_{sk} < 0$，偏向中线上方。

$$S_{sk} = \frac{1}{Sq^3} \left[\frac{1}{A} \iint_A Z^3(x, y) \mathrm{d}x \mathrm{d}y \right]$$

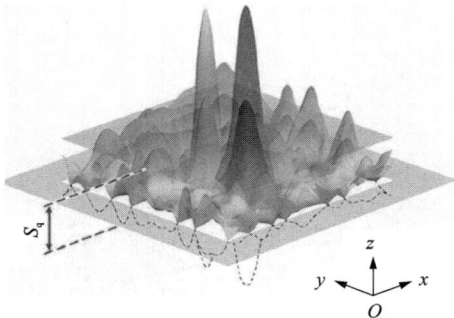

图 5-20　均方根高度 S_q

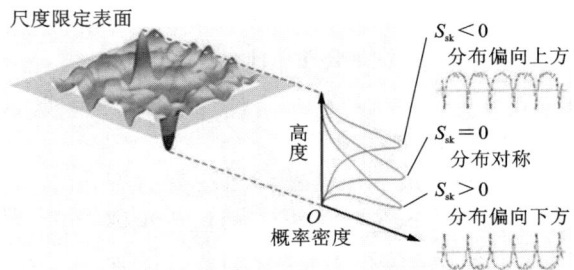

图 5-21　偏斜度 S_{sk}

（7）陡峭度（S_{ku}）。

S_{ku} 是将线粗糙度参数 R_{ku} 扩展到三维，用于评估高度分布锐利度（图 5-22）。

$S_{ku} = 3$，正态分布；$S_{ku} > 3$，高度分布尖锐；$S_{ku} < 3$，高度分布平坦。

$$S_{ku} = \frac{1}{Sq^4}\left[\frac{1}{A}\iint_A Z^4(x,y)\,dxdy\right]$$

陡峭度 S_{ku} 与峰和谷尖端几何形状有关，适合用于分析两个物体之间的接触程度。

（8）均方根梯度（S_{dq}）。

S_{dq} 是将线粗糙度参数 R_{dq} 扩展到三维，代表表面局部梯度（斜率）的平均幅度。参数值 S_{dq} 越大，表面倾斜越陡峭（图5-23）。

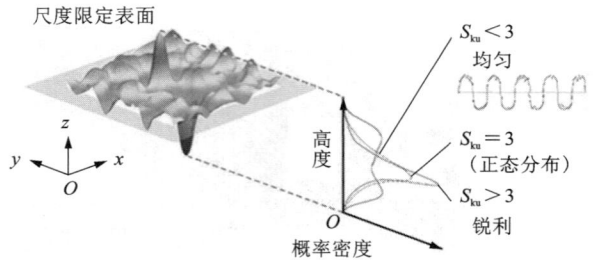

$$S_{dq} = \sqrt{\frac{1}{A}\iint_A\left[\left(\frac{\partial z(x,y)}{\partial x}\right)^2 + \left(\frac{\partial z(x,y)}{\partial y}\right)^2\right]dxdy}$$

均方根梯度 S_{dq} 用于以数值方式表示表面的陡峭程度。

（9）展开表面面积比（S_{dr}）。

表示表面面积增加的比率。增加率由投影面积 A_0 导出的表面面积 A_1 计算得出（图5-24）。

$$S_{dr} = \frac{1}{A}\left[\iint_A\left(\sqrt{\left[1+\left(\frac{\partial z(x,y)}{\partial x}\right)^2 + \left(\frac{\partial z(x,y)}{\partial y}\right)^2\right]}-1\right)dxdy\right]$$

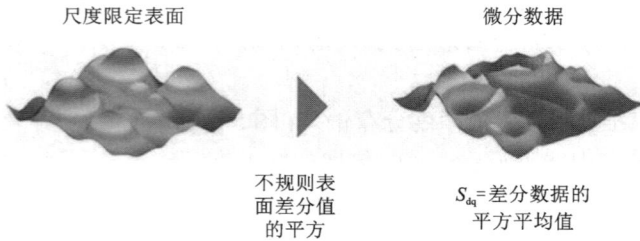

图 5-22 陡峭度 S_{ku}

图 5-23 均方根梯度 S_{dq}

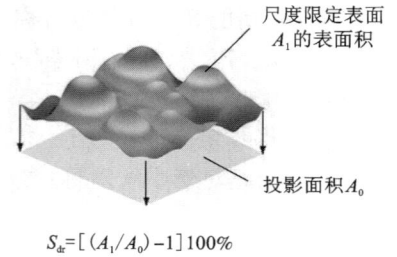

图 5-24 展开表面面积比（S_{dr}）

S_{dr} 常用来评价 RTF、HVLP 等低粗糙度铜箔的形貌。

（10）体积参数。

三维粗糙度三维体积参数主要有谷区空体积 V_{vv}、核空体积 V_{vc}、峰区支承体积 V_{mp}、核支承体积 V_{mc}。它们各自的含义如图5-25所示。

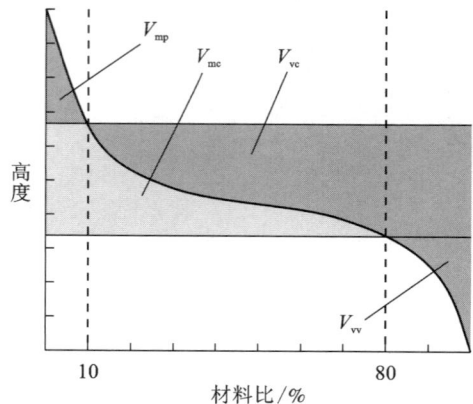

图 5-25 空间粗糙度参数

5.2.5　固化处理

在粗化处理过程中电化学沉积形成的树枝状铜产物与基体铜层之间由于接触不充分，在后续的生产和加工过程中存在脱落的风险。为了提升粗化组织与基体铜层之间的结合可靠性，通常需要在粗化处理形成的树枝状铜结晶外面再电沉积一层致密的铜层来加固处理，简称固化处理。

固化过程与粗化过程相比，固化溶液含铜离子浓度较高，温度较高，控制电流密度较低。固化层总沉积铜量一般为 $3\sim7\ \text{g/m}^2$，必须与粗化处理相匹配。固化电流：粗化电流控制在 $1:(1.05\sim1.45)$ 为宜。

生箔的毛面，经过上述 2 次粗化+2 次固化或 3 次粗化+3 次固化处理，形成了较牢固的柱状和枝状结晶，并具有高度展开的粗糙面，从而铜箔与基体的黏结力显著增强，同时可解决"铜粉转移"的问题，即覆铜板经腐蚀后基板无铜粉残留。

在铜的电化学沉积中，都是二价铜离子在阴极放电还原成铜原子，经电结晶过程生成一定大小的晶粒。如果这些晶粒均匀而致密地结合在一起，仅以晶界相区分，那么宏观表面表现为平坦而不粗糙；如果晶粒间结构松散，晶粒间局部连接，就会形成粗糙的外表面。晶粒大小与晶粒间结合状况完全由沉积工艺条件决定。为此，控制一定的工艺条件，可得到符合要求的粗糙面。

一般来说，电沉积金属晶粒的大小，在其他工艺条件不变时，随着阴极电流密度增大而变小，晶粒间结合的牢固强度随着阴极 D_k 的提高，特别是接近和超过极限电流密度时而变差，同时晶粒不能紧密排列，往往呈树状结构，其表面粗糙，且容易脱落。

粗化过程是在接近极限电流条件下进行的。由于阴极区滞留层铜离子含量几乎为零，这时铜离子在阴极表面还原析出是有条件的，即在阴极表面上活性较大的质点处析出，而晶粒的生长方向为沿着电力线伸向阴极，这样就形成了若干树状晶组成的枝状结构。若生成的树状晶过于发达，受到外力作用，树状晶容易断裂，则易于发生铜粉转移。

第一次的粗化沉积层对铜箔与基材的黏结力起主导作用。在第一次粗化时，由于所采用的工艺条件，铜的析出量大大超过有添加剂时的析出量，这样仍不易解决铜粉转移问题。所以，当沉积量过大时，也会造成处理层与基体的分离，剥离后在基体上留有金属残留物，因此为得到较牢固的粗化层，并且不易脱落，需进行固化处理。

固化处理是在粗化沉积所得到的粗糙面上，采用具有很好分散能力的电沉积层，均匀地沿粗化沉积所得到的几何表面覆盖。这层沉积层，基本上不改变粗化表面形状，对粗化所得的粗化层起加固作用，并给下次电沉积提供牢固根基。

由于固化处理电解液的分散能力较强，会有一些金属析出物填补在粗化层较小的沟壑中，使铜箔比表面积缩小，造成黏结力下降，并随着沉积量的加大，这种影响变得更加显著。为弥补上述黏结力的损失，需要采用二次粗化，有的企业称之为弱粗化。

二次粗化处理是指在固化的表面再形成细微的与固化层结合牢固的粗化层，使粗化层进一步展开。这样铜箔与基体的黏结力就会达到较理想的状态。

二次粗化对处理面的外观和铜粉转移起决定作用。因此，在二次粗化时，可以采用较大比例的添加剂，并严格控制离子沉积速度和沉积量，进而得到较好的粗化效果。

固化处理要求固化形成的铜层结构致密，有较高的强度，相当于在粗化层的外面建了一个防护罩，如图5-26所示。

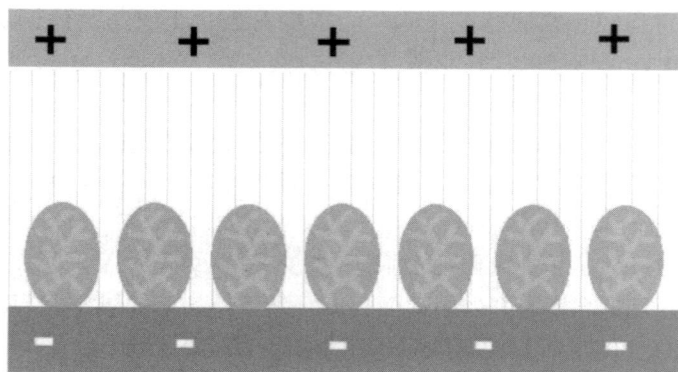

图5-26　电化学固化处理示意图

固化处理过程中使用的电解液被称为固化液。固化液的主要成分与粗化液相同，为含有一定浓度硫酸的硫酸铜水溶液。需要指出的是，固化液中 Cu^{2+} 的浓度要明显高于粗化液中 Cu^{2+} 的浓度。固化液中浓度相对较高的 Cu^{2+} 可以为电化学沉积提供充足的铜源，确保树枝状粗化组织可以被有效包覆。其反应的基本过程溶液中水化金属离子向阴极铜箔表面迁移到阴极表面附近发生转化反应，即离子降低水化程度和重排，从阴极得到电子还原为吸附态，结晶新生的吸附态沿电极表面扩散到适当的位置进入金属晶格生长或与其他新生原子集聚而使晶核长大从而形成晶体。

固化处理与粗化处理使用的电解液主要成分相同，电化学沉积过程中发生的电极反应也基本相同。阳极侧发生析氧反应，在阳极板-固化液界面处出现大量的气泡。阴极侧主要发生铜的电化学沉积反应。固化处理后铜箔的颜色会发生明显的变化，从粗化后的深红色变为粉红色。这主要是因为粗化组织的展开度较大，光线会发生严重的漫反射。固化处理后粗化组织的展开度下降，对光线的漫反射减弱，因此颜色相对较浅。

5.2.6　阻挡层处理

金属铜化学活性较高，覆铜板层压时如果铜箔直接与半固化片接触，高温条件下铜箔会与半固化片中的树脂等有机物发生化学反应。在没有阻挡层的情况下，印制电路板在整机元器件装配焊接时由于受到高温影响，树脂中的双氰胺容易裂解产生胺类物，如与裸铜表面相接触，将发生反应生成水分，水汽化后产生的气泡使铜箔与基板分离。阻挡层处理可以阻挡胺类物对铜箔表面的攻击，而且有助于增加铜箔基材与树脂的化学亲和力进而提高剥离强度。

阻挡层处理一般为在铜箔粗化层表面上沉积一层锌、黄铜、镍、钴等金属沉积层，高端铜箔的阻挡层则采用二元或三元合金层，如锌-锑合金、锌-铜合金、镍-铜合金、镍-磷合金、锌-镍-铅合金、锌-钴-砷合金层等。随着印制电路朝高密度和多层化发展，印制电路的线宽和线间距越来越窄，沉积纯锌铜箔作为阻挡层，在进行电路蚀刻时，会发生侧蚀现象，同时在对印制电路板进行酸洗过程中，镀锌铜箔会被腐蚀，造成铜箔与绝缘基体的结合力下降，严重时铜箔甚至会从绝缘基体上脱落，而采用复杂合金做阻挡层可以将此危险降低到最小。

阻挡层的电沉积量要求为 $0.3 \sim 3 \ g/m^2$，最好为 $1 \ g/m^2$，才具有较好的效果。

阻挡层厚度通常为几纳米至几十纳米，其厚度不会破坏前道工序形成的微观粗糙面，现已开发出许多具有特殊性能和用途的高端铜箔的生产方法和表面处理技术专利。

此外，PCB 在加工过程中需要对铜箔进行选择性蚀刻，以形成特定的图案化线路。为了防止出现过度的侧向蚀刻，需要在压合面生成具有一定抗蚀刻性能的功能层。因此，在铜箔进行二次粗化以后，需要在铜箔表面构建特定的阻挡层，以保证铜箔的结合性能和蚀刻性能的稳定性。图 5-27 为阻挡层处理后粗糙化组织的微结构示意图，阻挡层处理后在铜瘤和基体铜层的表面形成保形包覆的镀层。阻挡层可以有效阻止铜箔与树脂的直接接触，有利于保证抗剥离性能的稳定性。

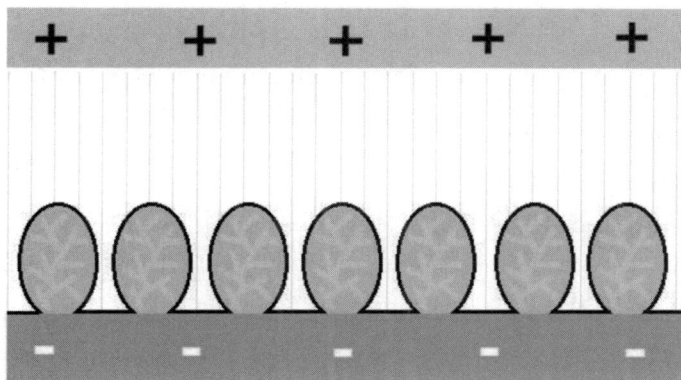

图 5-27　电化学阻挡层处理示意图

以 Ni-Co 合金阻挡层为例，讨论其工艺过程及其反应原理。由于 Ni 合金层呈黑色，因此电沉积 Ni-Co 合金阻挡层又称黑化处理。

黑化阻挡层一般在碱性条件下通过电化学沉积实现，电解液的主要成分为硫酸镍（$NiSO_4$）、硫酸钴（$CoSO_4$）、焦磷酸钾（$K_4P_2O_7$）和氢氧化钾（KOH）。其中，$NiSO_4$ 和 $CoSO_4$ 分别是 Ni 源和 Co 源；$K_4P_2O_7$ 作为络合剂，调控电化学反应过电位和阻挡层镀层的均匀性和致密性；KOH 作为 pH 调节剂，调控电解液的酸碱度。非铜金属的电沉积过程涉及复杂的沉淀-溶解平衡、络合-解络合等多个平衡。

$$Ni(OH)_2 \downarrow \Longleftrightarrow Ni^{2+} + 2OH^-$$

$$K_{sp} = [N^{2+}][OH^-]^2$$

氢氧化镍的溶度积常数 K_{sp} 为 2.0×10^5。

$$HP_2O_7^{3-} \Longleftrightarrow H^+ + P_2O_7^{4-}$$

$$K_{a4} = \frac{[H^+][P_2O_7^{4-}]}{[HP_2O_7^{3-}]}$$

5.2.7 耐热层处理

该处理工艺主要是提升铜箔的耐热性。在进行焊接操作时，由于高温产生的温度冲击较大，树脂中的成分会在高温的作用下发生分解，进而引发一系列的化学反应，使得铜箔与基材分离，剥离强度降低。耐热层处理工艺可以在铜箔的表面形成一层保护层（见图5-28），避免铜箔和基材直接接触，增强其剥离强度。

常见的抗热层为电镀锌层、锌-镍合金层。在电解铜箔的M面粗化层上，形成镍-钴层，在其上镀覆钼-钴合金，之后使防氧化金属Zn·Cr附着，再进行硅烷处理。用钼或钼合金作为防热层，效果很好，但钼为难蚀刻的金属，需要使用它的合金来降低蚀刻难度。

有的铜箔企业采用锌-锡-镍三元合金作为阻挡层和耐热层。选择锡酸钠、氯化锌和氯化镍为主盐，

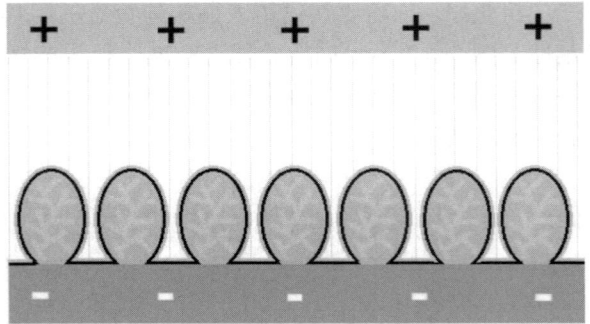

图5-28　电化学灰化处理示意图

在碱性条件下对铜箔表面进行合金共沉积。这种三元合金耐腐蚀性和耐热性良好，并且溶液成分简单、成本低，污染小，溶液处理容易，具有很好的应用前景。锌-镍-锑三元合金层，抗剥离强度和耐热性都明显优于二元合金耐热层。

5.2.8 防氧化处理

生箔通过粗化固化处理，使铜箔与绝缘树脂压合后具有一定的结合力，并具有一定的耐化学药品性、耐热性、耐离子迁移性，但还必须具有一定的抗氧化性，才能满足PCB制造要求。

铜箔抗氧化性对CCL及PCB都有影响。如果铜箔光面的抗氧化性不良，它放置一段时间后就会出现小黑色的氧化点。尽管出现这种轻微的氧化点在PCB制造过程中可以通过磨板加工去除掉，但如果铜箔表面氧化程度较深，斑点通过磨板加工也无法去掉，那么就会影响PCB线路制作贴膜、棕黑化的效果。因此，铜箔企业应提高铜箔产品的抗氧化性。

PCB厂家总希望CCL厂家将覆铜板的储存时间延长，储存条件放宽。CCL厂家为了迎合客户的这一需求就对铜箔的抗氧化性提出更高的要求，铜箔厂家只能依靠提高防氧化层的厚度来满足CCL企业对铜箔高抗氧化性的要求。但是，厚的抗氧化层会使铜箔可蚀刻性能下降，需要降低蚀刻线运行速度，延长蚀刻时间，降低PCB的生产效率，否则，可能带来蚀刻不净的风险。

在铜箔生产过程中，铜箔表面（光面和毛面）的防氧化处理即为钝化处理。在铜箔表面镀上以锌、铬为主体的结构复杂的防氧化膜，可使铜箔不直接与空气接触，避免铜箔表面在贮存、运输及压板生产过程中发生氧化变色，以免影响铜面的可焊性及对油墨的亲和性。以前曾将铜箔浸在苯并三氮唑中进行防氧化处理，这样处理的铜箔，外观漂亮，并能维持在一定的时间内不变色。但储存期较长或铜箔在高温层压时，铜箔就会氧化变为棕色，不仅影响层

压板外观，而且光面氧化后，焊料润湿性差，影响可焊性。

在铜箔表面沉积锡对防止铜箔氧化变色及改善铜箔的焊接性能肯定有效，但实际用得最多的是锌和铬以及它们的合金层。一方面，这种沉积层有优良的抗氧化变色性能，尤其是抗热变色能力；另一方面，由于铜箔毛面的耐热阻挡层大部分也使用这种溶液，因此，可以使用同一溶液同时进行耐热阻挡层处理和防氧化处理，使用不同的电流密度或电解时间在毛面沉积较厚的沉积层，既耐热又可以防氧化，而在光面电沉积较薄的沉积层，可防止铜箔氧化变色。

铜箔防氧化处理，主要有以下几种方式。

（1）铬酸盐钝化。

在铜箔光面电沉积一层锌层，并在铬酸盐溶液中进行钝化，铜箔表面会形成一层锌铬盐防氧化膜，防氧化膜的成分及厚度对铜箔防氧化和下游使用性能有重要影响。防氧化膜增厚，耐腐蚀性增强，但 PCB 内层制程易出现 H_2SO_4-H_2O_2 微蚀条纹或贴膜不牢；防氧化膜厚度减小会影响光面的抗氧化性。通常在钝化膜中锌量越高，铜箔高温抗氧化性越强，铬量越高，常温存放时间越长。

高温抗氧化性强能保证铜箔在与树脂压合或 PCB 制造过程中不会因高温而氧化变色，一般指 200 ℃ 左右的抗氧化能力，特殊使用场合要求具备 260 ℃ 以上的抗氧化能力。为使铜箔在 260 ℃ 以上的高温不氧化，应采用高沸点金属（如铟、钨、钒等）合金做阻挡层，如 PTFE（聚四氟乙烯）、PI（聚酰亚胺）、LCP（液晶聚合物）等需要高温高压合的特殊材质 CCL。

（2）电镀 Ni。

在铜箔表面电沉积一层厚度极薄的镍层，也能达到很好的抗氧化效果，还能适应焊接过程中的高温环境，与各种助焊剂兼容，焊接性能很好。但金属镍蚀刻性能差，特别是在碱性蚀刻液中。铜箔表面镀镍可采用硫酸镍溶液体系。

（3）有机防氧化工艺。

许多含氮的化合物由于其具有特殊的分子结构和电子云分布，能够与铜离子络合形成铜的保护膜，从而防止铜被氧化。

①苯并三氮唑 BTA。

苯并三氮唑 BTA（benzotria zole）是铜箔企业使用最早的防氧化用化合物，用于生箔的防氧化进行防氧化。早期的铜箔企业是不对生箔进行表面处理的，而是将生箔用 BTA 处理后直接供给覆铜板企业。BTA 防氧化膜在湿度较大的环境下，防潮防湿性不佳，储存时间短，保持可焊性的时间一般为 3 个月左右，在干燥的环境中时间相对长一些。

②烷基咪唑。

该类化合物的熔点较 BTA 高，高于 100 ℃。但是，基于烷基咪唑的防氧化膜在铜表面形成的膜较薄，在 200 ℃ 下受热 5 min 后，铜面变色，不能满足高温耐热性。

③苯并咪唑 BIA。

日本在 20 世纪后期开发了基于苯并咪唑 BIA 的 PCB 防氧化工艺。BIA 具有一定的水溶性，且与铜络合形成的膜耐湿性较苯并三氮唑、烷基咪唑高。随着电化学防氧化技术的日益成熟，铜箔生产很少使用化学防氧化工艺。因此 BIA 主要用于印制电路板的表面防氧化处理。苯并咪唑的熔点达到 170 ℃，较前两代有所提高。BIA 与铜形成的络合膜在 200 ℃ 的高温下受热 15 min 不被氧化，并且可以抗击 3 次。

④取代苯并咪唑类 SBA。

苯并咪唑类化合物具有优良的特性和广泛的应用性，对此类化合物合成方法的研究，特别是1位和2位取代衍生物的合成研究日益受到关注。20世纪末为适应超大规模集成电路等电子产品向微小型化、低功耗、智能化和高可靠性方向发展的需求，PCB的层数变得越来越多，相应地对表面处理与铜形成膜的耐温性的要求也越来越高。为此，1997年美国IBM首次推出基于取代苯并咪唑类SBA的PCB表面处理技术。经过不断地改进，基于烷基苯并咪唑的抗氧化膜的裂解温度可以达到250℃，且可以承受多次的高温冲击。烷基苯并咪唑的热稳定性甚至高于芳基苯并咪唑130℃。

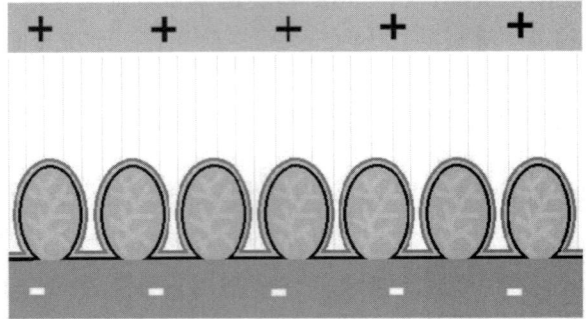

图5-29　铜箔防氧化处理结构示意图

图5-29为铜箔防氧化处理的结构示意图。

5.2.9　预涂有机层

1.预涂有机层的意义

要提高铜箔与基材的结合力，除提高机械结合力外，还需要提高铜箔与基材之间的化学结合力。推荐的方法是在铜箔处理层最外层涂覆偶联剂，形成一层有机物薄膜。

偶联剂一般由两部分组成：一部分是亲无机基团，可与无机强材料或金属作用；另一部分是亲有机基团，可与合成树脂作用。

偶联剂在无机和有机材料的界面可以形成耐水键结。偶联剂独特的物理和化学性能，不增强物质间的结合强度，更重要的是可防止复合材料在老化和使用过程中在界面上的键结解体。

偶联剂能把性能截然不同的两种物质通过化学或物理的作用结合起来，因此也被称为无机和有机物质界面间的"桥梁"。

2.硅烷偶联剂

硅烷偶联剂是在同一个分子里含有两种反应性无机和有机反应性的硅基化学分子的有机物，通常其典型的结构为：R_n-Si-(X)$_{4-n}$，R 是有机官能团如氨基、甲基丙烯酰氧基、环氧等，X 是烷氧基如甲氧基、乙氧基或乙酰氧基等。

硅烷偶联剂会在无机材料(如玻璃、金属、矿物)和有机材料(如有机聚合物、涂料、黏合剂等)的界面起作用，结合或偶联两种截然不同的材料，偶联机理如图5-30所示。

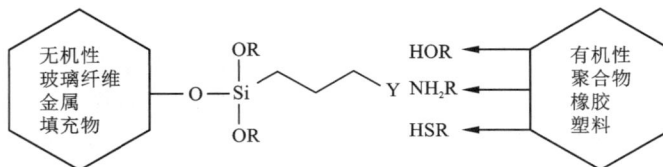

图5-30　硅烷偶联剂增强机理

由于硅烷偶联剂在水解后能形成三烃基的硅醇，醇羟基之间可以互相反应生成一层交联致密的网状疏水膜，这种膜表面有能够和树脂起反应的有机官能基团，因此对 PCB 的树脂基材附着力大大提高。

3. 硅烷对聚合物的键结作用

硅烷对有机聚合物的作用非常复杂，热固性聚合物的反应性和硅烷的有机反应性相匹配。例如环氧硅烷或者氨基硅烷会与环氧树脂结合；氨基硅烷会与酚醛树脂作用；甲基丙烯酰氧和单烯烃硅烷会利用交联与不饱和聚酯树脂的苯乙烯结合；对于表面缺乏极性的热塑性聚合物(聚乙烯、聚丙烯等)，可通过硅烷偶联剂实现结合，可以解释为是在界面区域通过相互扩散和互穿网络体系形成的。

如图 5-31 所示，硅原子上含有三个无机反应性基团的硅烷偶联剂(通常是甲氧基、乙氧基)可以很好地结合多数无机材料的金属羟基，特别是结构中含有硅、铝或者重金属的材料，通过与添加的或者无机填料表面的残留水反应，硅原子上的烷氧基水解释放出硅醇，然后这些硅醇与无机材料，表面的羟基反应形成氢键脱水后形成硅氧键。

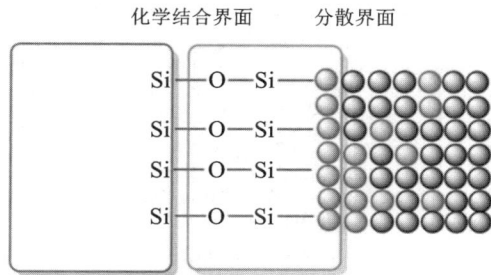

图 5-31　互穿渗透网络(IPN)结合机理

所有硅烷偶联剂硅原子上的 3 个烷氧基和无机材料都具有同等良好的结合性能。硅原子上的有机官能团需要和待结合的树脂聚合物类型进行匹配。根据这一原理，可以指导在特定应用中使用哪种硅烷偶联剂。

在硅烷上的有机基团可以是活性的也可以是非活性的，这些基团可以是疏水的，也可以是亲水的，或者是具有多种热稳定特性等。

因为有机结构不同，基团的溶解度参数各异，在一定程度上，这将影响聚合物体系和用于表面处理的硅氧烷体系之间的相互渗透。

此外硅烷偶联剂的使用效果，还与硅烷偶联剂的种类及用量、基材的特征、树脂或聚合物的性质以及应用的场合、方法及条件等有关。

表 5-6 列出了常见的用于硅原子有机取代基的一些特征，综上所述，硅烷的选择应考虑到这些因素：匹配化学反应性、溶解性、结构特征、聚合物结构中具有相同参数的有机硅烷的热稳定性。

表 5-6　有机硅烷上不同取代基特性

取代基	取代基性质
Me	疏水性、亲油性
Ph	疏水性、亲油性、热稳定性
i-BM	疏水性、亲油性
辛基	疏水性、亲油性
$NH_2CH_2CH_2CH_2^-$	疏水性、有机反应性
环氧	疏水性、有机反应性
甲基丙烯酰氧基	疏水性、有机反应性

4. 烷氧基的加水分解性

通常,甲氧基比乙氧基的反应性(加水分解性)要高。在酸性条件下,烷氧基越少,水解越快。如图 5-32 所示,不同硅烷的水解速度,在酸性条件下,由快到慢,依次为二甲氧基>三甲氧基>二乙氧基>三乙氧基。而在碱性条件下,则为三甲氧基>二甲氧基>三乙氧基>二乙氧基。

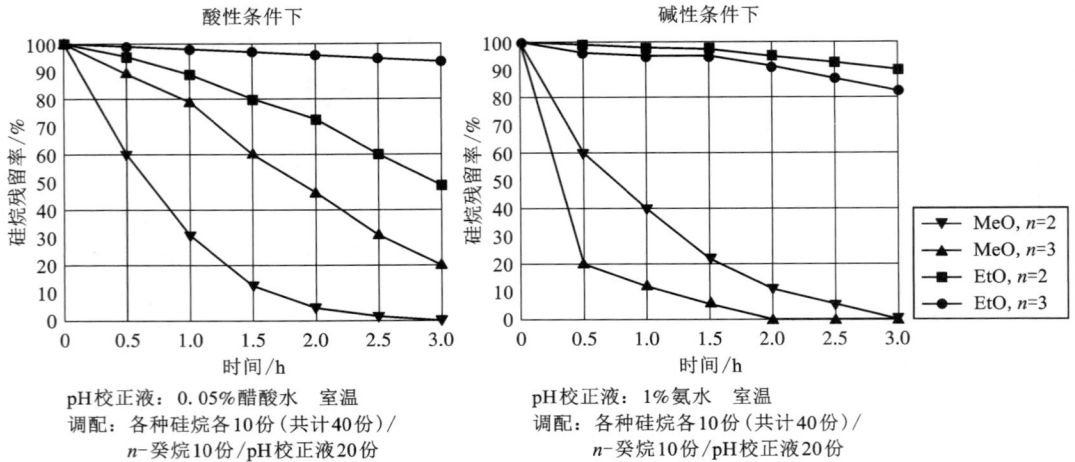

酸性条件下   碱性条件下

pH校正液: 0.05%醋酸水　室温   pH校正液: 1%氨水　室温
调配: 各种硅烷各10份(共计40份)/   调配: 各种硅烷各10份(共计40份)/
　　　n-癸烷10份/pH校正液20份   　　　n-癸烷10份/pH校正液20份

图 5-32　不同硅烷偶联剂水解曲线

表 5-7 列出了铜箔常用硅烷品牌的对照表,供大家参考。

表 5-7　铜箔常用硅烷品牌对照表

日本智索	中国	美国道康宁	迈图	日本信越	官能团
S210	KH-171	Z-6300	A-171	KBM-1003	乙烯基三甲氧基硅烷
S220	KH-151	Z-6518	A-151	KBE-1003	乙烯基三乙氧基硅烷
S310	KH-602		A-2120	KBM-602	N-2-(氨乙基)-3-氨丙基甲基二甲氧基硅烷
S320	KH-792	Z-6020	A-1120	KBM-603	N-(β-氨乙基)-α 氨丙基三甲氧基硅烷
S330	KH-550	Z-6011	A-1100	KBE-903	γ-氨丙基三乙氧基硅烷
	KH-561		A-1871	KBE-403	3-缩水甘油醚氧丙基三乙氧基硅烷
S510	KH-560	Z-6040	A-187	KBM-403	3-缩水甘油醚氧丙基三甲氧基硅烷
S710	KH-570	Z-6030	A-174	KBM-503	甲基丙烯基酰氧基丙基三甲氧基硅烷

5. 有机层选择

偶联剂有三大类,除硅烷偶联剂外,还有铬络合物偶联剂和钛酸酯偶联剂。

铬络合物偶联剂开发于 20 世纪 50 年代初期,为不饱和有机酸与三价铬离子形成的金属铬络合物,合成及应用技术均较成熟,而且成本低,但品种比较单一,目前还没有用于铜箔的报道。

钛酸酯偶联剂包括四种基本类型：

①单烷氧基型，这类偶联剂适用于多种树脂基复合材料体系，尤其适合于不含游离水、只含化学键合水或物理水的填充体系。

②单烷氧基焦磷酸酯型，该类偶联剂适用于树脂基多种复合材料体系，特别适合于含湿量高的填料体系。

③螯合型，该类偶联剂适用于树脂基多种复合材料体系，由于它们具有非常好的水解稳定性，这类偶联剂特别适用于含水聚合物体系。

④配位体型，该类偶联剂用在多种树脂基或橡胶基复合材料体系中都有良好的偶联效果，它克服了一般钛酸酯偶联剂用在树脂基复合材料体系的缺点。

硅烷偶联剂是由硅氯仿($HSiCl_3$)和带有反应基团的不饱和烯烃在铂氯酸催化下加成的，再经醇解而得。硅烷偶联剂实质上是一类具有有机官能团的硅烷分子有机物，在其分子中同时具有能和无机质材料(金属等)化学结合的反应基团及与有机质材料(合成树脂等)化学结合的反应基团。因此，硅烷偶联剂可在铜箔和有机物质树脂的界面之间架起"分子桥"，把两种性质悬殊的材料连接在一起，起提高复合材料的性能和增加黏结强度的作用。

在所有的硅烷偶联剂中，电解铜箔表面处理中使用较多的是环氧类硅烷偶联剂、氨基硅烷偶联剂以及氟硅烷偶联剂。

铜箔企业常用的硅烷多采用日本信越化学工业株式会社(日本信越)的产品，如表 5-8 所示。环氧基硅烷常用的是 KBM-403 和 KBE-403。KBM 中的 M 代表甲氧基，KBE 中的 E 代表乙氧基，403 中最后一位代表可水解基团的数量，403、903 表示有 3 个可水解基团。

表 5-8 日本信越硅烷最佳 pH 和保存稳定性

牌号	官能团	溶解性(水溶液的 pH)	稳定性
KBM-1003	乙烯基三甲氧基硅烷	○(3.9)	10 日内
KBE-1003	乙烯基三乙氧基硅烷	○(3.9)	10 日内
KBM-602	N-2-(氨乙基)-3-氨丙基甲基二甲氧基硅烷	◎(10.0)	30 日内
KBM-603	N-(β-氨乙基)-α 氨丙基三甲氧基硅烷	◎(10.0)	30 日内
KBE-903	γ-氨丙基三乙氧基硅烷	◎(10.0)	30 日内
KBE-403	3-缩水甘油醚氧丙基三乙氧基硅烷	○(4.0)	10 日内
KBM-403	3-缩水甘油醚氧丙基三甲氧基硅烷	○(5.3)	30 日内
KBM-503	甲基丙烯基酰氧基丙基三甲氧基硅烷	○(4.2)	1 日内

注，溶解性：

○无须调整水溶液的 pH 也能制成1%的硅烷溶液。

◎需要调整水溶液的 pH 才能制成1%的硅烷溶液。

铜箔生产中环氧基硅烷主要以 3-缩水甘油醚氧丙基三甲氧基硅烷(信越 KBM-403)为代表，氨基硅烷主要以 3-氨丙基三甲氧基硅烷(信越 KBM-903)、3-氨丙基三乙氧基硅烷(KBE-903)为代表，它们可溶于水。氟硅烷主要有十七氟癸基三甲氧基硅烷、十三氟辛基三甲氧基硅烷和三氟丙基甲基二甲氧基硅烷，它们都不溶于水，需要用乙醇等有机溶剂助溶，易燃，气味很大。

有机硅酯的水解自聚为梯形聚合，在聚合中期会出现凝胶化现象，短时间内生成不溶的固体。基于上述原因，现用硅烷化表面处理工艺只能以硅烷自组装工艺现配现用，且稳定性极差，常因溶液环境的微小改变而生成凝胶，造成大量浪费与污染。通过铜箔表面自组装形成的硅烷膜，其分子量无法控制，常因分子量过低造成硅烷膜过薄、有裂缝孔洞甚至无法形成完整

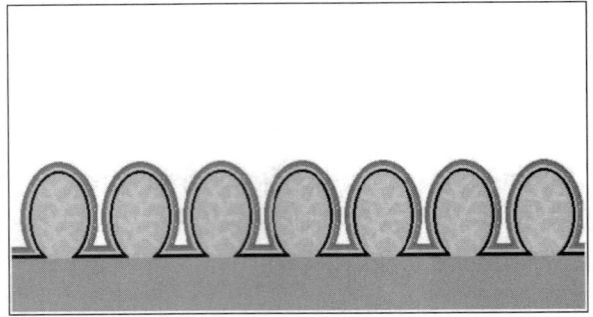

图 5-33　铜箔表面有机化处理后示意图

的硅烷膜。图 5-33 为铜箔表面有机化处理后的示意图。

铜箔表面喷涂硅烷后，不需要水洗，即可进行烘干。硅烷偶联剂一般使用浓度为 $3 \sim 8$ g/L 的水溶液，在铜箔表面进行浸喷，不水洗直接进行烘干。使用硅烷偶联剂，可以提高铜箔抗剥离强度 $0.1 \sim 0.3$ N/mm。

金属表面有机化处理技术在铜箔生产中有着广阔的前景。特别是随着高频高速 PCB 的发展，对铜箔表面粗糙度的要求越来越严格，甚至要求无轮廓，在 $Rz \geqslant 0.5$ μm 的情况下，单独依靠机械结合力来满足铜箔与基材的抗剥离强度的要求明显是不现实的。充分发挥偶联剂的作用，在铜箔与基材树脂之间构建分子结合力，是低轮廓铜箔表面处理技术的主要发展方向

5.2.10　水洗与烘干

1. 水洗

在铜箔生产中，水洗是一个非常重要的工序，原因在于新鲜铜箔极易被硫酸铜电解液腐蚀而氧化变色。无论是锂电池用铜箔还是电子电路用铜箔，生箔从电解槽一出来，就必须用纯水把铜箔表面的硫酸铜、硫酸等化学物质清洗干净。在表面处理过程中，从活化处理到粗化、固化、防氧化处理、有机化处理等，每一个步骤使用的溶液不完全相同，相互之间可能产生不利的影响，为此，在相邻的两个处理槽之间需要配置水洗槽来除去铜箔表面附着的前一步骤的电解液。

水洗对水质要求很高，一般均采用纯水(去离子水或电渗析高纯水)。水洗的水压力、水量分布、冲洗距离和角度都有一定的要求。

成排的喷水管上均匀地布有喷水孔或装有扁平的相互重叠的三角形喷嘴，通过这些设施来完成清洗工作，铜箔的两面都要进行冲洗。

水洗的另一个作用是防止溶液污染。表面处理过程中各工序溶液成分不同，之后都要进行水洗，以清除表面附带的各种电解液，防止上道工序污染下道工序的电解液。

对于铜箔漂洗用水和电解液制备用水，一般要求电导率应小于 0.2 μΩ/cm，相应的电阻率应大于 5 MΩ/cm。

2. 烘干

烘干是表面处理过程最后一道必不可少的工序，其目的是彻底去除铜箔表面（包括处理层）的水分，防止残留水分对铜箔的危害。通常采用通入热空气+直接加热的方式将铜箔表面残留的水分蒸发并带走。铜箔表面处理用烘箱一般具有热传导、热对流、热辐射三种热传播方式，可同时作用。

研究表明，铜箔从树脂底材上的剥离强度随着铜箔表面温度的升高而增加，见图 5-34，剥离强度在约 130 ℃时达到峰值。例如，当铜箔的表面被加热至 150 ℃或更高时，形成于铜箔表面上的镀锌层所含的锌就扩散进入铜箔中，形成锌-铜合金（黄铜），从而不会出现脱锌现象，即锌浸出到用于形成电路图案的酸（如盐酸）中的现象，提高了其耐酸性。因此，考虑到防氧化金属和铜箔形成低共熔合金以及铜箔的剥离强度，铜箔经表面处理面烘干温度范围宜为 100～170 ℃，最好为 120～

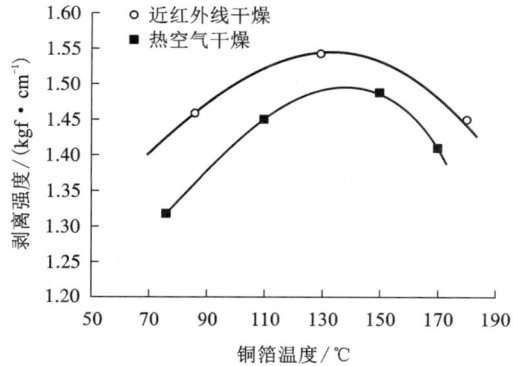

图 5-34　铜箔干燥温度对剥离强度的影响

150 ℃。当烘干温度低于 100 ℃时，防氧化层金属就不会与铜箔形成低共熔合金（如锌-铜的合金化形成黄铜），结果会使铜箔耐酸性不佳。但当铜箔表面的温度高于 170 ℃时，尽管合金化进行迅速，但用作防氧化的铬酸盐会被破坏，导致铜箔抗剥离强度下降。

硅烷偶联剂的分解温度与其分子结构有关：结构越复杂，分解温度越高，一般都在 200 ℃以上。对于一些特殊组成的硅烷，当温度大于 200 ℃时，存在分解风险。因此，烘干温度应尽可能低一些。

就设备设计而言，铜箔在烘箱干燥的时间一般以 10～20 s 为宜，若停留时间长，烘干温度可以低一些，停留时间短，烘干的温度就要高些。

为保证加热炉内受热均匀，以热空气为介质的烘干箱建议带风刀，使热风从风刀喷出。铜箔与风刀之间的距离以设定在 20 mm 至 100 mm 之间为宜。

5.3　表面处理工艺

5.3.1　氧化法表面处理

众所周知，未处理的生箔具有两个外观明显不同的表面：一个是"光面"（又称 S 面），该面在生箔电解时紧贴在阴极辊筒表面上，它是阴极钛筒表面的镜像，粗糙度很低，亮度很高；另一面是电解液接触的一面，由于其具有绒状外表被称为"毛面"（又称 M 面）。

从图 5-35 电解生箔的 EBSD 照片可以看出，从光

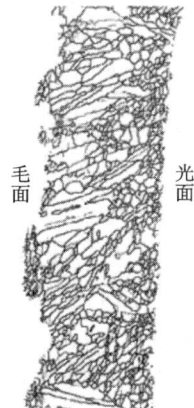

图 5-35　电解生箔的 EBSD 照片

面到毛面，分别为细晶、柱状晶和等轴晶。毛面粗大的等轴晶，使生箔的毛面具有一定微观的粗糙度，但直接与覆铜板的半固化片 PP 压合，结合力很低，必须通过抗剥离强度增强处理，以保证所形成的覆铜板有适当的抗剥离强度。从质量设计过程可知，铜箔生产流程大致可分为生箔电解、表面处理、精整分切三个阶段。其中表面处理工序大体包括活化处理、粗化处理、阻挡层处理、防氧化处理、有机膜预涂处理等环节。

增加铜箔与树脂间的剥离强度常见的方法有机械粗化法、化学处理法、电化学处理法。

目前，机械粗化法、化学处理法应用于铜箔制造商的表面处理已极少见了，但在印制电路板流程中仍然广泛应用。机械粗化法主要是利用不锈钢丝、尼龙丝等辊刷，将铜箔表面打毛，提高表面粗糙度，从而增大铜箔抗剥离强度。化学处理法主要包括黑色氧化处理(简称黑化处理)、棕化处理以及逐渐发展的白化处理技术。

黑色氧化技术是利用铜箔在碱性溶液中，先与亚氯酸钠在表面生产氧化亚铜，氧化亚铜继续反应生产氢氧化铜，然后分解形成氧化铜结晶来实现。其作用，一是提高铜箔的比表面积，从而增大与树脂接触面积，有利于树脂充分扩散，层压时流动的树脂可以嵌入这些表层，形成较大的结合力；二是使非极性铜表面变成带极性的 CuO 和 Cu_2O 表面，增加了与树脂极性键之间的结合力，同时使表面在高温下不受湿气的影响，降低了铜与树脂分离的可能性。

黑色氧化机理：

$$4Cu+NaClO_2 = 2Cu_2O+NaCl$$
$$Cu_2O+H_2O = Cu(OH)_2+Cu$$
$$Cu(OH)_2 \xrightarrow{\triangle} CuO+H_2O$$

总反应方程式：

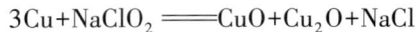

$$3Cu+NaClO_2 = CuO+Cu_2O+NaCl$$

铜箔经上述溶液处理后，最初在铜箔表面呈现红褐色的氧化亚铜，氧化亚铜继续氧化生成黑色的氧化铜。实质上生成的氧化铜及氧化亚铜在强碱性溶液中极易生成氢氧化铜，而氢氧化铜在 80 ℃以上脱水，又变为氧化铜。铜表面和树脂之间的结合强度与生成的氧化铜的结晶形状和氧化铜膜的厚度有关。

随着铜箔处理技术的提高，国内铜箔企业在 20 世纪 70 年代末，就可以提供给覆铜板企业电化学粗化处理的铜箔。PCB 外层铜箔的表面处理已停止使用黑色氧化工艺，但在多层板的内层线路上，由于氧化处理工艺的特殊性，目前 PCB 企业仍在使用。

表面氧化处理，通常采用亚氯酸钠、氢氧化钠和磷酸钠的溶液来处理。目前 PCB 内层铜箔黑色氧化溶液的组成及工艺条件如下：

亚氯酸钠：30~60 g/L

氢氧化钠：5~15 g/L

磷酸钠：8~10 g/L

处理温度：70~95 ℃

处理时间：3~5 min

黑化可以钝化铜面，增强内层铜箔的表面粗糙度，进而增强环氧树脂与内层铜箔之间的结合力。但是在多层印制电路板制作过程中，在电镀的前工序酸处理时，通孔部位的黑色氧化铜膜容易被酸浸蚀，产生粉红色环痕，会影响多层 PCB 的质量。因此，不仅铜箔企业淘汰了黑色氧化工艺,现在 PCB 企业也逐渐用棕化工艺取代黑化工艺。

5.3.2 HTE 铜箔表面处理工艺

按照 GB/T 5230—2020 印制板用电解铜箔标准,电子电路铜箔按照特性,可分为五种,如表 5-9 所示。

表 5-9 铜箔型号和特征

型号	特征	延伸率(以 18 μm 厚铜箔为例)/%	
		常温	高温 180 ℃
E-01	标准铜箔(STD)	≥4	—
E-02	高延伸性铜箔(HD)	≥5	—
E-03	高温延伸性铜箔(HTE)	≥4	≥2.5
E-04	可退火电解铜箔(A-E)	≥5	≥15
E-05	可低温退火电解铜箔(LTA)	≥5	—

从表 5-9 可以看出,STD、HD 和 HTE 差异就在延伸率上。随着胶原蛋白等添加剂的应用,目前国内铜箔的常温延伸率和高温延伸率都能符合 HTE 要求。换句话说,目前国内铜箔企业已经不再生产 STD 或 HD 铜箔,全部升级为 HTE 铜箔。正因为如此,有人也将 HTE 铜箔即高温高延铜箔称为标箔(标准铜箔)。

HTE 铜箔即高温延伸性铜箔,主要用于多层印制板。由于多层印制板在压合时热量会使铜箔发生再结晶现象,因此需要铜箔在高温(180 ℃)时具有较高的延伸率,以保证内层线路不出现"龟裂"现象。随着多层电路板产量和技术水平的提升,对电解铜箔高温延伸率性能的要求有了大幅提高,IPC-4562 标准规定 HTE 铜箔的高温延伸率大于 3% 的要求已成为最低标准。现在所说的 HTE 铜箔,一般是指高温延伸率在 5% 以上厚度为 12~35 μm 的电解铜箔。

HTE 铜箔作为用量最大的铜箔产品,它的表面粗糙度高,与绝缘基体结合力强。以厚度为 18 μm 的 HTE 铜箔为例,它的成品处理面(毛面)Rz 为 4.5~7.0 μm,未处理面(光面)Ra≤0.4 μm。其与环氧玻纤布覆铜板(以普通 FR-4 板为代表)的抗剥离强度 T_g 140>1.35 N/mm,T_g 150 抗剥离强度≥1.05 N/mm。

所谓 T_g 值,指绝缘基材 PP 在高温受热下的玻璃化温度。众所周知,电路板必须耐燃,在一定温度下不能燃烧,只能软化,这时的温度就叫作玻璃态转化温度(T_g 点),这个值关系到 PCB 板的尺寸稳定性。T_g 值越高,说明板材的耐温性能越好,尺寸稳定性越高。普通覆铜板的 T_g 点为 130 ℃以上,中等 T_g 大于 150 ℃,高 T_g 一般大于 170 ℃。在无铅喷锡制程中,一般要求基板至少为中 T_g 基板。基板的 T_g 提高了,印制板的耐热性、耐潮湿性、耐化学性、稳定性等特征都会提高和改善。

同样是 FR-4 基材的覆铜板,产品档次主要通过不同的 T_g 值来区分:T_g 值越高,成本也会越高,性能也会越好。

如前所述,未经处理过的铜箔由于表面光滑、粗糙度低,后续工序中与基板结合力差,且在运输和保存过程中容易被氧化，因而生箔都必须经过一系列的表面处理。电解铜箔在生产过程中，生箔要经过粗化处理、固化处理、阻挡层处理、抗氧化处理等工序，并且随着电子铜箔的种类、应用领域和使用要求的不同，处理工序也略有不同。

表面处理的核心是增强铜箔与基材 PP 的抗剥离强度，铜箔抗剥离强度过低，其他性能再好也是废品。粗化处理过深，铜结晶过长，容易导致粗糙度过高，处理面掉铜粉，污染基材；粗化处理程度过浅，会无法达到增加表面粗糙度的要求，导致结合力差。因此表面粗化处理的好坏直接影响到纳米铜结晶的大小、成分和形态等，进而影响粗糙度的大小。

铜箔粗化效果主要由电沉积工艺及添加剂配方决定，其中通过添加剂调控铜电沉积是提高铜箔表面粗化处理质量最实用和快捷的方法。但目前绝大多数优秀的添加剂配方都掌握在欧美和日本等国。与外资企业相比，国内生产的铜箔产品虽然经过几十年的发展，但应用场景仍旧单一，产品以 STD、HTE 为主，性能方面存在一定的差异，特殊铜箔产品国内仍少有企业涉足其中。20 世纪铜箔工程师为改善铜箔粗化效果，在铜箔表面粗化处理电解液中加入三氧化二砷或五氧化二砷等含砷化合物，生成的纳米铜结晶呈圆球状，结晶细小且分布均匀，可以很好地防止铜粉的生成，提高抗剥离强度。然而含砷废气、废水和废渣排入环境，不仅会对环境造成巨大危害，而且还会通过大气、土壤和食物等进入人体。一旦砷类化合物进入人体，将严重危害人体健康，不仅会引发体人体多器官组织学和功能上的异常改变，严重时甚至导致癌变。因此，进入 21 世纪，国内大部分企业都淘汰了砷化物添加剂，采用无添加剂粗化技术。

由于电子电路用铜箔生产的核心技术就是表面处理，电解铜箔企业竞争的焦点是表面处理工艺。为保持产品的优势，各个铜箔企业都非常重视知识产权的保护，每一个表面处理工艺就是一个专利。本书中引用的专利资料，仅供大家学习、借鉴。有关专利是否实用，需要铜箔工程师仔细验证和甄别。如需要商业利用，请及时与专利所有人联系，尊重和保护铜箔知识产权人的合法权益，是铜箔产业持续发展的保证。

下面以技术方案的形式，简要介绍一些企业采用、研究的铜箔表面处理工艺。

1. 技术方案 1

本方案提供一种电解铜箔的灰色表面处理工艺，具体工序如下：

步骤 A，粗化。

Cu^{2+}：10 g/L

H_2SO_4：80 g/L

添加剂 A：1.5 mg/L

温度：25 ℃

电流密度：1500～4200 A/m²

添加剂 A 为一类表面活性物质，该表面活性物质选自明胶、硫脲、羟乙基纤维素、苯并三氮唑、阿拉伯树胶、丙烯基硫脲中的一种。

步骤 B，固化。

Cu^{2+}：50 g/L

H_2SO_4：80 g/L

温度：35 ℃

电流密度：2300～5000 A/m²

步骤 C，弱粗化。

Cu^{2+}：6 g/L

H_2SO_4：80 g/L

添加剂 C：1 g/L

温度：25 ℃

电流密度：1300~3000 A/m^2

添加剂 C 为含 N 化合物

步骤 D，镀锌合金。

$K_4P_2O_7$：140 g/L

Zn^{2+}：2 g/L

添加剂 D：60 mg/L

pH：8

温度：25 ℃

电流密度：80~500 A/m^2

添加剂 D 为 Mo、Co 金属的盐

步骤 E，铬酸钝化。

铬酸盐：2 g/L

pH：8

温度：25 ℃；

电流密度：50~500 A/m^2

步骤 F，预涂有机层。

将体积百分比为 0.1% 的氨基硅烷偶联剂水溶液，在温度为 15 ℃ 的条件下，通过循环泵喷涂在铜箔表面。

表面处理时，电解铜箔以 25.0 m/min 的速度运行，每一处理步骤时间小于 3 s，粗化、固化后电解铜箔的表面峰上出现细小的"瘤"状结构，厚度增加 1~3 μm。

抗剥离强度反映了铜箔与板材结合的牢固程度，本技术方案中的粗化、固化处理使铜箔表面形成"瘤"状结构，增加了比表面积和粗糙程度，有利于从增大机械力的角度增加抗剥离强度。同时，预涂有机膜的作用是在压制覆铜板的过程中使表面处理的复合层与板材在受热压条件下形成偶联作用，从化学键力的角度增加铜箔抗剥离强度。

本方案具有如下优点：

(1) 本工艺处理的电解铜箔，具有优良的耐化学药品腐蚀性能，压制 FR-4 板后，在质量分数为 15% 的盐酸溶液中浸泡 30 min 后的抗剥强度损失率在 4% 以内，在 100 倍电子显微镜下观察线条无腐蚀。

(2) 具有优良的常温抗氧化性能，在温度小于 35 ℃，湿度小于 50% 的条件下存放一年不氧化。

(3) 具有优良的高温抗氧化性能，在 200 ℃ 的高温中通入空气搅拌 2 h 后无氧化，在温度为 85 ℃，湿度为 90% 的条件下 48 h 内无氧化。

(4) 在压制 FR-4、CEM-1 后具有优良的抗剥离强度，厚度为 12 μm、18 μm、35 μm 的表面处理电解铜箔压制 FR-4 板的抗剥离强度分别为：>1.1 N/mm、>1.3 N/mm、>2.0 N/mm。

（5）200 ℃下表面处理电解铜箔的颜色由灰色向黄褐色转化。

本技术方案提供的电解铜箔灰色表面处理工艺，克服了铜箔表面镀纯锌处理工艺的耐盐酸性能不够理想的缺陷，解决了电解铜箔常温、高温下防氧化能力不足的问题，以及在制作精细电路板时出现电解铜箔与基材结合处腐蚀而掉线条的问题，生产的厚度为 12 μm、18 μm、35 μm、70 μm 的电解铜箔表面呈灰色或灰褐色，能有效提高表面处理铜箔的耐酸腐蚀性、常温防氧化、高温防氧化、抗剥离强度等性能，其性能完全满足客户要求。

2. 技术方案 2

本技术方案采用一种环保型表面处理工艺，该工艺方法能够解决现有铜箔表面处理工艺带来的砷污染问题，改善了现有表面处理铜箔耐酸腐蚀性不佳的现状。

在电解铜箔的毛面进行分形电沉积铜，电镀纳米级厚度的褐色镍，再电镀一层纳米级的锌，再经过铬酸盐钝化处理涂敷一层黏合剂。其表面处理步骤如下：

步骤 A，粗化。

H_2SO_4：150 g/L

Cu^{2+}：10 g/L

添加剂 A：40 mg/L

温度：20 ℃

电流密度：2500～5000 A/m²

添加剂 A 为明胶，分形电沉积铜后表面出现细小的"瘤"状结构，厚度增加 1～3 μm。

步骤 B，镀镍。

镍盐：10 g/L

焦磷酸盐：90 g/L

辅助络合剂 C：10 g/L

添加剂 B：10 mg/L

温度：20 ℃

pH：8

电流密度：80～500 A/m²

辅助络合剂 C 为柠檬酸或柠檬酸盐，添加剂 B 为一种 Co^{2+} 离子化合物。

步骤 C，镀锌。

锌盐：7 g/L

焦磷酸盐：90 g/L

温度：20 ℃，

pH：8

电流密度：80～200 A/m²

步骤 D，电沉积铬。

铬酸盐：2 g/L

pH：11

温度：20 ℃

电流密度：100～800 A/m²

步骤 E，预涂有机层。

经过铬酸盐钝化处理后涂敷一层有机黏结剂，先将黏结剂按工艺要求溶于水中，通过循环泵涂在铜箔表面。黏结剂为一种硅烷偶联剂，选自氨基、硫基、环氧基的硅烷偶联剂。

处理 12 μm、18 μm、35 μm、70 μm 厚的电解铜箔时，铜箔以 25.0 m/min 的速度运行，分形、镀镍、镀锌、镀铬、喷涂黏合剂，每一步处理时间均小于 3 s。

该电解铜箔环保型表面处理工艺有以下特点：

（1）不会有传统表面处理工艺中的砷危害。传统的表面处理工艺通过添加砷的化合物，来提高铜箔的性能，这样电解铜箔中不可避免地含有砷元素。本工艺在保证铜箔各种性能的前提下，取消了使用砷的化合物，使生产出的电解铜箔不含砷元素。

（2）铬含量极低。本工艺处理的铜箔，其六价铬质量分数小于 25 mg/kg，远远低于ROHS 小于 1000 mg/kg 的要求。

（3）耐湿热性能优良。采用本工艺处理的铜箔，在 20~35 ℃、湿度<50% 时，正常贮存 1年无氧化；在温度为 85 ℃、湿度为 90% 的条件下，48 h 无氧化；在 200 ℃循环烘箱中，放置2 h 无氧化。

（4）存放期长。在常温下存放，镀层可半年以上不发生锌扩散，从而保证铜箔性能长时间稳定。

（5）具有优异的耐盐酸腐蚀性能。既保证了较低的耐酸劣化率和无侧腐蚀，又能被电子线路蚀刻工艺蚀刻干净。

铜箔光面的抗氧化性能要求，逐年严格起来。一方面，是由于随着以往没有的新制作方法和高耐热性新型树脂的出现，铜箔开始暴露在比以往还要高的温度下。另一方面，铜箔光面由于要印刷精密的电路，要求铜箔不能有氧化变色等情况。目前，有的产品要求在 240 ℃下至少保持 30 min 不变色，有的甚至要求在 300 ℃下保持 30 min 不变色。

采用形成锌–镍镀层、锌–钴镀层等锌合金层后，进行铬酸盐处理，作为防氧化处理层的方法，铜箔可在 200 ℃×60 min 或 270 ℃×30 min 的高温条件下不变色，而在 300 ℃×30 min 的耐热氧化条件下不合格。如果增大镀锌量，耐热氧化性虽然提高，但是，铜箔与基材压合后会出现因黄铜化问题（锌扩散到铜层中形成黄铜）及耐酸性降低而引起印制性能降低的问题。

铜箔抗氧化处理后发生氧化变色及黄色化，主要原因在于耐热氧化处理前的铜箔光泽面的化学活性度不均匀性及表面不平整。一般认为，生箔的光面粗糙度很低，十分平滑，在酸洗和水洗后进行耐热氧化处理，其化学活性度是均匀的。实际上，在扫描电子显微镜（SEM）下观察铜箔的光面，可发现上面散布着微小的凹痕，而且，在铜箔光面上电沉积（0.001~0.01 μm）锌层，用电子探针微量分析仪（EPMA）对其分布进行线分析，发现存在严重的偏析，可以认为其化学活性度是不均匀的。在这样的光面上直接进行防氧化处理，其耐热氧化处理的长处不能充分地发挥。因此，有人采用在铜箔光面电沉积一层极薄的铜层或进行浸蚀，来消除铜箔光面化学活性度不均一或平滑性的缺陷。关于镀铜，只扩散锌的铜镀层附着在整个光泽面即可，不限定铜色有太大的差异，附着量为 5~20 mg/m^2 即可。

5.3.3 RTF 铜箔的表面处理

reverse treated copper foil（简称 RTF 铜箔）是一种光面粗化处理的电解铜箔。普通电解铜箔都是对生箔的毛面（M 面，与溶液接触面）进行抗剥离增强处理，光面（S 面，与阴极辊接触面）仅进行抗氧化处理。RTF 正好相反，它是对生箔的光面进行抗剥离增强处理，对生箔毛面仅进行抗氧化处理的铜箔产品。由于它是在生箔光面进行粗化处理，处理后的粗糙度很低。RTF 产品种类不同，处理面的粗糙度也不同，例如第一代 RTF1，其处理面粗糙度 Rz 为 2.5~3.5 μm；第二代 RTF2，处理面粗糙度 Rz 为 2.0~2.5 μm，第三代 RTF3，处理面粗糙度 Rz 为 1.5~2.0 μm；第四代 RTF4，处理面粗糙度 $Rz \leqslant 1.5$ μm。而普通 HTE 18 μm 厚的铜箔处理面的 Rz 为 6~7.5 μm。RTF 第一代到第三代产品可分别应用于中损耗(mid loss)、低损耗(low loss)和极低损耗(very low loss)应用领域。之所以如此，是因为高频高速信号传输存在趋肤效应，表面粗糙度越大，信号在铜箔表面传输的路径越长，信号延迟越大，信号损耗越高。

RTF 对生箔光面进行粗化处理，对生箔毛面仅仅进行防氧化处理。由于不同厚度生箔的光面粗糙度相近，经过同样表面处理后，不同厚度的 RTF 处理面粗糙度相同，而未处理面粗糙度与生箔毛面相同，厚度越大，粗糙度越高。在某些细分领域，RTF 铜箔的未处理面的粗糙度也需要控制。如某些挠性电路板，要求非处理面 $Rz \leqslant 1.5$ μm。

下面以案例的方式，介绍几种 RTF 铜箔的生产工艺。需要特别说明的是，为了最大限度地展示技术方案的原始思维，没有对部分不规范的名称进行修改，读者需注意。

1. 技术方案 1

本方案提供一种超低轮廓度反转铜箔的生产工艺，依次包括以下步骤：酸洗、粗化、固化、防氧化、硅烷化和烘干。

(1)酸洗。

温度为 30 ℃，硫酸 120 g/L，铜离子为 8 g/L。

(2)粗化处理。

硫酸：150 g/L

铜离子：15 g/L

添加剂 M：1 g/L

电流密度：3000 A/m²

温度：25 ℃

添加剂 M 为钼离子、钒离子和锰离子的混合物，混合物中，三者离子的浓度比为 0.1∶0.1∶0.8。

(3)固化处理。

硫酸：120 g/L

铜离子：50 g/L

电流密度：3000 A/m²

温度：40 ℃

(4)防氧化处理。

焦磷酸钾：80 g/L

锌离子：5 g/L

镍离子：0.8 g/L

pH：10

电流密度：400 A/m²

温度：45 ℃

（5）预涂有机层。

偶联剂：3 g/L

温度：25 ℃

预涂有机膜偶联剂为氨丙基三乙氧基硅烷。

（6）烘干。

温度：180 ℃

本工艺反转电解铜箔的抗剥离强度检测值为 1.22 N/mm，普通 RTF 的抗剥离强度为 0.98 N/mm，使用 SJ-210 粗糙度仪检测处理面 Rz 值为 1.46 μm，普通 RTF Rz 值为 1.89 μm。

本工艺方案的优势：

（1）在粗化处理过程中向粗化液中加入添加剂 M，添加剂 M 为钼离子、钒离子和锰离子的混合物，三者的浓度比为（0.1~0.5）∶（0.1~0.5）∶（0.8~2.5），特别配比的钼离子、钒离子和锰离子可以特异性吸附在铜箔表面，使部分电极表面活性丧失。因此，铜离子就会优先在未覆盖的铜箔表面吸附沉积，导致铜箔表面不平整，铜箔表面迅速生长形成"树枝状"结晶，从而增加了铜箔表面粗糙度，为后续的固化提供了更多的生长点。

（2）通过本工艺制备的反转铜箔具有超低的轮廓度，粗化面 $Rz \leqslant 1.5$ μm，抗剥离强度 ≥ 1.2 N/mm。该超低轮廓度反转铜箔生产工艺在不降低抗剥离强度的基础上降低了粗糙度，使得到的电解铜箔更利于高频信号传送，适用性更广。

2. 技术方案 2

本方案提供一种反转铜箔生产工艺，通过在反转铜箔的处理面涂覆抗黏膜，在减少铜箔表面残铜率的同时，可保证铜箔表面与蚀刻阻剂所需的结合力，并且保证铜箔一定的延伸率。

如图 5-36 所示，反转铜箔表面处理工序包括：微蚀→酸洗→粗化→水洗→固化→水洗→粗化→水洗→固化→水洗→表面合金化处理→水洗→表面抗氧化处理→水洗→钝化→在毛面上涂覆抗黏膜→硅烷化处理→干燥。

图 5-36　本方案的工艺流程图

涂覆抗黏膜中各组分的组成以及质量分数为：有机氯硅烷 35.5%~46%、有机聚硅氧烷树脂 27.8%~33%、氨基硅烷 12.7%~20.1%、聚酯树脂 10.2%~12.2%、酸性白土催化剂 2%~8.2%，涂覆抗黏膜的厚度为 3 μm。

该方案特别之处在于完成粗化层、表面合金处理、表面抗氧化处理和钝化处理之后，增加了一个在处理面涂覆抗黏膜工序。先用黏合带附着到反转铜箔的未处理面并将其全面覆盖，然后用 H_2SO_4 酸洗反转铜箔的处理面，H_2SO_4 为 70~90 g/L，酸洗前先用浓度为 20~50

g/L 的 H_2SO_4 溶液浸泡 0.5 h，然后在湿度为 35%~45% 下保持 0.5 h。

先将涂覆完成的反转铜箔在温度为 20 ℃，温度为 60% 的条件下保持 0.5 h，再将 0.4 mm 厚度的橡胶膜附着到经抗黏膜涂覆的毛面上，使其涂覆面朝上，然后用圆形滚筒按压反转铜箔，圆形滚筒的负载为 15 g/cm²，圆形滚筒的筒壁厚度为 0.2 mm；按压完成后，在 60 ℃ 高温下保持 0.5 h，再于 20 ℃ 下保持 0.5 h，然后撤掉所述橡胶模。

(1) 粗化处理。

Cu^{2+}：20 g/L

H_2SO_4：120 g/L

Mg^{2+}：2 g/L

Cl^-：10 mg/L

电流密度 D_k：4000 A/m²

电镀时间 t：10 s

添加剂 Lu_2O_3：8 g/L

$NiSO_4$：2 g/L

并且进行防氧化处理。

(2) 固化处理。

Cu^{2+}：20 g/L

H_2SO_4：60 g/L

Cl^-：10 mg/L

电流密度 D_k：1000 A/m²

电沉积时间 t：5 s

(3) 合金阻挡层。

表面合金化处理采用电镀锌镍钴合金，电镀锌镍钴合金的工艺条件为：

$NiSO_4 \cdot 6H_2O$：15 g/L

$ZnSO_4 \cdot 7H_2O$：12 g/L

$CoSO_4 \cdot 7H_2O$：6 g/L

络合剂：100 g/L

添加剂 Lu_2O_3：8 g/L

$NiSO_4$：2 g/L

电镀温度：50 ℃

pH：10

电流密度 D_k：500 A/m²

电镀时间 t：8 s

(4) 钝化。

Cr^{3+}：4 g/L

NaOH：12 g/L

ZnO：3 g/L；

电流密度 D_k：300 A/m²

电镀时间 t：8 s。

（5）烘干。

烘干温度：120 ℃

本工艺生产的 3 oz 反转铜箔残铜率为 1.2%，结合强度为 5.5 kg/cm，延伸率为 2.1%；普通 RTF 的残铜率为 3.8%，结合强度为 0.4 kg/cm，延伸率为 0.8%。

据资料介绍，该方案通过在反转铜箔的毛面上涂覆抗黏膜，可以减少毛面上的棱线，同时降低线宽和线距，但是并不会完全去除毛面上的棱线，因此铜箔表面与蚀刻阻剂的结合力不会发生太大的变化。通过涂覆抗黏膜，毛面与蚀刻阻剂的结合改变为抗黏膜与蚀刻阻剂的结合，结合力相比于毛面的直接结合更为稳定，可以在减少铜箔表面的残铜率的同时，保证铜箔表面与蚀刻阻剂的结合力，并且保证铜箔的延伸率。

由于铜箔先氧化再涂覆，铜箔被氧化后，铜箔毛面形成细小的氧化铜微小结晶，增大了铜箔的表面积，使得抗黏膜与铜箔之间的结合强度更大，减少了抗黏膜脱落的风险。通过添加 Lu_2O_3 以及 $NiSO_4$ 等添加剂，添加剂在沉积过程中与铜离子共析，形成更多的活性质点，抑制了树枝状晶的形成，从而获得比较理想的沉积层，提高了晶粒间的结合强度。粗化过程是在比较大的电流条件下进行的，第二次粗化处理是在固化的表面再形成细微的粗化层，该粗化层再与固化层牢固结合，得到比较理想的结合力，再通过固化处理，其结构表面变得更为稳定。

5.3.4 低轮廓铜箔的表面处理

根据趋肤深度和频率的关系，当信号传输频率超过 1 GHz 后，信号传输仅在铜箔表面粗糙度的数量级范围内进行，其中 1 GHz 的趋肤深度为 2 μm，而 10 GHz 的趋肤深度仅为 0.66 μm。根据信号传输理论，表面粗糙度的起伏将导致信号"驻波"和"反射"，影响信号传输，增大信号的损耗，进而影响高频高速条件下 PCB 的信号完整性。铜箔的表面粗糙度是影响高频信号传输的一个重要因素，低粗糙度铜箔对电子铜箔的表面粗化处理提出了更高的要求。

铜箔企业为了增加铜箔与板材的结合能力，需要对铜箔表面进行粗化处理，处理层厚度一般不低于 5 μm。在高频情况下，铜箔表面的粗糙度越大，高频率信号传输损失相应也越大。为了减少高频电路的信号传输损失，传统方法一般采用低轮廓度铜箔，但这种处理方法又会引发另一个问题，铜箔的粗糙度越低，铜箔与基板的黏结强度（抗剥离强度）会越低。

也就是说，铜箔表面的粗糙度大，就无法满足高速高频交流信号在印制电路板线路上传输信号完整性要求；而为了使高频率信号传输损失小，降低铜箔表面的粗糙度又会引发铜箔与基板的黏结强度变小。这是一个鱼和熊掌如何兼得的问题。目前主要有以下几种解决方案。

（1）在铜箔层压面涂胶。三井金属铜箔公司研发出采用涂底胶的平滑铜箔（NP-VSP）产品，胶层厚度为 10 μm。后来又开发出一款 FSP 501 极薄、超低轮廓带载体型电解铜箔。FSP 501 是 MicroThin 底层树脂涂层的 SAP 材料，适用于线宽/线距（L/S）= 20/20 或以下之应用，主要用于 IC 封装载板。它的铜箔厚度有 1.5 μm、2.0 μm 和 3.0 μm 3 种规格，层压面 Rz 为 1.4 μm，铜箔层压面敷有薄胶层，起到提高超低轮廓铜箔剥离强度的作用。它与 FR-4 基材的铜箔剥离强度可达到 1.2 kg/cm。

（2）细微瘤化处理。20 世纪 90 年代中期，三井金属铜箔公司研发出形成纳米锚（nano anchor）的工艺手段，它在提高极低轮廓铜箔的剥离强度方面，起到良好效果。当时在高频高速基板中得到小批量的应用。日本福田金属箔粉工业株式会社则提出了在生箔表面进行超精细绒毛状处理技术，因其粗糙度非常低，可以应用到软板上。

（3）在铜箔与树脂的界面间运用偶联技术、偶联剂复配技术。

在低轮廓铜箔开发中，在降低铜箔表面粗糙度和机械结合力的同时，可通过偶联剂及偶联剂复配技术对铜箔表面进行处理，来提高铜箔抗剥离强度。采用偶联剂处理工艺路线，提高了极低轮廓铜箔的剥离强度，可以达到辅助提高的效果。

随着高频高速的发展，未来电解铜箔表面粗糙度（Rz）趋于更低，高端产品对剥离强度的要求也会"走低"，这种在剥离强度的各应用领域存在的不同需求趋势上的差异，与 HLC、HDI 类基板对铜箔的其他性能要求的侧重点有关。

底轮廓铜箔表面处理技术方案如下。

1. 技术方案 1

本方案采用一种高速高频信号传输电路板用铜箔的表面处理方法，主要步骤如下。

步骤 A，酸洗。

采用厚度为 12 μm，基重为 102 g/m² 的生箔，按酸洗程序进行预处理，酸洗过程控制指标如下：Cu^{2+} 为 12 g/L，H_2SO_4 为 100 g/L，温度为 35 ℃，流量为 8 m³/h。

步骤 B，粗化电解液制备。

溶铜罐中的主电解液经多级过滤后，向其中加入纳米氧化铝颗粒分散液，充分混合均匀后制得粗化电解液。

以上步骤中选取的分散剂为柠檬酸三钠，其质量为纳米氧化铝粉体质量的 3%，将该柠檬酸三钠用纯水溶解，该柠檬酸三钠水溶液的浓度为 20%；将称量好的纳米氧化铝颗粒加入柠檬酸三钠水溶液中，保证纳米氧化铝颗粒分散液中纳米三氧化铝的浓度为 5%；超声波搅拌混合 1 h 后再将其加入主电解液中，混合均匀后即得粗化电解液，该粗化电解液中 Cu^{2+} 为 12 g/L，H_2SO_4 为 110 g/L。

步骤 C，粗化处理。

将步骤 A 中所得的粗化电解液均匀进液到电解槽中，以待处理的铜箔为阴极，在铜箔的毛面电沉积铜-三氧化铝复合处理层。其关键技术指标如下：

Cu^{2+}：12 g/L

H_2SO_4：110 g/L

流量：24 m³/h

温度：25 ℃

电流密度：2500 A/m²

电解时间：6 s

完成后在铜箔表面沉积的铜-三氧化铝复合处理层中，三氧化铝纳米颗粒形态呈球形均匀分散状态，该复合处理层中三氧化铝质量分数为 5%，纳米颗粒粒径为 50 nm。

步骤 D，固化处理。

为防止步骤 B 形成的颗粒状结晶脱落，在铜-氧化铝复合处理层表面再进行层状镀铜，在铜-氧化铝复合处理层表面上覆盖结构稳定的致密铜层。其关键技术指标如下：

Cu^{2+}：45 g/L

H_2SO_4：110 g/L

流量：10 m³/h

温度：45 ℃

电流密度：2800 A/m²

步骤 E，灰化处理。

为提升步骤 C 中铜箔的耐化学性能及耐高温性能，在铜箔毛面和光面同时镀覆锌层。其关键技术指标如下：

$K_4P_2O_7$：85 g/L

Zn^{2+}：4.5 g/L

pH：8.5

温度：25 ℃

流量：10 m³/h

光面电流密度：50 A/m²

毛面电流密度：200 A/m²

步骤 F，钝化处理。

为提升铜箔的抗氧化性能，在铜箔毛面和光面同时镀覆铬层，提高铜箔的耐候性。其关键技术指标如下：

Cr^{6+}（铬酐）：1.5 g/L

pH：11

流量：6 m³/h

温度：32 ℃

光面电流密度：10 A/m²

毛面电流密度：50 A/m²

步骤 G，有机膜涂覆处理。

为提升步骤 E 中铜箔与基材的化学结合力，对进行铜-氧化铝复合处理的铜箔毛面涂覆硅烷偶联剂。其关键技术指标如下：

KH-560 硅烷偶联剂：0.45%

温度：25 ℃

步骤 H，烘干处理。

将步骤 E 中经过多层表面处理的铜箔用烘箱烘干除去残余水分和硅烷偶联剂，最终获得一种高速高频信号传输电路板用铜箔产品。

该工艺生产的铜箔，铜箔毛面颗粒均匀，处理层厚度为 2 μm，粗糙度 Rz 为 2.2 μm，抗剥离强度为 1.25 N/mm。

（1）该方案在铜箔表面采用电沉积铜-三氧化铝复合处理层，增加了铜箔表面粗糙度，大大改善了铜箔的性能，能够兼顾表面粗糙度与抗剥离性能，更加适用于高速高频信号用印制电路板，既具有较低的轮廓度，同时又满足抗剥离性能要求。

（2）与传统的表面处理工艺相比，处理后的铜箔表面粗糙度下降50%，在表面处理层厚度减小30%的同时，抗剥离强度维持不变。

（3）该方案中全程未使用镍、钴、铁等铁磁性金属元素，而其 PIM 性能更优，工艺更简单，安全性更高。最终产品可应用于 5G 通信的射频-微波电路基板中。

2. 技术方案 2

本方案提供了一种表面低粗糙度铜箔的生产技术，包括主体生箔及第一表面处理层，第一表面处理层包括粗化层。第一表面处理层的最外侧为表面处理铜箔的处理面，处理面的实际体积(V_m)为 0.06~1.45 $\mu m^3/\mu m^2$，处理面的 5 点峰高(S5p)为 0.15~2.00 μm。

步骤 A，生箔电解。

采用 2000# 抛光刷，在旋转速度为 300~600 r/min 的条件下将钛阴极辊进行抛磨，之后按下列工艺条件进行生箔电解：

硫酸铜($CuSO_4 \cdot 5H_2O$)：320 g/L

硫酸：95 g/L

氯离子：30 mg/L

液温：52 ℃

电流密度：5000 A/m²

主体铜箔厚度：18 μm

聚氧乙烯山梨醇脂肪酸酯：6.5~12.5 mg/L

2,3-二巯基丙磺酸(DMPS)：4~8 mg/L

18 μm 厚的生箔样品生产工艺见表 5-10。

表 5-10　18 μm 厚生箔样品生产工艺

样品	生箔电解添加剂		阴极辊抛磨抛刷	
	聚氧乙烯山梨醇脂肪酸酯浓度/(mg·L⁻¹)	[DMPS]/(mg·L⁻¹)	抛刷旋转速度/(r·min⁻¹)	角速度方向(相对阴极辊)
样 1	6.5	4	300	反向
样 2	12.5	4	300	反向
样 3	6.5	8	300	反向
样 4	6.5	4	600	反向
样 5	12.5	8	600	正向
样 6	6.5	4	300	正向
样 7	6.5	8	300	正向
样 8	12.5	4	600	正向
对比样 1	6.5	4	300	反向
对比样 2	12.5	4	300	反向
对比样 3	6.5	10	300	反向
对比样 4	6.5	2	300	反向
对比样 5	6.5	4	800	反向
对比样 6	6.5	4	100	反向
对比样 7	12.5	4	600	反向
对比样 8	12.5	8	600	反向

步骤 B，清洗。

对电解生箔进行表面清洁以确保铜箔的表面无污染物(例如油污、氧化物)，其工艺条件如下：

硫酸铜($CuSO_4 \cdot 5H_2O$)：130 g/L

硫酸：50 g/L

液温：27 ℃

浸渍时间：30 s

步骤 C，粗化处理。

可通过电化学沉积，将粗化粒子形成于主体铜箔的沉积面。其工艺条件如下：

硫酸铜($CuSO_4 \cdot 5H_2O$)：70 g/L

硫酸：100 g/L

液温：25 ℃

电流密度：34 A/dm^2

电解时间：10 s

步骤 D，固化处理。

硫酸铜($CuSO_4 \cdot 5H_2O$)：320 g/L

硫酸：100 g/L

液温：40 ℃

电流密度：9 A/dm^2

处理时间：10 s

步骤 E，钝化。

在铜箔处理面(粗化面)形成具有双层堆叠结构的钝化层(例如：含镍层/含锌层)，而在铜箔未处理面形成具有单层结构的钝化层(如含锌层)。其工艺条件如下：

含镍层：

硫酸镍($NiSO_4 \cdot 7H_2O$)：180 g/L

硼酸(H_3BO_3)：30 g/L

次磷酸钠(NaH_2PO_2)：3.6 g/L

液温：20 ℃

电流密度：40 A/m^2

时间：3 s

含锌层：

硫酸锌($ZnSO_4 \cdot 7H_2O$)：9 g/L

钒酸铵$[(NH_4)_3VO_4]$：0.3 g/L

液温：20 ℃

电流密度：40 A/m^2

时间：3 s

步骤 F，防氧化处理。

三氧化铬(CrO_3)：5 g/L

液温：30 ℃

电流密度：100 A/m²

时间：3 s

步骤 G：有机涂层处理。

硅烷耦合剂：3-胺丙基三乙氧基硅烷（3-aminopropyl triethoxysilane，S-330）

水溶液硅烷耦合剂浓度：0.25%

喷涂时间：3 s

对获得的表面处理铜箔进行测试。观察各组样品是否有产生图案化光阻层从表面处理铜箔表面剥离的现象，以进行光阻层和表面处理铜箔间的附着性的优劣评估。其评估结果见表 5-11 中。

表 5-11　处理效果评价

样品	铜箔的处理面		铜箔的非处理面	蚀刻因子	抗剥离强度/（N·mm⁻¹）	干膜光阻附着性
	$V_m/（\mu m^3 \cdot \mu m^{-2}）$	S5p/μm	S5p/μm			
样 1	0.415	1.63	1.14	3.7	0.62	A
样 2	1.137	1.51	1.16	2.8	0.60	A
样 3	0.126	1.45	1.25	3.8	0.60	A
样 4	0.829	1.36	0.57	3.6	0.61	A
样 5	1.214	0.15	0.889	4.5	0.56	A
样 6	0.131	1.98	1.48	3.1	0.64	A
样 7	0.066	1.70	1.46	3.6	0.63	A
样 8	1.443	0.87	0.87	3.9	0.60	A
对比样 1	1.750	1.04	1.17	2.4	0.68	A
对比样 2	0.207	2.16	1.15	2.4	0.67	A
对比样 3	0.053	1.01	1.14	4.9	0.49	A
对比样 4	0.886	2.22	1.16	2.5	0.66	A
对比样 5	1.603	1.09	0.28	2.6	0.67	B
对比样 6	0.111	2.15	1.76	2.6	0.68	B
对比样 7	1.669	0.74	0.56	2.5	0.69	A
对比样 8	1.343	0.11	0.58	4.3	0.53	A

表 5-11 显示，该方案生产的铜箔，处理面的实际体积（V_m）为 0.45 μm³/μm²，且此处理面的 5 点峰高（S5p）为 1.63 μm，非处理面 S5p 1.14 μm，表面处理铜箔的蚀刻因子为 3.7，抗剥离强度达到 0.62 N/mm。相比较而言，普通铜箔处理面的实际体积（V_m）为 1.75 μm³/μm²，表面处理铜箔的蚀刻因子为 2.4 左右，抗剥离强度达到 0.68 N/mm。

3. 技术方案 3

本方案采用低粗糙度铜箔生产技术，表面处理铜箔包括处理面，表面处理层可分别设置在生箔的毛面或光面。其中处理面的均方根高度为 0.20～1.50 μm，处理面的表面性状长宽比为 0.65 以下。表面处理铜箔在 200 ℃ 的环境下加热 1 h 后，处理面的(111)晶面的绕射峰积分强度和(111)晶面、(200)晶面及(220)晶面三者的绕射峰积分强度的总和的比值至少为 60%。

该方案的工艺路线如下：

步骤 A，生箔电解。

采用生箔机以电解沉积的方式形成电解生箔。生箔机由阴极辊筒、成对的不溶性金属阳极板、阳极槽以及电解液进液管道等组成。

在电解沉积过程中，电解液进液管道持续提供电解液至辊筒和金属阳极板之间。通过在辊筒和金属阳极板之间施加电流，铜电解沉积在辊筒上，持续转动辊筒，电解沉积铜层自辊筒的某一侧被剥离形成电解生箔。

步骤 A 工艺条件如下：

硫酸铜($CuSO_4 \cdot 5H_2O$)：320 g/L

硫酸：95 g/L

氯离子：30 mg/L

液温：50 ℃

电流密度：7000 A/m²

生箔厚度：35 μm

步骤 B，清洁。

对上述主体铜箔施行表面清洁制程，以确保铜箔的表面不具有污染物(例如油污、氧化物)，其制造工艺条件如下：

硫酸铜：200 g/L

硫酸：100 g/L

液温：25 ℃

浸渍时间：5 s

步骤 C，粗化处理。工艺条件如下：

硫酸铜($CuSO_4 \cdot 5H_2O$)：150 g/L

硫酸：100 g/L

硫酸钛$[Ti(SO_4)_2]$：150~750 mg/L

钨酸钠(Na_2WO_4)：50~450 mg/L

液温：25 ℃

电流密度：40 A/dm²

处理时间：10 s

步骤 D，固化处理。工艺条件如下：

硫酸铜($CuSO_4 \cdot 5H_2O$)：220 g/L

硫酸：100 g/L

液温：40 ℃

电流密度：1500 A/m²

处理时间：10 s

步骤 E，钝化处理。

在上述主体铜箔的各侧形成钝化层，例如通过电解沉积制程，在主体铜箔设有粗化层之侧形成具有双层堆叠结构的钝化层（例如：含镍层/含锌层，但不限定于此），而在主体铜箔未设有粗化层之侧形成具有单层结构的钝化层（例如：含锌层，但不限定于此）。制造参数范围示例如下：

含镍层

硫酸镍（$NiSO_4 \cdot 7H_2O$）：180 g/L

硼酸（H_3BO_3）：30 g/L

次磷酸钠（NaH_2PO_2）：3.6 g/L

液温：20 ℃

电流密度：20 A/m^2

时间：10 s

含锌层

硫酸锌（$ZnSO_4 \cdot 7H_2O$）：9 g/L

钒酸铵（$(NH_4)_3VO_4$）：0.3 g/L

液温：20 ℃

电流密度：20 A/m^2

时间：10 s

步骤 F，防氧化处理。工艺条件下：

三氧化铬（CrO_3）：5 g/L

液温：30 ℃

电流密度：500 A/m^2

时间：10 s

步骤 G，有机物涂层处理。工艺条件下：

硅烷耦合剂：3-缩水甘油醚氧基丙基三甲氧基硅烷（KBM-403）

水溶液的硅烷耦合剂浓度：0.25%

喷涂时间：10 s

表 5-12 列出了与上述制作方法不同的制造工艺参数。

表 5-12 不同生产工艺的差异

生产 工艺	抛光刷	阴极辊筒	粗化层		
	型号	表面晶粒度	$Ti(SO_4)_2/10^{-6}$	$Na_2WO_4/10^{-6}$	电流密度/($A \cdot m^{-2}$)（ASD）
例 1	1500	7.5	450	250	40
例 2	1000	7.5	450	250	40
例 3	2000	7.5	450	250	40
例 4	1500	7.0	450	250	40
例 5	1500	9.0	450	250	40
例 6	1500	7.5	300	250	40
例 7	1500	7.5	600	250	40

铜箔处理面的粗化层上依序形成含镍层、含锌层、含铬层及耦合层，非处理面依序形成含锌层、含铬层，处理后的铜箔的厚度为 35 μm。表面处理的效果见表 5-13。

表 5-13　表面处理效果评价

| 样品 | 处理后铜箔的处理面 | | | | | | 抗剥离强度/ $(Ib \cdot in^{-1})$ | 信赖性 | 信号传递损失 |
| | $S_q / \mu m$ | S_{tr} | 绕射峰积分强度/% | | | | | |
			（110）	（200）	（220）			
样 1	0.64	0.19	68.1	19.3	12.1	5.11	A	B
样 2	0.71	0.29	74.1	18.7	7.2	5.41	A	B
样 3	0.66	0.38	88.0	9.4	2.6	4.94	A	A
样 4	0.66	0.31	61.8	23.1	15.1	5.21	A	B
样 5	0.65	0.13	89.8	7.8	2.4	4.51	A	A
样 6	0.15	0.20	65.5	20.2	4.3	5.42	A	A
样 7	0.21	0.24	70.9	19.5	9.6	4.06	B	B

步骤 H，测量及评价方案。

①均方根高度（S_q）及表面性状长宽比（S_{tr}）。

根据标准 ISO 25178—2：2012，以激光显微镜的表面纹理分析，测量表面处理铜箔处理面的均方根高度（S_{dq}）及表面性状长宽比（S_{tr}）。具体测量条件如下：

光源波长：405 nm

物镜倍率：100 倍物镜（MPLAPON-100x LEXT，Olympus）

光学变焦：1.0 倍

观察面积：129 μm×129 μm

分辨率：1024 像素×1024 像素

条件：启用激光显微镜的自动倾斜消除功能（auto tilt removal）

滤镜：无滤镜（unfiltered）

空气温度：（24±3）℃

相对湿度：（63±3）%

②结晶面比例。

将烘箱温度设定为 200 ℃，待烘箱温度至 200 ℃时，将样品置入烘箱，对表面处理铜箔进行热处理。待热处理 1 h 后，将表面处理铜箔从烘箱取出，并放置于室温环境。然后对表面处理铜箔的处理面（即设置有粗化层、钝化层、防锈层及耦合层的一侧）进行低掠角 X 光绕射分析，以判别表面处理铜箔邻近于处理面的晶面绕射峰积分强度。例如主体铜箔的辊筒面及距离此辊筒面一定深度内的铜（111）晶面、铜（200）晶面及铜（220）晶面的绕射峰积分强度。

③剥离强度。

压合条件如下：

温度：200 ℃

压力：400 psi*

压合时间：120 min

之后，根据标准 JIS C 6471，使用万能试验机，将表面处理铜箔以 90°的角度从铜箔基板剥离。

评估标准：剥离强度须高于 4 lb/in

④信赖性。

压合条件如下：温度 200 ℃、压力 400 psi、压合时间 120 min。

之后，施行压力锅测试（pressure cooker test，PCT），将烘箱内的条件设定为温度 121 ℃、压力 2 atm 及湿度 100%RH，将上述铜箔基板置于烘箱 30 min 后，取出冷却至室温。随后施行焊料浴测试（solder bath test），将经由压力锅测试处理后的铜箔基板浸泡于温度为 288 ℃的熔融焊料浴 10 s。

可以对同一样品反复施行焊料浴测试，并在每次焊料浴测试完成后，观察铜箔基板是否有起泡、裂痕（crack）或分层（delamination）等异常的现象，若出现上述任何一种异常现象，即判定该铜箔基板未能通过该次焊料浴测试。

评价标准如下：

a. 经过多于 50 次的焊料浴测试，铜箔基板仍未产生异常现象。

b. 经过 10~50 次的焊料浴测试，铜箔基板即产生异常现象。

c. 经过少于 10 次的焊料浴测试，铜箔基板即产生异常现象。

⑤信号传递损失。

将表面处理铜箔制作成带状线（strip line），并测量其相应的信号传递损失。

在测量信号传递损失时，根据标准 Cisco S3 方法，利用信号分析仪在接地电极 306-1、306-2 均为接地电位的情况下，将电信号由导线 302 的某一端输入，并测量导线 302 的另一端的输出值，以判别带状线 300 所产生的信号传递损失。具体测量条件如下：

信号分析仪：PNA N5227B（keysight technologies）

电信号频率：10 MHz 至 20 GHz

扫描点数：2000 点

校正方式：E-Cal（cal kit：N4692D）

以电信号频率为 10 GHz 为例，评价相应带状线的信号传递损失的程度。其中，信号传递损失的绝对值越小，代表信号在传递时的损失程度越小。

由于表面处理铜箔的处理面在后续制程中会被压合在绝缘基板上，通过将表面处理铜箔的处理面的均方根高度（S_q）及表面性状长宽比（S_{tr}）控制在上述数值范围，相较于现有的表面处理铜箔，实施方案的表面处理铜箔和载板之间的剥离强度可得到提升，且较能通过焊料浴的信赖性测试。此外，当进一步将各晶面的绕射峰积分强度的比值控制在上述范围，可进一步减小高频信号传递损失。

---

* 1 psi＝6.89 kPa。

5.3.5　脉冲表面处理技术

1. 脉冲表面处理的特点

脉冲电镀表面处理技术与前面所述粗化处理工艺的最大不同是粗化、固化处理可以在同一个电解槽内进行，电解液的主要成分是硫酸铜和硫酸水溶液，铜箔浸没在溶液中经过多次的通电处理循环。在第一次通电时，电流和通电持续时间足以使铜箔表面沉积一层结瘤层，第二次通电时电流要比第一次稍低以便在它上面形成第二层铜。

脉冲表面处理不仅可以缩短处理时间而且可降低设备与材料的费用。这种电流主要是采用了复合的脉冲周期处理。每一次处理周期主要由第一次的峰值相电流和第二次的基准相电流组成。峰值相电流是在电流密度和通电持续时间足以使铜箔上面镀上一层完全黏结的结瘤层的条件下产品的。由于处理过程转变尚不足以生成这样一种球团状沉积物，因此还需要进一步施加沉积层以便把球化层固定在铜箔的表面上。球化层主要成分为铜。基准相电流在电流密度上比峰值相电流小一个挡，且足以在刚形成的球化层上形成一层薄而紧密黏结的光滑铜层来中断在以前峰值相电流时球团状沉积层的形成，但又不足以使球化层固定在铜箔的表面。第二次电流的通电时间一般比第一次稍短。

2. 溶液

脉冲处理技术的溶液比较简单，一般由铜盐和硫酸组成。特别是，处理槽内的溶液浓度在两种电流处理时可保持不变，以铜为例，以金属量计为 39 g/L，硫酸为 63 g/L。在不同的企业它们的浓度不同，但在整个处理过程中这两种成分的实际浓度应保持相对恒定。

脉冲处理技术也可用于处理具有较复杂的表面结构的铜箔，称为复合电镀层，每层主要是以铜组成的球化沉积层；在它的上表面又沉积上一层，主要成分也是铜，其作用为中断球化层的生成，防止疏松的粒状表面在处理转变中发展。这样，每一球化层本身具有黏结性而不需要采用普通电粗化技术把它固定在箔表面。

铜箔的剥离强度取决于铜箔毛面上单个微突起的形状、其机械强度和硬度、单位表面积的密度以及微峰和微谷的分布。所有上述因素将取决于脉冲处理层的电沉积条件以及生箔的表面状况。同普通电化学粗化一样，脉冲表面处理采用的电沉积条件，会引起阴极高度浓差极化(即高的电流密度)、低的铜浓度和电解质温度。通常通过加入其他离子(如氯化物或砷化物)来增加在显微级别上有利于黏结的树状结构。由于这种沉积本身有利于增大表面积，而降低其机械强度，因此在第一步电沉积后通常进行第二步浸镀(固化)，以改善这种沉积层的机械回弹性。

这种操作的目的是将复杂形状的微突起(仅在高倍显微镜下可见)电沉积在铜箔的毛面上，从而确保铜箔能牢固地黏结在用于制造印制电路板的聚合物基片上。铜箔在处理机的最后一个电解槽中进行防氧化处理，以延长其储存寿命。在离开钝化槽经最终漂洗、干燥后进行卷取。

5.3.6　表面处理常见问题

1. 剥离强度低

影响剥离强度的因素很多，每种因素的作用也各不相同。

(1)铜箔表面沉积的各种金属晶粒几何形状、大小排列、致密性和均匀性与剥离强度密切相关。而这些因素与整流电源的波形、电流大小、添加剂、各溶液浓度和相应的工艺控制有关。

（2）表面处理过程中粗化层处理是最关键的，一般经过粗化层处理后铜箔增重约 10 g/m²，测量厚度增加 1~3 μm。粗化过程中粗化度大小影响铜箔与基材的黏合性。粗化处理前后抗剥离强度正常增大 1.0 N/mm（FR-4 基材，35 μm HTE 铜箔）。

（3）剥离强度随粗化电流增大而增大，但若粗化度偏大，铜箔抗剥离强度也会偏大，在 PCB 制作时，基材上可能会因蚀刻不干净而残留铜微粒，导致产品绝缘性能下降。当粗化度过大时，最严重情况为铜箔层压后剥离时处理层与生箔分层，抗剥离强度降低。

（4）固化电流过大。固化层沉积量过大，会将已经形成粗化层的峰谷表面基本填平，使箔面真实表面积急剧减小，剥离强度降低。

（5）毛面没有钝化或钝化效果差。高温层压时，毛面氧化，造成剥离强度降低。

2. 铜粉转移

所谓铜粉转移，就是铜箔层压到 CCL 上，将箔层剥离后，CCL 基板上有铜粉存在。轻度铜粉转移，基板上只有几个星点存在，严重时基板面上全部是铜颗粒，称之为铜箔分层，铜箔的表面处理层与铜箔基体分离。出现轻度铜粉转移，可能是铜箔个别点粗度过大，镶嵌在树脂层所致，一般测试的剥离强度较高。由于粗化是在极限电流密度或接近极限电流密度下进行电沉积，沉积层结构疏松，形成的树枝状结晶很脆。如果粗化层太厚，与 FR-4 半固化片层压后剥离时，铜箔表面处理层与处理层基体（生箔）发生分离，而不是 FR-4 基板与铜箔结合面发生分离。出现分层现象，铜箔的抗剥离强度急剧下降，一般低于 0.5 N/mm。

铜粉转移，降低了 PCB 基板的绝缘性能，用户是不能接受的。

出现铜粉转移，主要是因为粗化层没有被随后的固化层充分覆盖。在某些情况下，是由生箔导致的，例如，生箔结晶组织很大，并且有很大的峰谷尺寸。正常情况下，可通过增加固化电流，提高固化层厚度或降低粗化电流来解决。

（1）检查粗化槽的 Cu^{2+}、As 或 Ni^{2+} 的浓度。浓度过低会造成铜粉过多。

（2）生箔毛面状态。大的柱状晶将导致粗化时形成的树枝状晶集中在柱状晶的顶部。

（3）检查粗化槽的阳极距。极距太小，会导致铜粉过多。

（4）检查粗化槽的电流。过大的粗化电流，会导致铜粉过多。

（5）检查粗化槽的 Cl^- 浓度。Cl^- 浓度过高会导致铜粉和软的枝状晶形成。

（6）粗化槽温度。温度过高，常常容易导致铜粉产生。

（7）固化槽的电流。固化电流不合适，使起固化固定作用的金属沉积层未能完全固化。

3. 抗氧化性

铜箔抗氧化性通用的测试方法，就是将样品放在烘箱内，在规定的温度下烘 30 min，铜箔表面不出现氧化变色现象。

铜箔抗氧化性直接与表面上沉积的锌和铬的量有联系。一般表面锌的沉积量为 0.3~0.8 mg/cm²，铬的沉积量为 0.1~0.3 mg/cm²。过高的锌含量和铬含量，可能影响铜箔的可焊性。

当抗氧化性测试存在问题时，应进行下列项目检查：

（1）防氧化电流。

（2）溶液成分。

（3）溶液 pH。许多生产线的电解槽都比较大，氧化处理溶液的流量比较小，当电解槽溶液的交换次数小于 3 次时,电解槽的 pH 与贮液槽的 pH 有较大差别,一般以电解槽的 pH 为准。

(4)箔面清洗质量。防氧化处理槽前后的水洗质量不高,个别喷嘴堵塞或角度错误,常常会使箔面水洗不干净,个别部位有残留的电解液,导致箔面在高温时出现氧化条纹。

(5)水洗质量。洗箔水含有杂质或色素超标,也可能导致高温下箔面出现条纹。

4. 污点和酸雾

(1)确保所有电解液中没有无机颗粒,它可能夹在沉积层中。

(2)检查所有喷嘴。堵塞或部分工作的喷嘴,能产生污点。

(3)检查所有的顶部导电辊。导辊黏污或局部被镀可能导致箔面污点。

(4)生箔表面上严重的污点,可能造成处理过程污点。

(5)电解槽抽风系统。抽风不良,容易导致铜箔表面产生斑点或酸雾点。

(6)阳极破损后,电流分布不均匀,致使处理箔面颜色不均匀。

(7)机架接地。表面处理机的导电辊与地面的绝缘性不好,也可能导致箔面污点。

5. 导辊镀铜与打弧

金属铜颗粒或在粗化处理过程中形成的铜粉集聚在导电辊上,使其在宽度上导电不良,称为导辊镀铜。

电气短路引起铜箔与导辊之间产生火花谓之打弧。

导辊镀铜与打弧产生的原因比较复杂,不仅与导辊的加工精度、材质有关,而且与箔材与导辊的包角(接触面积)、箔与导辊之间有无相对移动等众多因素有关。

导辊镀铜或打弧严重时,可在铜箔表面产生压坑或铜粉附着。

出现导辊镀铜或打弧,可用细砂纸将导辊镀铜部位仔细打磨,清除导辊表面的附着物。

6. 铜箔表面色度不一致

为了确保前后不同批次铜箔表观颜色一致,铜箔企业使用色差仪来测定处理后的铜箔色度。如图 5-37 所述,色差仪是模拟人眼对红、绿、蓝光感应的光学测量仪器,主要是根据 CIE 色空间的 L_{ab}、L_{ch} 原理,测量显示出样品与被测样品的色差 ΔE 以及 ΔL_{ab} 值,可测量样品的反射色度、吸收率、亮度以及各种色值等。

白光成像时,除了每种单色光仍会产生五种单色像差外,还会有因不同色光的不同折射率造成的色散,而使不同的色光有不同的传播光路,从而呈现出因不同色光的光路差别而引起的像差,因而可用来表征两个颜色的差异。

色像差因性质不同而分为位置色差和倍率色差两种。

色差仪可测量整个光谱范围内的反射光或透射光,并生成用于描述特定照明条件下特定基材上色彩的可视曲线。色差仪提供的光谱反射率曲线

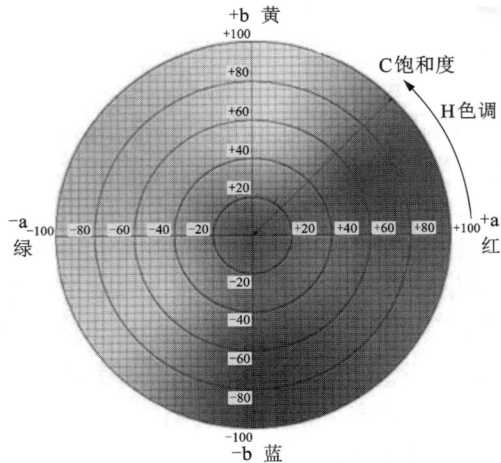

图 5-37　色差仪的工作原理

通常被认为是颜色的"指纹"。

白色表面反射整个可见光谱上的所有光能，因此其光谱反射率曲线是一条直线，反射率大概在 90% 到 100% 之间。黑色几乎能吸收所有光能，因此其反射率曲线是扁平的，反射率接近于 0。中间的灰色是通过结合同等比例的白色和黑色而形成的，其反射率曲线也是一条直线，反射率为 50%。其他色彩的反射率在其反射多的光的波长范围上达到峰值。

色差仪通过自动比较样板与被检品之间的颜色差异，输出 L、a、b 三组数据和比色后的 ΔE、ΔL、Δa、Δb 四组色差数据。

L，a，b 是代表物体颜色的色度值，也就是该颜色的色空间坐标，任何颜色都有唯一的坐标值。其中 L 代表明暗度（黑白），a 代表红绿色，b 代表黄蓝色。而 ΔEab 代表的是总色差（判定是否合格），简称为 ΔE；若 L 是正值，说明样品比标准板偏亮，若为负值，则代表偏暗；如果仪器中 a 显示为正值，说明样品比标准板偏红，如果为负值，说明偏绿；若 b 值是正值，说明样品比标准偏黄，反之，说明偏蓝。可以简单概括如下：

ΔE 为总色差的大小，ΔE 数值越大，说明色差越大。

$\Delta L+$ 表示偏白，$\Delta L-$ 表示偏黑。

$\Delta a+$ 表示偏红，$\Delta a-$ 表示偏绿。

$\Delta b+$ 表示偏黄，$\Delta b-$ 表示偏蓝。

一般用 CA 值来衡量图像的色差水平，这个值越低说明品质越好。

$\Delta E \leqslant 0.5$：微小，一般人不能发现差异。

ΔE 值为 0.5~1.0：微小到中等，一般能接受。

ΔE 值为 1.0~2.0：中等，特别情况能接受。

ΔE 值为 2.0~4.0：有差距，特殊应用场合可接受。

$\Delta E \geqslant 4.0$：非常大，难以接受。

可根据测试结果，来调整粗化、固化、灰化电流，使 ΔE 减小到可接受水平。

5.4 表面处理的发展方向

（1）应对信号传输高频化挑战。

当今电子产品除了继续向高密度化、多功能化和高可靠性方向发展外，最突出的问题是信号传输高频化和高数字化。由于高频化引起的趋肤效应越来越严重，传输信号损失越来越大。因此要求铜箔必须具有极低的轮廓度，较低的信号传送损失和 PIM 值。传统的铜箔表面处理技术难以满足下游客户这方面的要求，因此，铜箔必须改进和开发新的表面处理技术。

（2）超薄铜箔个性化生产。

载体超薄铜箔的品种趋于个性化发展。针对 IC 封装载板、SLP 类、高端 FPCB、任意层 HDI 板、高频模块板等的不同应用，出现了不同的载体超薄铜箔品种。主要原因在于应用不同，封装用基板材料的树脂不同（如 BT 树脂、改性 BMI 树脂等），为了满足抗剥离强度要求，需要不同的载体超薄铜箔生产工艺与所使用树脂匹配；在适用于 mSAP 工艺的附载体极薄铜箔中，按照实现 L/S 尺寸的不同，或按照对信号传输损失大小、工作频率条件的不同，派生出不同的品种。

（3）超厚铜箔生产技术。

新能源汽车的快速发展，需要的 PCB 种类繁多，几乎涵盖了所有铜箔产品。特别是对电源控制用厚铜箔、超厚铜箔的需求大幅提升。

（4）应对白化技术变革。

铜箔下游行业应用方面大的技术变革，都会使铜箔产业技术进行较大调整，如同 PCB 无铅化一样，PCB 制程白化技术的应用，同样会给铜箔生产带来巨大压力。

白化技术属于新一代 PCB 铜箔表面处理技术。主要特点在于：先通过铜表面置换形成薄金属锡层，然后用具有双亲性的有机硅烷处理，在被处理的铜箔表面形成一层与树脂基板具有更强结合力的复合组成过渡层，实现提高多层板层间结合力与高频信号传输完整性的双重目的。由于此技术在铜面上置换出来的金属锡为白色，且后续附着的有机硅烷也不会改变线路表面的颜色，故称之为白化技术。在铜线路上置换出金属 Sn，化学镀锡后结合力依赖于线路与半固化片材料的化学结合，从而达到提升层间结合力、有效降低高频线路与精细线路高频信号传输损失的目的。

不同于黑化技术和棕化技术，白化技术不需要对铜箔表面进行物理或化学蚀刻，而是利用化学镀锡、结合硅烷处理方法在其表面形成一层非蚀刻型黏合促进剂，因此，对白化技术处理后具备高频特性的试样进行信号传输损失测试，发现在 3~5 GHz 频率范围内，蚀刻型处理工艺结果比白化工艺处理结果显示出更大的信号损失，而频率越趋近于高频，信号损失差异越明显。

白化技术在处理过程中不会增大铜箔表面粗糙度，但为了确保结合力，对铜箔非处理面的要求会更多。

（5）低粗糙度类载板铜箔。

在铜箔下游企业，PCB 制程在过去的三十多年间形成了两个产品方向，即用于组装的 HDI 产品（以 subtractive 减成法为主，基于 FR-4 材料）和用于封装的 substrate 产品（以 MSAP/SAP 为主，基于 BT、ABF 材料）。但现在，HDI 和 substrate 制程已经开始相互融合。工艺主要经历了如下转变：

一阶 HDI→二阶 HDI→多阶 HDI→any layer HDI→SLP。

可以认为 SLP 是采用了 MSAP 工艺的 any layer 技术（最小线宽间距：50/50 μm→30/30 μm）。SLP 技术完美地借鉴了载板常用的 MSAP 工艺，又最大程度地利用了 HDI 的现有设备、技术；超越了现有的 any layer 技术，但相对纯载板制造，成本低，效率高。SLP 作为 HDI 的进阶产品，承载着更强的技术迭代需求。

为解决有机基板布线密度不足的问题，带有 TSV 垂直互连通孔和高密度金属布线的硅基板应运而生，这种带有 TSV 的硅基无源平台被称作 TSV 转接板（interposer），应用 TSV 转接板的封装结构称为 2.5D interposer。在 2.5D interposer 封装结构中，若干个芯片并排排列在 interposer 上，通过 interposer 上的 TSV 结构、再分布层（redistribution layer，RDL）、微凸点（bump）等，实现芯片与芯片、芯片与封装基板间更高密度的互连。interposer 是介于堆叠晶片及印刷电路板之间的中介层，成为 3D 封装迈入量产的至关重要的一步。

interposer 封装作为当前主流的先进封装技术，关注的重点主要在于轻薄小巧、高速信号、密度和间距缩微三大方面，对 PCB 的布线密度，对信号完整性、可靠性等提出了极为严苛的要求，PCB 产业自然会将一部分压力转移到对铜箔的要求上。

第 6 章

特殊铜箔生产

6.1 载体铜箔

PCB 制程与铜箔厚度的关系如下。

电解铜箔作为 PCB 的关键材料,其技术发展趋势之一是厚度越来越薄,主要与 PCB 印制电路板的制造技术进步有关。1936 年英国的 Eisler 博士提出"印制电路(printed circuit)"概念,1942 年他用纸质层压绝缘基板黏结铜箔,采用丝网印刷导电图形,再用蚀刻法制造出了收音机用印制电路板,奠定了印制电路板的制造基础。经过 80 年的发展,PCB 制造技术取得了巨大进步。

到目前为止,PCB 产品(包括 IC 载板)制造工艺技术可分为减成法(Subtractive)、全加成法(full additive process,FAP)和半加成法(modified semi additive process,mSAP)三大类。

PCB 减成法工艺通过在覆铜箔层压板(简称 CCL)表面上,有选择性地除去部分铜箔来获得导电图形。减成法的最大优点是工艺成熟、稳定和可靠。

减成法工艺制造的印制电路可分为如下两类。

(1)非孔化印制板(non-plating-through-hole board)。

非孔化印制板采用丝网印刷,然后蚀刻出印制板,其主要特征是没有两层线路之间的金属化连接孔。非孔化印制板主要是单面板,也有少量双面板,即使是双面板,两面的电路层也是通过元件的管脚/导线连接。单面板生产工艺流程如下:

单面覆铜箔板—下料—光化学法/丝网印刷图像转移—去除抗蚀印料—清洗干燥—孔加工—外形加工—清洗干燥—印制阻焊涂料—固化—印制标记符号—固化—清洗干燥—预涂覆助焊剂—干燥—成品。

(2)孔化印制板(plating-through-hole board)。

将电镀引入印制电路板的制作,实现了通孔的导电化、导体层的形成、印制电路板的多功能化等目的。在已经钻孔的覆铜箔层压板上,采用化学镀和电镀等方法,使两层或两层以上导电图形之间的孔由电绝缘成为电气连接,此类印制板称为孔化印制板。现阶段所能接触到的多层 PCB 都是孔化印制电路板,多层线路之间通过盲孔、埋孔、通孔等多种形式将不同层进行连接。根据电镀方法的不同,电镀可分为图形电镀和全板电镀。

6.1.1　超薄铜箔概述

1. 载体超薄铜箔

铜箔的分类方案很多,本书前面部分基本上是按照表面处理方式来进行分类。实际上,也有人按照铜箔厚度进行分类,见表6-1。

表 6-1　铜箔按照厚度分类

铜箔类别	厚度 $h/\mu m$	备注
超薄铜箔	≤9	
薄铜箔	$9<h≤18$	
普通铜箔	$18<h≤70$	
厚铜箔	$70<h≤105$	
超厚铜箔	$105<h≤150$	有企业规定 $h≤500\ \mu m$

表6-1仅仅是一些企业习惯性的分类,并非行业或国标规定,需要说明的是,GB/T 5230《印制板用铜箔》中没有对电解铜箔进行定义,自然没有根据厚度分类。

GB/T 11086《铜及铜合金术语》对铜箔的定义为:"箔材(foil),矩形横截面、厚度均一且不大于0.15 mm的扁平轧制产品,通常为纵向剪边,成卷供应。注:从电解液中沉积生产有特定用途的铜箔,称为电积铜箔。"该标准明确规定了铜箔与铜带的界线:厚度不大于0.15 mm的为铜箔,厚度大于0.15 mm的为铜带。不能因为我们做铜箔产业,我们生产的所有产品都应该叫铜箔。产品可以跨界,但产品命名还是要遵守有关规定和标准。

超薄铜箔是今后电子电路铜箔的发展方向和市场需求的热点,对超薄铜箔的要求也会越来越高。

图6-1为载体超薄铜箔的结构示意图。由载体、剥离层、超薄铜箔三部分构成了完整的载体超薄铜箔。而表面处理层是超薄铜箔不可或缺的一部分。在与PP压合后,由于热作用,超薄铜箔与载体从剥离层界面分离,剥离层通常应该保留在载体上而不是随着超薄铜箔剥离。

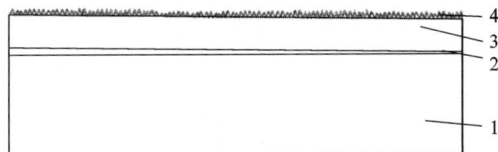

1—载体;2—剥离层;3—超薄铜层;4—表面处理层。

图 6-1　载体超薄铜箔的结构示意图

对于以铜箔为载体的超薄铜箔,为了不使读者将载体箔与超薄铜箔混淆,本书在讨论铜箔结构时将超薄铜箔称为超薄铜层,以示区别。

铜箔的厚度与PCB的精度、高密度、高可靠性微细图像有关。铜箔越厚,腐蚀除去线路图不需要的铜所需时间就越长,蚀刻液从侧面对被保护的铜导线的浸蚀就越厉害,致使导线侧面的断面图出现凹陷现象,称为"侧蚀"或"底蚀"现象。印制电路板的线路越细,"侧蚀"现象就越明显。用厚度小于10 μm的超薄铜箔可以大大缩短刻蚀时间,实现"闪蚀",从而使刻蚀精度得以保证。

电解铜箔生产的常规方法是将铜直接电沉积在阴极辊或阴极带上，然后经机械剥离、烘干成为电解生箔。锂电池用电解铜箔，由于不需要经过复杂的表面处理过程，采用阴极辊法可以实现厚度3.5 μm的铜箔生产。电子电路用超薄铜箔本身的机械强度比锂电铜箔低很多，实际生产中厚度为9 μm以下的电子电路用铜箔从阴极辊剥离时容易发生褶皱或撕裂等现象，电子电路用铜箔还需要进行粗化增强、阻挡层、抗氧化等一系列复杂的表面处理，在经过表面处理机列时非常容易产生褶皱和撕裂，常规的阴极辊+表面处理机列工艺难以批量生产厚度9 μm以下的电子电路铜箔。

目前，国内外超薄铜箔的生产大多采用具有一定厚度的载体作为阴极，在其上电沉积铜层并进行抗剥离强度增强处理，然后将镀上的超薄铜层连同载体一同经热压、固化压合在绝缘材料板上，再将载体用化学或机械方法剥离除去。这种在载体上电沉积得到的超薄铜箔称为载体超薄铜箔（或附载体铜箔）。载体超薄铜箔的厚度一般为5~0.5 μm。

采用载体超薄铜箔制作印制电路板具有如下优点：

①由于超薄铜箔是铜电化学沉积于载体之上，与载体连成为一体，因此载体的强度一般都比较高，可以避免在表面粗化处理、阻挡层处理、防氧化处理、烘干、分切、切片、叠板等生产使用过程中铜箔发生折皱和损坏，扩展了机械强度低的超薄铜箔的实际应用范围。

②由于载体超薄铜箔的铜层厚度仅为1~5 μm，可蚀刻时间极短，减少了侧蚀现象，保证了精度，适合用于半加成工艺生产制作细微精细线路。

③载体超薄铜箔可以像HTE铜箔一样进行抗剥离强度增强处理和防氧化处理，使其抗剥离强度符合PCB设计和制作要求，能经受各种热冲击的考验，在各种恶劣环境下能正常工作，可靠性高。

④载体可以保护超薄铜箔焊接面在高温下不氧化变色，确保刻蚀和焊接工序对层压覆铜板的质量要求。

2. 载体选择原则

载体选择原则如下：

（1）超薄铜箔自身强度太低，所以载体应具有一定的机械强度。

（2）载体厚度≤100 μm，若载体厚度大，则1 t产品中超薄铜箔占比很小，大部分为载体，导致成本高。同时载体材料应选择无针孔、厚度均匀、表面清洁、价格便宜的箔材。

（3）载体可以通过机械或化学处理方法得到均匀、细致、活化的表面。

（4）载体与铜层必须具有一定附着力，以防止两者之间发生不期望的分离。

（5）载体应易分离，能用化学或机械的方法将载体与超薄铜箔分离且铜箔表面清洁，不受污染。

根据按以上原则，可作为超薄铜箔的载体包括：不锈钢箔、镍箔、铜箔、铝箔等。目前最有实用价值又经济的是铜箔和铝箔。铝箔选择厚度≤100 μm轧制硬质铝及铝合金箔，铜箔一般采用厚度为18~35 μm的电解铜箔的光面作为超薄铜箔的基材。载体铜箔根据载体的不同分为铝载体超薄铜箔（有人称为铜铝箔）和铜载体超薄铜箔两大类。根据载体与铜箔分离方式的不同，载体铜箔生产方法分为溶解法和剥离法两种。

超薄铜箔生产技术的关键点在以下几个方面。

第一是超薄铜箔的针孔控制。由于超薄铜箔主要用于细微线路制作，例如对于制作线宽/线距为10 μm/10 μm的铜箔，其直径大于10 μm的针孔，就可能导致线路断路；而对于常规的 HTE 铜箔，它制作的线宽/线距一般为 75 μm/75 μm，即使有直径为 30 μm 的针孔，并且恰好就处在导电线路的中间，它也不到线路宽度的 50%，还有 45 μm 的铜线连接，比精细线路的全部宽度大得多，对线路无影响。

如果不考虑针孔只讲厚度的超薄铜箔，实质上就是铜皮，没有实质意义。

第二是超薄铜层与基材的抗剥离强度控制技术。这个与常规铜箔相同。

第三是载体与基材的抗剥离强度控制技术。对于以铜箔为载体的超薄铜箔，不仅要求超薄铜层与基板层压制作 CCL，有的企业也要求作为载体的厚度为 18 μm 或 35 μm 的铜箔同样必须可以层压为 CCL。即作为载体的铜箔，必须同时具备 HTE 铜箔的使用性能要求。

第四是超薄铜层与载体附着力控制技术。载体超薄铜箔，正是由于具有了载体的支撑，才可以实现抗剥离强度增强处理、抗氧化处理和分切、压合等。但是在金属箔载体上进行电沉积获得超薄铜层，会引起附着力不稳定的问题。而附着力不稳定则有可能使超薄铜层在使用前就容易脱离载体，或者在使用过程中载体与铜箔部分剥离和不能剥离，这两种情况严重时可能造成铜箔损坏。

理论上铝箔载体可以通过腐蚀方法除去，但要在溶解铝箔载体的同时不对其上的超薄铜层产生影响，除工艺复杂外，生产效率很低。实际上，无论是铝载体还是铜载体，在质量设计时首先是考虑如何通过机械方法除去载体，这就要求在生产过程中必须严格控制超薄铜层与载体之间的附着力的大小。

3. 剥离层制备

(1) 铝载体的剥离层。

铝与氧的亲和力大，在大气环境中，铝位于钝化区内，铝表面生成一层厚度为 0.01~0.1 μm 的惰性氧化铝薄膜(非晶态的 $Al_2O_3 \cdot 3H_2O$)，它阻碍了活性铝表面和周围介质的接触，使得铝及其合金在大气环境中具有很好的耐蚀性。随着时间的延长或大气湿度的增加，这层氧化膜厚度逐渐增加。铝及铝合金的耐蚀性取决于这层氧化膜的完好程度和破裂后的自修复能力。当环境中的氧或氧化剂足以使氧化膜中的任何裂口得以修复时，铝合金的耐蚀性就可以保持下来。

因此，铝箔若不经处理，直接电沉积铜，存在巨大困难：这层膜导电不良，铝又是两性金属，很活泼，易失去电子，它在酸性和碱性溶液中都不稳定。在电解液中铝的氧化膜能与多种金属离子发生置换反应，形成置换镀层，不仅影响与铜箔的黏结力，而且严重影响超薄铜箔质量。为获得与铝箔表面有一定结合力的理想铜层，必须在铝箔和超薄铜箔之间构建剥离层。

铝箔剥离层最简单的制作工艺是在铝箔表面的化学浸锌工艺，即在铝箔的表面形成一层薄锌层。采用强碱性的锌酸盐溶液，将铝箔浸入锌酸盐溶液中，这时在固液界面上所进行的化学反应是氧化膜先溶解，接着纯净铝表面和锌进行置换，其反应式如下：

$$Al_2O_3 + 2NaOH =\!=\!= 2NaAlO_2 + H_2O$$
$$2Al + 3Na_2ZnO_2 + 2H_2O =\!=\!= 3Zn + 2NaAlO_2 + 4NaOH$$

由于锌和铝的电极电位比较接近，因此置换反应进行得比较缓慢且均匀。

在碱性溶液中，铝和碱的反应也析出氢气：

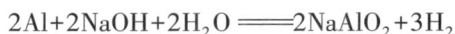

$$2Al + 2NaOH + 2H_2O =\!=\!= 2NaAlO_2 + 3H_2$$

由于氢在锌上有较高的过电位，因此，这个过程受到强烈的抑制，这样铝基体不至于受到严重腐蚀，可确保获得细致、均匀的锌层，也为沉积超薄铜层创造了一个比较理想的基体表面。

（2）铜箔载体的剥离层。

以铜箔作为载体的超薄铜箔生产的核心技术之一是如何控制载体铜箔与超薄铜层之间稳定的附着力。为了解决这一问题，大多厂家采用 18 μm 到 35 μm 厚的电解铜箔作载体层，然后在载体层上形成剥离层，最后再沉积超薄铜层。为了确保载体铜箔和超薄铜箔之间能更好地分离，剥离层的制备显得尤为重要，目前主要思路为在载体上用涂覆或电镀、溅射方式构建一层剥离层。剥离层按照形成工艺可分为单一有机剥离层、单一无机金属剥离层、合金剥离层、复合剥离层等四大类。

超薄铜箔由于其厚度极薄且自身抗拉强度低，因而难以通过现有表面处理设备进行表面处理，而电子电路用铜箔的一大特征就是与绝缘基材的抗剥离强度高，一般都是通过对铜箔压合面进行表面粗化增强处理来实现。载体超薄铜箔主要包括起物理支撑作用的载体层、防止各功能层相互扩散的阻挡层、实现膜层分离功能的剥离层和极薄铜层，其中剥离层是整个载体超薄铜箔制造过程中的关键之一。

目前常用作剥离层的材料分金属和非金属两大类：金属类剥离层材料包括 Ni/Mo/Co/Cr/Fe/Ti/W/Zn 的单质或合金，制备方法包括电镀、化学镀、磁控溅射以及物理蒸镀；非金属类剥离层材料包括碳类、羧酸类小分子、咪唑类小分子及其混合物，制备方法包括浸渍、喷雾、涂布等方式。这些工艺方法都存在一些问题，造成产品量产可控性较低，产品质量参差不齐，合格率低等一系列问题。例如电镀金属或者合金作为剥离层时，剥离力的大小受金属组分和界面状态的影响非常大，且可行性窗口区间较小，因此必须配套极其严苛的工艺控制体系才能实现连续稳定生产。利用真空溅射镀膜的方法制备金属剥离层能够在膜层连续性和均一性方面得到提升，但是溅射的金属往往具有较强的结合力，尤其是超薄铜箔经过高温压板后，剥离层的结合力较大，在载体基材表面粗糙度较大时易出现局部黏连，因此对载体箔材的表面轮廓要求较高，生产难度增大；采用浸渍、涂布等方法制备非金属材料类剥离层时，剥离效果较好，但常出现剥离层不连续、不均匀或者电镀加厚时出现局部无法电镀等问题，因此较易出现局部黏连和极薄铜箔中存在大量针孔的问题。

有机剥离层以有机化合物作为剥离层，常用的有机物有含氮化合物、含硫化合物，使用有机化合物作为剥离层时，剥离强度过小，使得在制备超薄载体铜箔的过程中易发生超薄铜箔从载体铜箔上脱离的现象。一般以有机物苯并三氮唑为浸出液在铜箔表面形成一层很薄的有机层，以隔离超薄铜箔与载体层之间的结合力，从而达到控制二者附着力的目的。

电沉积合金层为制作剥离层最常见的方法。合金沉积层通常是由锌、镍、锌及其合金构成，广泛应用于超薄铜箔的阻挡层和耐热层处理。电沉积锌镍合金用于载体超薄铜箔的剥离层时，一方面可以比较容易地在其表面电沉积铜箔，另一方面铜箔在使用时易于剥离，从而将附着力控制在一定的范围，达到稳定附着力的目的。由于镍的存在，可以在一定程度上阻止铜的扩散。剥离层主要包括有机物涂层、金属镀层、合金沉积层、非金属与金属复合沉积层等。以各种方式获得的剥离层中以合金层的使用和研究居多，主要由于合金剥离层有以下特点：

（1）均匀性，剥离层厚度可以通过简单的手段控制。

（2）使用电沉积手段，其电解液配方等可以直接套用 HTE 表面处理阻挡层的电解液配方，获得的剥离层更加便于控制。

（3）两种或两种以上金属可能具有相互抑制的作用，可防止载体箔或者超薄铜箔之间的附着力过大或过小。

但是，当采用金属层作为剥离层时，在高温下剥离层和铜箔之间会引起相互扩散，界面处黏合强度增加，使得载体铜箔和极薄铜箔之间难以剥离。

采用有机层和金属层作为剥离层可使载体铜箔与极薄铜箔更好地分离，且金属层均是在含有金属元素的盐溶液中通过电化学沉积的方式获得，对铜箔企业来说，更加熟悉容易掌握。

载体超薄铜箔从工艺方案上看千差万别，但主要区别还是在剥离层上。

6.1.2　载体超薄铜箔生产工艺

载体超薄铜箔其基本组成为超薄铜层、剥离层和载体箔这 3 大部分：在载体箔表面设置剥离层，在该剥离层的表面设置超薄铜层。但为了提高超薄铜箔的某些性能，在超薄铜层之上还需要构建比较复杂的表面处理层，如粗化层、耐热层、防氧化层以及有机层等。

超薄铜箔的载体箔可以使用铜箔、铜合金箔、铝箔、铝合金箔、不锈钢箔等。但是，考虑其经济性、废弃物的回收利用性，宜优先使用铜箔。且该铜箔可以是电解铜箔，也可以是压延铜箔。载体箔的厚度为 $9\sim35\ \mu m$。载体箔厚度不足 $9\ \mu m$ 时，在按照剥离层、超薄铜层的顺序制造载体超薄铜箔过程中，载体箔表面会出现明显的褶皱、折断等现象。载体箔的厚度超过 $35\ \mu m$，对于防止载体超薄铜箔制造过程中发生褶皱、折断等现象的效果也不明显，只会使成本提高。

有的技术会在载体与剥离层之间设置耐热金属层，用于防止高温或长时间热压合成形时超薄铜层与载体箔之间发生的相互扩散，从而使其压合后载体箔和超薄铜层之间的剥离容易进行。耐热金属层材料一般从钼、钽、钨、钴、镍及含有这些金属成分的各种合金群中选择。耐热金属层是在载体箔进行表面预处理时，采用化学镀、电镀法形成的，所形成的耐热金属层膜厚精度优异，且耐热性能稳定。当然，也可以采用溅射沉积法、化学沉积法等干式成膜法。

载体超薄铜箔的剥离层，可以使用有机剂来形成，也可以使用无机材料来形成。剥离层由无机材料构成时，可使用铬、镍、钼、钽、钒、钨、钴或它们的氧化物。

载体箔和超薄铜层之间的附着力应控制为 $5\sim80\ g/cm$。附着力不足 $5\ g/cm$ 时，载体超薄铜箔在后续的 PCB 制作工序中，可能会出现载体箔和超薄铜层的剥离。另外，如果附着力超过 $80\ g/cm$，则在层压后载体的分离工序中，原本容易进行的分离会变得困难。

超薄铜层可以采用电镀法、溅射沉积法和化学沉积法中的一种或两种的组合来形成。例如，先用化学镀铜法形成薄的铜层，其后用电镀铜法使其成长为期望的镀铜厚度。在使用电镀铜法的情况下，可以使用硫酸铜类镀铜液、焦磷酸铜类镀铜液等作为铜离子的供给源，各企业可根据实际情况决定。

与普通的 HTE 铜箔一样，载体超薄铜箔一般也需要对超薄铜层的表面根据用途施以粗化处理、防锈处理或偶联剂处理。

在过去，载体超薄铜箔的载体箔，在超薄铜层与 PP 压合后剥离，载体箔随即废弃。但近几年，有一种趋势，要求载体箔在完成载体支撑使命后，还要用来压制覆铜板。这就需要在对超薄铜层进行表面处理的同时，对载体箔的背面（相对有剥离层和超薄铜层的一面）进行常规的表面处理，包括粗化处理、防氧化处理、涂覆有机层处理等，以提高载体铜箔与绝缘层PP 的黏结力。

我们仍旧以案例的形式对特种铜箔生产技术进行讨论，引用的资料，仅供大家学习、借鉴。

1. 技术方案 1

三井金属矿业株式会社提出一种带载体超薄铜箔生产技术，该超薄铜箔依次由载体箔、剥离层和超薄铜层构成。作为该铜箔剥离层，通过使 5-羧基苯并三唑的附着量与 4-羧基苯并三唑的附着量之比，即 5CBTA/4CBTA 为 3.0 以上，可在施加高温且长时间的热过程条件下能抑制载体箔剥离强度的上升，即能稳定剥离强度。

具体工艺条件如下。

（1）载体箔的准备。

选择 18 μm 厚的未进行粗糙化处理和防氧化处理的电解铜箔作为载体箔。

（2）剥离层的形成。

在含有表 6-2 所示浓度的 5CBTA 和/或 4CBTA、硫酸浓度为 150 g/L 以及铜浓度为 10 g/L 的 CBTA 水溶液中，将经酸洗处理的载体箔的电极面侧在液体中浸渍 30 s，使 CBTA 成分吸附于载体箔的电极面。由此，会在载体箔电极面的表面形成 CBTA 层，即为有机剥离层。

表 6-2　剥离层工艺

5CBTA 质量浓度/ (mg·L⁻¹)	4CBTA 质量浓度/ (mg·L⁻¹)	CBTA 浓度之和 (5CBTA+4CBTA 质量浓度)/ (mg·L⁻¹)	温度/℃	时间/s
300	150	450	30	30
300	120	420	30	30
300	100	400	30	30
450	100	550	30	30
600	80	680	40	30
800	0	800	40	30
450	350	800	30	30
300	200	500	30	30
300	200	500	40	30

剥离层中的 5CBTA/4CBTA 比为 3.0 以上，优选为 3.5~30。如果 5CBTA/4CBTA 比在该范围内，则易于进一步稳定剥离强度。剥离层可以仅含 5CBTA（不含 4CBTA）。

（3）辅助金属层的形成。

将形成了有机剥离层的载体箔浸渍于用硫酸镍制成的镍浓度为 20 g/L 的溶液中，在液体温度为 45 ℃、pH 为 3、电流密度为 500 A/m² 的条件下，使相当于厚度为 0.001 μm 附着量的镍附着在有机剥离层上。由此，在有机剥离层上形成的镍层可作为辅助金属层。

（4）超薄铜箔的形成。

将形成了辅助金属层的载体箔浸渍于下列溶液中，在辅助金属层上可形成厚度为 3 μm

的超薄铜箔。

Cu²⁺：65 g/L

硫酸：150 g/L

温度：45 ℃

电流密度：500~3000 A/m²

（5）粗化和固化处理。

用铜浓度为18 g/L和硫酸浓度为100 g/L的酸性硫酸铜溶液，在液体温度为25 ℃、电流密度为10 A/dm²的条件下进行粗糙化处理。之后进行固化处理，其中，Cu²⁺为65 g/L，硫酸为150 g/L，在液体温度为45 ℃、电流密度为15 A/dm²的平稳镀覆条件下进行电沉积。

（6）防氧化处理。

对粗糙化处理后的带载体的铜箔的双面进行包括无机防氧化处理和铬酸盐防氧化处理。首先，进行无机防氧化处理，其中焦磷酸钾为80 g/L、Zn²⁺为0.2 g/L、Ni²⁺为2 g/L、在液体温度为40 ℃、电流密度为0.5 A/dm²的条件下进行锌-镍合金防氧化处理。镀锌-镍合金中的Ni/Zn附着量比率以质量比为2.7~4为最佳。接着，进行铬酸盐处理，在锌-镍合金防氧化处理的基础上，进一步形成铬酸盐层。该铬酸盐处理在铬酸浓度为1 g/L、pH为11、溶液温度为25 ℃、电流密度为1 A/dm²的条件下进行。

（7）硅烷偶联剂处理。

将上述防氧化处理后的铜箔先水洗，然后立刻进行硅烷偶联剂处理，使硅烷偶联剂吸附在粗糙化处理面的防氧化处理层上。该硅烷偶联剂处理通过以下方式进行：以纯水为溶剂，用3-氨基丙基三甲氧基硅烷浓度为3 g/L的溶液，喷涂在粗糙化处理面上进行吸附处理。在硅烷偶联剂吸附后，最后用电热器将水分烘干，得到带载体铜箔。

（8）效果评价。

将载体箔从带载体的铜箔剥离。在浓度为1 mol/L的盐酸中将经剥离的载体箔和极薄铜箔在 40 ℃下浸渍 60 min，提取 CBTA。此时，将载体箔和极薄铜箔的与剥离层相反侧的面掩蔽，仅对与剥离层相接的面进行 CBTA 提取。将提取物用高效液相色谱(株式会社岛津制作所制，HPLC LC10 系列)分析，测定 5CBTA 和 4CBTA 的浓度，计算 5CBTA 附着量(mg/m²)、4CBTA 附着量(mg/m²)、CBTA 附着量之和(mg/m²)，以及 5CBTA/4CBTA 附着量比。结果如表6-3所示。

表6-3 效果评价

| 试样 | 剥离层组成分析 | | | | 抗剥离强度 | | | |
	5CBTA 附着量/(mg·m⁻²)	4CBTA 附着量/(mg·m⁻²)	CBTA 附着量之和(5CBTA+4CBTA)/(mg·m⁻²)	5CBTA 附着量：4CBTA 附着量	常态(热压前)/(N·mm⁻¹)	230 ℃×1 h加压1次后/(N·mm⁻¹)	230 ℃×1 h加压2次后/(N·mm⁻¹)	抗剥离强度上升率/%
样1	15.5	5.2	20.7	3.0	13	16	19	46
样2	10.2	2.6	12.8	3.9	11	12	13	18
样3	8.1	1.2	9.3	6.8	12	13	14	17

续表6-3

试样	剥离层组成分析				抗剥离强度			
	5CBTA 附着量/（mg·m⁻²）	4CBTA 附着量/（mg·m⁻²）	CBTA 附着量之和（5CBTA+4CBTA）/（mg·m⁻²）	5CBTA 附着量：4CBTA 附着量	常态（热压前）/（N·mm⁻¹）	230℃×1 h 加压 1 次后/（N·mm⁻¹）	230℃×1 h 加压 2 次后/（N·mm⁻¹）	抗剥离强度上升率/%
样4	14.8	1.4	16.2	10.6	13	14	14	8
样5	28.7	1.1	29.8	26.1	11	11	13	18
样6	15.3	0.0	15.3	—	12	14	17	4.2
样7	15.8	10.2	26.0	1.5	12	18	37	208
样8	6.2	3.1	9.3	2.0	14	19	30	114
样9	10.3	4.3	14.6	2.4	11	15	11	100

以 5CBTA/4CBTA 附着量比为 3.0 以上的剥离层作为案例，即使施加高温且长时间的热过程也能抑制载体箔的剥离强度的上升，使剥离强度稳定。为了使带载体的铜箔操作性提高以及剥离强度进一步稳定，剥离层中，5CBTA+4CBTA 附着量以控制在 30 mg/m² 以下为佳。

2. 技术方案 2

本技术方案提供一种 5G 高频高速 PCB 板用超薄载体铜箔的制备方法。超薄载体铜箔包括 18 μm 厚的载体铜箔、一种易剥离的复合剥离层和超薄铜层，该复合剥离层包括浸镀金属层、有机阻挡层和剥离层。其工艺条件如下。

（1）载体准备。

以 18 μm 印制电路板用普通铜箔为载体，一面为毛面，一面为光面，对铜箔光面依次进行微蚀和酸洗处理，去除表面氧化物和杂质，再经去离子水清洗备用。

微蚀处理：将去离子水清洗后的铜箔浸入 5% 的过硫酸钠和 5% 的稀硫酸混合溶液中，浸泡时间为 10~30 s，再用去离子水清洗掉铜箔表面残留的微蚀液。

酸洗处理：将去离子水清洗后的铜箔浸入 10% 的稀硫酸溶液中时间为 10~30 s，再用去离子水清洗掉铜箔表面残留的酸液。

（2）浸镀金属层的制备。

在载体铜箔光面浸镀金属层：将清洁的载体铜箔浸入依次加入的浓度为 20 g/L 的氯化亚锡，80 g/L 盐酸，50 g/L 次亚磷酸钠混合溶液中，在 60 ℃ 条件下浸泡 1 min，再用去离子水洗。然后在 30 ℃ 条件下浸入过氧化氢溶液 1 min 进行活化，再次水洗后涂覆一层硅烷偶联剂并干燥，得到附有浸镀层的载体铜箔。

（3）有机阻挡层的制备。

将上述浸镀处理后的铜箔浸泡在 5 g/L 的苯并三氮唑溶液中，处理 30 s 即得有机阻挡层。

（4）剥离层的制备。

电沉积镍的电解液配方：215 g/L 六水合硫酸镍、17 g/L 氯化钠、40 g/L 硼酸、5 g/L 无水硫酸钠、35 g/L 七水合硫酸镁和 0.075 g/L 十二烷基硫酸钠。不断搅拌溶液至各组分完全溶解，调节溶液 pH 至 5；在温度为 50 ℃、电流密度为 10 A/dm^2 的条件下，直流电沉积 9 s；将形成 300 nm 至 3 μm 厚的剥离层。

（5）超薄铜层制备。

制备条件为：铜离子浓度为 50 g/L 的五水硫酸铜、90 g/L 的硫酸、50 mg/L 的 Cl$^-$、10 mg/L 的聚乙二醇、2 mg/L 的聚二硫二丙烷磺酸钠、0.55 mg/L 的乙基纤维素；工作温度为 45 ℃、电流密度为 6500 A/m^2，直流电沉积 15 s。

（6）粗化层的制备。

制备条件为：铜离子浓度为 15 g/L 的五水硫酸铜、105 g/L 的浓硫酸、20 mg/L 的聚二硫二丙烷磺酸钠、5 mg/L 的乙基纤维素；温度为 30 ℃、电流密度为 3500 A/m^2，直流电沉积 10 s。

步骤（4）~（6）表面处理前后都需用去离子水洗铜箔。

（7）抗氧化处理和烘干处理。

粗化处理后依次对所述铜箔进行抗氧化处理和烘干处理。

抗氧化处理：将经去离子水清洗后的铜箔浸入 0.1% 的苯喹三氮唑溶液中 10~30 s。

烘干处理：将经去离子水清洗后的铜箔放入烘箱中低温烘干至表面干燥。

（8）性能测试。

为了更加清楚地了解不同配方和电镀工艺对超薄铜箔剥离情况和粗糙度的影响，对未经处理的载体铜箔即生箔和实施例 1~3 的铜箔进行剥离强度和表面粗糙度测试。在压力为 60 kN 和层压温度为 175 ℃ 时，将上述铜箔样品压合在半固化片上，制成所需的叠层板，并将压合后的样品裁剪成 15 mm×100 mm 的长条，用 90° 剥离强度测试仪进行剥离实验，并将样品预剥离约 20 mm，其中剥离速度设定为 10 mm/min，每个样品测试 3 次，取平均值。利用 3D 激光显微镜测试铜箔表面粗糙度，检测结果如表 6-4 所示。

表 6-4　检测结果

测试指标	生箔	实例 1	实例 2	实例 3
剥离强度/（N·mm^{-1}）	0.17	1.04	1.21	1.29
表面粗糙度 Ra/μm	0.052	0.331	0.407	0.325

上述测试结果表明，这种复合剥离层能够解决单一无机层可能会出现金属残留在超薄铜箔表面的问题，因不采用铬做剥离层，所以不会对环境造成污染和损害人体健康。该超薄载体铜箔各层表面均匀平整、性能稳定，剥离层导电性良好，不仅利于形成超薄铜箔，而且超薄铜箔表面无剥离层金属残留，能够解决单一有机层作为剥离层时厚度不均匀以及高温层压时超薄铜箔扩散到剥离层后难剥离的问题。制备的超薄铜箔拉伸强度较大，表面粗糙度有所提高，能够提高与半固化片的结合力，可满足 5G 超低轮廓处理铜箔信号传输要求。

3. 技术方案 3

本技术方案提供了一种带有载体超薄铜箔的生产技术，在载体箔/剥离层/超薄铜层的层结构中，通过在该剥离层和超薄铜层之间分散地配置含金属成分粒子，含金属成分粒子被分散地转印配置在除去载体箔后的基体铜层的表面。在对这种基体铜层的表面实施黑化处理后，由黑化处理得到的氧化铜的生长形态变成适于激光打孔加工的形状，从而使激光打孔加工性能稳定化。

下面简要介绍该铜箔的基本构成。

载体箔：作为载体箔，使用铜箔做该载体箔，既可以用电解铜箔也可用压延铜箔。一般使用 12~100 μm 厚的铜箔，载体箔形成的剥离层的表面粗糙度（Rz JIS）要求在 1.5 μm 以下。

剥离层：剥离层位于载体箔的表面。剥离层可以采用无机剥离层、有机剥离层中的任意一种。

含金属成分粒子层：含金属成分粒子层位于剥离层的表面。具体可以采用的成分为镍、镍-磷、镍-铬、镍-钼、镍-钼-钴、镍-钴、镍-钨、镍-锡-磷等镍合金，钴、钴-磷、钴-钼、钴-钨、钴-铜、钴-镍-磷、钴-锡-磷等钴合金，锡、锡-锌、锡-锌-镍等锡合金，铬、铬-钴、铬-镍等铬合金等。除去载体箔后，基体铜层表面的含金属成分粒子的附着量（F）在 20 mg/m^2 至 80 mg/m^2 的范围内时，基体铜层易于获得具有稳定的激光打孔加工性能的黑化处理形态。

该载体超薄铜箔的制造步骤如下。

步骤 A，剥离层制备。

将厚 18 μm 的电解铜箔作载体箔，在表面粗糙度（Rz JIS）为 0.6 μm 的一面侧形成剥离层。

剥离层的制作方法：将载体箔在硫酸浓度为 150 g/L、铜浓度为 10 g/L、CBTA 浓度为 800 mg/L、液温为 30 ℃的含有机试剂的稀硫酸水溶液中浸渍 30 s 后取出，酸洗除去电解铜箔上附着的杂质成分，同时使 CBTA 吸附在载体箔表面，即在载体箔的表面形成剥离层，从而制作出具有剥离层的载体箔。

步骤 B，金属剥离层制备。

在含金属成分的电解液中对具有剥离层的载体箔进行阴极电解，从而使金属成分粒子析出附着在剥离层的表面。

将硫酸镍（$NiSO_4 \cdot 6H_2O$）浓度为 250 g/L、氯化镍（$NiCl_2 \cdot 6H_2O$）浓度为 45 g/L、硼酸浓度为 30 g/L、pH 为 3 的电解液，在液温为 45 ℃、电流密度为 40 A/m^2 的条件下进行电解，并通过改变电解时间制作出镍附着量不同的 8 种试样。

步骤 C，超薄铜层制备。

将铜浓度（以 $CuSO_4 \cdot 5H_2O$ 计）为 255 g/L、硫酸浓度为 70 g/L、液温 45 ℃的硫酸铜溶液，在电流密度 3000 A/m^2 的条件下进行电解，形成 3 μm 厚的基体铜层，从而得到 8 种载体超薄铜箔（与步骤 B 不一样）。

步骤 D，表面处理。

不实施粗糙化处理，而是形成锌-镍合金防氧化层，并通过电解镀铬和氨基类硅烷偶联剂处理，从而得到镍附着量为 10~95 mg/m^2 的 8 种载体超薄铜箔。

黑化处理效果评价表明，除去载体箔后的基体铜层表面上的镍的附着量（F）在 0 至 100 mg/m^2 范围内，激光开孔孔径在 55 μm 至 63 μm 之间，性能良好；镍的附着量（F）超出给定范围，激光开孔孔径偏小，性能较差。

4. 技术方案 4

本方案提供了一种超薄高强度电子铜箔的生产方法，用厚为 18~35 μm 的铜箔为阴极载体，在电解液和添加剂混合液中于载体表面上进行电化学沉积，形成厚度为 2.5~5 μm 的超薄铜箔层，经过微粗化提高比表面积；通过涂覆有机层可提高抗剥离强度并能有效地防止箔材的氧化；通过在载体上制备隔离层，可降低超薄铜箔与载体之间的结合力，通过机械力很容易将两者分离；该工艺步骤简单，可连续化生产，是一种高效的载体高强度超薄铜箔生产工艺。该工艺包括以下步骤。

(1) 制备电解液，加入混合添加剂，将厚为 18~35 μm 的铜箔做阴极载体制作隔离层，电沉积一层厚 2.5~5 μm 的超薄铜箔层，形成载体铜箔。

将化学纯焦磷酸铜、焦磷酸钾、柠檬酸铵用纯水分别按照 100 g/L、350 g/L、25 g/L 的浓度配制，分别加入 A 剂四氢噻唑硫酮（5 mg/L）、B 剂 3-巯基-1-丙烷磺酸钠（8 mg/L）和 C 剂聚乙二醇（10 mg/L），经过 5 μm、1 μm 和 0.5 μm 多级过滤，在温度 55 ℃下，在厚度为 18 μm 的铜箔光面电沉积一层厚度为 0.01~0.05 μm 的锌层作为隔离层，在阳极，设定电流密度为 300 A/dm^2，在隔离层上电沉积厚 5 μm 的超薄铜箔层。

(2) 对载体铜箔的毛面进行化学微粗化处理，进行有机膜涂覆，形成超薄高强度电子铜箔。载体铜箔在用纯水配制的粗化液中进行化学微粗化，可提高超薄超强电子铜箔的比表面积，粗化溶液由硫酸、双氧水、磷酸三钠和润湿剂组成，其浓度分别为 25 g/L、30 g/L、50 g/L 和 5 mg/L。粗化液温度为 35 ℃，处理时间为 55 s。

(3) 微粗化后进行抗剥离强度增强和抗氧化处理，在超薄高抗拉载体铜箔表面喷涂浓度为 0.5% 的 3-缩水甘油醚氧基丙基三甲氧基硅烷水溶液，以形成有机膜。

最终测试结果见表 6-5。

表 6-5　测试结果

样品	超薄铜层厚度/μm	粗糙度 Rz/μm	抗拉强度/(kg·mm^{-2})	抗氧化性(200 ℃, 30 min)	抗剥离强度/(N·mm^{-1})
样 1	5.0	1.2	77	好	0.8
样 2	4.0	1.2	75	好	0.8
样 3	2.4	0.8	61	好	0.7
样 4	2.5	1.0	65	好	0.8
样 5	2.5	0.9	63	好	0.7

5. 技术方案 5

本方案提供一种可剥离的载体超薄铜箔及其电沉积制备方法，可用作电脑芯片封装材料，该制备方法包括如下步骤。

步骤 A，对载体铜箔的 S 面进行处理。

以 12 μm 及以上厚度的普通 HTE 铜箔作载体箔，然后对载体铜箔的 S 面进行水洗和酸洗，以达到表面除油和去氧化层的目的。

步骤 B，将载体箔 S 面涂布有机物与 Fe、Cr、Ni、Mo、Co、稀土金属中的一种或几种盐的溶液，以形成一层 10~100 nm 厚的有机金属层。

有机物为 BTA 与 MBT 的混合物(BTA 苯并三氮唑, MBT 巯基苯并噻唑), MBT 与 BTA 的摩尔比>1.5。由于 BTA 和 MBT 中具有 N、O、P、S 等极性基团和不饱和 π 键, 可以进入铜的空轨道形成配位键从而形成隔离层, 因此隔离层具有一定的耐热性且易剥离。但是隔离层材料的有机膜具有一定的毒性。加入 Fe、Cr、Ni、Mo、Co、稀土金属中的一种或几种盐能有效地生成金属隔离层, 替代部分由 BTA 和 MBT 的混合物与铜的空轨道形成的隔离层, 同时金属离子的加入能很好地增强铜箔本身的导电性能, 还可以提高铜箔的致密性, 使铜箔微观形貌更加规整和致密。另外, 金属隔离层的剥离强度与金属镀层金属含量有关。金属隔离层不耐高温, 隔离层会在薄箔表面存在金属残留, 影响铜箔的质量。但是将有机化合物膜与金属隔离层膜相结合, 既可以解决有机物的毒性污染和金属隔离层难以剥离的问题, 同时还可以提高铜箔本身的导电能力。

研究发现 BTA 具有能和铜离子结合的能力, 与铜离子形成的络合物 Cu-BTA 在铜表面吸附成膜, 形成的膜强度大, 致密性也很好, 但是成膜速度慢, 成膜速度无法定量控制就会导致成膜厚度无法控制。而 MBT 直接吸附在铜表面, 吸附速率很快, 当两者复合使用时能很好地达到成膜效果, 形成多元膜。同时 Fe、Cr、Ni、Mo、Co、稀土金属盐溶液能很好地提高铜箔的致密性和微观形貌的规整性。当有机物与金属盐溶液浓度一定时, 涂布时间越长, 混合隔离层膜的厚度越厚, 同时金属层含量也越多。然而太厚的隔离层会导致后面的镀铜环节工艺不良, 同时导致载体箔与极薄箔间的结合力太大不好剥离。实验证实, 当[BTA]:[MTA]=1:3, 浓度控制在 3 g/L, Mo、Ni、Cr、Fe、Co、稀土金属盐浓度为 0.2 g/L 时, 涂布烘干 30 s, 所形成的隔离层膜厚度为 10~100 nm, 且能控制载体箔与极薄箔间的结合力小于 0.02 gf/cm。

步骤 C, 在有机金属层表面电沉积厚度为 1.5~5 μm 的极薄铜箔, 再在极薄铜箔表面依次经过粗化和固化、黑化、镀锌、钝化表面处理以及涂覆硅烷偶联剂工艺得到复合铜箔的成品。

将载体箔-有机金属层-极薄铜箔的复合半成品再依次经过后续的粗化、固化、黑化、镀锌、钝化表面处理以及涂覆硅烷偶联剂工艺。最终得到附载铜箔的成品。如图 6-2 所示。

载体箔与极薄铜层之间的结合力 <0.02 kgf/cm, 同时极薄铜箔与 PCB 板材的结合力>0.6 kgf/cm, 经过 250~300 ℃ 浸锡高温处理可保持 5~10 min 抗剥值不衰减。极薄铜箔表面粗糙度≤2.0 μm, 具有很好的信号传输功能和电性能, 能很好地应用于 IC 电路板的封装。

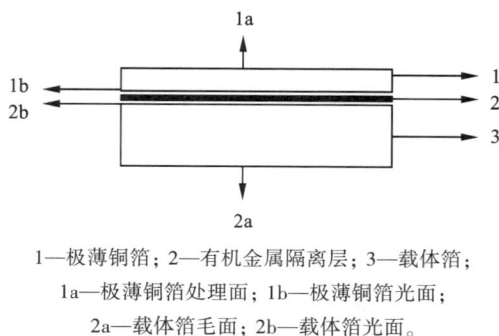

1—极薄铜箔; 2—有机金属隔离层; 3—载体箔;
1a—极薄铜箔处理面; 1b—极薄铜箔光面;
2a—载体箔毛面; 2b—载体箔光面。

图 6-2　载体极薄可剥离复合铜箔示意图

下面以实例说明该载体超薄铜箔的制备方法, 其包括以下步骤。

(1)剥离层制备。

在 35 ℃、电流密度为 3~5 A/dm² 的条件下, 将 Zn²⁺ 质量浓度为 15 g/L, 二价镍离子质量浓度为 5 g/L、焦磷酸钾质量浓度为 160 g/L, 钼酸钠质量浓度为 5 g/L 的电解液电解, 在阴极载体铜箔的 S 面电化学沉积,制成锌镍钼合金隔离层,然后将镀有金属隔离层的铜箔浸泡于 [BTA]∶[MTA]=1∶3,质量浓度为 3 g/L 的有机膜溶液中涂布烘干,时间为 30 s。

（2）超薄铜层。

将涂覆有有机金属层的铜箔继续作为阴极进行电沉积,在有机金属层表面形成 1.5~5 μm 的超薄铜层。电沉积所使用的电解液中, Cu^{2+} 质量浓度为 60~90 g/L,硫酸质量浓度为 70~150 g/L、相对分子质量为 2000~3000 的胶原蛋白的浓度为 0.5~1.0 g/L、十二烷磺酸钠盐的质量浓度为 50~200 mg/L、聚乙二醇的质量浓度为 10~50 mg/L,柠檬酸钠的质量浓度为 10~100 mg/L;电沉积温度为 40~45 ℃,电沉积电流密度为 1000~3000 A/dm²。

（3）粗化处理。

粗化所使用的粗化液中, Cu^{2+} 质量浓度为 10~20 g/L,硫酸质量浓度为 70~220 g/L, WO_4^{2-} 的质量浓度为 30~50 mg/L,氯离子质量浓度控制在 30 mg/L。

在粗化液中 Cl^- 质量浓度为 10~30 mg/L 时,所得铜箔的金属铜枝晶粗细和长度都显著减小,其分形级次逐渐增加。但是当 Cl^- 质量浓度大于一定浓度时就会产生少量的沉积物,所以加入适量的 Cl^- 能有效地促进铜离子的沉积。同时加入适量的添加剂如 Mo、W 等,可不同程度地增大铜箔阴极极化作用,抑制铜的异常生长,有利于获得致密的阴极沉积铜,提高铜箔的弹性、强度、硬度和平滑感。但是添加剂的加入量必须适当,若添加量过多,不仅会使电解槽的槽电压升高,还会让生箔毛面出现条纹,发脆。同时添加剂加入量与温度还有密切关系,当温度高时,添加剂的加入量就要大,所以要控制好温度,防止添加剂含量波动太大,影响铜箔的质量。

在有机金属层表面电沉积极薄铜箔的过程中,也可以加入硫脲。硫脲作为整平剂,在微观粗糙表面上,铜箔谷处扩散层的有效厚度大于铜箔峰处,使硫脲进入谷处的速度小于峰处的速度。这样铜箔峰处硫脲的浓度则大于铜箔谷处,造成铜箔峰处的阻化作用大于铜箔谷处,从而达到整平铜箔的效果。硫脲浓度过高时,它会在阴极反应生成硫化铜,当沉淀过多时,将生成瘤状物,从而使沉积物表面粗糙,出现条纹,最终导致铜沉积物发脆及硫含量增高。过多浓度的硫脲会造成添加剂的积累,不利于硫酸铜的电解。而硫脲浓度过低时,会导致电解时阴极极化不明显,不利于铜晶粒细化。适量浓度的硫脲通过 S 原子吸附在铜上,可使阴极极化作用增大,改善阴极沉积物的结构,有利于铜箔晶粒的细化和表面的平整,从而降低超薄铜层的粗糙度。

（4）固化处理。

设 Cu^{2+} 质量浓度为 30~60 g/L,硫酸质量浓度为 70~150 g/L,氯离子质量浓度为 20~60 mg/L。

（5）黑化处理。

使用的黑化液中, Ni^{2+} 质量浓度 1~30 g/L,钴质量浓度 10~60 mg/L,硼酸或柠檬酸中一种,pH 为 3.5~10;镀锌使用的镀锌液中, Zn^{2+} 质量浓度 4~10 g/L,焦磷酸钾质量浓度 50~70 g/L,pH 8.5~10;钝化表面处理使用的钝化液中,铬质量浓度 1~5 g/L,pH 10~14;涂覆硅烷偶联剂工艺中使用的成分为含有氨基、环氧基、乙烯基、酰氧基及烷基官能团的硅烷中的一种或多种,其喷涂温度 20 ℃~35 ℃。

制备的载体超薄铜箔表面平整光亮,厚度 1.5~5 μm,毛面表面粗糙度 Rz 为 1.54 μm,抗拉强度为 35 kgf/mm²,延伸率为 6.5%,厚度均匀,无撕裂、断带现象。

6. 技术方案 6

该技术方案展示了一种真空溅射剥离层的载体超薄铜箔的制备方法，以解决目前附载体极薄铜箔生产较难、工艺稳定性差、合格率低等问题。该方案有如下（1）~（6）个步骤。

（1）利用离子源在氩气下处理载体箔材，使载体箔材表面洁净均一，得到载体层。

（2）利用磁控溅射真空镀膜技术在上述载体层表面溅射镀金属阻挡层，调控阻挡层的厚度。

（3）利用真空蒸镀技术在阻挡层表面蒸镀剥离层，调控剥离层的厚度；其中，蒸发源包括金属源和配体小分子源。

（4）利用磁控溅射真空镀膜技术在剥离层表面溅射镀铜种子层，调控铜种子层的厚度。

（5）利用电镀技术在铜种子层表面电镀加厚铜层至目标厚度，调控镀膜厚度。

（6）最后进行表面处理，得到附载体极薄铜箔。

步骤（1）中的载体箔材为铜箔、铝箔等金属箔和 PI 薄膜等聚合物类薄膜。

步骤（1）中的离子源包括阳极层离子源、霍尔离子源、考夫曼离子源、ICP 离子源中的至少一种；离子源功率在 1 kW 至 10 kW 之间，处理时间为 1~30 min。

步骤（2）中的金属为 Mo、Ta、W、Ni、Co 或其合金；阻挡层的厚度为 5~50 nm。

步骤（3）中的金属源为 Cu、Ni、Co、Zr、Zn、Fe 或其合金；所述配体小分子源为对苯二甲酸、2−氨基−对苯二甲酸、均苯三甲酸、二甲基咪唑或其混合物；所述剥离层的厚度在 1 至 100 nm 之间。

步骤（4）中的铜种子层的厚度在 1 nm 至 300 nm 之间。

步骤（5）中的电镀加厚方法包括酸法电镀加厚、碱法电镀加厚或者碱−酸复合电镀方法；电镀加厚的厚度为 1~7 μm。

步骤（6）中的表面处理包括粗化、固化、黑化、灰化、钝化、偶联剂涂覆。表面处理过程包括增加铜箔表面粗糙度的粗化和固化过程、增加耐热性的黑化镀镍或钴镍合金过程、增强高温抗氧化能力的灰化镀锌过程、增加常温抗氧化能力的镀铬过程以及增加铜箔表面与半固化片压板化学结合力的偶联剂涂覆过程。

采用卷绕连续生产方式，其中步骤（1）~（4）为真空镀膜工段，集成在一套设备中完成；步骤（5）~（6）为水镀工段，集成在一条生产线上完成。

在水镀工段的各个独立环节中增加水洗和挤干步骤，设置在碱法电镀加厚与酸法电镀加厚之间、电镀加厚与粗化之间、固化与黑化之间、黑化与灰化之间、灰化与钝化之间、钝化与偶联剂涂覆之间。各独立环节之间的水洗和挤干工序能够保障各环节长期稳定连续运行，提高产品连续生产的质量稳定性。

与其他工艺相比较，本技术具有如下有益效果。

（1）对载体的可选择范围较大，不仅可以使用传统的铜箔作为载体，还可以选择铝箔等其他金属箔材以及聚酰亚胺薄膜等聚合物基材作为载体。

（2）通过真空镀膜的方法制备阻挡层、剥离层和种子铜层，各功能层膜层连续性好，厚度一致性较高。

（3）采用蒸镀的方法制作剥离层，同时蒸镀金属和可作为络合物配体的小分子，能够原位形成组分稳定的金属络合物膜层，使产品能够维持稳定一致的载体剥离能力。

（4）采用溅射和蒸镀结合、金属与有机小分子结合方案，在剥离力稳定的同时，膜层连续性较好,因此少有黏连和针孔产生,能够维持较高的产品合格率和生产连续性,因此能够极大提高产能和效益。

6.2　复合铜箔

6.2.1　锂电池用复合铜箔

1. 锂电铜箔的减重与降本

传统锂离子电池负极集流体是铜箔,正极集流体是铝箔。随着锂电技术的发展,锂离子电池的高能量密度、轻量化和柔性化成为人们的追求。作为锂电池核心原材料之一的铜箔在电芯中的质量和成本占比都相对较高。根据估算,铜箔在锂电池电芯中的质量占比超过10%,仅次于正负极材料与电解液;成本占比约10%,与其他部分主材相近。

电池正负极集流体的总质量约占电池总质量的14%~18%。为提高电池能量密度,实现锂离子电池的轻量化,一个发展趋势便是将铜箔铝箔减薄。目前铜箔可量产到3.5 μm,铝箔可量产到6 μm,受制备技术的限制,铜/铝箔的厚度很难再降低,同时铜/铝箔变薄之后,机械强度降低,致使加工性能降低,因此需要新的"减薄技术"。

复合铜箔是在厚度为2~6 μm的PET、PP、PT等有机薄膜表面采用磁控溅射或真空蒸镀的方式,制作一层50~80 nm厚的金属层,然后通过电镀、蒸镀等方式,将金属层加厚到1 μm,制作总厚度为6~8 μm的复合金属箔,用以代替厚度为4~6 μm的传统纯铜集流体。

采用PET薄膜为基材的复合铜箔称为PET复合铜箔。由于PET等有机薄膜密度比铜小得多,用部分有机薄膜代铜后形成三明治结构的PET复合铜箔(1 μm铜层+4 μm PET+1 μm铜层),较6 μm厚度的纯铜箔单位面积重量减轻,用铜量减少,成本降低。

2. 铜层厚度对电池性能的影响

锂电池负极集流体铜箔作为锂离子电池活性物的载体,直接影响电池中电子的传输速率,进一步影响电池内阻的大小和电性能的优劣。所以在研究PET复合铜箔(包括PI复合铜箔、PE复合铜箔等)生产技术之前,我们先讨论负极集流体铜箔厚度对电池性能的影响。

由于铜箔的厚度较小,对锂电池导电性能的影响不能视为材料系统,要充分考虑量子尺寸效应和表面效应,即铜箔薄膜系统的表面原子数占总原子数的比例远大于铜块系统的情形,其表面效应将对系统产生重要影响。

负极集流体铜箔厚度对锂电池电导率的影响需要考虑铜箔本身的电导和铜箔表面效应对电极的影响。仅仅依据经典的电导率理论还很不够,还需用玻尔兹曼方程或玻尔兹曼输运方程(Boltzmann transport equation,BTE)来描述。玻尔兹曼方程是一个描述非热力学平衡状态热力学系统统计行为的偏微分方程,由路德维希·玻尔兹曼于1872年提出。波尔兹曼方程可用于确定物理量是如何变化的,关于此方程描述的系统,一个经典的例子是空间中一具有温度梯度的流体,构成此流体的微粒通过随机而具有偏向性的流动使得热量从较热的区域流向较冷的区域。我们还可以由此推导出其他的流体特征性质,例如黏度,导热性以及导电率(将材料中的载流子视为气体)。波尔兹曼方程是一个非线性积分微分方程。方程中的未知函数是一个包含了粒子空间位置和动量的六维概率密度函数。玻尔兹曼方程是经典粒子牛顿力学运动模型和能态跃迁的量子力学模型相糅合的产物。如果忽略所有的相干效应,经过一定的简化，可以从量子输运模型中推导出玻尔兹曼方程。经典的输运理论建立在玻尔兹曼传输理论的基础上，玻尔兹曼理论的基本假设包括：

（1）电子和空穴都是微小粒子。

（2）粒子之间各自独立，没有相干性，通过散射互相作用。

（3）粒子可以用 Bloch 理论描述。

（4）散射是一种瞬态行为，没有时间和空间上的持续性。

（5）只考虑两个粒子之间的散射，不考虑多个粒子之间的共同作用。

玻尔兹曼输运方程中考虑到了载流子的速度分布和散射的方向性，因此较为精确。

在有电场或温度梯度等外场的情况下，根据分布函数因电场、磁场、温度梯度等外场而引起的漂移变化以及因散射而引起的变化，即可建立起 Boltzmann 方程。由于其中的散射项应是一个对散射概率的积分，因此玻尔兹曼方程是一个微分-积分方程。该方程的求解很复杂，通常采用近似方法，常用的一种近似方法就是弛豫时间近似。

采用传统金属电导率的理论方法，使用半经典的玻尔兹曼输运方程，可以得出电导率公式：

$$\sigma = \frac{ne^2 \tau E_{\mathrm{F}}}{m^*} \tag{6-1}$$

式中：τ 为弛豫时间，是电子和正离子碰撞的平均时间间隔；n 为电子总浓度；e 为电子电荷量；m^* 为有效质量；E_{F} 为费米面上电子的弛豫时间，即费米面附近的电子才参与了电荷的输运。

它说明，完美晶格是不存在的，材料中的杂质以及晶格振动都会破坏晶格的周期性，从而改变局域的电子本征态，所以通常情况下电子在输运过程中会发生碰撞导致有限的电阻率。电子发生碰撞时的相空间分布函数的改变在玻耳兹曼方程中用碰撞项来表示。但是由于碰撞项的描述较为困难，严格求解需要考虑具体的电子散射机制，并需求解相应的振子强度或者散射截面，因此弛豫时间近似就提供了一种非常简便的碰撞项形式，从而得到较完整的物理描述。

弛豫时间（relaxation time）的概念可以追溯到 Drude 的自由电子气模型，其中电子作为经典粒子在运动过程中会与原子核发生碰撞，电子的碰撞是瞬时发生的事件，且在 $\mathrm{d}t$ 时间间隔内发生的概率是 $\mathrm{d}t/\tau$，这个时间常量 τ 就是弛豫时间。碰撞或者离子散射是电阻的根源。若无碰撞，则弛豫时间无穷大，电导率无穷大。弛豫时间不仅可以用来衡量碰撞的概率，还可以描述处于平衡态的系统受到外界瞬时扰动后，经一定时间必能恢复到原来的平衡态，系统所经历的这一段时间即弛豫时间。弛豫时间不仅与系统的大小有关，大系统达到平衡态所需时间长，故弛豫时间长，而且还与达到平衡的种类（力学的、热学的或化学的平衡）有关。

在统计力学和热力学中，弛豫时间表示系统由不稳定态趋于某稳定态所需要的时间，也可以说是系统的某种变量由暂态趋于某种定态所需要的时间。在协同学中，弛豫时间可以表征快变量的影响程度，弛豫时间短表明快变量容易消去。

对于作为锂电池负极集流体的铜箔，一方面，厚的铜箔有助于提高电子反应截面积，提高弛豫时间，改善电导率。另一方面由于电解质体系掺杂的纳米颗粒不能有效进入到铜箔内部，因此有效介质理论无法解释两组不同铜箔厚度的电池之间明显的内阻差。

有研究文献从久保公式出发并结合格林函数式，推导出金属薄膜系统电导率公式，发现金属薄膜系统中的电导率跟大块金属的情形是不同的。在计算电导率的过程中，不仅要考虑到杂质散射效应，而且还要考虑到表面散射效应。各种散射引起的电导率随薄膜厚度周期性振荡的现象，与用半经典的玻尔兹曼方程讨论大块金属电导率是不同的。金属薄膜电导率随着薄膜厚度的增大，其表面散射电导率振荡也在增大，这与杂质散射的电导率振荡趋势相反，即随着厚度的增大，铜晶格杂质对电导的损耗影响在减小。

铜箔厚度的加大一方面提高了铜箔本身的弛豫时间，另一方面减少了晶格杂质散射对电导的损耗，所以改善了锂电池的内阻特性，提高了其电学性能。同时，随着铜箔厚度的进一步加大，量子尺寸效应和表面效应减弱，这时候铜箔的电性能接近体材料，无助于改善锂电池整体电导性能。

3. 复合铜箔工艺

当前的复合集流体铜箔的制备多选择"两步法"和"三步法"进行生产，分别采用"磁控溅射+电镀"和"磁控溅射+真空镀+电镀"的工艺策略。例如，"两步法"制备复合集流体铜箔先在高分子层表面磁控溅射一层厚度小于 100 nm 的金属铜，将薄膜金属化；然后采用电镀方式，将铜层加厚到 1 μm，复合铜箔整体厚度在 10 μm 以内，来代替传统的电解铜箔。也有装备制造企业推行"一步法"，即在有机薄膜上采用蒸镀方法一步实现镀铜 1 μm 的工艺。

有资料公开了一种用于锂电池集流体的镀膜工艺流程，在超薄基材上镀金属膜，以获得可提高黏合力的镀膜产品。其工艺流程如下：在超薄基材表面先采用磁控镀膜 5~50 nm，再电镀镀膜 600~1000 nm；或者在超薄基材表面先采用磁控镀膜 5~50 nm，然后蒸发镀膜 100~700 nm，最后电镀镀膜 100~800 nm。当前复合集流体铜箔的制造难点在于有机高分子和无机金属的紧密复合和保证材料的均匀性方面。

不同基材 PET(PE、PP)复合铜箔的生产工艺类似：

PET 薄膜—预处理—磁控溅射或蒸镀—电镀—水洗—防氧化—烘干—分切—包装。

（1）预处理。

由于表面自由能较低，PET 薄膜润湿性、可黏结性能较差。因此，PET 基膜在真空溅射或蒸镀前，需要进行表面改性处理。等离子体处理技术是一种将物理和化学技术相结合的气态处理技术，具有高效、节能、环保（不耗水）的特点。最重要的是，等离子体处理一般在低温条件下进行，其作用深度仅涉及物质极表层，因而不会对物质的本体性质造成损伤。

PET 基膜低温等离子体处理的作用：

①清除基膜表面杂质。PET 基膜在生产过程中表面局部黏附有极微量的杂质，这些杂质会影响后序金属层的附着力。

②提高基膜表面粗糙度。等离子体处理对 PET 基膜有一定的刻蚀作用，通过等离子体处理可以使基膜表面粗糙化。

③降低基膜表面碳含量。等离子体处理后，膜表面碳元素的相对含量有所降低，氧元素和氮元素的含量明显增加，且随着等离子体处理时间延长，样品表面氧/碳、氮/碳含量比值增加，呈现正相关性。

④改善基膜亲水性。等离子体处理在基膜表面引入了大量含氧极性基团（如 C—O/C—N、C═O、C—O—O 等），提高了 PET 基膜表面自由能。PET 基膜表面自由能的提高能明显改善其表面润湿性、可黏接性，对提高后续金属层与 PET 的结合力具有重要意义。

（2）真空磁控溅射活化。

由于 PET、PP 等有机薄膜本身并不导电，如果要进行电镀沉铜，就必须在其表面沉积一层金属，使其能够导电。一般通过真空溅射或真空蒸镀实现。

溅射是指荷能粒子轰击固体表面（靶），使固体原子或分子从表面射出的现象。利用溅射现象沉积薄膜的技术即溅射镀膜，具体为先让惰性气体（通常为氩气）产生辉光放电现象而产生带电的离子；电子在真空条件下，在飞跃过程中与氩原子发生碰撞，使其电离产生出氩正离子和新的电子；受磁控溅射靶材背部磁场的约束，大多数电子被约束在磁场周围，氩离子在电场作用下加速飞向阴极靶，并以高能量袭击铜合金靶表面，使靶材发生溅射，在溅射粒子中，中性的靶原子或部分离子沉积在基膜上形成薄膜，厚度一般为 20~80 nm。

磁控溅射是 PET 复合铜箔制造的关键工序。在磁控溅射时，如果没有控制好磁/电场，可能出现一些粒子轰击损坏基膜的情况。因此在磁控溅射时，一方面对基膜高分子材料有要求，基膜强度越大，越平整、均匀越好；另一方面对磁控设备控制精度也有要求，控制精度越高镀铜均匀性好、良品率越高。

靶材是磁控溅射中的基本耗材，消耗量大，且靶材的利用率高低对整个工艺过程、效果以及工艺周期都有相当大的影响。有研究者通过理论计算和实践测定认为：圆形平面（静止）靶材的利用率最低，一般低于 10%；矩形平面靶材次之，一般大于 20%，但难以超过 30%，它们强烈地受到跑道蚀刻形状的影响；旋转圆柱靶材的利用率最好，一般可以超过 50%，但很难超过 70%。

（3）真空蒸镀。

真空蒸镀是指在真空条件下，将金属加热至蒸发温度，并使之汽化，粒子飞至基膜表面凝聚成膜的工艺方法。该工艺在真空中进行，金属蒸气到达表面不会氧化。蒸镀是使用较早、用途较广泛的气相沉积技术，具有成膜方法简单、薄膜纯度和致密性高、膜结构和性能独特等优点。

蒸镀的物理过程包括：沉积材料蒸发或升华为气态粒子→气态粒子快速从蒸发源向基片表面输送→气态粒子附着在基片表面形核、长大成固体薄膜→薄膜原子重构或产生化学键合（图6-3）。

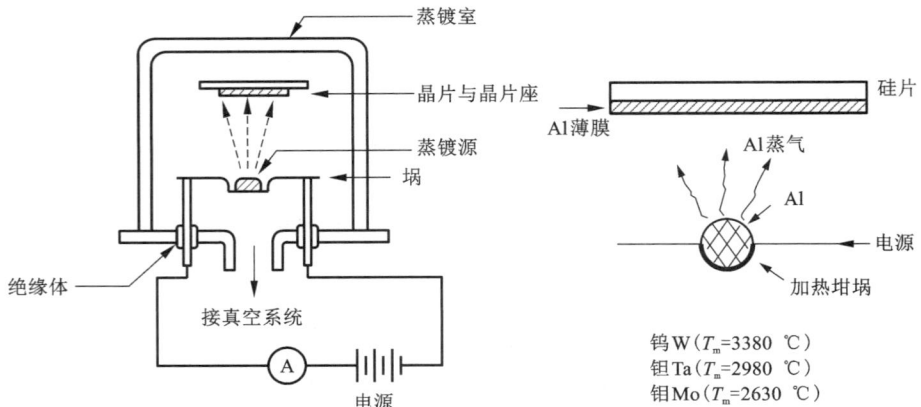

图6-3　真空蒸镀原理

在正常情况下，金属在一个大气压条件下，由液态转化为气态是很困难的，需要很高的温度才能实现蒸发。但是降低气压，可以在较低的温度下达到蒸发的目的。众所周知，在一个大气压下，水的沸点为 100 ℃。在高山地区，气压小于一个大气压，在不到 100 ℃ 时（例如 90 ℃）水就可以沸腾。各种金属也有这种特征：铜在一个大气压（$1.01×10^5$ Pa）下其沸点为 2590 ℃，当气压为 $1.33×10^2$ Pa 时，其沸点降为 1617 ℃。

将需要蒸镀的基材（基膜）放入真空室内，以电阻、电子束、激光等方法加热膜料（欲镀覆金属，本案为铜），使膜料蒸发或升华，汽化为具有一定能量（0.1~0.3 eV）的粒子（原子、分子或原子团）。气态粒子以基本无碰撞的直线运动飞速传送至基片，到达基膜表面的粒子一部分被反射，另一部分吸附在基膜上并发生表面扩散，沉积原子之间产生二维碰撞，形成簇团，有的可能在表面短时停留后又蒸发。粒子簇团不断地与扩散粒子相碰撞，或吸附单粒子，或放出单粒子。此过程反复进行，当聚集的粒子数超过某一临界值时就变为稳定的核，再继续吸附扩散粒子而逐步长大，最终通过与相邻稳定核的接触、合并，形成连续薄膜。

铜的真空蒸镀温度一般在 1150 ℃ 到 1270 ℃ 之间。

在对 PET、PP 等树脂薄膜实施蒸镀时，为了确保金属冷却时所散发出的热量不使树脂变形或熔穿，必须对蒸镀时间、冷却温度等进行严格控制。

锂电池正极集流体用复合铝箔主要采用蒸镀工艺生产。真空蒸镀具有成膜方法简单、速度快、操作容易、薄膜纯度和致密性高、膜结构和性能独特等优点。

一步法 PET 复合铜箔生产技术就是在 PET 基膜上直接蒸镀 1 μm 厚的铜层。相较于真空溅镀技术，真空蒸镀铜层密度差（只能达到理论密度的 95%）且附着力较小。

（4）电镀加厚。

电镀加厚旨在将表面已经真空溅射或蒸镀铜层的 PET 薄膜作电解质溶液负极，利用电化学沉积原理，再把溅射或蒸镀的铜层加厚到 1 μm 及以上。

6.2.2　电子电路用复合铜箔

电子电路用复合铜箔，主要包括可剥离型有机载体复合铜箔、有机载体不可剥离的极薄 FCCL 等，特点是铜层与有机层复合。它们是电子电路铜箔技术研究中的常用思路之一。下面就以案例的形式进行简单介绍。

1. 有机载体超低轮廓复合铜箔

本方案展示一种可剥离型有机载体超低轮廓复合铜箔（图 6-4），包括有机薄膜层、过渡金属层和金属剥离层及铜箔层。有机薄膜层为载体，过渡金属层位于有机薄膜层上表面，金属剥离层位于过渡金属层表面，铜箔层位于金属剥离层表面；有机薄膜层厚度为 25~125 μm，过渡金属层厚度为 20~150 nm，金属剥离层为 1~5 μm，铜箔层厚度根据需要进行设定，厚度范围为 1~18 μm。

有机载体超低轮廓铜箔的制备方法如下。

步骤 1，预处理。在真空室内对有机薄膜层的上表面进行等离子表面处理，等离子处理功率为 0.5~2 kW，真空室内气体为氩气、氮气和氧气中的一种或多种气体，气体压力为 $(1×10^{-2})$ ~ $(2×10^2)$ Pa。

步骤 2，溅射种子层。采用磁控溅射技术，在有机薄膜层的上表面镀覆一层过渡金属层，靶材为铜、镍、镍铬合金、钛、铁、氧化铌中的一种或多种，磁控溅射的气体为氩气、氮气和氧气中的一种或多种混合气体，真空度为 $2 \times 10^{-1} \sim 3 \times 10^{-3}$ Pa，靶电流为 $5 \sim 15$ A。

步骤 3，电镀剥离层。在过渡金属层表面电镀一层金属剥离层，在金属剥离层表面设置抗氧化层，抗氧化层为所述金属剥离层采用浸泡或涂覆方式形成的有机溶剂覆盖层。

步骤 4，电镀超薄铜层。在金属剥离层表面电镀一层超薄铜层，并对超薄铜层

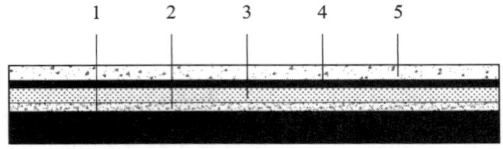

1—有机薄膜层；2—过渡金属层；3—金属剥离层；
4—抗氧化层；5—超薄铜层。

图 6-4　一种有机载体超低轮廓铜箔

表面进行粗化处理，同步在其粗化处理面上实施电化学处理或化学处理形成抗氧化膜，粗化处理方式为电镀铜微细粒子的粗化电镀、化学刻蚀处理或电化学刻蚀处理中的一种。

采用有机载体制造的复合铜箔，金属剥离层具有超低轮廓度，一般 Rz 为 $1 \sim 1.5$ μm；铜箔层经粗化处理后粗糙度 Rz 可调整为 $2 \sim 4$ μm，便于贴合加工，可以用于高频高速电路、IC 封装载板、挠性覆铜板材料、电磁屏蔽材料。

2. 挠性铜箔积层材

挠性铜箔积层材（flexible copper clad laminate，FCCL）广泛应用于电子产业中的电路基板，由聚酰亚胺膜结合导电金属层所构成。目前，可挠性铜箔积层材产品生产工艺通常是于聚酰亚胺膜表面化学镀镍，然后经化学镀铜或电镀形成铜层。

镀镍系作为障壁，可防止铜扩散至聚酰亚胺膜中，且镍可提供与聚酰亚胺膜良好的接着性。但聚酰亚胺膜具有吸湿性，易导致聚酰亚胺膜于电路制备的热处理过程中（例如焊接）膨胀变形，而与金属层间产生空隙，从而降低层间接着力。

该方案是在聚酰亚胺膜的表面上形成一金属层，使该金属层与该聚酰亚胺膜相接触；该金属层形成后，进行热处理，热处理的温度介于 60 ℃ 与 150 ℃ 之间，且该热处理进行至热重损失比为 1% 以上。其结构如图 6-5 所示。

FCCL 以聚酰亚胺膜为基板，聚酰亚胺膜厚度为 $7 \sim 50$ μm，由单层或多层金属层构成，该金属层包括镍层、铜层等。该 FCCL 是在聚酰亚胺膜的一侧表面上设有镍层，并于该镍层的表面上设有铜层。图 6-6 是一种双层 FCCL，在聚酰亚胺膜的两侧表面上均设置镍层及铜层。

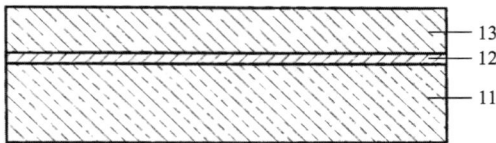

11—聚酰亚胺膜；12—镍层；13—铜层。

图 6-5　挠性 FCCL 结构

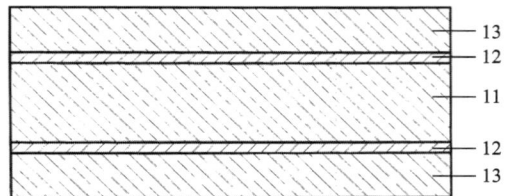

11—聚酰亚胺膜；12—镍层；13—铜层。

图 6-6　双层挠性 FCCL 结构

在聚酰亚胺膜的表面上形成的金属层与该聚酰亚胺膜相接触。可对该聚酰亚胺膜先进行表面处理，包括：碱性表面改质、电荷调节、催化剂处理及活化等，在聚酰亚胺膜的表面上形成一金属层的步骤可包括：对该聚酰亚胺膜用碱金属溶液进行表面处理、进行催化剂处理及化学镀镍处理。

碱性表面改质步骤可使用碱性金属溶液，例如碱金族（如氢氧化钠、氢氧化钾）水溶液、碱土族水溶液、氨水、有机胺化合物水溶液等，或前述的混合物，可以浸渍或喷洒的方式进行处理。催化剂处理及活化步骤可采用将聚酰亚胺膜浸渍于氯化亚锡（$SnCl_2$）溶液中，再浸渍于氯化钯（$PdCl_2$）的盐酸酸性水溶液中；或将聚酰亚胺膜浸渍于钯/锡凝胶溶液中，再以硫酸或盐酸进行活化处理；此步骤是为了使表面形成化学镀反应的金属催化剂钯。

将经前述表面处理的聚酰亚胺膜进行化学镀镍。具体工艺不限，镀层可以是纯镍、Ni-P、Ni-B、合金等。例如选择 Ni-P，所形成的镍层含磷量为 2%~4%。金属层为单层镍层，且其厚度为 0.05~0.2 μm；若聚酰亚胺膜两表面均形成镍层，则镍层的总厚度为 0.4 μm 以下。

由本方法可得到具有良好热安定性、抗剥离、耐老化、无起泡、无裂皱的可挠式金属积层材。

6.3　其他特殊铜箔

6.3.1　涂树脂铜箔

涂树脂铜箔（RCC），主要用于高密度电路（high density interconnection board－HDIBoard）制造，生产时可以增加高密度小孔及细线路制作能力的材料。因为小孔制除了包括钻孔工作之外，也包括盲孔的电镀工作。由于盲孔电镀基本上不同于通孔电镀，药液的置换难度比较高，因此介电质材料厚度应尽量降低。针对这两种制作特性的需求，RCC 恰好能够满足这些制作的特性需求，因此而被采用。

常见的玻纤布基预浸料包括玻纤布增强材料及通过浸渍干燥后附着在其上的热固性树脂组合物，玻纤布增强材料经过无机填料包覆处理，所述无机填料是一种或多种由以下各项组成的无机填料：二氧化硅、二氧化钛和氧化铝。由于玻纤布自身厚度问题，使用上述技术方案提供的玻纤布预浸料制备得到的 PCB 厚度较厚，不符合电子产品薄型化发展要求。如使用薄型玻璃布制备玻纤布预浸料，虽然制备得到的玻纤布预浸料的厚度较小，但是其预浸料树脂含量较低，在需要线路填充的场景，难以满足使用要求。且绝缘材料中含有玻纤布，在 PCB 厂家的激光钻孔工序中，会造成板材优良率降低，同时薄型玻璃布单价高，且加工良率难以管控，不太符合 PCB 厂家追求高性价比的一贯要求。为了解决这一问题，使用纯胶膜代替玻纤布预浸料已成为人们研究的热点。考虑到 PCB 需要使用铜箔作为导体层，因此将纯胶膜与铜箔结合到一起，制作成涂胶铜箔。这样使得 PCB 压制叠板工序更为简单。

在高密度电路板发展的初期，由于激光技术并不发达，加工速度又慢，对于传统的电路板材料而言，的确有实际使用上的困难，因此 RCC 应运而生，成为重要的材料。RCC 是在极薄电解铜箔的粗化面上涂覆一层或两层特殊物组成的树脂胶液，经烘箱干燥脱去溶剂，树脂半固化达到 B 阶段形成的。

RCC 采用的铜箔厚度为 3~18 μm,而目前以 12 μm 和 18 μm 为主流,绝缘树脂层的厚度为 30~100 μm。以国内某企业的无铅 RCC 产品 S6105 为例,其铜箔厚度为 12~18 μm,树脂层厚度为 30~100 μm,树脂层厚度偏差为+5 μm。此厂家的 RCC 产品,表面还覆盖一层聚酯薄膜或聚乙烯薄膜作为保护膜,可以降低材料粉末在表面上的污染。涂树脂铜箔与传统的环氧玻纤布覆铜板 CCL(FR-4)在绝缘层等方面的性能对比如表 6-6 所示。

表 6-6　RCC 与传统 CCL(FR-4)特性比较

特性项目		涂树脂铜箔	传统 CCL(FR-4)
介电特性	介电常数(1 MHz)	3.4	4.7
	介质损耗因数(1 MHz)	0.02	0.02
耐热性	玻璃化转变温度 T_g/℃	169(DMA)	130~160
	热膨胀系数 CTE—X. Y(×10^{-6}/℃)	16	12~16
物理性	最小铜箔厚度/μm	3	12
	介质层组成	环氧树脂	玻纤布-环氧树脂
	阻燃性	V-O	V-O

下面通过一个案例,简单了解一下涂树脂铜箔 RCC 的生产技术。所述的 RCC 由载体铜箔、树脂层和 PET 膜组成厚度分别为 2 μm、40 μm、38 μm。

所述树脂组合物包括如下质量分数的原料组分:液态环氧树脂(128E)15 份、苯氧树脂(FX280)25 份、固体环氧树脂(SQCN704H)15 份、酚醛树脂(SH-5085)15 份、1-氰乙基-2-乙基-4 甲基咪唑 4 份、改性二氧化硅(SQ023)50 份、阻燃剂 SPB-100 2 份、丙酮 120 份、BYK-310 1 份和 DP-60 消泡剂 1 份。

上述树脂组合物的制备方法如下。

(1)在 30 ℃、转速为 100 r/min 的条件下,将苯氧树脂(FX280)、固体环氧树脂(SQCN704H)、酚醛树脂(SH-5085)、1-氰乙基-2-乙基-4 甲基咪唑和阻燃剂 SPB-100 分别与部分丙酮混合搅拌 2 h,分别得到相应组分的混合液。

在 30 ℃、转速为 1000 r/min 的条件下,将改性二氧化硅(SQ023)和丙酮(20 份)混合搅拌 50 min 后,得到改性二氧化硅混合液。

其中,步骤(1)中使用的溶剂的质量分数总和为 120 份。

(2)在 60 ℃、转速为 1000 r/min 的条件下,使用砂磨机(东莞琅菱机械公司生产,型号为 NT-V10L)将改性二氧化硅混合液和液态环氧树脂(128E)研磨分散 60 min 后,得到混合液 A,在 20 ℃、转速为 150 r/min 的条件下,依次向混合液 A 中加入苯氧树脂混合液、固体环氧树脂混合液、酚醛树脂混合液、阻燃剂混合液、1-氰乙基-2-乙基-4 甲基咪唑混合液、BYK-310 和 DP-60 消泡剂,搅拌 150 min 后,得到混合液 B,最后将混合液 B 依次通过300 目、500 目和 1000 目过滤网,得到滤液后,使用 12000 GS 磁力棒对滤液进行除杂,得到所述树脂组合物。

上述 RCC 的制备方法如下。

（1）将树脂组合物涂覆于载体铜箔粗糙面后，在 100 ℃下干燥 8 min，得到带有树脂层的载体铜箔。

（2）在 70 ℃、压力为 5 MPa 条件下，将 PET 膜贴合于树脂层远离载体铜箔一面，得到所述涂胶铜箔。

通过上例可以看出，在 RCC 核心技术涂胶铜箔树脂层原料组分的设计中，通过使用液态环氧树脂和咪唑类固化促进剂以及特定固化剂，树脂层具有较好的流动性；通过使用苯氧树脂，树脂层具有较高的黏结强度，进一步使涂胶铜箔具有较好的耐高温性能以及较低的横向溢胶量；同时通过树脂层制备原料中各组分的配合使用及特定的制备方法，所得到的树脂层具有较好的绝缘性。

因此，RCC 涂树脂铜箔本质上是一种特殊的 CCL 而不是简单的铜箔。它的核心技术在于树脂的配制和如何把树脂均匀地涂覆在铜箔表面，与铜箔本身的生产技术关系并不大。

6.3.2　多孔铜箔

1. 多孔金属制备

多孔金属由金属骨架及孔隙所组成，根据其内部结构的不同，可分为无序多孔金属和有序多孔金属两类。按孔洞连通性可分为闭孔金属和开孔金属两类，闭孔金属材料含有大量独立存在的孔洞，开孔金属材料则是连续畅通的三维多孔结构。与块体金属材料相比，多孔金属材料具有孔隙率高、密度小、比强度高、透过性能好、吸能性好及绝热等优点，同时又兼具结构材料和功能材料的双重属性。因此，多孔金属在近几十年得到了广泛应用和快速发展。

目前国内外对多孔金属的制备工艺研究较多，同时也相继提出了多种不同的制备工艺。制备工艺的状态可分为液态、固态、气态和离子态，而孔洞的产生通常是以直接和间接的方式，两者相结合从而产生了不同的制备工艺。结构要求不同应用场合不同，所采用的制备工艺也不同，即使是同一种金属材料，采用不同的制备工艺，得到的材料的内部孔径大小、形貌及分布也不同，因此其性能和应用也存在差异。

目前多孔金属材料的主要制备方法有铸造法、烧结法、沉积法、脱合金法和高能束快速成型法等，具体见表 6-7。

表 6-7　多孔金属材料制备工艺分类　　　　　　　　　　　　　　单位：%

技术种类		适用材料	孔隙率	优缺点
铸造法	熔融金属发泡法	Al、Mg、Zn	85~90	优点：操作简单，成本低 缺点：不适合高熔点金属，孔结构不均匀，力学性能差
	渗流铸造法和熔模铸造法	Cu、Al、Mg、Zn、Pb	80~95	优点：可准确控制空隙尺寸分布，孔隙率高 缺点：成本较高、产量低
	固–气共晶体	Al、Cu、Ni、Co、Cr	50~75	优点：可获得定向孔隙分布多孔金属结构、效率高、孔径分布均匀、力学性能优异 缺点：制备工艺复杂、效率低

续表6-7

技术种类		适用材料	孔隙率	优缺点
烧结法	松装粉末烧结法	Al、Zn、Pb、Cu、Ti	45~60	优点：对设备要求不高、操作简单 缺点：制备孔径较小、孔形难控制
	成型粉末烧结法	Fe、Ti、Al、Cu、Mg	55~75	优点：成本低、制备工艺简单 缺点：造孔剂难以除尽
	浆料烧结法	Al、Fe、Cu、不锈钢	≤97	优点：孔隙率较高、成本较低 缺点：凝固过程在模具拐角处，金属容易产生裂纹、使得多孔金属强度不够
	等离子体烧结法	Ni、Fe、不锈钢	54~70	优点：高效、节能、操作简单 缺点：工艺技术不够成熟、仅限于实验室
	纤维烧结法	Cu、Ni、不锈钢	60~95	优点：孔隙率高、相互贯通的连通孔 缺点：制作成本较高且产品尺寸受限制
	中空球烧结法	Mg、Cu、Fe	≤80	优点：可以很好地控制孔的分布以及孔径大小 缺点：制备空心金属球成本较高、不合适大规模生产
沉积法	电沉积法	Ni、Cu、Co、Fe、Au、Ag	80~99	优点：孔隙率高、孔径分布均匀 缺点：厚度有限、制备工艺相对复杂、成本较高
	气相沉积法	Ni、Cu、Ag	80~95	优点：适合任何金属与合金、孔隙率高、孔径规则 缺点：对设备要求高、沉积速度慢、生产成本较高
脱合金法	化学脱合金法	Au、Ag、Cu、Ti、Pt、Zn	60~80	优点：工艺操作简单、可制备纳米多孔材料 缺点：腐蚀时间较长、制备材料成本高
	电化学脱合金法	Au、Ag、Cu、Ti、Pt、Zn	60~85	优点：制备纳米多孔金属比表面积大、孔径小、孔径大小及孔分布可控 缺点：多集中在贵金属制备、材料成本高
高能束快速成型法	激光快速成型	Ti、Ni、不锈钢及其合金等	40~85	优点：生产周期短、效率高 缺点：设备成本较高、产品尺寸受限
	电子束快速成型	Ti、Ni、Co、不锈钢及其合金等	65~80	

如图6-7所示，为负极集流体多孔铜箔制备工艺示意图，通过设置小孔可以增加原铜箔的表面积，使锂电池的电池容量提高，提高铜箔与负极材料之间的黏结效果，同时形成紧密咬合的整体。随着附着力增大，涂层与集流体之间的剥离状况有所缓解，有利于循环寿命的增加，可以为电极反应提供更大的反应界面来有效提高锂离子电池的倍率性能。

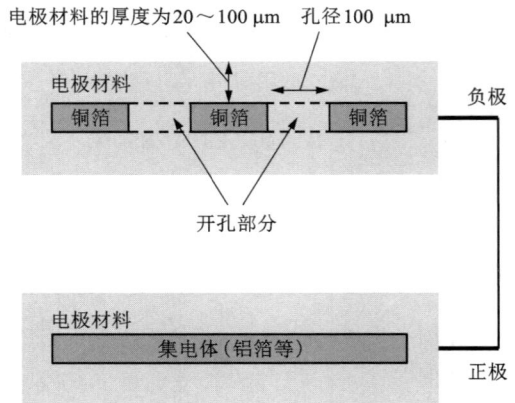

图6-7 负极集流体多孔铜箔制备工艺示意图

2. 多孔铜箔的生产方法

（1）机械开孔法。

作为电容器负极集电体材料的电解铜箔，为了实现其轻量化及增加活性物质的密着性，通过冲压加工或者蚀刻法在铜箔上约 40% 的面积处打孔。

（2）拉网法。

对于厚度为 40～80 μm 的铜箔，可在箔上形成锯齿状裂缝后将其展开，形成网眼状。

由于这些集电体对整个箔面积的开孔率较大，为使极板单位面积上承载等量的活性物质，必须增大糊状物的涂布厚度。其结果往往是集电效率降低，不能够获得高性能电池。

很难完全防止因机械加工而产生的毛边，这些毛边会使隔膜断裂，从而导致短路。

（3）基体氧化法。

先将铝或铝合金载体或者钛或钛合金阴极体进行氧化，形成一定的氧化膜，然后在氧化膜上进行电解沉积铜层，利用氧化膜导电的不均匀性，使铜粒子析出而形成多孔铜箔。

氧化膜法生产的多孔铜箔的开孔率和孔径取决于阴极体上形成的氧化膜的厚度。由于氧化膜会随着铜箔慢慢地一点一点剥离，所以，很难控制开孔率和孔径。

铜箔具有孔径较小的三维网眼结构，由于涂布在箔的表面和背面的糊状物难以直接接触，这样糊状物和集电体的黏合性的提高就受到限制。

（4）光刻法。

与印制电路生产工艺原理相同，通过光刻工艺，在金属基体涂覆一层光刻胶。这层光阻剂在紫外线曝光后可以被特定溶液（显影液）溶解。特定的光波穿过光掩膜照射在光刻胶上，可以对光刻胶进行选择性照射（曝光）。通过使用前面提到的显影液，溶解掉被照射的区域，这样，光掩模上的图形就呈现在光刻胶上。然后进行电沉积。光刻多孔铜箔表面具有适当的凹凸，可透光，在厚度方向上具有通孔。

光刻法制作的多孔铜箔，孔径大小均匀一致，孔隙率根据需要可调。

铜箔电解、开孔、表面处理一次完成。

（5）氢气泡模板法。

在高度阴极极化的条件下，利用阴极析出的氢气泡模板进行电沉积，由于金属离子只能在气泡之间的空隙被还原，并形成多孔沉积层，从而快速制备出三维多孔薄膜。当其他沉积参数恒定时，在电流密度为 1.0 A/dm^2 至 8.0 A/dm^2 范围内，薄膜的孔径基本不变。降低溶液温度，或添加 Na$_2$SO$_4$ 或 PEG 等能够有效降低薄膜的孔径和增加孔的密度。电解液中添加微量的 HCl，则能显著改变薄膜的孔壁结构，并可与 PEG 产生协同作用，进一步细化枝晶。

有研究者利用氢气泡模板法制备微孔铜箔，探究了控制多孔铜箔表面孔径及表面质量的影响因素，并在电沉积过程中引入了超声发生装置，研究了超声波的加入对微孔铜箔表面孔径尺寸及表面质量的影响。最终确定获得较好微孔铜箔孔径尺寸及表面质量的工艺条件为硫酸铜 2.5 mol/L，硫酸 1.5 mol/L，电流密度 3 A/cm^2，沉积温度 25 ℃，沉积时间 25 s，溴化钠 25 mmol/L，聚乙二醇 200 mg/L，超声波功率 100 W，超声波频率 42 kHz。

6.3.3 电磁屏蔽铜箔

电磁屏蔽铜箔的正式名称为电磁屏蔽膜,也叫 EMI 保护膜,它是在有机薄膜(大部分为聚酰亚胺)上镀覆一层铜和导电胶,外观与 PET 复合铜箔相似,但本质上是一种挠性覆铜板。经冲切加工后,通过压合于无胶覆铜板上或覆盖膜上,对内部线路起到减弱或消除电磁干扰的作用。

电磁屏蔽是电磁兼容工程中广泛采用的抑制电磁骚扰的有效方法之一。所谓屏蔽(shielding),就是用导电导磁材料制成的屏蔽体(shield)将电磁波限定在一定的范围内,使电磁波从屏蔽体的一面耦合或辐射到另一面时受到抑制或衰减。笔记本电脑、GPS、ADSL 和移动电话等 3G 产品都会因高频电磁波干扰产生噪声,影响通信品质。

与铜箔行业刚性印制电路板不同,功能挠性电路板在挠性电路板市场中占主导地位,而评价功能挠性电路板性能的一项重要指标是电磁屏蔽(electromagnetic interference shielding,简称 EMI shielding)。随着手机等通信设备功能的整合,其内部组件日益高频高速化。例如:手机功能除了原有的音频传播功能外,照相功能已成为必要功能,且无线局域网 WLAN、GPS 全球定位系统以及 5G 通信等功能也发挥着越来越重要的作用,再加上未来的感测组件的整合,组件日益高频高速化的趋势更加不可避免。在高频及高速化的驱动下所引发的组件内部及外部的电磁干扰、信号在传输中衰减以及插入损耗和抖动问题逐渐严重。

当前主要的抗电磁干扰技术包括屏蔽技术、接地技术和滤波技术。EMI 屏蔽膜由具有绝缘层的高导电黏合剂层组成,FPC-EMI 屏蔽膜具有良好的柔性和接地导电性,具有更好的操作和实用性能,广泛应用于挠性电路板和刚挠电路板中。

目前,电磁屏蔽膜主要有三种结构,分别为导电胶型、金属合金型和微针型。金属合金型电磁屏蔽膜是目前最主流的电磁屏蔽膜。这三种屏蔽膜的结构和特点如表 6-8 所示。

表 6-8　电磁屏蔽膜分类

产品类型	产品结构	特点
导电胶型屏蔽膜	绝缘层上设一层导电胶层(含导电粒子,较厚)	成本高,屏蔽效果一般
金属合金型屏蔽膜	绝缘层上设金属合金层(铜或银),合金层上为导电胶层(内含导电粒子,较薄)	生产成本较低,屏蔽效能较高
微针型屏蔽膜	绝缘层上为针状铜合金层,铜合金层上为导电胶层(不含导电粒子),微针穿刺胶层从而达到导通效果	生产成本一般,屏蔽效能高,同时可大幅度降低高频信号衰减

FPC 作为电子器件中的连接线,主要起导通电流和传输信号的作用。当信号传输线分布在 FPC 最外层时,为了避免信号传输过程受到电磁干扰而引起信号失真,FPC 在压合覆盖膜后会再压合一层电磁屏蔽膜,起到屏蔽外部电磁干扰的作用。

目前电磁屏蔽膜在软板产品中的使用率(使用率=电磁屏蔽膜需求面积/FPC 生产面积)已经达到 25%。

电磁屏蔽膜作为一种 FPC 产品,与电解铜箔生产关联性不强,技术含量不比铜箔低。与复合铜箔外观最接近的金属合金型屏蔽膜,有以下几种结构:

第一种，一层金属导体层，然后涂布导电胶的结构。

有资料公开了一种屏蔽膜，其最外层硬层和次外层软层构成绝缘层，在软层上形成一层实心金属导体层，然后在实心金属导体层上形成一层热固化的导电胶层，由于具有一层实心的金属屏蔽层，该屏蔽膜具有较高的屏蔽效能。

第二种是三层结构。有资料公开了一种三层结构的屏蔽膜，最外层是绝缘层、然后是一层金属导体层、最后在金属导体层上涂布一层热固化的导电胶层。通过改变金属导体层的网格尺寸，实现最终的阻抗控制，同时兼具屏蔽膜功能。

第三种由两层结构组成。有资料展示了一种两层结构的屏蔽膜。最外层为金属导体层，然后是导电胶层。相对于第一种结构，最外层没有绝缘层，最外层能够直接与金属相连接。其屏蔽结构是采用一层金属导体层，然后涂布导电胶层。

第四种为双屏蔽层结构。有资料公开了一种具有两层屏蔽层的屏蔽膜，电磁屏蔽层呈棋盘格状，两屏蔽层中间设置一高导热层。一方面，其导热胶内包含有导热粒子，不能将屏蔽层中累计的电荷导入接地层实现稳定的高频信号屏蔽；另一方面，金属导体层呈棋盘格状，不是实心金属屏蔽层结构，因而不能提高屏蔽效能。

第五种为挠性单面覆铜板结构。有资料公开了一种屏蔽膜，先采用涂布的方式形成一单面挠性覆铜板结构，然后在金属层上涂布导电胶而成，其中金属铜层厚 $1\sim6\ \mu m$，聚酰亚胺厚 $3\sim10\ \mu m$。

看似简单的电磁屏蔽膜，要在频率超过 300 MHz 时，要求屏蔽效能超过 60 dB 以上，且在不同的屏蔽层之间实现高剥离强度、高抗氧化性能，同时具有优良的弯曲性能，这是很有挑战性的。

第 7 章

电解铜箔生产设备

7.1 生箔机

辊式法是最早的电解铜箔生产方法，目前，辊式连续法生产的铜箔最小厚度为 0.009 mm （9 μm）。厚度小于 0.009 mm 的铜箔，传统的辊式连续法无法批量生产。

辊式连续电解法生箔制造的主要设备由阴极辊、阳极槽、传动及控制系统、整流系统、导电系统、供液管路和水洗部分等组成。具体的结构示意图参见图 7-1。

在电解铜箔制造过程中，阴极辊通过轴承架和安装在阴极辊钢轴两端的轴承，将阴极辊悬空架置在电解阳极槽内弧面中。阳极槽内弧面内安装阳极板，这样在阴极辊和阳极板之间形成了一个电解工作区域。将电源正极连接电解阳极槽，电源负极连接阴极辊，通电后电流同时从阴极辊钢轴两端的导电环导入到两端导电铜排，再从两端导电铜排导入到两端导电铜

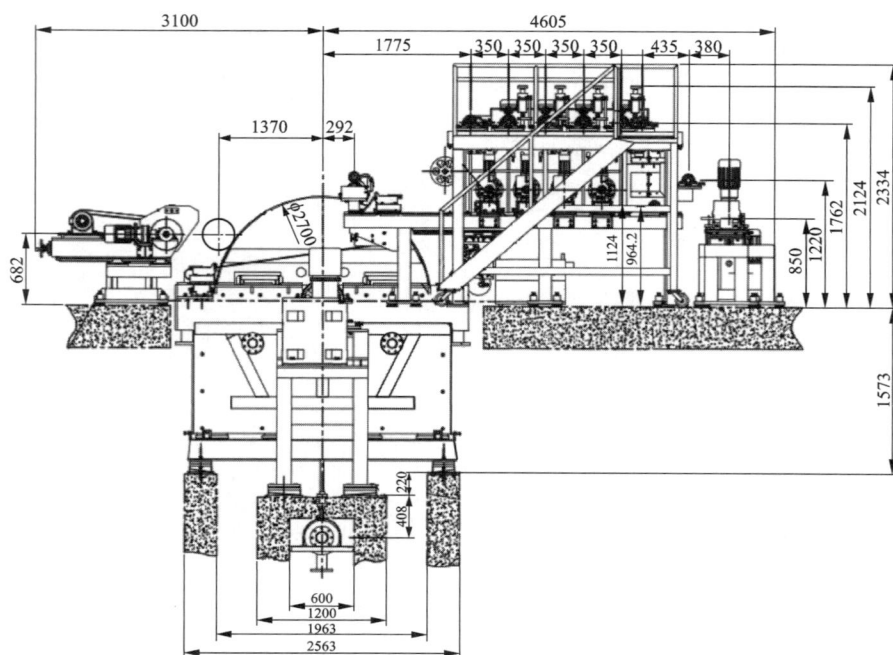

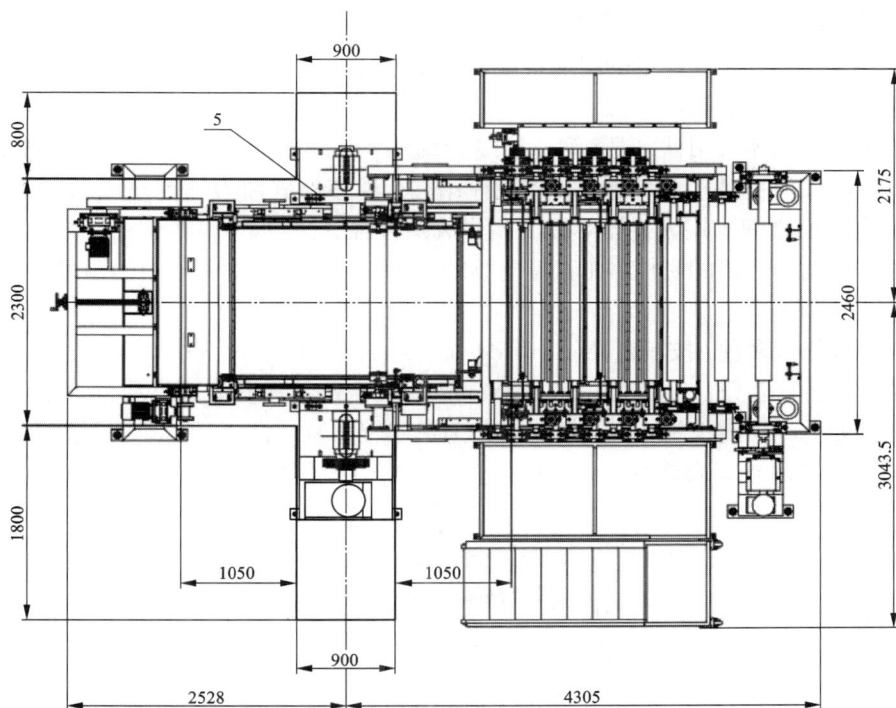

图 7-1　辊式连续电解锂电一体生箔机

板，再导入到整个钢辊芯面，最后导入到整个钛辊面。同时，从阳极槽底部的进液口，通过净液泵将硫酸铜溶液送入到阳极槽内的 DSE 阳极上，进入电解工作区域，进行电解。由于阴极辊为负极导电体，因此导入到阴极辊辊面的电流必须充分均匀，这样铜离子才能向阴极辊辊面迁移，并均匀沉积。随着阴极辊驱动端减速机带动齿轮转动，安装在阴极辊钢轴驱动端的齿轮也带动阴极辊做连续匀速圆周转动；同时，随着硫酸铜溶液连续不断地循环，电解工作区域内铜离子增多，不断做向阴极辊工作区域的辊面迁移沉积。整个辊面沉积的铜箔由薄变厚，厚到一定程度时，通过剥离装置，将铜箔从阴极辊辊面剥离。经水洗、干燥、卷取，而后进行表面处理。

　　根据整流装置与生箔机的配置关系，一般分为一对一、一拖二以及一拖多等几种配置形式，随着整流电源价格的下降，新建的铜箔企业大部分采用一对一的配置，不再采用其他的配置形式。

7.1.1　阴极辊

1. 结构

　　阴极辊是电解铜箔设备中最重要的部件之一，在电解过程中，铜离子在阴极辊面接收电子后还原沉积。辊面钛材的成分、组织及其物理特性对铜箔质量具有重要影响。

　　阴极辊为两端带轴的大直径回转结构件，由辊体、导电环、轴承、传动齿轮等组成。

　　阴极辊面材料从最初的特制不锈钢（1Cr18Ni9Ti）发展到今天的工业纯钛（TA1），结构上

297

从单层(不锈钢或钛)辊发展到今天的钛-银-铜-钢复合辊;外层辊面筒体的成形方式也从板材卷焊制作,发展至今日的旋压(无缝)、焊接(有缝)、环轧(一体)等多种制作方法。早期,阴极辊面不锈钢,具有比较稳定的耐酸性能,比铅等其他金属材料轻得多,表面电沉积的铜层容易剥离,但极易被电解液腐蚀。

结构:阴极辊辊体采用钛、铜、钢三层复合结构;外层辊面为强力旋压成形或者卷焊成形的纯钛(TA1)钛筒;辊芯为钢制回转体支撑结构,辊芯外表面为一定厚度的铜层;辊芯外表面和钛筒内表面之间采用大过盈热装配制作成阴极辊。

功能:作为电解生箔的阴极,在直流电场的作用下,硫酸铜电解液中的铜离子移向阴极,经还原反应生成铜原子。

阴极辊的规格有多种,按其直径分,有 $\phi 1$ m、$\phi 1.5$ m、$\phi 2.0$ m、$\phi 2.7$ m、$\phi 3.2$ m、$\phi 3.6$ m 等规格;按其辊面宽度分,有 1150 mm、1400 mm、1750 mm;按其表面材质分,有特制不锈钢表面镀铬阴极辊、纯钛阴极辊;按其结构可分为单层辊与复合阴极辊,即铜-银-不锈钢表面镀铬阴极辊,铜-银-钛复合辊等。大辊径阴极辊的结构示意图见图7-2。

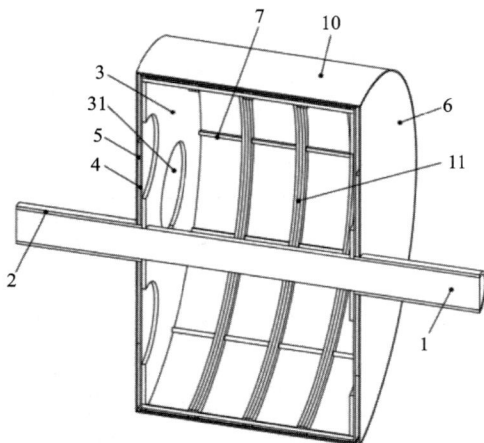

(a) 阴极辊立体结构示意图

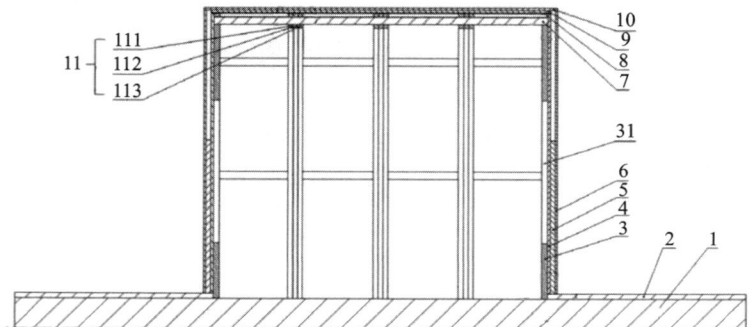

(b) 轴向剖视结构图

1—阴极辊芯;2—铜套;3—钢支撑板;4—第二铜板;5—第一铜板;6—钛侧板;
7—导电铜棒;8—铜筒;9—钢筒;10—钛筒;11—导电支撑圈;31—减重孔;
111—第一铜支撑圈;112—钢支撑圈;113—第二铜支撑圈。

图7-2 大辊径阴极辊的结构示意图

电解铜箔发展初期，阴极辊多为不锈钢焊接辊筒。在阴极辊筒的表面，由于焊缝影响铜箔的质量，目前采用旋压工艺制作无缝阴极辊，即将不锈钢或钛材进行旋锻，制成大口径无缝外筒，然后进行热镶嵌。旋压制成的无缝阴极辊筒，具有均匀的表面性能。

钛筒是阴极辊的核心。阴极辊钛筒体的外观和微观质量决定着铜箔成品的外观和微观质量。辊面应光滑平整，无光斑、色差、网纹；辊面粗糙度值越小，几何尺寸均匀性越好，生成的铜箔表面才会光滑、无色差。辊面微观晶粒越细小、大小相当，排列一致性越好，才能生成超薄超韧性的铜箔，铜箔品质才能大幅度提高。因此，钛筒体毛坯料必须用特殊工装进行多方向矫圆。矫圆后，车削加工。由于在生箔生产过程中，阴极辊表面始终在变化，当表面铜沉积达到一定厚度后，用放大镜可观察到明显的结晶凸点。这种变化基于阴极辊表面状态。所以，钛筒体与钢辊芯热装时，一定要保证钛筒体与钢辊芯的同心度。这样，钛筒体与钢辊芯贴合率才会更高。在后续车削加工时，阴极辊钢轴与辊面同轴度才会更好。同时，辊面机加工时，转速、进给量、刀具材料的选择必须严格控制，这样车加工出来的辊面圆度、直线度、辊面微观和宏观一致性就会更好。整个辊面加工完成后，辊面两端必须保证成直角，采用特殊工装保证端面无毛刺且为直角。

以图 7-2 所示的 ϕ2700 mm、幅宽为 1750 mm 的阴极辊为例，说明旋锻阴极辊的制作过程。

（1）采用爆炸复合的钢-铜复合板，并卷圆成复合筒体（钢筒 9 和铜筒 8），且铜层在内侧，钢层在外侧，铜层的厚度为 6~8 mm，钢层的厚度为 22 mm，钢层的外表面镀银处理，镀银层厚度为 0.1 mm。

（2）采用强力冷旋压所制的无缝钛筒 10，钛筒的晶粒度为 11 级，钛筒宽度为 1820 mm，厚度为 10 mm，钛筒内表面镀银处理，镀银层厚度为 0.15 mm。

（3）导电支撑圈 11 与爆炸复合筒体的铜层焊接在一起，且导电支撑圈 11 沿复合筒体的轴向均匀分布 3 组；其中，导电支撑圈 11 由第一铜支撑圈 111、钢支撑圈 112 和第二铜支撑圈 113 焊接组成，每层厚度均为 12 mm。

（4）导电铜棒 7 将导电支撑圈 11 与阴极辊两侧的第二铜板 4 通过焊接连接在一起，且导电铜棒 7 沿阴极辊圆周方向均匀分布 12 个，导电铜棒 7 的直径为 12 mm。

（5）阴极辊两侧的钢支撑板 3 通过焊接的方式连接在阴极辊芯（钢轴）1 上，钢-铜爆炸复合筒体通过焊接的方式连接在两侧钢支撑板 3 上。

（6）铜套 2 通过热装过盈配合的方式安装在阴极辊芯 1 上。

（7）阴极辊两侧的铜板（包括第一铜板 5 和第二铜板 4）通过焊接的方式连接在铜套 2 和钢-铜复合筒体上，第二铜板 4 的直径为 2622 mm，厚度为 12 mm，第一铜板 5 的直径为 1800 mm，厚度为 20 mm。

（8）钛筒 10 通过热装的方式安装在钢-铜复合筒体上。

（9）阴极辊两侧的钛侧板 6 通过焊接的方式连接在钛筒 10 上。

资料介绍，上述通过爆炸复合铜钢辊芯+旋压钛筒制造的阴极辊，可以承受较大的电流分布，可用于厚度 4.5 μm 锂电池集流体铜箔的生产。

国外阴极辊重新采用焊接工艺。焊接阴极辊的关键在于钛筒焊缝处理。一般是将压延钛板两端加热后模压使之成型出一定高度的凸缘，将钛板卷制成圆筒使凸缘对接，用激光或氩弧焊焊满接缝；焊缝处加热锻造，并对焊缝轧制，轧制的变形量不得低于 30%，最后将钛筒整体热处理。通过抛磨，焊缝在铜箔上很难发现。

国内阴极辊则采用旋锻工艺。随着大吨位（500 t 以上）旋压机的引入，旋压钛筒加工率提升，通过再结晶退火，钛筒晶粒度可达 10 级，与焊接钛筒接近，晶粒度对铜的结晶析出影响已不明显。目前国内可旋锻直径 3800 mm 以下规格的无缝阴极辊。

焊接辊的焊缝随着抛磨次数增加，使用 3 年后焊缝会越来越明显，部分高端覆铜板企业会提出异议。因此锂电铜箔生产可以用焊接辊；电子电路铜箔生产最好采用旋压钛辊。

2. 材质

电解铜箔是通过电化学方法，使铜离子沉积在阴极表面，形成具有一定性能的电子功能材料。因此，电解铜箔的一面复制了阴极辊筒的表面形态。钛筒表面粗糙度很低，亮度很高，通常将铜箔与阴极辊接触的面称为光面。而另一面与电解液接触，和光面相比，其粗糙度高且没有光泽，通常称为毛面。在将铜箔与基材树脂贴合制成覆铜层压板后，铜箔光面用于制造印刷电路板的抗蚀层，并成为制成蚀刻电路图的一面。对于后期发展起来的锂电池用双面光铜箔，虽然溶液面的粗糙度与阴极辊面的粗糙度相同，甚至比光面粗糙度更低，基于习惯的原因，人们仍旧称双面光铜箔的溶液面为毛面。

早期，普遍选择不锈钢制作阴极辊筒。因为不锈钢在电解铜箔制造中所用的酸性硫酸铜溶液中具有比较稳定的耐酸性能，它比铅等其他耐酸金属材料轻得多，表面电沉积的铜层也容易剥离。

材料的耐腐蚀性能是相对的。在电解铜箔制造过程中，不锈钢辊筒长时间在强酸性硫酸铜溶液中工作，也会腐蚀而形成凹点，在辊筒表面产生凹凸，铜箔表面粗糙度逐渐变大。当阴极辊筒的表面粗糙到一定程度，生箔表面粗糙度超标，就必须对阴极辊表面进行抛光研磨维护。

随着技术的发展，耐腐蚀性能更好的金属钛用于制造阴极辊筒。但是，即便是钛辊筒，随着通电时间的延长其表面也会变得粗糙。同不锈钢辊筒相比，同样的条件下，钛辊筒抛磨后比不锈钢辊使用的时间更长。

过去认为，钛辊筒表面粗糙度变大是电解液腐蚀所致。但近年来有人认为，在电解液液温偏高，电流密度偏大、铜浓度低或循环量不足时，氢离子析出比例增加，钛材吸收氢会形成氢化钛从而导致阴极辊吸氢腐蚀加快。

目前没有证据表明在铜箔电解过程中阴极钛筒表面产生了氢化钛，但在钛棒作为阴极、铂作为阳极的电解氢氧化钠水溶液试验中阴极钛棒表面确实生成了氢化钛，并且在较大电解电流密度下，H 原子渗透 0.1 mm 径向深度只需 8 d 时间。这个厚度远远大于电解铜箔阴极辊表面氧化层厚度。

电解时钛筒表面吸收了氢，并在结晶组织内形成氢化钛，随着氢化钛的生成，晶格发生变形扭曲，形成的氢化钛随之脱落，从而导致钛辊筒表面形状发生变化。钛材晶粒度号若越大即晶粒越细微，即使吸收了氢，氢化钛也越难以形成，而先前形成的氢化钛也越难脱落。

理论上，为大幅度减少阴极辊筒表面吸氢，在电解时应减少氢的产生量。要达到此目的，在用钛材作阴极时，可通过改变阳极材质，使氢的极化曲线的塔费尔斜率比铜的极化曲线的塔费尔斜率小，且小的程度比现有值还要低，并提高阴极有效电流效率，降低参与氢析出的电量，从而抑制氢的产生。但是，这些材质要在 60 ℃左右的强酸性溶液中显示出良好的耐腐蚀性和容易配合电解装置的形状进行加工，其选择范围受到很大的限制，现阶段的技术水平仍很难实现。

现阶段虽然不能减少氢的产生量，但可以通过控制钛辊筒的晶粒度来减小氢在钛材中的扩散。电解时阴极侧产生的氢大部分以氢气形式释放，一部分氢则进入钛辊筒的结晶组织中。由于氢原子半径很小，氢可向钛晶粒界面上扩散。虽然氢原子比钛原子小得多，但从扩散的难易程度来看，晶界扩散更容易进行。在阴极辊筒钛材的结晶组织内，氢在钛的晶界处扩散，并且以晶界为基点形成氢化钛。通常氢化钛为针状，其长度超过 100 μm。生成的氢化钛会随着氢吸收不断长大，集聚成片状，最终从表面脱落，在钛材表面形成凹点。

因此，阴极辊筒钛材晶界的存在密度越高，钛材晶粒越细微，晶粒度越高，晶界处单位时间内氢的通过量就越少。

另外，阴极辊筒钛材的各结晶组织所含的孪晶的存在率差异也可能会影响阴极钛筒连续使用的时间。孪晶是指孪晶间界（面）上存在镜面对称的结晶组织。这种孪晶间界和通常的晶界相比，处于只发生格点位移的状态下，并具有规则性的晶格变形，所以认为它处于低能量状态。因此，与原子排列变得不规则的晶界相比，氢容易侵入孪晶间界的晶格中，更容易在孪晶间界形成扩散路径，故孪晶是最易形成氢化钛的部位。孪晶的存在率越低，氢吸收越缓慢，氢化钛的成长就越慢。因此，高质量的阴极辊筒，它的钛材的结晶组织中孪晶存在率要求在 20% 以下。

为了使阴极辊筒钛材的结晶粒度细微化，同时使氢含量降低，必须严格控制其结晶粒度、含氢量和孪晶密度 3 个指标：最终钛筒的晶粒度最好为 9.0 级以上，含氢量在 35×10^{-6} 以下，孪晶存在率在 20% 以下。

3. 电解铜箔生产对阴极的要求

无论是电子电路用铜箔还是锂电池用铜箔，对均匀度都有极其严格的要求，要求铜箔的厚度公差控制在 ±2.5% 以内。阴极辊筒作为铜箔的载体，对铜箔品质具有决定性影响，其基本要求是必须能保持电解铜箔生产条件稳定，可承载大电流，电极电位分布均匀等。

由于铜箔电解是在硫酸水溶液中进行，作为阴极材料，首先必须导电，排除一切非金属材料。

其次必须耐酸腐蚀。耐腐蚀性是金属材料抵抗周围介质腐蚀破坏作用的能力，由材料的成分、化学性能、组织形态等决定。耐腐蚀和化学性质稳定是两个不同的概念。耐腐蚀说明难与酸碱直接反应，即温度，压强一定时，或者加入催化剂后，可以发生反应；化学性质稳定，说明其在一般条件下都不与其他物质反应。例如，惰性气体，反应条件都是很苛刻的。

金属的腐蚀是金属材料在外部环境的影响下发生化学反应的过程，在其发生化学反应的过程中金属材料被破坏变质。金属的腐蚀形式很多，有化学腐蚀、电化学腐蚀、点腐蚀。

（1）化学腐蚀：金属与周围介质直接发生化学反应。它包括气体腐蚀和在非电解质中腐蚀两种形式。其特点是腐蚀过程不产生电流，而且腐蚀产物沉积在金属表面。

（2）电化学腐蚀：不纯的金属（合金）与酸、碱、盐等电解质溶液接触时会发生原电池反应，比较活泼的金属失去电子而被氧化，这种腐蚀叫作电化学腐蚀。电化学腐蚀反应是一种氧化还原反应。它的特点是腐蚀过程中有电流产生。

（3）晶间腐蚀：是金属材料在特定的腐蚀介质中沿着金属或合金的晶粒边界或它的邻近区域发生的一种局部选择性腐蚀，晶粒本身腐蚀很轻微。晶界是不同晶粒之间的交界。由于晶粒有着不同的位向，因此交界处原子的排列必须从一种位向逐步过渡到另一种位向。晶界上原子的平均能量因晶格畸变变大而高于晶粒内部原子的平均能量。所高出的这部分能量称为晶界能。纯金属的晶界在腐蚀介质中的腐蚀速度比晶粒本体的腐蚀速度快，原因在于晶界的能量较高，原子处于不稳定状态。

晶间腐蚀的特征是腐蚀发生后金属和合金的表面仍保持一定的金属光泽，看不出被破坏的迹象，但晶粒间结合力显著减弱，力学性能恶化，机械强度大幅度下降。

（4）点腐蚀：指金属的大部分表面不发生腐蚀或腐蚀很轻微，而局部被腐蚀成为一些小而深的点孔的腐蚀现象，又称为孔蚀。

腐蚀性与酸的强弱没有必然联系。说到腐蚀性就必须提及腐蚀对象，否则没有意义。

一般来说，我们把年腐蚀速率低于 0.13 mm/a 的腐蚀称为耐腐蚀。对于腐蚀性极强的王水来说，其对金属的腐蚀性表现如下。

①在常温下，钛在王水中的腐蚀速率很低，大约是 0.05 mm/a，但是沸腾王水对钛的腐蚀性很强，腐蚀率超过 1.1 mm/a。

②钽、铱、铑、钌在常压沸腾王水中无腐蚀。

③增加压力可以提高王水的沸点，从而使其腐蚀性大大增强。当温度提高到 150 ℃ 时，钽、铑、钌的腐蚀速率超过 0.13 mm/a，铑的腐蚀速率是钌的 7 倍，而铱还是没有被腐蚀。

④当加压及温度达 250 ℃ 以上时，铱才开始被腐蚀。所以，最耐王水腐蚀的金属是铱。

对于金属来说，铱、钽、铌、铂，钛是耐腐蚀的金属。

铱是最耐腐蚀的金属。铱的化学性质很稳定，铱对酸的化学稳定性极高，它不溶于酸，只有海绵状的铱才会缓慢地溶于热王水中，如果是致密状态的铱，则沸腾的王水，也不能腐蚀铱。铱元素的用途很广，很多高熔点氧化物单晶，是在纯铱坩埚中生长的，纯铱、铂铱合金、铱铑合金多用于制作科学仪器、热电偶、电阻线等。在铂中加入铱，可以提高铂在水、酸、卤素中的抗腐蚀性以及 500 ℃ 以下的机械强度，但随着铱含量的增加，温度在 900 ℃ 以上时合金在空气中的氧化失重也会增加。含 10% 的铱 90% 的铂的铂铱合金，因膨胀系数极小，被用来制造国际标准米尺，世界上的千克原器也曾是由铂铱合金制作的，但现在改用普朗克常数来表征了。

钽具有非常出色的化学性质，具有极高的抗腐蚀性。无论是在冷和热的条件下，在盐酸、浓硝酸及"王水"中都不反应。在 150 ℃ 以下，钽不会被浓硫酸腐蚀，只有在高于此温度才会反应，在 175 ℃ 的浓硫酸中放置 1 年，被腐蚀的厚度为 0.0004 mm，将钽放入 200 ℃ 的硫酸中浸泡 1 年，表层仅损伤 0.006 mm。在 250 ℃ 时，腐蚀速度有所增加，年腐蚀厚度为 0.116 mm，在 300 ℃ 时，被腐蚀的速度则加快，浸泡 1 年，表面被腐蚀厚度为 1.368 mm。

铌是灰白色金属，熔点为 2468 ℃，沸点为 4742 ℃，密度为 8.57 g/cm³。因此，铌的化学性质与钽非常相似，钽在元素周期表铌的下方。室温下铌在空气中稳定，在氧气中红热时也不会被完全氧化，高温下与硫、氮、碳直接化合，能与钛、锆、铪、钨形成合金。不与无机酸或碱作用，也不溶于王水，但可溶于氢氟酸。

铂：熔点 1772 ℃，沸点 3827 ℃，密度 21.46 g/cm³，呈银白色，质地柔软，有延展性。晶体结构为面心立方体。铂有很高的化学稳定性，不与一般强酸、碱和其他试剂作用。

在室温下（25°），铂对各种浓度的纯盐酸，耐腐蚀性非常好，腐蚀率小于 0.05 mm/年，在 100 ℃ 时，在浓度为 37.5% 的盐酸中少有腐蚀，腐蚀速度为 0.25 mm/年。

若盐酸中存在氧化剂，例如 Fe^{3+}、过氧化氢、氯气等，会加速铂的腐蚀（原因是铂易与氯离子形成比较稳定的络合物）。例如，铂在加热状态下溶于含过氧化氢的盐酸，反应方程式为：

$$Pt+6HCl+2H_2O_2 \longrightarrow H_2PtCl_6+4H_2O$$

铂抗腐蚀如此优秀，理应在化工等耐腐蚀行业大有作为，但由于其过于稀少，价格极高，因此应用受限。

相比铱、钽、铌、铂，钛则比较便宜。钛的耐热性很好，熔点高达 1668 ℃。在常温下，钛可以安然无恙地躺在各种强酸强碱溶液中。就连最凶猛的酸——王水，也不能腐蚀它。由于其稳定的化学性质，良好的耐高温、耐低温、抗强酸、抗强碱以及高强度、低密度性能，被誉为"太空金属"。

钛具有较高的化学稳定性和较高的强度，电解铜箔易于从辊面剥离且孔隙率低。钛阴极在电解过程中也会产生钝化现象。

钛也不是绝对不腐蚀。有人研究了工业纯钛在硫酸溶液中的腐蚀行为及表面形貌演变，结果表明，工业纯钛的表面酸蚀处理可看作微电池腐蚀过程，具体分为 3 个阶段：钛氧化膜去除、钛基体溶解以及钛表层形成氢化钛吸气层。钛晶粒的取向差异导致蚀刻后钛表面形成具有取向性的多孔形貌，钛基体内析出的纳米粒子使蚀刻后的钛表面形成丰富的多孔结构。随着反应的进行，逐渐形成氢化物吸气层，纯钛腐蚀速率降低。表 7-1 列出了不同金属材料的导电性。

表 7-1　不同金属材料的导电性

物质	温度 t/℃	电阻率 ρ/（$\times10^{-8}$ Ω·m）	电阻温度系数 a
Ag	20	1.585	0.0038
Cu	20	1.678	0.00393
Au	20	2.40	0.00324
Al	20	2.6548	0.00429（20 ℃）
Ni	20	6.48	0.0069（0~100 ℃）
Fe	20	9.71	0.00651（20 ℃）
Pt	20	10.6	0.00373（0~60 ℃）
Pb	20	20.684	0.003762（20~40 ℃）
Ti	20	42	

实践证明：钛阴极辊是目前性价比最高的阴极。电解铜箔是阴极辊面的镜像，阴极辊表面的晶粒大小影响铜箔的晶粒大小。目前国外的钛材经特殊的晶粒细化技术，其晶粒度可达到 12 级，这为铜箔的电结晶提供更致密的生长表面。由于铜在钛阴极表面电沉积的晶粒更加细密，达到或超过了在镀铬阴极表面沉积的晶粒，镀铬阴极辊随之被淘汰。同时钛阴极成本低，污染小。

4. 阴极辊的端护板

在电场中，由于电荷在导体表面的密集程度不同，金属电极上曲率较大的尖端部分更容易聚集电荷。在电现积过程中，该处铜析出的速度远大于其他地方，这种现象叫作尖端放电。

阴极辊两端拐角处存在尖端放电现象。为此需要屏蔽阴极辊边部棱角，阻止尖端放电和阴极辊筒端面沉铜，避免铜箔边部出现撕裂、压坑等缺陷。

阴极辊面边部屏蔽大致分为以下三种。

（1）固定式屏蔽。

是指把绝缘板（或密封胶圈）固定在阴极辊筒的端面的直角上。如图7-3所示，密封板（胶圈）紧紧压在直角上，使电解液无法进入阴极辊端面，达到对辊面边部的屏蔽，保证铜箔的边沿整齐，厚薄均匀。

（2）胶带屏蔽。

将阴极辊筒端部用耐酸胶板密封死，然后再用耐酸胶带或其他固化树脂将阴极辊面的边沿包裹，阻止电解液和阴极辊筒端部接触，从而达到防止端部沉铜的目的。胶带密封在初期效果良好，但随着时间延长，胶带或树脂在高温高酸电解液中会失效，个别地方会出现镀铜现象。

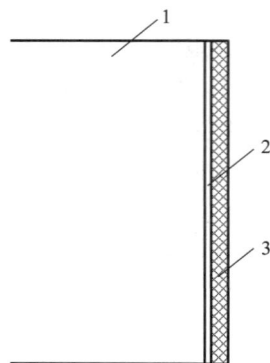

1—阴极辊；2—密封垫；3—塑料端板。

图7-3　阴极辊端部全密封

同固定密封一样，由于沉铜位置固定，短时间内就会形成"铜豆"，需要人工巡检剥离。

（3）O形圈动态屏蔽。

通过绝缘护板与O形圈配合，将O形圈压在阴极辊筒的拐角处，对浸入在电解液里的阴极辊表面边部进行密封，阻止阴极辊边部的边角尖端放电和钛筒边部电沉积铜，防止铜箔边部增厚、撕边。

5. O形圈

O形圈主要有两大作用：第一，如前所述，动态屏蔽阴极辊筒端部。当阴极辊筒即将进入电解液液面时，O形圈即压靠在阴极辊筒的端部，随着阴极辊的转动，铜箔转出液面，O形圈从阴极辊筒端部的密封槽里被阳极槽出口的导向轮剥离出来，当铜箔剥离后，O形圈再通过阳极槽入口处的另一个导向轮把O形圈压靠在阴极辊筒的端部，如此周而复始。铜箔在剥离时阴极辊筒不受屏蔽装置干扰，操作简单，箔面边部不带电解液或洗箔水，烘干均匀，铜箔不容易氧化。

第二个重要作用是用于阴极辊边部与阳极槽边部电解液密封。对于深水型电解槽，由于电解液液面高于阴极辊中心线，阴极辊传动轴很粗，因此阳极槽端板中间部位（阴极辊传动轴位置）低于电解液液面。如果阴极辊与阳极槽之间没有密封，高压电解液会从阳极槽端板处大量溢出槽外，严重威胁电解槽下方整流设备的安全。

阴极辊O形圈与阳极槽底部的唇形密封阳极板、聚四氟板之间以动密封的形式将电解液储存在由阴极辊、O形圈、唇形密封阳极板组成的电解池中。动密封泄漏的少量电解液，可以通过阳极槽端板上的溢流孔/溢流管道返回储液罐。

在打开式密封结构中，如图7-4所示，同步运

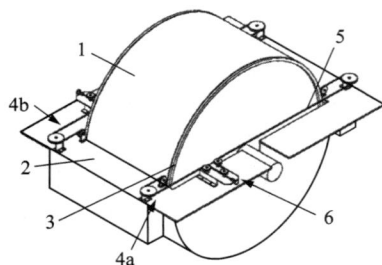

1—阴极辊；2—抽风罩；3—阴极辊端板；4—导向轮；5—O形圈；6—张紧机构。

图7-4　打开式密封装置

行的 O 形圈，作为一种绝缘体，在电解中起到了绝缘阴极辊两端电流通过的作用。它阻挡了阴极辊表面边缘电流向阴极辊两端的流动，因此，在由 O 形圈包裹的阴极辊表面边缘，失去了电解的功效，即不可能再在 O 形圈部位电解沉积出金属铜，并减弱了阴极辊筒两端电场的"边缘效应"。由于深入到电解液中的 O 形圈，实际上在强大的电场下，阴极辊边部容易产生铜粒子，因而在生箔从阴极辊上剥离时，难免会将铜粒子留在阴极辊边部的 O 形圈上。出现这种现象后，O 形圈上的铜粒子在电场作用下会逐渐增多，这样就破坏了在阴极辊边部设置 O 形圈的目的。因此，必须要不断将 O 形圈表面所带的铜粒子，在阴极辊运行时随时加以清除。对于电解铜箔而言，比较理想的是使用辅助阴极。

打开式密封结构由 O 形圈、导轮机构及张紧机构等部件组成。要求导轮采用工程塑料和不锈钢复合结构，且耐腐蚀、耐磨损，寿命长；导轮支架与张紧支架采用 304 不锈钢制作。

O 形圈的主要作用是防止阴极辊筒端部镀铜，降低铜箔从阴极辊上的剥离力，防止撕边。O 形圈的直径与极间距有关。一般 O 形圈的直径为阴阳极极距的一半加 0.5~1.0 mm。如极距为 11 mm，则 O 形圈的直径为 6.0~7.0 mm，具体视 O 形圈的结构和材质而定：空心 O 形圈可变形幅度较大，直径可以大一些；实心和带钢丝的 O 形圈，变形量较小，直径选择要小一些。

在阴极辊的两端面均固定有环形端板，阴极辊的端面与环形端板之间设有间隙，液下时，O 形圈下半部压入导槽，突出部分与唇形密封构成动密封。一般，阴极辊钛筒端面与绝缘端板之间的间隙为 6 mm，密封圈的厚度为 7 mm，即密封圈的厚度大于阴极辊端面和环形端板之间的间隙。

O 形密封圈最好采用空心的，内充空气，当胶圈浸入电解液里受热（55~60 ℃）后，胶圈变软膨胀，可以得到最好的密封效果。当 O 形圈随阴极辊转动出液面后，随着表面温度的降低，胶圈变硬收缩，迫使胶圈内的空气，向浸在液体里的部分流动。胶圈内的气体不断地随着胶圈的热胀冷缩而流动，使处在液里的胶圈，始终是膨胀的，达到对阴极辊筒端面边部有效密封的目的。

有的企业为了防止 O 形密封圈断裂，采用内包钢丝的加强型 O 形密封圈，可提高 O 形密封圈使用寿命。

6. 阴极钛筒加工工艺

（1）化学成分。

随着技术的发展，耐腐蚀性更好的纯钛材料逐渐应用到阴极辊，并成为阴极辊辊面主流材料。钛阴极辊使用 TA1 材料，纯钛符合国家标准 GB 3620.1—2007。钛材料在电解铜箔生产时容易吸氢，发生析氢腐蚀，造成阴极辊辊面凹凸粗糙，故一些特殊化学成分必须满足一定要求。

目前对高性能阴极辊辊面钛材料的基本共性要求如下。

①辊面钛材要求成分一致，化学成分最低要求须符合 GB/T 3620.1—2007 TA1 要求（表 7-2）。不允许出现气孔、夹杂、裂纹、组织疏松等材料缺陷；大型阴极辊生产企业采用符合自己企业标准的阴极辊专用钛材。

选用符合 GB/T 2524—2002 规定的 1 级海绵钛，检验合格后进入全自动混料机完成混料，在规格为 6000 t 压机上完成电极压制，然后经真空等离子焊箱完成电极的拼焊。制备好的电极在 8T 真空自耗炉上完成 3 次 VAR 熔炼，得到 TA1 纯钛铸锭。合格铸锭经扒皮、探伤、切冒口、锯切分料等工序完成锻造坯料的备料工序。

表 7-2　阴极辊用 TA1 纯钛特殊化学元素质量分数　　　　　　　　　单位：%

Fe	C	N	O	H	其他杂质总量	Ti
≤0.06	≤0.06	≤0.03	≤0.07	≤0.005	≤0.2	余量

②成品钛筒或阴极辊面钛材组织均匀，平均晶粒度等级 ≥9 级，不同区域晶粒等级差异 ≤1 级。

③辊面材料状态为弥散等轴的 α 组织，不允许出现孪晶组织，不同区域显微硬度差异 ≤15 HV。

（2）轧制。

从晶体学讲，晶格结构中滑移系越多，材料的塑性相对就越好。纯钛和大多数钛合金一样，有两种晶体结构：室温下为密排六方结构的 α-Ti，在 β 转变温度以上为体心立方结构的 β-Ti。其中，体心立方结构有 12 个滑移系，而密排六方结构仅有 3 个滑移系。因此，在钛材料塑性加工过程中，在 β 转变温度以上区间实施多道次轧制变形加工对材料晶粒组织的细化具有十分重要的作用。

就阴极辊用 TA1 纯钛材料而言，其组织平均晶粒度是阴极辊性能的主要技术考核指标。

影响阴极辊筒钛材晶粒度的主要因素为压延加工的加工率和热处理工艺。钛材的晶粒度，可通过对压延加工中变形而位错密度上升的结晶组织进行热处理，消灭位错，重新排列使之复位，再进一步热处理使其再结晶，从而调节钛材晶粒的大小。从金属的一般性质考虑，压延加工时的压下量大、加工率高，就会包含高密度的位错，晶体内部因畸变能高而处于不稳定状态，容易引起低温度区域的位错移动，发生再结晶。因此，为了控制晶粒度，必须根据压延加工中钛材的加工率和该加工率相对应的热处理条件，控制阴极辊筒用钛材的晶粒度。

阴极辊筒钛材压延初始温度为 500 ℃，压延终止温度为 200 ℃ 以上，压下率为 40% 以上。因为，在冷区的压延会促进孪晶增大，并且需要长时间或高温退火才能完全消除材料中心部分的孪晶。这种现象一旦发生，晶粒的控制就变得极为困难。

钛材的再结晶温度为 550 ℃，超过 550 ℃，压延过程中会发生再结晶而不能晶粒细化，难以达到将晶粒度控制在 9.0 级以上的目的。当温度超过 650 ℃，再结晶速度非常快，加工率低于 40%，热处理后粒径显著增大。

金属材料的压下加工率计算式为：

$$\varepsilon = \frac{h_1 - h_2}{h_1} \times 100\% \qquad (7-1)$$

式中：ε 为金属材料的加工率；h_1 为压延前的材料厚度；h_2 为压延后的材料厚度。

加工率的数值越大，就意味着加工越强。

（3）钛筒加工。

①旋锻法。

为满足钛筒最小晶粒度要求，采用旋锻工艺，在 β 转变温度以上的温度区间采用合适的锻造工艺是制备合格锻件的首要条件，在后续的近 β 或 α 加工温度区域锻造过程中，除了确保有足够的热加工变形量外，还需要加强变形温度的检测控制，以避免不必要的组织过热。

采用 HB 6623.1—1992《钛合金 β 转变温度测定方法》测定材料的 β 转变温度，选用 3000 t 压机、立式轧环机、箱式电阻加热炉作为主要的加工设备，锻造工艺路线如图 7-5 所示。

在后续的近 β 相区或 α 相区锻造过程中，除了继续保证足够的热加工变形外，还需特别控制材料变形温度、中间回炉次数、回炉温度及保温时间，以避免材料晶粒组织的异常长大。为此，必须对坯料进行多角度换向锻造，消除变形死区，提高材料组织的变形均匀度。

TA1 钛筒锻坯成型工序见图 7-5。

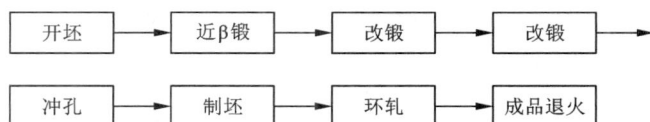

图 7-5　TA1 钛筒锻坯成型工序

钛筒锻坯终锻温度均不得低于 700 ℃，锻件轧环后进行再结晶退火处理。图 7-6 为 $\phi 2.7$ m 钛筒锻坯产品及其显微组织。

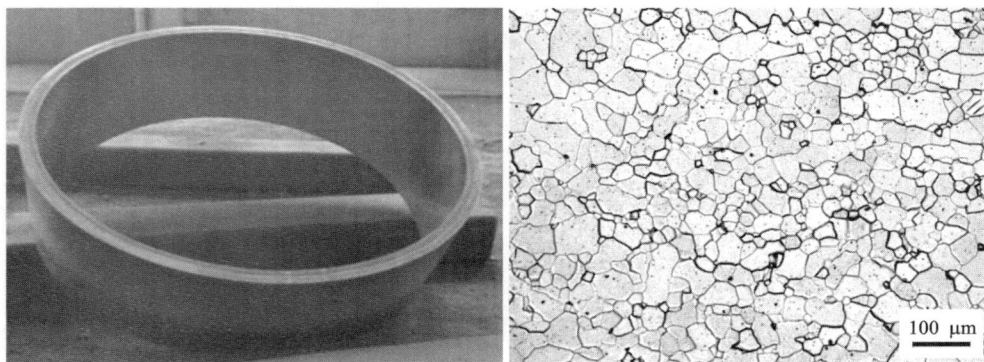

(a) 钛筒锻坯产品　　　　　　　　　　(b) 显微组织

图 7-6　$\phi 2.7$ m 钛筒锻坯产品及其显微组织

为了进一步提高钛筒锻坯材料晶粒度和组织均匀度，达到阴极辊辊面材料晶粒度≥9.0 级的等级要求，锻坯必须经过强力旋压机旋压成型。经过旋锻加工的钛筒，其组织形貌为细小弥散的等轴 α 组织，晶粒度实测结果为 9~9.5 级，晶粒度差异不大于 0.5 级。旋压钛筒工件及其显微组织形貌如图 7-7 所示。

钛筒经旋压后，材料晶粒度提高 3 级以上，硬度均匀度不得有大于 10 HV 的散差。

(a) (b)

图 7-7 旋压钛筒(a)及其显微组织(b)(9.5 级)

②焊接法。

选用晶粒度合适的钛板,在四辊卷板机上将 TA1 钛板卷制成钛筒,然后对 TA1 钛筒开缝处进行坡口加工及焊前预处理,采用等离子焊或激光焊接法,对 TA1 钛筒的开缝进行焊接。焊接完成后对焊缝进行高、低温锻打之后,再进行热处理和消除应力。图 7-8 为一种阴极辊结构。

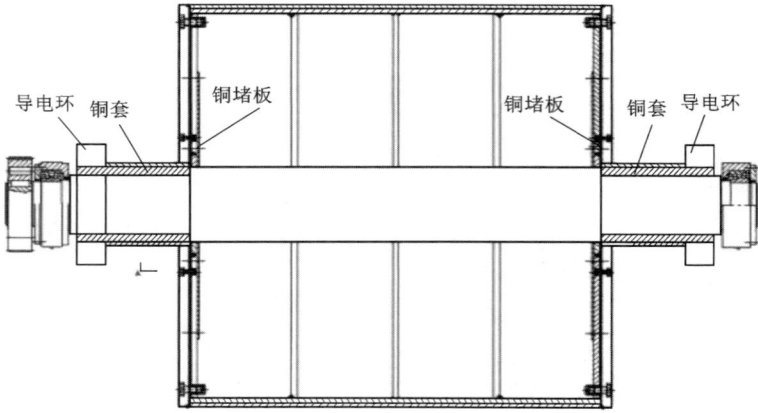

图 7-8 一种阴极辊结构

纯钛板经过等离子、氩弧焊或激光焊后,在焊缝处都会形成粗大的形状不规则的 α 相,而压延的钛板(基体金属)则是细小的等轴晶。利用压机对焊缝处进行 4 次锻压加工,如果加工率较小,加工后的焊缝组织是破碎变形的 α 晶粒,即使再经过退火处理成为等轴晶粒,其晶粒尺寸仍旧较大,与基体金属差距明显。而且在板厚方向上变形不均匀,下层仍有粗大的铸造组织,在加工过程中由于受力和变形不均匀,可能会出现一些大小晶粒混杂的情况。由于在焊缝处晶粒尺寸与基体金属不同级,阴极上的电流分布不均匀,在焊缝处小,而在基体金属上大。因此在电结晶过程中，在焊缝处沉积的铜箔晶粒尺寸大，在基体金属上沉积的铜箔晶粒尺寸小，阴极辊表面的焊缝斑被铜箔原样复制，感观上出现光亮带。

无论是旋锻还是焊接钛筒，最后通过精加工，与阴极辊芯进行过盈套装，最大限度地降低芯轴与钛筒之间的接触电阻。

7.1.2　阳极槽

1. 阳极槽结构

阳极槽的主要作用是承担电解液的输入、保持和溢出功能，一般采用纯钛、不锈钢或钛-塑料复合材料做槽体。内部设有阳极、边部密封、槽底座和供液装置等。阳极座与整流柜导电母排用软铜排连接。槽体的承重底座、框架和刚性支撑采用 304 不锈钢制造，从供液入口到溢流出口槽内所有接触液表面均用钛材覆衬。

生箔机的结构，根据阴极辊有效工作面积占全部辊筒面积的不同，可分为深水槽和浅水槽。深水槽指电解槽中阴极辊筒浸入液面下的面积达到或超过 50%；浅水槽是指辊筒浸入液面的面积小于 50%，一般为 40%～45%。深水槽的优势在于有效工作面积增加，在同样的辊筒、同样的电流密度下，深水槽的产量要比浅水槽高。由于深水槽阴极辊中心线在液面以下，电解槽与辊筒之间需要进行复杂的密封，而浅水槽不存在这个问题。

阳极要将电流均匀地送到阴极辊上，这就要求阳极槽上铜排保证有足够的截面积，满足最大的电流通过。铜排的电阻率必须均匀一致，使整流器输送来的电流均匀地分布在每个铜排上，由每个铜排均匀送至阳极槽体。

为使电流均匀送达阳极槽 DSE 阳极，要求其阳极槽上起固定和导电作用的螺栓孔要分布均匀，通常以等腰三角形分布，边长不超过 110 mm。而且每一个螺栓孔与 DSE 阳极的螺栓要对正，以保证每个螺栓的导电效率，和 DSE 阳极上电流均匀一致。

阳极槽上导电螺栓孔理论上纵向不能形成上下一条线，或接近一条线，因为这样会造成阳极纵向电流密度偏高，使阴极与之对应的这一方向电能量偏高，造成这条线上温度偏高，析氢偏高，有机物性能受到损害，铜箔晶粒偏大，孔隙偏多，容易产生软皱。实际上，为了加工方便，便于 DSE 阳极互换，很多阳极槽并未达到上述过程。

2. 唇形密封条与聚四氟乙烯衬板

从图 7-9 钛阳极槽的结构图就能看出，阳极槽端板中心部位低于电解液的液面。这就要求阴极辊筒和阳极槽端板之间必须进行密封，否则，高压电解液就会沿阴极辊轴喷到电解槽外面。阳极槽的密封，依靠阴极辊边部 O 形圈和阳极槽边部的唇形密封条和聚四氟乙烯衬板配合实现。

阳极槽边部设有唇形密封组件：半圆弧状或 V 形唇形密封条的下端嵌入阳极槽的燕尾槽内固定，唇形密封上表面覆盖有聚四氟乙烯衬板。

唇形密封具有自密封作用，依靠电解液压力和弹力作用唇部，唇部紧压阴极辊边部的 O 形圈形成动密封。唇形密封能够依靠电解液的压力和自身弹力自动补偿磨损量。唇形密封条一般采用三元乙丙橡胶制成。三元乙丙橡胶是乙烯、丙烯和非共轭二烯烃的三元共聚物。它的主要聚合物链是完全饱和的，这使得三元乙丙橡胶可以抗热、光、氧气，尤其是臭氧的腐蚀。

聚四氟乙烯衬板具有耐骤冷骤热、耐化学腐蚀性能，具有高润滑不黏性、良好的电绝缘

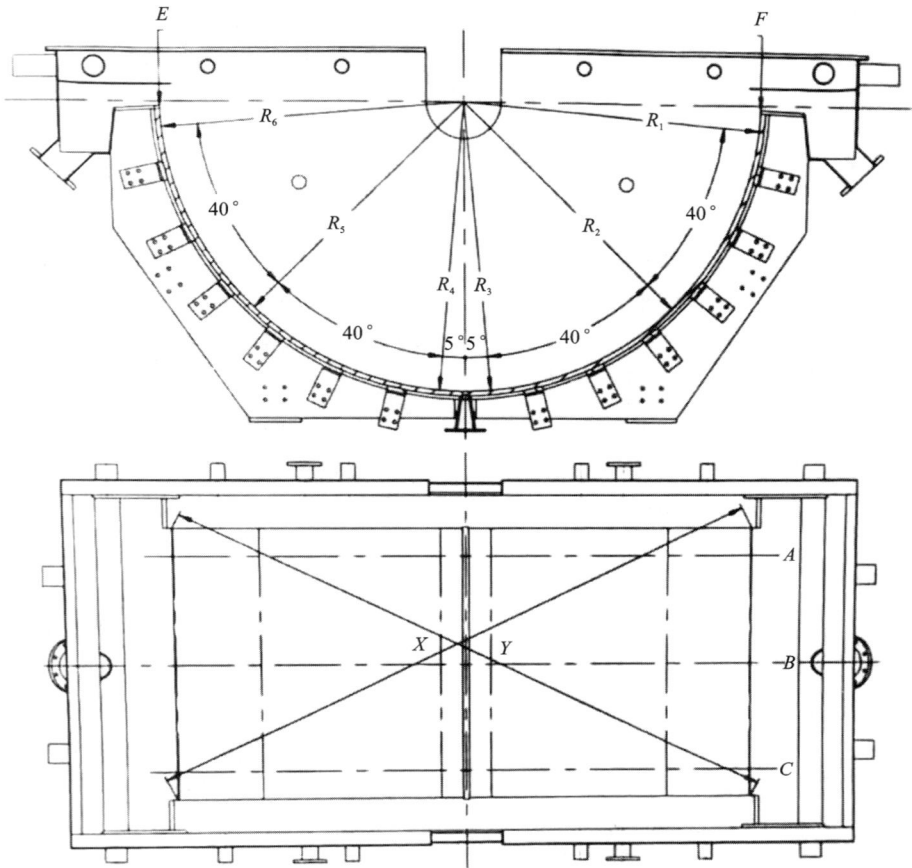

图 7-9　钛阳极槽结构图

性和抗老化性，它覆盖在唇形密封条上，代替唇形密封条与阴极辊的 O 形圈接触，弥补了 O 形圈与唇形密封条摩擦阻力大的缺陷，使密封更严密更加可靠，解决了阴极辊与阳极槽侧漏的问题，保证阴极辊正常运转。

3.进液分配器

进液分配器为铜箔电解溶液供给和流场分布的调节装置。

7.1.3　阳极

1.阳极简述

阳极是电解工艺中的重要部件，它的性能直接影响电解效率的高低、电解产品的成本和质量，而阳极材料又决定着电极的性能，因此，研制性能优异的新型阳极材料始终受到各国研究人员和工程技术人员的重视。

初期的生箔机采用可溶性铜阳极，铜阳极会逐渐溶解，不仅极距发生变化，阳极溶解的残渣也会影响铜箔质量。随后用不溶性铅或铅银合金阳极取代了铜阳极，但铅及铅合金阳极笨重、易腐蚀。随着使用时间的延长,这种合金腐蚀越来越严重,致使极距不断增大,槽电压上升,电耗增加;同时由于腐蚀不很均匀,影响了极距的一致性,铜箔均匀性亦差。此外,腐蚀生成的残留物——硫酸铅剥落后悬浮在电解液中,容易夹杂到铜箔中,产生夹杂或针孔。

钛基贵金属氧化物涂层阳极与铅合金阳极相比,具有更短的电极间距,更低的析氧电位,且槽压更降低,使用寿命更长。因此在现有的电解制造铜箔工艺中,钛阳极逐渐取代了铅合金阳极。

DSE 阳极,最初称为尺寸稳定性阳极(DSA),由于 DSA 为某公司的注册商标,现在统一称为 DSE 阳极。钛阳极是以金属钛作为基体,在其表面涂敷贵金属氧化物的一种电极材料。

电解铜箔使用的是析氧型 DSE 阳极。如以钛为基体、RuO_2-TiO_2 为活性涂层的钌-钛阳极(Ti/RuO_2-TiO_2);以钛为基体,以 RuO_2-SnO_2 为活性涂层的钌-锡阳极(Ti/RuO_2-SnO_2)。以上阳极涂层中,RuO_2 活性氧化物起电催化作用,TiO_2 和 SnO_2 作为辅助氧化物,起稳定 RuO_2 的作用。

与铅基合金电极相比,DSE 阳极具有以下优点:

(1)阳极尺寸稳定,电解过程中电极间距离不变化,保证电解操作在稳定电压下进行。

(2)氧释放过电位低,从而使工作电压低,电能消耗小。

(3)没有铅电极的溶解问题,避免电解液和阴极产物污染,可提高金属产品纯度。

(4)涂层和基体均极耐腐蚀,因此生产可以稳定运行,维修费得以降低,可在较大电流密度下运转,提高了单位面积的生产能力。

(5)基体金属钛可重复使用,钛阳极形状易制作,精度高,重量轻,可减轻劳动强度。

2. DSE 阳极技术

在析氧环境中,氧化铱是比较理想的吸氧电极涂层活性物质,但使用钛作基体,当阳极周围氢离子富集、酸度大时,在脱氧的酸性环境下,二氧化铱涂层会出现脱落现象。

通过向二氧化铱涂层中掺入其他惰性组元可取得显著效果。最初是向 IrO_2 中添加 Pt,由于成本高,改为 Ta。往氧化铱涂层中添加 Ta_2O,既能提高 IrO_2 相的稳定性,还可以对 IrO_2 相进行表面改性,增大阳极活性表面积从而使阳极仍能保持良好的电催化活性。同时可有效避免电解液中的有机物导致阳极上发生放氧反应时出现的电极电位急剧升高的现象,避免电极涂层电解消耗速度增加过快。

电解铜箔 DSE 阳极涂层是氧化铱和氧化钽的混合氧化物涂层。这种阳极具有通过电位低、寿命长,能在较高的阳极电流密度下工作的特点。活性 IrO_2-Ta_2O_5 二元氧化物在水溶液中兼有最好的电催化活性和最高的电化学稳定性,是氧发生用的最佳电催化材料。

常见的钛基贵金属涂层钛阳极的制备方法有热分解法、电沉积法、溶胶-凝胶法、磁控溅射法等 4 类。

1)热分解法

热分解法是最传统的方法,主要工艺流程是将各种金属类盐溶于有机溶剂中,形成的涂液刷涂在钛基体上,然后进行热氧化处理,多次反复得到最终涂层阳极。国内钛阳极公司一般采用如下工艺。

(1)下料。

确定制作某个设备或产品所需的材料形状、数量或质量后,从整个或整批材料中取下一定形状、数量或质量的材料。

（2）焊接。

根据客户图纸下料、打孔后，在阳极板边部进行加厚（如果需要）。钛板的焊接主要采用氩弧焊，背面的导电螺栓采用摩擦焊进行焊接。

（3）喷砂。

喷砂是通过喷砂机借助压缩空气动力，将砂料喷射到钛基体表面的一种处理方法。砂料喷射到基体进行冲击研磨，把表面的杂质、杂色及氧化层清除掉，同时喷砂机将钛基体表面粗化，提高钛表面有效接触面积，增强涂层与钛表面的附着力。

（4）加热校型。

下料时，有些材料本身会弯曲或变形，需采用一些方法或工具进行校正，使之不影响接下来的工艺。在经过焊接局部高温与喷砂气压处理后，钛基材的变形就会很明显。

将钛板加热到 500 ℃ 左右，加压保温 2 h，进行加热校型。

（5）酸洗。

酸洗工艺的酸洗液一般为草酸或多种酸的混合物，主要有硫酸、硝酸和氢氟酸等。

按照一定的比例在沸水中倒入草酸，将基材放进其中浸泡。草酸不但可以有效地去除退火时基材上发蓝的氧化皮，同时又能腐蚀基材表面使其更粗糙，并去除表面杂质。

（6）刷涂。

将配好的贵金属液体，用刷子均匀地刷涂在基体上，送入烘干炉进行烘干，使液体快速地与基体结合，也防止液体顺基体向下流时留下痕迹。

（7）热氧化。

阳极板经过烘干后，送入到一定温度的炉子保温一定时间，然后拉出，使其自然冷却、氧化。烘烤温度为 350~500 ℃，然后再进入下一道程序。

重复程序：刷涂、烘干、加热保温、冷却。

刷涂–烘烤程序为 20~40 遍。

刷涂溶液主要为氯铱酸、氯铂酸和五氯化钽。溶剂一般为正丁醇、异丙醇，也有采用水溶液的。作者认为，水溶剂要比有机溶液更具有优势。

钛阳极贵金属氧化物涂层配方很多，每家都不同，典型的配方如下。

①$IrCL_3$ 16.0 mg；$TaCl_5$ 10.7 mg，热氧化温度为 500 ℃。

②$TaCl_5$ 2.05 g、$H_2IrCl_6 \cdot 6H_2O$ 6.49 g 溶解在 3 mL 浓 HCl 和正丁醇混合液中，刷涂，热氧化温度 500 ℃。

③将 H_2IrCl_6 溶解于 HCl，$TaCl_5$ 溶于乙醇，将两种溶液混合，刷涂，热氧化温度为 450 ℃。

热分解法制备的贵金属涂层微观结构上存在明显不足，"龟裂纹"使钛阳极基体易被电解液渗入腐蚀导致阳极失效，但目前制备贵金属涂层阳极的热分解法仍是最常用的方法。

性能要求：析氧电位≤1.0 V（在 0.5 mol/L H_2SO_4 溶液中，采用甘汞参比电极，1 mol/L H_2SO_4 测定）。

涂层厚度（参考）：≥20 g/m²。

2）电沉积法

电沉积法制备的阳极表面氧化物，分布均匀，电极表面比较致密，颗粒呈簇状，没有裂纹。但氧化物涂层与钛基体结合不牢固,容易造成涂层脱落,导致阳极失效,影响阳极的寿命。

3)溶胶-凝胶法

溶胶-凝胶法是将贵金属盐作为前驱体,将原材料以液相形态均匀混合,使溶胶、凝胶在钛基体上形成薄膜,再经热处理即可制得贵金属涂层阳极。溶胶-凝胶法制备的涂层呈现出比热分解法更多的褶皱,具有更大的比表面积,涂层表面致密,裂纹较小,有利于提高阳极的电催化活性和使用寿命。相比传统方法,优势在于可更好地控制粒径,使涂层分布均匀,提高导电性和电催化活性,可延长阳极的使用寿命。缺点是成本很高。

4)磁控溅射法

磁控溅射法制备的阳极表面致密且活性点最多,与基体结合最为牢固。可以有效延长阳极的使用寿命。铜箔阳极一般最小长度为 1380 mm,其操作复杂、对设备要求高、成本及能耗较高,受这些条件的限制,磁控溅射法目前无法进行工业化应用。

3. 钛阳极贵金属涂层改性

在硫酸体系的析氧过程中,贵金属涂层一般以铱系涂层为主,通常使用的方法是在活性氧化物中掺杂一些惰性组元。目前主要将 Mn、Co、Ta、Pd、Sn 等元素的氧化物掺杂到 IrO_2 涂层中制成阳极材料,可延长其使用寿命。

钛基 IrO_2-Ta_2O_5 贵金属涂层电极材料,由于 IrO_2 易剥落、寿命短等问题其应用受到限制。因此,希望更进一步提高涂层稳定性,延长其使用寿命,降低原料成本。

现有以下 4 个主要的研究方向。

(1)涂层多元化。

将石墨烯掺入到铱钽涂层阳极中,制备一种 Ti/IrO_2-Ta_2O_5-G(石墨烯)阳极。与铱钽阳极相比,Ti/IrO_2-Ta_2O_5-G 阳极在析氧电催化活性和电化学活性表面积上似乎更好。有研究者称当加入浓度为 0.4 g/L 的石墨烯时,阳极的析氧电催化活性最高。

(2)添加中间层。

贵金属涂层钛阳极中发挥电化学作用的是活性涂层 IrO_2。当涂层逐渐溶解、剥落后,钛基体表面会生成绝缘的二氧化钛膜,导致阳极失效。因此,研究者采用在钛基体与贵金属涂层间添加适当的中间层的方法,延缓或防止二氧化钛膜的生成,来延长阳极寿命。

衡量涂层电催化活性的重要指标是伏安电荷。活性组元 IrO_2 含量不是越高越好。当加入 Ta_2O_5 后,含 IrO_2 70% 的电极不仅具有最大的析氧电流,而且析氧电位最低。

IrO_2 含量较高时,涂层为疏松状 IrO_2 颗粒集聚体结构。加入适量惰性组元后,涂层变为网状多裂纹结构,使阳极比表面积增加,伏安电荷随之增加。

除 Ta_2O_5 外,也有人在研究将 $PtTi_3$、钛基体进行氮化处理作为中间层的可能。与传统的涂层钛阳极相比,添加中间层可明显延长铱钽涂层钛阳极的使用寿命。

(3)制备纳米级氧化物无龟裂涂层。

利用纳米 IrO_2 晶粒改进 IrO_2-Ta_2O_5 钛阳极,与传统铱钽涂层阳极对比,添加纳米 IrO_2 粉末后新电极表面活性面积为传统电极的 1.94 倍,能明显改善电极的电催化活性。

(4)寻找新的活性组元和惰性组元。

4. 阳极板结构

采用铅合金阳极的生箔机，铅阳极固定在电解槽中，浸泡在电解液中。电流通过电解槽两端钛包铜导电铜排与铅阳极相连。

采用 DSE 钛阳极的生箔机，钛阳极除充当阳极外，还起电解槽的作用。如图 7-10 所示，电流通过铜排或电缆直接与阳极相连。

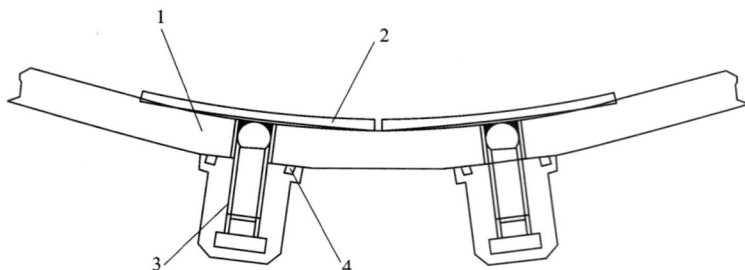

1—阳极槽体；2—阳极板；3—阳极板螺栓；4—防泄漏螺母。

图 7-10　背拉式阳极板安装示意图

根据阳极板的安装方式，DSE 钛阳极有两种形式：内嵌式和背拉式。

（1）内嵌式钛阳极。

内嵌式阳极采用厚度 1.0 mm 的钛板，上面涂覆贵金属氧化物，电化学性能与常见的背拉式钛阳极无异。由于 1 mm 厚的钛板很薄，可以卷曲，因此，一块阳极面积可以做得很大。一个生箔机阳极，只由两部分组成。

内嵌式阳极具有如下优势：①内嵌式 DSE 阳极板拆卸、安装都很方便；②内嵌式 DSE 阳极板用沉头螺钉固定在不锈钢或钛阳极槽体上，不会发生泄漏。

缺点：①一台生箔机整套阳极上有960多个沉头螺钉，螺钉未穿通支撑体。这么多的螺钉孔之间的位置精度很高，如若安装位置精度不高，则 1 mm 厚阳极板条无法安装平整，其制造方法难度大，成本高；960多个沉头螺钉表面的电场分布极为不均，螺钉位置率先失效，影响阳极使用寿命。②内嵌式 DSE 阳极的钛板不可重复使用，无法像背拉式阳极那样可以重涂，总体运行成本较高。

（2）背拉式阳极。

背拉式阳极是阳极板后面带有螺栓，穿过阳极槽中的通孔，在槽体外部进行固定，如图 7-10 所示。

由于阳极槽为圆形，背拉式阳极板一般由 12～18 块 FIP 条组成（阳极槽直径 2000 mm 的为 12～14 块，直径 2700 mm 的为 16～18 块）。为使电流均匀地从阳极槽导到 FIP 条上，FIP 条背面均匀焊有导电螺栓，螺栓表面涂铱。纯钛材料在硫酸铜溶液里表面会钝化，表面不导电。FIP 条为厚 5 mm 或 6 mm 的钛材表面涂敷氧化铱的阳极面板，此面板通过在背面焊接 M16 或 M18 螺栓，穿过支撑体用螺母连接固定，简称 5 mm 或 6 mm FIP 条阳极。

背拉式钛阳极的优势：

①阳极表面没有螺钉孔，电流分布更加均匀。

②通过调整连接螺栓，可以调整极距。

③槽体稍有变形，也可通过调整阳极板进行修正。

④厚 6 mm 的阳极板可以重复使用，在表面涂层失效后，可以通过喷砂等，将原来的涂层清除，重新进行涂覆。

与内嵌式相比，背拉式钛阳极存在如下的缺点：

①背拉式阳极（FIP），虽可以重复使用，但一台直径 2 m 的生箔机整套阳极一共有 64 个 M16 或 M20 焊接螺栓，直径 2.7 m 或幅宽更大的生箔机阳极螺栓更多，造成焊接处电流密度很大，电场分布不均，而影响铜箔质量。

②螺栓穿过支撑板导致阳极槽体泄漏无法避免。

③ FIP 重涂次数有限，随着重涂次数增加，使用寿命减少。

5. 阳极板的安装

DSE 阳极的寿命不仅与阳极的制造质量有关，也与阳极的安装、使用方法有关。

（1）阳极板安装用工具（见表 7-3）。

（2）作业准备。

①作业人员必须穿戴好防尘服、工作鞋、手套、口罩等劳保防护用具；②穿好鞋套；③在阳极板表面覆盖乙烯薄膜片，防止损坏阳极板表面。

表 7-3　内嵌式阳极板安装用工具

名称	图示	数量/把	名称	图示	数量/把
迷你小电钻	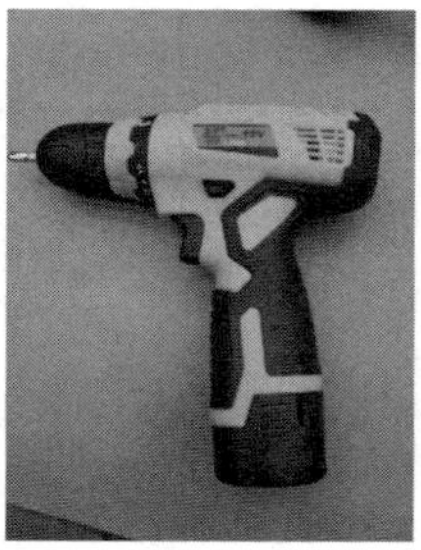	2	指针扭矩扳手	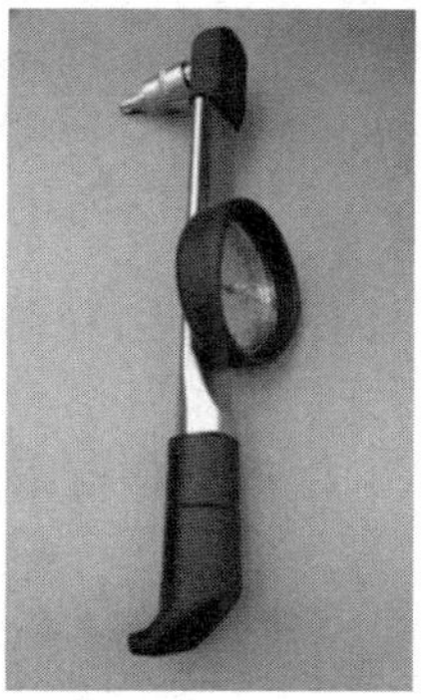	1
棘轮扭矩扳手	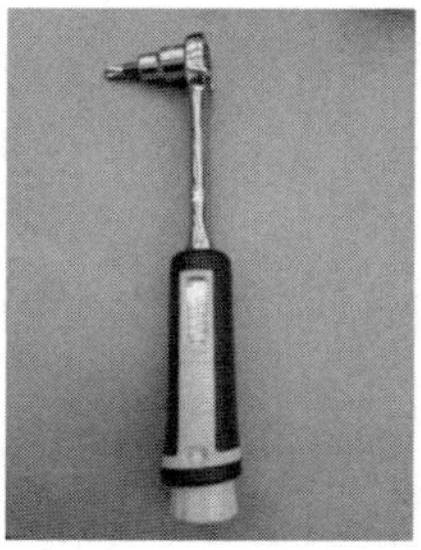	2	橡胶锤	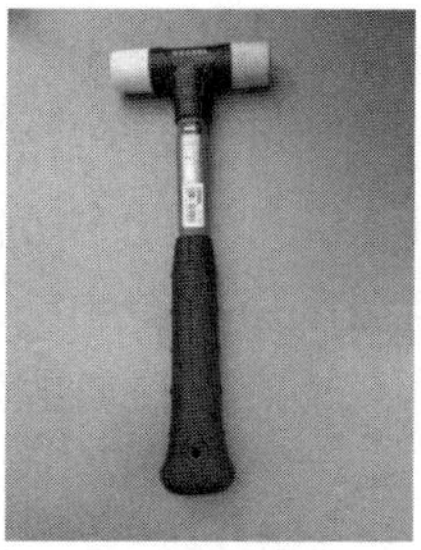	2

（3）阳极板安装步骤。

①在阳极更换作业流程单上（表7-4），准确记录阳极槽号以及对应阳极板编号等。

表7-4　阳极更换作业流程单

机台编号：　　　　　　　　　　　　　　　　　　　更换日期：
规格：1390×262　（12）片　　　　　　　　　　　　1390×325（2）片

位置	南（上）	北（上）
1	旧板标识号码：SDE220603-06-01-01	旧板标识号码：SDE220603-06-08-01
	新板标识号码：SDE230415-18-01-01	新板标识号码：SDE230415-18-08-01
2	旧板标识号码：SDE220603-06-02-01	旧板标识号码：SDE220603-06-09-01
	新板标识号码：SDE230415-18-02-01	新板标识号码：SDE230415-18-09-01
3	旧板标识号码：SDE220603-06-03-01	旧板标识号码：SDE220603-06-10-01
	新板标识号码：SDE230415-18-03-01	新板标识号码：SDE230415-18-10-01
4	旧板标识号码：SDE220603-06-04-01	旧板标识号码：SDE220603-06-11-01
	新板标识号码：SDE230415-18-04-01	新板标识号码：SDE230415-18-11-01
5	旧板标识号码：SDE220603-06-05-01	旧板标识号码：SDE220603-06-12-01
	新板标识号码：SDE230415-18-05-01	新板标识号码：SDE230415-18-12-01
6	旧板标识号码：SDE220603-06-06-01	旧板标识号码：SDE220603-06-13-01
	新板标识号码：SDE230415-18-06-01	新板标识号码：SDE230415-18-13-01
7	旧板标识号码：SDE220603-06-07-01	旧板标识号码：SDE220603-06-14-01
	新板标识号码：SDE230415-18-07-01	新板标识号码：SDE230415-18-14-01

②编号为1#的阳极板对应阳极槽安装位置，阳极板安装时需用手按压，并要用手轻轻拧紧螺丝。

③用迷你小电钻从阳极板中间位置分别向左、向右拧紧各螺丝，电钻旋转速度应保持在低转速范围内以免损坏螺纹，参考图7-11螺丝安装顺序；

④参考图7-11中螺丝安装顺序，用扭矩扳手从中间开始，分别向两侧依照顺序上紧各螺丝，扭矩力9.8~11.8 N·m。拧紧螺钉前，用橡胶锤敲击螺丝孔四周，使阳极板与阳极槽切合更紧密。

⑤调节扭矩扳手力矩至19.6~21.6 N·m，按照图7-11中顺序再次上紧所有螺丝（选择左中右区域3个点的螺丝进行扭矩确认检查力矩是否为19.6~21.6 N·m），用橡胶锤敲击螺丝孔四周，使阳极板与阳极槽切合更紧密。

⑥调节扭矩扳手力矩至19.6~24.5 N·m，按照图7-11中顺序再次上紧所有螺丝（选择左中右区域3个点的螺丝进行扭矩确认检查是否为19.6~24.5 N·m）。注意：拧紧力矩应为19.6~24.5 N·m，扭矩低可能会降低阳极板使用寿命，扭矩过高可能损坏十字沉头螺丝。

⑦第1块阳极板安装完毕后，依次按照图7-12阳极板安装顺序安装其余13块阳极板。

⑧14块阳极板全部安装完毕（图7-13），再进行下一台生箔机阳极板安装。

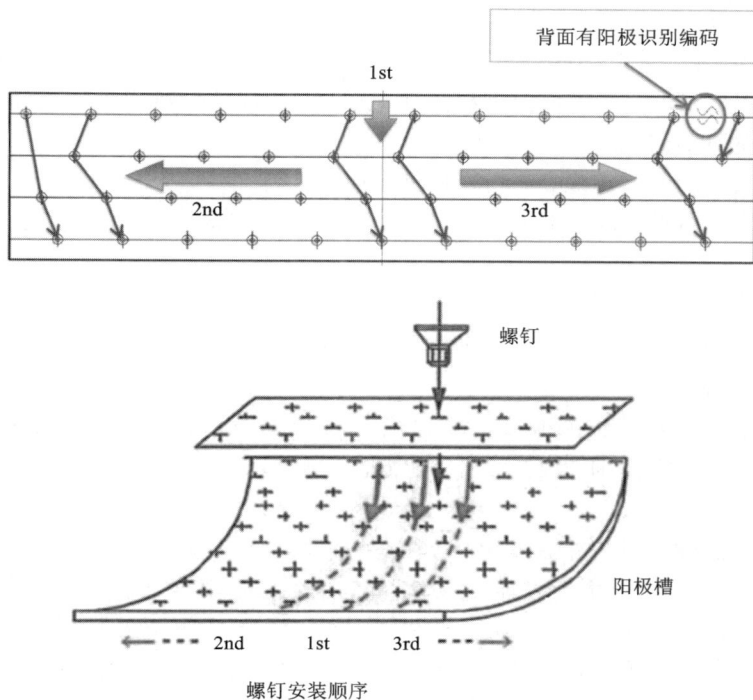

图 7-11　螺丝安装顺序

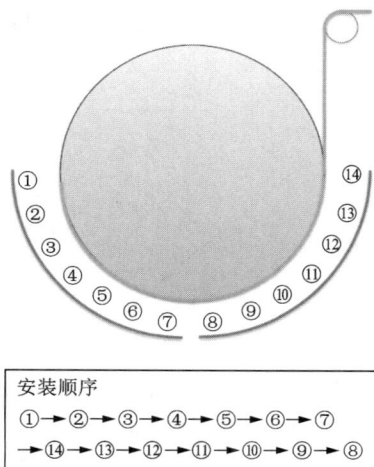

图 7-12　阳极板安装顺序

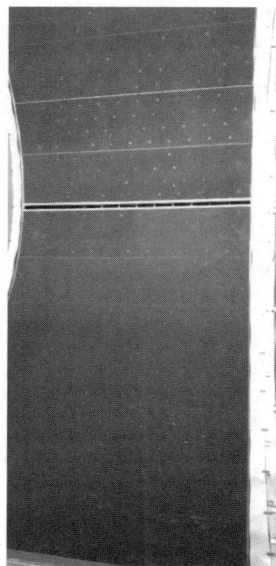

图 7-13　安装完成的内嵌式阳极板

6. 阳极板的使用

（1）在阴阳极没有送电，而阳极表面有电解质存在的情况下，涂层与基体会构成原电池，造成涂层电化学腐蚀。因此，DSE 阳极应该尽可能保持带电状态（微电流即可）。

（2）在未送电的情况下，DSE 阳极浸泡在电解液中的时间越短越好。在停电后，应该尽快将其表面电解液冲洗干净。

（3）控制溶液中的 Pb^{2+} 浓度，尽量采用低铅原料。

（4）在阴极辊离线抛磨时，用阳极清洗剂及时清洗 DSE 阳极表面的结垢，恢复阳极表面的孔隙。

（5）避免电流急升或急降。建议升电流时按照 0→5000 A 后保持 1 min，再提高 5000 A，再保持 1 min 的阶梯式送电。同样，在非紧急状态下，停电时也应该按阶梯式逐渐减小电流。

7. DSE 阳极寿命

电解铜箔制造成本，前三大项由电费、DSE 阳极板消耗、添加剂费用构成。造成 DSA 阳极制造成本上升的原因在于阳极的使用寿命较短。影响 DSE 阳极寿命的因素很多，主要因素如下：

（1）电解液的温度。电解液温度越高，使用寿命越短，可参见图 7-14。

（2）电流密度。DSE 寿命与电流密度成反比，电流密度越大，使用寿命越短，可参见图 7-15。这也是铜箔表面处理 DSE 阳极寿命普遍大于生箔电解阳极的原因。

（3）开停机时间。如前所述，构成 DSE 阳极的钛、铱、钽的电极电位不同，在电解液中会组成原电池，铱和钽会溶解。因此，在没有外界电流保护的情况下，阳极在电解液中浸泡的时间越短越好。

（4）电解液中的卤素元素浓度对阳极寿命也有非常大的影响。

（5）钛板重涂次数。对于厚度为 6 mm 的钛阳极，寿命随着重涂次数的增加，逐渐减小。这可能与重涂过程钛板反复退火，钛板晶粒粗大，依靠喷砂无法消除晶粒粗大层有关。

需要说明的是，电解过程中有机添加剂对阳极寿命也会产生不利影响。有的添加会附着在钛阳极涂层表面，并破坏钛阳极涂层，影响阳极寿命。目前铜箔生产使用的有机物种类很多，需要具体分析。

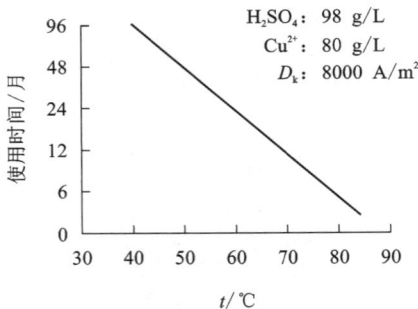

图 7-14 电解液温度对 DSE 寿命的影响   图 7-15 电流密度对 DSE 涂层寿命的影响

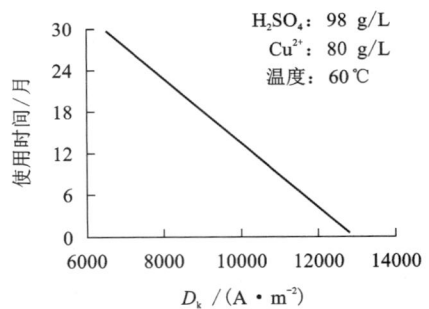

8. 阳极板失效分析

图 7-16 为钛阳极在电解液中的结构示意图。电解液会沿钛阳极涂层颗粒之间的缝隙渗入到涂层内部，这时，阳极的电解反应分为两部分：一部分是在涂层外表面，另一部分是在涂层内表面。虽然内表面的电解反应降低了阳极的电流密度，但内表面电解反应产生的氧气泡对涂层更具有破坏性，严重时会导致涂层脱落。理想的涂层，要有一定的粗糙度，涂层颗粒之间的裂纹要少，以减少涂层内部电解反应对涂层的影响。

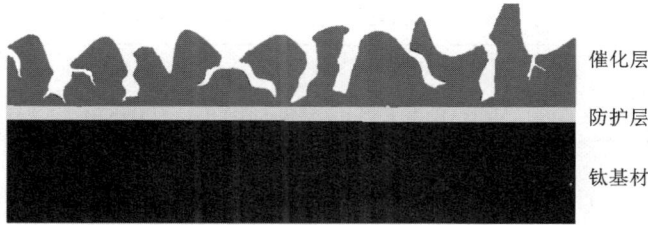

图 7-16　钛阳极在电解液中的结构示意图

为 DSE 阳极失效行为的研究不是很多，有文献把电解时涂层失效行为分为 3 个阶段（图 7-17）。第 1 阶段是活化层涂层的溶解过程；第 2 阶段是渗透过程，即电解液沿着涂层的裂纹向基体渗透腐蚀；第 3 阶段为失效过程，活性涂层的持续溶解消耗和在涂层和基体之间形成钝化层，阳极电位快速升高，阳极失效。在这 3 阶段，活性涂层溶解消耗一直在进行。

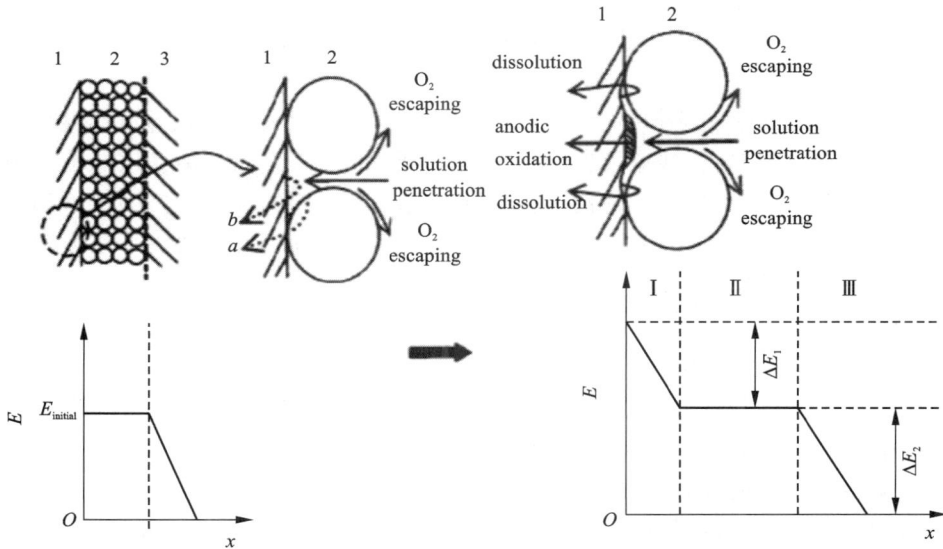

1—钛基体；2—活性涂层；3—电解液，a 为裂纹处；b 为渗透处；Ⅰ—钛/活性涂层界面；Ⅱ—活性涂层；Ⅲ—活性涂层/电解液界面；ΔE_1—通过界面Ⅰ的过电位；ΔE_2—通过界面Ⅲ的过电位。

图 7-17　钛基氧化铱–氧化钽阳极的失效方式示意图

也有研究者认为,阳极失效的原因可归纳为以下 4 类:

(1)致密结垢层的覆盖。

在原材料中存在一定量的铅(一般工艺控制量≤20 mg/L)。在溶铜阶段,铅也会溶解并进入溶液形成 $PbSO_4$。$PbSO_4$ 是一种难溶电解质,水中溶解度很小,其溶解度与温度、pH 有关(表 7-5)。在碱性溶液中,硫酸铅会溶解,溶解度增加。这也是一般很难得到硫酸铅准确溶解度的原因。

表 7-5　硫酸铅在不同温度条件下的溶解度

温度/℃	28	32	36	40	44	48
浓度/(10^{-3} mol·L^{-1})	0.446	0.491	0.531	0.570	0.611	0.656

由于溶铜罐的温度为 70 ℃左右,硫酸铅的溶解度大。当电解液进入生箔机时温度降低到 50 ℃左右,硫酸铅会析出并沉积在阳极板上形成阳极泥。

电解液中的 Pb^{2+} 沉积在阳极板形成难溶的硫酸铅,硫酸铅在阳极发生还原反应,生成疏松的 PbO_2 覆盖于阳极表面。

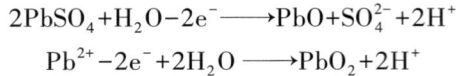

$$2PbSO_4+H_2O-2e^- \longrightarrow PbO+SO_4^{2-}+2H^+$$
$$Pb^{2+}-2e^-+2H_2O \longrightarrow PbO_2+2H^+$$

有一种观点认为,沉积在 DSE 阳极表面的 PbO_2 在一定程度上可以避免内嵌式 DSE 阳极固定螺钉导致的电力线分布不均匀现象,铅对钛阳极有一定的好处。事实上由于 PbO_2 与 IrO_2 涂层的析氧电位差距大,阴极铜析出电位发生变化,造成铜箔横向厚度不均。高价值 DSE 阳极的优势是吸氧电位低,由于溶液中铅的沉积,而变为了吸氧电位更高的氧化铅阳极,这是得不偿失的。

电解铜箔用 DSE 阳极,运行一个月左右,表面就会慢慢地覆盖一层铅化合物结垢层,它会慢慢地渗入到涂层内部裂纹内。裂纹是涂层阳极析氧的重要界面,结垢层的覆盖阻碍了氧气的析出。DSE 阳极涂层被致密结垢层覆盖,硫酸铅、氧化铅的导电性能明显不如贵金属氧化物涂层,造成未被覆盖区域的电流密度相对增大,阳极电位升高,加快了该区域涂层的钝化失效,致使整个钛阳极涂层最终变得不均匀。

(2)涂层消耗。

涂层消耗主要有以下几种:

①化学腐蚀。通过和电解液中的杂质发生相互作用而产生化学腐蚀。电解液中的添加剂、有机杂质、络合剂也可能与 Ta 发生反应。

②电化学腐蚀。在浓度为 0.5 mol/L H_2SO_4 中,相对 NHE(normal hydrogen electrode,即一般氢电极,铂电极在 1 mol/L 的强酸溶液中所构成的电极。与 SHE 标准氢电极不同)高出 2.0 V 以上时进行电极极化时,可生成溶解性的 IrO_4^{2-},此时会发生阳极溶解。

③浸蚀。正常情况下,涂层与基体结合力良好,由于涂层为多孔结构,气体在阳极表面析出非常快,有可能浸蚀涂层,引起涂层结合较差部位脱落。

(3)涂层脱落。

失效阳极板表面涂层中的组分含量由于长时间的电解消耗溶解而降低,其中活性组元 Ir

降低较多，而惰性组元 Ta 降低较少，因为惰性的 Ta_2O_5 具有很高的稳定性，较难发生活性溶解。即使电解铜箔用钛阳极失效后，与新涂层相比，其活性组元 Ir 剩余 40%~50%，剩余量比较多，仍然具有较佳的电催化性能。主要问题是涂层活性组分溶解不均，局部活性组元 Ir 含量高低偏差过大，导致铜箔基重偏差超标，阳极"提前"失效。新的 DSE 阳极，表面涂层比较均匀，析氧电位一致。由于局部涂层脱落，Ir 含量相对较少，钝化较为严重。因而阳极吸氧电位差距极大。一般认为，Ir 含量低于 12 g/m^2，或基板 Ir 含量最大值/最小值 ≥5 时，该阳极板即失效无法使用。

（4）基体金属钝化。

钛阳极失效还有一种情况，就是基体金属钝化。基体金属钝化是指在金属基体和活性涂层之间的界面处产生了绝缘的 TiO_2 层，它很薄（10^{-10} m 数量级），电极表面不能再使用的催化剂残留到一定量，电极瞬间钝化。

基体金属和涂层之间存在附加层，附加层组分不同于涂层，它是原始盐类热分解时生成的。它有条件地提供电子通道，当导电条件不存在时，绝缘层变得太厚，或空穴消失，电极变钝化。

7.1.4　导电装置

整流装置可将市网高压交流电变为低压大电流的直流电，电源正极通过铜排或电缆与生箔机的阳极相连，电源的负极通过铜排或电缆送到生箔机旁。由于生箔机阴极辊是运动部件，必须通过导电装置将电流输送给旋转的阴极辊筒。

生箔机的导电系统主要有电刷（又称碳刷，由石墨和铜粉烧结而成，具有良好的润滑性和较强的导电性）滑动导电、水银槽导电、低熔点合金导电和靴极导电等几种形式。

过去电解铜箔工作电流小，中小型铜箔厂多采用在阴极辊轴头安装导电滑环，将电刷压在阴极辊导电滑环上以滑动摩擦接触的方式实现固定部件与转动部件的电流输送。采用滑动接触传导电流，必然引起滑动摩擦部分的电蚀、机械磨损，故需要经常停机换电刷、修复滑环甚至更换整个装置。电刷滑动导电电流低，一般不超过 10000 A，传导热损大，能耗高。同时，电刷磨损产生粉尘，会造成铜箔污染。目前生箔机已淘汰了电刷滑动导电方式。表面处理机由于传输的电流较小，仍有部分机台采用这种导电方式。

水银导电的主要原理是将固定的水银槽通过铜排与整流柜相连，阴极辊轴头安装的金属导电环的下部浸于水银槽的水银中。在阴极辊运转过程中，电流阴极辊导电环与固定导电槽之间通过水银传导，实现电流在转动、静态装置之间传输。该方法导电效率高，设备结构简单，但水银有毒，易挥发，对人体有极大的危害，不推荐使用。

为克服水银的危害，有的企业采用低熔点合金替代水银，即低熔点合金导电。低熔点合金是以金属铋为基础的一类合金，常用的是铋同铅、锡、锑、铟等金属组成的合金，熔点有 47 ℃、70 ℃、92 ℃ 等多种，该合金的强度室温下为 30 MPa，延伸率为 3%，硬度为 25 HBS。开机前，通过辅助加热装置，使导电槽内低熔点合金熔化，阴极辊导电环与固定导电槽体之间通过低熔点合金实现电流传导。由于低熔点合金的熔点较低，生箔机送电后，阴极辊本身产生的热量就可以保持温度在导电合金熔点之上，因此，送电后不久，就可以停止辅助加热。该方法的最大缺点是低熔点合金容易氧化。

靴极导电装置由装在阴极辊轴上的导电环、内置靴极的导电油槽、弹簧组件、安装支架和防尘罩等部件组成。导电油槽通过软铜排与电源相连，固定在油槽内的靴极与不断转动的集电环通过线接触导电，油槽中的导电油主要起灭弧作用。所有导电部件表面镀 Ag 以降低接触电阻，导电油槽内通循环水冷却，温度要求 ≤60 ℃。靴极导电装置整体压降要求小于总压降的 1% 或 60 mV，其结构图如图 7-18 所示。

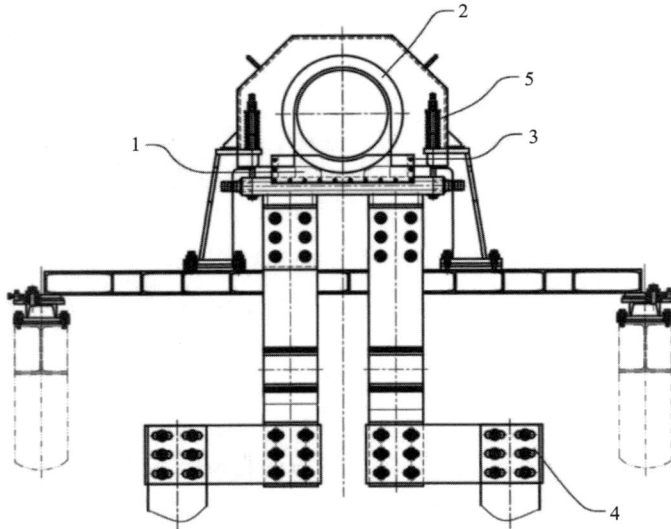

1—靴极；2—集电环；3—导电卡槽；4—导电铜排；5—弹性固定装置。

图 7-18　靴极导电结构图

7.1.5　辅助阴极

阴极辊筒具有一定的厚度，在电解铜箔生产过程中，阴极辊侧面也会析出铜并附着在辊上，且难以剥离，久而久之越积越多形成结晶，对阴极辊造成损伤。因此，在阴极辊侧面加装辅助阴极，以避免阴极辊侧边铜附着。

虽然打开式密封对阴极辊面边部进行了屏蔽，对阳极槽端面的电解液进行了密封，使得生产可以进行。但是，仍有少量铜残留在钛筒端面，或者铜箔剥离后剩余的毛刺会残留在 O 形圈槽内，附着在 O 形圈上，因而有掉到电解槽内产生电弧的危险。为此，生箔机配备了辅助阴极。

辅助阴极就是根据电化学的原理，以阴极辊筒为阳极，铜杆或铜板为阴极，在电场的作用下，将钛筒侧面沉积的铜溶解并沉积到阴极铜杆或铜板上，从而达到钛筒端面无铜沉积的目的。

一种快捷更换式生箔机辅助阴极装置，由阴极盒、辅助阴极、阴极接线柱、绝缘板和固定座组成，其结构如图 7-19 所示。

阴极盒材质为 UPVC，阴极盒的一端开设有若干挂槽，挂槽的凹侧与阴极接线柱相配合，阴极盒前后通透，保证硫酸铜溶液可以无阻碍地流动。阴极盒内底部开设有收集槽，辅助阴极盒放置在阴极辊的侧面，收集槽能够收集辅助阴极表面析出脱落的铜结晶，能有效防止铜结晶脱落至阳极槽底部，从而造成阴极辊损伤，最终导致断箔现象的发生。

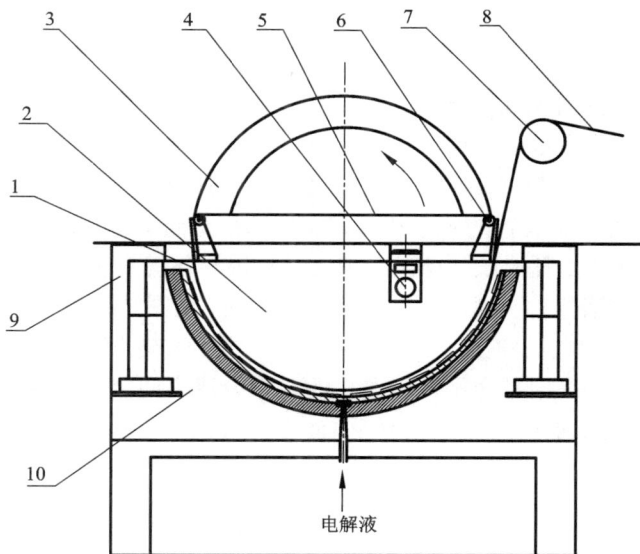

1—O 形圈槽；2—阴极辊；3—PVC 端板；4—辅助阴极盒；5—O 形圈；
6—导向轮；7—剥离辊；8—铜箔；9—生箔机支架；10—电解槽。

图 7-19　带辅助阴极的生箔机结构示意图

辅助阴极采用金属铜杆弯制成 U 形，两端有挂钩，与阴极接线柱连接，通过电缆与整流柜负极相连(图 7-20)。

由于 O 形圈与辅助阴极有电位差(O 形圈为 0 V，辅助阴极为-5 V)，O 形圈带有的铜粒子，在电场作用下，通过辅助阴极盒外侧面的圆孔，转移到辅助阴极板上。一般生产 2~3 周，需对辅助阴极进行清理、更换。

辅助阴极放置于阳极槽的两端，与阴极辊钛筒端面平行设置且互不接触。辅助阴极下端与电解液接触，与阴极辊钛筒端面组成电解槽，使钛筒端面的残铜溶解并沉积到辅助阴极。

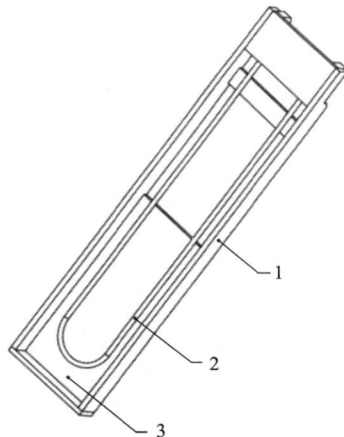

1—辅助阴极盒；2—辅助阴极；3—收集槽。

图 7-20　辅助阴极结构示意图

7.1.6　防氧化处理装置

生箔表面防氧化处理、挤液和烘干等系列工艺过程，主要由处理机架、电镀槽、传动辊系(含剥离辊、液下辊、挤液辊、导辊、张力过辊等)、液下辊驱动和热风烘干装置、张力控制单元等功能部件来完成。

要求机架采用焊接结构件整体加工，液槽采用优质 PVC 焊接结构，液下辊及挤液辊采用 304 不锈钢辊芯包敷橡胶，其余辊系均采用轻质低惯量导辊，液下辊采用伺服驱动系统。

7.1.7 其他结构

1. 在线抛磨装置

在铜箔生产过程中随着使用时间的延长，阴极辊会出现析氢、氧化现象，使铜箔表面粗糙度上升，直接影响铜箔质量，需要定期对阴极辊面进行抛磨，除去钛筒表面的氧化层。一般在生箔机上设有在线抛磨装置，通常在生箔更换收卷轴时，进行阴极辊在线抛磨后恢复正常生产。没有配备在线抛磨装置的生箔机，只能拆卸阴极辊，将其吊装到专用的磨辊设备上抛磨。离线抛磨工作量大，耗时长，且存在较大阴极辊碰伤等安全风险。

在线抛磨装置由抛磨组件、摆动组件、机台等组成（见图7-21）。抛磨组件与摆动组件可使抛刷进退。抛磨驱动电机和摆动电机均采用变频电机和变频控制，进给运动采用大行程电动和手动微调相结合，采用抛光刷转动电机的工作电流可间接显示抛光的压力。抛磨辊最高转速为300 r/min，抛磨辊最高摆动频率为180次/min。

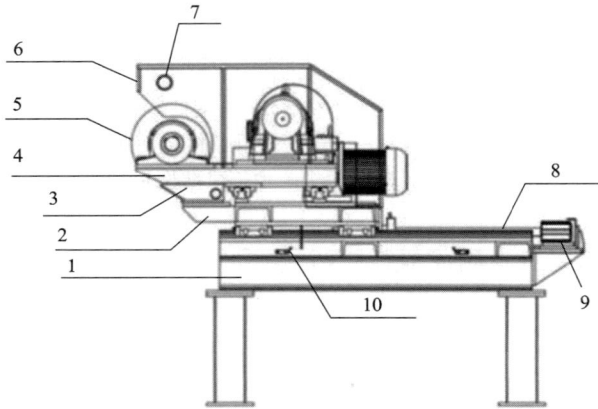

1—固定机架；2—移动支架；3—保护套；4—抛磨支架；5—磨刷；
6—防护罩；7—喷淋管；8—丝杆组件；9—电机；10—限位开关。

图7-21 在线抛磨装置

资料公开了一种生箔机抛光装置，包括固定机架、移动支架、抛磨支架。其中，固定机架设置有直线导轨和丝杆组件、限位开关、步进电机和编码器，移动支架通过滑块设置在直线导轨上，并通过丝杆组件驱动移动支架在直线导轨上移动，丝杆每转一圈行程为5 mm运行精度，配合步进电机和编码器，可实现自动补偿恒压抛磨。限位开关主要起限位作用，防止抛磨装置因超行程运行而造成机械碰撞产生自损坏及碰撞到阴极辊造成阴极辊损坏。

需要对阴极辊进行抛磨时，按工艺要求设定好抛磨装置旋转电机和摆动电机的参数，再按下"启动"开关，磨刷转动，抛光支架摆动起来，在丝杆的驱动下，慢慢地向阴极辊靠近。当磨刷靠近阴极辊时，打开喷淋管阀门，纯水从喷淋管均匀地喷淋到磨刷上，预设参数后开始抛磨阴极辊，通过设在磨刷端部的编码器反馈信号，实现自动跟踪补偿调整抛磨参数，达到平稳、恒压抛磨效果。抛磨结束时，关闭喷淋水管，抛磨支架、移动支架移离阴极辊，返回到起始位置，抛磨装置旋转电机和摆动电机停止运转，完成整个抛磨过程。

2. 水洗喷淋装置

喷淋装置由淋液管、刮液片、接水盘、清洗水管(带喷嘴)、挤水辊、安装支架、移动导轨、挡水罩等零部件组成,整个装置采用整体进退结构以方便维修更换。挤水辊选用不锈钢辊芯包敷耐酸橡胶,喷嘴材质为不锈钢,其他零部件可采用 304 不锈钢或优质工程塑料复合结构。洗箔水流量:0~5.1 L/min 可调(水压 0.20 MPa)。

3. 阴极辊驱动装置

阴极辊驱动装置由驱动电机、减速机、联轴器、轴承及轴承座等主要组件组成。为保证阴极辊转动平稳均匀,采用伺服驱动系统实现转速无级调节,保证阴极辊转动平稳均匀,转速无级可调。阴极辊最大线速度为 12 m/min 即可满足正常铜箔的生产需要,速度再高没有什么实际意义。

4. 切边装置

切边装置由切边辊组件、盘式切刀组件及耳箔收卷组件组成。切边辊可采用 304 不锈钢材质,耳箔收卷装置采用力矩马达驱动。

5. 收卷装置

收卷装置由收卷辊组件和收卷辊驱动组成。收卷辊辊面镀硬铬,收卷辊驱动包括交流伺服电机、减速机和齿轮副等功能部件,收卷驱动可选用伺服驱动系统。

6. 电气控制系统

电气控制系统由动力与运动控制单元(含伺服、变频、力矩驱动等)、张力控制单元、安全报警及工作参数显示、调节、记录和总控等子系统组成,包括主控柜、当地控制盒、传感器、张力控制器、伺服控制器、变频控制器、PLC 和触摸屏等硬件和相应的控制软件。

7. 防尘罩

安装于整个抗氧化及切边收卷装置顶部,由可移动式透明防尘框和 304 不锈钢支架等组成。

7.1.8　生箔机的使用条件

1. 主要技术参数

(1)生产铜箔规格:受阴极辊传动电机减速比的限制,每台生箔机只能生产一定厚度范围的产品,例如 3~35 μm、6~210 μm 等。

(2)阴极辊尺寸:ϕ1500 mm、ϕ2007 mm、ϕ2700 mm、ϕ3000 mm、ϕ3200 mm、ϕ3600 mm。

(3)辊面宽度:1380 mm、1450 mm、1550 mm、1750 mm、1900 mm。

(4)工作电流:从 30 kA 到 55 kA。

(5)电解液最大流量:≥60 m³/h。

(6)阴极辊驱动:AC 伺服。

(7)液下辊驱动:AC 伺服。

(8)收卷驱动:AC 伺服。

(9)张力精度:张力跳动范围+0.02 N。

(10)极距:[(7~11)±0.2] mm。

(11)浸液率:≥50%。

(12)阴极辊速度 0~12 m/min 可调,速度跳动范围+0.001 m/min。

（13）电流分布均匀性：≤1.0 g/m²（以厚度 6 μm 铜箔为准）。

2. 生箔机使用条件

生箔机使用条件见表 7-6。

表 7-6　生箔机使用条件

序号	技术指标		备注
1	纯水量/(m³·h⁻¹)	6	电导率≤1 μs，压力为 0.2~0.4 MPa
2	冷却水量/(m³·h⁻¹)	3	压力 0.2~0.4 MPa，pH 7~8，悬浮物≤10 mg/L，温度≤32 ℃
3	压缩空气量/(L·h⁻¹)	10	压力 0.4~0.6 MPa
4	排气量/(m³·h⁻¹)	3000	抽风量
5	电源电压/kV	70	3 相，50 Hz±2%
6	洁净空气量/(m³·h⁻¹)	1800	净化等级 10000 级

3. 生箔机安装规范

生箔机安装规范见表 7-7。

表 7-7　生箔机安装规范

序号	位置	要求	备注
1	阳极槽	用千分尺测量阳极槽至样棒（假轴）的误差，误差范围应在 0.5 mm 内，水平误差应在 0.02 mm 内	调整测量阳极槽与样棒（假轴）的中心尺寸，用千分尺测量
2	剥离辊	水平尺测量水平度，水平误差为 0.02 mm；平行度用百分表测量，左右误差为 0.01 mm	以样棒为基准，用皮尺测量两辊间的周长。
3	Ⅰ过辊（周长，用软尺测量两端）	水平误差 0.02 mm；平行度，左右误差 0.01 mm	百分表测量
4	Ⅱ过辊（周长）	水平误差 0.02 mm；平行度，左右误差 0.01 mm	
5	Ⅲ过辊（张力辊）（周长）	水平误差 0.02 mm；平行度误差 0.01 mm	百分表测量
6	剪切辊	水平误差 0.02 mm；平行度误差 0.01 mm	水平尺测水平误差≤0.02 mm
7	收卷辊	水平误差 0.02 mm；平行度误差 0.01 mm	百分表测量
8	防氧化Ⅰ辊	水平误差 0.02；平行度误差 0.01 mm	百分表测量
9	防氧化Ⅱ辊	平误差 0.02 mm；平行度误差 0.01 mm	百分表测量
10	在线抛磨轴	水平误差 0.02 mm；平行度误差 0.01 mm	百分表测量

7.1.9　生箔机的选型与计算

铜箔生产线需要的设备与计划的铜箔规格有关。下面以年产 6000 t 电子电路用铜箔为例，说明设备选择的要点。

1. 确定产品结构

设计产品结构见表 7-8。

表 7-8　设计产品结构

指标	产品规格				合计
	9 μm	12 μm	18 μm	35 μm	
比例/%	10	30	30	30	100
年产量/t	600	1800	1800	1800	6000
月产量/t	50	150	150	150	500

2. 制定生箔产量计划

生箔产量计划见表 7-9。

表 7-9　生箔产量计划

规格	计划产量/t	成品率/%	生箔机产量/t
9 μm	50	60	83
12 μm	150	65	227
18 μm	150	80	188
35 μm	150	85	176
合计	500	74	675

3. 设计技术方案

阴极辊面宽度：1400 mm

阴极辊直径：2700 mm

电解电流：45~50 kA

电流效率：98%

设备利用率：90%

4. 工艺计算

采用 45 kA 电流生产时生箔机产量计算如下。

根据电流效率的计算公式：

$$\eta = \frac{M}{Itk} \times 100\%$$

则有

$$M = \eta ItK$$

由于生箔机工作时间为每月 30 d, 24 h 连续运转, 设备利用率为 90%, 所以单台生箔机的产量为:

$$45 (kA) \times 1.186 (kg/kA \cdot h) \times 30 \times 24 \times 98\% \times 90\% = 33.9 \ t/(月 \cdot 台)$$

所需生箔机数量:

$$675/33.86 = 19.9 \ 台$$

在采用 45 kA 时需要 20 台生箔机, 外加 2 台阴极辊替换, 需要阴极辊 22 个。

7.1.10 其他铜箔电解装置

1. 环带法

环带法原理如图 7-22 所示。

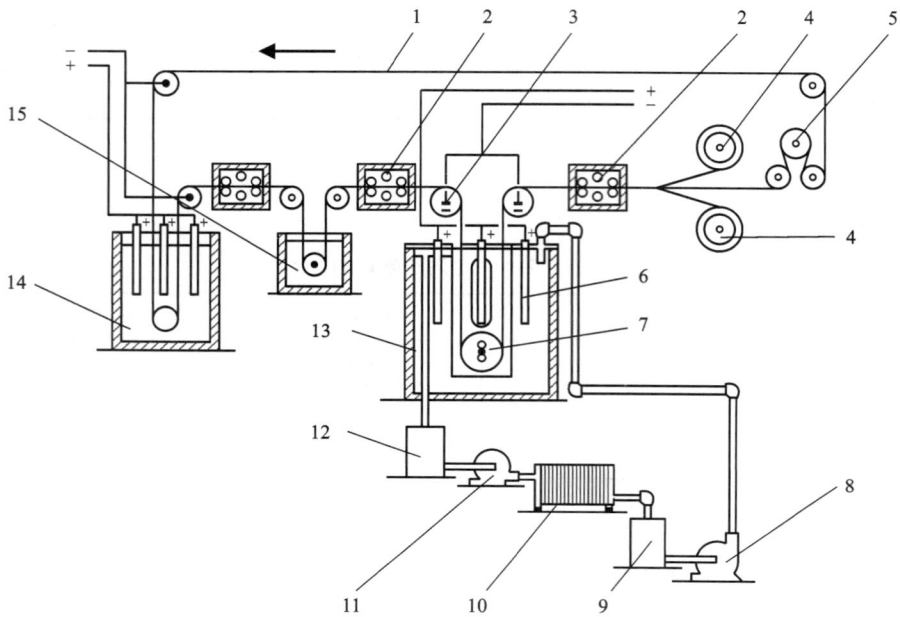

1—金属带; 2—清洗槽; 3—导电辊; 4—铜箔; 5—驱动辊; 6—阳极板; 7—下导辊; 8—净液泵;
9—净液槽; 10—过滤机; 11—污液泵; 12—污液槽; 13—电解槽; 14—电解清洗槽; 15—亚硒酸槽。

图 7-22 环带法原理图

2. 单面环带法

单面环带法是在电解槽内设置导电材料制成的环形带, 将此带的下侧运行部分浸没在电解液中, 环带作为负极, 相当于阴极辊。在电解槽内配置多块不溶性阳极。通电后, 铜离子在环带沉积形成铜箔, 从环带上剥离后卷成箔卷。

如图 7-23 所示, 一条环形运载带通过多个立式电解槽, 对中控制器使环带精确地对准通道。在进入电解槽之前, 环带通过与刷子相接触的垂直可动的补偿辊。通过电解槽之后, 在已有金属箔镀层的环带上, 通过一个清洗设备和干燥设备之后, 金属箔从环带上剥离, 经过切边, 然后缠绕在卷取装置上。

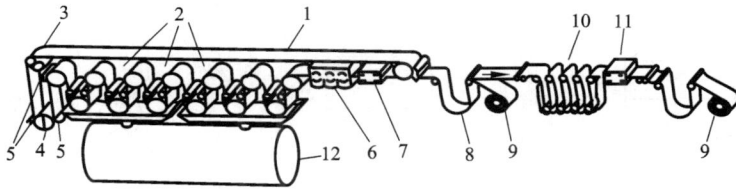

1—金属带；2—电解槽；3—对中装置；4—补偿辊；5—刷子；6—清洗设备
7—烘干；8—铜箔；9—卷取装置；10—后处理设备；11—干燥机；12—储液罐。

图 7-23　单面环带法电解铜箔生产线示意图

与 Edison Thomas A 发明的原型机相比，单面环带法只有一面沉积了金属层，每台机器只能生产一卷铜箔，而原型机可同时生产两卷铜箔。有公司在卷取之前，还增加了后处理设备，通过表面处理后再剥离卷取。在完成一个循环之后，环带可以在辅助的抛磨设备上进行在线机械或化学清理和抛磨。在环带式铜箔生产工艺中，铜箔被电解沉积在挠性金属钛环带上。

单面环带法的优点在于：设备结构简单，阴极的有效电解面积大，铜箔宽度不受阴极辊幅宽限制，金属环带幅宽可以很大，产量高。过去对铜箔长度要求不高，环带的接头处可以裁切，现在要求环带接头处的铜箔不能有针孔，所以环带的焊接和热处理技术要求很高。

除此之外，湿法铜箔生产还有其他方法，如美国 Olin 公司提出的将生箔电解和箔材表面处理放在同一个电解槽内进行的方法。将阴极辊筒分为电镀区和处理区，在电镀区施加标准电流密度，而在处理区施加一个叠加电流密度，即在基准电流密度上叠加一个大于极限电流密度的电流密度，以便在电镀的金属箔表面镀上一层枝状晶层，该晶层牢固地黏结在铜箔表面，提高了金属箔的黏结强度。

7.2　整流装置

电解铜箔是在直流电作用下铜离子在溶液中电解沉积在阴极辊筒表面而形成的，而从发电厂或变电所输送来的都是交流电，所以必须通过整流装置将交流电转变为直流电。电解整流装置有三种：水银整流器、硅整流器和高频开关电源。水银整流器效率低，功率小，已经淘汰。硅整流器效率较高、运行可靠、维护简单，在铜箔企业得到广泛使用。高频开关电源作为一种新型整流设备，结构简单，体积小，效率高，近年新建的铜箔企业大部分采用该类整流电源。

7.2.1　可控硅整流

1. 可控硅整流工作原理

可控硅是 P1N1P2N2 四层三端结构元件，共有三个 PN 结，可以把它看作是由一个 PNP 管和一个 NPN 管所组成，其等效图如图 7-24 所示。

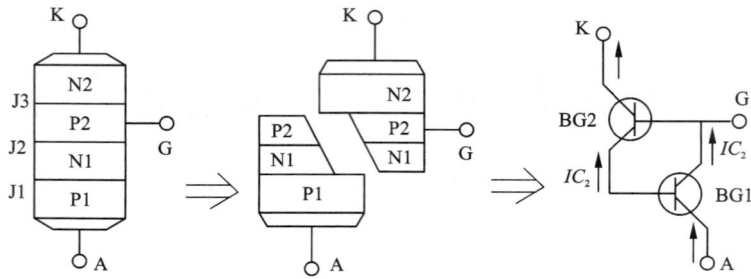

图 7-24 可控硅等效图

当正极 A 加上正向电压时，BG1 和 BG2 管均处于放大状态。此时，如果从控制极 G 输入一个正向触发信号，BG2 便有基流 Ib_2 流过，经 BG2 放大，其集电极电流 $IC_2 = \beta_2 Ib_2$。因为 BG2 的集电极直接与 BG1 的基极相连，所以 $Ib_1 = IC_2$。此时，电流 IC_2 再经 BG1 放大，于是 BG1 的集电极电流 $IC_1 = \beta_1 Ib_1 = \beta_1 \beta_2 Ib_2$。这个电流又流回到 BG2 的基极，形成正反馈，使 Ib_2 不断增大，如此正向反馈循环的结果，两个管子的电流剧增，可控硅便饱和导通。

由于 BG1 和 BG2 所构成的电路正反馈作用，因此一旦可控硅导通后，即使控制极 G 的电流消失了，可控硅仍然能够维持导通状态。由于触发信号只起触发作用，没有关断功能，因此这种可控硅是不可关断的。

因为可控硅只有导通和关断两种工作状态，所以它具有开关特性，这种特性需要一定的条件才能转化，此条件见表 7-10。

表 7-10 可控硅导通和关断条件

状态	条件	说明
从关断到导通	①阳极电位高于阴极电位； ②控制极有足够的正向电压和电流	两者缺一不可
维持导通	①阳极电位高于阴极电位； ②阳极电流大于维持电流	两者缺一不可
从导通到关断	①阳极电位低于阴极电位； ②阳极电流小于维持电流	任一条件都可

2. 可控硅整流装置的配置

作为一套完整的整流装置，主要配置如下。

①整流变压器；②整流柜；③控制柜；④油水冷却器；⑤纯水冷却器；⑥上位机监控系统。

整流变压器和整流柜作为主要设备，起到将高压交流电变为低压直流电的作用。控制柜和上位机监控系统共同完成整套装置的控制、调节、监视、报警及通信的功能。油水冷却器和纯水冷却器对变压器和整流柜进行冷却，使其能正常稳定地工作。

3. 整流电路的接线

硅整流装置的接线形式常用的大约有 10 多种，有单拍连接、中点连接及桥式连接。但在电解铜箔生产中，需要低电压大电流的可调直流电源，其电压为几伏至几十伏，而电流为几千安培至几万安培。如果采用三相半波整流电路，则每相要求多至几十只可控硅并联工作，使均流、保护等一系列问题复杂化。

另外，由于整流变压器铁芯直流磁化问题，需加大设备容量。如果用三相桥式电路，虽然可以提高变压器的利用率，但整流元件的数量加倍，且电流的每条通路有两倍的管压降损耗，降低了整流装置的效率。为了既能得到低电压大电流装置，又能避免以上存在的问题，一般采用带平衡电抗器的双反星形可控硅的整流电路。

图 7-25 是三相桥式半波电路。这样输出电流可以大 1 倍。

每组只供给负载电流的一半。同时为了消除变压器直流磁化问

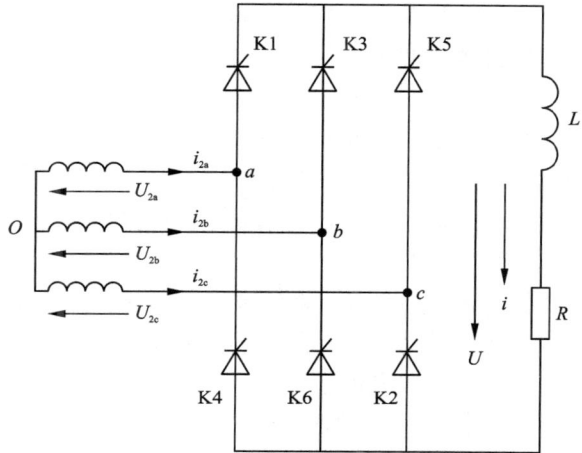

图 7-25　三相桥式半波电路

题，两组副绕组的极性相反，即两组三相半波电路采用同一台整流变压器作为电源。其次级有两组星形绕组，各绕组电压的相位关系如图 7-26 所示，故称双反星形。但这种接线方式并不能体现整流器并联运行的优越性，因为在每一导通区域只有 1 只可控硅导通。

4. 整流装置额定电压电流的确定

选定一套整流装置必须确定它的直流输出额定电压和电流。输出电流的大小取决于设计生产效率（电流密度）及生产工艺。额定电压不仅与生箔机的结构、阴阳间极距、阳极材料、电解液的组成等有关，而且与生箔机的供电方式、设备布置有关。

例如，对于设备布置，整流设备与生箔机是通过直流母线传送直流电的，这必然会产生母线压降，所以在确定直流输出额定电压时还应加上母线上的电压损失。电压损失计算式为：

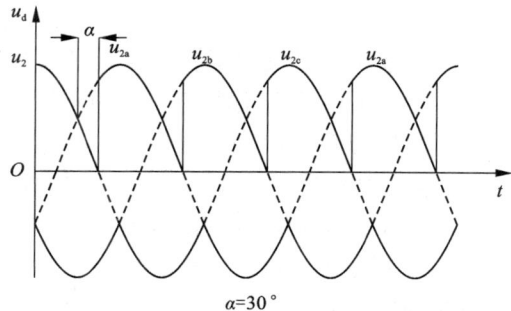

图 7-26　三相桥式半控电路绕组电压相位关系

$$\Delta U\% = \frac{I^2}{10U^2} \times \left(\rho \frac{L}{S}\right)^2 \times 10^{-3}$$

式中：$\Delta U\%$ 为母线电压损失；ρ 为电阻系数，$\Omega \cdot mm^2/m$；L 为母线的长度，m；S 为母线的截

面，mm²；I 为直流电流，A；U 为直流电压，V。

应用此公式时，L 的值应注意：除考虑其实际长度的电阻外，还应考虑其接头处的电阻，一般每一接头处电阻容许增加值按相当于增长 5 m 母线的电阻考虑。当导电板为焊接时，不考虑这一影响。

对于一台生箔机配套一套整流系统而言，电流为 35~50 kA，采用钛阳极时，工作电压为 4.0~6.5 V，额定电压可以选择 7.0 V。对于通过串联电路，同时供应两台及两台以上电解槽的一拖二、一拖多模式，其额定电压需要计算确定。

5. 整流装置的调压

（1）有载分接开关调压。

对于电解铜箔，采用有载分接开关调压是一种理想的调压方式。尽管调节是不连续的，不平滑的，但是由于所调节的电压数可从十几级调到几十级，能满足工艺要求。这种调压装置在正常使用时能够保持较高的功率因数和整流效率。

（2）饱和电抗器调压。

采用饱和电抗器调压，这种方式可以在带负载情况下，在小范围内上下调节，由于它没有活动的触头，因此调节过程平滑，工作可靠性高。但用于大容量的整流设备，对于功率因数和整流效率都是不利的。

在实际工程中，通常将以上两种调压方法相结合，用有载开关粗调，用饱和电抗器细调，这样就能取得较好的调压效果。

6. 整流装置的冷却

电解用的大容量硅整流元件，在工作时会产生大量的热损耗而引起温度升高，并且整流柜的均压电路、RC 抑制电路、快速熔断器等，均有一部分热量产生，如果不用适当的方法将此种热耗扩散到外部去，将会因温度过高而损坏硅元件和附属元件。在工程中通常有以下 2 种冷却方法：

（1）强制通风冷却。

（2）水冷却。水冷却又分直接冷却和循环水冷却。一般来说，水冷却的效果较风冷却好，而且水冷却就整流柜的安全运行来说也是较为有利的。

总之，对于可控硅整流系统，应该具备下列性能：

①高可靠性的 PLC 控制系统和智能触摸操作系统，远地、近地操作，控制精度要高。②通信方式：PROFIBUS 或工业以太网。③采用标准化、系列化组合结构。④使用高精度输出电流霍尔器件大电流检测。⑤输出电流、电压连续调节，过流、三相不平衡、缺水、超温保护功能齐全。⑥配套专用、动态的就地电力滤波补偿装置，电网质量符合国家标准。

7. 主要技术要求

①输出电压：各种规格电压系列。②额定输出电流：0~50 kA。③输入电压范围：三相，380 V AC±10% 或 10 kV AC±5%。④输出电流、电压稳定度：≤1%。⑤功率因数：≥0.9（额定功率运行）。⑥谐波：符合 GB/T 14549—1993。常见的电解铜箔用整流器的结构及参数见表 7-11。

表7-11　常见的电解铜箔用整流器的结构

序号	额定电流/A	额定电压/V	外形尺寸/mm			质量/kg	备注
			深L	宽W	高H		
1	15000	≤20	1800	1200	2200	2500	A或B柜
2	20000	≤20	1800	1200	2200	3000	A或B柜
3	25000	≤20	1800	1200	2200	3500	A或B柜
4	30000	≤20	1800	2×1200	2200	5000	A+B柜
5	35000	≤20	1800	2×1200	2200	5500	A+B柜
6	40000	≤20	1800	2×1200	2200	6000	A+B柜
7	45000	≤20	1800	2×1200	2200	6500	A+B柜
8	50000	≤20	1800	2×1200	2200	7000	A+B柜

8. 安装及使用条件

①电压：（3~380）V±10%，1-AC 220 V 频率为（50±1）Hz。

②安装环境。

环境温度：-20~45 ℃，海拔 ≤2500 m

相对湿度：≤90%

无强烈震动，无强烈腐蚀气体。

③冷却水要求。

进水水温：≤35 ℃，与环境温度相差小于5 ℃；

进水水压：0.1~0.25 MPa；

出水水压：≤0.05 MPa；

pH：6~8；

去离子水、水的电导率：≤50 μS/cm；

硬度（以碳酸钙计）：<0.03 mg/L。

7.2.2　高频开关电源

1. 高频开关电源工作原理

开关电源是利用现代电力电子技术，控制开关管开通和关断的时间比率，维持稳定输出电压的一种电源，开关电源一般由脉冲宽度调制（PWM）控制 IC 和 MOSFET 构成。

与线性电源相比，PWM 开关电源更为有效的工作过程是通过"斩波"，即把输入的直流电压斩成幅值等于输入电压幅值的脉冲电压来实现的。

高频电源的工作原理如图7-27所示。

高频开关电源从交流电网输入、直流输出的全过程，包括：

（1）输入滤波器：其作用是将电网存在的杂波过滤，同时也阻止本机产生的杂波反馈到公共电网。

（2）整流与滤波：将电网交流电源直接整流为较平滑的直流电，以供下一级变换。

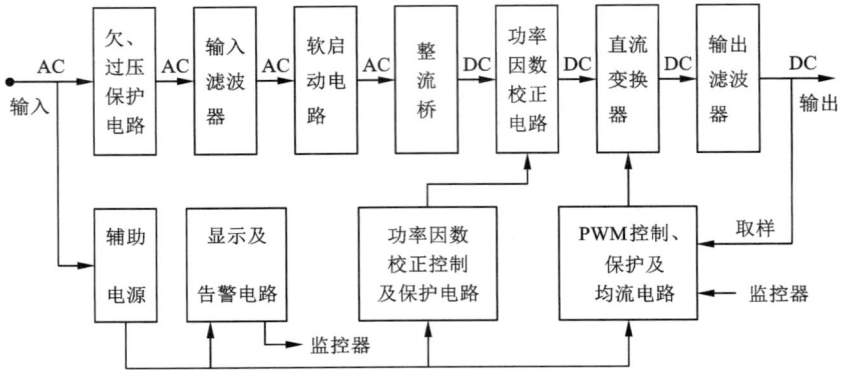

图 7-27　高频电源的工作原理

（3）逆变：将整流后的直流电变为高频交流电，这是高频开关电源的核心部分，频率越高，体积、重量与输出功率之比越小。

（4）输出整流与滤波：根据负载需要，提供稳定可靠的直流电源。

开关电源采用功率半导体器件作为开关元件，通过周期性通断开关，控制开关元件的占空比来调整输出电压。改变接通时间和工作周期比例亦即改变脉冲的占空比，这种方法称为"时间比率控制"（time ration control，TRC）

按 TRC 控制原理，开关电源采用下面三种方式。

（1）脉冲宽度调制（pulse-width modulation，PWM），是开关周期恒定，通过改变脉冲宽度来改变占空比的方式。

（2）脉冲频率调制（pulse frequency modulation，PFM），是导通脉冲宽度恒定，通过改变开关工作频率来改变占空比的方式。

（3）混合调制，是导通脉冲宽度和开关工作频率均不固定，彼此都能改变的方式，它是以上二种方式的混合。

高频开关电源不需要大幅度提高开关速度就可以在理论上把开关损耗降到零，而且噪声也小。

2. 高频开关电源技术要求

（1）生箔机电解用同步整流高频开关电源输出电流为 50~60 kA，电压为 7~7.5 V。

（2）稳压精度为 ±0.5；稳流精度为 ±0.5%；显示精度为 1 A，0.01 V。

（3）各单元模块均流误差 ≤1%。

（4）采用同步模式高频开关电源，整机的最大效率大于 95%，正常工况平均效率为 92% 以上。

（5）输入功率因数 ≥95%。

（6）电源纹波系数 ≤1%。

（7）采用单元模块结构，单元模块采用全桥软开关技术可减少 IGBT 开关管的开关应力及开关损耗以保证稳定性，单元模块整流模式必须采用高效节能的同步整流模式；单元模块的容量必须有 1.25 倍的余量。

（8）要求各个模块完全一样，不需做任何调试，可在不停机带电情况下进行热更换。

（9）单元模块内所有电路板必须做三防处理（防水、防酸、防尘），单元模块全密封设计防护等级为 IP54。

（10）每个单元模块应为全数字化控制，主系统与每个单元模块之间采用 RS485 数字化网络连接，单元模块的通信线必须采用航空插头以方便单元模块的更换。

（11）整机系统必须有电流自动分配功能，当有单元模块故障或停止使用时系统自动重新进行电流分配以保证总输出电流不变。辅助阴极电源采用 RS485 通信模式制作，由生箔机电源触摸屏控制。

（12）生箔主开关电源采用水冷冷却方式，确保柜内的元器件在正常的环境温度下连续运行。

（13）单元模块内不得有水管接头，以防漏水。水路内径不得小于 12 mm，以防堵塞。

（14）为了增加电源的可靠性，整流 MOS 管的电流储备系数应不小于 5.0。

（15）每台单元模块均有独立的空气开关和阀门，方便在线更换及检修。

（16）柜体必须结构紧凑、比例协调、美观大方，便于维护维修。具有承受自身总重的起吊装置，方便用户搬运、安装。

（17）柜体表面涂装：防酸、防腐处理及静电喷涂，能够在酸、碱、潮湿等腐蚀性气体介质环境中使用。

（18）变压器绝缘等级：B 级。

（19）谐波柜技术指标：生箔谐波柜理论值 THD（电流总谐波含量，下同）≤6%，平均工况值 THD≤8%。

3. 生箔同步整流高频开关电源主要参数

生箔同步整流高频开关电源主要参数见表 7-12。

表 7-12　生箔同步整流高频开关电源主要参数

参数	型号规格
	50000 A/7 V
交流进线电压/V	AC380±10%（3 相）
交流输入频率/Hz	50~60
直流输出电压/V	0~7
直流输出电流/V	0~50000
额定输入功率因数	≥0.95
最高输出效率/%	≥94
稳压精度/%	≤1
稳流精度/%	≤0.5
显示精度	1 A，0.01 V
电流纹波系数/%	≤1

续表7-12

参数	型号规格
	50000 A/7 V
电源类型	IGBT 制作
整流器件	同步 MOS 管整流
控制模式	稳流
电源组成	电源采取生箔一体化结构模式
冷却方式	水冷
水量/(t·h^{-1})	7.5
噪声/dB	≤505
运行状况	24 h 不间断运行
控制方式	RS485 控制 PLC+触摸屏控制

同步整流高频开关电源整机控制系统采用集中控制，采用就地和远程双控制。就地控制能启停设备并能设定且显示输出电流电压值；远程控制采用触摸屏控制、显示，涵盖所有操作功能，用于控制电源的输出并能显示电源的实时状态及运行参数，界面为中文。

（1）可设定的参数包括但不限于以下所列各项：

直流输出的电流电压：能连续可调；

电源软启动时间：直流输出从 0 上升到设定值的时间，按秒计。

电流电压误差上下限比例：实际值与设定值偏差所占的百分比。

电流显示的校准系数。

电流误差的报警，误差的正负范围能在屏上设置。

（2）可显示的参数包括但不限于以下所列各项：

直流输出侧的电流、电压。

单个模块的电压、电流。

单个模块的故障信息及运行状况。

各种故障报警情况。

数据采集装置能及时采集电流和电压数据并存储在系统中，形成曲线图，数据保存周期为一个月。应有通信接口，可以外接 MES 系统等。

（3）系统应有完善的保护措施，确保系统安全可靠地运行，如过电流保护、母排过热保护、电流波动超限报警、漏水等保护，显示屏上显示并有声光报警指示。

（4）电源控制应和生箔机联锁，保证其主设备速度骤停时，整流电源立即停止运行。

（5）触摸屏可以显示理论生产重量，显示电源运行时间及累计千安时。

（6）整机应预留远程 DCS 通信接口。

4. 可控硅整流器与高频开关电源比较

可控硅整流器与高频开关电源比较见表 7-13。

表 7-13　可控硅整流器与高频开关电源比较（以电流 50 kA 为例）

比较参数	可控硅整流器	高频开关电源
变压器	有工频变压器，体积特别大	无工频变压器，有高频变压器，重量小
受控器件	可控 SCR	IGBT
工作频率	50 Hz	20 kHZ 或 250 kHz
控制方式	移相触发	PWM 调制
输出滤波	无	有，而且效果明显
输出直流	半波	高密度直流方波
稳压精度/%	<5	≤0.5
稳流精度/%	<5	≤0.2
冷却方式	水冷/油冷/风冷	风冷/水冷
额定效率/%	70	≥95
功率因素	0~0.9 可变	全范围为 0.9 以上
控制电路	复杂，有同步要求，不易集成	简单采用专用集成板电路，并做过防腐处理，完全密封
体积及整机重量	体积大，为 A+B 柜，深 1800 mm，宽 2×1200 mm，高 2200 mm，总重 7000 kg	体积小，可分为多个模块，在生箔机四周布置，整机重量 960 kg
带载启停	不允许	允许
输入电压允许波动范围/%	±10	±15
对电网干扰	大，且不易消除	很小，易消
调节影响速度	一般	极快
节能效率	差	节能明显，与普通可控硅比可节省电 30%
自动控制程度	一般	智能

5. 表面处理电源

电子电路用铜箔必须进行表面处理，有人称之为后处理，主要为区分锂电池用铜箔的防氧化表面处理。后处理电源与生箔机整流电源原理相同，区别在于生箔为高电流低电压，后处理电源则电流小而电压相对较大。后处理电流大小与表面处理机运行速度有关，速度高，电沉积时间短，需要的电流就越大。表面处理电源主要技术参数见表 7-14，其主要性能如下。

（1）铜箔表面处理机整流电源采用高频开关电源制作，其中粗化、固化用 3000 A/20 V 电源可采用模块并联方式制作，其他采用单机制作。

（2）整流管电流储备系数不小于 3.0。

（3）输入电源：AC 380V 三相 50 Hz。

（4）额定效率≥93%，额定功率因数≥0.95。

表 7-14　电子电路用铜箔表面处理电源主要技术参数

参数	型号规格		
	3000 A/20 V	2000 A/20 V	1000 A/20 V
交流进线电压/V	AC380±10%（3 相）	AC380±10%（3 相）	AC380±10%（3 相）
交流输入频率/Hz	50~60	50~60	50~60
直流输出电压/V	0~20	0~20	0~20
直流输出电流/A	0~3000	0~2000	0~1000
额定输入功率因数	≥0.95	≥0.95	≥0.95
额定输出效率/%	≥95	≥95	≥95
稳压精度/%	≤1	≤1	≤1
稳流精度/%	≤0.5	≤0.5	≤0.5
显示精度	1 A, 0.1 V	1 A, 0.1 V	1 A, 0.1 V
电流纹波系数/%	≤1	≤1	≤1
电源类型	IGBT 制作	IGBT 制作	IGBT 制作
整流器件	同步 MOS 管整流	同步 MOS 管整流	同步 MOS 管整流
控制模式	稳压/稳流	稳压/稳流	稳压/稳流
冷却方式	水冷	水冷	水冷
噪声/dB	≤50	≤50	≤50
运行状况	24 h 不间断	24 h 不间断	24 h 不间断
控制方式	RS485 控制 PLC+触摸屏集中控制	RS485 控制 PLC+触摸屏集中控制	RS485 控制 PLC+触摸屏集中控制
参数	型号规格		
	700 A/40 V	500 A/20 V	200 A/20 V
交流进线电压/V	AC380±10%（3 相）	AC380±10%（3 相）	AC380±10%（3 相）
交流输入频率/Hz	50~60	50~60	50~60
直流输出电压/V	0~40	0~20	0~20
直流输出电流/A	0~700	0~500	0~200
额定输入功率因数	≥0.95	≥0.95	≥0.95
额定输出效率/%	≥95	≥95	≥95
稳压精度/%	≤1	≤1	≤1
稳流精度/%	≤0.5	≤0.5	≤0.5
显示精度	1 A, 0.1 V	1 A, 0.1 V	1 A, 0.1 V
电流纹波系数/%	≤1	≤1	≤1
电源类型	IGBT 制作	IGBT 制作	IGBT 制作

续表 7-14

参数	型号规格		
	700 A/40 V	500 A/20 V	200 A/20 V
整流器件	二极管整流	同步 MOS 管整流	同步 MOS 管整流
控制模式	稳压/稳流	稳压/稳流	稳压/稳流
冷却方式	水冷/风冷	水冷/风冷	水冷/风冷
噪声/dB	≤50	≤75	≤75
运行状况	24 h 不间断	24 h 不间断	24 h 不间断
控制方式	PLC+触摸屏集中控制	PLC+触摸屏集中控制	PLC+触摸屏集中控制

（5）电源的输出电流、电压均能连续可调。

（6）控制系统。

表面处理机采用集中控制，设一台触摸屏远程操作控制柜，安装在后处理机的主操作台边，每台单个电源设就地控制器，采用 RS485 双表控制器。远程操作控制柜显示屏涵盖所有操作功能用于控制后处理机的所有整流电源，并能显示电源的实时状态及运行参数，界面为中文界面。

①可设定的参数包括但不限于以下所列各项：

电源直流输出的电流、电压（连续可调）；

电源软启动时间；

电源软停止时间；

②电源电流电压误差上下限比例等。

可显示的参数包括但不限于以下所列各项：

电源直流电流设定值；

电源直流电流、电压实际输出值；

故障报警等。

③系统必须有完善的保护措施，确保系统安全可靠地运行，如过流、过压、过热保护等，并有声光报警指示。

④具备断带保护功能，在系统张力为零时，整流电源立即停止运行。

⑤系统应有远程通信能力。

7.3　过滤器

7.3.1　硅藻土过滤器

1. 溶液过滤的意义

高端电解铜箔，要求使用的溶液成分必须严格控制，杂质越少越好。实际上，铜箔电解液都有可能受到其他杂质的污染。为防止杂质对电解过程造成危害，在它们进入电解槽之前，就必须通过过滤净化将它们除去。铜箔电解工艺中电解液污染分为有机物污染和金属杂质污染两大类。有机物污染主要是指溶液中的胶质、油脂等有机物；金属杂质离子主要是指溶液中含有对电沉积有不利影响的 As、Sb、Pb、Ni、Fe 等金属离子。金属杂质离子主要来源于原材料，如由于现场管理不严，铜料中混入的铁丝带入 Fe，紫铜米中含有少量黄铜米带入 Zn 等。另外，不锈钢管道腐蚀，也会导致电解液中 Ni、Fe、Cr 等金属杂质离子超标。金属杂质离子一般无法通过低成本方法除去，只能对外销售处理。

有机污染物来源复杂。电解铜箔表面的油污、铜线表面的润滑脂、电解过程中使用的各种添加剂在高温下的分解物等，都会对铜箔电沉积过程产生不利的影响。

过滤是指在外力作用下，利用有孔介质从流体（液体或气体）中除去/分离目标物质。其中多孔介质称为过滤介质，需要处理的气体/液体为污染介质；被过滤材料截留的固体颗粒称为滤饼或滤渣，通过过滤材料后的流体称为洁净流体。驱使流体通过过滤介质的推动力可以是重力、压力（或压差）和离心力。铜箔生产过滤的目的是获得洁净的流体产品，对于其他产业，也可能是为了得到滤饼中的有效成分。

生箔的制造过程是铜箔生产中最关键的环节，绝大多数的物化性能指标与生箔有着直接或间接的关系。高洁净化的电解液是生产高品质铜箔的基础。因此，硅藻土过滤器就是生箔溶液净化的必备装备。

2. 硅藻土过滤器系统组成

硅藻土过滤一般是指以硅藻土涂层作为滤层的涂层过滤器，利用机械筛除作用处理溶液中含有的微小悬浮物。电解铜箔行业的硅藻土过滤器不仅具备硅藻土涂层，中间还设有活性炭层，既能通过硅藻土涂层除去微小颗粒物，也能用活性炭来吸附电解液中的有机物。

传统的硅藻土过滤机是卧式的。硅藻土过滤机由多个过滤单元组成，每个过滤单元与硅藻土过滤机的滤室作用相同，包括压滤机滤板、压滤机滤框、滤布，滤布夹在板框之间，作为吸附过滤介质硅藻土支撑板。在硅藻土过滤机进行过滤之前，要进行预涂。也就是说，在一定的压力下，将一定量的硅藻土混合液泵入硅藻土过滤机的各个板框中，在循环活动中产生压差，使硅藻土平均地吸附在滤布外表面，构成过滤层和预涂层。在板式硅藻土过滤过程中，过滤液经过过滤泵进入过滤机，流入各过滤室。滤液中的残渣被硅藻土过滤层和滤布阻拦留在滤饼中，清液在各个滤液室汇集，从清液管流出，达到净化的目的。卧式过滤机，生产能力大。但板框式过滤机清渣必须人工操作，劳动强度大，效率低。

近年来，在电解铜箔行业，立式硅藻土过滤器越来越受欢迎，主要在于立式过滤器可自动清渣，自动化程度高，劳动强度低。立式硅藻土过滤器整个过滤周期分为预涂、过滤和反冲洗三步。通过预涂工序，先在滤网和滤布外面包裹一层厚度为 2~3 mm 的硅藻土层作为过滤基层，硅藻土粒度为 1~10 μm。也可以在硅藻土层外再加涂活性炭层。过滤结束后采用压缩空气或水进行反吹，将滤芯外面的硅藻土和活性炭震掉，落入过滤器下方的收集仓，轻松实现清渣。

铜箔生产常见的立式硅藻土过滤器结构如图 7-28 所示。

3. 硅藻土

硅藻土过滤器的过滤效果与采用的硅藻土质量密切相关。硅藻土是一种生物化学沉积岩，它主要由古代硅藻沉积而成，大多数来源于白垩纪以后的地层。硅藻土的密度为 $1.9~2.3$ g/cm³，堆密度为 $0.34~0.65$ g/cm³，比表面积为 $40~65$ m²/g，孔体积为 $0.45~0.98$ m³/g，

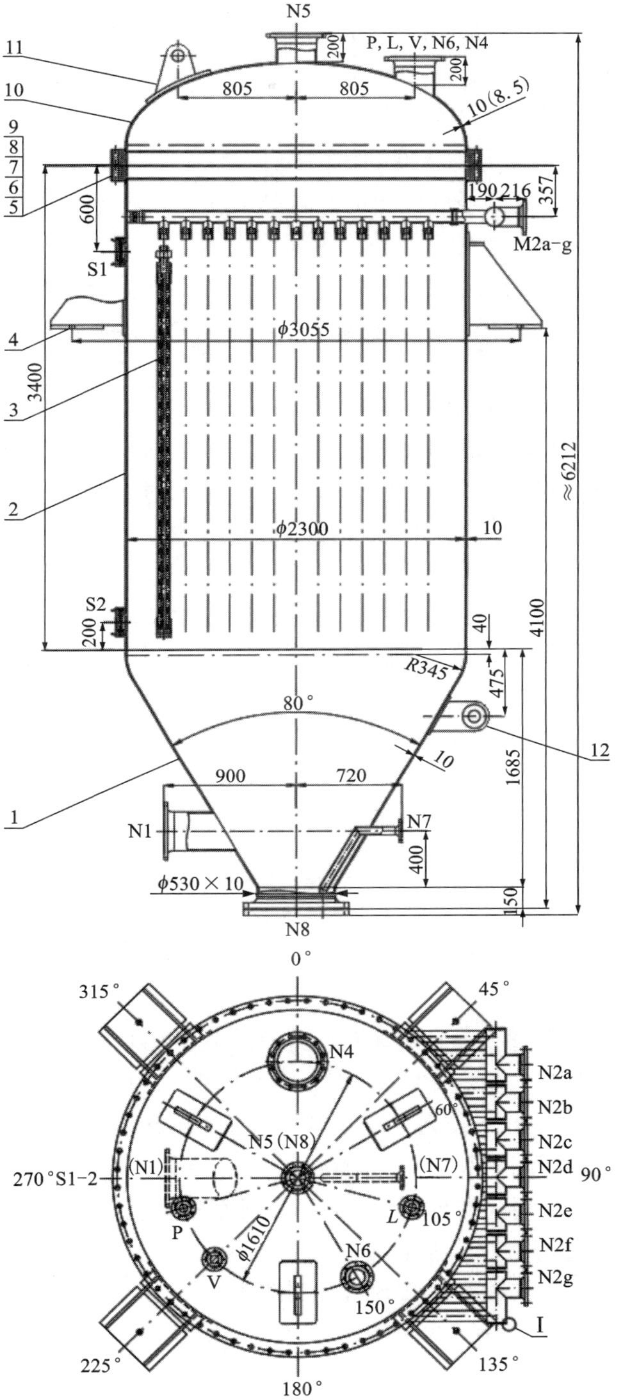

1—锥形封头；2—筒体；3—过滤组件；4—耳座；5—法兰；6—法兰；
7—垫片；8—螺栓；9—螺母；10—上封头；11—吊耳；12—吊耳。

图 7-28　立式硅藻土过滤器结构

吸水率是自身体积的 2~4 倍，熔点为 1650~1750 ℃，在电子显微镜下可以观察到特殊多孔的构造。通常 SiO_2 占 80% 以上，最高可达 94%。优质硅藻土的氧化铁含量一般为 1%~1.5%，氧化铝质量分数为 3%~6%。硅藻土必须经过干燥、煅烧、破碎、分级工序，制造出不同类型的硅藻土助滤剂，用于各种液固分离。

铜箔电解液采用硅藻土作为助滤剂的作用如下。

（1）筛分作用。当电解液流经硅藻土时，硅藻土的孔隙小于杂质粒子的粒径，这样杂质粒子不能通过而被截留下来，这种作用被称为筛分作用。

（2）深度效应。当电解液流经硅藻土时，一部分透过滤饼表面的较小杂质颗粒，被硅藻土内部的孔洞所阻挡，留在硅藻土内。滤除固体粒子的能力基本上与固体粒子、孔隙的大小、形状有关。

（3）吸附作用。粒子之间被相反电荷所吸引形成链团从而牢牢地黏附在硅藻土上。

电解铜箔溶液过滤采用食品添加剂级硅藻土助滤剂。产品符合 GB 14936 要求，但 GB 14936 只有 7 个理化指标，无法满足铜箔电解液过滤要求，为此，铜箔行业的硅藻土助滤剂除满足 GB 14936 外，还需要满足表 7-15 中的性能要求。

表 7-15　硅藻土性能要求

序号	性能指标	参数值
1	干燥减量/%	≤3.0
2	渗透率（Darcy）	0.1~5
3	振实密度/(g·cm⁻³)	≤0.53
4	150 目筛余/%	≤3
5	水可溶物/%	≤0.8
6	氯离子含量/%	≤0.1

渗透率是反映液体物质通过某一粉末粒子层速率比的参数，又叫渗透流速比。将待测硅藻土助滤剂按要求做成滤饼，测定 40 mL 水通过的时间，再按达西（Darcy）公式计算出渗透率。硅藻土过滤性能受粒度影响较大，颗粒越小，白度越高，过滤效果越好。粒度减小，会使渗透率下降，导致过滤时间延长。

分辨硅藻土质量好坏，可先看外观，白度高，很蓬松也就是堆密度小，质量较好。

电解铜箔用硅藻土过滤器性能参数如下。

（1）过滤液介质：硫酸浓度 85~125 g/L，铜浓度 50~90 g/L。

（2）单台过滤液体通量：320 m³/h。

（3）过滤精度：1 μm。

（4）过滤效率：≥99%。

（5）设计压力：≤0.5 MPa。

（6）运行压力：≤0.4 MPa。

（7）设计温度：80 ℃。

（8）运行温度：≤60 ℃。

（9）设备壳体材质：316L 不锈钢。

（10）硅藻土过滤器必须保证清液的澄清。

4. 硅藻土过滤器系统要求

（1）配备自动阀门、压力传感器和液位传感器、PLC 控制系统和触摸屏人机界面，可以实时直观地观察设备运行参数，可以随时查看系统运行状态、各个阀门的开关状态、系统内部压力和液位高度。

（2）系统配备进料压力传感器、出料压力传感器，能有效保证设备工作在指定差压范围内，当检测到进出口的压力达到一定数值时，表明过滤机的滤袋表面的颗粒层厚度已经达到过滤极限，需要进行排渣和清洗，系统会自动进入排渣清洗环节。

（3）系统配备压力传感器，当检测到设备内部压力达到一定数值时，为保证设备安全，系统自动关闭进料泵和进料阀，并打开放空阀进行卸压，保证不损坏设备。

（4）系统配置差压液位计，可以实时监测设备内部液位高度。

（5）工作模式分为手动控制模式和自动控制模式，手动模式为分步控制，自动模式为PLC 自动启动控制。当检测到设备内部压力过高或进出料口差压达到一定数值或设定的过滤时间到达时，进入自动压料和排渣清洗环节，一直到整个步骤结束后自动关闭所有阀门和泵。

（6）控制系统有 DCS 通信接口。

7.3.2　活性炭过滤器

活性炭是一种黑色多孔的固体炭质，吸附能力很强。它是把硬木、果壳、骨头等放在密闭的容器中烧成炭再增加其孔隙后制成的。活性炭的比表面积为 $500\sim1700$ m^2/g，相当于 8 个网球场面积。活性炭是一种具有非极性表面的多孔吸附剂，而水分子存在缔合性，因此，活性炭自水溶液中吸附有机物是最理想的状态。

活性炭吸附法是利用多孔性的活性炭，使溶液中一种或多种物质被吸附在活性炭表面而去除的方法，去除对象包括溶解性的有机物质、微生物、病毒和一定量的重金属，能够脱色、除臭。

活性炭的制造基本上分为两个过程：第一过程包括脱水及碳化，将煤或椰壳等原料加热，在 $170\sim600$ ℃ 的温度下干燥，使原有的有机物80%碳化。第二过程是使碳化物活化，用活化剂如水蒸气与碳反应，在吸热反应中产生 CO 及 H$_2$ 组成的混合气体，燃烧加热碳化物至适当的温度（$800\sim1000$ ℃），以烧除其中所有可分解的物质，由此产生发达的微孔结构及巨大的比表面积，因而具有很强的吸附能力。

活性炭的孔隙按孔径的大小可分为三类。大孔（半径为 $1000\sim1000000$ Å）、过渡孔（半径为 $20\sim1000$ Å）、微孔（半径小于 20 Å）。不同原料制成的活性炭具有不同大小的孔径。一般椰壳活性炭的孔隙半径最小。木质活性炭孔隙半径最大，煤质活性炭的孔隙大小介于两者之间。

电解液过滤也可根据污染物的情况，将 $2\sim3$ 种不同粒度的活性炭配合使用。

粒度较小的活性炭产品具有更高的吸附速率，但与此同时，每单位厚度滤饼的阻力也会更高。颗粒的尺寸越小，则压力降越大、过滤效率也越高。

活性炭的细孔有效半径一般为 $1 \sim 10000$ nm，小孔半径在 2 nm 以下，过渡孔半径一般为 $2 \sim 100$ nm，大孔半径为 $100 \sim 10000$ nm。小孔容积一般为 $0.15 \sim 0.90$ mL/g，过渡孔容积一般为 $0.02 \sim 0.10$ mL/g；大孔容积一般为 $0.2 \sim 0.5$ mL/g。

如前所述，电解铜箔生箔电解过滤一般采用硅藻土层与活性炭层交叉使用，一般采用粒度更小、吸附面积更大的粉末活性炭。但对于表面处理工艺，由于溶液体积很小，采用硅藻土加活性炭过滤成本很大。表面处理电解液一般采用结构更简单的颗粒活性炭或活性炭滤芯过滤器进行溶液过滤。

颗粒活性炭是以粉末活性炭为原料，加入黏结剂，挤压成型。以粉末活性炭为原料，羧甲基纤维素钠为黏结剂，挤压成型，得到比表面积达 844.9 m^2/g，耐磨强度达 99.83% 的柱状成型活性炭。采用膨润土作为粉末活性炭的黏结剂，制备的活性炭比表面积可达 1554 m^2/g。将椰壳碎炭，添加 20% 无机增黏剂，以 2% 羧甲基纤维素钠为黏结剂，进行挤压成型和制粒，其碘吸附值仅降低 13.07%，亚甲基蓝吸附值仅降低 2.27%，比表面积降低了 14.97%。

活性炭滤芯是颗粒活性炭过滤介质的滤芯。滤芯最内层为聚丙烯骨架，起加强滤芯的耐压强度的作用。骨架上包覆两层聚丙烯超细纤维毡，用以阻挡溶液通过碳芯时带出粒径大于 10 μm 的活性炭粉末。熔喷式滤芯外层是两层聚丙烯超细纤维毡，可过滤电解液中粒径大于 20 μm 的颗粒，使活性炭滤芯具有过滤与净化双重功能。其最外层为白色塑料网套，使滤芯具有完整的外表与整洁的外观。滤芯两端为丁腈橡胶端盖，可确保滤芯装入滤筒后具有良好的密封性。活性炭滤芯具有良好的吸附作用，能有效除去水中的有机物、大颗粒悬浮物、颜色等。

除粒度、孔隙率外，选择活性炭还需要关注以下 4 项指标。

（1）碘值。

碘值反映活性炭中微孔数量含量情况，碘值的定义为：每克活性炭从饱和浓度为 0.02 mol/L 的碘溶液中吸附 I_2 达到平衡时的 I_2 的毫克数。由于碘是小分子物质，碘值可用于表示活性炭对较小分子的特定吸附能力。一般用碘值来评估活性炭中直径小于 1 nm 的空隙的表面积。

（2）密度。

活性炭密度有几种表示方法。表观密度是指每单位体积活性炭的质量数；真密度表示活性炭颗粒的特定重量，颗粒密度则包括了颗粒间隙体积的、单位体积碳的质量数。

一般用表观密度描述活性炭的通用性能，大部分活性炭表观密度为 $425 \sim 500$ g/cm^3。

（3）硬度。

硬度是反映活性炭机械强度的指标，以质量变化百分比表示。准确地说，是反映颗粒活性炭抵抗回转-拍击试验机中钢球破碎作用力的能力指标。

颗粒活性炭最小硬度为 75%，最大可达 99%。

（4）磨损值。

磨损值是表征活性炭耐磨性的指标。测量方法与硬度方法相同，通过在 RO-TAP 机器中使碳样品与钢球接触并测量最终颗粒的平均直径与原始颗粒的平均直径之比来计算。

一般要求颗粒活性炭耐磨值 ≥78%。

总之，硅藻土过滤器有助滤层硅藻土，采用粉末活性炭，它的比表面积更大，吸附效果更好；其他活性炭过滤器，一般采用颗粒活性炭，主要防止漏滤。

7.3.3　精密过滤器

溶液中不溶性微粒主要来源于原料铜的加入和废箔回用，活性炭和其他有机物吸附剂在使用中也会少量分解形成不溶性微粒。不溶性微粒会通过机械夹杂于组织内或吸附于铜箔表面，造成箔面粗糙、针孔、渗透点等质量缺陷。一般可采用多级过滤的办法将微粒由大到小逐级过滤去除，过滤精度最高可以达到 0.5 μm。随着过滤层级的增加和过滤精度的提高溶液净化效果相应提高，铜箔组织的致密性和表面微观结构的细致性都明显改善，表现为延伸率、抗拉强度等指标的提高。

1. 基本概念

（1）名义精度。

过去使用名义精度（nominal rating）来规定过滤器的过滤精度，名义精度是过滤器厂家给出的一个微米值，在实际使用中，名义精度的参考价值不大。实验表明，直径为 200 μm 的杂质颗粒，在某些情况下也能通过名义精度为 10 μm 的滤芯。因此，名义过滤精度的微米值小也不能说明问题，目前也已经淘汰。

（2）绝对精度。

绝对精度（absolute rating）：理论上对所标粒径 100% 的滤除称为绝对过滤精度。它是指能够通过过滤器的最大颗粒直径，以微米为单位。换言之，绝对精度相当于滤孔的最大尺寸，大于这个尺寸的颗粒物不能通过，会被过滤掉。绝对精度比名义精度要准确，能更好地反映出过滤器能够拦截的最小颗粒尺寸。但由于颗粒并不都是规则的球形，滤芯的滤孔在加工过程中也可能出现不均匀，因此，还会出现一些尺寸较大的颗粒物通过的情况。因此，绝对精度实际为"趋于绝对"的精度，绝对精度与实际应用也会存在着一定的差距。

（3）β 值。

表观过滤精度和过滤效果最常见的指标是 β 值。β 值就是过滤比，它是溶液过滤前和过滤后两种溶液中含有的一定尺寸颗粒物数量的比值。

在检测滤芯的过滤效果时，先使用颗粒测量仪，测量过滤前单位体积内溶液中一定尺寸杂质颗粒数量、大小，然后测量过滤后单位体积溶液内的颗粒物数量、大小，过滤前与过滤后检测结果的比值就是过滤比。例如：检测过滤前电解液中尺寸大于 5 μm 的颗粒物数量为 10 个，经过滤芯过滤，测得滤液中尺寸在 5 μm 以上的颗粒物数量为 2 个，那么相对于 5 μm 这个精度级别，该滤芯的过滤比就是 10/2 = 5，标示为 $\beta_5 = 5$。β 值越大，过滤效果越好。选用滤芯时，除考虑过滤精度外，还要比较过滤比。以粒径为 5 μm 的颗粒为例，如果过滤前溶液的颗粒物质量分数为 100 万个/mL，那么对应的过滤后颗粒物数量和过滤比如表 7-16 所示。

表 7-16　过滤比与过滤效率

下游颗粒物数量/（粒·mL^{-1}）	过滤比 β 值	过滤效率/%
500000	2	50
50000	20	95
13000	75	98.7
5000	200	99.5
1000	1000	99.90

过滤效率与过滤比 β 值可以换算，其换算公式为：

$$过滤效率 = \frac{\beta - 1}{\beta} \times 100\%$$

例如表7-16中，β 值为200，则过滤效率百分比就是：

$$(200-1)/200 = 199/200 = 0.995，0.995 \times 100 = 99.5\%$$

对于过滤精度为 5 μm 的滤芯，如果 β 值为200，那么过滤效率就是99.5%，对于尺寸≥ 5 μm 的颗粒物来说，99.5%可以被滤掉。

需要注意的是，虽然过滤比 β 值可以表征滤芯的过滤效果，具有参考价值，但是过滤比 β 值可能会随着流量变化、溶液温度变化略有差异。同时，β 值也不能表征过滤器的纳污能力。如果纳污能力较小，而溶液里面的污染物又比较多，滤芯会很快被堵塞，从而影响使用效果。因此选择过滤器时，还应了解滤芯的纳污能力。

2. 精密过滤分类

（1）袋式过滤器。

大流量滤袋过滤器采用塑料环全热熔焊接滤袋或钢环滤袋，袋式过滤器内部由金属网篮支撑滤袋，液体由入口流进，经滤袋过滤后从出口流出，杂质拦截在滤袋中，更换滤袋后可继续使用。

过滤袋以聚丙烯多层针刺毡作为过滤层，电解液流过过滤袋时，颗粒物由于深层过滤机理滞留于过滤袋的内壁表面及深层，对固体颗粒物或胶体颗粒具有高捕集效率。

针刺毡厚度均匀，具有稳定的开孔率及充分的强度，因而滤袋效率稳定、使用时间更长。用五线双针最紧密地缝制，确保每一个液体过滤袋能达到最好的过滤效果。

目前已知袋式过滤器最小过滤精度可达到 1.0 μm。由于受工艺限制，袋式过滤器适用于初级过滤，可除去电解液中尺寸为 5 μm 以上的大颗粒污染物。对于尺寸小于 5 μm 的颗粒，过滤效果有限，一般推荐使用精密滤芯或绝对膜过滤器。

袋式过滤主要参数：

①最高使用压力：0.7 MPa。

②最高使用温度：90 ℃。

③过滤面积：0.25~8.0 m^2。

④流量：20~650 m^3/h。

⑤更换压差：0.1 MPa/21 ℃。

⑥最大压差：0.3 MPa/21 ℃。

袋式过滤器的优势：

①结构紧凑、尺寸合理。安装及操作简单、方便，占地面积较小。

②过滤精度高，适用于任何细微颗粒或悬浮物，过滤范围可从 1.0 μm 至 200 μm。过滤处理量大，具有成本低、效率高等特点。

③液体袋式过滤器免清洗，更换液体过滤袋可在 30 s 内完成，方便快捷，省工省时。

④单位过滤面积的处理流量较大，过滤阻力较小，过滤效率高。一个液体过滤袋过滤功能相当于滤芯的 5~10 倍，可大大降低成本；设计流量可以满足 20~640 m^3/h 的要求，成本造价低。

⑤用途广泛，可用于粗滤、中滤或精滤；在达到同样过滤效果的情况下，比板框精滤机、

滤芯式过滤器等设备具有投资成本较低、使用寿命长和过滤成本低等优点。

⑥多袋式过滤器可满足不同流量的过滤要求。

（2）熔喷滤芯过滤器。

熔喷滤芯是采用无毒无味的聚丙烯粒子，经过加热熔融、喷丝、牵引、接受成形而制成的管状滤芯（图 7-29）。如果原料以聚丙烯 PP 为主，就称之为 PP 熔喷滤芯。

PP 熔喷滤芯的结构为外层纤维粗、内层纤维细、外层疏松、内层紧密的渐变径紧结构。独特的梯度深层过滤形成了立体滤渣效果，具有孔隙率高，截留率高，纳污量大，流量大，压降低的特点。

PP 熔喷滤芯过滤精度较低，一般作为预过滤芯，只能拦截较大的胶质、颗粒类，其作用为防止大颗粒等堵塞终端滤膜，对后面的终端过滤起到保护的作用。

熔喷滤芯的表面密度最低，从表面向滤芯中心，密度逐渐增加，消除了滤芯流速及增加更换频率的表面盲点。使得熔喷滤芯在整个滤芯深层具有对颗粒物按密度分级捕捉的效能使滤芯的效力得到充分发挥，高的污物截留能力意味着其使用寿命长、成本低。

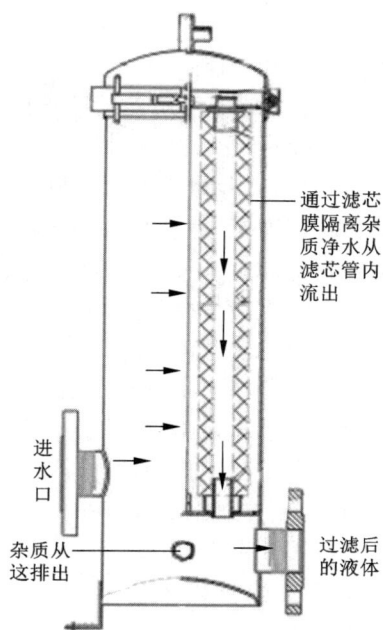

图 7-29　滤芯式过滤器示意图

PP 熔喷滤芯性能如下：

适用 pH：1~13。

最大压差：正向 0.4 MPa。

工作温度：在 0.25 MPa 下，<70 ℃。

灭菌：耐受 126 ℃，30 min 在线蒸汽灭菌。

过滤精度：0.5 μm、1 μm、3 μm、5 μm、10 μm、20 μm、30 μm。

滤芯长度：10″、20″、30″、40″。

滤芯外径：65 mm。

滤芯内径：28 mm。

最高工作温度：60 ℃（压差 0.12 MPa 时）。

最高工作压力：1.6 MPa（25 ℃时）。

正向耐压差：0.4 MPa（25 ℃）。

反向耐压差：0.1 MPa（25 ℃）。

（3）微孔折叠滤芯。

折叠滤芯是以过滤膜为核心的膜折叠滤芯，滤芯外壳中心杆及端盖选用热熔焊接技术加工成型，不泄漏，无二次污染。按照原料的不同，折叠滤芯可分为 PP 聚丙烯折叠滤芯、PTFE 聚四氟乙烯折叠滤芯、PES 折叠滤芯和尼龙折叠滤芯。

PP 折叠滤芯，以聚丙烯复合滤膜（polypropylene）为主过滤材料，过滤公称精度范围可从

0.1 μm 至 60 μm，能有效拦截微小颗粒及胶状杂物，过滤效率高达 99.8%。

PTFE 折叠滤芯，可细分为亲水 PTFE 与疏水 PTFE，用于过滤亲水的溶液和疏水液体；按铸造工艺还可分为铸造膜和接连铸造模。由于聚四氟乙烯独特的四 F 围碳结构，PTFE 具有极强的化学稳定性，可耐强酸、强碱、有机溶剂。PTFE 是一种肯定精度的滤膜，能够用于终端液体除菌和气体除菌。

PES 折叠滤芯，采用先进的聚醚砜微孔滤膜为滤芯，聚醚砜膜微孔的开孔率为 80% 以上，具有独特的微孔几何形状，提高了难过滤溶液的过滤功率和流通量。PES 折叠滤芯具有独特的亲水性能，不含表面活性剂和润滑剂，适用的 pH 范围广，对蛋白质及贵重生物制剂的吸附量低，截留率高，是常用的终端除菌滤芯材质。除菌级滤芯精度一般为 0.22 μm 和 0.45 μm。

尼龙折叠滤芯，采用亲水性尼龙微孔滤膜，由尼龙和聚丙烯两种支撑材料组合热熔而成。具有亲水性能，稳定，颗粒物截留率高，有极好的化学耐受性，一般用于有机溶剂的过滤。主要用于要求很高的化工和医药工业。

这几种折叠滤芯都具有杰出的化学兼容性，适合过滤强酸、强碱及有机溶剂，具有膜过滤面积大，压差低，纳污能力强，使用寿命长等特点，用户可根据需要来挑选合适的原料。

折叠滤芯最高工作温度：

①抗压型：70 ℃（0.3 MPa）。

②高温型：90 ℃（0.2 MPa）。

③超高温型：125 ℃（0.1 MPa）。

④灭菌温度：125 ℃±2 ℃。

最大压差（25 ℃）：正向 0.42 MPa；反向 0.21 MPa。

过滤面积：大于 0.7 m²。

适用 pH：1~13。

过滤精度的选择很重要。使用环境不同，需要的过滤精度也不同。过滤精度太高，容易堵塞滤芯。过滤精度太低，又达不到过滤效果。一般而言，如果想要清除肉眼可见的污染物，需要选择过滤精度 ≥25 μm 的设备。要想清除电解液中的云状污染物，一般需要选择过滤精度为 1 μm 或 5 μm 的过滤器。而要想除去最小的细菌，则需要采用过滤精度 ≤0.2 μm 的过滤设备。

3. 过滤流量选择

对于铜箔生产管理而言，增加过滤次数是提高溶液净化程度的有效方法，通常循环过滤液量应为系统生产供液量的 1.5 倍以上。

在总的流量确定后，需要按照不同的过滤器来选择过滤面积，再计算需要的过滤器数量。

对于过滤器设计来说，流体的流量、压力降、黏度和滤材本身的通过能力都是其影响因素。

滤芯过滤面积 A：

$$A = (Q \times \eta)/(\alpha \times \delta_p) \tag{7-2}$$

式中：Q 为流量，L/min；η 为动力黏度，P（1 P = 0.1 Pa·s，1 cP = 0.001 Pa·s）；δ_p 为压力降，kg/cm²；α 为滤材过滤系数，L/cm²，只能由不同滤材试验来定。

从式（7-2）可看出，过滤面积一定，流量和压力降成正比，并且有一定比例关系。

所以，只要工艺方案中的溶液流量确定，需要的过滤面积就可计算出来。在选用过滤器时，不能只考虑过滤精度和过滤器流量，还要考虑过滤器的过滤效率。

表面处理工序循环流量，可按照表面处理槽溶液容积（L）的4~6倍（相当于水泵清水流量的6~10倍）考虑。过滤器的流量过大没有必要，因为每次过滤所滤除的杂质颗粒物数量会随循环次数的增多而减少。假如每一循环过滤1次，可滤掉槽液中颗粒物总量的10%，则循环过滤3次可去掉约27%，循环4次约34%，过滤6次可除去约46%，循环过滤10次可除去溶液中原来约60%的颗粒物。当然，需要注意的是颗粒物过滤除去量不能简单地加以计算，它还受滤芯精度，溶液在槽内和储罐内是否有死角，颗粒物的粒度分布，滤芯表面吸附层的厚度等一系列因素的影响。

7.4 表面处理设备

7.4.1 设备结构

铜箔的表面处理技术可以分为两类。第一类是加成法工艺，通过电化学沉积，在生箔表面形成各种成分的处理层，提高生箔的抗剥离强度和抗氧化性能，这是目前最常见的铜箔表面处理技术。第二种是减成法工艺，通过微蚀，在铜箔表面形成凹凸不平的处理面，提高铜箔表面粗糙度，达到增强抗剥离强度的目的。由于减成法是在生箔的基体中形成增强层，因此不像加成法存在处理层与基体分离的风险。铜箔减成法表面处理技术，在电解铜箔生产企业应用很少，而在下游PCB应用非常广泛，内层板的铜箔光面棕化处理就是减成法。有兴趣的读者可以仔细研究铜箔加成法与减成法两种处理工艺的优劣势。

目前铜箔企业采用加成法表面处理工艺。加成法表面处理机列从结构上可以分为单开卷单收卷模式和双开卷双收卷模式，双开卷双收卷模式可以实现不停机换卷。根据电解槽的结构，又可分为单液下辊结构（图7-30）和双液下辊结构（图7-31所示）。

表面处理生产线由表面处理机、溶液制备系统、电源等三大系统构成。

表面处理机列主要由放卷装置、电解槽和水洗槽、张力控制装置、速度控制装置、传动系统、导电系统、喷洗系统、干燥装置、收卷装置、辊系及液下辊密封装置、安全/防护装置、电气控制柜、机架等组成。

根据产品不同，常规铜箔的表面处理机列电解槽和水洗槽可分为15槽、16槽和17槽三种机型。例如槽表面处理机列共有酸洗、粗化1、固化1、粗化2、固化2、粗化3、固化3、水洗、黑化、水洗、灰化、水洗、钝化、水洗、水洗、有机层预涂共16个电解槽和水洗槽。17槽表面处机列一般会在钝化槽后增加一个水平防氧化处理槽。表面处理机列的电解槽和水洗槽数量，由具体的生产工艺而定，比如超厚铜箔，它采用一粗两固工艺，相应的电解槽和水洗槽就少。

表面处理机一般由开卷、电解槽、水洗、烘干装置和收卷装置等几部分构成。

1）开卷装置

表面处理的第一个任务就是通过开卷机将生箔机卷取的箔卷打开。放卷机装置由固定轴承、纠偏装置及张力控制部分组成。

开卷机的张力控制部分，一般采用力矩电机进行控制，也有利用开卷轴与轴承座之间的

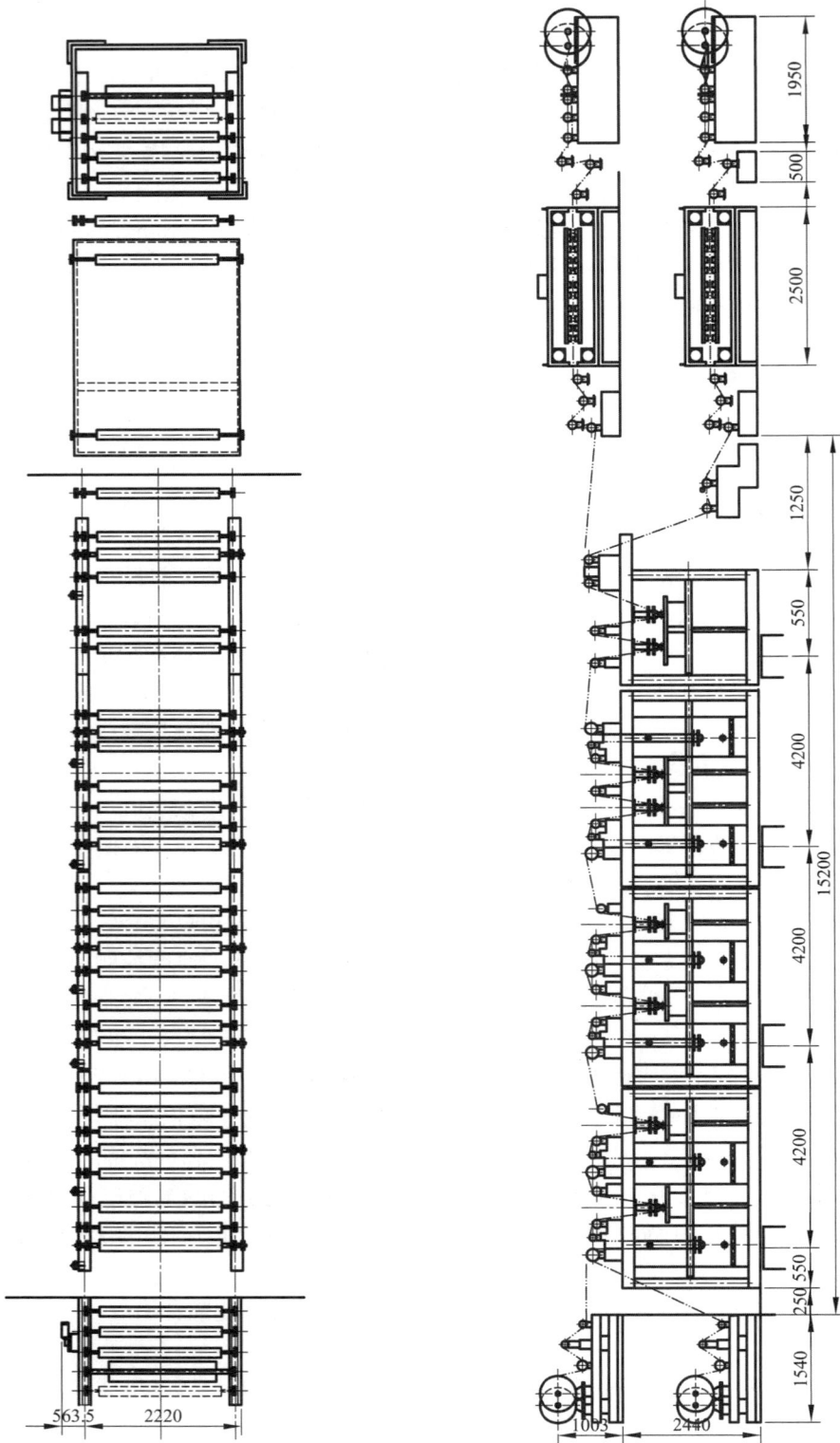

图7-30 单液下辊表面处理生产线

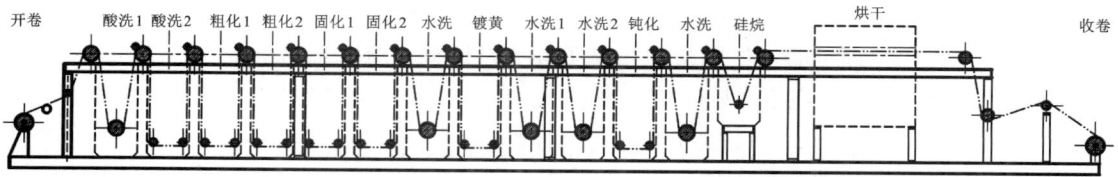

图 7-31 双液下辊表面处理生产线

摩擦力来进行控制。

很多人在纠结,电解铜箔表面处理过程中,铜箔光面朝上好还是光面朝下好。这两种方式各有利弊。

铜箔光面朝上,意即铜箔毛面与导电辊接触,光面不容易产生压坑等缺陷,粗化固化阳极在铜箔与电解槽之间,穿箔等操作比较方便;粗糙度较高的毛面与导电辊接触,导电辊清洗管理较难,容易在处理面产生铜粉、大颗粒等缺陷。

铜箔毛面朝上,意即铜箔光面与导电辊接触,粗、固化阳极在入口和出口铜箔中间,不会有导电辊镀铜等导致的处理面铜粉、大颗粒缺陷,但阳极在电解槽中间,槽子清理不方便。

2)收卷机装置

把通过表面处理生产线生产出来的铜箔卷绕在收卷轴上成为一卷的辅助设备称为收卷机或者卷取机。按照卷取的原理收卷可分为表面收卷、中心收卷、表面跟中心结合式收卷、间隙式收卷等形式。按照收卷的工位分又有单工位、双工位或者多工位收卷等形式。

表面处理机一般采用中心收卷。收卷轴的两端通过快速连接头与轴承座连接,其中一端轴承的安装结构可以在水平或垂直方向调节,另一端通过减速机与传动系统相连。为保持箔材恒速运行,开卷机和收卷机的转速驱动系统相互耦合:开卷机的转速随时间递增,收卷机的转速便相应地随时间递减。

收卷时,收卷轴上的箔卷直径不断增加。因此,为保持收卷的线速度控制在预定值,卷筒的转速必须以相应量一直递减。与之相应,开卷轴的转速必须持续增加。

单工位收卷无法实现自动换卷。换卷时会造成箔材的浪费,浪费长度取决于处理机的长度和操作工人的熟练程度,一般为 1.5 倍的处理机长度。

双工位收卷,可在需要进行换卷时,将箔卷移到后面的辊上,在原来的位置上重新放上新的收卷轴,然后就可以将铜箔切断,卷入到新的收卷轴,减少换卷停机次数。

3)电解槽

根据表面处理工艺的不同,配有不同处理槽,它们的结构基本相同。在长方形的处理槽上面,除活化槽外,每个处理槽配有两个导电辊(导入、导出),槽底有两个导向辊(有的只有一个导向辊)。铜箔将经过 4 块阳极,两块正对着铜箔毛面,两块正对着铜箔光面(双面粗化箔和防氧化处理时光面有阳极,普通铜箔光面无阳极)。两个独立的整流器,一个与毛面的阳极板相连,另一个与光面的阳极板相连。整流器的额定电流为 1000~3000 A,额定电压为10~20 V。处理槽口的两个导电辊(导入、导出)连接在一起,接到两个整流器共用的负极上。

4)溶液制备系统

同生箔的溶液制备系统一样,表面处理工序同样需要庞大的溶液制备系统。

(1)粗化和固化电解液。

粗化和固化工序需要的含铜电解液，一般采用与生箔溶铜造液完全相同的流程和装置制备溶液。由于表面处理机的工作电流比生箔低得多，因此，溶铜造液装备相应地要小得多：储液槽容量仅仅为 15 m³ 左右，相应的溶铜罐也只有 φ1000 mm×1500 mm 左右。溶铜工艺与生箔相同。

由于表面处理消耗的铜量有限，且电解液铜含量都比生箔电解液浓度低，有的企业表面处理工序没有溶铜系统，采用生箔电解液来配制粗化和固化的电解液。

(2)阻挡层与防氧化电解液。

阻挡层和防氧化层都采用非铜型电沉积层，它们的电解液采用配液的方式制备。

储液罐的容量至少为 16 m³，一般可装 12 m³ 溶液。为保持溶液的浓度，每个工序需要两个容量为 1 m³ 的配液罐，用于配制阻挡层处理和防氧化处理所需要的溶液。

每个工艺不同，电解液的组成也不完全相同。例如，对于碱性锌酸盐防氧化工艺，它的溶液成分如下：

CrO_3：1.5~2.0 g/L

Zn^{2+}：0.2~0.35 g/L

H_3PO_4：0.2~0.35 g/L

pH：3.6~3.75

混合以下两种溶液便可配制出所需的溶液：

组分 1：CrO_3；H_2SO_4；H_3PO_4

组分 2：NaOH；ZnO

电解液的配制：

(1)在配液槽 1 中加入计算需要溶液量 25% 的水，加入计算好的固体氢氧化钠并搅拌溶解。

(2)将氧化锌用少量水调成糊状，在不断搅拌下逐渐加入氢氧化钠溶液中至完全溶解后，加水至规定体积。

(3)氧化锌的溶解需要在较高的温度下进行，一般需要加热设备进行加热。但由于固体氢氧化钠溶解于水是一个放热反应，只要加水量控制得好，利用氢氧化钠的溶解热也可以将水加热到 50 ℃ 以上。

(4)配液槽 2 中加入溶液总量 1/4 的水，加入 CrO_3 并搅拌溶解。

(5)将计算所需要的磷酸在搅拌的情况下逐渐加入，并加水至规定体积。

(6)将配液槽 1、配液槽 2 中的溶液过滤后输入到储液槽中，调整液位，用硫酸调整 pH 至规定的范围即可。

为将溶液温度控制在规定的温度，通过溶液循环系统，储液罐中的溶液通过热交换器进行加热。加热后的溶液再经过过滤精度为 1~5 μm 的过滤器进入处理槽的底部。处理槽上部设有溢流口，溶液在处理槽下进上出，保持液位恒定。处理槽的溢流，直接回到储液罐。

每工作一段时间(一般为 2~4 h)，需要将储液罐中的溶液取样分析。根据分析结果与工艺规定的差值，可以计算需要补充溶液的量。补充溶液来源于配液罐。为保持处理槽溶液成分的稳定，溶液补充可以通过计量泵连续进行。通过人工间歇补充也是可行的，但为防止处理槽溶液成分波动太大，人工补充溶液要坚持少量多次的原则，尽可能使处理槽的工作状况保持相对稳定。

5）烘干装置

防氧化处理后经水洗或涂布完有机涂层的箔材，直接进入烘干装置进行干燥。干燥箱分段加热，自动控制温度，进排风可根据工艺需要调整。通过配有镍铬合金电热丝的石英加热管加热铜箔的两面，也可以采用远红外加热技术进行加热。比较合理的方法是采用将过滤后的空气进行预热，然后通过干燥箱两面正对箔材的缝隙吹向箔面。调节气流速率及相应冲击压力。两侧的气流推压箔材，试箔面呈正弦曲线向前运动，这样，波状箔材与其运行方向成直角，可以避免或减少铜箔在烘干箱内起皱。

干燥完成后，必须尽快将箔材进行冷却。因为铜箔两边的边部在离开烘干装置的过程中，比中间部分更容易将热量散失到空气中，由于温度变化不均，箔材产生皱褶的可能性增加。

6）表面处理机性能

处理宽度：1400 mm

开卷卷径：ϕ600 mm

开卷重量：2500 kg

铜箔厚度：9~70 μm

处理速度：15~30 m/min

机械速度：36 m/min

压缩空气：0.5 MPa、4 m³/h

冷却水：0.1~0.2 MPa

冷却水消耗量：55 L/min

7.4.2　设备选型与计算

表面处理设备选型首先要根据既定的表面处理工艺技术方案确定电解槽、水洗槽数量，然后计算机列运行速度能否满足年设计产能要求。

表面处理生产线的能力与生产的铜箔规格有关，相同重量不同规格的铜箔，长度不同。下面以年产 10000 t 铜箔的生产线为例，说明如何进行表面处理设备的选型计算（表 7-17）。

表 7-17　表面处理设备选型计算

规格	计划产量/t	综合成品率/%	生箔月产量/t	生箔月产量/km
9 μm	88.4	60	147	2018
12 μm	265.2	70	379	3988
18 μm	265.2	82	323	2278
35 μm	265.2	87	301	1096
合计	884	—	1150	9380

生箔宽度：1380 mm

9 μm 生箔的单位面积质量：73 g/m²

12 μm 生箔的单位面积质量：95 g/m²

18 μm 生箔的单位面积质量：142 g/m²

353

35 μm 生箔的单位面积质量：275 g/m²

单位长度生箔的质量：

9 μm 生箔的质量＝73 g/m²×1.380 m＝101 g/m

12 μm、18 μm、35 μm 铜箔生箔的质量分别为 131 g/m、196 g/m 和 379 g/m。

年产 10000 t 产品，平均每月生产成品为 840 t。根据前期市场调研，确定不同规格产品的比例 9 μm：12 μm：18 μm：35 μm＝10：30：30：30。

同一条表面处理生产线，生产不同规格的产品，处理速度是不同的，根据实际经验，一般的处理速度见表 7-18。

表 7-18　不同厚度铜箔的表面处理速度

序号	铜箔厚度/μm	表面处理速度/(m·min⁻¹)	设备利用率/%
1	9	10~15	
2	12	16~25	80
3	18	22~30	
4	35	25~32	

处理能力按照每月 28 d，每天 24 h，设备利用率 80% 计算，不同规格产品的处理量见表 7-19，所需表面处理设备数量见表 7-20。

表 7-19　不同厚度铜箔的处理量

序号	铜箔厚度/μm	表面处理速度/(m·min⁻¹)	月处理能力/km
1	9	15	518.4
2	12	20	691.2
3	18	25	864.0
4	35	30	1036.8
合计			3110.4

表 7-20　所需表面处理设备台数

规格	生箔月产量/km	月处理能力/km	需要设备台数/台
9 μm	2018	518.4	4.2
12 μm	3988	691.2	6.2
18 μm	2278	864.0	2.8
35 μm	1096	1036.8	1.1
合计	9380		14.3

由表 7-20 可知，需要表面处理生产线 14.3 条。需要说明的是本计算是将综合成品率的影响因素全部设定在表面处理工序。实际上，生箔工序的成品率在 90% 左右，部分不合格生箔如卷底、在线磨辊产生的废箔在进入表面处理前就已经报废，不会占用表面处理机列的运行时间，所以，14 条生产线就够了。

第 8 章

分切包装

8.1 铜箔分切

无论是锂电池用铜箔还是电子电路用铜箔，经过前述工艺处理，产品性能经检测检验已经符合客户要求。由于下游客户生产装备不同，不同企业对铜箔的宽度或长度要求也有所不同。因此需要将半成品铜箔进行分切后才能包装发运。铜箔的分切设备主要有分切机和裁片机。分切机主要是按照要求将铜箔分切成一定宽度的卷状产品；裁片机主要将电子电路用卷状铜箔切成片状，便于用户层压使用。

分切机根据用途还可以细分为切边机和分条机。切边机是将铜箔宽度方向多余部分切除，标志是只有一卷成品，主要用于电子电路用铜箔；分条机主要用于将一卷宽幅卷材分切成多个窄幅卷材，把成卷的箔材按客户的要求分成多个宽度，并收成符合标准的箔卷，特点是可得到 2 个及以上的成品箔卷。当然，分条机可以代替切边机。

8.1.1 分切机的结构和工作原理

铜箔分切机由放卷机构、切割机构、收卷机构、机架与传动系统以及张力控制、纠偏控制和检测装置组成，见图 8-1。其工作原理为：从放卷机构放出的铜箔，经展平辊、张力检测辊、传动辊、纠偏系统，进入切割（分切）机构，箔材经分切后，由收卷机构分别收卷成符合标准的箔卷。

为了防止分切过程中产生的碎屑对铜箔污染，铜箔分切机一般都配有真空抽吸装置，将分切时产生的碎屑吸走。也有企业采用黏性辊将铜屑粘掉，防止卷入箔卷中。

1. 切割机构

切割机构是分切机的核心，要求分切后铜箔边部无毛刺、翘边等缺陷。它主要由分切刀和刀架（或刀轴）组成。所谓刀架，就是分切机的刀轴，可以操动手柄通过平面凸轮使圆刀作微量的轴向移动，为调节上圆刀刃口与下刀轴凹槽的剪切间隙的机构。

（1）分切方式。

常见的分切机分切方式大致可分为三种，分别是平刀分切、圆刀分切、挤压分切。

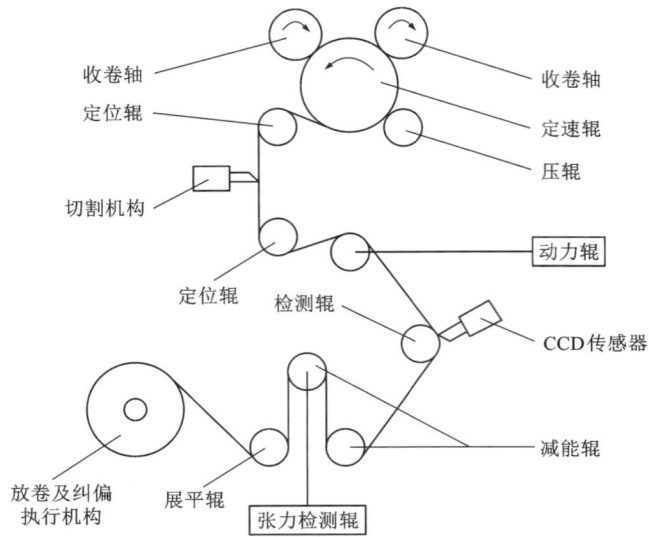

图 8-1　分切机组成示意图

①平刀分切。

平刀分切又叫剃刀分切，是将单面刀片或双面刀片固定在一个固定的刀架上，在材料运行过程中将刀落下，使刀将材料纵向切开，以达到分切目的。

平刀分切有两种方式：一种是切槽分切；另一种是悬空分切。

切槽分切是材料运行到刀槽辊时，将切刀落在刀槽辊的槽中，将材料纵向切开，此时材料在刀槽辊有一定包角，不易发生漂移现象（图 8-2）。相对于悬空分切，切槽分切的缺点是对刀比较麻烦。

图 8-2　切槽分切

　　悬空分切是材料在经过两辊之间时，刀片落下将材料纵向切开，此时材料处于一种相对不稳定状态，分切精度比切槽分切略差，但这种分切方式对刀方便，操作简便。平刀分切可用于 6 μm 及以下薄铜箔分切。

　　刀片的厚薄与阻力相对应。刀片越厚，阻力越大；反之亦然。由于平刀片划切是固定不动的，刀口与箔材接触时，切点容易出现疲劳发热。因此使用一段时间后刀口就会不锋利，刀钝就会出现撕裂现象，产生铜粉，故必须定期更换刀片。

　　②圆刀分切。

　　圆刀分切可分为切线分切和非切线分切（图 8-3）。

　　切线分切指材料从上下两圆盘刀的切线方向分切，这种分切对刀比较方便，上圆盘刀和下圆盘刀可根据分切宽度要求，直接调整位置。它的缺点是材料容易在分切处发生漂移现象，所以精度不高，铜箔企业现在一般很少采用。

图 8-3　圆刀分切

　　非切线分切是材料和下圆盘刀有一定的包角，下圆盘刀落下，将材料切开。这种分切方式材料不易发生漂移，分切精度高。但是调刀不是很方便，下圆盘刀安装时，必须将整轴拆下。目前铜箔分切机都是采用非切线分切。

　　碟形刀为圆刀的一种，碟形刀分切机构如图 8-4 所示。根据铜箔厚度，调整合适的侧间隙和重叠量。分切的铜箔宽度变化时，下刀通过不同宽度的定距环的组合来调整，碟形刀则是松开紧固螺钉后，直接在上刀轴上移动，移动到分切宽度要求的位置后，通过紧固螺钉锁紧碟形刀。

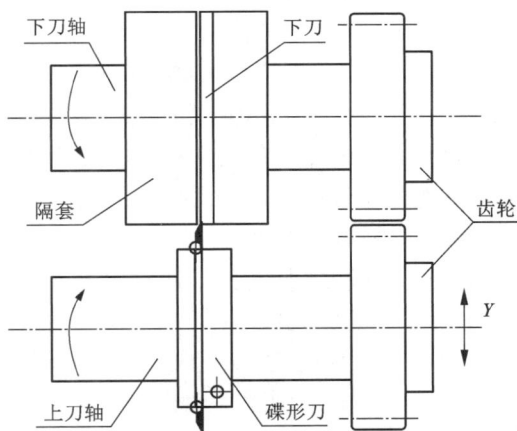

图 8-4　蝶形刀分切机构示意图

③挤压分切。

挤压分切主要由与材料速度同步并与材料有一定包角的底辊和调节方便的气动刀组成。挤压分切，下刀轴一般没有刀槽。这种分切方式主要用于薄铜箔，厚铜箔由于气刀压力的关系，不容易切断，一般可切厚度小于 12 μm 的铜箔(图 8-5)。挤压分切最大的优势是不需要下刀槽，调刀方便。

图 8-5　挤压分切

(2)分切刀材质。

铜箔分切速度都很高，一般为 100 m/min。在高速分切中，钢刀片散热系数差，分切速度越高，摩擦系数越大，产生的热量就会越多。分切过程中铜箔与刀片摩擦会产生热量，一部分热量被铜箔吸收，这部分热量中大部分散发到空气中，少量被带入铜箔卷中；另一部分热量则留在了钢刀片上，而且是累积热量，分切时间越长、速度越高，留在刀片上的热量就会越多。高温刀片会把热量传导到低温的箔上，对箔传热。刀片温度过高会使刀片失去原有的硬度与锋利度，从而产生铜粉、荷叶边现象。

一般钨钢刀片，硬度为 HRA92，抗弯强度为 4000 MPa，晶粒度≤0.6 μm。

陶瓷刀片，在常温工作情况下，无静电加载，散热性好。陶瓷本身就是常用的润滑助剂。陶瓷刀片硬度高，硬度为莫氏 9 级，仅次于金刚石，使用寿命长。因此，在条件允许的情况下，铜箔高速分切优选自带润滑功能的陶瓷刀片。

(3)圆刀片的驱动方式。

①被动分切方式。圆刀片被箔材收卷带动旋转，与平刀片是同样的方式，只是有更多刃口与材料接触。这种方式由于刀片本身是被动的，受材料的速度影响，接触点、刀口是下压方式。材料收卷时有跳动，刀片自身没有动力，收卷的波动易出翘边。

②主动分切方式。圆刀主动分切有两种，一种是同轴转动，就是所有分切刀都以同样的速度转动；另一种是独臂式电机驱动。独臂式电机驱动，可以根据材料厚度不同，调节刀片转速。

（4）铜粉产生原因。

无论是锂电用铜箔分切还是电子电路用铜箔分切，分切成品质量管控，除了铜箔几何尺寸要求外，还有一个重要指标，就是分切铜粉/铜丝管理。一般把直径或长度≤75 μm 的铜颗粒称为铜粉，长度≥75 μm 的铜颗粒，一般称为铜丝。

刀片质量是控制铜粉与翘边产生的重要因素。刀片越薄，撕裂就越小，产生的铜粉就越少。刀片越厚，撕裂就越大，越容易产生铜粉甚至铜丝。分切刀片在使用前，要用放大镜或投影仪，把刀口放大 50 倍以上，看有没有明显的锯齿状，如果有明显的锯齿状，出现铜粉、铜丝在所难免。

铜粉的产生也与分切机的速度、上刀的转速密切相关。上刀转速慢于收卷速度，铜粉不会增加，但会出现压痕、翘边。上刀转速过高，刀片与铜箔产生二次摩擦，就可能产生铜粉。经验认为，上刀转速应高于收卷速度的 6%～8%。在这个速度下，铜粉一般最少。

铜粉产生与分切张力、材料厚度、上下刀间隙也有很大关系，硬态材料相对要好切一些，上下刀离缝隙略大一些，软态材料更易出现翘边，上下刀间隙应更小。上下刀间隙与分切材料的厚度有很大关系，材料越薄，缝隙要越小。

2. 机架与传动系统

机架由左右墙板、撑挡以及放料机械组成。传动系统主要是用来牵引原料、收卷成品，它是由变频无级调速电机将动力通过电机 V 型带牵引胶辊运转，主牵引胶辊与从动牵引胶辊紧贴而同步运转牵引原料行走。要求机架和传动系统加工精度要高，机架有足够的强度，放卷系统至少要能够承受 2 t 以上的重量。

3. 收卷装置

铜箔收卷是采用管芯进行收卷，相对简单。一般采用内径为 3 英寸或 6 英寸的纸管或FRP 管作为铜箔收卷的管芯，通过气胀轴或滑差轴将管芯与收卷装置连结到一起。将铜箔用双面胶带固定到管芯上，随着传动机构，就可以将铜箔卷绕到管芯上。收卷结束，放掉气胀轴或滑差轴中的压缩空气，就可以取出管芯和铜箔。更换管芯，进行下一卷铜箔的卷取。

传统分切机采用气胀轴，不管是板式气胀轴、键式气胀轴，还是新出的通键式气胀轴，整根轴是恒张力的。无论收卷轴上有几个管芯，气胀轴一旦充气胀紧，管芯与管芯之间将无法移动，无法调节张力。气胀轴收卷用于电子电路用铜箔的收卷。

对于大幅宽锂电铜箔，特别是幅宽大于 1450 mm 的铜箔，分切多个箔卷时，由于厚薄不均，每卷收卷材料张力不一，最后的结果就是收卷材料松紧不一，断面不整齐，不仅浪费原材料，同时还浪费人力物力。一般采用滑差轴收卷。滑差环能以一定的滑转力矩打滑，滑动量正好可以补偿速度差，同时能准确控制每一卷材料的张力。

滑差轴，又称差速轴、摩擦轴，用作分切机的收卷轴。滑差轴由轴芯和多组滑差环组成，各滑差环独立打滑，扭矩受控于中心气压或侧面传递的压力。滑差轴主要分为中心气压和侧压两种方式，不管哪种，都具有滑差环打滑的功能。打滑功能就是一根轴上同时收卷多卷材料，因为材料厚薄不均，有些卷材松，有些卷材紧，紧的就会进行打滑，消除张力，以达到理想的收卷效果。滑差轴通过调节气压的大小来调节张力的大小，使整根轴处在一个稳定值上。现在的分切机都有一套气压系统，气压张力的大小会跟着卷径的增大不断增大，因为卷径越大，收卷需要的张力就越大。

对于同一母卷，经过分切，同时收 2 卷及以上的成品箔材时，建议采用滑差轴收卷。

4. 控制系统

分切机的控制有多种方式。常见的有恒力矩收卷和恒张力收卷两种控制模式。在分切机上将大卷铜箔在宽度或长度方向裁切成所要求的小卷，是一个放卷与收卷的工艺过程，此过程包括机器的运转速度控制与张力控制两个部分。所谓张力是为了牵引铜箔并将其卷到卷芯上，必须给箔材施加的拉伸并张紧的牵引力。张力控制是指能够持久地控制铜箔在设备上输送时的张力的能力，这种控制对机器的任何运行速度都必须保持有效，包括机器的加速、减速和匀速。即使在紧急停车情况下，它也有能力保证铜箔不产生丝毫破损。

（1）控制方式。

①磁粉控制系统。

磁粉控制系统主要由磁粉控制器、张力板配合变频系统组成。磁粉控制器包括磁粉制动器和磁粉离合器。磁粉制动器用于放卷张力控制，磁粉离合器用于收卷张力控制。

传统分切机操控方案是利用一台大电机来驱动收、放卷的轴，在收、放卷轴上加有磁粉离合器，经过调整磁粉离合器的电流来操控其所产生的阻力，以在铜箔上形成一定的张力。磁粉离合器及制动器是一种特别的自动化履行元件，它通过填充于作业间隙的磁粉传递扭矩，改变磁电流就可以改变磁粉的磁性状况，进而调整传递的扭矩。可用于从零开始到同步速度的无级调速，适用于高速段微调及中小功率的调速体系。也可用于通过改变电流的办法调整转矩以保证卷绕过程中张力保持稳定的开卷或复卷张力操控体系（图8-6）。

磁粉离合器速度不能高，因在运行时易造成磁粉的高速冲突，产生高温而缩短其寿命，严重时会卡死，致使铜箔断裂。早期的铜箔分切机大部分采用磁粉控制系统，现在很少使用。

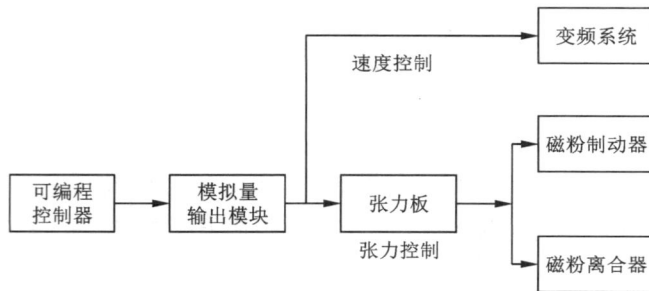

图8-6 磁粉张力控制系统原理示意图

②气动控制系统。

气动控制系统主要针对以滑差式气胀轴为核心、变频系统为动力的收卷张力控制系统和以气刹盘为核心的放卷张力控制系统。气刹盘能提供很大的扭矩张力，主要用于大卷径、宽材料的放料。无论是气刹盘还是滑差轴张力控制，其控制的流程基本一致，即通过PLC输出0~10 V的模拟信号，控制电控比例阀输出对应的气压给滑差轴或气刹盘，进行相应的张力控制。

收卷轴的变频系统控制方式与磁粉控制系统的变频控制方式一致，即PLC通过模拟量输出0~10 V的信号速度，控制收卷轴的速度。气动控制系统控制流程如图8-7所示。

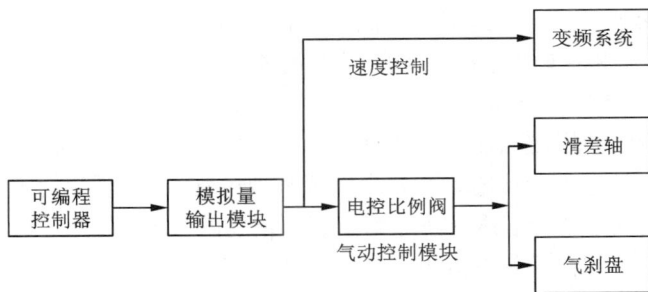

图 8-7　气动控制系统控制流程

③伺服控制系统。

全伺服控制系统是目前高端铜箔分切机张力控制系统中性能最好、精度最高的系统。伺服控制系统控制简单，在转矩模式下，不需要对放、收卷速度进行精确控制，只需要给出相应的速度限制以及对应的扭矩输出即可实现相应的张力控制。通过 PLC 输出两路模拟信号，一路用于伺服速度限制，其速度要大于设置正常运行的线速度，另一路用于张力控制，即可实现分析系统的张力控制。

（2）张力控制。

分切机从单电机操控逐渐向双电机、三电机发展，在机器速度更快的情况下愈加稳定高效。

恒张力放卷控制系统采用闭环控制，控制精度为 ±1.0 N 时，才可使放卷过程中张力均匀，箔材不变形，不起皱，不划伤。

在张力控制模式下，不论直流电机、交流电机还是伺服电机都要进行速度的限制，否则当电机产生的转矩能够克服负载转矩而运行时，会产生转动加速度，从而使转速不断地增加，最终升至最高速，即所谓的飞车。

零速张力控制要求。当收放卷以 0 Hz 运行时，电机的输出轴上有一定的张力输出，并且可调，能够保证收放卷运转当中停车，再启动时收放卷不会松掉。

张力控制对分切机的所有运行速度都必须保持有效性，包括机器加速、减速、匀速。即使在紧急停机情况下，也应具备能力，并保证被分切原料不被划伤或破损。张力控制的稳定性直接关系到分切产品质量。若张力不足，在运行中铜箔就会松动或漂移，严重时，还会出现分切复卷后铜箔起皱现象；若张力过大，铜箔又容易被拉断，对于厚度小于 5 μm 的铜箔，显得格外重要。

因此，铜箔分切机需要恒张力控制，在卷绕过程中，让铜箔承受更理想的张力，并保持张力始终不变。因所选择的检测元件和转矩调节元件不同，可以有各种不同的张力控制方案。

分切机在收、放卷过程中，直径不断变化，直径变化必然引起铜箔张力的变化。放卷在制动力矩不变的情况下，直径减小，张力会随之增大。而收卷则相反，若收卷力矩不变，随着收卷直径的增大，张力会相应减小，这就是在分切机运行过程中，引起铜箔张力变化的主要原因。

5. 真空抽吸与黏尘

真空抽吸系统和黏尘胶辊是铜箔分切机解决分切铜粉的标配。铜粉负压抽吸系统其实就是一台真空吸尘器：电机运转时，电机上的风扇跟随着电机轴一起转动，会使空气快速地流动，当空气被风扇叶片向前推动时，风扇前方的空气压力会增加，风扇后方的空气压力会减小。这时真空吸尘器内会形成气压差，会使真空吸尘器产生负压，同时也会产生吸力，这时候外界的空气就会被吸进吸尘器内。在外界空气被吸进真空吸尘器时，就会带动吸风口附近的铜粉也被吸入真空吸尘器内，达到清除铜箔表面铜粉的目的。

由于铜箔分切产生的铜粉带有静电，单纯依靠在切刀附近的真空抽吸，还不能完全消除铜箔箔面的铜粉。一般还需要配备粘尘辊作为补充。

铜箔分切用粘尘辊主要有以下形式：

①本身具有一定黏性的胶辊，它依靠本身的黏性，把铜箔表面的铜粉黏走，达到清除铜粉的目的。

②黏尘纸辊。普通胶辊，本身不具有黏性和吸附性，它通过贴在辊面的黏尘纸达到铜粉黏结的目的。

③具有静电吸附的粘尘辊。它本身同样不具有黏性的，它依靠分子之间的作用力与反作用力达到黏尘的效果。

普通黏尘纸不用过多介绍，黏尘能力与黏尘纸表面胶的黏性成正比，黏性越大，能除去铜粉、铜丝的能力越大。下面重点介绍静电吸附型粘尘辊。

静电吸附型粘尘辊它依靠的并不是黏尘胶辊本身所有的黏性，而是依靠分子之间的作用力与反作用力达到黏尘的效果。众所周知，范德华力（也称为分子力）指的是分子或原子之间的静电相互作用而产生的分子之间相互作用的力，分子间引力与距离的六次幂成反比，分子斥力与距离 12 次幂成反比。

范德华力分为三种力：分散力、诱导力和取向力。

①分散力存在于所有分子或原子之间。变形性越大（分子量越大，变形性越大），分散力越大。相互作用的分子的电离势（即电离能）越高，分散力越小；分子的电离势越低（分子中包含的电子越多），分散力越大。

②诱导力是极性分子偶极子在非极性分子上对电场产生的影响，非极性分子电子云发生的形变，存在于极性和非极性分子之间以及极性和极性分子之间。诱导力与极性分子偶极矩的平方成正比。诱导力与诱导分子的变形成正比。通常，分子中每个核的外电子壳越大（原子越重），在外力作用下就越容易变形。

③偶极力发生在极性分子和极性分子之间。由于极性分子电学分布不均匀，一端带正电，一端带负电，形成偶极电子而产生同性相斥、异性相吸的现象。当两个分子相互靠近时，排斥力和吸引力在接近一定距离后达到相对平衡。由极性分子的取向引起的这种分子间力称为偶极力。偶极力与绝对温度成反比，温度越高，偶极力就越小。一般分子间作用力大小见表 8-1。

静电吸附辊吸附原理：当一个带有静电的物体靠近另一个不带静电的物体时，由于静电感应，没有静电的物体内部靠近带静电物体的一边会集聚与带电物体所携带电荷相反极性的电荷（另一侧产生相同数量的同极性电荷），由于异性电荷互相吸引，铜粉就会被吸附到静电辊上。

表 8-1　分子间作用力一览表

作用力类型			键能/(kJ·mol^{-1})	有效半径/nm
共价键			140~800	键长
分子间引力	范德华力		0.3~1.9	0.2~0.4
	疏水键		3.4	0.2~0.4
	氢键		4~30	0.25~0.35
	静电作用	离子键	20~40	0.5~1.0
		离子-偶极键	~2	0.5~1.0
		偶极-偶极	0.5	0.2~0.4
		诱导偶极	<0.5	~0.5

6. 主要技术指标

（1）原料卷最大直径：≥ 600 mm。

（2）原料卷最大宽度：1400 mm。

（3）原料最小厚度：0.004 mm。

（4）最高分切速度：≥120 m/min。

（5）分切精度：±0.2 mm。

（6）收卷轴形式：气胀轴或滑差轴结构。

（7）收卷轴外径：3 英寸/6 英寸。

8.1.2　分切参数设置

分切机结构相对简单，一般操作也非常简便。分切铜粉、分切铜丝以及翘边等常见分切质量缺陷，主要是配刀产生。下面我们讨论如何正确配刀。

铜箔箔材的厚度很小，厚度为 3.5 μm 至 70 μm 的铜箔，它的分切是利用碟形上圆刀和盘形下圆刀部分相叠而组成的剪切区（见图 8-8），并靠主动下圆刀带动上圆刀来分切进入剪切区的铜箔。厚度≥70 μm 的厚铜箔或超厚铜箔，采用圆盘剪效果会更好一些。圆刀分切，核心在于参数的确定。

1. 上下圆刀的重叠量

上下圆刀重叠量过大会引起刀具过度磨损；过小则切边不齐。重叠量现场很难测量。一般可通过计算获得。如图 8-8 所示，设上下圆刀直径分别为 R_1 与 R_2，公共弦长为 C，各自的弦高为 A_1 与 A_2，由此得 $A_1=C_2/8R_1$，$A_2=C_2/8R_2$。重叠量 $A=A_1+A_2=C_2$。如上下圆刀直径相等，则 $A=C_2/4R$，或 $C=(4RA)1/2$。一般情况下，上下圆刀直径变化很小，因此，在所需

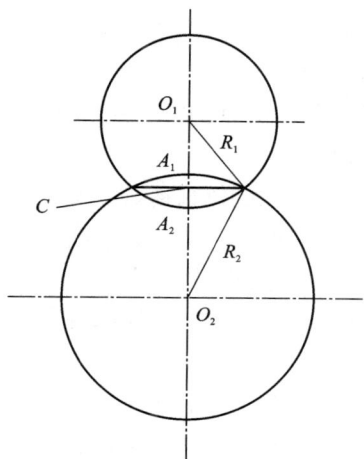

图 8-8　剪切区结构

重叠量的基础上，计算出公共弦长 C。通过测量公共弦长 C，可计算出上下刀的重叠量 A。

2. 侧压(side pressure)

为防止上下圆刀在分切时变形和退让，上圆刀对下圆刀要施加一定的侧压。大部分薄箔分切机上圆刀的侧压，靠一根环形弹簧来产生。新型的复卷分切机则靠一个小汽缸来精确控制侧压。侧压应控制为 2.7~4.5 kg，从而保证刀具在良好充分的分切情况下，有最长的使用寿命。

3. 速差

为使被剪薄箔进入上下圆刀组成的剪切区后能受到剪切作用被切断，而不是刨分，一般需要上下圆刀周边的线速度比箔材的线速度高 3%~5%。

4. 入剪区时的位置

同样原因，铜箔进入剪切区时，必须保证铜箔有个依托，以承受剪切力。假若铜箔先接触上圆刀，铜箔实际上是在被剖分，而不是在被剪切。因此薄箔必须向下圆刀方向偏 1°~3°。对有的分切机、复卷机，要注意在放卷过程中，放卷铜箔径由大变小时，箔材线路的变化是否仍满足此条件。对有的分切机、复卷机，也要注意近剪切区处托辊的位置是否正确。另外，从下圆刀的连心线方向看，上圆刀要外偏 1°~2°，以减少磨损。

5. 圆刀的精度

只有非常精密的上下圆刀才能分切出箔边十分整齐的薄箔卷来(表 8-2)，如果上下刀之间的间隙很小，刀具精度不够，很容易将刀碰坏；间隙过大，容易导致切出铜粉铜丝，出现箔卷边不齐等缺陷。

表 8-2 分切圆刀的制造精度要求

二平面平行度/mm	径跳/mm	平面度/mm	端跳/mm	刀口光洁度 $Ra/\mu m$
0.02	0.03	0.04	0.05	0.5

6. 刀片的刃磨

圆刀看似简单，但不建议铜箔企业自己进行修磨。由于专业认知的限制，自己修磨，往往把制造厂原始的高精度破坏了，导致分切刀报废。

7. 其他

①圆刀不使用时，需将刀片垂直地挂在干燥的架子上，不能将圆刀片平放，平放会导致圆刀片变形。

②圆刀片的锯齿超硬锋利，故禁止碰撞、掉落地上，必须轻拿轻放。

③安装圆刀片前，必须确保圆刀片箭头指示的切割方向与电机旋转方向一致。严禁反方向安装，以防止事故发生。

④圆刀安装前，必须用放大镜检查圆刀片是否有缺口、裂缝，确定完好无损后，再进行安装。

⑤安装完毕后，须确认圆刀片的中心孔是否牢固地固定在刀轴上，然后，轻轻地用手推动确认圆刀片转动是否偏心晃动。

⑥使用时，请勿超过规定的最高转速。

⑦使用前预转：换上新刀后，使用前须空转 1 min，检查无误后才可带料分切。

8.2 铜箔切片

8.2.1 裁切设备组成

铜箔切片由裁切生产线完成。一条完整的铜箔切片生产线由放卷机构、伺服送料机构、传动机构、裁切机构、堆料台等部分组成。

1. 放卷机构

同表面处理机和分切机的放卷相同，随着切片过程的进行，放卷直径在动态变化。要实现恒速、稳定的分切，放卷转速就要随卷径的变化而变化，并保持一定的放卷张力。为达到这一目的，在分切机放卷轴之后，必须安装张力控制系统，其基本元件包括张力控制器、张力检测器和制动器，依出料卷径的变化而分阶段调整制动器的激磁电流，从而获得一致的张力。该装置结构简单，能很好地避免刚开始运行时材料松弛而造成的速度冲击，而将材料拉断，并可避免断料时的飞车情况，还可防止张拉过紧，响应滞后，驱动辊打滑，而影响剪切长度的准确性。

2. 伺服送料机构

由编码工作台、编码机构固定架、编码定尺辊、编码器、下托辊、支架、轴承、尾板夹送机架、夹送辊、上夹辊提升压下机构、夹送电机、链轮链条等组成。伺服送料机构采用激光测速，可实现与铜箔无接触测速，切张精度更加精准。

3. 横切机

横剪机高速横切机：由液压马达、钢结构机架、曲柄连杆机构、上下刀座及上下剪切刀片、托辊等组成。

上下刀片及刀座由液压马达驱动，利用液压马达的特性将旋转运动通过曲柄连杆机构转为直线运动，可使刀架高速频繁上下运动。横剪机生产线，保证了剪切的速度。

刀片是否有锋利坚硬的切刃和承受载荷的能力对分切机效能和切边的光洁整齐关系极大。刀片通常用渗碳钢、热处理碳素钢或复合钢材制作。复合钢材刀片是在软钢背上加焊硬合金镶条制成，通常选用高碳高铬合金钢，它具有特别好的抗磨能力并在经济上优于钨基合金。根据所切材料的特性，刃角可在16°至30°之间变化，通常切较软较薄材料时需要角度较小，切硬的材料时，需用较大的角度。

4. 送料架

裁切成片状的铜箔，必须通过同步传输带运送到堆料台，进行自动堆垛。由于铜箔企业的切片都是厚度超过70 μm的厚箔，也可采用人工将切好的片状铜箔放在托盘或包装箱内。薄铜箔由于强度有限，人工堆垛容易产生褶皱，一般都采用自动堆垛线完成。

8.2.2 设备性能要求

裁切厚度：35~210 μm，可调

裁切宽度：1350 mm

裁切长度：自由设定

切断速度：5~35 m/min

裁切精度：1000 mm+0.5 mm

开卷重量：≥2500 kg

工作面高度：750 mm

8.3 产品包装

8.3.1 普通包装

铜箔一般使用普通包装，将分切好的箔卷外面用保鲜膜裹紧，称重后装入塑料袋中，放入干燥剂，封口，放入木箱。锂电用铜箔由于1卷比较小，1个包装箱可装2卷或4卷；电子电路用铜箔幅宽较大，一般采用单卷箱或双卷包装。单卷包装为1个木箱装1个箔卷，而双卷包装为1个木箱装两个箔卷。每个箔卷重量为200~250 kg。

8.3.2 特殊包装

由于铜箔容易氧化变色，因此，人们采用多种方法来保护铜箔不被氧化，如干燥剂法、真空包装、惰性气体保护法及气相防锈法等。

1. 真空包装

真空包装即负压包装，主要是降低包装袋内部的氧含量，以防止铜箔氧化，延长铜箔保存时间。其原理也比较简单，因氧化变色的主要原因是铜箔与氧接触，因此，通过抽真空（负压），将铜箔卷周围的氧气总量大幅度减少，消除铜箔氧化的条件，从而延长铜箔存放的时间。

真空包装流程：将分切、称重的箔卷装入一端已经封口的包装袋中将袋口放入加热棒下并将抽气嘴套入袋中→加热棒在汽缸作用下滑到海绵条压住袋口→袋口停顿→抽真空→气嘴后退→加热棒继续下滑压住袋口加热、封合、冷却→真空包装完成装箱。

2. 充氮包装

基本原理同真空包装，阻断铜箔的氧化条件，从而达到延长保存时间的目的。

充氮包装必须先将铜箔包装袋抽真空，然后充氮气，再封口。

3. 气相防锈

气相防锈包装是利用气相缓蚀剂(volatile corrosion inhibitor，VCI)常温下缓慢汽化，并以分子或离子形式吸附于金属表面形成极薄的膜层，从而阻隔金属与外界水分、氧气等腐蚀介质的接触，达到防锈的目的。

气相防锈的机理如下：

(1)吸附缓蚀机理。气相缓蚀剂的分子结构和表面活性剂相似，由极性基和非极性的疏水基两部分组成。由于电子给予体的极性基和金属表层配位，形成化学或物理吸附，在金属表面生成双电层结构，因而介质难以接近金属，反应受到抑制。

(2)成膜缓蚀机理。气相缓蚀剂分子在介质中能和金属相互作用，生成不溶或难溶的化合物膜，保护金属免遭腐蚀介质的作用。

(3)电极过程缓蚀机理。气相缓蚀剂经挥发而吸附在金属的表面能抑制阳极或阴极过程，从而减小腐蚀电流而达到缓蚀的目的。

气相防锈在铜箔分切端面防氧化方面似乎有作用,但目前没有相关的研究报告。

8.3.3 包装箱要求

(1)卷状铜箔应采用防潮材料密封包装,然后装入平板包装箱中,每箱铜箔的重量由供需双方商定。必须保证每个包装箱在运输过程中不被损坏。

(2)片状铜箔的包装,片状铜箔应摆放整齐,先用防潮材料密封包装,然后装入平板包装箱中,每箱铜箔的重量由供需双方商定。必须保证每个包装箱在运输过程中不被损坏。

(3)标记。

每个包装箱应作以下标记:

①制造厂名称,详细地址。

②产品名称、产品标准编号。

③毛重和净重。

④铜箔等级、型号、规格。

⑤制造厂的卷号。

⑥厚度或单位面积质量。

⑦宽度。

第9章

铜箔微观分析

随着检测技术的发展，电解铜箔质量控制迅速进入微观控制时代。技术人员不仅可以通过电化学工作站使用循环伏安法、交流阻抗法进行电沉积过程分析、有机添加剂的测量，还可以应用 X 射线衍射（XRD）、扫描电镜（SEM）、透射电子显微镜（TEM）、电子背散射衍射（EBSD）等进行铜箔微观形貌和成分分析，本章主要介绍 XRD、SEM、TEM、EBSD、金相显微镜的工作原理及其在铜箔微观结构分析中的应用。

9.1 XRD

9.1.1 XRD 工作原理

由于 X 射线是一种电磁波，因此它具有与光非常相似的性质。它同样可以被反射、折射和发生偏振。发生衍射的原因是大量原子发生了弹性散射。

当一束 X 射线发射到晶体材料表面时，一部分进入晶体内部，而另一部分则被晶体散射。晶体中的每个平行原子平面可以发生镜面反射，每个平面反射很少一部分 X 射线，在这种类似镜子的镜面反射中，其反射角等于入射角。当来自平行原子平面的反射发生相互干涉时，就得出衍射束。晶体中平行原子平面间距离相等，都为 d_{hkl}。如果入射的 X 射线波长与晶面间距数量级相同，便会发生衍射现象。由于不同原子散射的 X 射线会相互干涉，因此在某些特殊方向上产生强 X 射线衍射，而衍射线在空间分布的强度和方位，与晶体结构密切相关。

应用布拉格定律可以测定同一晶面簇 $\{hkl\}$ 中两个相邻晶面间距。衍射束的方向同样也可以由布拉格定律来确定。X 射线衍射布拉格定律的理论基础如图 9-1 所示。

两条入射 X 射线达到两个平行的晶面上，晶面间距为 d_{hkl}。2θ 为入射方向和衍射方向的夹角，因

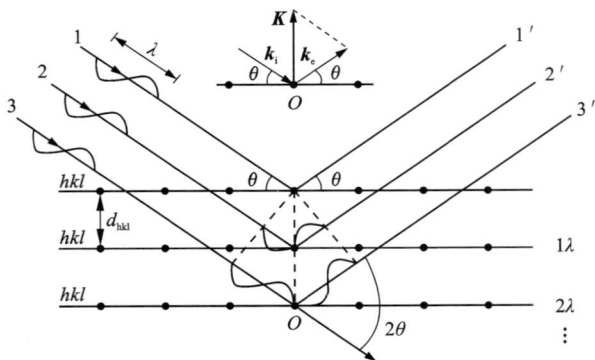

图 9-1　布拉格定律原理图

此，原子之间的入射线和衍射线的光程差 δ 为：

$$\delta = 2d_{hkl} \cdot \sin \theta$$

当每两个相邻波源在某个方向上的光程差等于波长的整数倍时，两个波峰会相互叠加得到最大限度的加强，而发生相互干涉，此时有 $\delta = n\lambda$。当 $n = 1$ 时，为一级干涉，当 $n = 2$ 时为二级干涉，以此类推。显然，n 不同，衍射方向也不同。通过衍射方向的确定，可以得到晶体材料的点阵结构或晶胞的大小和形状的信息。

这种关系就是布拉格方程式，即

$$2d_{hkl} \sin \theta = n\lambda$$

式中：n 为整数，$n = 1, 2, 3, \cdots$

9.1.2　物相定性分析

XRD 用于定性、定量分析时需要匹配 PDF 卡片。所谓 PDF 卡片就是粉末衍射文件，每张卡片是一个纯物相的衍射峰数据，主要用来和样品衍射结果进行比对，定性分析我们的样品里面有哪些物相。作为 X 射线衍射参考标准谱的基本要求如下。

1）它必须是一种纯物质。

2）衍射图必须具有良好的重现性和可靠性。

3）该物质必须是单相的，并且经过精密的化学组成分析确定其化学式。

目前，这种参考标准图不仅可以通过实验获得，还可以通过计算机计算得到。内容最丰富、规模最庞大的多晶衍射数据库是由 JCPDS（Joint Committee on Powder Diffraction Standards）编制的《粉末衍射卡片集》。PDF 卡的编辑始于 1938 年，Hanawalt、Rinn、Fraval 三人合作发表了第一批 1000 余种重要化合物的粉末衍射数据，并提出了一种简单的检索方法；随后，1942 年由美国材料试验学会（ASTM）和美国 X 射线与电子衍射学会（美国晶体学会的前身）联合编辑出版了第一版 PDF 卡（又称为 ASTM 卡片集）。该卡收集了约 2800 种化合物的数据，为 X 射线衍射物相鉴定方法的应用提供了条件。到 1987 年，PDF 卡片中的化合物总数已经超过 50000 种。现在，PDF 数据卡片每年以 2000 张的速度增长，且增长速度越来越快。

多晶 X 射线衍射物相鉴定方法原理简单，容易掌握，而且它是一种非破坏性分析，不消耗样品。多晶 X 射线衍射法是对晶态物相进行分析鉴定的"特效"手段，尤其是对同质多象、多型、固溶体的有序-无序转变等的鉴别，现在还没有可以替代它的其他方法。不过，用此法进行物相鉴定有时也要通过较为复杂的程序和步骤，并不是靠"一张图、一张卡片"便能够得到答案的，有的分析对象（如黏土）其组成物相大多具有相近的结构，鉴定时必须综合比较样品经不同物理化学处理或不同分离手续之后衍射图的变化，并参考其他实验方法的结果（如化学成分鉴定、热分析、电子显微镜等）才能得出较为正确、详尽的鉴定结论；对于具有等结构物质的鉴别更是如此。对于有机物，其种类数目之大如同天文数字，相比之下现有的 PDF 卡内的数据实在很贫乏，所以此法用于有机晶体的鉴定还受到很大限制，但是样品间的对照鉴定还是很有特点的。

至今为止，任何计算机自动检索/匹配的结果最终还是需要由分析者作出最终判断，成功率再高的程序的检索结果也不是可以不经人的判断而直接放心地应用的。图 9-2 为采用 XRD 定性分析铜箔及晶格取向的结果，通过与标准卡片 PDF#04-0836 对比确定待测样品为铜，且晶体取向以（111）、（200）、（220）、（311）、（222）为主。

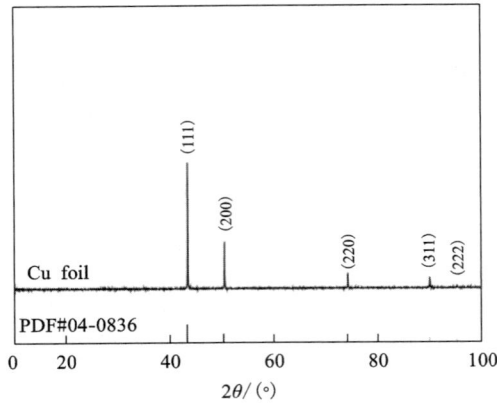

图 9-2　XRD 定性分析铜(样品铜和标准卡片)图谱

9.1.3　物相定量分析

X 射线物相定量分析的任务是用 X 射线衍射技术，准确测定混合物中各相物质的衍射强度，从而求出多相物质中各相含量。当样品在进行各物相定性分析之后，就可以进行物相定量分析，其原理是利用样品中不同的物相衍射线强度随着含量的增加而提高的特性，通过计算衍射线的强度来得出物相的相对含量。粉末衍射定量分析的基础是，对于多种结晶物相的混合物，它的总衍射强度谱是各个单物相衍射谱的加权叠加；加权因子与各个物相的含量有关。通常，混合物中各个物相衍射线的强度随着该物相含量的增多而上升，当然，由于体积吸收效应的存在，这种关系并非呈简单的正比相关性。

实际测量时，应正确制作衍射样品(各相颗粒大小相近且足够细，混合充分且均匀，不产生择优取向，不带入杂质和无附加变化等)和准确测量衍射强度。

X 射线衍射物相定量分析方法有内标法、外标法、绝热法、增量法、无标样法、基体冲洗法和全谱拟合法等常规分析方法。内标法、绝热法和增量法等都需要在待测样品中加入参考标相并绘制工作曲线，如果样品含有的物相较多、谱线复杂，再加入参考标相时会进一步增加谱线的重叠机会，从而给定量分析带来困难；外标法虽然不需要在样品中加入参考标相，但需要用纯的待测相物质制作工作曲线；基体冲洗法、无标样法和全谱拟合法等分析方法不需要配制一系列内标标准物质和绘制标准工作曲线，但需要复杂的数学计算，如联立方程法和最小二乘法等。由于存在以上问题，实际应用中并不采用 XRD 来定量鉴定材料，一般采用 DES(X 射线能谱仪)、AES(俄歇电子谱仪)或者 WDS(X 射线波谱仪)等。

9.1.4　晶粒尺寸

在 X 射线衍射分析中，选用合适靶材的 X 射线管，即选定合适的波长 λ，通过衍射装置测定衍射角 2θ，就可以计算出相应晶面的晶面间距 d。晶体是由原子、分子或离子有规律地周期性排列形成的三维结构，X 射线投射到晶体上，受到原子的散射，由于原子在晶体中是周期性排列的，形成的散射波之间存在的相位关系是固定的，因此晶体中同原子散射的 X 射线相互干涉，有些方向会出现强衍射，有些方向的衍射波会相互抵消。因而衍射线的分布规律是由晶胞形状、大小以及位向决定的，衍射强度是由原子种类和其处于晶胞中的位置决定的[14]。XRD 表征晶体结构基于两个重要的理论：

（1）Bragg 方程：

$$2d_{hkl}\sin\theta = n\lambda$$

式中：d_{hkl} 为晶面间距；n 为衍射级数；θ 为入射角；λ 为入射线波长，铜靶射点源 K_α（$\lambda = 0.154$ nm）。

Bragg 方程是 X 射线在晶体中产生衍射满足的基本条件，其反映了衍射线方向和晶体结构之间的关系。

（2）Schirer 方程：

$$d = k\lambda / \omega\cos\theta$$

式中：d 为晶粒尺寸；k 为 Schirer 常数；λ 为入射线波长；θ 为入射角；ω 为 2θ 处的峰宽。

X 射线衍射谱带之间间隙与晶粒尺寸具有一定相关性，晶粒越小，衍射峰趋于弥散。Schirer 方程反映了晶粒尺寸与衍射峰半峰宽之间的关系。将 XRD 峰看成一个三角形，峰面积等于峰高乘以一半高度处的宽度（称半峰宽）。即为 $1/2\omega$，设其为 β。则 $d = 0.89\lambda/\beta\cos\theta$（$\beta$ 为半峰高宽时 $K = 0.89$）即可求得晶粒尺寸的大小（如图 9-3）。因而 XRD 被广泛用于对晶体结构的表征。不过随着表征技术的革新，目前已经普遍采用 EBSD 来测量待测物的晶粒尺寸，因其准确性更高。

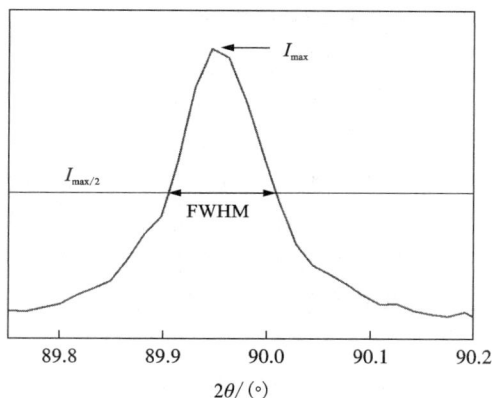

图 9-3　XRD 半峰宽球晶粒尺寸示意图

在由衍射仪获得的 XRD 图谱上，如果样品是较好的"晶态"物质，图谱的特征一般有若干或许多个彼此独立的很窄的"尖峰"。同一物质，峰窄说明晶粒比较大，和结晶度无关。在用同一台仪器测试且测试条件相同的情况下，峰高比较多才能说明结晶情况较好。

9.1.5　测定晶面间距

X 射线衍射技术（XRD）是测量晶体结构晶面间距的重要技术。如前所述，它是通过对 X 射线通过晶体时与晶体中的原子、分子、离子相互作用所产生的衍射现象进行分析，来获得材料晶体信息的。根据布拉格定律，当 X 射线通过晶体时，会产生衍射现象，从而形成所谓的衍射图案。衍射图案中的峰位与晶体中晶面间距相关联，可以通过衍射图案中的峰位位置和峰形参数来计算晶面间距。其理论基础是布拉格方程。在 X 射线衍射分析中，可以通过使用适当靶材的 X 射线管，选取适当波长 λ，利用衍射装置测定衍射角 2θ，计算出相应晶面的晶面间距 d_{hkl}。

总之，XRD 技术是一种非常可靠的材料晶体结构表征技术，可以应用于铜箔性能研究和失效分析等方面。

9.1.6　测量残余应力

残余应力是影响材料，尤其是复合结构件连接强度的主要因素。选用 X 射线衍射仪测试样品的残余应力具有无损、检测区域小、可测量材料中三类残余应力等优点。

应力是通过应变来进行测定的，当材料中不存在织构而各向同性时，材料内部的晶粒度是均匀的，材料内部不存在残余应力时，被 X 射线照射后，X 射线衍射形成的德拜环是一个均匀、连续的圆环。而当多晶材料的内部存在宏观残余应力时，如图 9-4 所示，材料受到拉应力的作用，晶粒间的晶面间距会发生有规律的改变。对同一个晶面族的不同晶粒来说，当晶体取向与拉应力方向趋于平行时，晶粒的晶面间距趋于减小；当晶体取向与应力方向趋于垂直时，晶粒的

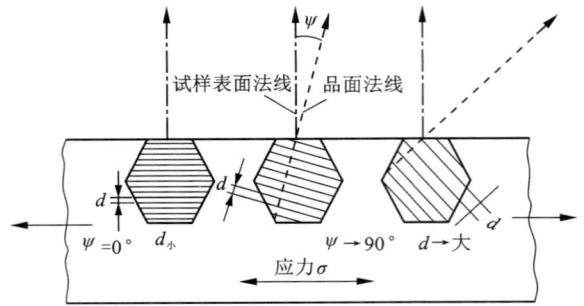

图 9-4　应力与不同方位上晶面间距的关系

晶面间距则会增大。因此，通过某种实验方法测得同一晶面簇的各个不同方位的晶粒的晶面间距，再结合弹性力学的 Hooke 定律，便可以求得多晶材料内部的残余应力。

当材料中存在织构而各向异性，并且第二类应力较大时，ε 与 $\sin 2\psi$ 为非线性关系，此时需要通过数值模拟的方法计算应力数值。常用的常规 XRD 应力测量方法有同倾法、倾测法、掠射法。

Hooke 定律指出，在弹性限度内，弹簧所受的拉力与形变量成正比。X 射线所测得的残余应变是弹性变形，在晶体坐标系下，采用 Hooke 定律将弹性形变转化为残余应力。其表达式为：

$$\sigma = c\varepsilon_{(ehkl)} \tag{9-1}$$

式中：σ 为测试方向上的应力；$\varepsilon_{(ehkl)}$ 为应变；c 为模量矩阵。

因为胡克定律的转换是在晶体坐标系下完成的，但是在一般情况下，我们更倾向得到在试样坐标系下的残余应力矩阵，因此通过坐标转换矩阵 n_{hkl} 最终可以推导出试样坐标系下的残余应力。

$$\varepsilon_{(ehkl)} = n_{hkl}^{\mathrm{T}} \varepsilon_{(ehkl)} n_{hkl} \tag{9-2}$$

铜箔材料作为典型的多晶材料，可以采用 X 射线测量其宏观残余应力。图 9-5 是 X 射线测试铜箔残余应力的德拜环结果。图 9-5 中(1)、(2)结果显示德拜环强度均匀，表明无织构，测量不确定度相对较小；图 9-5 中(3)、(4)德拜环强度明显不均匀，表明可能存在织构，导致测量不确定度较大。由于不确定度较大，拉压无实际意义。应力状态分析应考虑样品表面存在不同程度卷曲、翘曲、轧制方向不明等因素。

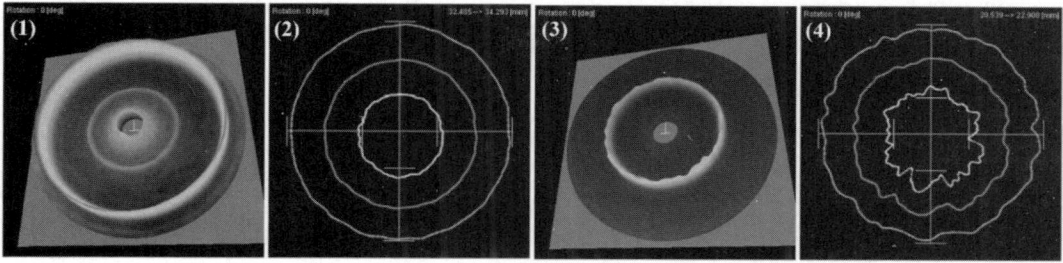

图 9-5　X 射线测试铜箔残余应力的德拜环图

9.1.7　宏观织构

XRD 法测量织构的基本原理是将 X 射线探测器置于符合布拉格方程的 2θ 位置上,试样围绕入射点做空间旋转,使各方位的晶粒都陆续进入衍射方位(一般参与衍射的晶粒数为数千个),连续测量衍射强度。若试样无织构,则强度不变;若试样存在织构,强度则随试样的方位而变化。衍射强度正比于发生衍射晶面的极点密度。将强度分级,按其相应的方位标在极射赤面投影图上,就得到极图,由极图即可分析出试样的织构信息。XRD 法适合于对材料织构信息的整体测量,由于被测量的晶粒数为几千个,因此得到的织构信息是一个宏观统计值,能较全面地反映出材料所有不同的织构信息。XRD 法测量织构具有制样简单、仪器操作方便、信息量大等优点。图 9-6 展示的是不同产品类型的 18 μm 电子电路用 HTE 铜箔光面的 XRD 图。相比较而言,HTE 铜箔的 XRD 图中(1)~(4)光面(220)衍射峰较强,但主峰仍是(111);图 9-6 中(5)的光面主峰是(220),次强峰位(111);图 9-6 中(6)的光面的主峰仍是(111)但是(220)峰强已经接近(111)。而图 9-7 展示的是不同厚度的压延铜箔的 XRD 图,包括软态和硬态。从压延铜箔的 XRD 图中可以得出以下结论:

(1)无论是硬态还是软态,毛面的吸收峰明显比光面强。

(2)硬态的主峰为(220),次强峰为(200)说明,轧制后铜箔形成形变织构;软态的(200)为主峰,而且软态的衍射峰比硬态要强很多,说明热处理后铜箔的组织已经发生显著变化,形成再结晶织构;

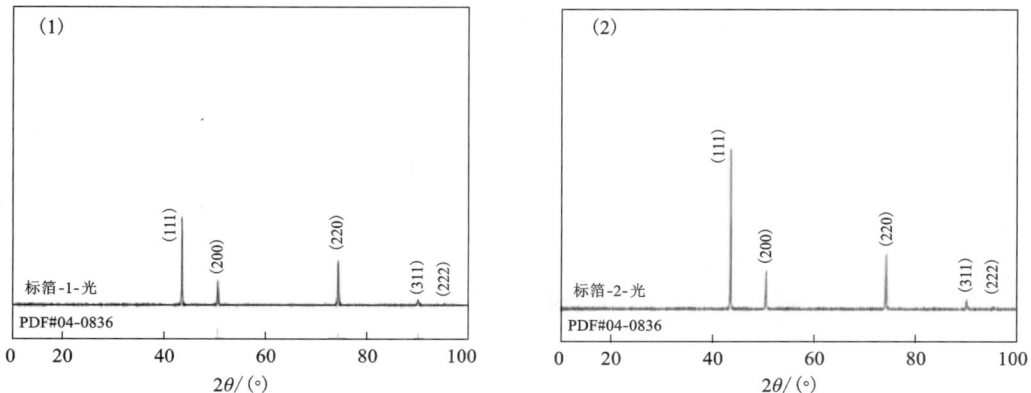

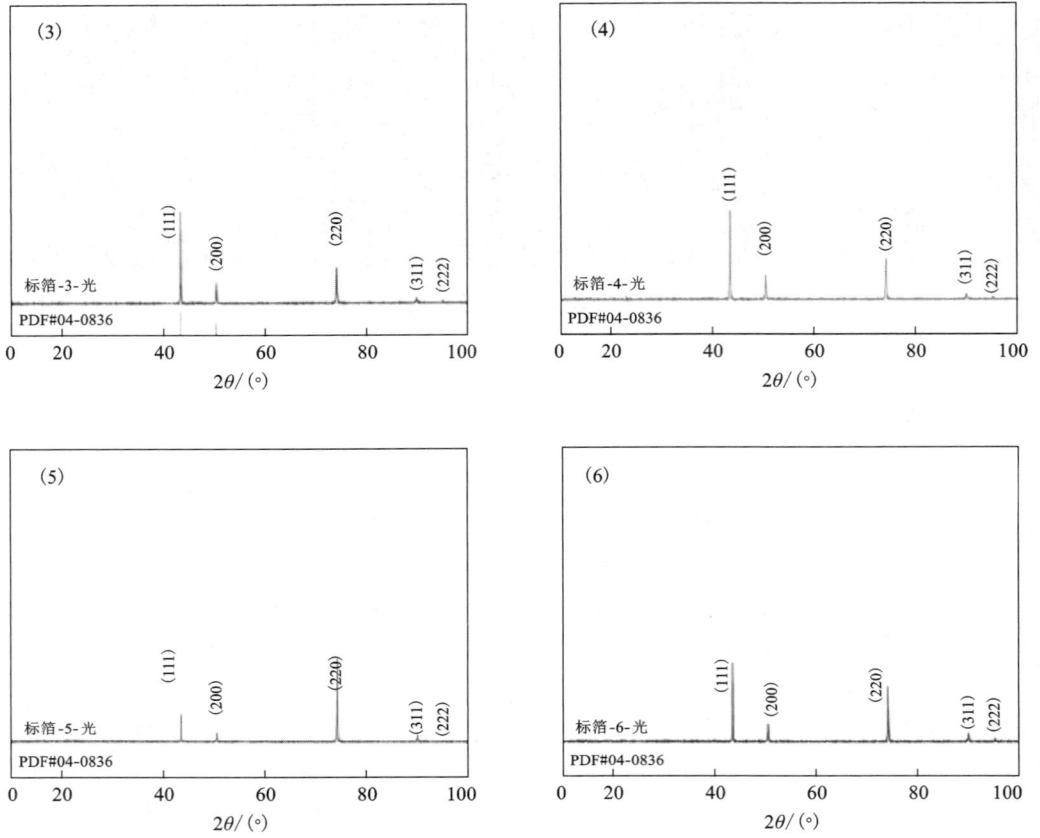

图 9-6　不同类型铜箔光面的 XRD 图

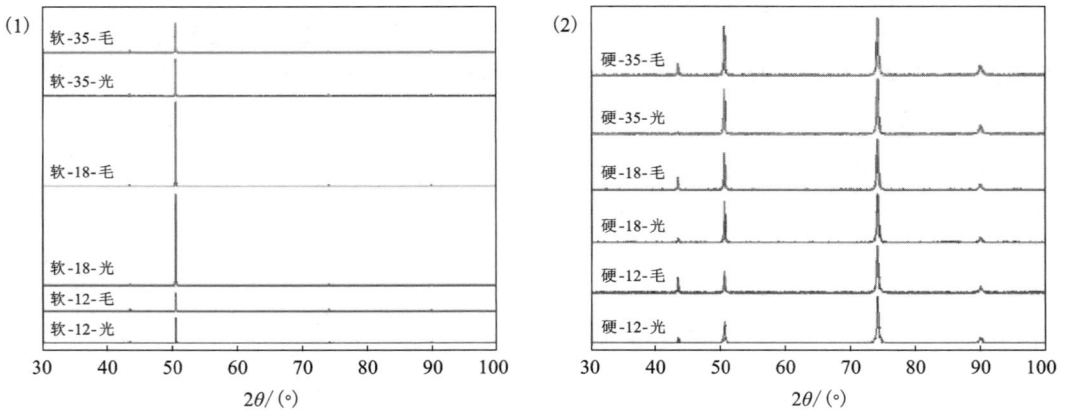

图 9-7　不同厚度规格的压延铜箔(光/毛) 的 XRD 图

（3）硬态的衍射峰有宽化，比软态的要宽，这主要是大形变导致的（结合 EBSD，宽化为晶粒内取向差导致）。

9.1.8 失效分析

X 射线技术在失效分析中应用非常广泛，因为它能够迅速准确地检测出半导体器件中的内部焊接失效、晶体缺角、脆化及错位等问题。特别是在高密度互连（HDI）电子产品中，X 射线技术是不可或缺的工具，它可以帮助工程师快速定位问题所在，以便及时解决问题。此外，X 射线技术还可用于检测电子器件的失效原因，如焊接短路、开路等。通过对失效产品进行 X 射线检测，不仅能够找到失效的焊点，还可通过这些信息调整工艺，提高生产效率和产品质量。

总之，X 射线技术在失效分析中具有重要的作用，它是一种高效、准确的无损检测方法，可帮助工程师快速找到失效点和失效原因，从而提高产品质量和生产效率。

与半导体应用相关的常见的 X 射线检测项目如下：

（1）封装中的缺陷检验，包括但不限于：bonding 线、引线框架连接情况、开短路或不正常连接情况，层剥离、爆裂，还有银胶层内空洞等影响封装体与连接散热的问题。

（2）半导体器件在电路板上焊接时可能产生的缺陷检测，如引脚焊接对齐不良、短路及开路，以及焊点空洞现象的检测与量测，同时也需要对 BGA 封装及芯片封装中锡球的完整性进行检验。

（3）芯片尺寸量测、打线线弧量测、组件焊锡面积与比例量测也是必不可少的步骤。

图 9-8 是一些利用 X 射线设备检测到的半导体器件相关失效图示，显示出 X 射线技术在失效分析中的重要性。

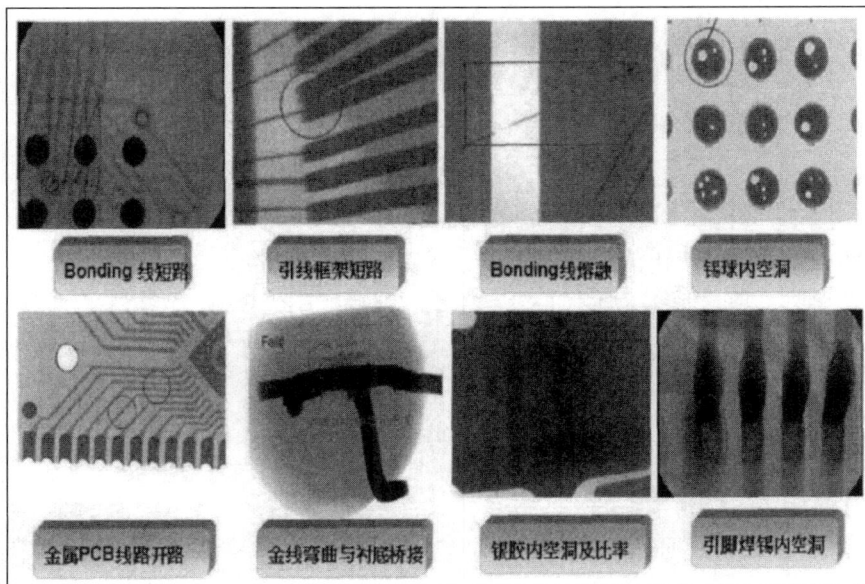

图 9-8　X 射线检测到的半导体器件相关失效图

9.2 SEM

9.2.1 SEM 工作原理

当一束高能电子轰击待测样品表面时，样品的原子核外电子会被激发逸出，被激发的区域会产生二次电子(SE2)、背散射电子(BSE)、透射电子(TE)、俄歇电子(AE)、阴极荧光信号和特征 X 射线等各种信号。通过对这些信号的放大、接受和显示成像，从而对样品表面的微观形貌和化学成分进行观察和分析。SE2 是样品的外层电子获得能量后逃离样品表面产生的；BSE 是受到原子核撞击反弹回来的一部分入射电子，再次受核外电子撞击而反弹出样品表面的入射电子；X 射线是样品内层电子获得能量后跃迁到外层，处于不稳定状态，跳回内层时放出的电磁波，如图 9-9 所示。

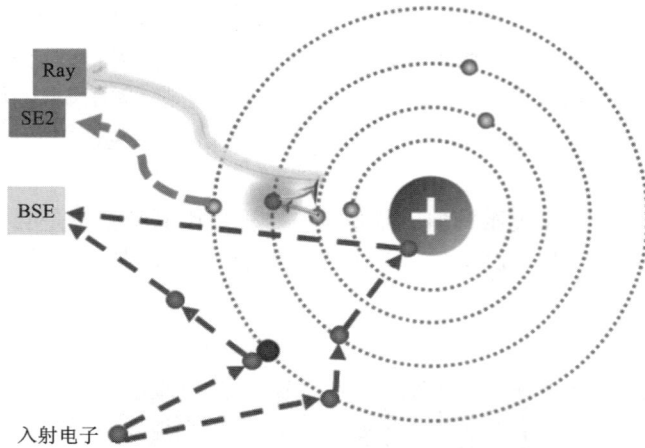

图 9-9 扫描电子显微镜电子散射原理图

扫描电子显微镜的结构原理如图 9-10 所示，主要包括 4 个系统：电子光学系统、真空系统、探测系统、计算机控制系统。电子光学系统的作用是获得扫描电子束，作为信号的激发源；真空系统的作用是保证电子光学系统工作正常，防止样品污染；探测系统的作用是检测样品在入射电子作用下产生的物理信号；计算机控制系统的作用是通过软件控制样品运转，电子枪发射的电子经过多

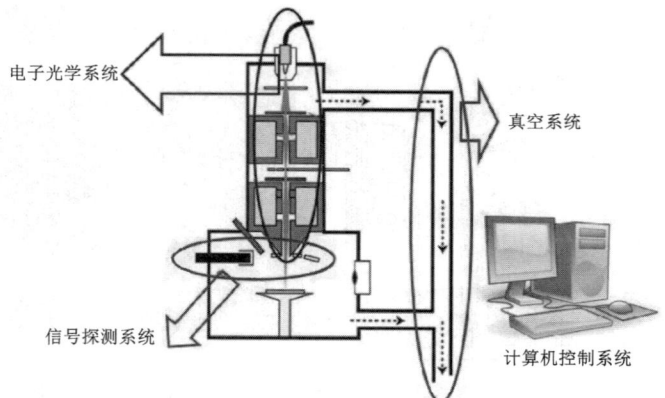

图 9-10 扫描电子显微镜的结构原理

级电磁聚光镜汇聚成纳米尺度的超细光斑，设置在透镜内部的扫描线圈和偏转线圈通过控制超细光斑电子束在样品台的横轴和纵轴上移动，从而实现电子束在样品表面逐点扫描形成图像。

扫描电子显微镜的自有探头主要通过收集二次电子和背散射电子来成像。其中，二次电子反映微观表面形貌，背散射电子反映成分信息。值得一提的是，二次电子的强度与样品微区的形貌有关，而与原子序数无关。此外，二次电子像分辨率高，能够准确显示形貌细节。二次电子由入射电子与物质非弹性散射而产生，其能量较低，在 50 eV 以下，易被电场收集。此外，由于二次电子的非弹性散射平均自由程很短，容易损失能量，因此其出射范围集中于表层，适合于对材料表面进行分析。二次电子信号根据出射位置可分为 SE1、SE2 和 SE3 三种类型。

如图 9-11 所示，SE1 是直接由入射电子产生的二次电子，SE2 是通过背散射电子激发的，SE3 是背散射电子在极靴上产生的。SE1 具有最高的空间分辨率，其信号范围与入射的电子束宽相关。由于背散射电子的作用范围较大，由背散射电子所产生的 SE2 有着更大的信号范围，这会导致二次电子显微图像的分辨率有所下降。SE3 对总产额的贡献为 10%~50%，这将大大降低扫描电子显微镜的分辨率。通过改进磁透镜的极靴涂层或者使用浸没式透镜可以减小 SE3 的影响。

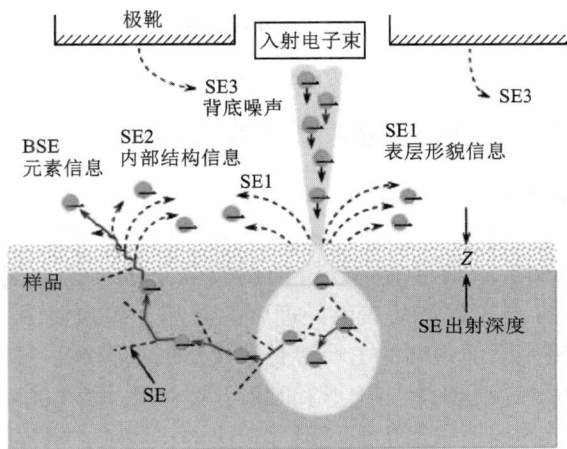

图 9-11　SEM 原理的电子信号图

9.2.2　微区化学成分分析

在样品微观表面的分析当中，有时不仅是形貌，其他方面的信息，如成分、晶体结构或位向等，均需进行判断分析，以便能够获得更全面的资料信息。为此，常将 X 射线能谱 EDS 或 X 射线波谱（WDS）等附件与 SEM 联用，这样可以分析微区表面的成分以及材料内部的夹杂物成分等。由于其表面含量较低，且体积小，无法采用常规的化学方法进行鉴定，与 EDS 搭配，可实现该功能。

一般来说，常用的 EDS 能检测的成分含量下限（质量分数）为 0.1%，可以用于确定合金中析出相或固溶体的组成、表面处理机列非铜金属的组成等。图 9-12 是常规 HTE 铜箔处理面元素分析图，从图 9-12 中可以看出，样品表面含有 Ni、Zn、Cr、Si 等元素。目前，X 射线能谱分析仪 EDS 是扫描电镜的标配，这样可以在观察试样微观组织形貌的同时分析微区表面的成分。因此，SEM 成为目前铜箔行业普遍使用的分析检测研究装备。

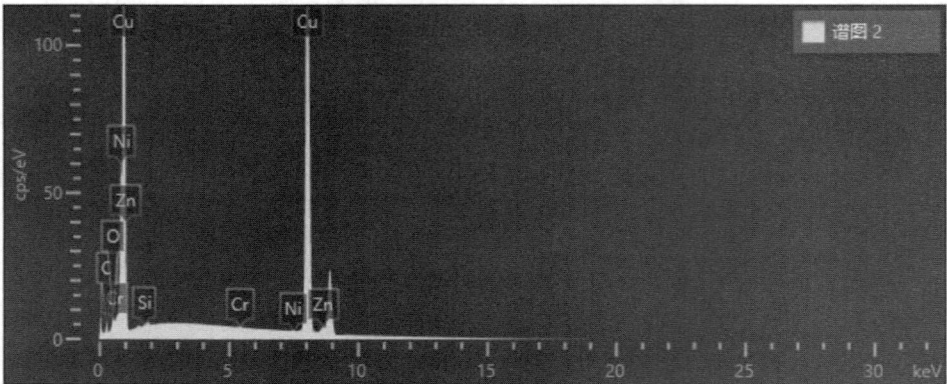

图 9-12　常规 HTE 铜箔处理面 EDS 分析图

9.2.3　微观形貌观察和深度检测

1. 表面处理形貌

铜箔行业在对生箔进行表面处理时，需通过工艺参数（固化电流、粗化电流、钝化电流等）来调节微观形貌，以达到剥离强度的要求。因此，SEM 是铜箔行业必备的分析设备。图 9-13 是不同产品表面处理后的微观形貌观察图。从图 9-13 中可以看出，图（1）、图（2）显示铜箔表面很高的山峰上长了圆形的小颗粒，颗粒尺寸为 $1\sim2~\mu m$；图（4）、图（5）显示铜箔表面形貌分别是多边形和圆形，颗粒尺寸为 $600\sim700~nm$；图（3）、图（6）显示铜箔在粗糙度较低的铜箔表面生成了尺寸较小的小颗粒，颗粒尺寸 $<100~nm$。

图 9-13　不同铜箔产品表面处理后的 SEM 图

铜箔表面的颗粒形貌以及尺寸大小直接影响铜箔与 PP 的结合力。一般来说，剥离强度大小顺序为图(1)和图(2)>图(4)和图(5)>图(3)和图(6)。

2. 制程异常排查

在铜箔制程中，常常采用 SEM 监控过程异常情况，如生箔产生的凹凸点、酸雾点、毛刺、针孔、大铜瘤；表面处理产生的异色点、划伤、镀铜等。图 9-14 是制程中观察到的针孔和大铜瘤的微观形貌图，从图 9-14 中可以观察到针孔呈现类似火山口的形状，直径为 $1.78~\mu m$，大铜瘤为约 $56~\mu m$ 的大铜块，推测为该处的电流密度不均匀导致。

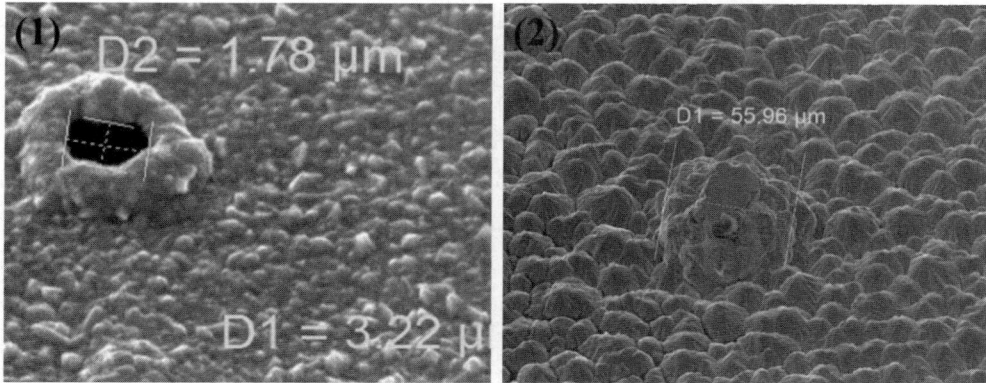

图 9-14 铜箔针孔和大铜瘤的 SEM 图

3. 超微材料表面观察

超微材料即纳米材料是纳米科学技术的基本组成部分。随着铜箔产品向高频、高速方向发展，表面处理的粗糙度越来越低，因此铜瘤颗粒逐渐纳米化。相比于 TEM(透射电子显微镜)而言，SEM 因制样简单、观察范围大、成本低等优点使用更普遍，成为了近几十年超微材料表面观察的主要手段，包括纳米尺寸。图 9-15 是不同 HVLP 类型铜箔表面处理纳米尺寸铜瘤观察图，从图 9-15(1)中可以看出，铜瘤为星形层状结构堆叠而成，尺寸为 $0.5 \sim 1~\mu m$；图 9-15(2)的铜瘤为六边形颗粒堆叠而成，尺寸为 $70 \sim 100~nm$。

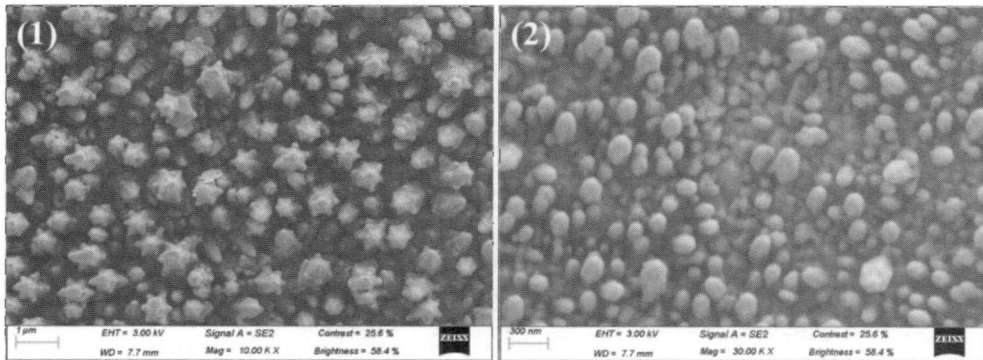

图 9-15 不同 HVLP 类型铜箔表面处理纳米尺寸铜瘤观察图

9.3 TEM

9.3.1 TEM 简介

透射电子显微镜，简称 TEM（transmission electron microscope），是一种以高能电子束作为信息传输媒介的显微镜，其波长比扫描电子显微镜更短，放大倍数和空间分辨是目前所有显微镜中最优的。TEM 扩展功能也非常丰富，成为了材料科学、化学、物理学和生物学等科学领域最普遍的研究工具之一。根据瑞利法则判断，TEM 的分辨率理论上可达亚埃级，这是电子波长的范围，可用于观察物质的原子和电子结构。另外，电子束与样品的相互作用会产生 X 射线、俄歇电子、背散射电子和二次电子等信号，分析这些信号可实现基于高空间分辨率的更多高级应用。例如：除了观察真空静态样品的微观结构，TEM 结合原位电镜技术，还能创建物理、化学和生物微型实验室，实现在特定环境下物质精细结构的原位观察和局部物理特性的原位测量。TEM 与原位加热样杆结合，还可以观察金属晶粒生长过程、取向变化过程以及相析出行为等。

尽管 TEM 的空间分辨率最高可达 0.039 nm，但实际应用中，能否达到这个水平取决于操作者的实践能力。想要实现最高分辨率，需要综合考虑仪器装置的各方面因素，如加速电压、电子束量、成像模式、电子枪类型以及像差校正器的使用等。另外，样品本身的性能，如导电性、磁性等，对分辨率也有至关重要的影响。

9.3.2 TEM 工作原理

与光学显微镜以可见光为光源和扫描电子显微镜以钨灯丝为光源不同，TEM 是以波长极短的电子束作为照明源，是用磁场透镜聚焦成像的一种高放大倍数、高分辨率的电子光学仪器。表 9-1 列出了 TEM 和光学显微镜以及 SEM 三者之间的差异。根据电子成像模式不同，将 TEM 分为两种，一种是普通的透射电子显微成像（conventional transmission electron microscopy，CTEM）；另一种是扫描透射电子显微成像（scanning transmission electron microscopy，STEM）。其中 CTEM 利用衬度原理的平行电子束成像，包括衍射衬度、质厚衬度以及相干相位衬度。而 STEM 是将电子束汇聚成纳米光束后扫描样品，利用原子序数衬度（非相干相位衬度）原理来成像，如图 9-16 所示。当电子束被物镜聚焦成纳米束斑后与样品表面发生散射，不同角度散射的电子被不同角度的环形探测器接收，分别形成了亮场像（探测器中间）和暗场像（探测器外环），如图 9-16（b）所示。

表 9-1　TEM 与光学显微镜和扫描电子显微镜功能对比

比较内容	透射电子显微镜	光学显微镜	SEM
光源	电子枪	可见光	钨灯丝
透镜	磁透镜	光学透镜	—
放大成像系统	电子光学透镜系统	光学透镜系统	电子扫描

续表9-1

比较内容	透射电子显微镜	光学显微镜	SEM
样品	10 nm 厚的薄膜	1 mm 厚的载玻片	样品台
介质	高真空	空气或玻璃	低真空或高真空
像的观察	荧光屏	裸眼	极靴
分辨率/nm	0.2~0.3	200	10
有效放大倍数	$10^6 \times$	$10^3 \times$	$10^6 \times$
聚焦方法	改变线圈电流或电压	移动透镜或样品	电子束

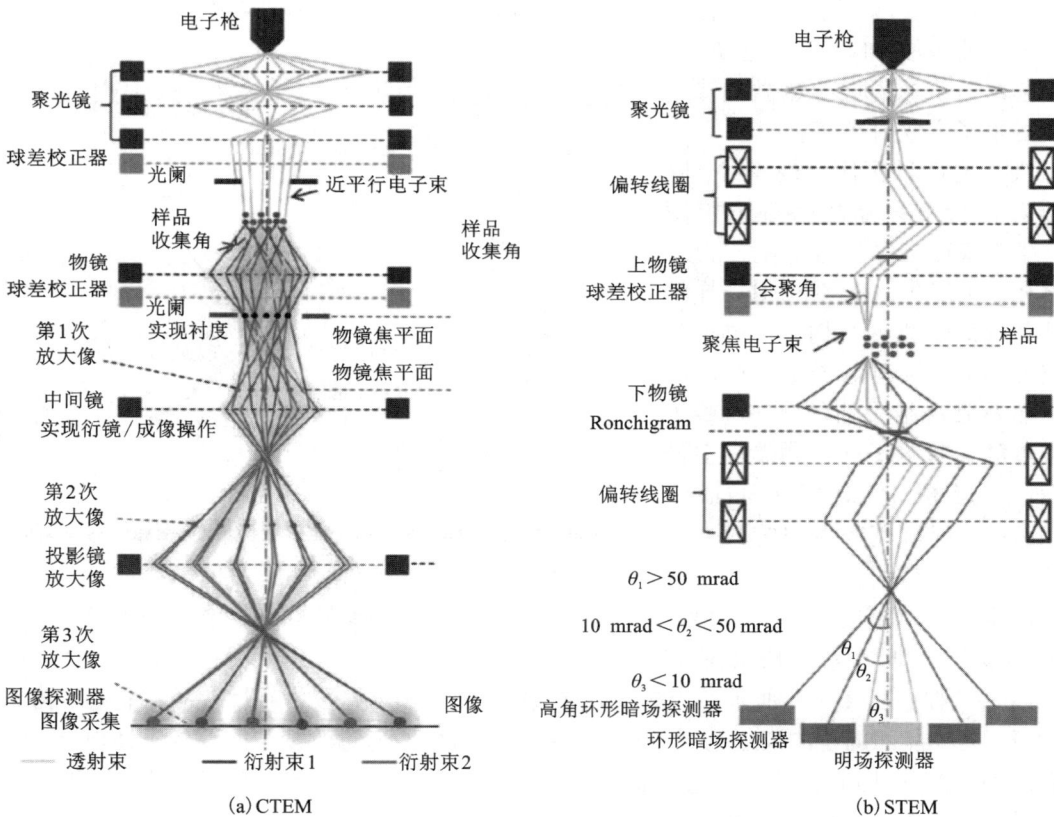

图 9-16　TEM 的基本构造和成像过程

（1）衍射衬度：由于样品各部分的结构振幅不同和布拉格衍射强度不同而形成的衬度。

（2）质厚衬度：由材料的质量或者厚度差异而形成的衬度。

（3）相干相位衬度：电子束在样品表面上的相位不同而形成的衬度。

TEM 由三部分构成，即真空部分（机械泵、扩散泵、吸附泵、真空测量、显示仪表等）、电子光学部分（照明系统、成像系统、观察和记录系统）以及电子学部分（高压电源、透镜电源、真空电源、辅助电源、安全系统、总调压变压器）。其中电子光学部分是电子显微镜的核心部分，根据其照明系统中电子枪种类的不同，TEM 分为热发射透射电子显微镜和场发射透射电子显微镜两种类型。热发射 TEM 采用六硼化镧（LaB_6）为发射电子的灯丝，通过对灯丝加热而产生入射电子束；场发射 TEM 采用钨灯丝（W）作为电子发射源，灯丝在强电场作用下，由于隧道效应，内部电子会越过势垒从灯丝表面发射出来。场发射相比热发射可以产生亮度更高、相干性更好、波长更加单一的电子束，是目前高分辨透射电子显微镜普遍采用的电子束发射模式。

TEM 有两种图像呈现模式，除了能获得待测样品的微观形貌图外，还能获得选区位置的电子衍射花样图，可以像 X 射线衍射一样解析晶体的原子排列结构。当电子束透过样品后，透射电子带有样品微区形貌及微观结构的信息，这些不同强度的透射电子穿过物镜后在像平面上形成物镜像（objective aperture）。通过改变中间镜的透镜电流，使中间镜的物平面与物镜的背焦面重合，可在荧光屏上获得样品的形貌图，即为电子成像模式

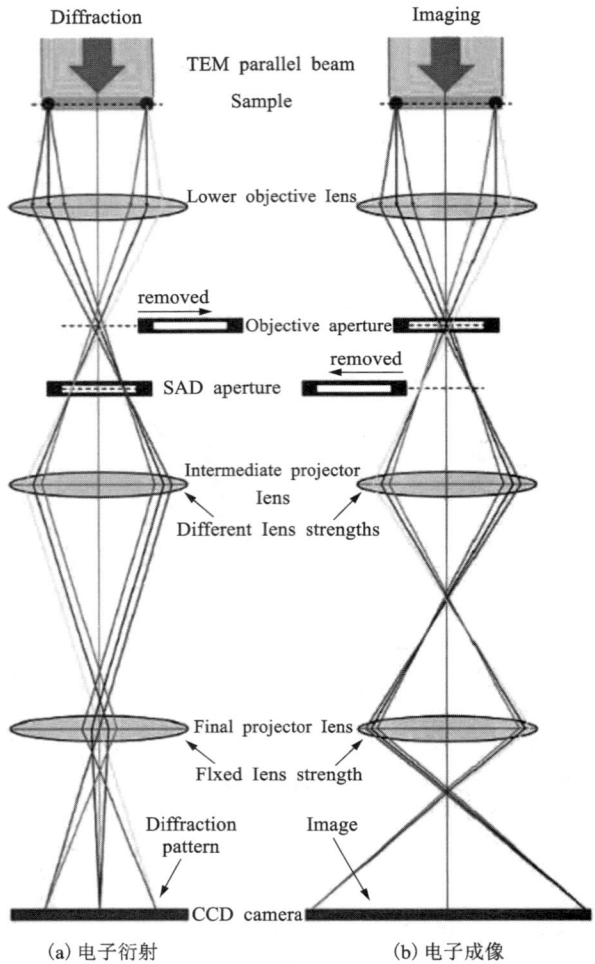

图 9-17　透射电子显微镜的两种工作模式

（imaging），如图 9-17（b）所示。当电子束穿过样品后，透射电子带有反映样品晶体结构的特征信息，当某晶面的位向满足衍射条件时即产生衍射束。通过改变中间镜的透镜电流，使中间镜的物平面移动到与物镜的背焦面重合的位置，并在荧光屏上形成衍射花样，即为电子衍射模式（diffraction），如图 9-17（b）所示。

TEM 的实际应用并不局限于微观成像，配置一些专业的附件还能应用到微量成分及表层成分的鉴定，如搭配 X 射线能谱（EDS）、俄歇电子谱（AES）、电子能量损失谱（EELS）等。因此，TEM 成为了集微观形貌和晶体结构分析与元素成分鉴定于一体的电子显微成像技术，对促进材料科学的发展有着举足轻重的作用。遗憾的是，传统的 TEM 需要在超高真空的环境下工作，因此只能表征固体样品，是一种非原位（ex-situ）的表征方法。近年来，随着液体池和样品杆等工具的发明和分辨率的不断提高，TEM 成为了可以兼容液体和高真空条件并同时保持高分辨率的原位（in-situ）电镜分析方法，并在材料、化学、生物、能源等科学领域有着广泛的应用。

9.3.3   制样

1. 粉末样品

1）基本要求

（1）无磁性。

（2）样品尺寸最好小于 1 μm。

（3）以无机成分为主，有机样品需要特殊处理，如冷冻切片。

2）样品的制备

（1）选择高质量的微栅网（直径 3 mm），这是关系到能否拍摄出高质量电镜照片的关键。

（2）用镊子小心取出微栅网，将膜面朝上轻轻平放在白色滤纸上。

（3）取适量的粉末加入含有乙醇的小烧杯中，超声振荡 10～30 min，用吸管吸取超声振荡后的混合液，然后滴 2～3 滴到微栅网上（如粉末是黑色，则当微栅网周围的白色滤纸表面变微黑时适中。滴得太多，则粉末分散不开，不利于观察；滴得太少，则难以找到实验所要求的粉末颗粒）。

（4）待乙醇挥发干，即可放入电镜中待观察。

2. 块状样品

1）基本要求

（1）需要电解减薄或离子减薄，获得几十纳米的薄区才能观察。

（2）如晶粒尺寸小于 1 μm，也可用破碎等机械方法制成粉末来观察。

（3）无磁性。

（4）块状样品制备复杂，耗时长，工序多，需要由有经验的老师指导或制备；样品制备的好坏直接影响到后面电镜的观察和分析。所以在块状样品制备之前，最好与 TEM 的老师进行沟通，向老师请教，或交由老师制备。

2）样品的制备

（1）电解减薄方法。

用于金属和合金试样的制备。

①块状样切成约 0.3 mm 厚的均匀薄片。

②用金刚砂纸机械研磨到厚 120～150 μm。

③抛光研磨到约 100 μm 厚。

④冲成 φ3 mm 的圆片。

⑤选择合适的电解液和双喷电解仪的工作条件，将 φ3 mm 的圆片中心减薄出小孔。

⑥迅速取出减薄试样放入无水乙醇中漂洗干净。

（2）离子减薄方法。

用于陶瓷、半导体以及多层膜截面等材料试样的制备。块状样制备步骤：

①块状样裁切成约 1 cm 大小的试片。

②试片用金刚砂纸机械抛光到 30～40 μm 厚。

③用超声打孔把试片钻取为 2.5～3 mm 厚的小片。

④将洁净的小片放入离子减薄仪中，根据试样材料的特性，选择合适的离子减薄参数进行减薄。

注意事项:

a.凹坑过程试样需要精确对中,先粗磨再细磨抛光,磨轮负载要适中,否则试样易破碎。

b.凹坑完毕后,要将凹坑仪的磨轮和转轴要清洗干净。

c.凹坑完毕的试样需放在丙酮中浸泡、清洗和晾干。

d.进行离子减薄的试样在装上样品台和从样品台取下时,动作需要非常小心和细致,因为此时2.5~3 mm厚的小片的中心已非常薄,用力不均或过大,很容易导致试样破碎。

(3)聚焦离子束法(FIB)。

FIB(focused ion beam)是利用离子透镜将离子束聚焦成非常小尺寸(5~10 nm)的显微精细切割仪器。它采用离子束作为光源,离子束比电子具有更大的电荷和质量,高能的离子束扫描并轰击样品表面,使表面汽化和离子化,从而溅射出作用位置的原子、离子、电子等。利用离子束的这种溅射效应,FIB可以精确地刻蚀待测位置的微区区域,而束流大小和刻蚀时间等决定了微区位置的刻蚀深度;进一步加大电流可快速将试样打穿或切割出剖面,即制备出满足TEM特殊制样要求的试样。

FIB系统主要有五大部分:离子源、离子光学柱、束描画系统、X-Y工件台和信号采集处理单元。目前商用系统的离子束为液相金属离子源(liquid metal ion source,LMIS),液态金属采用的是Ga。这是因为Ga有两个优点:①Ga熔点低(29.75 ℃),在室温下以液态形式存在;②Ga可以被聚焦成5~10 nm的束斑。FIB制备TEM试样的方法,见图9-18,目前有两种最普遍的方法,第一种是"刻槽法",其具体过程是先把试样切割成3 mm×0.1 mm的小片,粘在半圆形的制样台上。随后采用离子减薄法将试样减薄成20~30 μm厚,此时待测位置已处于试样的中心。最后,通过FIB将试样中心加工成100 nm左右厚度的TEM试样。第二种是"取出法",其具体过程如下。

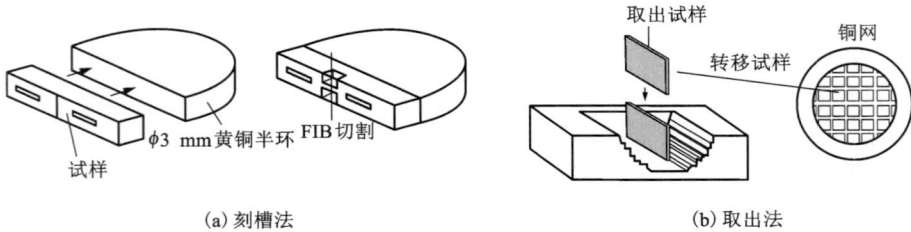

(a)刻槽法   (b)取出法

图9-18 FIB制备TEM试样的两种常规方法

①在样品表面待观察区域沉积一层碳膜或Pt膜。

②在碳膜或Pt膜的一边刻蚀出一个横截面,同样在另一边也刻蚀出一个横截面,此时试样厚度还未达到TEM观察所需的厚度(0.8 μm左右),因此需对试样继续减薄。

③将试样台倾斜45°(为了防止底部再回到原来的位置),继续减薄至100 nm左右。

④切断薄膜的两端,采用PICK-UP系统把试样取出。

⑤将试样放到带火胶棉的铜网上,待测。

图 9-19 是采用 FIB 法切割载体铜箔截面的 SEM 图，从图 9-19 中可以明显看出载体层和超薄铜层之间的界面。

与传统的 TEM 制样方法，如电解双喷法和离子减薄法相比，FIB 制样具有精度高、速度快、成品率高的优点，还能解决大多数 TEM 制样技术无法解决的难题，如薄膜样品易变形的问题。因此，尽管 FIB 技术成本较高，但还是无法阻挡其在半导体、纳米材料等领域的应用。如今，FIB 技术的发展更是今非昔比，通过与各种微纳操作仪、探测器或测试装置联用，已经成为了集微区成

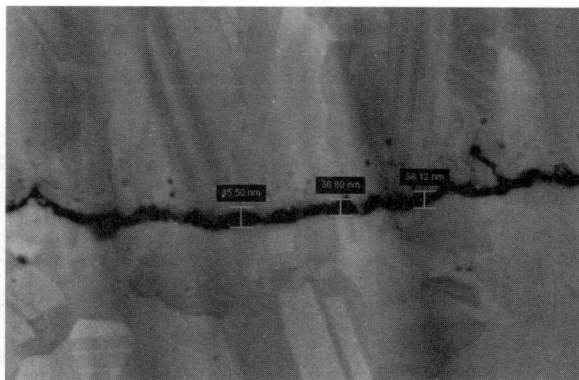

图 9-19　采用 FIB 法切割载体铜箔截面的 SEM 图

像、分析、加工、集成线路修补于一体的综合性设备。另外需要特别说明的是，高能的离子束在不断地轰击样品表面的过程中会引起溅射效应，对样品表面会造成应力损伤。因此，当观察区域样品的厚度<10 nm 时，TEM 分析样品的高分辨率图像的结构特征可能已经被破坏。为了解决这个难题，可同时配置双束枪，所谓双束是指电子束和离子束。双束枪综合了扫描电镜和聚焦离子束的优点，利用电子束进行图像观察，离子束进行刻蚀和沉淀，这样便不会对样品表面造成应力损伤。

3. 薄膜样品

1）平面试样的制备

平面薄膜试样的制备方法有多种，如真空蒸发、磁控溅射、溶液凝固等。徐山清介绍了采用磁控溅射法制备纳米 Al-Cu 薄膜的方法，具体过程是将 Al-Cu 靶材上的原子溅射到 KCl 基片上，然后将这个基片放入丙酮+水的溶液中，这是为了减少表面张力，使 KCl 基片不易碎，待 KCl 溶解后 Al-Cu 薄膜便浮于丙酮+水溶液的表面，最后捞出将水分蒸干，待用。

2）截面试样的制备

截面薄膜试样的制备很难，有关这方面的报道也比较少，在戎咏华编写的《分析电子显微学导论》第二版中详细介绍了薄膜截面 TEM 试样的制备过程，有需要的可以参考该书。

9.3.4　应用

1. 微区化学成分分析

TEM 在成分分析上的应用与 SEM 相近，同样是在仓体内增加配件，如 X 射线能谱（EDS）、俄歇电子谱（AES）、电子能量损失谱（EELS）等。当入射电子与样品表面发生碰撞时，部分入射电子会与样品表面发生非弹性散射而产生特征 X 射线信号和俄歇电子信号。不同原子的内层电子被激发的能量差不同，所释放的 X 射线的波长也不同，因此，可以根据 X 射线的波长确定原子的种类，根据 X 射线的强度获得元素含量的信息。因 X 射线探测器对轻元素没有吸收作用（H 元素无法识别），EDS 能谱只能分析相对分子质量较重的元素。TEM 的离子束可以聚焦到 5~10 nm，因此 TEM 测试元素成分的精度更高。特别是针对高倍率下 SEM 分析不了的样品，TEM 在微量成分鉴定上的优势更明显。图 9-20 是 HTE 铜箔的截面采

用 TEM+EDS mapping 分析的效果图，从图 9-20 可以看出，铜层毛面含有一层薄薄的 Cr 层和 Zn 层，而 Ni 层则基本扩散到铜层内部，表面层的 EDS 信号较弱。应指出的是，该样品若采用 SEM+EDS mapping 分析，其空间分辨率无法达到此效果。

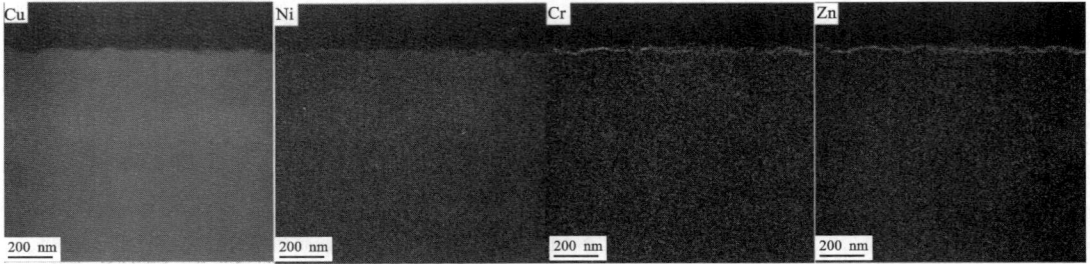

图 9-20　HTE 铜箔截面 mapping 图

2. 高分辨透射显微分析

高分辨透射电子显微技术（high resolution transmission electron microscopy，HRTEM）是一种能够直接观察样品晶体结构与晶界信息的相位衬度成像技术。HRTEM 成像主要分为两种：一种是一维晶格像，当物镜后焦面上的一个衍射束与透射束发生相干成像时，在荧光屏上会呈现出垂直于衍射束方向的周期性排列的条纹花样，即为晶格条纹。这些晶格条纹中包含某些原子排列信息时，称为一维晶格像，图 9-21（a）为典型的一维晶格像。另一种是二维晶格像与二维结构像，入射电子束沿着晶体的某一正带轴入射时，通过有限衍射束与透射束进行相干成像得到的条纹即为二维晶格像，它只包含单胞尺度的信息而不包含相应的原子排布信息，图 9-21（b）为典型的二维晶格像。而当入射电子束沿着晶体的某一正带轴入射，选择透射电镜分辨率范围内的衍射束与透射束相干成像，并在谢尔盖聚焦点附近时，可以得到包含单胞原子排列信息的条纹，称为二维结构像。

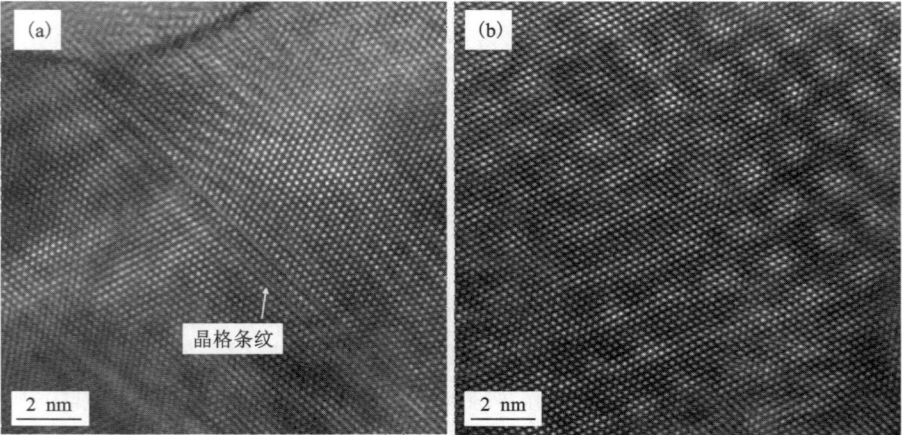

晶格条纹

（a）一维晶格像　　　　　　　（b）二维晶格像

图 9-21　铜箔微观原子排列和单胞原子

3. 扫描透射显微分析

随着扫描透射电子显微技术（scan transmission electron microscopy，STEM）的快速发展，它已经成为了透射电镜的重要组成部分。相比于普通的透射电镜，STEM 可以获得分辨率更高的原子图像，其成像模式共分为以下四种：

（1）明场像。

（2）环形明场像。

（3）环形暗场像，图 9-22 是 STEM 观察铜箔内部孪晶的明、暗场像图，从图 9-22 可以清晰地看到孪晶内的取向衬度差异。

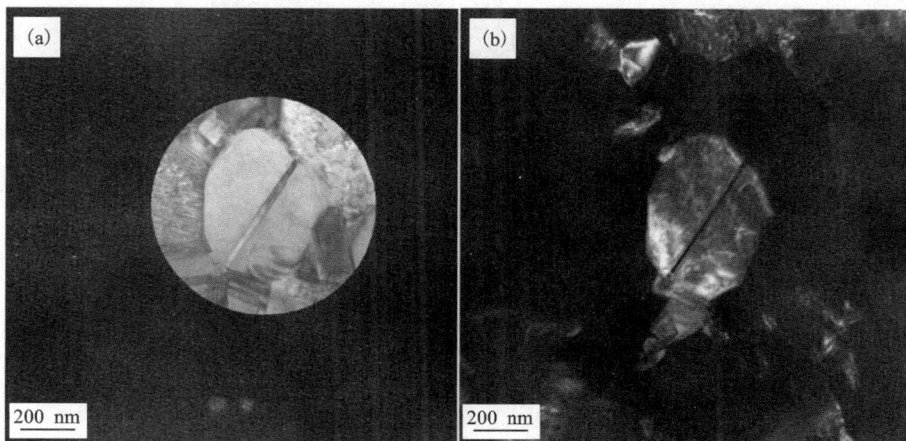

图 9-22　铜箔纳米孪晶的明（a）、暗（b）场成像图

（4）高角度环形暗场像（HAADF）。HAADF 像是利用高角环形探测器接收的大角度非相干散射电子来成像，它的衬度不受样品的厚度变化而发生改变，且它的强度与原子序数 Z 相关，故又称 Z 衬度像。从图 9-23 中可以看出铜箔内部存在大面积的板条状的孪晶组织，且晶界内存在大量的缺陷、畸变、位错等。铜箔中存在大量的缺陷和畸变，所以会造成晶粒内的取向差异较大。

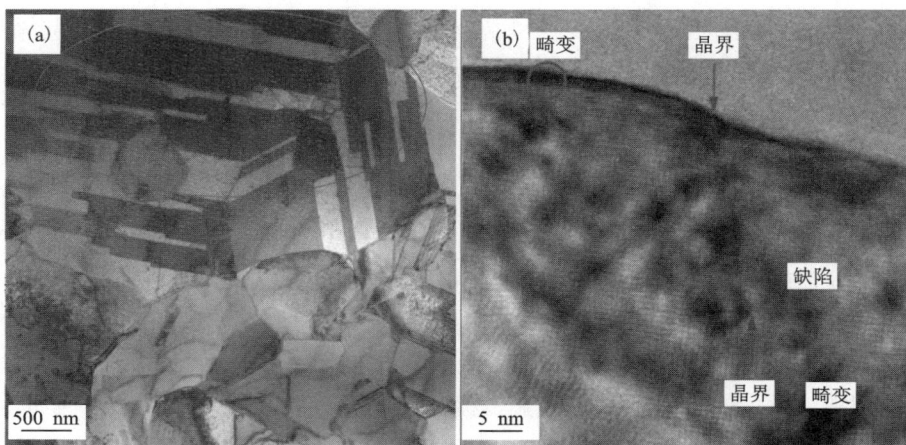

图 9-23　铜箔微观局部观察图

4. 选区电子衍射

电子衍射是指入射电子与晶体内部周期性晶格发生布拉格衍射,形成一系列具有一定规律的强弱斑点的现象,这些斑点反映了晶体的结晶性和结构信息。通过分析电子衍射图像,可以得到样品的晶体取向、晶格参数和结晶程度等信息。

图 9-24 是铜箔孪晶选区的透射电镜图和电子衍射图。

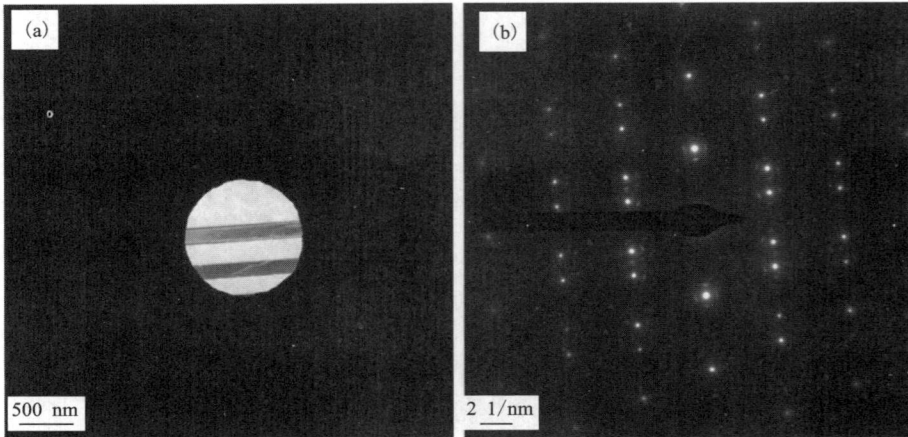

图 9-24　铜箔孪晶 TEM 局部观察图

9.4　EBSD

9.4.1　工作原理

电子背散射衍射(electron backscatter diffraction,EBSD)是 20 世纪 90 年代初出现的基于扫描电子显微镜(SEM)的一项显微结构分析系统。此技术能同时实现晶粒的相鉴定、相含量分布、晶粒尺寸测量、取向测量、取向关系分析、织构分析等功能,同时还兼具晶界、位错、孪晶及孪晶界、应力应变分析等特殊功能。兼具样品显微组织形貌观察和晶体学数据分析两大功能,改变了传统的显微组织和晶体学分析为两个分支的研究方法,大大地拓展了 SEM 的应用范围。

目前,主流的 EBSD 设备厂商主要有三家,分别是英国的牛津公司、德国的 BRUKER 公司、美国的 EDAX 公司。其测试模块包括 CCD 相机、SEM 组件、磷屏、EBSD 探头以及控制器和数字图像处理软件等单元。测试过程为:扫描电镜提供的高能入射电子束轰击倾斜的样品表面(作用深度约 20 nm)后被散射向整个空间发射,从而在样品表层形成向各个方向发射电子能量的光源。Zaefferer 的研究表明形成菊池带的发射电子主要是和入射电子束能量差<5%的能量损失较小的背散射电子,其他能量损失较大的电子,如二次电子,主要形成菊池花样的背底,工作原理见图 9-25。加速电压、入射电子束能量、样品倾斜角度、样品导电性和表面平整性等因素决定了背散射电子能量的大小。其中,样品倾斜角度越大背散射电子效率

越高，当倾斜角度达到一定程度后，背散射电子效率趋于稳定，一般倾斜角约70°。

前面提到过，从样品表面发散的背散射电子总会在某个方向上符合某晶面的衍射角条件，这些特定方向且能量损失较小的电子会与样品内周期性排列的晶面发生布拉格衍射。我们知道扫描电镜的入射电子束的能量范围在5 kV至30 kV之间，对于任意一组晶面，入射电子束发生散射后满足布拉格衍射的电子束会形成两个锥形的衍射束。又根据布拉格方程：

$$2d\sin\theta = n\lambda$$

式中：d 为发生衍射的晶面间距；θ 为入射光与晶面间的夹角；n 为衍射级数；λ 入射电子束的波长。波长和扫描电镜的加速电压有关，可知 θ 非常小，因此电子束的锥形衍射束开口很大，圆锥顶角接近180°，锥体几乎是一个平面，两个锥面近似平行于发生布拉格衍射的晶面。当放置在样品前方的磷屏探测器与开口很大的锥形衍射束相遇时，它们将形成两条近似平行的直线，即菊池带。如图9-25所示，不同的衍射晶面将形成不同的菊池带，而这些菊池带的组合形成了一幅菊池花样。Baba-Kishi等人详细介绍了菊池带的几何构型。菊池带的几何关系可以通过晶面布拉格定律来解释，而菊池带的强度则需要用电子衍射动力学理论来解释。菊池花样中每个菊池带都对应着不同指数的衍射晶面。菊池带的交点即为菊池极，对应着晶体中的晶带轴方向。

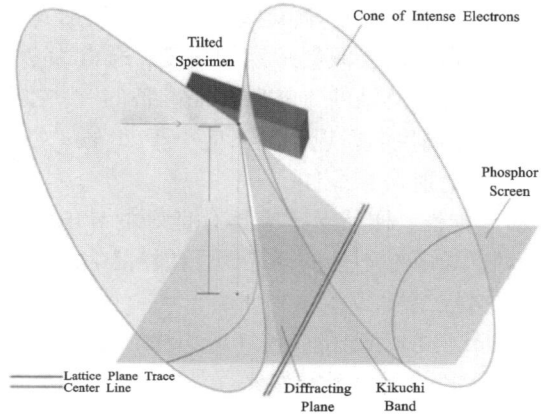

图9-25　菊池带的形成原理图

图9-26是铜箔平面的菊池花样图。一般认为菊池带的中心线是晶面在衍射时的迹线，即将晶面延伸至磷屏并与之交线的中心线。然而，在非正投影情况下，菊池带的中心线与晶面迹线并不重合，两者平行但存在差距。菊池带中心线和晶面迹线的差距受多种因素影响，包括晶体取向、菊池带位置、菊池带宽度、探测器距离和花样尺寸等。它们之间的差距一般在一个像素左右。菊池带的宽度可以反映晶面间距，但二者之间不存在简单的反比关系。菊池带的宽度会受到晶体

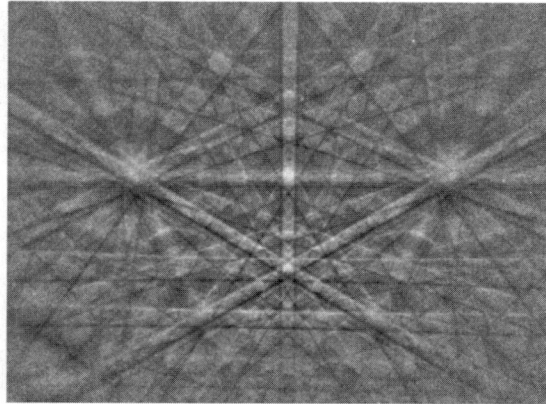

图9-26　铜箔的菊池花样

取向影响而变化，对应同一晶面的菊池带，当晶体取向不同时，菊池带在衍射花样中的位置和宽度也会不同。通过寻找菊池带宽度和晶面间距的关系，可以利用菊池带宽度计算出晶面间距。菊池带夹角并不等于晶面夹角，真实晶面夹角实际上是由两晶面所形成的二面角。而

菊池带夹角则是经过投影后晶面迹线的夹角，该角度也会随着晶体取向的变化而变化。通过在菊池花样平面上确定菊池极坐标，并根据几何关系建立三维空间模型，可以计算出真实晶面夹角。

9.4.2 样品准备

EBSD 是通过接收样品表面的衍射信号来取得样品的晶体信息的，其信号来自样品表面几个纳米层，EBSD 的样品制备效果直接影响测试结果。样品的表层必须保证没有应力变形、晶格损伤、氧化层附着等，这些都会导致衍射花纹质量下降或无法得到衍射花样。另外，样品在测试过程中需要倾斜一定的角度，通常为 70°，这意味着表面形貌也必须保持绝对的平整。以下为我们总结的 EBSD 样品准备的一些准则：

（1）样品高度：理想情况下应小于 20 mm，最佳为 15～18 mm，EBSD 也可在一定角度内上下调整使衍射信号最佳。

（2）导电性：样品支座应具有良好的导电性，以尽量减少长时间 EBSD 采集期间的样品充电。对于导电性不佳的样品，可在样品表面喷上一层极薄的 Au 或碳层（注意喷溅时间和压力需要严格控制）。

（3）标记：样品上的参考（或边缘）可用于对齐和识别主要样品方向，这对于后期识别轧制方向和轧制的横向至关重要。

（4）平整性：样品微观表面应平整，SEM 下无明显颗粒附着于样品表面，但是在处理样品时切忌给样品较大外力，使样品产生微观应力。

可用于铜箔材料的制备方法，主要有离子研磨、化学抛光、电解抛光、机械抛光几种方法。

1. 离子研磨

离子研磨法是采用经电场加速过的离子束来轰击样品的表面，在样品表面产生溅射效应，由此制备平整、无损伤试样的方法。离子研磨法是几种抛光法中效果最好、效率最高的方法，但是相对来说成本较高，目前市面上使用的最普遍的设备是由 Fischione（图 9-27）和 Ganta 两家厂商生产的。离子研磨的能量源是在真空状态下具有一定能量的惰性气体，即在近平行束流中同时具有低能量（0.1～2 keV）和相对高能量（2～20 keV）的氩气（Ar）或氙气（Xe）离子，且惰性气体不发生化学反应。这种加工方法通常为旋转样品，并对离子束采用掠射轰击角，避免了传统工艺中因预压力所产生的表面或亚表面损伤，可实现样品表面的均匀浸蚀，并通过离子植入将损伤降至最低。

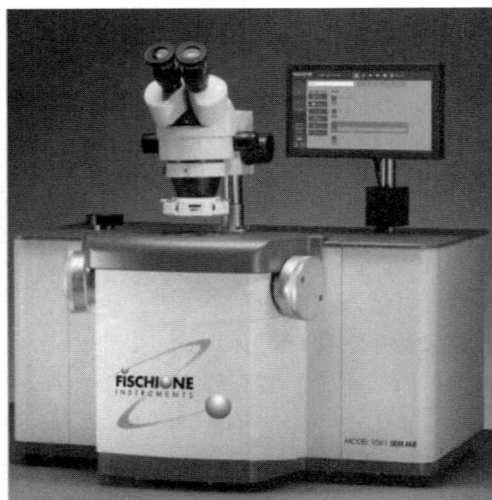

图 9-27　Fischione 离子研磨机（型号 1061）

2. 化学抛光

化学抛光是通过化学试剂的腐蚀作用，对样品表面凹凸不平区域进行选择性溶解的方法，现在一般用来制备其他抛光法无法解决的材料，如镁或岩盐(岩石上的盐)。化学抛光是代替电解抛光的一种更简单的方法，一般样品需要先经过一定程度的机械抛光后再执行化学抛光。下面简述铜箔材料化学腐蚀过程：

(1)先通过机械抛光预处理样品表面。

(2)选择合适的蚀刻溶液，例如三氯化铁(3 g/L)+盐酸(2 mL)+无水乙醇(96 mL)。

(3)在 60~70 ℃条件下，将样品表面浸入蚀刻剂中 1~2 min。

(4)等待材料表面多余的凸点被溶解去除。

(5)在蚀刻过程中搅动样品，以去除表面上的气泡。

(6)最后用乙醇冲洗样品并干燥。

3. 电解抛光

电解抛光是在一定电流密度下，电解液中作为阳极的金属表面首先发生溶解而对凸点位置进行抛光的电解加工方法，这种加工方法可以提高已用机械抛光法制备的样品的图案质量。具体执行方法是，在一个含有液体电解质的电解反应池中，加入两个电极(阳极和阴极)，使待抛光的样品形成阳极。当施加电流时，阳极表面慢慢溶解，去除样品表面的变形层和多余的不规则处，使被溶解的材料再沉积在阴极上(图 9-28)。

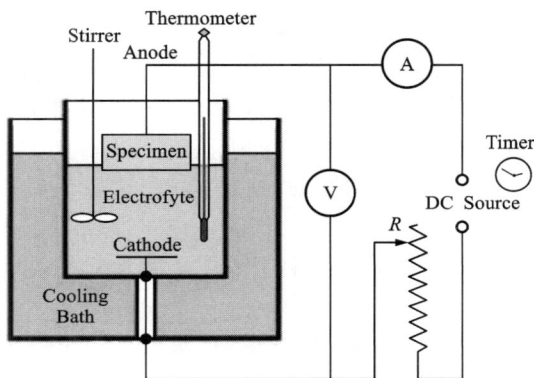

图 9-28　电解抛光原理图

正确的电解液配方对样品抛光的质量至关重要，当然，选择电解液配方还需要考虑其他因素，如电解质、样品材质、样品尺寸等。另外，电解过程中的工作电压、溶液流速、电解时间等都是影响抛光质量的重要因素。因此，大多数材料都有一个特殊的配方，针对铜箔的电解抛光，可以参考的电解液配方为：正磷酸 250 mL+甲醇 250 mL+丙醇 50 mL+尿素 3 g/L+水 500 mL，电压为 3~6 V，抛光的时间控制在 50 s。

4. 机械抛光

机械抛光是依靠细小的抛光粉的磨削作用，去除样品表面极薄的一层金属层，以实现样品表面光滑、平整的加工方法。对于铜箔材料，因为铜材料质地较软，仅通过机械抛光会造成较大的形变，建议机械抛光仅用于较厚的样品，一般大于厚度为 50 μm 以上的铜箔要观察截面的衍射花纹，需先通过机械抛光进行初抛，再通过离子抛光进行细抛。这样既可以通过细抛抛掉机械抛光产生的形变部分，又能避免离子抛光效率低的问题。

机械抛光通常步骤如下。

1)灌胶

该工艺用于厚度≥50 μm 的铜箔截面 EBSD 的测试。首先，将试样预磨平至待观察位置附近(注意，试样尺寸必须控制与磨具相近，以便后续抛光后铜箔能露出，能与样品台直接接触以增加其导电性），然后使用环氧树脂切片胶注塑成型，使试样在垂直于平面的方向注于切片中备用。

2）研磨

该工艺主要是使试样产生一个初步较平整的表面。执行研磨步骤如下：

（1）从粒度为 180 或 240 的 SiC 纸开始，以产生一个平面。

（2）继续依次采用 1000、3000 粒度的 SiC 纸，以去除上一步骤产生的部分损坏层。

（3）在以上研磨过程中需使用诸如水之类的润滑剂清除研磨屑。

（4）确保定期更换研磨纸，因为它会很快变钝。

（5）根据第一步预磨程度的不同，以上研磨步骤需要 2~10 min。

（6）用光学显微镜实时观察研磨进度。

3）抛光

此工艺可以消除以上研磨过程造成的各种应力损伤、划伤、氧化层等。可以用许多类型的磨料和悬浮介质执行该工艺，本示例采用氧化铝粉末。执行抛光步骤如下：

（1）将少量的氧化铝粉末溶于水形成浆液，并涂抹于样品表面。

（2）在研磨机转速为 1500 r/min 下使用抛光布抛光，去除样品表面的划伤、应力损伤等。

4）最终抛光

它提供了最后的化学和机械抛光，去除最后一个剩余的损伤层，并在表面留下一个洁净的晶格。

（1）离子研磨：本书采用离子研磨法对样品表面进行最终修复，具体操作见 3.1 节离子研磨内容。

（2）若没有离子研磨的条件也可以采用化学药水清洗，具体操作如下：

①选择合适的抛光介质，可用的溶液包括在酸性、中性或碱性悬浮液中的二氧化硅或氧化铝颗粒。EBSD 最常见的用法是在微碱性（pH 为 8~10）溶液中使用二氧化硅。

②使用自动抛光机加工 10 分钟（针对金属）到几个小时（针对绝缘体）。

③在抛光的最后几秒，用水冲洗抛光布，以清洁样品表面并去除硅胶残留物。

④确保使用酒精和超声波浴仔细清洁样品，以去除多余的氧化物颗粒。

5. 聚焦离子束技术（FIB）

FIB 是指利用高电流密度的 Ga 离子源（有的设备采用 He 和 Ne 离子源）产生的离子束经过离子枪加速，聚焦后作用于样品表面，对表面原子进行剥离，以完成微、纳米级表面形貌加工。其他关于 FIB 的介绍见 TEM 样品制备。

9.4.3 EBSD 用途

1. 晶粒尺寸测量

晶粒被定义为均匀晶体取向的单元，传统的晶粒尺寸分析方法依赖于对显微组织中晶界的处理。然而并非所有的晶界都能被常规的浸蚀方法显现，如孪晶、重位点阵晶界和小角晶界等。这种晶界相对更复杂，且严重孪晶化的显微组织的晶粒尺寸测量就变得十分困难，而 EBSD 作为理想的工具，为晶粒尺寸的测量提供了解决方案。在 EBSD 的数据处理过程中，晶粒被定义为像素到像素的取向差小于临界取向差角的像素集合，并被取向差角大于临界取向差角的边界完全包围。临界取向差角被定义为 Threshold 角（阈值）。晶粒检测时，软件对

EBSD 分布图中的每个邻近像素对进行检查，并确定其取向差角。当取向差大于所定义的
Threshold 角的所有像素对被定义为晶界；取向差小于 Threshold 角且完全被晶界包围的所有
像素对被定义为同一晶粒。有时，特别是在强织构组织中，相邻的晶粒可能具有与分界边界
中的片段相似的取向，它们小于临界取向差角，这些被称为开放边界，如图 9-29。这些开放
边界可以保持打开，也可以通过将取向差角下调至指定的"特定角"来关闭，特定角通常设置
为一个低值(0°至 2°之间)。如果边界保持打开，则两个晶粒将被视为同一个。如果边界封
闭，则两个晶粒被视为不同晶粒。

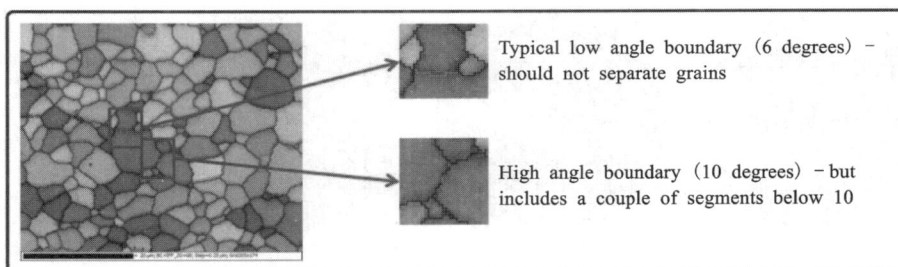

图 9-29　晶粒边界图

最新的牛津测试软件(Aztec Crystal)提供了多种测量参数，如晶粒面积、晶粒周长、等效
圆直径、最大费雷特直径、拟合椭圆主直径、拟合椭圆长宽比等。其中拟合椭圆长宽比多用
于量化统计柱状晶或块状晶占比。除了 EBSD 的统计方法，还未发现其他能统计柱状晶或块
状晶占比的分析方法。

2. 取向分析

EBSD 不仅能测量宏观样品中各晶体取向所占的比例，还能知道各种取向在样品中的显
微分布，这是不同于 X 射线宏观结构分析的重要特点。EBSD 可应用于取向关系测量的范例
有：确定第二相和基体间的取向关系、穿晶裂纹的结晶学分析、单晶体的完整性分析、晶体
残余应力分析、断口面的结晶学、高温超导体沿结晶方向的氧扩散、形变研究、薄膜材料晶
粒生长方向测量等。EBSD 通过求出菊池花样中每条菊池带所属晶面指数，并将其画入极射
赤面投影图中，可对晶体取向进行表征。

EBSD 可用于取向分析的原理可以解释为：首先，规定样品坐标轴的方向(法向、轧制方
向、轧制横向)。其次，确定菊池极坐标，花样中心坐标、探测器距离等信息，通过数学计算
即可确定晶粒的取向信息。最后，通过处理软件将已储存的晶体取向信息与样品的坐标轴相
关联。系统会模拟出该取向结果的菊池花样，并与实际的花样进行比较。取向的微小变化会
造成菊池带、菊池极位置的变化，即微小的取向差就会产生不同的菊池花样，这也是 EBSD
系统对于取向如此敏感的原因。取向信息一般情况下用三个欧拉角(φ_1, ϕ, φ_2)表示，也可
以用样品坐标轴的法向、轧制方向、轧制横向来表示。

根据投影及旋转方式不同，可将取向分析方法分为晶体学指数法、直接极图法(PF)、反
极图法(IPF)、取向分布函数法(ODF)、等面积投影法(eap)，其中 PF 和 IPF 以及 ODF 应用
最广。将多晶体内所有晶粒的某一晶面{hkl}的法向都做极射赤面投影，再将在投影面上得
到的点所代表的晶粒体积作为此点的权重，这些点在球面上的加权密度分布叫极密度分布；

极密度分布在球的赤道面上的投影图叫极图。

极图(PF)是一种很有用的方法,可以将某个分布图区域各点测量的数据组合起来,以显示该区域在特定平面上是否具有任何织构。它们通过在同一极图上显示各数据点相对于样品坐标系的取向来显示样品的织构。例如图 9-30 所示,对于厚度为 12 μm 的常规 HTE 铜箔,100、110 和 111 平面的极图显示 Y{110} 平面明显择优,且该晶面的最高密度为 4.12(单位弧度面积内 4.12 个像素点),说明 Y//{110}(即 ND//{110})的晶面远远高于其他晶面取向。

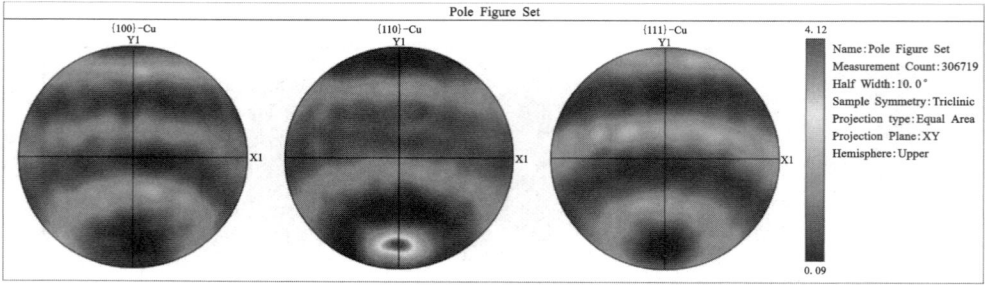

图 9-30　铜箔材料平面的极图

以晶体三个主要晶轴(或低指数晶向)为参考坐标系的三坐标轴,取与晶体主要晶轴垂直的平面做投影面,将与某一外观方向平行的晶向的空间分布用极射赤道面投影的方法投影到此平面上,即为此多晶体材料的此特征方向的反极图。通常反极图最适合用来表征丝织构,通常需要 ND,RD 和 TD 三个方向的反极图,分别表示三个特征外观方向在晶体学空间的分布概率。图 9-31 为反极图的极射赤道面投影原理图。在铜箔材料织构分析中,反极图的分析不可或缺,常常与极图结合来分析织构。图 9-32 为铜箔材料平面极射赤道面投影的反极图,从图 9-32 可以看出 Y//{110} 晶面取向明显择优,结论与极图一致。

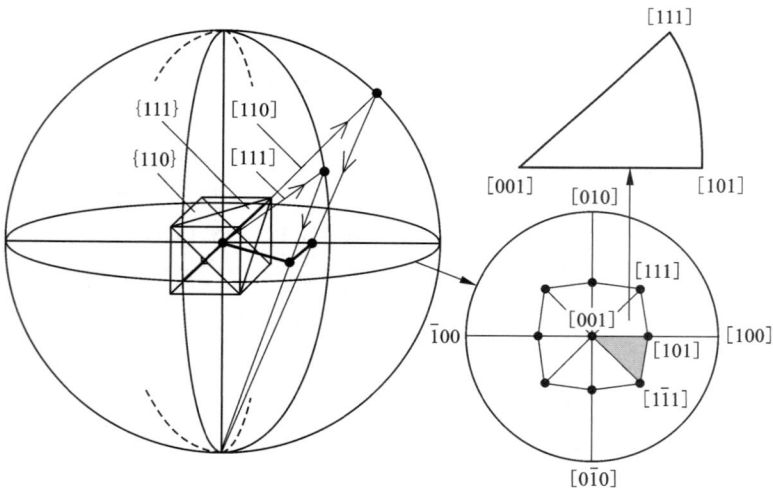

图 9-31　极射赤道面投影的反极图原理

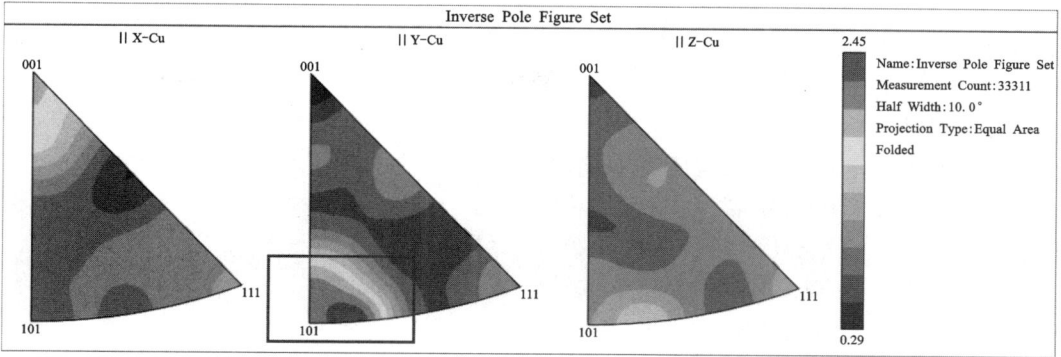

图 9-32　铜箔材料平面极射赤面投影的反极图

极图和反极图均是晶体在空间中取向分布的极射赤面二维投影，它们都有一定的局限性，不能完全描述晶体的空间取向，可能会造成对织构的误判或漏判。由此，1965 年罗伊（Roe）和邦厄（Bunge）均提出了取向分布函数法（orientation distribution function），简称 ODF。Roe 和 Bunge 提出的 ODF 方法原理基本相同，主要区别在于处理对称的方法不一样。ODF 是根据极图的极密度分布计算出来的，计算的方法是把极密度分布函数展开成球函数级数，相应地把空间取向分布函数展开成广义的球函数的线性组合，建立极密度球函数展开系数和取向分布函数的广义球函数展开关系，测量若干个极图，即可计算出 ODF。通过计算空间取向的分布密度，可以更完整地表征整个空间的取向分布。与极图相比，ODF 的优点是各取向都用单个点表示，而在极图中，各取向都是用任意极图上的多个点表示，单个极图不能提供完整的取向（如六边形材料中的 {0001} PF）。

ODF 计算的结果是由三个欧拉角（φ_1、Φ、φ_2）和密度值构成的四维阵列，可以定量地分析晶粒出现在欧拉角（φ_1、Φ、φ_2）处的概率，其用于材料的织构和取向分析可更加精准。在 AZtecCrystal（牛津 EBSD 处理软件）中，每个阵列项目表示一个晶胞，其宽度用 cell width（晶胞宽度）参数定义，单位为度。晶胞宽度越小，ODF 的分辨率就越高，外观也就越平滑，但计算所需的时间越长。图 9-33 为铜箔材料的 ODF 垂直于 φ_2 方向的系列截图，由图 9-33 可知铜箔主要有 {100} <110> 织构，这与极图和反极图结果一致。

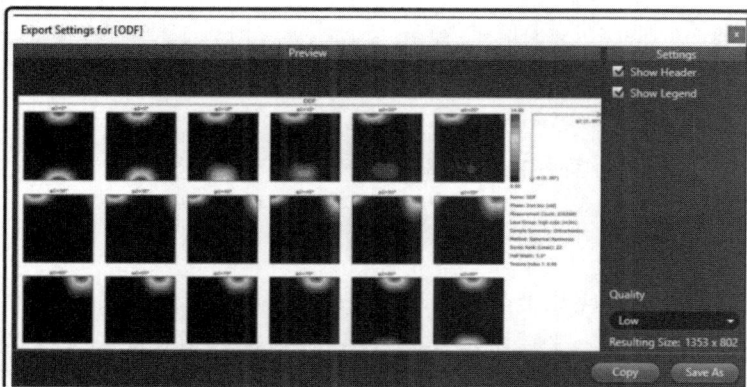

图 9-33　铜箔材料微观平面的 ODF 图

用 ODF 分析材料的织构和取向可更加精准。它们是由三个欧拉角（φ_1、φ、φ_2）和密度值构成的四维对象，对应于某个特定取向的强度。此强度表示为与完全随机取向分布的预期强度的比率。

3. 织构分析

若多晶材料中，晶体内晶粒所有取向均匀分布，没有明显的择优分布，称为无织构；若其在不同程度上围绕某些特殊取向排列，分布明显偏离随机分布，则叫作择优取向或织构，它们在极图上的表现见图 9-34。织构的存在会影响到材料的弹性模量、泊松比、强度、韧性、塑性、磁性、电导、线膨胀系数等性能。材料性能的 20% ~ 50% 受织构影响，织构是有利还是有害，视对材料的性能要求

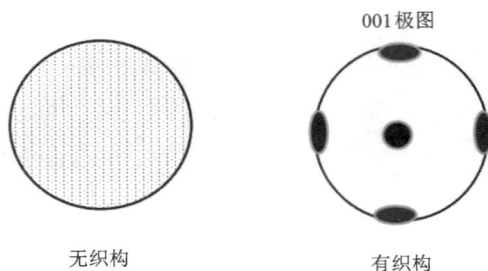

001 极图

无织构　　有织构

图 9-34　有、无织构的极图

而定。为了建立微观取向与材料宏观坐标系的联系，需分析材料微观晶粒聚集取向的位置、角度及密度等信息。织构常分为丝织构与板织构两类。

1）丝织构

这种材料的晶体学特点：大多数晶粒的某一个或几个晶体学方向<uvw>平行于或者近似平行于某一特征的外观方向，一般为拉伸方向。其他晶体学方向则以此试样的特定方向（拉伸方向）呈轴对称分布。常把与拉伸方向平行的晶体学方向指数<uvw>称为丝织构轴指数。图 9-35 是铜箔材料丝织构<110>//RD 和<110>//TD 的晶粒取向图，从图 9-35 可以看出 RD 方向的<110>丝织构（面积占比 55.0%），明显高于 TD 方向（面积占比 18.6%）。

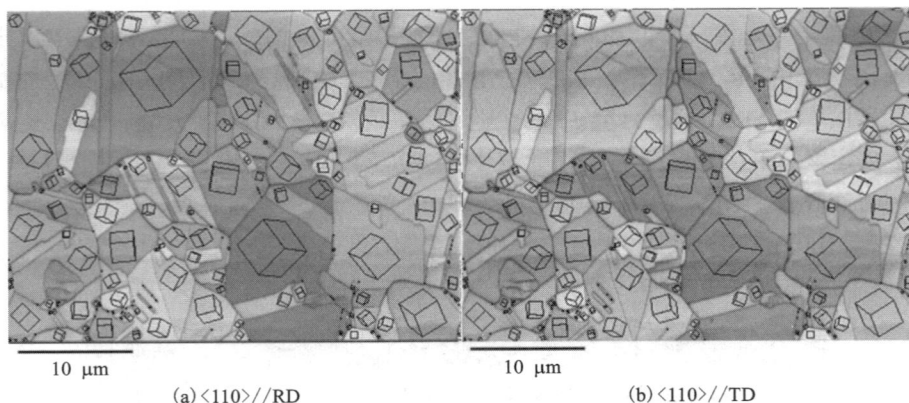

10 μm　　　　10 μm

(a)<110>//RD　　　　(b)<110>//TD

图 9-35　铜箔材料丝织构的晶粒取向图

2）板织构

当大多数晶粒的某一个或几个晶体学平面{hkl}平行于试样的某一特定面（一般指轧制面），同时其晶体学方向<uvw>平行于试样的特定方向（一般指轧向），称其为板织构。板织构的指数表达方式为{hkl} <uvw>。图 9-36 是铜箔材料板织构的晶粒取向图，从图 9-36 可以看出{110} <110>（面积占比 12.0%）和{110} <111>板织构（面积占比 12.6%）明显高于

{110} <100>板织构(面积占比 0.3%)。

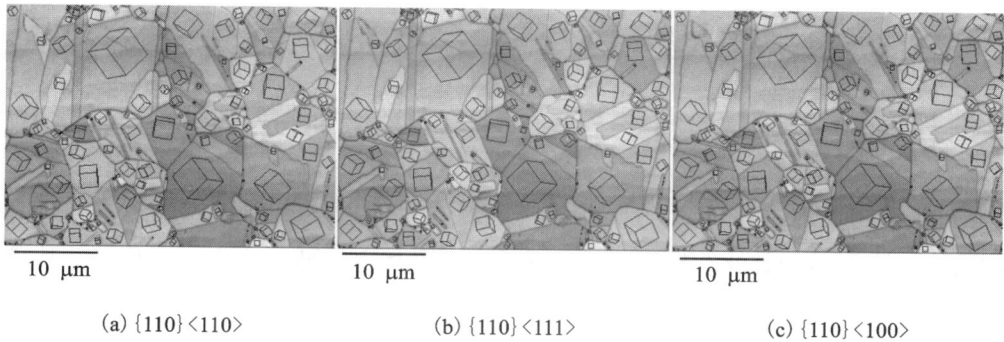

(a) {110}<110>　　　　　　(b) {110}<111>　　　　　　(c) {110}<100>

图 9-36　铜箔材料板织构的晶粒取向图

4. 应变分析

材料微观区域的残余应力会使局部的晶面变得歪扭、弯曲,从而使 EBSD 的菊池线模糊,因而可通过观察菊池图像质量定性评估应变大小。菊池花样的清晰度直观反映了晶体结构的完整性,因此可以用花样质量对晶体内部可能存在的塑性应变进行定性评估。此外,根据菊池花样的角分辨率和衬度效应可以对应变过程进行研究,例如:金属材料的形变、断裂过程分析、孪晶形变过程、溶质原子诱导应变等。

图 9-37 是常规 HTE 铜箔被拉伸后断裂的 EBSD 图,从图 9-37(a)可以看出大部分长条块状晶被拉伸变形,而柱状晶没有明显变化,说明柱状晶强度大不易发生形变;从图 9-37(b)即平面 EBSD 图可以看出断裂发生在细晶的晶粒内部和大块等轴晶的晶界处,其原因可能是细晶晶界处储存了大量的位错,增加了拉伸强度,从而阻碍了断裂。

(a)截面　　　　　　　　　　　　　　　(b)光面

图 9-37　常规 HTE 铜箔被拉伸后断裂的 EBSD 图

牛津 EBSD 处理软件中局部应变表征方法主要分为三类:第一种是基于像素的表征方法,如核平均取向差分布图(kernel average misorientation)、局部平均取向差分布图(local average misorientation)、local orientation spread(LOS)、几何位错密度 GND。第二种是基于晶粒的表征方法,如晶粒取向散布(grain orientation spread,GOS)、晶粒参照取向偏差(grain reference orientation deviation,GROD)、grain average misorientation(GAM)、取向差、带对比度(band contrast)。基于晶粒的局部应变计算方法有利于识别晶粒之间或者晶粒内部局部取向变化。第三种是基于变形过程的表征方法,如施密德因子(schmid factor)。

1)取向差

取向差是两个取向测量之间晶体学上最小的等效取向差(最小单元为一个像素)。图9-38中最多可显示三种类型的取向差数据:

(1)neighbor pair(相邻对):相邻数据点之间的取向差(即晶界分布图图层中标记的边界)。

(2)random pair(随机对):数据集中任意位置随机选择的数据点对之间的取向差(即它们与可见的实际边界无关)。

(3)theoretical(mackenzie-图):对于各劳厄群,晶体对称性将决定随机取向晶体之间的取向差分布。

在许多情况下,随机对取向差分布和相邻对取向差分布在统计学上有着显著差异。这些差异意味着相邻的晶粒在物理上的相互作用或源自于原丝微结构。图9-38是铜箔材料取向差分布图,从图9-38可以看出,晶粒邻近对取向差基本集中在60°左右,再结合其他晶体参数会发现该取向差范围之所以这么集中,是因为存在大量的孪晶;而随机对取向差大多数集中在40°至50°之间。

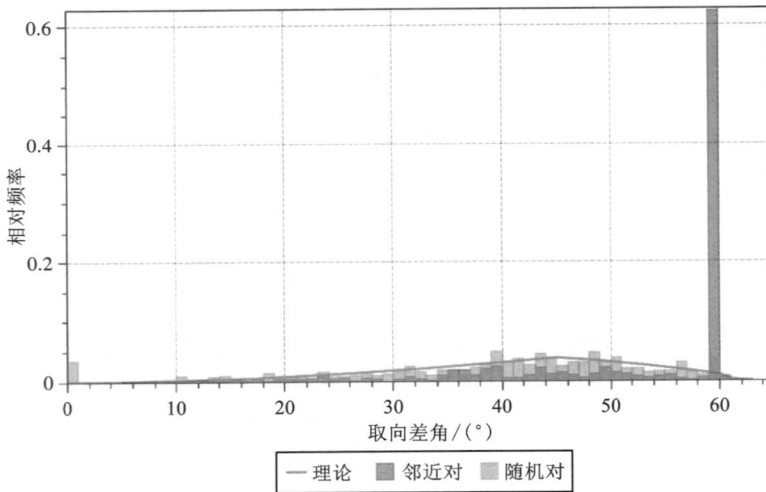

图9-38 铜箔材料取向差分布图

2)核平均取向差分布

KAM是局部取向差角分析中最常用的方法,一般用来说明晶体材料局部形变分布,尤其是说明经过变形后晶体材料在晶界和相界处的应变分布情况。而且KAM还有一个非常大的用处,就是用来计算晶体材料中的几何GND。

一般来说,几何位错密度ρ^{GND}可以用公式为:

$$\rho^{GND} = 2KAM_{ave}/\mu b$$

$$KAM_{ave} = \exp\left[\frac{1}{N}\sum_{1}^{i}\ln KAM_{L,i}\right]$$

式中:μ为步长;b为Burgers矢量的长度;KAM_{ave}为所选区域的平均KAM值,其可用下面公式来计算：

$KAM_{L,i}$ 是在点 i 处的局部 KAM 值，N 代表测试区域点的数目。

利用以上两个公式就可以计算出 EBSD 所扫区域的几何位错密度，从而判断变形过程中材料的应力大小，几何位错密度越高，应变越大。

核平均取向差分布图允许显示较小的取向变化，突出显示高形变区域。例如，图 9-39 的核平均取向差分布图显示了为何在裂纹尖端存在更大的应变：像素核平均取向差的计算方法如下：

（1）计算出核中心的像素与核内（所定义过滤器尺寸）或周边（如果选择了 Only Periphery 仅边缘）的每个其他像素之间的取向差。

（2）计算每个像素的所有取向差值的平均值。

（3）将计算得出的平均取向差值分配给每个像素并在分布图中以颜色表示。

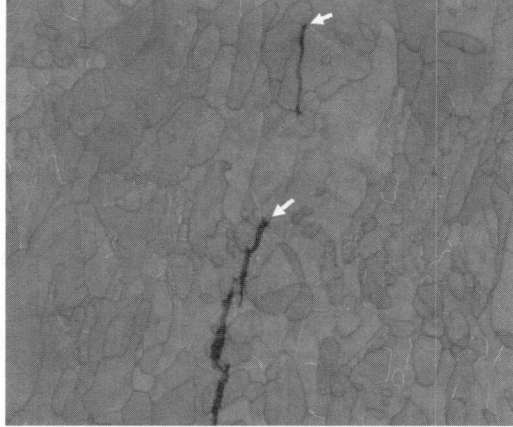

图 9-39　裂纹的核平均取向差分布图

在熟悉了 EBSD 数据点后，就可以对 KAM 算法进行说明。每个数据点的 KAM 值是以该数据点为中心，在一定的半径范围内所有其他数据点与该中心数据点的错配角取平均值。在计算该平均值时，既可以选择在这个范围内的所有其他数据点与中心数据点错配角的平均值，也可以选择仅位于该范围周长上的所有数据点与中心数据点错配角平均值。为每个像素计算平均取向差时，忽略 max. angle（最大角度）取向差。这样可以排除与离散子晶粒及晶粒边界相关联的取向差。与其他许多和变形相关的参数相比，核平均取向差分布图最大的优点是它不受晶粒尺寸的影响，这对于严重变形的样品而言其测试结果更准确且更有价值。在一系列应用中 KAM 对取向的变化还能可视化，它们也非常有用，具体应用包括：

（1）可视化细微取向变化，例如在晶界分布图可能不会清晰显示的低角度晶界。

（2）可视化样品中变形或应变的区域。

KAM 还可以用来定量评估材料的局部应变分布，因此可以通过研究 KAM 的分布来表征材料微观区域内的塑性变形特点。从图 9-40 可以看出，应变主要集中在小角晶界附近，无翘曲铜箔样品的应变从光面（接触阴极辊面）到毛面贯穿了整个截面，微观上无应力差，因此宏观上表现为不翘曲。而翘曲度>10 mm 的铜箔样品的应变主要集中在光面，毛面位置的应变远低于光面，微观上形成了应力差，且光面应力>毛面应力，因此宏观上表现为光面向毛面翘曲，如图 9-41 所示。

3）晶粒参照取向偏差（GROD）

晶粒参照取向偏差角分布图图层有助于显示样品中的子结构。它对于突出显示晶粒中的变形特别有用，甚至能显示像素对像素的最小取向差角。GROD angle（GROD 角）分布图是根据用户自定义的晶粒来确定每个晶粒的平均取向而生成的。之后将为每个像素绘制与该平均取向间的偏差。傅文凯已经介绍过，用核平均取向差（KAM）和晶粒参考取向偏差（GROD）

(a) 无翘曲

(b) 翘曲度>10 mm

图 9-40 (a)无翘曲和(b)翘曲>10 mm 铜箔截面的 *KAM* 图

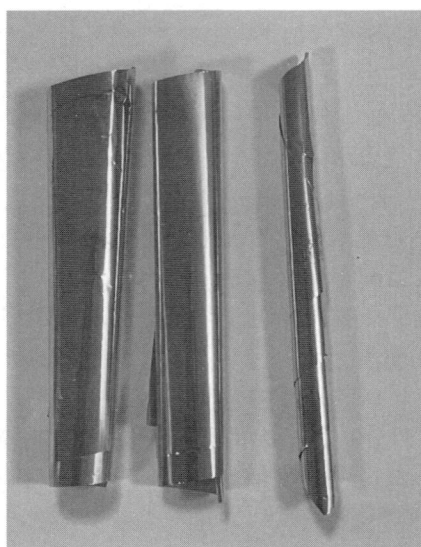

图 9-41 12 μm 厚铜箔翘曲外观图

来评估晶粒取向差,并用塑性应变率计算几何必需位错(GND)密度的方法。图 9-42 展示了厚度为 70 μm 的铜箔晶粒细化的 GROD 图,从图 9-42 可以看到具有高 GROD 值(即高形变)的区域首先出现在晶界附近,并向晶粒内部延伸,它们的分布具有很强的相关性。GROD 图可以和 GND 图、KAM 图结合可用于确定晶粒细化和再结晶晶粒的位置。GROD 图结合 KAM 图以及 GOS 图则可以用于判断铜箔发生形变的位置以及定性比较形变的相对大小。

4)施密德因子(SF)

施密德因子(Schmid factor,SF)可以量化当材料发生变形时特定滑移系发生滑移的难易程度以及预测产生滑移的晶粒分布。晶体滑移的分切应力 τ 的大小取决于该滑移面和晶向的空间位置,τ 与拉伸应力间的关系为:

$$\tau = \sigma(\cos\theta\cos\varphi) = \sigma \times m$$

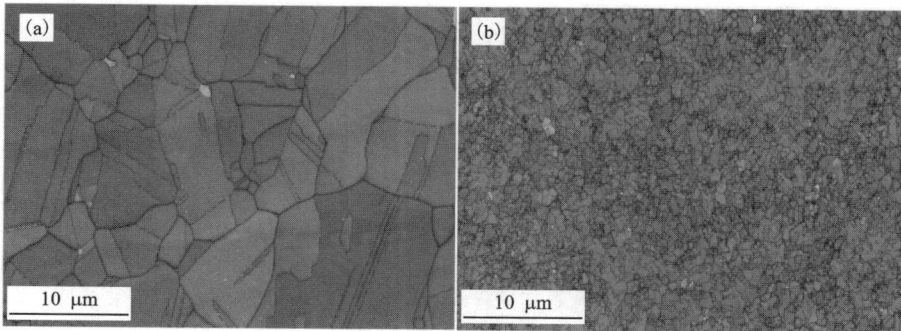

(a) 常规尺寸铜箔　　　　　　　　　　　(b) 晶粒细化铜箔

图 9-42　常规尺寸铜箔和晶粒细化铜箔的 GROD 图

式中：τ 为临界分切应力值。令 $\sigma = P/A_0$，σ 为拉伸时 A_0 面受到的正应力，P 为轴向拉力，如图 9-43 所示。m 为施密德因子。施密德因子越大，则分切应力越大。

SF 的大小决定了晶体的"软硬"，与材料的宏观硬度、强度等力学特性密切相关。SF 分布图为每个数据点的取向计算施密德因子，并在分布图中以颜色显示数据。TC 图结合施密德因子分布图，可以指示材料中的织构发生滑移的容易程度，从而预测材料的强度和塑性。当对晶体材料施加足够的外部载荷时，滑移会引起塑性变形。当一个原子平面通过边缘或位错运动滑过另一平面时，就会发生滑移。发生滑移的平面称为滑移面，滑移的方向称为滑移

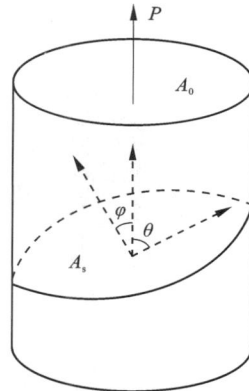

图 9-43　施密得因子-临界的分解应力

方向。滑移所涉及的平面通常是那些空间最广、平面密度最高的平面。滑移所涉及的滑移方向通常是线性密度最高的方向。例如，fcc 晶胞的滑移系由 {111} 平面和 <110> 方向组成。

材料的塑性变形主要通过滑移完成，施密德因子越高，滑移系启动的概率越大。EBSD 在数据处理时，可得到各个滑移系的 Schmid factor 图，还能够对施密德因子值进行统计，从而可以判断该合金变形启动哪些滑移系。这对于做模拟计算的研究者们大有好处。另外，塑性变形过程中，织构主要依赖滑移系和孪晶系的运动而演变，所以利用 EBSD 获得的施密特因子图，可在理论上解释织构的演变。例如，图 9-44 为对铜箔光面滑移系的统计，可以看出光面 {111}<110> 滑移系在 0.42 至 0.50 之间，具有更高的频率，所以该铜箔的电解过程主要通过光面 {111}<110> 滑移的滑动完成，光面 <110> 滑移的启动会最终导致 <110> 织构的形成。

另外，当金属材料中存在较高极密度的织构时，会造成力学性能的各向异性。这主要是因为当合金中存在某一高密度织构时，塑性变形过程中某一方向启动变形所需滑移系的难易程度是不一样的，从而导致强度和塑性的差异。图 9-45 为具有 Y∥<110>（即 ND∥<110>）丝织构的铜箔在 RD（Rolling Direction，轧制方向）和 TD（Transverse Direction，轧制的横向）

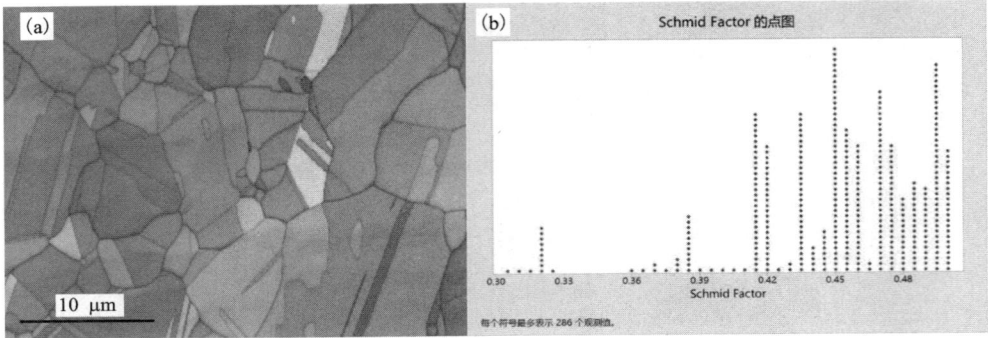

(a) 施密特因子图   (b) 数据分布

图 9-44   铜箔光面 {111}<110>滑移系的施密德因子图和数据分布图

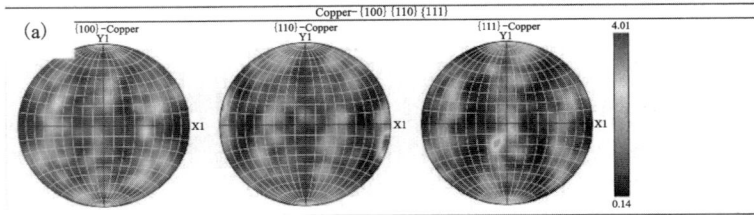

(a) 铜箔截面的极图

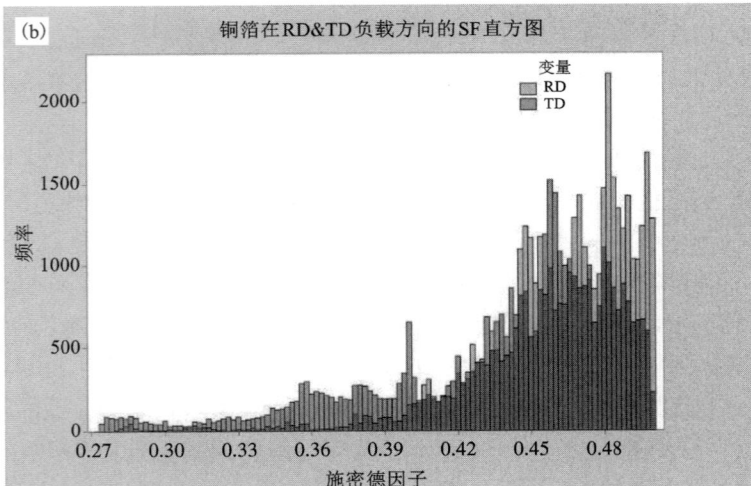

(b) SF 分布图

图 9-45   铜箔截面的极图和铜箔截面在 {111}<110>滑移系上的 SF 分布图

两个负载方向上测得的施密德因子统计图。可以看出，在 TD 方向，{111}<110>滑移系的 Schmid factors 分布在小于 0.4 区间的概率更大；而在 RD 方向，Schmid factors 在大于 0.45 的区间有更高分布；所以 TD 方向的强度略高于 RD 方向，但塑性略有降低。

5. 滑移系分析

滑移系对铜箔材料性能的影响，晶体中滑移系越多发生滑移的可能性越高，材料的塑性就越好；滑移面密排程度越高，滑移面上滑移方向个数越多，材料塑性越好；滑移方向越多，材料塑性越好。

图 9-46 是相同规格不同延伸率铜箔的晶粒尺寸与滑移系的交互作用图，从图 9-46 可以看出，在一定范围内晶粒尺寸和滑移系对延伸率存在明显交互作用。当产品的滑移系最大，且晶粒尺寸最小时，或者滑移系最小，且晶粒尺寸最大时，延伸率均较小，只有当滑移系和晶粒尺寸均处于中间值时，延伸率才表现出最大值。

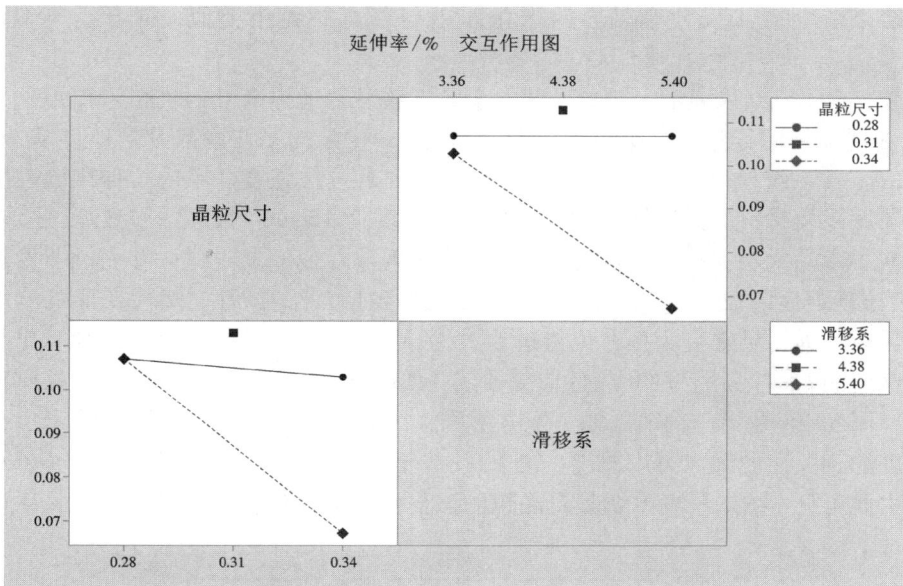

(a)铜箔延伸率 12%；(b)铜箔延伸率 2%。

图 9-46 不同延伸率铜箔的滑移系和晶粒尺寸的交互作用图

6. 孪晶

大量的文献表明，晶界对多晶材料的力学性能有很大影响，包括强度、塑性形变、断裂、韧度、应力、疲劳、腐蚀等。孪晶的启动还会造成织构变化，同时孪晶界的形成也造成了晶界强化。近年来越来越多的研究者通过晶界设计控制晶界结构来改进多晶材料的力学性能。如吴希俊报道了晶界对多晶材料塑性变形的影响，其作用机理主要通过以下几点解释：

①晶界对滑移的阻碍作用。

②晶界引起多滑移。

③晶界滑动。

④晶界可以发射和吸收位错。

⑤晶界迁移。

⑥晶界偏聚等。

1）孪晶界对强度的影响

在形变过程中，位错运动在晶界受阻，滑移线停止在晶界处，表现为晶界对滑移起阻碍作用，这个现象称为位错在晶界处塞积。晶界对滑移的阻碍作用与晶体结构有关，对于滑移系较多的晶体（例如面心立方晶体），晶界对滑移的影响要小些。由于晶界对多晶体变形存在阻碍作用，因此晶粒越细，晶界所占的面积越大，对滑移的阻碍作用就越大。这个结果首先是由 Hall 和 Petch 在测量体心立方、面心立方和六方结构的金属和合金的屈服应力时观察到的，故称为 Hall-Petch 定律。同时又提出屈服应力 σ 与晶粒平均直径 d 之间的关系为 $\sigma = \sigma_i + kd^{-1/2}$，$k$ 为 Petch 斜率，σ_i 为晶内阻力或晶格摩擦力（对于亚晶粒以及晶粒尺寸<1 μm 的晶粒不适用）。Murr 等在 20 世纪 70 年代研究了微米尺度的退火及变形孪晶对 Cu 强度的贡献，结果表明微米尺寸孪晶界的强化作用与普通晶界相类似，符合经典 Hall-Petch 关系。

近年来，有研究结果表明，纳米尺度的孪晶能够显著地提高 Cu 的强度和硬度，如 Lu 和 Shen 等创新性地采用了脉冲沉积技术成功地将纯 Cu 样品的平均孪晶片层厚度从 100 nm 减小到约 4 nm，并系统地研究了这些纳米尺度孪晶 Cu 的抗拉强度。单向拉伸试验表明减小孪晶片层的厚度能使材料的强度增加，当孪晶片层厚度为 15 nm 时，材料的强度达到最大值，而进一步减小孪晶片层，强度反而减小，出现软化现象。他们通过进一步分析，发现纳米孪晶 Cu 中会出现强度的极值，是由于随着孪晶片层晶粒尺寸的减小，塑性变形机制由之前的位错孪晶界运动为主导转变为预存位错运动为主导。Dao 等人采用理论模型计算出具有不同孪晶片层厚度的 Cu 样品的拉伸应力-应变曲线，如图 9-47 所示，其强度随孪晶厚度减小而明显增加。图 9-48 是同一铜箔添加剂配方不同，在浓度梯度的调控下不同纳米尺寸的孪晶与抗拉强度的相关性曲线。可以看出，在 200 nm 至 300 nm 范围内孪晶晶粒尺寸越小抗拉强度越大。由此可见，纳米尺度的孪晶对晶粒的强化机理也符合经典 Hall-Petch 关系。

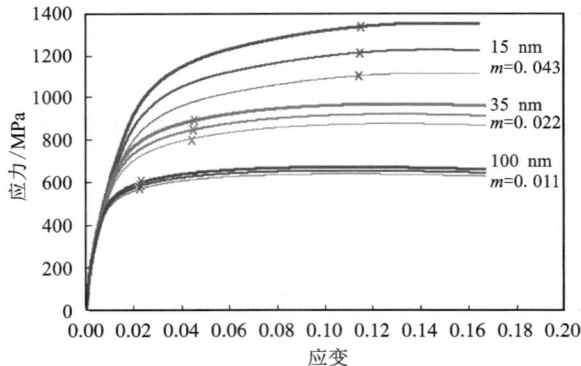

图 9-47　不同孪晶片层厚度的应力-应变曲线

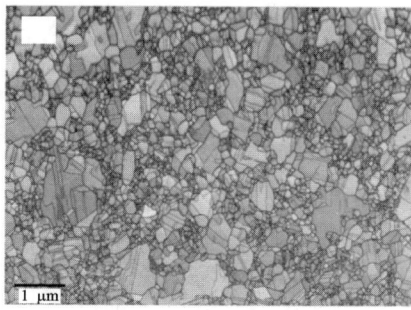

(a) 铜箔纳米孪晶晶界分布图 　　　　(b) 抗拉强度与孪晶晶粒尺寸的相关曲线

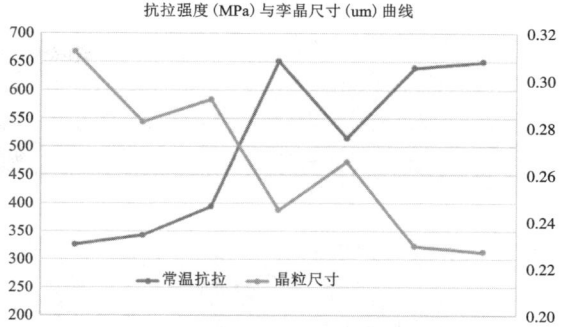

图 9-48　铜箔纳米孪晶晶界分布图和抗拉强度与孪晶晶粒尺寸的相关曲线

2）孪晶界对塑性形变的影响

金属材料的塑性通常是指其承受拉伸变形而不断裂的能力。迄今为止，孪晶对金属材料塑性影响的研究相对较少。一些研究结果表明孪晶有助于优化、增加样品的塑性，如当孪晶片层厚度由 96 nm 减小至 4 nm 时，拉伸断裂伸长率从 3% 增大至 30%。后来，Hodge 和 Zhao 等也发现了生长和变形孪晶也具有类似的作用。其作用机理可解释为孪晶界能量低，可吸纳位错及位错可在孪晶界上滑移从而提升塑性。而 Lu 等人则认为全位错在孪晶界上分解出 1/6<112>肖克莱不全位错，该不全位错可在孪晶界上滑移以供塑性变形，从而导致纳米孪晶 Cu 表现出优异的延伸率性能。

7. 位错分析

EBSD 可以通过统计晶粒取向差的分布规律，从而直观全面地给出晶粒的取向变化、取向差等信息。此外，EBSD 还对变形过程中晶格内部产生的位错非常敏感，包括几何必须位错（geometrically necessary dislocations，GND）和统计储存位错（statistically stored dislocations，SSD）。通过 EBSD 可以直接确定 GND 存在于何种晶粒或晶界当中，并可测量其大小。一方面，金属材料的塑性形变会引起位错增值，从而导致位错密度增加。而 EBSD 就是通过取向差成像（misorientation mapping）来反映裂纹周围的塑性形变以及内部形变的晶粒，从而精确地计算晶格中的位错大小及统计位错分布。另一方面，金属材料的塑性形变还会造成晶格变化，如晶格缺陷、晶格弯曲等，EBSD 通过测量这些晶格变化来反映塑性变形对晶格的影响，从而帮助人们理解材料的晶体结构和塑性变形之间的相互作用关系。图 9-49 是通过 EBSD 分析铜箔材料的 GND 图，从图 9-49 可以看出 GND 基本覆盖了 2 个铜箔样品的整个截面，其中翘曲度>10 mm 的铜箔样品的光面存在大量细晶，而细晶晶界内存在大量的位错，位错中储存的大量应力需要释放，因此我们观察到的铜箔基本存在翘曲现象，且翘曲表现从光面往毛面翘。

8. 晶界类型

在 EBSD 分析中，分析软件可通过计算晶粒的取向数据自动给出不同类型的晶界及定量数据，如晶界长度、面积占比等。一般将取向差小于 10°（或 15°）的晶界称为小角晶界，取向差大于 10°（或 15°）的晶界称为大角晶界。EBSD 获取晶体图像信息后可自动获得这些晶界的位置及比例。可使研究者了解这些晶界的含义并研究其对材料性能的影响。

(a) 12 μm铜箔翘曲外观图

(b) EBSD分析铜箔材料的GND分布图

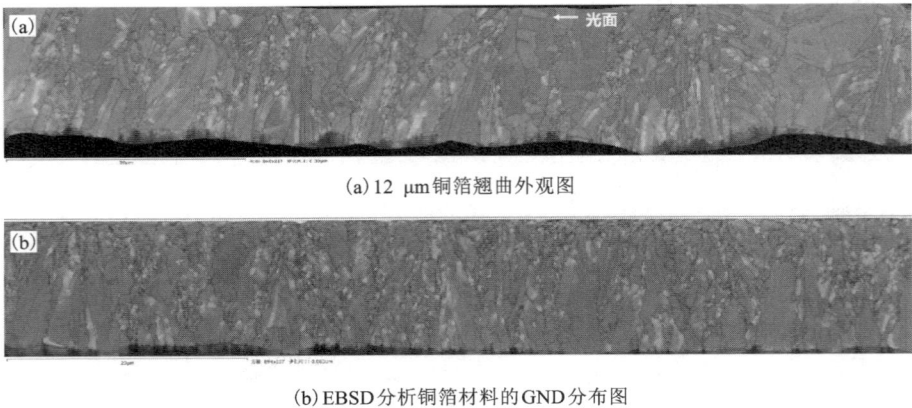

图 9-49　12 μm 铜箔翘曲外观图和 EBSD 分析铜箔材料的 GND 分布图

1）小角晶界

小角晶界由排列的位错构成，有两种简单的模型，一种是倾转晶界，另一种是扭转晶界。图 9-50 是由 Burgers 等人提出的小角晶界之倾转晶界示意图。描述了晶界上的原子排列模型，解释了晶界能与位向差角之间的关系。如图 9-50 所示，小角晶界上存在一列位错，造成晶界两边晶粒的取向差，同时指出 Burgers 矢量 b、位错间距 D 和两晶粒的取向差 θ 有如下关系：$b/D = 2\tan(\theta/2) \approx \theta$；$1/D$ 表示位错密度 ρ，迄今为止该模型基本被大家认可。

细晶间的晶界一般为小角晶界，即取向差小于 10°，因此 EBSD 统计的小角晶界占比也可以反映细晶的占比（这里取晶粒周长<4 μm 的晶粒）。图 9-51 是 EBSD 软件统计的大、小角晶界的分布图。从图 9-51 可以看出，小角晶界（蓝线）基本分布在小晶粒间以及晶粒内部的亚晶界之间，总面积占比为 0.94%。而大角晶界（黑线）基本存在于大晶粒间（取周长>4 μm 的晶粒），晶粒内部不存在大角晶界，总面积占比为 99.1%。另外，从图 9-51 可以明显地看到孪晶晶界（红线）的分布，总面积占比为 63.2%。

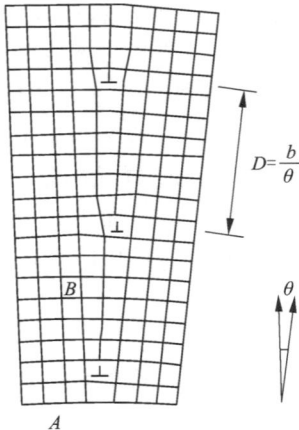

图 9-50　简单的对称倾转晶界示意图

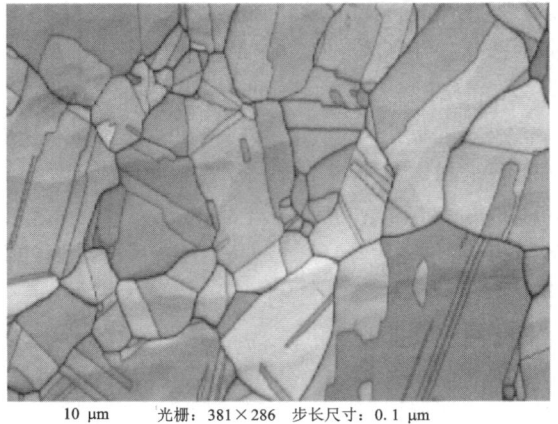

10 μm　　光栅：381×286　步长尺寸：0.1 μm

图 9-51　铜箔微观晶界（大、小角晶界和孪晶）分布图

2）大角晶界

当晶界取向差 θ 大于 20° 时，位错线间距 D 就小于原子间距尺度，位错中心发生重叠。因此小角晶界的位错模型不再适用于描述大角晶界。学术界针对大角晶界的理论模型，提出了以下几种设想：重位点阵模型、O 点阵模型、DSC 点阵模型（位移移动重位点阵：displacement shift completely）等，但是，迄今为止并没有获得一致认可的模型。

3）重位点阵晶界（CSL）

1958 年，Frank 提出了重合位点阵（coincidence site lattice, CSL）的概念。他将两个晶格视为两个点阵（L1 和 L2），其中 L1 作为参考点阵，L2 需要完成两个晶粒间所有转换，包括旋转和平移等，以确定它们之间的相对取向。一旦两个点阵的相对取向确定，L1 就通过绕公共轴旋转一个角度而转化为 L2。经过旋转后，L1 和 L2 的点阵会互相穿插，形成周期性的 CSL 点阵。CSL 点阵晶胞与实际晶胞体积之比记为 Σ，它的倒数代表点阵中重合位点的密度，即实际点阵中每 Σ 个阵点有 1 个位点重合。由此可见，Σ 值越低，两个穿插点阵中重合的位点频率越高。CSL 可以用于解释特殊的晶界能、特殊的杂质偏析行为以及特殊的迁移率。例如，共格 Σ3 晶界能量很低，杂质偏析行为较少且不可迁移；而 Σ7 晶界能量低于大多数大角晶界，杂质偏析行为少，迁移率高。由于 CSL 晶界能量较低，杂质偏析少，迁移率较高，因此引起了研究者们的广泛关注，可用于研究材料微观动力学等。图 9-52 为 EBSD 软件统计的 CSL 晶界分布图，可以看出 Σ3 占比最高，表明该样品的大部分晶界能量很低，杂质偏析行为少，不易迁移。

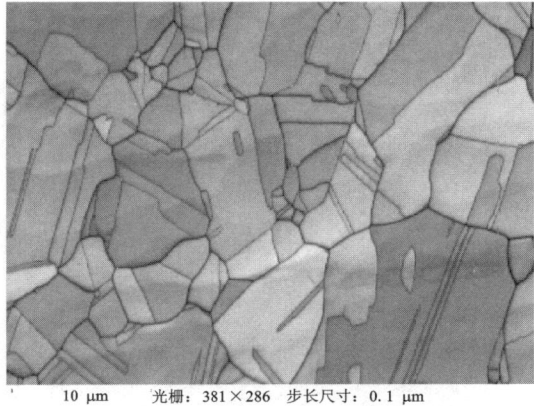

10 μm　　光栅：381×286　步长尺寸：0.1 μm

图 9-52　铜箔 CSL 晶界分布图

9. 相鉴定

相鉴定是 EBSD 的核心功能之一，指通过晶体结构来区分样品的物相属性，在材料科学研究中扮演着至关重要的角色。它可以帮助研究人员准确鉴定样品中的物相属性，以便更好地理解材料的性质和行为。然而，在实践中，相鉴定的准确性和可靠性往往受到各种因素的影响。其中，菊池花样的标定是实现准确相鉴定的关键之一。

传统的菊池带标定方法存在一些问题，如精度不高，信噪比较低，采集计数率低，采集死时间大等，容易导致结果不唯一。因此，一些商业仪器开始采用晶面夹角匹配法进行菊池花样的标定。然而，这种方法的可靠性仍有所限制。为解决这个问题，研究人员开发了基于 EBSD 系统和能谱仪 EDS 的新型相鉴定方法，可以对任意对称性的晶体样品进行相鉴定。实现该方法的步骤如下：首先，通过能谱测定待鉴定物相的元素组成；然后，采集 EBSD 花样；最后，将元素可能形成的所有物相与花样进行标定，并筛选出完全符合花样的物相作为鉴定结果。此外，还有其他一些现代技术，例如拉曼光谱、原子力显微镜、X 射线衍射技术和极化显微镜，也可以用来进行相鉴定。研究人员应选择适当的技术和方法来提高相鉴定的准确性和可靠性。

总之，相鉴定对材料科学的研究和应用具有重要意义。相较于传统菊池带标定方法，基于 EBSD 和 EDS 的新型相鉴定方法具有更高的准确性和可靠性。研究人员可以根据需要来选用不同的相鉴定技术，以便更好地了解材料的性质和行为。

纯铁在不同温度下存在两种不同的晶体结构：面心立方晶体结构（FCC）和体心立方晶体结构（BCC）。通过单纯的 EDS 或 XPS 元素含量分析无法区分晶粒以何种晶体结构存在，需要通过 EBSD 的相鉴定功能来区分。图 9-53 展示了纯 Fe 在室温和高温下的菊池花样图。通过平均角度偏差（MAD）的分析，可以判断观察晶粒的晶体结构。MAD 表示菊池花样与解析花样之间的拟合度。MAD 数值越小，代表菊池衍射花样和解析花样之间的匹配度越高，通常小于 1 都是可以接受的。MAD 的值可以用于判断晶体结构的种类。总之，通过 EBSD 的相鉴定功能来判断晶体结构的种类，可以更准确地了解材料的性质和行为，对材料科学的研究和应用具有重要意义。

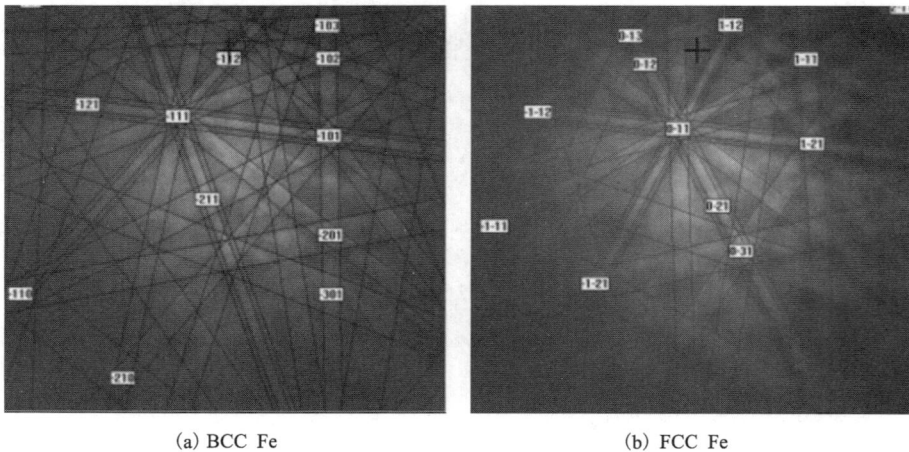

(a) BCC Fe　　　　　　(b) FCC Fe

图 9-53　纯 Fe 分别在室温(a)和高温(b)的菊池花样图

9.5　金相显微镜

金相显微镜作为一项具有悠久历史的微观分析装置，在当前拥有 SEM、TEM、XRD 和 EBSD 等新型技术的情况下仍不可或缺。在铜箔生产中，缺陷的分析不能简单地依靠放大倍数进行，而是需要根据实际情况进行调整。相比其他显微技术，金相显微镜可以观察到铜箔表面的酸雾点和氧化瘢等缺陷，从而可更全面准确地了解铜箔的表面状况。铜箔作为一种片状材料，外观缺陷较多，金相显微镜能够在不需要对样品进行处理的情况下，观察到大范围的区域，一般可观察到 100 mm×100 mm 范围内的情况，远远高于 SEM 等显微镜技术的样品观察范围。现代化的金相显微镜系统集成了光学显微镜和计算机技术，使金相显微镜具有实时动态观察和编辑保存图片的功能，更为高效便捷。因此，金相显微镜成为金相学科分支不可或缺的一部分。金相显微镜的性能指标主要包括放大倍数和分辨率两个方面，其中分辨率是衡量显微镜表现性能的重要参数，而放大倍数必须根据具体的分析要求进行调整。

通过利用光学(金相)显微镜对材料显微组织、低倍组织和断口组织等进行分析研究和表征,人们建立了一个称为金相学的材料学科分支。金相学既包含了对材料显微组织的成像及其定性、定量表征,也包括必要的样品制备、准备和取样方法。这一学科能够反映和表征构成材料的相和组织组成物、晶粒(包括亚晶)、非金属夹杂物以及某些晶体缺陷(如位错)的数量、形貌、大小、分布、取向、空间排布状态等信息,从而可深入了解材料的物理、化学、力学性质及应用前景。因此,金相学对于材料科学及相关领域的研究具有非常重要的价值和作用。图 9-54 是铜棒截面的金相显微镜图片,从图 9-54 可以明显看到晶粒间的界线——晶界和晶粒取向差的衬度。

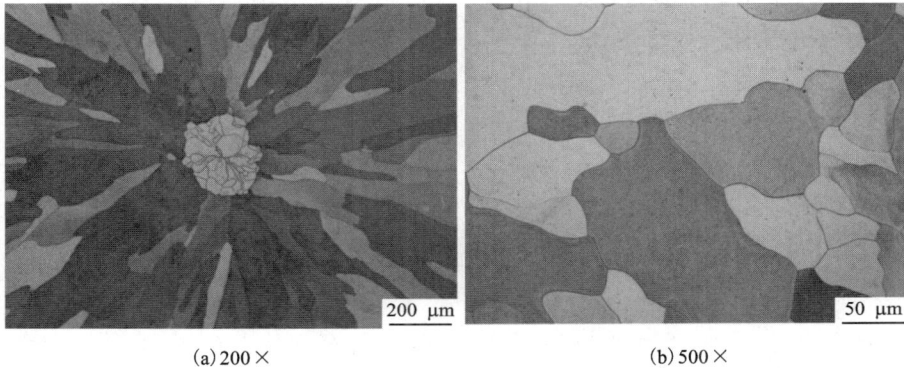

(a) 200×　　　　　　　　　(b) 500×

图 9-54　铜棒截面的金相显微镜图片

金相显微镜主要性能指标如下:

(1)放大倍数。

金相显微镜放大倍数是用目镜倍数(一般是 10×)乘以物镜倍数(1×~1500×)来表示。放大倍数并不是放得越大就越好,如果分辨率差的话,也是模糊一片。

(2)分辨率。

分辨率是指能够分辨两个物点间的最小距离。显微镜的分辨率取决于它的分辨距离,分辨距离越小则表示显微镜具有越高的分辨率,也就是性能越好。物镜的分辨率决定了显微镜分辨率的大小,并且与物镜的数值孔径(镜口率)和照明光线的波长有关。当光线能够均匀透过标本时,显微镜的分辨距离可计算式为:

$$D = 0.61\lambda/\mathrm{NA}$$

式中:D 为物镜的分辨距离,nm;λ 为照明光线波长,nm;NA 为物镜的数值孔径。

因此金相显微镜的分辨率与数值孔径成正比(D 值越小,分辨率越高)。

(3)焦深。

根据透镜成像原理,焦点只有一个。只有通过调节焦距,才能在感光片上获得清晰的图像。在调焦目标前后,会出现一个清晰的区域,即景深。景深与数值孔径大小相关,数值孔径越大,景深越小。焦深是焦点深度的简称。在使用显微镜时,当焦点对准一个物体点时,不仅该点平面上的点能够看清楚,而且在该平面上下一定深度范围内,也能看清楚。这个清晰范围的厚度就是焦深,数值孔径越大,焦深越小。

（4）数值孔径。

数值孔径又叫作镜口率，简写为 NA。它是物体与物镜间媒质的折射率 n 与物镜孔径角的一半（$a/2$）的正弦值的乘积，其大小表示为：

$$NA = n \times \sin \alpha/2$$

式中：n 表示介质的折射率，空气中 $n=1$，而在油镜下，n 可提高到 1.5；α 表示物镜孔径半角，物镜孔径半角越大，进入物镜的光线就越多。

物镜和目镜放大物像的原理如图 9-55 所示。

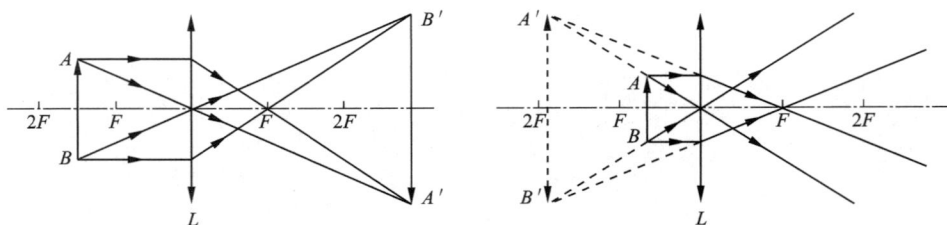

(a)物镜放大物像　　　　　　　　　　(b)目镜放大物像

图 9-55　物镜和目镜放大物像的原理示意图

数值孔径在显微镜中简写为 NA（蔡司公司的数值孔径简写为 CF），是物镜和聚光镜最重要的技术参数之一。NA 值能够衡量物镜和聚光镜的性能水平（特别是在消除位置色差和倍率色差方面的性能），同时，NA 值的大小直接印刻在物镜和聚光镜的外壳上。

对于特定的物镜，孔径角已经决定，若想增大其 NA 值，则唯一的方法是增加介质的折射率 n 值。基于这一原理，就出现了水浸系物镜和油浸物镜。由于介质的折射率 n 值大于 1，因此 NA 值可能大于 1。当折射率高的介质溴萘被用作介质时，其折射率为 1.66，因此 NA 值可以大于 1.4。

数值孔径决定和影响着其他各项技术参数，如表 9-2 所示，它与分辨率成正比，与放大倍数成正比，与景深成反比，NA 值增大，视场宽度与工作距离都会相应变小。

表 9-2　物镜分辨率

放大倍数	物镜类型					
	消色差		平场萤石		平场复消色差透镜	
	NA	分辨率/μm	NA	分辨率/μm	NA	分辨率/μm
4 倍	0.10	2.75	0.13	2.12	0.20	1.375
10 倍	0.25	1.10	0.30	0.92	0.45	0.61
20 倍	0.4	0.69	0.5	0.55	0.75	0.37
40 倍	0.65	0.42	0.75	0.37	0.95	0.29
60×	0.75	0.37	0.85	0.32	0.95	0.29
100×	1.25	0.22	1.3	0.21	1.4	0.2

显微镜所能分辨的最小距离等于光源的波长除以 2 倍的物镜数值孔径 NA。也就是说使用的光源波长越小，物镜的数值孔径越大，显微镜的分辨率就越高。一般情况下，显微镜的分辨率是要小于人眼的分辨率的，而人眼的分辨率在 1000× 下是 0.2 μm，一般金相显微镜的放大倍数在 50 倍至 1000 倍之间。超过 1000 倍，就需要采用电子显微镜了。

9.6　铜箔微观分析常见问题

9.6.1　设备选用

1. 金相显微镜与扫描显微镜、透射电镜的区别

在铜箔实验室研究微观组织时使用最多的是金相显微镜、扫描显微镜、透射电镜，它们都可以观察铜箔的形貌，但三者还是有较大的区别。

（1）原理不同：如图 9-56 所示，金相显微镜是利用几何光学成像原理进行成像的，而扫描电镜是利用细聚焦电子束在样品表面扫描时激发出来的各种物理信号来调制成像的。用高能量电子束轰击样品表面，样品表面被激发出各种物理信号，利用不同的信号探测器接收物理信号，再转换成图像信息。

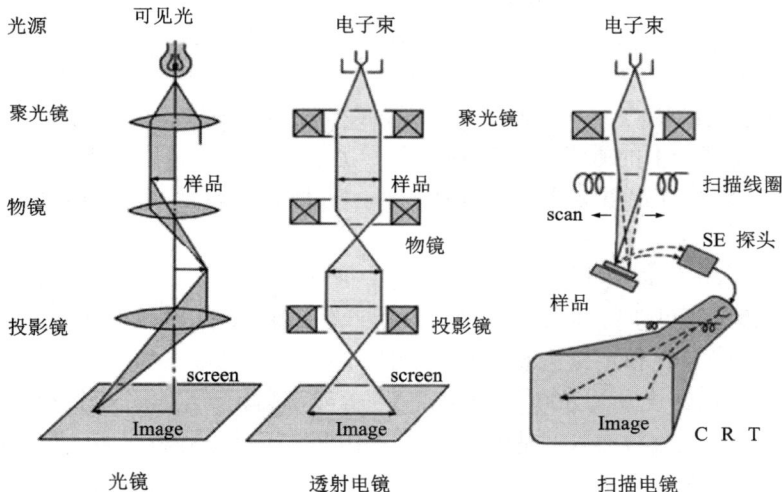

图 9-56　金相、透射和扫描电镜的工作原理

（2）光源不同：金相显微镜采用可见光作为光源成像，而扫描电镜采用电子束作为光源成像。

（3）分辨率不同：金相显微镜受到可见光的干涉与衍射作用，分辨率只能局限于 0.2 μm 至 0.5 μm 之间。扫描电镜由于采用电子束作为光源，其分辨率为 1~3 nm，因此金相显微镜的组织观察属于微米级分析，而扫描电镜的组织观测属于纳米级分析，扫描电镜获得的样品信息更丰富。

金相显微镜有一个有效放大率的概念，NA 为 500~1000（NA 为物镜的数值孔径），在这个范围内的像是合适的，显微镜的最小分辨距离＝0.61×波长/NA，它和放大倍率没有关系，只和物镜的数值孔径有关。

（4）景深不同：一般金相显微镜的景深在 2 μm 至 3 μm 之间，铜箔样品的外观组织结构基本不需要制样。扫描电镜的景深则是金相显微镜的几百倍，但由于受其成像原理所限，要求样品表面必须导电，因此要对样品表面做导电处理。

金相显微镜是一种用于观察金属样品表面组织（即金相组织）的光学显微镜，采用的是入射照明方式。目前，金相显微镜已经将光学显微镜技术、光电转换技术和计算机图像处理技术完美地结合在一起，可以非常方便地在计算机上观察金相图像，并利用软件对金相图谱进行测量、分析和评级等。此外，金相显微镜还可以对图像进行输出、打印和存储。

相对于扫描电镜，金相显微镜的放大倍数和分辨率都较小，但是金相显微镜的视场较大，使用起来更加简便，而且价格相对较为低廉。而扫描电镜是一种电子光学仪器，在放大倍数可调范围、图像分辨率、景深等方面，都要优于金相显微镜。此外，扫描电镜所获得的样品信息更为丰富、图像更富有立体感，因此在应用上更为深入和广泛。

2. XRF、EDS、WDS、ICP 成分分析的特点

XRF 是 X 射线荧光分析法，利用物理原理来检测物质的组成元素，可进行定性和定量分析。具体而言，X 射线穿透原子内部电子，由外层电子补给产生特征 X 射线，然后根据元素特征 X 射线的强度，可以获得各元素的含量信息。从不同的角度来观察描述 X 射线，可将 XRF 法仪器分为能量散射型 X 射线荧光光谱仪（EDS）和波长散射型 X 射线荧光光谱仪（WDS），其中 EDS 使用较为广泛。需要注意的是，XRF 只能测量元素而不能测量化合物。XRF 具有分析速度高的优点，一般 2~5 min 就可以测完样品中的全部元素。

EDS 将 X 射线管产生的原级 X 射线照射到样品上，产生的特征 X 射线进入 Si(Li) 探测器，来进行样品的定性和定量分析。EDS 体积小，价格相对较低，检测速度快，但分辨率不及 WDS。

WDS 采用分光晶体和探测器来接收衍射的特征 X 射线信号。通过分光晶体和探测器运动来改变衍射角度，便可获得样品内各种元素所产生的特征 X 射线的波长及各个波长 X 射线的强度，以此进行定性和定量分析。WDS 可检测 B5~U92 等一系列元素，其检测范围比 EDS 更广。WDS 的探针尺寸为 500 μm（WDS），分辨率高，可定量分析材料中元素组成。

波谱仪全称为波长分散谱仪，是电子探针仪中的微区成分分析工具，分辨率比能谱仪高一个数量级，但只能逐个测定每一元素的特征波长，一次全分析通常需要几个小时。在电子探针中，X 射线是从样品表面以下 m 数量级的作用体积中激发出来的，如果这个体积中的样品由多种元素组成，则可激发各个相应元素的特征 X 射线。被激发的特征 X 射线照射到连续转动的分光晶体上可实现分光（色散），即不同波长的 X 射线将在各自满足布拉格方程的 2θ 方向上被检测器接收（与分光晶体以 2∶1 的角速度同步转动）。波谱仪的突出特点是波长分辨率较高，但 X 射线信号的利用率较低，难以在低束流和低激发强度下使用。波谱仪可分析铍（Be）至铀（U）之间的所有元素。波谱仪的定量分析误差较小，为 1%~5%，远小于能谱仪的定量分析误差（2%~10%）。样片表面需要平整以满足波谱仪的要求，而能谱仪对样品表面没有特殊要求。EDS 需要与 SEM、TEM、XRD 等设备联用，可进行电分析、线分析和面分析。波谱仪对于微量元素即质量分数小于 0.5% 的元素分析明显比 EDS 准确。波谱仪的分辨本领为 0.5 nm，相当于 5~10 eV，而能谱仪最佳分辨本领为 149 eV。

　　ICP 发射光谱仪，也被称为电感耦合等离子体光谱仪，是一种通过对处于激发态的待测元素原子回到基态时发射的特征谱线进行分析的手段。ICP 主要用于无机元素的定性和定量分析。虽然 ICP 不是一种微观分析工具，但仍可以用于成分分析，与 WDS 和 EDS 一样。

　　ICP 发射光谱仪优点：

　　①多元素同时检出能力。一个样品一经激发，样品中各元素都各自发射出其特征谱线，因此可同时测定多种元素。

　　②分析速度快。固体、液体试样均可直接分析，若用光电直读光谱仪，则可在几分钟内同时作几十个元素的定量测定。

　　③选择性好。容易分析一些化学性质极相似的元素。

　　④检出限低。一般为 $0.1 \sim 1~\mu g/g$，绝对值为 $10^{-8} \sim 10^{-9}~g$。

　　⑤准确度高，标准曲线的线性范围宽，为 $4 \sim 6$ 个数量级，可同时测定高、中、低含量的不同元素。

　　缺点：

　　①影响谱线强度的因素较多，尤其是试样组分的影响较为显著，所以对标准参比的组分要求较高。

　　②含量(浓度)较大时，准确度较差。

　　③只能用于元素分析，不能进行结构、形态的测定。

　　④只能用于金属元素分析，大多数非金属元素难以得到灵敏的光谱线。

　　总的来说，与 XRF 相比，ICP 的检测范围更宽，检测极限更低，检测出的数据更准确。而 EDS 和 WDS 常用作电镜的附件进行成分分析，其结果多作为半定量分析结果，仅能得出各个元素的比值和大概分布情况及含量，准确性不如 XRF 和 ICP。

　　3. SEM-EDS 和 SEM-XRF 的区别

　　扫描电镜能谱仪(EDS)是一种利用电子束来激发材料特征 X 射线以进行成分分析的重要工具。EDS 具有定性、半定量和快速分析等特点，并可结合扫描电镜进行元素线扫描、面分布分析和颗粒物分析等高级操作，成为扫描电镜的重要配件。然而，SEM-EDS 分析的检测限只能达到 1000×10^{-6}，无法检测微量元素，并且定量分析结果不够准确。为了弥补这些缺点，X 射线管被安装在 SEM 上以进行 X 射线荧光分析。X 射线荧光分析对样品没有损伤，对于容易受到电子束损伤的样品，可以采用低电压扫描样品得到图像，同时利用 X 射线源来激发低电压无法激发的 X 射线信号，弥补普通能谱分析低能 X 射线信号激发不足的缺点。此外，在 SEM 真空样品仓中进行分析，微量元素的 X 射线荧光定量更准确，结合 SEM 的自动样品台，可实现微量元素的 X 射线荧光面分布分析。

　　SEM-XRF 分析相比于 SEM-EDS 分析的优势：

　　(1)具有更高的信噪比。

　　(2)对于原子序数越高的样品，具有越好的元素灵敏度。

　　(3)灵敏度是 EDS 的 $10 \sim 1000$ 倍。

　　(4)无须喷镀，即可直接分析不导电样品。

　　(5)简化了重叠峰的处理难度。

　　(6)与 EDS 软件整合后能实现最精确的全谱分析。

　　(7)能实现 10^{-6} 量级的分析。

通过观察图 9-57，可以得到结论：EDS 和 XRF 都能检测到镁、铝、硅和铜元素，但是 XRF 对钒、铬、锰、铁和镍等 EDS 无法检测的相对重原子序数元素有更明显的优势。因此，XRF 不仅可以分析重元素，而且可以更准确地激发重元素的 K 线系以进行标定。相比之下，EDS 只能在元素含量足够高的情况下激发出铬、锰和铁元素的 L 线系，但这些元素的重叠和被锌的 L 线系覆盖等问题会导致无法准确测定。但是，XRF 具有激发重原子序数元素的 K 线系的能力，因此可以对同时含有铬、锰和铁三种元素的样品进行分析。

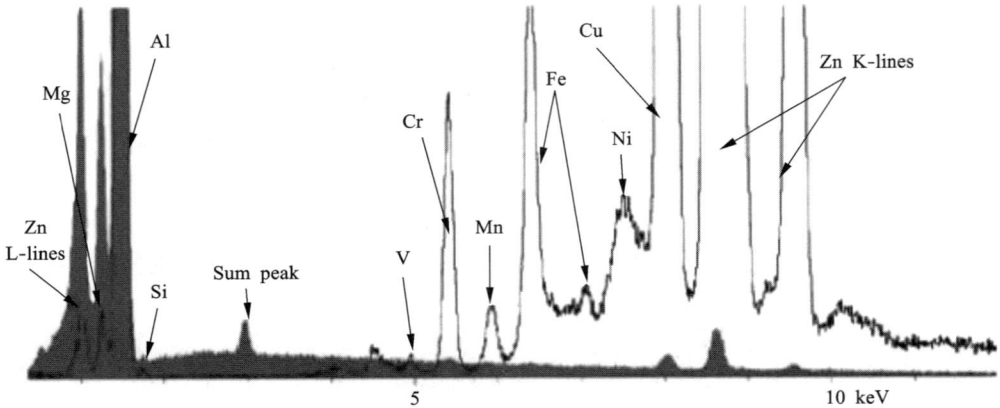

图 9-57　EDS 与 XRF 谱线对比

9.6.2　微观分析报告解读

1. 扫描电镜成分分析报告

对于一个未知成分的样品，首先进行 EDS 成分分析，但如何判定是什么成分元素呢？能谱分析报告单一般如图 9-58 所示，内容包括：

（1）元素种类。

（2）元素序号。

（3）非归一化质量分数（元素质量分数之和不是 100%）。

（4）归一化质量分数（元素质量分数之和换算成百分比）。

（5）原子比，这个一般用来判定成分，如图 9-58 中氧镁碳比例为 3∶1∶1，可大致推断出该未知粉末主要成分为碳酸镁。

（6）错误率/误差率。

由于 EDS 不能检测 H，He，Li，Be 等轻元素，且微区分析存在不均匀性和不确定性，因此不建议将能谱结果作为元素定量依据。

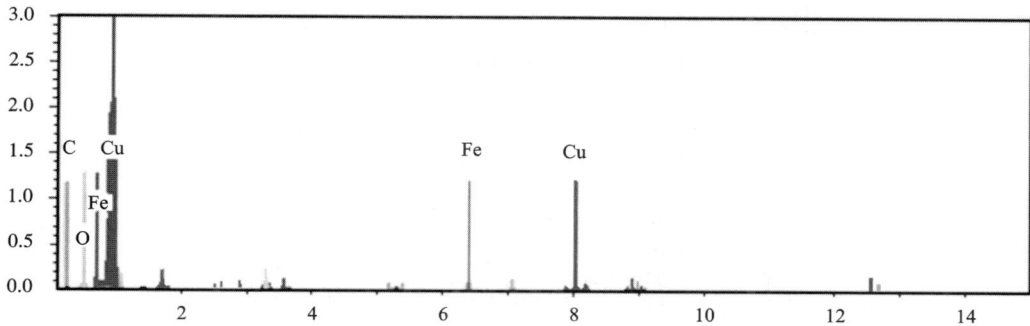

Spectrum 1

元素	原子数	归一化质量/%	原子/%	Rel. error/%（1sigma）
Cu	29	81	52.10	3.04
C	6	6.5	21.08	35
O	8	11.62	25.20	22
Fe	26	0.88	1.62	25
合计		100	100	

图 9-58　扫描电镜成分分析报告

2. 铜箔扫描电镜照片解读

无论是 SEM 还是 TEM，在电镜成像过程中，所看到的并不是真正的图像，而是一系列的强度信号。实际上，我们所看到的黑白图像是通过将这些信号相对强弱的差异转换成图像而来的，即衬度。这个转换过程默认用灰度来表示的，所以我们通常认为 SEM 和 TEM 图像都是黑白的。然而，我们也经常能看到"彩色"的电镜图，实际上这只是修改了映射模式，而不是实际的颜色，类似地，黑白也不是真正的黑白，因此不能简单地把彩色视为虚假的，而把黑白视为真实的。

除了颜色外，高低也可以用来表示强度，从而将信号呈现为 3D 图形。实际上，衬度也可以改变甚至反转。

3. 谱线能峰识别

1）自动识别能峰（peak ID）

对于 EDS、WDS，都有自动识别谱线或能峰的功能，如图 9-59 所示。

peak ID 注意事项：

（1）如果谱线能峰简单，仪器就能很好地自动识别各峰。

（2）谱线越复杂越容易出现错误识别现象。比如，峰很多，而且各峰之间还相互叠加（Zn 的 L_α 峰很容易被识别为 Na 的 L_α 峰），或者能谱中有较重的元素或稀有元素的复杂峰族（Ta 的 M_α 峰就容易被识别为 Si 的 K_α 峰）。

（3）对定性分析的结果保持可疑态度，不仅要寻找自己所期望的峰，还要准备好发现你没有预料的峰。

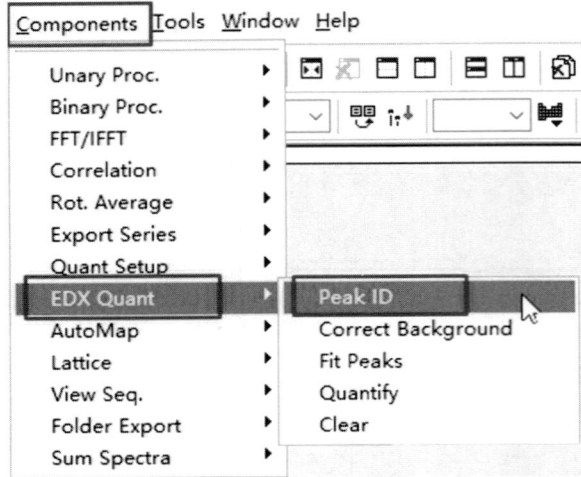

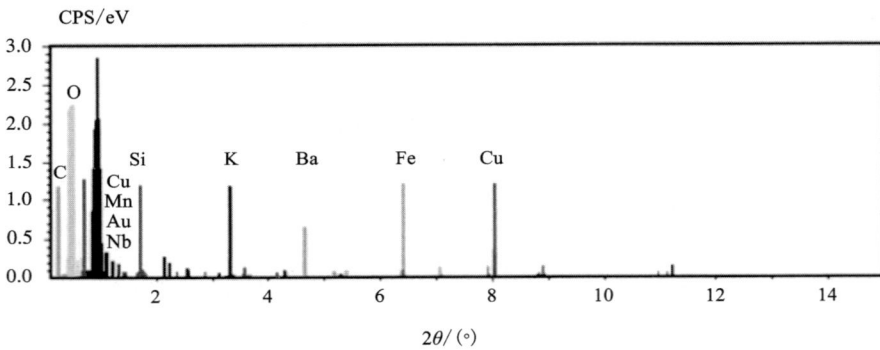

图 9-59　自动识峰 peak ID

2) 手动调整能峰(periodic table—makers)。

铜箔异物定性分析是排查铜箔缺陷的第一步，即鉴别所含的元素。但当不能自动识别或自动识峰不正确时，就需要进行手动调峰。

可使用 periodic table 中的 makers 进行调峰。在 makers 面板上双击某个元素，可去掉该元素的所有峰，如图 9-60 所示。

要进行手动调峰，必须熟悉常见元素的重叠峰(如 S 的 K_α 与 Mo 的 L_α 重叠)、杂峰；

(1) 病态重叠(pathological overlaps)：近邻过渡金属的 K_α、K_β 线很可能重合，比如 Ti/V、V/Cr、Mn/Fe 和 Fe/Co。

(2) 4.47 keV 处的 Ba 的 L_α 线很可能与 4.51 keV 处的 Ti 的 K_α 线重合。

(3) Pb 的 M_α 线(2.35 keV)、Mo 的 L_α 线(2.29 keV)和 S 的 K_α 线(2.31 keV)可能重合

(4) Ti、V 和 Cr 的 L_α 线(0.45~0.57 keV)与 N、O 的 K 线(0.39 keV 和 0.52 keV)重合，制样和测试易造成误判的元素。

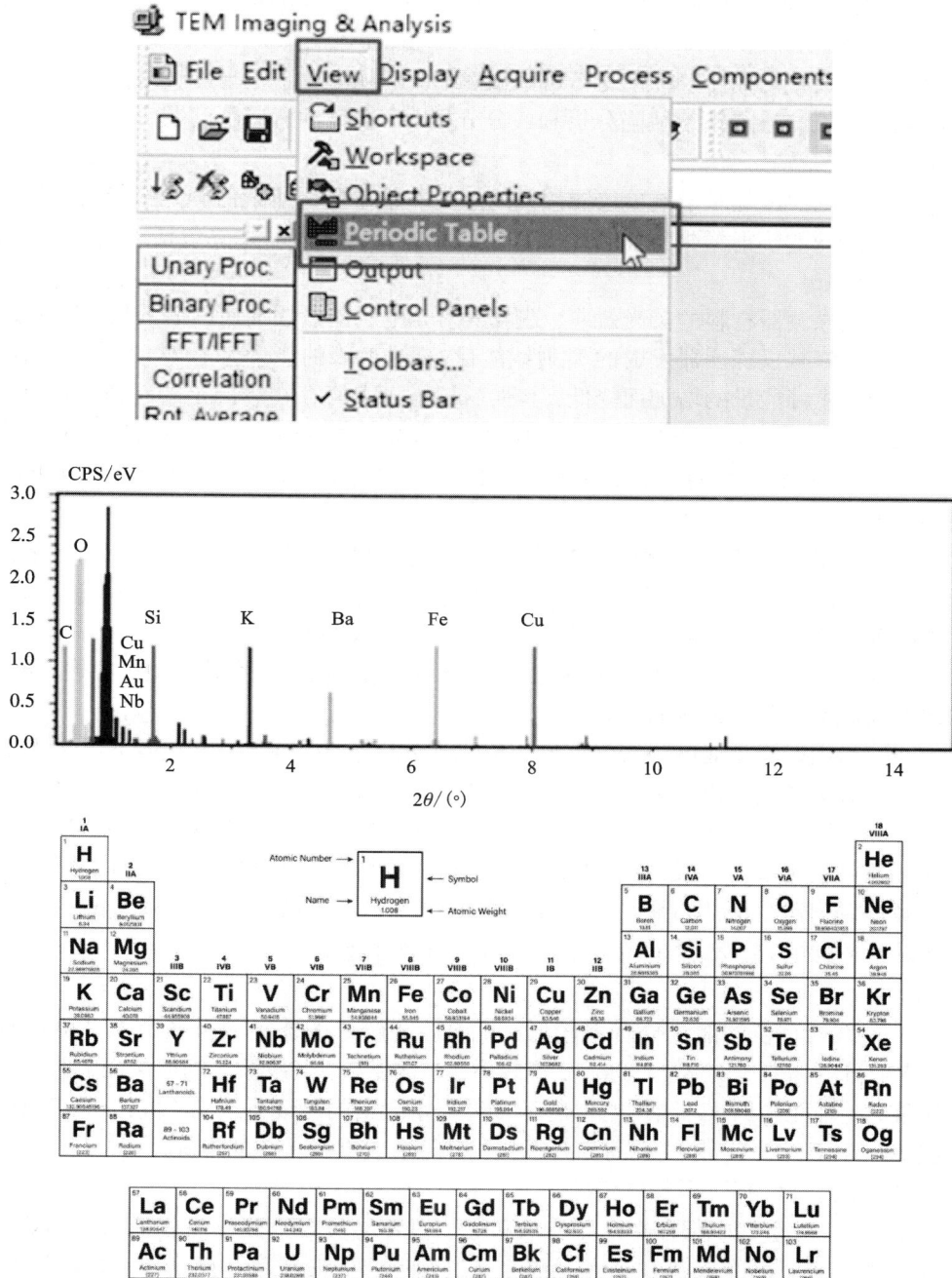

图 9-60　手动选峰

（5）离子束减薄，很可能引入 Ar。

（6）FIB 制样，很可能引入 Pt、Ga。

（7）此外，样品在减薄和保存时有可能氧化。

（8）电解双喷溶液可能引入对应的元素，如引入高氯酸溶液 Cl。

（9）超薄切片虽然不改变化学组分，但是新鲜切面很容易在大气中被腐蚀，甚至会严重改变体样品的缺陷结构。

（10）测试时使用 Cu 网、Mo 网也有可能引入 Cu 和 Mo。

采用 EDS、WDS 进行铜箔缺陷分析和成分分析时，应该注意以下问题。

（1）假峰。

熟悉制样和测试过程对于减少仪器假峰的产生非常重要。所谓假峰是指能谱分析中由于脉冲重合和探测器的辐射损失等而产生不真实的峰。常见的假峰主要包括逃逸峰、和峰、硅内荧光峰和系统峰。

①逃逸峰是探测器材料的荧光效应，造成入射光电子能量损失而引起的假峰。逃逸峰的能量为入射特征峰减去探测器发射的 X 射线能量（硅逃逸峰的能量为 1.734 keV）。逃逸峰发生的概率随着其主峰能量的增加而降低，其强弱相比于主峰存在着固定的比值，硅探测器的固定比值从 P K_α 的 1% 下降到 Zn K_α 的 0.01%，硒探测器的固定比值从 Se K_α 的 17% 下降到 Ru K_α 的 7%。入射 X 射线能量低于探测器材料的临界激发能时不产生逃逸峰，有的元素 L 谱峰同样产生逃逸。

②和峰是由于两个特征 X 射线光电子同时进入探测器无法分辨，而产生两个特征 X 射线光子能量之和的假峰，和峰的强度随计数率的增加而增大。

③硅内荧光峰是探测器内的荧光效应而不是由试样被激发产生的谱峰。

④系统峰主要是入射电子束中的非聚焦成分和/或试样的背散射激发试样台、准直器、样品室部件及透镜极靴等造成的假峰。

其中和峰和逃逸峰是能谱分析中常见的假峰。分析某些元素时，可能会出现和峰，这将会造成和峰附近的背底变形。如果和峰与其他峰出现重叠，即使扣除背底，也不能得到满意的结果。因此，我们需要改变采谱条件，减少计数率，减小和峰对背底的影响，避免和峰的出现。计数率可通过改变束流、更换光阑、调节探测器与样品间的距离等措施来调节。

逃逸峰是探测器在检测过程中产生的假峰，出现在入射峰左边 1.734 keV 处。一般来说，只有原子序数在 15~28 之间的元素才有可能出现逃逸峰。

（2）重叠峰。

由于 X 射线能谱仪的能量分辨率较低，目前性能较好的能谱仪分辨率为 130~150 eV。此外，元素的分析谱线分为 K、L、M、N 等线系，非常复杂，各线系之间能量间隔较小。特别是在低能端时，轻元素的 K 线系（主要是 K_α 线）与重元素的 L 线系或 M 线系的某条谱线之间的能量差往往小于 50 eV，各线系间相互干扰，容易造成谱线重叠的现象。

除此之外，还要注意下列特殊情况：

①C 和 O：一般空气中都存在油脂等有机物，很容易被吸附到样品表面造成污染，无论 TEM 还是 SEM，都有可能看到 C 和 O 的峰。尤其 TEM，一般使用 C 膜支撑，有 C 很正常。

②Al 或者 Si：SEM 因为使用 Al 样品台或者玻璃基底，所以在样品比较薄的区域扫谱，会有基底的信号出来。

③Cu 和 Cr：这个是 TEM 里特有的，Cu 是使用载网的材质 Cu 导致的，而 Cr 一般认为是样品杆或者样品室材质里的微量元素导致的。

④B：有时候分辨率忽然极高，看到了清晰的 B 峰，这要注意，因为样品在扫谱过程中大范围移动就容易出现这个峰，还有如果样品处于加热状态，也会有 B 峰的出现。

⑤一些很难见到的稀土元素或者 La 系 Ac 系元素，这很可能是因为噪声的峰较强，仪器分析认为有微量相应能量区的元素存在，用软件去除即可。

在能谱分析中，图谱中的谱峰反映样品中存在的元素。然而，能谱谱峰重叠干扰十分严重，导致自动识别常常出错。例如，在电解铜箔 EDS 视图中，Dy(镝)、Nb(铌)等元素常常与 Fe 同时出现，这是由于 EDS 将某元素的 L 系误识别为另一元素的 K 系。因此，在仪器自动定性分析流程结束后，分析工程师必须手动进行元素的修正，以确保分析结果准确无误。尽管 EDS 有自动定性分析程序，但需要具备一定的定性分析经验才能取得精确的分析结果。因此，处理谱线干扰、失真和每个元素的谱线系等问题对于获得准确结果至关重要。

在进行手动修正时，选择适当的检测条件至关重要。必须确保能谱仪的能量刻度准确，仪器的零点和增益值在正确的范围内。此外，选择足够计数的被分析元素的谱峰非常重要，因可以获得一个能量分辨率高、无杂峰和杂散辐射干扰或干扰最小的 EDS 谱。相比于线分析，元素的面分布分析方法可靠性更高。一张 EDS 能图谱通常以加速电压为横坐标，反射粒子数为纵坐标。

在能谱分析时，完成能谱仪的数据采集后需进行元素的确认，但谱峰重叠是一个常见的问题。表 9-3 列出了部分常见元素的谱线重叠情况。通常，系统软件能够自动识别出各元素。然而，当存在重叠峰时，自动识别功能不太可靠，需要手动鉴别判断各元素的峰。

表 9-3　部分常见元素的谱线干扰

元素	能级（E/keV）	受干扰元素	干扰元素能级（E/keV）
C	K_α（E=0.2774 keV）	Ca	L_α（E=0.3413 keV）
N	K_α（E=0.3924 keV）	Ti	L_α（E=0.4522 keV）
O	K_α（E=0.5249 keV）	V	L_α（E=0.5113 keV）
F	K_α（E=0.6768 keV）	Mn	L_α（E=0.6374 keV）
Na	K_α（E=1.0410 keV）	Zn	L_α（E=1.0118 keV）
Au	M_α（E=2.1205 keV）	Nb	L_α（E=2.1659 keV）
S	K_α（E=2.3075 keV）	Mo	L_α（E=2.2932 keV）
Zn	K_α（E=8.6313 keV）	Re	L_α（E=8.6526 keV）
Nb	L_α（E=2.1659 keV）	Hg	L_α（E=2.1953 keV）
Ti	K_α（E=4.5089 keV）	Ba	L_α（E=4.4663 keV）

需要特别说明，EDS 分析也是有相对误差的。GB/T 25189—2010《微束分析电镜能谱仪定量分析参数的测定方法》，试样中序数 $Z>11$（Na）的中等原子序数元素，在无重叠峰和干扰峰的情况下，EDS 定量分析的允许相对误差见表 9-4。

表 9-4 EDS 定量分析允许相对误差 单位：%

质量分数	允许相对误差	
	合金	矿物
$w>20$	2	5
$3 \leqslant w \leqslant 20$	5	10
$1 \leqslant w \leqslant 3$	15	20
$0.5 \leqslant w \leqslant 1$	20	30
$0.1 \leqslant w \leqslant 0.5$	30	50

对于不平坦样品，可以使用三点分析结果的平均值，或者在总量误差小于等于±5%且确认没有漏测元素的情况下，使用归一化值作为定量分析结果。偏差大于±5%则只能作为半定量结果处理。

在很多情况下没有相应的标样可用，因此可以使用无标样定量方法进行 TEM 分析。虽然这种方法目前还没有国家标准，但是在不平坦试样、粉体试样及一般分析研究中，应用还是比较广泛的。目前正在考虑制定"EDS 无标样定量分析方法"国家标准。

TEM 的样品通常是薄样品，这在分析方面有利，因为可以减少干扰。但是定量分析需要考虑样品厚度，因为很难准确得出微区上的样品厚度，这给定量分析带来了很大困难。即使有标样，也难以制备相应厚度的样品进行比较。因此，对于很多样品，TEM 的 EDS 分析可能只能进行半定量或定性分析。选取适当的分析工具，尽量找到干扰小的区域，并采用多点分析平均的方法（最好随机取 20 个点以上），以尽量减少误差。

第 10 章

常见质量缺陷分析

10.1 生箔电解常见缺陷

10.1.1 极差超标

1. 定义

在铜箔横向方向取 10~13 个 100 mm×100 mm 大小的试样,用称重法,测定各个面积重量,厚度小于 18 μm 的铜箔,13 个试样的基重极差标准要求:高精度应小于 3%;较高精度的产品,极差应该小于等于 5%。事实上,现在厚度≤35 μm 的产品基重极差控制在±5 g/m²,厚度为 75 μm 的产品控制在±8 g/m² 以内。

在长度方向,同一位置铜箔基重应该基本相同。阴极辊材料选择、设计结构、加工制作工艺等的不同造成阴极辊表面导电不均匀,导电好的地方铜的沉积量多,铜箔偏厚,导电不好的地方铜的沉积量少,铜箔偏薄,使铜箔厚薄不均。阴极辊面在一个圆周内的导电性存在差异,使得其在纵向基中出现 1% 左右的波动。由于铜箔连续运转,纵向厚度不均匀,主要是阴极辊缺陷形成的周期性厚度偏差。纵向偏差过大,就需要更换阴极辊。

厚度均匀主要是指铜箔横向基重(厚度)的极差小,一致性良好。

铜箔厚度均匀不仅与电流分布有关,也与电解液流场分布有关。不同企业制造的生箔机结构可以不同,但电场和流场分布应尽可能协调、匹配。

2. 产生原因

(1)阳极损坏严重或变形。对于钛基贵金属氧化物涂层阳极,如果涂层部分脱落,那么脱落部分对应阴极部位铜箔面积质量小,铜箔偏薄。

(2)电解液循环量不均。循环量小的地方铜箔偏薄,循环量大的地方铜箔偏厚。

3. 解决措施

(1)阳极屏蔽。在低电流、阴极辊不转动的情况下,在阴极辊表面沉积 30~50 μm 厚的铜箔,然后剥离,分析各阳极板的质量状况。铜箔厚度越薄,说明对应的阳极损害越严重。若钛基贵金属氧化物涂层阳极局部损坏,则铜箔在现场无法被修补,只能"抑优就劣",对导电性能优秀(铜箔厚)处的阳极进行屏蔽,不让其导电,从而使横向基重趋于一致。

必须说明,采用阳极屏蔽,虽然短时间内能使铜箔横向厚度极差缩小,均匀性变好,但阳极屏蔽，实质上是缩小了阳极的有效面积，在工作电流不变的情况下，电流密度变大，阳极损坏速度将加快。

(2)调整生箔机进液流量分布。新型生箔机都带有进液分配器，通过调整分配器上10~15根进液管的阀门大小，可调整铜箔的厚度。

(3)检查阳极槽导电线路接触是否良好。整个电沉积回路由整流柜-阴极铜排-靴极-阴极辊-电解液-阳极板-阳极槽-阳极铜排-整流柜构成一个完整的回路。阳极板、阳极槽、阳极铜排之间通过阳极板螺栓等多点进行导电。阳极板螺栓松动、阳极槽导电处、焊缝开裂等都会造成接触不良，阳极板电流分布不均，导致铜箔厚度在横向出现大的偏差。

(4)进液流量不稳。对于无高位槽的生箔机，采用供液泵直接供液，一般采用变频器调节供液泵转速来控制流量。值得注意的是低压电机使用变频器，其目的是节能，而不是调速。这是应用到变频器的一种控制方式，按 U/F = 常数的比例控制。从能源利用方面看，这种控制方式使电机的电压随着频率的降低而降低，从而使电机的功率变小，实现节能。

根据电机的调速原理：频率与速度成正比，轴功率与转速的三次方成正比；

根据流体力学原理：液体流量与转速成正比，压力与转速的二次方成正比。

使用变频器+电机取代高位槽和调节阀进行电解液恒流量控制后，管道中的液体流量返回的信号与变频器输出的频率成线性对应，但液体的压力却与变频器输出的频率平方对应，即变频器输出频率变小刚好满足液体的流量控制，但液体的压力降低大于流量的降低。所以，采用变频器+电机进行流量控制模式，会使生箔机进液分配器调节效果下降甚至无效。

10.1.2　撕边

1. 定义

所谓撕边，就是铜箔从阴极辊表面剥离时，箔材从边部向箔材中间撕裂，铜箔宽度减小，同时撕边后残留箔材仍旧附着在阴极辊表面，随着阴极辊的不断旋转，很容易进入电解槽内，造成电解槽阴极、阳极之间短路，将阴极辊表面击穿，而发生阴极辊报废的重大事故。

目前生箔机都配备有撕边报警器，撕边后会立即声光报警，并停机，一般不会像过去一样出现电击阴极辊事故。但撕边仍旧会造成生产中断，尤其是对长度有要求的锂电池用铜箔，会产生大量的废品，是薄铜箔生产管理的重点和难点。

2. 原因分析

(1)铜箔最大拉断力小于铜箔与阴极辊边部结合力是造成铜箔撕边的主要原因，是铜箔从阴极辊表面剥离时，铜箔最大拉断力小于铜箔与阴极辊边部结合力所致。铜箔的抗拉强度都大于200 MPa，卷取张力一般小于70 kg，正常情况铜箔是拉不断的。出现拉断的主要原因在于铜箔边缘有缺口等，造成应力集中。

(2)阴极辊筒端部沉积铜。阴极辊筒整体通电浸入电解液中，会不可避免地在辊筒端部沉积电解铜层。铜箔剥离时，辊面铜箔与阴极辊的结合力与剥离力方向相反，主要克服铜箔与阴极辊的结合力即可剥离。阴极辊最边部的铜箔，不仅受铜箔与辊面结合力的影响，还受到辊筒端部铜层与基材结合力的影响。由于阴极辊筒端部结合力与生箔机铜箔剥离力方向成90°，铜箔边部剥离需要的剥离力更大。在辊面其他部分铜箔都已剥离后，只有边部还没有剥离时，整个剥离力集中在边部，如果局部剥离力大于铜箔本身断裂时的最大拉力，则会发生铜箔撕边现象。

（3）辊面粗糙度偏高。阴极辊的辊面边部抛磨不好或边部氧化，表面粗糙度偏高，铜箔与辊面不易剥离。

（4）阳极板宽度偏小。正常阳极宽度稍大于阴极辊面宽度，使阴极辊边部铜箔稍厚一些。阳极有效宽度小于辊面，阴极辊边部铜箔厚度偏薄，剥离时容易撕边。

（5）O 形圈与阴极辊不匹配。O 形圈是对阴极辊端面实施动态密封的装置。要求正确地压在阴极辊表面与端面 90 度相交处，阻止阴极辊端面镀铜。O 形圈与阴极辊上的 O 形圈槽不匹配，或者 O 形圈上有缺口，或者运行过程中，O 形圈在 O 形圈槽中翻转、松动、错位等均可造成阴极辊筒端部沉积铜，使设计的功能无法实现，最终导致铜箔从阴极辊上剥离时到这个点就会出现撕边。

（6）辅助负极失效。辅助负极作用是当阴极辊筒作正极，铜杆为阴极时，将阴极辊筒端面残留的铜溶解以达到保持无残铜的目的。辅助阴极法清除阴极辊筒端面残铜，必须具备两个条件：一个是电源回路必须畅通，辅助阴极电路不能接触不良；另一个是辅助阴极与阴极辊筒之间必须有电解液。有的机台由于 O 形圈直径较大，O 形圈与阳极槽接触比较紧密，很少有电解液进入侧面溢流腔。辅助阴极与阴极辊端面、辊侧面之间缺少电解液无法形成回路，会使阴极辊筒端面的残铜越积越厚，导致剥离困难。

3. 解决措施

（1）保证阴极辊表面与端面交会处完整无损，与辊面一样平整光滑。

（2）O 形圈具有良好的弹性，适当的硬度，表面光滑平整，直径均匀一致。

（3）阴极辊上的 O 形圈槽的宽度和深度与 O 形圈匹配。O 形圈既能完全屏蔽阴极辊面的拐角，又能顺利地从 O 形圈槽剥离出来。

（4）阴极辊边部采用特别的抛磨工艺。

（5）检查辅助阴极的效果。每次吊出阴极辊后，及时检查辅助阴极的工作状况。辅助阴极上沉积的铜量过少，需要检查辅助阴极电路是否良好。如果阴极辊轴向溢流偏少，可适当调整 O 形圈的位置，从阴极辊出口、入口、溢流口漏少量电解液到轴向溢流腔，保证辅助阴极与阴极辊筒之间有电解液。运行良好的辅助阴极，每周要更换一次，防止阴极上的铜豆脱落掉到阳极槽中。

10.1.3　针孔与渗透点

1. 定义

所谓针孔，就是在暗室中对铜箔进行透光检查，铜箔中有直径<1 mm 的零星的微小透光孔。IPC4562《印制电路板用金属箔规范》中提到两种评价方法：一种是等同采用 IPC-TM650 中 2.1.2 染料渗透法；另一种是取铜箔面朝上置于灯箱上，计算 300 mm × 300 mm 尺寸的铜箔上透光产生的亮点数，用作评价针孔的数量，尺寸测量的分辨率要求达到 25 μm。上述两种方法都是用来评价铜箔的，后一种方法的分辨率出现透光孔称为针孔；不透光，但渗透剂或稀硫酸能通过的，为渗透点。简单地讲，针孔为直孔，渗透点为曲孔。

无论是锂电用铜箔还是电子电路用铜箔，针孔都是重点关注的对象。针孔和渗透点与铜箔厚度有关，厚度越小，针孔出现的概率越大。厚度 35 μm 以上的铜箔基本不会有针孔，对于厚度小于 9 μm 以下的电解铜箔，产生针孔的概率很高。

对于锂电用铜箔，直径≥100 μm 的针孔，在涂覆时会导致活性物质渗透。直径 80 μm

左右的针孔,是否会导致浆料渗透,取决于涂覆方式、浆料配方、浆料黏度等。直径 $\phi \leqslant 50$ μm 的针孔,对负极涂覆没有影响。由于极耳区在焊接时会拉伸,有针孔时容易断裂,所以,一般厂家要求锂电用铜箔不能有针孔。

电子电路用铜箔上的大针孔会会在压板时造成铜箔渗胶,使半固化片中的树脂通过针孔渗透到铜箔光面,在铜箔光面产生胶点。覆铜板铜箔表面的胶点,会在蚀刻线路时无法将胶点下的铜箔蚀刻掉,形成铜箔残留,导致短路。严重的针孔,在铜箔与半固化片压合时,渗胶点会使铜箔与不锈钢板黏在一起,使覆铜板与不锈钢板不能顺利分离,影响生产效率。有渗胶点的覆铜板,需要安排人工清除,不仅影响生产效率,而且人工清除会造成覆铜板表面打磨的痕迹,影响外观质量。对于高密度 HDI 电路板,即使没有渗胶点,由于线宽/线距已经很小,如 35 μm/35 μm 的线宽/线距,针孔直径大于 25 μm,如果处在线路上,极易使线路断路,造成整个电路板报废。

针孔对电子电路用铜箔的影响要比锂电用铜箔严重得多。它与 PCB 的线宽/线距密切相关。

直径 ≥1 mm 的透光孔,称为孔洞。有孔洞的铜箔失去使用价值,只能报废。铜箔上的孔洞一般是外力破坏所致,例如包装箱上的钉子刺穿箔卷等。

2. 原因分析

(1)微观分析。电解铜箔孔隙可分为夹杂性孔隙和结晶学孔隙。夹杂性孔隙是电沉积初期阴极辊表面某些异物影响所致,阴极辊表面的非金属夹杂物,包括附着在阴极辊表面的溶液净化工序中漏滤的活性炭微粒、电解液中的胶质、油污和灰尘等都会影响铜在阴极辊表面的电沉积,阴极辊筒表面的微孔同样会产生孔隙母体。电沉积不会在这些孔隙母体上形成,这是由于这些母体的导电性不好,或是由于这些孔隙母体具有与洁净基体金属材料完全不同的电化学特征,因而具有完全不同的电极反应动力学特征,有利于另一些沉积副反应的发生,如氢的析出等。

阴辊基体金属或电解参数引起的结构缺陷产生的孔隙称作结晶学孔隙,这种情况下伪同晶现象及外延生长可能使部分镀层与基体失去良好结合和共格。其中伪同晶现象是指铜箔镀层生长延续了阴极基体材料晶界或微观几何特征;外延生长则是在镀层与基层界面上镀层沿基体晶格完全有序地生长。研究和生产实践证实了阴极基体的表面粗糙度及阴极辊筒金属预处理如机械磨光、化学及电化学抛光对电解铜箔的孔隙产生起决定作用。

阴极辊基体金属对电解铜箔的影响,基体材料上连续吸附层的迁移会引起孔隙性的周期性变化。随着铜箔厚度的增加,伪同晶及外延对基体材料的影响作用逐渐消失,于是铜箔铜层生长将只由电解液镀层界面的电沉积条件控制。实际上,电解参数如电解液组成、电流密度、电流形式,电解温度及电解液流速(搅拌)都会对铜箔孔隙的形成产生巨大影响,因此,无孔隙铜箔的厚度将随电沉积时电解液的过滤精度、添加剂及阴极材料的情况而变化。

(2)阴极辊表面有气孔、砂眼、夹杂。电解时该点不导电或导电不好,不能使铜沉积,导致该点无铜,形成铜箔针孔。阴极辊旋转一周针孔出现一次,这种针孔间隔固定,位置固定。阴极辊表面材质产生的这种针孔,无法通过调整工艺消除,只能在车床上把阴极辊筒表面车削一层,之后再研磨抛光。

(3)阴极辊抛磨残留。阴极辊研磨抛光过程中研磨轮、抛光轮等都含有 SiO_2、Al_2O_3 等磨料。抛磨后水洗不彻底,阴极辊表面就会有磨料残存。这些 SiO_2、Al_2O_3 残存磨料不导电,它阻挡了铜离子在阴极辊筒的析出，导致此处没有沉积上铜而形成针孔。

离线研磨后可用脱脂棉带水对阴极辊面进行擦洗，在线抛磨时冲洗水要有一定的压力和水量，保证把贴附在阴极辊表面的微粉和研磨剂冲洗出来，并把微粉和研磨剂从阴极辊表面冲洗下来，进入污水槽里。

(4)阴极辊表面的灰尘。正常生产时阴极辊有 30% 左右的面积裸露在空气中，由于阴极辊带负电荷，特别容易吸附灰尘。灰尘不导电，导致铜不能在阴极辊面的灰尘处沉积，使铜箔出现针孔。

(5)油、脂等污染。阴极辊表面有油、脂、灰尘等其他污物，会影响导电效果，极易造成此处不析出铜而产生针孔。因此，在生产过程中，应该保证辊面不能被手和身体碰到，为防止行车灰尘，阴极辊需要安装防尘保护罩。

(6)阴极辊温度低。阴极辊装在电解槽中，开始生产时表面温度低，产生的铜箔针孔较多。对于厚度为 6 μm 以下的铜箔，可能需要运行 1 个小时以上，针孔才能消失。一种解释是离线抛磨的阴极辊筒表面吸附大量气体，在阴极辊表面温度低时这些气体没有受热膨胀挥发，阻挡了铜离子的沉积，造成铜箔针孔。

(7)精密过滤器漏滤。目前电解铜箔溶液制备系统采用三级过滤，最后一级为 0.5 μm 的高精度滤芯，过滤效率至少可达到 95%，能有效阻止溶液中杂质颗粒通过。但是若滤芯装配不认真，滤芯与过滤器结合处密封不严，则会导致漏滤，电解液中的硅藻土、活性炭微小颗粒进入生箔机，黏附在阴极辊筒表面，造成铜箔针孔。

3. 解决措施

(1)加强电解液过滤。

(2)更换过滤芯或过滤袋。可采用溶液颗粒度测试仪测试电解液中杂质颗粒的大小和数量，判断精密过滤器是否漏滤。

(3)添加或更换活性炭。

(4)更换阴极辊或磨辊。

(5)严格原材料管理。

10.1.4　箔面氧化

1. 定义

铜箔表面因某些原因发生化学反应而失去本身的金属光泽现象，称为表面氧化，常见的氧化现象表现为箔面变黑、变蓝、发红或出现红蓝相间的条纹。

2. 原因分析

(1)环境湿度大。未进行防氧化处理的铜箔耐氧化能力与生产现场的湿度密切相关。如果气温高或湿度大，铜箔表面氧化的速度会很快。生箔表面氧化的主要原因是空气湿度。湿度，也称为"相对湿度"，是指大气中水蒸气的含量，用空气可以包含的最多水蒸气的百分比来表示。这个含量随着温度而变化，暖空气含有较多的水蒸气，而冷空气含得较少。

所以，气温高，铜箔非常容易氧化，无论是南方还是北方，夏季铜箔都存在氧化问题，南方因气温高、湿度大铜箔更容易发生氧化。电解车间夏季的温度不能高于 25 ℃，湿度不能大于 50%。

（2）箔面没有清洗干净。铜箔随阴极辊从电解槽的电解液里转出来之后，应立即用电解液和水喷洗。应先用电解液清洗，主要原因在于铜箔电解槽为无隔膜混合槽，阳极产生的大量氧气，溢出后集聚在液面附近，会大量吸附在刚露出液面的铜箔表面上，这些刚产生的氧具有极强的活性，与新鲜的铜箔表面相遇，马上会发生氧化反应。因此，必须尽快对箔面进行冲洗，除去铜箔表面的活性氧，同时洗掉铜箔表面已经生成的氧化物，含酸硫酸铜电解液是最佳选择。电解液喷洗的位置与电解槽里液面距离越近越好，若距离大，从铜箔表面挤下来的电解液顺着铜箔向下流时，容易造成铜箔表面有液和没有液处受腐蚀强度不同，粗糙度不同，造成铜箔表面有酸洗印迹。

（3）箔面没有烘干。铜箔从电解槽里出来，酸洗之后应在最短的时间内用纯水除去铜箔表面的硫酸和硫酸铜，铜箔表面纯水清洗时水要有一定的压力，能保证把凹凸不平的铜箔表面的残液冲洗干净。水量充足是为了把从铜箔表面毛面微孔里冲洗出来的残液和表面吸附的活性氧气从铜箔表面冲走，防止留在铜箔上造成腐蚀和污迹。用纯水清洗后，一般阴极辊表面的温度，很快就会将铜箔表面的水分烘干。但若挤水辊质量差、挤水辊与阴极辊间隙没有调好、铜箔表面粗糙度大、阴极辊温度低等，则铜箔表面的水分不会被完全烘干。

（4）铜箔生产车间的湿度大。铜箔车间全年温度应恒定在 $23 \sim 25$ ℃，如果湿度过大，烘干的铜箔表面，会马上形成一层水气膜，只要有氧和二氧化碳存在就可以进行反应。

（5）电解槽抽风效果不好。电解槽抽风不畅，使电解槽的含氧酸气无法完全排出。溢出电解槽的含氧酸气上浮，吸附在水洗烘干后的铜箔毛面，收卷后造成铜箔光面氧化。如果溢出的酸气与车间内潮湿的空气相遇，凝结成酸雾滴落在铜箔上就形成酸雾腐蚀点。

（6）阴极辊面氧化。阴极辊在电解槽里使用时间长了，表面氧化膜厚度会增加，则铜箔易氧化，甚至铜箔从阴极辊上剥离下来时就已经氧化。

（7）电解液里氯离子含量过高，例如超过 30 mg/L，容易导致阴极辊氧化。

3. 解决措施

（1）环境温度要控制在 $20 \sim 30$ ℃，相对湿度应在 25% 至 60% 之间。

（2）酸洗流量要足够大。

（3）箔面可采用热风进行烘干。

（4）控制车间湿度，一般应控制在 30% 至 55% 之间。湿度太低，会产生静电吸附，导致针孔等缺陷增加。

（5）定期检测槽边抽风情况，确保有足够的抽风速率。

（6）严格控制电解液中氯离子含量。

（7）特殊时期，如梅雨季节，可适当控制卷重，建议生箔存放 24 h 就进行换卷。强化生产组织，按照先下先处理的原则，避免生箔长时间存放，防止铜箔表面氧化。

（8）用收卷保护罩通入干燥的热风，使铜箔始终处于高温干燥环境中。

10.1.5　白斑

1. 定义

白斑是指铜箔表面（单面或双面）出现不规则亮斑，高温时有的中间有黑色条纹，有的没有。主要出现在锂电用铜箔上。

2. 原因分析

（1）电解液污染。电解液中有少量油等有机污染物黏附在阴极辊或铜箔表面。

（2）过滤系统漏滤。过滤袋开线，芯式过滤密封老化、变形。

（3）硅藻土过滤器饱和失效。

（4）氧气泡黏附在阴极辊表面。这种情况主要发生在铜箔光面。阳极产生的氧气，黏附在阴极表面。在 140 ℃条件下加热 10 min，用放大镜可观察到亮斑。如果亮斑中有黑线或黑点，边界清晰，电解液污染造成的可能性较大；如果亮斑没有变化，是气泡滞留所致。

（5）洗箔水污染，水中有藻类或霉菌。

3. 解决措施

（1）通过对电解槽中的溶液进行抽滤，确定是否为电解液污染。

（2）依次检查过滤精度为 0.5 μm、1.0 μm 的精密过滤器密封情况，更换滤芯。

（3）更换硅藻土过滤器。

（4）检查纯水系统。从纯水制备系统的纯水箱开始，到生箔机水洗管，重点检查并清洗二次纯水箱、循环水箱，清除藻类和霉菌。

（5）在生箔机纯水管上配置过滤精度为 1 μm 的过滤器，防止霉菌污染。

10.1.6　铜瘤

1. 定义

在生箔电沉积过程中表面出现宏观明显不平或较大突起物，直径小于 150 μm 的凸起，称大颗粒；直径超过 150 μm、高度超过 2 倍铜箔厚度的大颗粒，称为铜瘤。大颗粒和铜瘤多发生在厚度≥70 μm 以上的厚铜箔中。

铜瘤会导致电路板蚀刻残铜，造成短路。因此，避免铜瘤的产生是非常重要的。

用于细微线路厚度为 18 μm 及以下的铜箔，大颗粒直径应控制在 60 μm 以下。

2. 原因分析

（1）添加剂变质。胶原蛋白、明胶等溶解后放置时间过长容易变质，成为胶团，吸附或夹杂在铜中间，形成大颗粒或铜瘤。工艺管道死角、设备夹层等溶液不流动处残存的溶液，长时间不流动更新，其中的添加剂变质也会造成铜瘤。

（2）行车轨道磨损、碳刷粉末。这类粉末粒径一般大于 10 μm，飘浮在车间空气中。

由于阴极辊带负电荷，这类导电颗粒吸附在阴极辊表面，成为电沉积结晶晶核，快速长大，成为大颗粒或铜瘤。

（3）抛磨废水进入电解槽。在线抛磨过程中磨损的尼龙碎屑、磨料随废水进入电解槽，被夹杂沉积在铜箔中，形成铜瘤。

（4）电解液漏滤。电解液被污染，有机杂质含量较多，活性炭过滤器或精密过滤器漏滤，会使这些杂质、活性炭、硅藻土机械附着在阴极上，在铜离子沉积过程中被夹杂在晶界间，使铜的结晶规律被改变，形成铜瘤。

（5）电解液铜粉。溶铜工艺失调，酸性偏低，导致溶铜罐中铜粉漂浮在电解液上。如果过滤效果不好，铜粉随电解液进入电解槽，铜粉极易吸附于阴极表面上，成为形核中心。由于尖端效应，其快速长大，被铜晶粒包起来，形成铜瘤。

3. 解决措施

(1)更换添加剂。胶原蛋白、明胶、HEC 等有机添加剂应保存在温度适宜的地方,因高温容易失效变质。

(2)定期清理行车轨道。

(3)在线抛磨废水不能进入电解槽。

(4)用溶液颗粒度测试仪或抽滤法检查是否漏滤,并更换滤芯。

(5)控制溶铜罐酸浓度和送风量,杜绝电解液中铜粉。

10.1.7　表面光泽度不合格

1. 定义

表面光泽度和表面粗糙度是同一个概念,表面粗糙度是表面光洁度的科学表达方式。表面光洁度是从人的视觉角度提出来的,只能用样板规对照,而表面粗糙度是按表面实际微观几何形状提出来的。粗糙度有测量的计算公式。所以,粗糙度比光泽度更科学严谨。早在1983 年国家推出《表面粗糙度+术语+表面及其参数》(GB 3505—1983)时,提出全面采用表面粗糙度而废止了表面光泽度。由于习惯,有的企业仍旧用表面光泽度来评价铜箔表面的粗糙度。

表面光泽度表示物体表面对于光的漫反射的强弱,以肉眼看去,表面漫反射强烈,更接近镜面效果,则光泽度高,反之,表面漫反射弱,则光泽度低,因此光泽度又称为镜面光泽度。表面光泽度的影响因素和表面的物理性能及表面使用材料的化学性能有关。镜面光泽度是一个物理量,它指的是在相同条件下,经测量表面反射后进入镜面反射方向上的规定孔径的光通量与标准镜面反射表面反射的光通量之比(图 10-1)。

对于规定的光源和接受角,从物体镜面反射的光通量与从折光指数为 1.567 的玻璃镜面

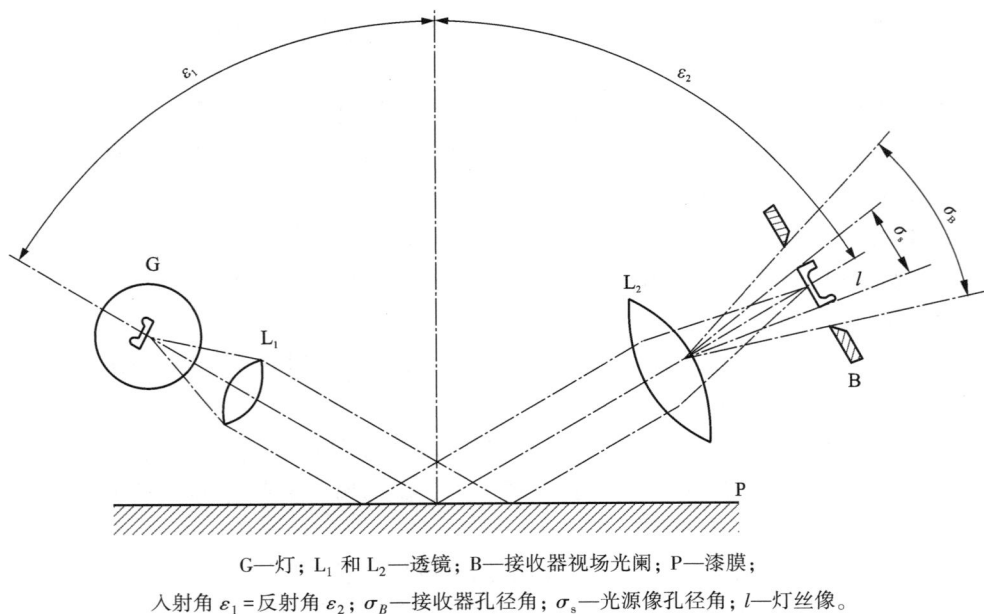

G—灯;L_1 和 L_2 为透镜;B—接收器视场光阑;P—漆膜;

入射角 ε_1 =反射角 ε_2;σ_B—接收器孔径角;σ_s—光源像孔径角;l—灯丝像。

图 10-1　光泽度测量原理

方向反射的光通量之比称为镜面光泽度。为了确定镜面光泽度的标度，折光指数为 1.567 的抛光黑玻璃被赋予 20°、60°、和 85°几何条件下的镜面光泽度值为 100。

用波长为 587.6 nm 的单色光测量时折射率为 1.567 的玻璃赋予镜面光泽度为 100。如果没有这种折射率的玻璃，则需要进行校正。各种不同折射率的石英玻璃和黑玻璃以三种不同入射角给出的镜面光泽度见表 10-1。

表 10-1　不同折射率玻璃的光泽度

折射率	光泽度		
	入射角/(°)		
	20	60	85
1.400	57.0	71.9	96.6
1.410	59.4	73.7	96.9
1.420	61.8	75.5	97.2
1.430	64.3	77.2	97.5
1.440	66.7	79.0	97.6
1.450	69.2	80.7	98.0
1.460	71.8	82.4	98.2
1.470	74.3	84.1	98.4
1.480	76.9	85.5	98.6
1.490	79.5	87.5	98.8
1.500	82.0	89.1	99.0
1.510	84.7	90.8	99.2
1.520	87.3	92.4	99.3
1.530	90.0	94.1	99.5
1.540	92.7	95.7	99.6
1.550	95.4	97.3	98.8
1.560	98.1	98.9	99.5
1.567*	100.0*	100.0*	100.0*
1.570	100.8	100.5	100.0
1.580	103.6	102.1	100.2
1.590	108.3	103.6	100.3
1.600	109.1	105.2	100.4
1.610	111.9	106.7	100.5
1.620	114.3	108.4	100.6

续表10-1

折射率	光泽度		
	入射角/(°)		
	20	60	85
1.630	117.5	109.8	100.7
1.640	120.4	111.3	100.8
1.650	123.2	112.8	100.9
1.660	126.1	114.3	100.9
1.670	129.0	115.8	101.0
1.680	131.8	117.3	101.1
1.690	134.7	118.8	101.2
1.70	137.6	120.3	101.2

＊：原始参数。

光泽度的单位 GU（gloss unit，光泽单位）。根据 JIS 的规定，光泽度的单位为%或者数字即可。

2. 原因分析

因为光泽度是一个比较量，人为地把折光率为 1.567 的黑玻璃的光泽度定义为 100，不管什么角度，都定义成 100。这样就导致了同一块材料，用不同角度的光泽度仪器测量，数据会差很远，不同角度的光泽度没有可比性。有的企业内部规定的锂电用铜箔的光泽度范围较小，容易超标。

3. 解决措施

建议采用更科学的粗糙度指标来评价铜箔的表面状态，取消用光泽度评价铜箔表面的方法。

10.1.8 黑点

1. 定义

本节的黑点是指铜箔光面黑色小点。它们形态各异，产生的原因不尽相同，但都会对铜箔的使用造成影响，需要严格控制。

2. 原因分析

铜箔形成黑点的可能原因如下。

（1）现场酸雾。

生箔生产时电解槽的电流往往都在 40 kA 以上，电子电路用铜箔电解的电流甚至超过 55 kA，在阴极生产铜箔的同时，阳极会产生大量的氧气，它们在溢出液面时会夹带部分硫酸，形成酸雾，在生产现场盘旋。现场抽风效果不好，酸雾凝聚、夹杂在铜箔表面，会造成铜箔表面产生酸雾点。

酸雾点是一个小圆形的腐蚀点，没有方向性。在不同的光线下看颜色不一样，迎着阳光看是白点，背着阳光看是发黑的暗点，不带小尾巴。

（2）霉菌斑点。

铜箔洗涤水、添加剂系统等受到霉菌、绿藻污染，会在铜箔表面形成斑点。霉菌、绿藻污染所形成的黑点都带有小尾巴，是污染物过导辊挤压所致。

（3）油污点。

随着人们对电解铜箔原料洁净度认识的提高，人们对电解铜在加入溶铜罐前进行酸洗、碱洗，为提高溶铜速率，使用上引铜杆/铜线代替电解铜等，通过采取这些措施，电解液中油污造成的黑点比例大幅度下降。电解液油污产生的黑点也带有小尾巴。

（4）蚊虫印。

蚊虫落在铜箔上，卷入铜箔中，会造成铜箔表面无法消除的污点。蚊虫印判断很容易，但实际处理起来却很复杂。蚊虫等异物管理不是一个单纯的技术问题，而是一个复杂的企业管理问题。

3. 解决措施

（1）定期检查现场抽风系统抽风风速，发现抽风效果不好及时调整改进。

（2）每周对二次供水系统进行一次检查，发现水箱管道有藻菌，要尽快清洗。

（3）加大活性炭用量，加强过滤，除去油污等有机污染物。

（4）厂房能密封的全部密封，在走廊安装灭蚊灯。对员工通道进行重新规划、对厂区景观、室外绿化、道路灯光等统筹考虑。

10.1.9　翘曲

1. 定义

将铜箔制成 100 mm×100 mm 大小的正方形或 $\phi100\ cm^2$ 的样品，毛面向上平放于玻璃测试台上，用直尺测量每片样品的最大卷曲高度，翘曲的严重程度以翘起的最大高度来表征。

翘曲是电解铜箔生产过程中常见的缺陷，厚度大于 18 μm 的铜箔一般较少出现。翘曲变形，不利于定位、裁切和涂覆。电子电路用铜箔，翘曲过高，在自动裁切后，铜箔料头会顶在切刀上，同步带无法带动铜箔前进，造成铜箔堆积褶皱，影响产线正常运作导致铜箔报废。翘曲还会影响铜箔与基板之间的平整均匀粘贴，容易使铜箔产生皱褶、气泡等，严重影响覆铜板和印制电路板的品质。电子电路用铜箔要求翘曲高度小于 10 mm。

锂电铜箔翘曲主要影响的是涂布工序。随着铜箔厚度的减小，铜箔的翘曲问题逐渐加重。生产过程中为满足锂电池对铜箔"双面光"的要求，调整工艺在降低铜箔的毛面粗糙度的同时也会造成铜箔翘曲度的增加，一般会影响下游客户的剪切和涂布，严重的会影响锂电池铜箔生产，造成极耳打折、下翻、虚焊等现象。锂电用铜箔翘曲高度一般小于 8.0 mm。

2. 原因分析

（1）铜箔产生翘曲的主要原因是铜箔中的内应力。内应力受生产工艺、铜箔厚的和织构的影响明显。内应力的存在，会引起铜箔翘曲或断裂，影响铜箔与基体绝缘层的结合力。研究表明，一般铜箔较薄时，内应力较大，随着厚度增加，内应力先是下降，后接近一个定值。电沉积镀层的内应力也与基体材料物理性质有关，影响程度与镀层厚度有关：当镀层较薄时，基体材料对镀层内应力有较大影响，这种影响在镀层 2~3 Å 时就能出现；当镀层达到 1000 Å 时，这种影响开始下降。当大于 2000 Å 时，镀层的内应力将受工艺的影响，一般应力随电流密度的增加而增加。

残余应力越大，铜箔翘曲程度越大。铜箔光面和毛面均处于压应力状态，因光面晶粒较毛面小得多，光面晶界较多，残余应力主要存在于晶界处，光面压应力总是大于毛面压应力，残余应力表现为向毛面的压应力，因此铜箔朝毛面翘曲。

（2）铜箔（220）织构越多，翘曲越明显。铜箔织构受阴极辊基材、工艺参数和添加剂的影响明显。电解铜箔织构存在（111）、（220）（200）、（311）等。有研究证明，铜箔（220）越多，翘曲越明显。孪晶界有利于残余应力的释放，能降低铜箔翘曲程度。晶粒越细，晶界越多，残余应力越大且不易释放，铜箔翘曲越明显。内部孔洞有利于残余应力的释放，空隙越多且分布越均匀，翘曲程度越小。

（3）晶粒尺寸：晶粒越小，翘曲越明显。

（4）孪晶界越多，翘曲程度越低，原因是孪晶界有利于铜箔残余应力的释放。

（5）从工艺上来说，翘曲是生箔机下进液的必然结果。在阴极辊入口液面，铜离子及添加剂浓度是已经电解过的旧液，浓度较低，且累积了大量气泡，使得液面的电阻较大。加之是在阴极辊钛表面结晶形核，使得液面的电流密度低于液面下。这个现象使得阴极辊进入液面时，不利于晶核的生成。在较严重的情况下，它是造成铜箔翘曲及针孔的一大因素。

3. 解决措施

（1）锂电铜箔在电解完成后，可在 40~100 ℃ 条件下进行烘烤，加快铜箔内应力释放，解决翘曲问题。

（2）在适当条件下存储 3 周，翘曲程度会大幅度下降。

（3）采用添加剂，将翘曲度控制在合理的水平。

10.1.10 压坑

1. 定义

铜箔在生产过程中，受到外界硬物挤压、碰撞后残留在铜箔上的凸、凹痕迹（没有压透，压穿就是孔洞）叫压坑。

2. 原因分析

（1）揭边时铜粒子进入剥离辊等动辊与铜箔之间产生压痕，如果进入惰辊（应该转动而没有转动的导辊）与铜箔之间，则产生划痕。

（2）揭边时铜粒子进入附着铜箔表面，卷入铜箔箔卷之中，造成铜箔压痕。

（3）外来杂物产生压痕与划痕，主要是空气中大的灰尘、生箔机上方的行车震动掉下来的沙尘。

（4）因电解液脏等因素铜箔表面的毛面会长铜刺，长铜瘤，铜箔上的这些凸出点，在铜箔收卷后，夹在铜箔卷里把相邻的铜箔硌出凹坑，即铜箔自身粗糙的原因而硌出压眼、压坑。所以生箔要避免长铜瘤、铜刺、避免粗糙。

（5）与电解槽结构有关，生产厚铜箔时转速慢，在工艺控制不合理时，造成电解液中铜离子浓度过高，在阴极辊端面的外环上结晶大量硫酸铜，当铜箔从阴极辊上剥离时，把硫酸铜刮碰下来。有的掉在铜箔表面，造成压坑、压眼。

3. 解决措施

（1）发现压坑，及时查找原因，进行处理。

（2）保持现场洁净。

（3）定期清扫行车。

（4）及时清除 O 形圈上的硫酸铜结晶。

10.1.11　划伤

1. 定义

铜箔表面被硬物擦碰伤，留下的片状或条状凹痕，称为划伤。

IPC 标准规定，铜箔表面划痕深度不应超过铜箔标称厚度的 20%。划痕深度为金属箔标称厚度的 5%~20%时，每个 300 mm×300 mm 大小的区域，划痕数不应超过 3 条。深度小于金属箔标称厚度的 5%的划痕可以忽略不计。

划伤若在铜箔光面，铜箔经过表面处理后，会在划伤的位置留下一道亮线，不仅影响铜箔外观质量，还会造成线路断裂。

2. 原因分析

（1）电解槽上的刮液板和刮水板的材质选择不正确，如材料里夹杂着固体颗粒或其他杂质，在刮液板或刮水板与铜箔紧密接触摩擦时会划伤铜箔。

（2）硫酸铜结晶划伤。挤液（水）辊或挂水板上面黏附有硫酸铜结晶颗粒，极易造成铜箔毛面形成条状划伤。

（3）屏蔽板剐蹭。为了调整铜箔基重，一些阳极状态不好的生箔机都配备了塑料屏蔽板，在电解液的冲刷下，屏蔽板容易翘起，与铜箔接触，而刮、划阴极辊上的铜箔，使铜箔毛面出现条状或片状划伤。

（4）电解槽上面的盖板或其他一些附属设施，没有放好，或时间长变形接触到了铜箔表面。轻则划出一道亮印，重则划伤和划破铜箔。

3. 解决措施

（1）最好采用挤液辊和挤水辊，不推荐使用滑动摩擦的刮水板结构。

（2）勤检查，每次换卷后，对挤液辊/刮水板进行清洗，防止硫酸铜结晶。

（3）发现屏蔽板翘起，及时处理。

（4）发现问题，设备剐蹭，及时处理。

10.1.12　毛刺

1. 定义

铜箔表面因粗糙度偏大，用手套擦拭时有明显的拉手套的感觉。位于毛面的刺状突起物称为毛面毛刺，铜箔光面微小的刺状突起物，叫光面毛刺。

毛刺是生箔机上产生的。在收卷辊上可以看到铜箔有凸点产生，有的毛刺甚至会穿过铜箔产生破洞现象，对于小毛刺，戴上多层手套可以用手感觉生箔机的收卷，会发现箔卷不滑溜，有毛刺。

生箔的毛刺，经过表面处理，会成为直径大于 80 μm、葵花状的大颗粒，层压时镶入 PP 中，蚀刻时，在正常速度下不一定能被彻底腐蚀干净，存在蚀刻残铜的风险，严重时会造成印制电路板报废。

2. 原因分析

铜箔毛面毛刺产生原因：

（1）电解液的氯离子含量偏低。生产中如果氯离子质量浓度小于 15 mg/L 时，会有大量的毛刺产生。氯离子是有效的晶粒细化剂，合理控制氯离子添加量，是防止铜箔毛刺的主要手段。

（2）添加剂变质。明胶、胶原蛋白等添加剂都为有机物，在夏天或高温环境中，容易氧化变质。对于配置罐、添加剂罐应按要求 3 天清理一次。夏天气温高时，应注意添加剂不要放置过久，以免变质，添加剂变质应及时更换，同时对添加剂罐进行清理。

（3）电解电流密度过大。阴极析出速度快，电解液流量小，铜离子满足不了阴极析出的需求，导致阴极析氢，造成铜结晶组织中含氢量较多，晶粒粗大，空隙多，铜箔毛面粗糙度过大。

（4）活性炭过滤器失效。检查过滤器的压力，如果压力大，活性炭沉积过多，则需要重新涂覆过滤器。

铜箔光面毛刺产生原因：

（1）阴极辊的表面或焊缝处，有微小的气孔和夹杂物显露出来，产生刺状结晶物，铜在此物上沉积生长，与铜箔长在一起。铜箔从阴极辊上剥离时，毛刺随铜箔剥离下来，成为光面毛刺。

（2）阴极辊在研磨时，操作人员由于没有经验或操作不当，砂纸上的砂粒末端在阴极辊表面划痕较深，抛光后留有点状凹痕，凹痕里长铜，铜箔沿着凹痕里长的铜粒生长，当把铜箔剥离下来时，铜粒随着铜箔被剥离下来，形成了光面的铜刺。

（3）阳极板与阴极辊局部短路造成电击，击伤辊面，辊面电击处在阴极辊表面形成麻点，麻点里长铜，形成铜箔光面铜刺。

（4）铜箔毛面被尖锐硬物压刺，在光面形成微小的尖锐凸起物，手感似铜刺，因毛面非常粗糙，肉眼看不到刺伤的痕迹。

3. 改进措施

铜箔毛面毛刺改进措施：

（1）控制适当的氯离子浓度。氯离子具有消除毛刺的作用，但过高的氯离子含量，会使阴极辊表面快速氧化。

（2）勤清洗添加剂配液系统。在夏季，南方温度较高，对于明胶等有机添加剂，应尽可能保存在恒温环境中。

（3）铜浓度与电流密度相匹配。在铜浓度偏低时可降低电流运行。

（4）更换活性炭过滤器。

铜箔光面毛刺改进措施：

对存在缺陷的阴极辊进行抛磨或车削。

10.1.13 箔脆

1. 定义

箔脆是指铜箔没有韧性，极易断裂，延伸率低，抗拉强度低。

铜箔过脆在 CCL 制程中剪切时容易掉铜屑。铜屑混入到绝缘基材中将导致 PCB "内短"

及耐 CAF 性能的失效。

2. 原因分析

（1）电解液中添加剂含量偏高。电解液中胶含量偏高，没有参与反应的明胶被快速沉积的铜包裹到铜箔中，铜箔晶界间夹杂着大量的明胶。这时铜箔发脆，抗拉强度很低，铜箔用手对折 180°，再在对折处压一下，当把对折的铜箔打开时，就会断为两截。

（2）活性炭过滤器失效。活性炭过滤器使用时间较长，吸附能力降低，电解液中的残胶无法被系统除去，在阴极辊表面反复吸附、脱附，逐渐形成复杂结构的大分子或薄膜，成为有害杂质，影响铜的细致结晶，造成铜箔粗糙发脆，单位面积质量低。

（3）电解液流量偏低。在阴、阳极间循环量少，铜离子供应不足，极间缺乏铜离子，同时电解液温度较低，造成阴极析氢量大，使铜箔结晶组织中孔穴多，疏松，发脆。

（4）电解液铜浓度偏低。铜离子供应不足，导致阴极大量析氢，铜在阴极电沉积效率大幅度下降，铜箔密度降低，抗拉强度下降。

3. 改进措施

（1）增加活性炭量，加强循环，将明胶、胶原蛋白含量尽快降低到合理范围。

（2）更换活性炭过滤器。

（3）提高流量。

（4）提高铜浓度或降低电流。

10.1.14　肋条

1. 定义

由于铜箔厚度公差偏厚累积而在铜箔箔卷表面形成的肋条状明显凸起。

2. 原因分析

（1）铜箔横向厚度极差较大。一般要求薄铜箔（厚度 18 μm 以下）横向厚度极差要控制在 2.5% 以内，厚箔控制在 5% 以内。

（2）铜箔横向粗糙度偏差较大。现在流行大卷生产。锂电用铜箔，如厚度为 6 μm 的铜箔，起步都在 10000 m 以上，20000~30000 m 的长度占比很高。电子电路用铜箔，正常卷重在 1000 kg 以上。一卷正常的 18 μm 厚的生箔，长度超过 2800 m，由 1500 多圈卷绕而成。18 μm 铜箔的横向粗糙度 Rz 存在差异，如相邻两点差 0.2 μm，在一层上可以忽略。但累计 1500 圈后，高点与低点的累计差异就很明显，粗糙度大的地方，铜箔直径较大，粗糙度小的地方，铜箔卷得较松。从侧面能发现肋条状阴影。

3. 改进措施

（1）只有提高铜箔厚度均匀性和表面粗糙度的一致性，才能从根本上消除肋条现象。

（2）更换阳极。

（3）减少收卷张力有助于减轻肋条现象。

10.1.15　窜卷

1. 定义

电解铜箔在收卷轴上横向左右来回窜，使铜箔不能对中，铜箔卷儿边部不整齐，形成塔形。

危害：铜箔出现窜卷影响下道工序生产，表面处理机列开卷自动对中系统不停地左右移动(无自动对中系统需要人工调节)，使铜箔始终处在表面处理机列中心的位置，防止铜箔跑偏，但会使薄箔产生皱褶。窜卷容易造成铜箔一边紧一边松，紧的一边能保持与处理槽阳极正常的极距，松的一边造成铜箔贴在阳极上，导致电击、划伤、黑道、粗化不均等一系列质量问题，同时在收卷导辊上极易造成折印、拧劲，而产生废品。

2. 原因分析

(1)收卷张力不稳。铜箔时紧时松，铜箔层与层之间没有足够的摩擦力。当铜箔收卷受力不均时，哪边拉力大，铜箔就往哪边跑，哪边铜箔卷得实，说明哪边受力，铜箔就会向哪边窜。窜到一定程度后，就往回窜，窜几个来回才能稳定。在窜的过程中，一般造成铜箔拧劲，大量横向折印。

收卷张力不稳除张力传感器故障外，下列原因也可能导致张力不稳：一是阳极槽体变形，阴极辊 O 形圈与阳极槽唇形密封四氟板压得过紧，导致阴极辊爬行；二是阴极辊导电装置弹簧力过大，阴极辊轴上的导电铜环与靴极碳压得过紧，接触阻力过大，导致阴极辊爬行；三是阴极辊轴承坏了，运转不灵活形成阻力，导致阴极辊爬行；四是生产厚铜箔时，张力过大，收卷电机拉动着阴极辊转动，阴极辊的传动电机变成了被动电机，导致收卷张力不稳。

(2)铜箔极差较大。厚的地方，收卷直径大，卷得也实，中间卷松，直径偏小。收卷时始终是直径最大的地方受力最大，牵引着铜箔剥离和收卷，铜箔始终向受力最大那一边窜。

(3)收卷张力设定值偏小。铜箔层与层之间没有足够的摩擦力，铜箔层与层之间能相互窜动，卷径变大，受力不均，容易造成铜箔窜卷。

(4)收卷轴与阴极辊中心线不平行。收卷轴和剥离导辊不平行，使铜箔收卷时受力不均，易产生窜卷。

3. 改进措施

(1)检查张力控制系统。

(2)调整铜箔厚度极差。

(3)校准收卷张力传感器，使张力稳定在工艺要求的范围。

(4)矫正收卷辊、导向辊、剥离辊与阴极辊中心线，使其平行。

10.2 表面处理常见缺陷原因分析

10.2.1 表面的粗糙度偏高

1. 定义

铜箔表面粗糙度 Rz 是表征铜箔表面粗糙度的物理量，铜箔 Rz 与 PCB 的细线制作精度、耐 CAF 性、基板抗剥离强度等都有密切的关系。HTE 铜箔基本要求见表 10-2。

在 CCL 及 PCB 制造中使用高 Rz 值的铜箔有助于提高基板的抗剥离强度。但过高的表面粗糙度在铜箔加工蚀刻线路时容易造成基板铜残留。严重的铜残留可能会导致线路与线路之间短路，导致电路板报废。

有些基板残铜肉眼是发现不了的，只有通过放大镜才能看见。放大镜下观察到蚀刻后的基板上存在有亮晶晶的铜粒。一般可以通过对 CCL 进行整板全蚀刻，将铜箔全部蚀刻掉来验证是否存在残铜。

表 10-2　HTE 铜箔基本要求

性能		铜箔规格						条件	单位	测试方法
		1/3 oz (12 μm)	1/2 oz (18 μm)	1.0 oz (35 μm)	1.5 oz (50 μm)	2.0 oz (70 μm)	3.0 oz (105 μm)			
最大电阻率		0.17	0.165	0.162	0.162	0.162	0.162	A	Ω-g/m^2	IPC-TM-650 2.5.14
抗拉强度		≥21	≥21	≥28	≥28	≥28	≥28	A	kgf/mm^2	IPC-TM-650 2.4.18
		≥11	≥11	≥15	≥15	≥15	≥15	180 ℃	kgf/mm^2	
延展率		≥3	≥3	≥5	≥5	≥10	≥10	A	%	
		≥2	≥2	≥3	≥3	≥3	≥3	180 ℃	%	
粗糙度	光面（Ra）	≤0.43	≤0.43	≤0.43	≤0.43	≤0.43	≤0.43	A	μm	IPC-TM-650 2.2.17
	粗化面（Rz）	≤6	≤8	≤10	≤13	≤15	≤20	A	μm	
	粗化面（R_{max}）	≤8	≤10	≤13	≤15	≤18	≤25	A	μm	
抗剥离强度（交收态）		≥0.9	≥1.2	≥1.6	≥2.0	≥2.2	≥2.5	A 线宽 =3.18 mm	kg/cm	IPC-TM-650 2.4.8
针孔		≤2	≤1	≤1	≤1	≤1	≤1	A	个/任意 300 mm× 300 mm	IPC-TM-650 2.1.2

注：1 kgf=9.8 N。

2. 原因分析

（1）铜箔 Rz 过大或毛面粗糙度不均匀，个别毛峰异常压板时镶嵌于基材内蚀刻后容易形成残铜，甚至内短。

（2）铜箔毛面处理层容易脱落。由于大部分电子电路用铜箔都是通过"加成法"来进行抗剥离增强处理，通过在生箔毛面（RTF 工艺为光面）进行粗化、固化、阻挡层、耐热层处理，上述表面处理层与生箔表面结合力不佳，铜箔与 PP 层压过程中受到高温、高压的影响树脂出现流动，处理层会受到一个与铜箔面成 90°的推拉力。在这种横向推拉力的作用下，铜箔表面处理层与生箔结合力会减弱。由于铜箔表面处理层与树脂进行黏结，在进行剥离时，就可能出现表面处理层仍旧与树脂黏结在一起，留在基板形成残铜，而处理层与生箔分层的情况。

3. 改进措施

（1）将铜箔抗剥离强度控制在合理范围。为保证铜箔与基板的抗剥离强度满足将来进行元件插拔、焊接时铜箔不会从基板上脱落的要求，抗剥离强度不是越高越好。对于内层用铜箔，抗剥离强度大于 0.45 N/mm 即可，外层铜箔抗剥离强度只要≥0.88 N/mm 即可。铜箔在

PCB 中是功能材料，不是结构材料，它的功能是传输电信号（也就是导电）。有的人要求 70 μm 厚的铜箔抗剥强度必须大于 2.5 N/mm，有的层压板在这个力下，基板中的 PP 都分层了，因此没有多少实际意义。

另外，如前面介绍的那样，铜箔与树脂之间的结合力，主要是通过提高铜箔表面的粗糙度，增加比表面积，达到增加与树脂之间的结合面积的目的。比表面积或接触面积越大，则它们之间的结合力就越大。过分强调高的抗剥离强度，铜箔企业势必会增加粗糙度，为蚀刻残铜埋下隐患。因此。杜绝残铜的最好措施是铜箔企业与下游用户充分沟通，在满足使用要求的前提下，将抗剥离强度维持在合理范围。铜箔企业要通过提高工艺控制能力和过程能力，把抗剥离强度的波动控制在较小区间。

（2）PCB 企业选择合适的蚀刻工艺。由于每个铜箔企业的表面处理层成分不完全一样，在同样的蚀刻线中蚀刻时间存在差异。为了生产效率，蚀刻线的速度都很快，对铜箔产品的包容性很差，尤其是碱性蚀刻线。对于新的铜箔供应商或铜箔新产品，要通过生产线测试，选择适合的蚀刻速度/时间是降低蚀刻残铜风险的途径之一。

10.2.2 批次延伸率波动大

1. 定义

虽然每卷铜箔延伸率合格，但同一批次的延伸率差异较大。

2. 危害

CCL 制程越来越智能化，大部分企业在生产双面 CCL 的叠板（又叫三明治）过程中采用两卷铜箔一起开卷按照规定的尺寸同步裁切技术。如果这两卷铜箔的延伸率不一致，层压成型可能就会出现 CCL 翘曲的问题。

3. 原因分析

一卷电子电路用铜箔的理论生产周期（从接到生产计划到产品入库）至少需要 36 小时，客户为提高资金占用率，往往采用零库存管理，大幅度压缩产品交期。目前 CCL、PCB 企业从下订单到铜箔交付通常在 7 天内。铜箔生产管理者，为了提高生产效率，对于大一些的订单，都是用至少 2 组以上的机台同时生产。同一组机台，工艺参数可以做到一致，但不同组的机台，或多或少存在差异，导致同一批次的产品，延伸率不一致。

4. 解决措施

（1）对于尺寸稳定性要求较高的产品，尽可能安排同一组机台生产。

（2）避免通过挑货人为使批次延伸率一致。因为板翘的原因表观上与延伸率有关，本质是覆铜板两面所用的两卷铜箔的晶体结构存在差异。

10.2.3 剥离强度偏低

1. 定义

铜箔与半固化片或基材（PPO、C-H、PTFE 等材料或黏结片）压合后，铜箔与基板的结合力（抗剥离强度）低于控制计划或客户要求。

根据产品的不同，抗剥离强度有常温抗剥离强度、热处理后抗剥离强度，根据基材的玻璃化温度，又可分为 T_g140、T_g150、T_g170、T_g210 等多种形式。

2. 危害

抗剥离强度是铜箔极其重要的性能，过去一般 FR-4 覆铜板的铜箔剥离强度都很稳定。但随着 PCB 的无铅化、高 T_g 化、高频高速化以及低轮廓铜箔的发展，铜箔抗剥离强度不合格情况越来越多。

不同形式的抗剥离强度低意义不一样。比如常温抗剥离强度合格，但热处理后抗剥离强度偏低，说明铜箔抗热衰减能力差。

3. 解决措施

(1) 覆铜板企业为应对不同客户需要，开发了许多新型树脂，铜箔产品需要满足各种树脂胶系、不同 CCL 性能型号的抗剥离强度性能的要求。因此铜箔企业也需要同步开发适应不同基材的铜箔生产工艺。

(2) 在关注铜箔与基材机械结合力的同时，要重视化学结合力对铜箔抗剥离强度的重要意义。

(3) 提高铜箔处理面的粗糙度。粗糙度增加，由于集肤效应，使得高速高频铜箔损耗增加，无源互调 PIM 值增加。同时可能加大掉铜粉的概率。

铜箔的剥离强度越高，PCB 制程要求蚀刻工艺越严格。一般抗剥越高，意味着铜箔表面粗糙度越高，PCB 线路中越容易出现"侧蚀"，而很难制成微细线路。

10.2.4　掉铜粉

1. 定义

粗化处理的目的是在铜箔形成一层高比表面积处理层，并要求这层处理层要有足够的强度。用柔软的棉织物或滤纸擦拭铜箔毛面，处理层应该不掉色。如果出现掉色现象，则说明掉铜粉。

2. 危害

铜箔上的铜粉在压制覆铜板时转移到覆铜板上，造成覆铜板电性能不合格，影响覆铜箔板的抗剥力和耐浸焊指标。

3. 原因分析

(1) 粗化电解液温度过低，电流密度高。铜箔毛面有一定粗糙度，粗化处理的目的是进一步增大铜箔毛面的粗糙度，使铜箔毛面具有较大的表面积，利于与基板的黏结。电解液温度偏低，或粗化电流过大，铜箔表面生长的疏松结晶组织会过于茂盛，后续的固化电流偏小，固化层、阻挡层、钝化层、有机层都无法将粗化形成的枝状结晶罩住，导致枝晶强度低，稍稍受力，就发生断裂，形成了粗化铜粉。

(2) 固化电流偏低。按照字面含义，固化就是指加固粗化组织。按照工艺设计，固化铜层结晶细腻，强度高。如果固化电流小，固化铜层偏薄，就可能导致掉铜粉。

(3) 表面处理线速度偏低。处理速度低，相当增加了粗化电沉积时间。

(4) 生箔氧化严重。生箔严重氧化经过酸洗后粗糙度增加，在此基础上再进行粗化，其比表面积会更大，同样的固化电流，有限的沉积固化铜层，无法完全覆盖增加的粗化层，也可能导致粗化处理后掉铜粉。

(5) 粗化添加剂过量。目前大部分铜箔表面处理不使用添加剂。但有少数企业在粗化过程中使用砷化物、稀土等添加剂。添加剂浓度过大，粗化结晶组织过大，导致掉铜粉。

4. 解决措施

(1)针对具体情况,提高粗化溶液温度。

(2)降低粗化电流。

(3)增加固化电流。

(4)调整表面处理速度。

(5)调整添加剂浓度。

10.2.5 纵向条纹

1. 定义

指箔卷表面形成的环向肋线状的条纹。

2. 原因分析

(1)生箔粗糙度不均。由于累积效应,铜箔表面粗糙度大的地方高(硬),粗糙度小的地方低(软),形成间隔的环状纵向条纹,严重时还会形成鱼鳞纹。

(2)在分切/复卷过程中大量空气夹入和累积厚度公差不佳是产生纵向条纹的主要原因,一旦出现程度较为严重的条纹就很难消除。一般来说,在高速下最容易发生纵向条纹和错层等质量问题。

(3)分切机精度的影响。由于铜箔本身很薄,一旦运行精度不够,在高速下最容易发生纵向条纹和错层等质量问题。

3. 解决措施

(1)及时磨辊,控制阴极辊面粗糙度过大极差。

(2)控制分切速度。

(3)将分切机精度调整至要求范围。

10.2.6 光面黑点

1. 定义

铜箔光面出现不同于金属铜的黑色小点或暗点。

光面黑点影响铜箔外观质量,也会影响覆铜板表面质量,下游可通过刷板工艺消除。

2. 原因分析

(1)表面处理机列阳极板上异物。对于光面朝上的处理线,阳极板上的溶解物和附着物,在电解液的搅动下从阳极板上脱落下来,随着电解液的流动落在铜箔上,或落在下导辊上,当铜箔与导辊接触时,在导辊上的这些污物有的黏在铜箔上,铜箔上的污物有的黏在导辊上。

(2)导辊表面橡胶呈现出凸凹不平造成。

处理槽液下导辊表面橡胶老化破损,导辊表面橡胶呈现出凸凹不平的麻点。当铜箔张力大时,铜箔与导辊表面的橡胶接触后,凸点与铜箔表面接触得过于紧密,之间没有电解液,而凹坑与铜箔之间因有缝隙,里面存有电解液,使凸凹点处与铜箔其他地方的腐蚀程度不同,造成铜箔表面色泽不同,铜箔接触导辊的凹点处成为黑点。铜箔接触导辊的凸点处迎着阳光看是亮点,是铜箔与凸点接触时产生机械变形摩擦所致,背着阳光看是暗点,可能是此点的铜箔没有液膜保护,被氧化的原因。铜箔运行张力小时,这些现象减少,或消失。

（3）环境的酸气腐蚀。

粗化槽电解产生的酸气不能排出车间，或排出得不彻底，滞留的酸气形成酸雾滴落在铜箔上，在光面形成腐蚀点。背着阳光看是暗点，迎着阳光看是白点，时间长了变成黑点。说明铜箔光面受腐蚀之后，铜箔在进行防氧化处理时，可能铜箔上的腐蚀点导电效果不好，防氧化膜不能较好地形成，或没有形成防氧化膜。

（4）灰尘等污染铜箔表面。

车间环境、操作人员身上的灰尘，纤维碎屑等掉落到铜箔表面，会粘贴在铜箔光面（一般表面处理机列光面朝上）。经过表面处理机列上几次不同浓度溶液的腐蚀，和各种导辊的挤压，以及反复多次的化学腐蚀和机械腐蚀，铜箔此点与其他地方的色泽会不一样，铜箔表面落上灰尘或纤维的地方，时间长了会形成一个黑点。

（5）胶辊碎屑。

电解液里的胶辊经过酸液或碱液长时间腐蚀后，因胶质量有的老化掉屑，黏在铜箔上会形成黑点。

（6）异物附着。

洗箔水或某个处理槽的电解液中，含有油、脂等异物，会黏附在铜箔表面，形成铜箔表面的黑点。一方面因为异物使铜箔该点不能接触电解液，可不被继续腐蚀，致该点与其他地方色泽不一样，成为暗点。另一方面因为异物黏附，该点铜箔长时间被酸腐蚀，形成严重的腐蚀点。

（7）生箔表面异物污染。

生箔在电解过程中，光面黏附了硫酸铜粉末、空气中的灰尘、操作人员口水等。这些异物在生箔表面经过表面处理机上的各个液槽里的各种溶液的腐蚀，最后都变成污点。

3. 解决措施

（1）定期对阳极进行清理，除去阳极表面附着物。

（2）定期对胶辊进行修磨，把已经老化的胶辊重新包胶。

（3）定期对表面处理机列的抽风强度进行测量，检查抽风口是否被结晶堵塞，尤其是粗化槽和固化槽。它们的工作电流大，铜的电流效率低，粗化槽阴极和阳极都产生气体，阳极产生大量的氧气，阴极产生大量氢气。这些气体从电解槽溢出时表面都带着硫酸分子，极易在铜箔表面形成黑点。

（4）加强现场洁净度管理和异物管理。

（5）定期检查洗箔水和电解液的洁净度，确保水和电解液无异物。

10.2.7　色差

1. 定义

所谓色差，就是指箔面颜色不一致。斑点、色带、色条等都会导致箔面色差。

2. 原因分析

色差产生原因相当复杂，主要原因如下。

（1）生箔从阴极辊表面剥离前（后）的酸洗、水洗不彻底。

（2）生箔机压水辊间隙不合适。

（3）现场酸雾严重，造成箔面出现大量的酸雾点。

（4）阴极辊面氧化。

（5）生箔烘干不彻底，生箔表面氧化。

（6）阳极损坏。

（7）洗涤水量偏小，没有将电解液冲洗干净，导致电解液在箔面结晶。

（8）洗涤水被污染，污物、油蚀、腐蚀物、盐类、油脂等都可能导致箔面出现色差。

（9）水银污染。对于采用水银导电的企业，大量的水银点，也是导致铜箔表面色差的一个主要原因。

3.处理措施

根据造成色差的不同原因，针对性地采取措施。例如，如果生箔毛面有规则的褐色色带，可能是生箔机压水辊有间隙，导致冲洗水进入电解液，应及时检修调整压水辊。

10.3 分切与检验

10.3.1 分切尺寸不符

1.定义

分切尺寸不符是指分切后的铜箔与内控标准或客户要求不符。覆铜箔基板与铜箔尺寸对应关系见表10-3。

表10-3 覆铜箔基板与铜箔尺寸对应关系

基板尺寸/	使用的钢板尺寸/	半成品尺寸		铜箔尺寸	
inch	inch	inch	mm	inch	mm
37×49	38×50	38×50	960×1270	38.75×51	984×1143
41×49	42×50	42×50	1067×1270	42.75×51	1086×1295
43×49	44×50	44×50	1118×1270	44.75×51	857×1295
49×37	38×50	50×38	1275×965	38.75×51	984×1295
49×41	42×50	50×42	1270×1067	42.75×51	1086×1295
49×43	44×50	50×44	1270×1118	44.75×51	1137×1295
36.5×43	37.5×44	37.5×44	952×1118	38.25×45	972×1143
28×43	29×44	29×44	736×1118	29.75×45	756×1143
39×51	40×52	40×52	1016×1320	41×52.75	1041×1340

铜箔成品一般比下游用户覆铜板成品规格大0.55 ft（14 mm），主要是防止半固化片在层压时胶流到不锈钢镜面板上。随着CCL对尺寸稳定性要求的提高，半固化片中树脂含量降低，硅粉等填料量增加，层压过程中流胶越来越少，CCL的废边宽度减小，一部分客户原来使用1295 mm幅宽的铜箔，开始使用1285 mm幅宽的铜箔，以此来降低成本。

对于锂电池用铜箔，其宽度为指定宽度的+1.0 mm。

2. 原因分析

宽度尺寸不符的原因就是分切配刀时没有量准,复核时未发现。

3. 解决措施

加强质量教育,提高操作人员工作责任心。

10.3.2　错层与端面不齐

1. 定义

分切后的铜箔端面不齐,存在台阶。

2. 原因分析

(1)分切时光电跟踪不准确。

(2)收卷张力小。

(3)铜箔在收卷过程中发生滑动或铜箔宽度发生变化。错层与分切速度有关,加速、减速过快,低粗糙度铜箔易产生滑移造成错层,故应放慢速度变化。卷取过紧也会使铜箔发生横向滑移,铜箔过松会造成空气的卷入、铜箔端面错层,故应调整取卷张力。

(4)管芯不合格。管芯直度不够,存在偏心,分切收卷过程中转动不平稳,也会造成端面错层和卷密度不一致。

3. 解决措施

(1)调整分切到自动对准跟踪状态。

(2)加大卷取张力。

(3)使用前对管芯进行检查,淘汰不合格管芯。

10.3.3　底皱

1. 定义

底皱仅仅发生于铜箔收卷开始的一段长度中,一般为 10 m 左右,表现为起皱和条纹多而深。随着卷取长度增加,皱褶消失。

2. 原因分析

(1)工艺参数设置不合理。收卷张力过大,与开卷张力不匹配。

(2)管芯不圆。有的企业使用回收纸质管芯,由于表面有双面胶带等,铜箔开始很难收圆。

(3)管芯直线度不够。电子电路用铜箔使用的纸芯较长,而且还要高速旋转,作为铜箔缠绕的中心,其直线度、同心度、强度、表面光洁度等指标最为重要。一般来说,管芯越长,直线度和同心度就越难保证。无论是 FRP 管还是纸管,管芯直线度应控制在 0.04% 以内。纸芯的质量不但与其制造有关,而且也与储存、运输等条件密切相关,若使用中发现质量异常的纸芯要及时更换。

3. 解决措施

(1)调整工艺,设置合理的开卷、收卷张力。

(2)使用符合要求的管芯。

(3)回收的 FRP 管芯,用磨床重磨后使用。

10.3.4 翘边

1. 定义

铜箔卷边部比中间高谓之翘边。

2. 原因分析

（1）翘边发生在铜箔收卷的边缘位置，是偏厚的铜箔边缘经收卷叠加引起边缘部位翘起所致。

（2）切刀太钝，分切时在切口处产生拉伸现象，造成复卷后铜箔边缘向外翻翘导致翘边。

（3）刀具安装不正确，上下刀间隙过大。

（4）卷取速度太快，卷取太紧时也易产生翘边。

3. 解决措施

（1）更换切刀。

（2）调整合理的配刀间隙。

（3）降低分切速度。

（4）适当降低收卷张力。

10.3.5 分切铜粉

1. 定义

分切过的铜箔表面或箔卷端面有直径或长度大于 50 μm 的铜颗粒或铜丝。

2. 原因分析

（1）在高速分切中，钢刀片散热系数差，变形大，刀刃容易碰伤产生缺口，造成铜箔分切铜粉或铜丝。

（2）分切机选型不合理。

对于大型铜箔企业，产品从厚度为 4.0 μm 的锂电用铜箔到厚度为 210 μm 的电子电路用铜箔，使用同结构的分切机本身就存在问题。

必须根据所分切材料的硬度、模量的不同，选用不同的分切刀和切刀传动方式。例如 5 μm 厚锂电用铜箔选用单独电机传动的薄片分切刀，而厚箔则选用同轴传动的圆盘切刀。

3. 解决措施

（1）及时更换受损刀片。

（2）选用优质切刀。优先选用陶瓷刀片，它具有自润滑功能，寿命更长。其次是涂层刀片，金属刀片分切效果较差。

（3）使用粘尘辊。

（4）勤换黏尘纸，一般分切铜箔一小卷更换一次黏尘纸。

10.3.6 端面氧化

1. 定义

铜箔分切箔卷端面发生化学反应而失去本身的金属光泽现象，称为端面氧化，常见的氧化现象为箔面变黑。

在实际操作过程中发现，裁切后铜箔端面未进行防氧化处理，使得铜箔直接与空气接触,造成铜箔端面在后续运输、储存及加工过程中出现氧化变色的现象,既影响外观,又影响其性能,还影响其销售。

2.原因分析

表观原因是分切端面与氧接触发生氧化反应。

3.解决措施

(1)从原理上来讲,把铜离子和氧有效隔绝开,就可以解决铜以及铜合金的氧化问题。有的企业对分切后的箔卷端面喷涂苯丙三氮唑和铬酸等防氧化溶液。

(2)有企业采用3%~10%的乙醇和纯水将硅烷偶联剂和苯并三氮唑溶解,制成一定浓度的防氧化液,将其均匀喷洒在铜箔端面进行防氧化处理。

(3)也有资料称通过将乙烯基三乙氧基硅烷(0.1 g/L)、乙烯基三(β-甲氧乙氧基)硅烷(0.1 g/L)、脂肪醇聚氧乙烯醚(0.2 g/L)、十二烷基硫酸钠(0.1 g/L)、2-苯丙基咪唑(0.5 g/L)、葡萄糖(0.5 g/L)、硫脲基咪唑啉(0.5 g/L)和硝酸铜(0.1~0.5 g/L)混合搅拌,加入溶剂乙醇(60%)制成防氧化溶液,通过喷雾的方式将防氧化溶液均匀喷洒至厚 6 μm 锂电用铜箔分切后的箔卷端面。

(4)抽真空包装。真空包装,实质是减压包装。一般习惯将密闭空间低于一个大气压力的气体状态统称为真空。真空状态下气体稀薄程度称为真空度(degree of vacuum),通常用压力值表示。因此真空包装实际上不是完全真空的,采用真空包装技术包装的铜箔包装袋的真空度通常为 600~1333 Pa。所以,真空包装称为减压包装或排气包装。

真空包装的机理:其目的是减少包装袋内氧气含量,防止铜箔氧化变色。

(5)充氮气包装。充气包装在真空后再充入氮气。其中氮气是化学性质较稳定的气体,起保护物品不被氧化、免受外界干扰的作用,并使袋内保持正压,以防止包装被压扁对铜箔造成伤害。

10.4　售后质量

10.4.1　板翘

1.定义

板翘指基板偏离其平台的变形,因检验标准不同而有不同检测方法与不同技术指标。基板翘曲可以分为翘曲和扭曲度来衡量。

覆铜板翘曲(以下简称基板板翘)是 CCL 厂、PCB 厂及相关用户非常关注而又很不容易解决的产品缺陷。板翘使电子器元件自动插装与贴装操作不能顺利进行,波峰焊板翘曲会使部分焊点接触不到焊锡面而焊不上锡,也可能使集成块不能与 PCB 焊盘密合。

在自动化表面贴装线上,电路板翘曲会导致定位不准、元器件无法插装或者贴偏,甚至会撞坏自动插装机。IPC 标准中有明确要求表面需贴装器件的 PCB,翘曲度应≤0.75%。实际上,部分贴装厂家,对翘曲度的要求更严,部分产品甚至要求翘曲度≤0.5%。

2.原因分析

造成覆铜板翘曲的因素很多,不论是纸基层压板、纸基覆铜板还是玻纤布基层压板、玻纤布基覆铜板,产生翘曲的主要因素都是应力。应力的产生与树脂配方、设备条件、原材料种类、原材料品质因素及层压板、覆铜板的生产工艺条件相关；也与PCB制程中PCB线路分布均衡性、PCB制程及电子元器件安装条件等相关。

（1）树脂配方影响。

树脂配方的设计包括树脂、固化剂、促进剂的种类及用量的选用。应力的产生与树脂或固化剂分子链的柔顺性、固化进程、树脂交联度及产品固化收缩率相关。它是影响翘曲的主要原因。

（2）层压工艺影响。

原材料对层压板及覆铜板翘曲度的影响因素可分为固定因素和品质因素，所谓固定因素是指该因素与所用材料特性直接相关，所以说该因素是固定的。

覆铜板主要由铜箔、基材（纸或玻纤）、树脂三部分组成。铜箔的热膨胀系数CTE为1.7×10^{-5}/℃，双酚A型环氧树脂的CTE为8.5×10^{-5}/℃，玻纤布为5.04×10^{-6}/℃。在CCL热压成型时经历了低温-高温-冷却降温过程，以FR-4为例，环氧树脂的固化收缩率是玻纤布的十几倍，是铜箔的5倍。在高温状态下，此三种物料的热膨胀系数不同，在热压合、降温过程中，三大材料的热胀冷缩差异极大，玻纤布的纵向横向固化收缩率也不同，势必会使产品存在较大的内应力，从而导致基板翘曲变形。

CCL、PCB在热压合、降温过程中通过采用合理工艺，压合CCL可在铜箔、树脂、玻布三者的相互作用力下达到平衡，实现板材平整。在双面板加工过程中热处理会导致树脂受热软化，玻布和树脂均呈现收缩趋势，而铜箔起到阻止其收缩作用。

层压工艺对覆铜板翘曲影响是多方面的，浸胶方式、叠料方式、热压成型时单位压力太大等都会对基板翘曲产生影响。

（3）吸湿。

基板吸湿性越大，基板越容易产生翘曲变形，不合理的环境温湿度控制也有可能是翘曲的影响因素。防潮包装不好，存放时间较长的单面覆铜板，其翘曲变形会明显增大。

（4）不对称的叠构。

不对称的图形或板子双面铜箔厚度不同，也会导致板翘。

（5）其他因素。

制程中基板摆放方式不当，基板两个面有效受热不均匀、冷却速度不同都会造成产品翘曲，其他诸如层压板在人力搬运过程中受力不均等因素也会引起产品翘曲。

10.4.2 抗剥不合格

定义：T_g值大于150℃的CCL，层压后抗剥离强度偏低。

T_g值越高，说明板材的耐温度性能越好，尤其在无铅喷锡制程中，高T_g应用比较多。

一般T_g的板材为130℃以上，高T_g一般大于170℃，中等T_g约大于150℃，基板的T_g提高了，印制板的耐热性、耐潮湿性、耐化学性、稳定性等性能都会提高和改善。

高T_g板材大都应用于高多层印制电路板（≥10层）、汽车、封装材料、埋入式基板、工业控制用精密仪器仪表、路由器等领域。

所以，T_g170、T_g150各方面的性能肯定相对都要优于T_g140。

高T_g覆铜板与低T_g覆铜板的最大区别在于高T_g板加入了大量的填料，胶含量减少，铜箔与PP的结合力大幅度下降。因此，对于高T_g用铜箔，采用适应T_g140用铜箔的工艺，明显不行，必须改变工艺，提高铜箔在高 T_g 温度下与 PP 的结合力。

基材对于印刷电路板的作用，就像印刷电路板对于电子器件的作用一样重要。PCB 基材按性质可分为有机基板和无机基板两大体系。有机基板由酚醛树脂浸渍的多层纸层或环氧树脂、聚酰亚胺、氰酸酯、BT 树脂等浸渍的无纺布或玻璃布层组成。这些基板的用途取决于PCB 应用所需的物理特性，如工作温度、频率或机械强度。

无机基板主要包括陶瓷和金属材料，如铝、软铁、铜。这些基板的用途通常取决于散热需要。

我们常用的刚性印制板基板属于有机基板，比如 FR-4 环氧玻纤布基板，是以环氧树脂作黏合剂，以电子级玻璃纤维布作增强材料的一类基板。

板材受热膨胀，SMT 焊接时 BGA 焊盘的间距也会随之变化，而且热膨胀导致的机械应力，会对 PCB 上的走线和焊盘的连接造成细微的裂纹，这些裂纹可能在 PCB 生产完毕最后的开/短路测试时不会被发现，而可能在 SMT 等二次加热后才显现出来。最糟糕的情况是，SMT 加热时暗病都没出现，而是在产品售出去之后，在冷热交替的使用环境中，板材受热膨胀让这些细微的裂纹随机性地发生，造成设备故障，而带来难以估量的影响。

基板材料热性能参数除了标准 T_g、T_d 值，还有热膨胀系数 CTE，有 X/Y 轴方向的 CTE 也有 Z 轴方向的 CTE。

Z 轴的 CTE 对 PCB 的可靠性有很重要的影响。由于镀覆孔贯穿 PCB 的 Z 轴，因此基材中的热膨胀和收缩会导致镀覆孔扭曲和塑性形变，也会使 PCB 表面的铜焊盘变形。

而 SMT 时，X/Y 轴的 CTE 则变得非常重要。特别是采用芯片级封装（CSP）和芯片直接贴装时，CTE 的重要性更为突出。同时，X/Y 轴的 CTE 也会影响覆铜箔层压板或 PCB 的内层附着力和抗分层能力。特别是对采用无铅焊接工艺的 PCB 来说，每一层中的 X/Y 轴 CTE 值就显得尤其重要了。

那么，是不是高 T_g 值的基材就好呢？一般情况下，较高的 T_g 值对基材是有利的，但实际情况也并非总是如此。可以确定的是，对于一种给定的树脂体系，高 T_g 值基材在受热时材料高速率膨胀开始时间要相对晚一些，而整体膨胀则与材料的种类有很大关系。低 T_g 值的基材可能会比高 T_g 值的基材表现出更小的整体膨胀，这主要与树脂本身的 CTE 值，或和树脂配方中加入无机填料降低了基材的 CTE 有关。

同时还要注意的是，有些低端的 FR-4 材料，标准 T_g 值是 140 ℃ 的基材比标准 T_g 值是170 ℃ 的基材具有更高的热分解温度 T_d 值。综上所述，T_d 对于无铅焊接来说是一个很重要的指标，一般选择 T_d 数值较大的，而高端的 FR-4 往往同时具备高的 T_g 值和高 T_d 值。

此外，高 T_g 值的基材往往比低 T_g 值的基材刚性更大且更脆，这往往会影响 PCB 制造过程的生产效率，特别是对钻孔工序。

除 T_g 值不同会导致抗剥离强度不同外，树脂不同也会导致抗剥离强度存在差异。

近几年，一种新型不含溴类物的 CCL 品种随着对环保问题的重视而产生，名为绿色型阻燃 CCL。除常见的环氧树脂体系外，聚酯树脂、双马来酰亚胺改性三嗪树脂（BT）、聚酰亚胺树脂（PI）、二亚苯基醚树脂（PPO）、马来酸酐亚胺——苯乙烯树脂（MS）、聚氰酸酯树脂、聚烯烃树脂等都有使用。树脂的不同，填料的不同都会导致抗剥离强度的不同，很遗憾，下游客户根本不会告诉铜箔企业它所采用的 PP 的性能和胶含量，只会要求的抗剥离强度不合格。

有铅焊料成分为 63Sn/37Pb，熔点为 187 ℃。无铅焊料的成分为 Sn、Ag、Cu（Sn96.5%/

Ag3.0%/Cu0.5%），熔点提升到 217 ℃。相应的焊接温度由 220~230 ℃提升到 240~260 ℃，PCB 电路板必须忍耐熔点以上的焊接时间也延长了 50 秒左右，PCB 电路板受热冲击概率大增，所以 PCB 电路板必须提高耐热性能来与之配合。随着无铅化工艺的逐步普及，PCB 电路板分层问题一直困扰着 PCB 电路板从业者。

10.4.3 棕化不良

1. 定义

内层电路板，经过棕化处理后，板面出现条纹花斑的现象。

棕化处理的原理：通过化学处理产生一种均匀、有良好黏合特性的有机金属层结构，使内层黏合前铜层表面受控粗化，用于增强内层铜层与半固化片之间压板后黏合强度。

通常整个 bond film 工艺，包括淋洗和干燥，在传送带化（水平）模式中，都只要求大约 3 分钟的时间来进行处理。

棕化：多层板的内层覆铜板铜箔光面微蚀刻 1.2~1.5 μm 厚，同时将表面 20~30 nm 厚度的铜层转化为有机-金属结构。通过这个工艺，在铜箔表面形成一层棕色的均匀镀层。该工艺基本原理包括药水作用原理、设备作用原理等。

目的：

（1）粗化铜面，增加与树脂接触表面积。

（2）增加铜面对流动树脂之湿润性。

（3）使铜面钝化，避免发生不良反应。

棕化膜很薄，极易发生擦花问题，操作时需注意操作手势。

棕化面通常呈现出棕色均匀、形凸起状的微观形貌，能够增大内层铜面与黏结片树脂间的物理结合力，在压合过程中还能与树脂分子发生交联反应形成化学键合，增强树脂与铜面的结合力。当棕化面的这种微观结构被破坏，如刮伤或者棕化异常时，会削弱棕化面黏结片与树脂的结合力，导致其受热膨胀后易出现分层现象。黏结片由玻纤和树脂组成，树脂在高温下具有流动性，冷却后与铜面结合。当铜层过厚时，压合会使大量树脂向无铜区流动，导致与铜面结合的树脂层偏薄。此外，棕化面的污染也会削弱黏结片树脂与棕化面的结合力，导致分层。

棕化工艺由三步组成，可以通过浸渍或者是传送带化模式完成。

碱性清洁，采用碱性清洁剂，从覆铜板表面除去淤泥和污染物，包括但不限于指纹和光阻材料残余。

活化、清洁后，采用棕化工艺 bond film activator 对铜进行预处理用来形成一个合适的表面条件，这是其形成黏附层的必要条件。除了形成均匀一致的活化铜表面，这一步也避免了 bond film 溶液因"带入"而产生的污染。

2. 原因分析

（1）水洗-清除棕化溶液的残留。

（2）棕化不良，导致内层板在激光开孔使孔径变化。

10.4.4　PCB 电路板分层

1. 定义

铜箔与基板之间发生鼓泡、脱漏现象，称为基板分层。

随着无铅焊接温度的提高，PCB 内部相邻材料之间因膨胀不匹配产生的应力会加剧，从而出现一系列的可靠性问题，如孔铜断裂、铜皮分层起泡、焊盘/铜皮分层、翘曲变形等。外层含大铜面结构的 PCB 板本身就容易出现一些结构性的问题，如大铜面边缘白点问题、大铜面边缘铜皮分层问题、铜面下白点问题等，加上无铅焊接温度的影响，这些结构性的问题会变得更加突出。

2. 原因分析

（1）PCB 电路板吸收热量后，不同材料由于膨胀系数不同而在其间形成内应力，如果树脂与铜箔的黏结力不足以抵抗这种内应力将产生分层，这是 PCB 电路板分层的根本原因，而无铅化之后，装配的温度升高，时间延长，更易造成 PCB 电路板分层。

（2）应力。PCB 中主要材料是玻璃布、树脂和铜箔，其中树脂的 CTE 最大，在高于 T_g 温度下，树脂 CTE 一般 $>(250 \sim 350) \times 10^{-6} / ℃$，而铜箔为 $(16 \sim 20) \times 10^{-6} / ℃$，玻璃丝布为 $(6 \sim 10) \times 10^{-6} / ℃$。铜箔与树脂在 y 方向膨胀存在不匹配，产生 y 方向的剪切应力。当边角位置的应力达到铜箔和树脂结合极限时，树脂和铜箔界面会分离，出现基本分层现象。应力导致的铜箔基板分层本质上是 PCB 设计不合理所致，可通过 PCB 线路设计来消除：把大铜面结构设计成网格结构，该措施可以从根本上杜绝铜皮分层问题的发生；将大铜面分割成多块小的铜面结构，也能有效地预防大铜皮分层问题的发生。

（3）铜箔的抗剥离强度偏低。铜箔抗剥离强度，反映的是铜箔与基板结合强度的高低。抗剥离强度高，铜箔与基板结合力大，铜箔与基板不容易分离；抗剥离强度低，铜箔与基板结合力小，在外力或应力的作用下，很容易分层。

因此，提高铜箔抗剥离强度，是防止铜箔与基板分离的根本措施。

（4）密集钻孔原因。密集钻孔处因机械原因造成铜箔与树脂间产生微裂纹，在线路蚀刻时，药水侵入微裂纹对铜箔毛面黄铜层进行浸蚀，在后续的热应力作用下，气体挥发物胀起铜皮导致分层。

3. 解决措施

（1）基材要尽可能地选用有信誉保障的合格材料，多层板的 PP 料的品质也是相当关键的参数。

（2）层合的工艺控制到位，尤其是内层厚铜箔的多层板更要注意。如在热冲击下，多层板的内层出现 PCB 电路板分层，造成整批报废。

（3）沉铜质量。孔内壁的铜层致密性越好，铜层越厚，PCB 电路板耐热冲击越强。既要提高 PCB 电路板的可靠性，又要降低制作成本，要求电镀工艺的各个步骤都做到精细化控制。

PCB 电路板在高温过程中，若板材膨胀过大会导致孔内铜箔断裂，无法导通。这就是过孔不通。这也是分层的前兆，程度加重时就表现为分层。有条件的 PCB 电路板厂家有自己的检测实验室，可以实时观测 PCB 电路板耐热冲击的性能，能够预防此现象的发生。

综上所述，PCB 电路板分层是个综合情况下的结果，只有在材料的选用和工艺的控制上下功夫，同时配合相应的检测手段，才能减少损失。

10.4.5 PCB 甩线

1. 定义

PCB 上的铜箔脱落。

2. 原因分析

（1）铜箔蚀刻过度。目前使用的电解铜箔按表面阻挡层的不同，可分为镀锌铜箔（灰化箔）、镀镍锌合金箔（红化箔）和镀黄铜箔（黄化箔）。常见的甩线一般发生于厚度为 70 μm 及以上的灰化箔，红化箔及厚度为 18 m 以下的灰化箔基本都未出现过批量性的甩线情况。客户无一例外地都说是覆铜板的问题，覆铜板厂又说是铜箔的问题，并要求赔偿其损失。

（2）层压板制程原因。正常情况下，层压板只要热压高温段超过 30 分钟，铜箔与半固化片就基本完成结合了，故压合一般都不会影响到层压板中铜箔与基材的结合力。但在层压板叠配、堆垛的过程中，若 PP 污染，或铜箔毛面损伤，则会导致层压后铜箔与基材的结合力不足，造成定位（仅针对于大板而言）或零星的线路脱落，但测脱线附近铜箔剥离强度不会有异常。

（3）层压板原材料原因。电解铜箔必须经过表面抗剥离增强处理，如果表面处理工艺异常，铜箔本身的抗剥离强度则偏低。制成 PCB 后在电子厂插件时，蚀刻后的线路受外力、热应力冲击就会发生脱落。此类甩线不良剥开线路，可以发现铜箔无明显的侧蚀，压合面无胶或胶极少。

（4）铜箔与树脂的适应性不良。现在使用的某些特殊性能的层压板，如高 T_g 板料，因树脂体系不一样，所使用的固化剂一般是 PN 树脂，树脂分子链结构简单，固化时交联程度较低，势必要使用特殊粗糙度的铜箔与其匹配。当生产层压板时使用铜箔与该树脂体系不匹配，造成板材铜箔剥离强度不够，插件时就会出现线路脱落现象。

10.4.6 渗镀

1. 定义

所谓渗镀，是指干膜与覆铜箔板表面黏结不牢使镀液渗入，而造成"负相"部分镀层变厚及镀好的锡铅抗蚀层，给蚀刻带来问题。

渗镀与电解铜箔本身材料没有关系，但它容易造成印制电路板报废。一旦发生渗镀，一些小规模的 PCB 企业的管理者，为了免责，减少损失，故意将铜箔供应商牵扯进来。

图形转移就是在处理过的铜面上贴上或涂上一层感光性膜层，在紫外光的照射下，将菲林底片上的线路图形转移到覆铜板的铜面上，形成一种抗蚀的掩膜图形。那些未被抗蚀剂保护的不需要的铜箔，将在随后的化学蚀刻工艺中被蚀刻掉，经过蚀刻工艺后再褪去抗蚀膜层，可得到所需要的裸铜电路图形。

图形转移工序包括：内层制作影像工序、外层制作影像工序、外层丝印工序。电路板生产图形转移，有干膜和湿膜两种工艺，其中干膜工艺成本相对较高，湿膜工艺成本相对较低。

2. 原因分析

在图形转移前，需要对覆铜板进行化学微腐蚀、物理磨板、喷砂（氧化铝、火山灰）前处理。一般采用除油—水洗—磨板—水洗—微蚀刻—水洗—烘干工艺流程。覆铜板铜面微蚀刻

深度为 $0.8 \sim 1.2\ \mu m$，提高膜与铜面的结合力。

对于湿膜工艺，发生渗镀的原因如下：

（1）刷磨出来的覆铜板铜面污染。丝网印刷前刷磨出来的铜面必须干净，不能有污染，否则，铜面与湿油膜附着力不好，导致渗镀。

（2）湿膜曝光能量偏低会导致湿膜光固化不完全，抗电镀纯锡能力差。

（3）没有进行后续/固化处理降低了抗电镀纯锡能力。

（4）湿膜预烤参数不合理，烤箱局部温度差异大。由于感光材料的热固化过程对温度比较敏感，温度低会导致热固化不完全，从而降低湿膜的抗电镀纯锡能力。

（5）湿膜质量问题。

（6）电镀纯锡出来的板一定要彻底水洗干净，同时每块板须隔位插架或干板，不允许叠板。

（7）生产与存放环境条件差，时间过长。存放环境较差或存放时间过长会使湿膜膨胀，降低其抗电镀纯锡能力。

（8）湿膜在锡缸中受到纯锡光剂及其他有机污染的攻击溶解，当镀锡槽阳极面积不足时电流效率必然会降低，电镀过程中发生析氧（电镀原理：阳极析氧，阴极析氢）。如果电流密度过大而硫酸含量偏高，则阴极发生析氢，攻击湿膜从而导致渗锡的发生（即所讲的"渗镀"）。

（9）退膜工艺失常。退膜液（氢氧化钠溶液）浓度高、温度高或浸泡时间长均会产生流渗镀。

（10）镀纯锡电流密度过大。一般湿膜最佳电流密度为 $1.0 \sim 2.0\ A/dm^2$，超出此电流密度范围，有的湿膜质量易产生"渗镀"。

对于干膜工艺，发生渗镀的主要原因如下：

（1）贴膜温度偏高或偏低。温度过低，抗蚀膜不能充分地软化和流动，导致干膜与覆铜箔层压板表面结合力差；温度过高，抗蚀剂中的溶剂迅速挥发而产生气泡，干膜变脆，在电镀电击时形成起翘剥离，造成渗镀。目前常用的干膜，贴膜温度一般控制为 $70 \sim 90\ ℃$。

（2）贴膜压力偏高或偏低。压力过低，会造成贴膜面不均匀或干膜与铜板间产生间隙而达不到结合力的要求；压力过高，抗蚀层的溶剂挥发过多，致使干膜变脆，电镀电击后就会起翘剥离。

（3）曝光时间过长或曝光不足。要使每种干膜聚合效果最好，就必须有一个最佳的曝光量。从光能量的定义公式可知，总曝光量 E 是光强度 I 和曝光时间 T 的乘积。若光强度 I 不变，则曝光时间 T 就是直接影响曝光总量的重要因素。曝光不足时，由于聚合不彻底，在显影过程中，胶膜溶胀变软，导致线条不清晰甚至膜层脱落，造成膜与铜箔结合不良；若曝光过度，则会造成显影困难，也会在电镀过程中产生起翘剥离，形成渗镀。

（4）干膜显影性不良，超期使用。光致抗蚀干膜，其结构由三部分构成：聚酯铜箔、光致抗蚀剂膜及聚乙烯保护膜。在紫外光照射下，干膜与铜箔板表面之间产生良好的黏结力，起到抗电镀和抗蚀刻的作用。若干膜超过有效期使用，这层黏结剂就会失效，在贴膜后的电镀过程中丧失保护作用，形成渗镀。

（5）铜箔表面有划伤、凹坑。

10.4.7 退膜不净

1. 定义

退膜是 PCB 生产过程中的一道工序，板子在经过蚀刻工艺后，已经得到了所需要的图形，但是这层图形的蚀刻是在干膜或者湿膜的覆盖保护下进行的。因为蚀刻的药水会对导电金属产生腐蚀作用，所以用干膜或湿膜来保护所需要的图形，但是得到所需的图形后，要将覆在板上的干膜或湿膜去掉，去掉这层保护膜的工序称为退膜。退膜所用的药水多数厂商用 NaOH 溶液。

利用显影液(碳酸钠)的弱碱性将未经曝光的干膜/湿膜溶解并冲洗掉，已曝光的部分保留。未经曝光的干膜/湿膜被显影液去除后会露出铜面，用酸性氯化铜将这部分露出的铜面溶解腐蚀掉，得到所需的线路。最后将保护铜面的已曝光的干膜用氢氧化钠溶液剥掉，露出线路图形。

2. 原因分析

(1)湿膜质量。湿膜与铜箔发生了化学反应两者之间形成了化学键。有人认为退膜与铜箔表面防氧化层处理工艺相关，其实也仅仅是一个借口，因为铜箔光面防氧化层的深度在 50 nm 以内，PCB 在贴膜前的"磨板"加工中需要微蚀的深度为 $0.8 \sim 1.2~\mu m$(800~1200 nm)，这个深度已经大于任何铜箔生产的防氧化层厚度。

(2)退膜溶液 NaOH 浓度(3%~4%) 偏低。

(3)前制程板面粗糙度偏高，附着力太强。

(4)曝光强度的影响。

10.4.8 阻焊掉油

1. 定义

电路板阻焊油墨(绿油或其他颜色油墨)与线路铜箔脱离掉落。

2. 原因分析

(1)印刷前处理板面污染。PCB 板的表面有污渍、灰尘、杂质，或者部分区域被氧化。

(2)油墨印刷后烘烤时间短或温度不够。因为阻焊油墨为热固型油墨，印刷之后都要进行高温烘烤。烘烤的温度或者是时间不足就会导致板面油墨的强度不够，在贴片加工时经过锡炉高温，就会引起电路板油墨脱落。

(3)油墨质量问题。油墨固化性能差，更容易发生油墨掉落。

3. 解决措施

(1)加强对前处理的监管。将有问题的板子油墨清洗干净，将电路板表面的污渍、杂质或者氧化层清理干净，返工。

(2)调整烘烤温度或延长烘烤时间。

(3)更换合格阻焊油墨。

10.4.9　PIM 测试不合格

1. 定义

主要测试 PIM 模块在正常带载时的驱动电压、上升时间及波形、下降时间及波形以及在不同负载条件下驱动波形是否异常。对于射频天线，低于-150 dBc 可认为 PIM 达标，这类指标要求正日趋严格。

无论是基站天线还是其他无源元件(例如耦合器和滤波器)，PIM 都必须保持最低水平方能保证系统保持语音、数据和视频最高的通信质量。

2. 原因分析

在第 5 章铜箔质量设计中我们已经讨论过铜箔与 PIM 的关系。简单说，PCB 的 PIM 与铜箔有一定的关系，但与 PCB 的其他材料、制程相关性更强。PCB 的 PIM 测试不合格，客户往往咬定是铜箔的原因，主要在于他是客户的身份而非科学依据。影响 PCB 的 PIM 的因素很多，有的甚至超出 PCB 设计的范畴，例如 PIM 最初就叫铁锈效应。下面我们再次对其进行讨论。

(1) PIM 值受电流密度的影响与设计的电路有关，电流密度越小，其 PIM 性能越好。

(2) 铜箔表面越粗糙，其 PIM 性能越差，反之铜箔表面越光滑，PIM 性能越好。信号线粗糙度对 PIM 的影响规律见图 10-2。

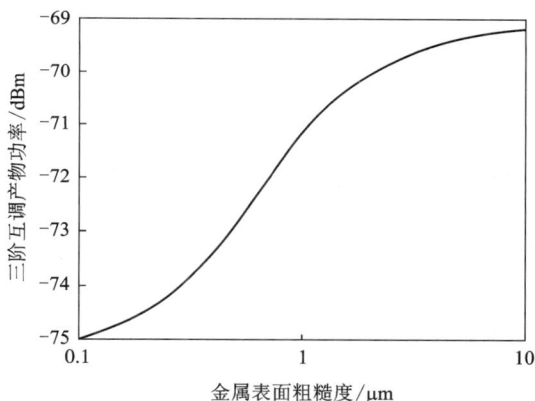

图 10-2　信号线表面粗糙度对 PIM 的影响

(3) 线路使用阻焊油和化学锡进行表面处理可以优化 PIM，小 4~6 dBc。化学锡的厚度对于 PIM 值几乎没有影响，化学镍金的 PIM 性能较差。

(4) 铜厚与 PIM 成正比。铜层越薄，互调性能越好，这是因为铜厚越厚，蚀刻效果越差，蚀刻毛边对互调性能产生影响。

(5) 线宽与 PIM 成正比。在设计范围内线路越宽，信号传输的截面积越大，对无源互调的影响越大。线条越宽，PIM 值越大。

(6) 蚀刻因子与 PIM 成反比。蚀刻因子越大，PIM 值越小。

(7) 表面油墨越厚，PIM 性能越好。

(8) PCB 制程对 PIM 有很大影响。

第 11 章

环境保护

11.1 原水处理

11.1.1 给水处理

水处理是指为使水质达到一定使用标准而采取的物理、化学措施。水处理目的是提高水质，使之达到某种水质标准。

按处理方法不同，水处理有物理水处理、化学水处理、生物水处理等多种。按处理对象或目的的不同，有给水处理和废水处理两大类。给水处理包括生活饮用水处理和工业用水处理两类；废水处理又有生活污水处理和工业废水处理之分。电解铜箔生产企业的水处理包括给水处理和废水处理两大部分。由于现代铜箔企业都采取废水回用，给水处理部分水源就是废水。所以本章将给水处理与废水处理合并到一起讨论。

狭义上的给水处理就是对供应的自来水进行处理，即制备纯水的过程。广义的给水处理是对能够使用的水源(包括自来水、井水、回用水等)进行处理，目的是提高水质，供应生产。

自来水中的主要成分是水，其中也含有一定量的氯离子、钙离子、镁离子、钾离子，还有一些硫酸盐、有机物等。具体含量为多少，与当地水质有关。在电解溶液配制过程中，这些杂质会给生产带来不利影响。例如用于电解铜箔生产过程的洗箔水，由于铜箔的化学性质比较活泼，铜箔表面与水中这些物质接触后，易出现条纹和色差。因此，铜箔生产过程中的工艺用水都是纯水。

纯水是化学纯度极高的水，水中的导电介质几乎全部去除，水中不解离的胶体物质、气体和有机物含量极低，其中杂质的质量浓度小于 0.1 mg/L，电导率小于 0.1 μS/cm，pH 为 6.8~7.0。现在高纯水的纯度已经达到 99.999999%，其中杂质含量低于 0.01 mg/L。

水的纯度通常是以水中所含杂质的相对含量来表示的。但当水的纯度达到一定水平后，水中的杂质总量已很少，个别杂质的浓度更低，有些已不易检出。在这种情况下，常用水的电导率(或电阻率)来表示水的纯度。

电导率(conductivity)是用来描述物质中电荷流动难易程度的参数，其单位是 μS/cm。

电阻率(resistivity)是用来表示各种物质电阻特性的物理量。电阻率的单位是 Ω·cm。

电导率和电阻率为倒数关系，简单来说：电导率=1/电阻率，电阻率=1/电导率。

我国高纯水的国家标准将电子级纯水分为五个级别，相应标准为 EW-Ⅰ、EW-Ⅱ、EW-Ⅲ、EW-Ⅳ、EW-Ⅴ，其中 EW-Ⅰ 为最高级，电解铜箔生产用水级别最低要求为 EW-Ⅳ。它所要求的杂质控制指标如表 11-1 所示。

表 11-1　高纯水技术要求

指标	EW-Ⅰ	EW-Ⅱ	EW-Ⅲ	EW-Ⅳ
电阻率/MΩ·cm(25 ℃)	18 以上(95%以上时间) 不低于 17.0	15(95%以上时间) 不低于 13.0	12.0	0.5
全硅/(μg·mL^{-1})(最大值)	2.0	10.0	50.0	1000.0
大于 1 μ 微粒数/(个·mL^{-1})(最大值)	0.1	5	10	500
细菌个数/(个·mL^{-1})(最大值)	0.01	0.1	10	100
铜/(μg·mL^{-1})(最大值)	0.2	1.0	2	500
锌/(μg·mL^{-1})(最大值)	0.2	1.0	5	500
镍/(μg·mL^{-1})(最大值)	0.1	1	2	500
钠/(μg·mL^{-1})(最大值)	0.5	2	5	1000
钾/(μg·mL^{-1})(最大值)	0.5	2	5	500
氯/(μg·mL^{-1})(最大值)	1	1	10	1000
硝酸根/(μg·mL^{-1})(最大值)	1	1	5	500
磷酸根/(μg·mL^{-1})(最大值)	1	1	5	500
硫酸根/(μg·mL^{-1})(最大值)	1	1	5	500
总有机物/(μg·mL^{-1})(最大值)	20	100	200	100

11.1.2　铜箔用高纯水及其制备方法

1. 水质要求

纯水、高纯水按照 EW-Ⅱ级标准，电阻率≥15 MΩ·cm。电解铜箔生产用水要求见表 11-2。

表 11-2　电解铜箔生产用水要求

指标	参量
pH	6~8
电导率/(μS·cm^{-1})	≤1.0
溶解氧质量浓度/(mg·L^{-1})	8
油	痕迹量
SiO_2 质量浓度/(mg·L^{-1})	≤0.1
浊度/NTU	<2
含固量/(mg·L^{-1})	<0.3

2. 高纯水制备方法

高纯水的制备流程由预处理、脱盐和后处理三部分组成，根据用水的要求，选择合适的工艺组合。

（1）预处理。主要是除去悬浮物、有机物，常用的方法有砂滤、膜过滤、活性炭吸附等。

（2）脱盐。主要是除去各种盐类，常用的方法有电渗析、反渗透、离子交换、EDI 等。

EDI（electrodeionization）又称连续电除盐，它科学地将电渗析技术和离子交换技术融为一体，通过阳、阴离子的选择透过性与离子交换树脂对水中离子交换的作用，在电场的作用下实现水中离子的定向迁移，从而达到水的深度净化除盐。在 EDI 除盐过程中，离子在电场作用下通过离子交换膜被清除。同时，水分子在电场作用下产生氢离子和氢氧根离子，这些离子可使离子交换树脂连续再生，使离子交换树脂保持最佳状态。所以 EDI 整个制水过程不需酸、碱化学药品再生。可连续制取高品质超纯水，水的电阻率为 $1 \sim 18 \ \mathrm{M\Omega \cdot cm}$。

（3）后处理。主要是除去细菌、微颗粒，常用的方法有紫外杀菌、臭氧杀菌、超过滤、微孔过滤等。

狭义的纯水制备工艺比较简单，典型工艺流程如下：

原水→过滤→活性炭过滤器（或有机大孔树脂吸附器）→反渗透器（或电渗析器）→阳离子交换柱→阴离子交换柱→混合离子交换柱→有机物吸附柱→紫外灯杀菌器→精密过滤器→高纯水。

由于电解铜箔生产废水具有杂质较少、废水量较大的特点，如采用单一的物化法处理工艺，则投资大，工艺复杂，运行成本高，且处理后的水不能回用，有用重金属无法回收，存在水资源浪费，环境与经济效益低等弊端。为此，对于电解铜箔生产过程中产生的废水，一般采用反渗透法等技术进行处理，处理后的水可以循环利用。该工艺不需消耗酸、碱，操作简单，制得的纯水水质稳定。对于含铜酸性废水可采用两级反渗透提取淡水，浓水经 NF 膜浓缩至 Cu^{2+} 质量浓度为 15 g/L，再返回溶液制备车间回用的方法；对于含锌镍废水，可采用两级反渗透提取淡水，浓水进入综合废水处理池进行物化处理的方法；含铬废水则先经反渗透提取淡水，浓水经六价铬化学处理后进入中水回用系统。

综合废水经物化处理后，再经中水反渗透进一步提取淡水，中水反渗透浓水再经特殊化学处理，处理后的水达到国家《电子工业水污染物排放标准》（GB 39731—2020）的要求，才能排放。该方案不但可节约水资源，而且可取得很好的经济效益和环境效益。

11.2 废水处理

11.2.1 废水的来源

1. 零排放的含义

随着水资源日益短缺，人们环保理念的增强，对于废水、污水处理的要求愈加强烈。电解铜箔为用水大户，每吨铜箔用水量在 100 m^3/t 至 180 m^3/t 之间。随着工业用水价格不断提升，采用一个科学合理的污水处理流程，提高水的利用效率，减少污水排放或实现"零排放"，成为企业义不容辞的社会责任。

所谓"零排放"是指无限地减少污染物和能源排放直至为零的活动，即利用清洁生产，3R

(reduce，reuse，recycle)及生态产业等技术，实现对自然资源的完全循环利用，从而不给大气、水体和土壤遗留任何废弃物。污水零排放是指无限浓缩水中的污染物和盐分，使污染物资源化，直至无任何污染物废液排放。

企业废水零排量主要由环境容量决定。目前，废水"零排放"处理工艺的基本思路是使废水所含的盐和水分离，得到回用水和结晶盐。废水盐分较复杂，仅靠单纯的简单蒸发来实现"零固废"外排是非常困难的。由于分质分盐工艺不成熟，目前大部分企业处理高盐污水后均是得到混盐，以固废或危废暂存，不仅造成资源浪费，而且给环保安全带来隐患。因此，如何将高盐废水中的盐以单质盐的形式回收并进行资源化利用，成为工业高盐废水处理研究的重点与难点，如何进行分盐处理成为能否实现"零排放"的关键。

要正确理解"零排放"的含义，不要被表面含义所束缚。"零排放"的核心是"废弃物接近为零"，将那些不得不排放的废弃物资源化，实现不可再生资源和能源的可持续利用。

绝对意义上的"零排放"很难实现。绝对"零排放"，就是没有污水外排口，意味着所有的废水必须就地解决。主要困难在于：第一是运行成本。"零排放"是要把所有的水全部回用或蒸发掉。铜箔生产过程中含铜、含锌、含镍、含铬废水可以回用，产生的高浓度含铜、含锌、含镍、含铬溶液理论上也可以浓缩回用。但纯水制备后剩余的高钠、高硫酸盐浓水没有任何用处，只能通过 MVR 蒸发处理。蒸发结晶投资大，耗电高，与现在推行的"双碳"目标背离。第二是浓水蒸发产生的结晶盐是无价值的固体危险废物，主要为氯化钠、硫酸盐，既不能填埋(遇水会溶解，产生新的污染)，也不可焚烧。第三是在"双碳"背景下不能简单地认为，污水是污染，零排放就是好。由于物质不灭以及能量守恒，从整个生态圈和自然环境的角度分析，人类的任何活动必然增加能源消耗，任何额外增加能耗的事情都是污染。在目前的技术能力条件下，零排放需要消耗大量的能源来实现，也会产生过滤废膜以及其他污染物。污染治理的核心是污染物的降解，简单把污水变成固废，是污染的转嫁而非污染治理。

真正科学的做法应该是在水环境容量允许的前提下"适度排放"。水环境容量是指在确保人类生存、发展不受危害，自然生态平衡不受破坏的前提下，当地水环境所能容纳污染物的最大负荷值。其大小与水环境空间的大小、各环境要素的特性和净化能力、污染物的理化性质有关。一个特定的水环境对污染物的容量是有限的。水体环境空间越大，环境对污染物的净化能力就越大，环境容量也就越大。对某种污染物而言，其物理和化学性质越不稳定，环境对它的容量也就越大。

2. 废水溯源

追根溯源，电解铜箔企业废水可以归纳如下。

(1)生活废水。

员工生活用水按 120 L/(人·天)计，排放系数按 0.85 计为 102 L/(人·天)。

(2)生产废水。

生产废水主要是工艺用水产生的废水、废气处理装置产生的废水、冷却系统产生的废水、纯水制备产生的废水、理化实验室废水和地面冲洗水等。

①工艺用废水。

工艺用水主要包括电解液制备用水、生箔清洗用水、钝化液制备用水、钝化清洗用水。

a.生箔清洗用水。

在电解生箔后需对铜箔进行一次清洗，防止铜箔表面残留硫酸腐蚀铜箔，影响铜箔品质。清洗方式为在生箔剥离位置设 1 组喷淋管对生箔进行冲洗，为除去原箔上附带的电解液，该部分水全部溢流至出水管网进入含铜废水处理系统处理。一般每台生箔机清洗设计用水量为 1.16 m³/h，则 1 台生箔机清洗用水量为 27.9 m³/d。以每年 330 天计算。生箔清洗废水经含铜废水处理系统处理后部分回用至纯水制备，部分排至厂区综合污水处理站进一步处理。

b. 钝化液配制用水。

锂电用铜箔钝化液处理槽循环液配水量根据钝化液处理槽大小和钝化液浓度进行计算，钝化液处理槽内 Cr 液体浓度约为 1.6 g/L。钝化槽溶液循环使用，有少量蒸发损耗，需要定期补充，每个系统每天补水量为 1.5~2.0 m³/d。

锂电铜箔钝化液使用一段时间后需排槽换液。根据钝化工艺不同，钝化液更换周期不同。以铬酐和葡萄糖为主要成分的钝化液，由于它的杂质容忍性很低，因而它的稳定性不好。例如铜在钝化槽中累积达到 10 mg/L，甚至阳极产生的少量六价铬离子就可能影响钝化效果。因此，需要 10~30 d 更换 1 次钝化液。对于无铬钝化工艺，更换的周期要长很多，有的企业大概半年到一年更换 1 次。

c. 钝化清洗用水。

钝化清洗用水主要用于钝化后对铜箔表面进行清洗，该部分水全部进入含铬废水回用装置进行处理。清洗废水经车间含铬废水处理后大部分回用，剩余部分排入综合污水站进行化学处理。电子电路用铜箔的生箔一般不需要进行钝化处理，所以没有这部分废水。

d. 工艺循环冷却水。

由于电解液具有一定的电阻，生箔机在进行大电流电解沉积铜箔过程中会发热，电解液温度会升高 1~2 ℃，为维持电解工艺稳定，需要对电解液进行降温，冷却方式为间接冷却，采用纯水进行冷却。

e. 生箔机在线抛磨用水。

生箔机阴极辊需要定期抛磨，以保证阴极辊筒表面的粗糙度。磨刷用纯水量为 12.5 m³/h，磨刷用水损耗按 10% 计，则损耗量为 1.25 m³/h，阴极辊抛磨合计废水产生量为 11.25 m³/h。

表 11-3　工艺废水水质

序号	废水种类	pH	杂质质量浓度/(mg·L⁻¹)					
			COD	SS	Cu	Cr	NH₃-N	硫酸盐
1	生箔清洗水	2~4	15	50	112			
2	钝化清洗水	5~6	15	50		4.0		
3	工艺冷却排水	6~9	50	50				
4	钝化废水	5~6	350	250		150		
5	磨辊废水	5~7	15	150	10			
6	在线抛磨废水	5~7	15	150	10			

f. 离线磨辊废水。

生箔机阴极钛辊使用一段时间后需要进行抛磨以保障阴极钛辊的光滑度，从而保证铜箔的质量。抛磨过程为离线抛磨，即将阴极钛辊从生箔机中卸下，转移到专用的磨辊机上进行抛磨。磨辊机抛磨头采用 PVA 磨轮或砂带，砂带以一定的压力压紧阴极辊辊面，阴极辊匀速旋转，抛磨头以适当的速度前进，振动和非振动交替进行，用纯水做冷却润滑。

②冷却系统排水。

冷却循环水大部分循环使用，但也有部分需要外排。冷却系统排水主要污染物是 COD（50 mg/L）、SS（50 mg/L）。一般冷却系统废水不处理，从总排口排入市政污水管网。

③设备反冲洗水。

污水处理及纯水制备过程采用反渗透工艺，反渗透设备需要定期冲洗因而产生部分废水。含铬反冲洗水主要污染物为 COD（30 mg/L）、SS（150 mg/L）、氨氮（15 mg/L）、总铬（0.5 mg/L）。其他设备反冲洗水主要污染物为 COD（30 mg/L）、SS（150 mg/L）、Cu^{2+}（10.0 mg/L）。设备反冲洗水按照含铬废水和含铜废水分别处理后，溶液送综合处理池处理。

④化验室废水。

化验室废水主要是洗涤分析检测用烧杯、试管、试验器皿的废水。测试的含铜电解液应设有专门的容器进行集中回收，严禁直接倒入下水道。实验室废水主要污染物为 COD（150 mg/L）、SS（100 mg/L）、氨氮（15 mg/L）、总铬（0.5 mg/L）。

⑤废气处理装置废水。

酸性废气吸收塔，采用浓度为 20% 的 NaOH 作为吸收液，酸雾净化塔平时主要损耗水量为喷淋塔内随废气带走的水量以及循环水箱定期更换消耗的水量。

铬酸雾吸收塔吸收水运行一定时间后，产生含铬废水，也需要更换。含铜废气吸收塔主要污染物为 COD（80 mg/L）、SS（100 mg/L）、氨氮（10 mg/L）。铬酸雾洗涤塔主要污染物为 COD（80 mg/L）、SS（100 mg/L）、氨氮（10 mg/L）、Cr（Ⅵ）（3.8 mg/L）。

⑥纯水系统浓水。

纯水系统多次反渗透剩余的浓水，经综合处理后达标排放市政管网。

⑦地面清洗废水。

溶铜、生箔电解、电子电路用铜箔表面处理工序、水处理等生产现场地面清洗废水，统一进入含铬废水处理系统。

⑧生活污水。

生活污水经化粪池处理后汇入总排放口。

⑨初期雨水。

工厂地面初期 15 min 降雨量，应该纳入到综合废水处理系统中处理。

铜箔生产环节废水产出情况见表 11-4。

各部分废水量由于采用工艺不同、产品结构不一致，差距较大。例如电子电路用铜箔由于有表面处理（后处理）工艺，其用水量比锂电用铜箔大多。

表 11-4　铜箔生产环节废水产出情况

废水种类		产品废水量/(m³·t⁻¹)	说明
含铜废水	生箔清洗水	50~55	
	含铜系统反冲废水	0.4~0.5	
	表面处理机列铜锌镍冲洗水	30~90	与产品厚度结构有关
	在线磨辊废水	5.0~7.0	
	离线磨辊废水	0.4~0.7	
	酸雾塔喷淋废水	0.5~0.9	
含铬废水	钝化液定期排放水	0.01~0.1	与钝化工艺有关
	钝化清洗废水	40~50	电子电路用铜箔不需要
	表面处理机列钝化冲洗水	20~46	与产品厚度结构有关
	含铬废水系统反冲洗废水	0.05~0.08	
	铬酸雾塔喷淋废水	0.1~0.25	
	地面清洗废水	0.5~1.0	
	化验室废水	0.3~0.4	
综合废水	含重金属废水预处理尾水	80~90	
	纯水制备排水	25~35	
	初期雨水	1.0~3.0	与当地降雨强度有关
清洁下水	循环冷却系统排水	10.0~12.0	
生活污水	生活污水	0.8~1.2	

3. 废水排放标准

根据《电子工业水污染物排放标准》(GB 39731—2020)电解铜箔单位产品基准排水量为 100 m³/t，其排放标准见表 11-5。

铜箔企业所在园区有专门的电子产业污水处理站时，可以与电子产业园区污水处理站协商 1~14 项进站污水浓度。企业废水中含有 15~21 项中任何一种污染物时，必须由专管送到园区处理站，污染物浓度与处理站协商。未协商时，执行间接排放标准。

铜箔企业园区没有专门的电子产业污水处理站时，企业必须自行处理，执行直接排放标准。

表 11-5　电解铜箔工厂主要废水排放标准

序号	污染物	直排排放浓度极限	间接排放浓度极限	污染物排放监控位置
1	pH	6.0~9.0	6.0~9.0	企业废水总排放口
2	悬浮物, $\rho/(mg \cdot L^{-1})$	70	400	
3	石油类, $\rho/(mg \cdot L^{-1})$	5.0	20	
4	化学需氧量, $\rho/(mg \cdot L^{-1})$	100	500	
5	总有机氮, $\rho/(mg \cdot L^{-1})$	30	200	
6	氨氮, $\rho/(mg \cdot L^{-1})$	25	45	
7	总氮, $\rho/(mg \cdot L^{-1})$	35	70	
8	总磷, $\rho/(mg \cdot L^{-1})$	1.0	8.0	
9	阴离子表面活性剂, $\rho/(mg \cdot L^{-1})$	5	20	
10	总氰化合物, $\rho/(mg \cdot L^{-1})$	0.5	1.0	
11	硫化物, $\rho/(mg \cdot L^{-1})$	—	—	
12	氟化物, $\rho/(mg \cdot L^{-1})$	10	20	
13	总铜, $\rho/(mg \cdot L^{-1})$	0.5	2.0	
14	总锌, $\rho/(mg \cdot L^{-1})$	1.5	1.5	
15	总铅, $\rho/(mg \cdot L^{-1})$	0.2	0.2	车间或生产设施排放口
16	总镉, $\rho/(mg \cdot L^{-1})$	0.05	0.05	
17	总铬, $\rho/(mg \cdot L^{-1})$	1.0	1.0	
18	六价铬, $\rho/(mg \cdot L^{-1})$	0.2	0.2	
19	总砷, $\rho/(mg \cdot L^{-1})$	0.5	0.5	
20	总镍, $\rho/(mg \cdot L^{-1})$	0.5	0.5	
21	总银, $\rho/(mg \cdot L^{-1})$	0.3	0.3	

11.2.2　废水的处理技术

目前，工业生产上所使用的废水处理方法可分为三大类，分别是化学处理法、物理化学处理法以及生物处理法，因为电解铜箔生产废水污染物具有生物毒性，无法直接采用生物法处理。

目前铜离子去除方法主要有化学沉淀法、离子交换法、电解法、电化学法、膜处理法等。

1. 化学处理法

化学法具有处理效率高、成本较低、处理量大等优势，因而被广泛应用。化学法可分为化学沉淀法（主要分为中和沉淀法和硫化物沉淀法）、氧化还原处理（分为化学还原法、铁氧体法和电化学法）。

（1）化学沉淀法。

化学沉淀法是一种成本相对比较低廉且有效的电解铜箔废水处理方法。目前这种方法经过多年的发展已经变得相对成熟、简单且能去除废水中的多种污染物质，尤其是重金属。该方法主要是利用氢氧化物或硫化物与废水中的金属物质发生化学反应生成沉淀的原理达到去污的目的。随着国家污水排放标准的提高，传统的化学沉淀法很难有效地处理电解铜箔废水，需要与其他工艺组合使用。

中和沉淀法一般是向废水中加入氢氧化钠、石灰、碳酸钠等碱性物质，重金属离子与这些物质反应，形成溶解度较小的氢氧化物或碳酸盐沉淀而被去除。该方法具有成本低、操作方便等优点，但会产生大量污泥，造成二次污染，而且处理后的水 pH 偏高，需要回调 pH。

硫化沉淀法是通过硫化物（如 Na_2S、NaHS 等）与废水中的金属离子结合形成硫化物沉淀，达到去除金属离子的目的，硫化物沉淀溶度积比相应的氢氧化物小，可使反应进行得更完全。相较于中和沉淀法，硫化沉淀法具有一定破坏络合物结构的能力，可以增强金属离子的沉淀效果，消耗的化学试剂少而且无须调节废水的 pH。但金属硫化物沉淀粒径过小，沉降速度缓慢，需要与混凝法结合，以提高沉降速率。硫化沉淀法的弊端是硫化物价格较贵，容易在酸性条件下产生有毒气体，如 H_2S 等。因此，该方法一般不单独使用，而是与中和沉淀法相结合。

（2）氧化还原法。

氧化还原法主要用于处理六价铬。通过在含六价铬的废水中加入 $FeSO_4$、$NaHSO_3$、Na_2SO_3、SO_2、铁粉等还原剂，将六价铬还原为三价铬，再通过化学沉淀法即与石灰或氢氧化钠反应生成 $Cr(OH)_3$ 沉淀，从而除去废水中六价铬。该方法与中和沉淀法相似，技术成熟，操作简便，成本低，但会存在二次污染。

（3）铁氧体沉淀法。

在化学沉淀法中，比较新型的工艺是铁氧体法。铁氧体（ferrite）是指一类具有一定晶体结构的复合氧化物，它具有高的导磁率和高的电阻率（其电阻比铜大 $10\sim10$ 倍）。铁氧体不溶于酸、碱、盐溶液，也不溶于水。铁氧体的磁性强弱及其他特性，与其化学组成和晶体结构有关。

铁氧体沉淀法是在重金属废水中加入铁盐或亚铁盐，在一定温度和 pH 下，$FeSO_4$ 可使各种重金属离子形成铁氧体晶体而沉淀析出，铁氧体通式为 $FeO\cdot Fe_2O_3$。在形成铁氧体过程中，重金属离子通过吸附、包裹和夹带作用，取代铁氧体晶格中 Fe^{2+} 或 Fe^{3+} 的位置，形成复合铁氧体。其化学反应过程如下：$M^{n+}+Fe^{2+}+Fe^{3+}+OH^-\longrightarrow M\cdot M(OH)_n\cdot Fe(OH)_3+Fe(OH)_2\longrightarrow$复合铁氧体。

铁氧体沉淀法可以一次去除多种重金属离子，处理后形成的沉淀颗粒大且易于分离，颗粒不会再溶解，无二次污染，水质好，能达到排放标准。但是处理成本过高，不适用于大规模处理，残渣的利用也有待解决。

2. 电化学法

电化学法指在电流的作用下，废水中的重金属离子通过和有机污染物发生氧化还原、分解、沉淀、气浮等一系列反应达到去除的目的。该方法主要包括电絮凝、内电解等方法，其中，电絮凝法由于操作简单而应用较为广泛。如图 11-1 所示，电絮凝法使用的电极一般为铁板或铝板，通电后阳极发生氧化反应，溶解形成金属阳离子，随着溶液碱性增大，可

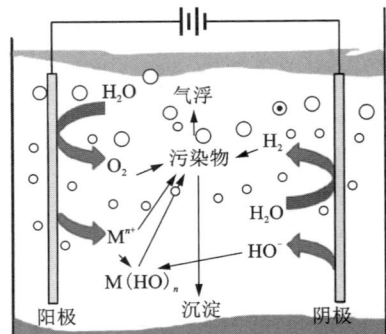

图 11-1　电絮凝装置原理图

生成 $Fe(OH)_2$、$Fe(OH)_3$ 或 $Al(OH)_3$，通过絮凝沉淀去除废水中的污染物。同时，电解产生的 O_2 和 H_2 能与水中未被絮凝剂沉降的悬浮物结合形成密度小于水的气浮物，从而提高了废水处理能力。

目前，电絮凝法主要用铁或铝做阳极。有人研究了电絮凝法处理含铬、镍及铜离子的电镀废水的效果，比较了不同电极材料的处理效果，分析了不同工艺条件对金属离子去除率的影响。研究结果表明，用铁做阳极、铝做阴极，电流密度设为 10 A/m^2，对铬、铜及镍离子的去除率可达到 100%。

电絮凝法具有设备简单，效率高，污泥量少，可回收重金属离子，不造成二次污染等显著优势。但由于电絮凝技术本身包含有混凝过程、电化学机理及气浮过程，因此需要将这三者有机联系起来，综合考虑这三种机理的影响因素，既要发挥电化学效应，又要考虑混凝剂的产生量以及气泡的产生速度和尺寸分布，如此才能使这三种效应的潜能充分发挥出来。

近年来，高压脉冲电絮凝法在替代传统的电絮凝法上展示出更大的优势，该方法采用高电压低电流，设备可定期自动将阴阳极板互换与活化，而非传统的低电压高电流、固定使用极板电解法。高压脉冲电絮凝法处理废水的作用机制相当丰富、也很复杂。在电凝过程中发生的电絮凝、电气浮和电氧化还原等作用可以去除大量的 COD，而且可以提高废水的可生化性，其脱色效果也十分显著；并且对各种金属离子都有极好的共沉淀去除效果，还能脱硫、除磷，除氰、去氟和砷。高压脉冲电絮凝法在处理电镀综合或混排废水方面都具有一定的优势，具有广阔的应用空间。

3. 物理化学处理法

物理化学处理法主要分为离子交换法、膜分离技术、吸附法等。

（1）离子交换法。

离子交换树脂具有吸附选择特性，与废水中的有害物质可进行交换分离，从而达到将有害离子从废水富集到树脂的目的。常用的离子交换剂有腐殖酸物质、沸石、离子交换树脂、离子交换纤维等。

离子交换树脂对溶液中的不同离子有不同的亲和力，对它们的吸附有选择性。主要规律如下：

对于阳离子的吸附，高价离子通常被优先吸附，而对低价离子的吸附较弱。在同价的同类离子中，直径较大的离子被优先吸附。常见阳离子被吸附的顺序如下：$Fe^{3+} > Al^{3+} > Ca^{2+} > Mg^{2+} > K^+ > Na^+ > H^+$。

对于阴离子吸附，强碱性阴离子树脂对无机酸根吸附的顺序为：$SO_4^{2-} > NO_3^- > Cl^- > HCO_3^- > OH^-$。弱碱性阴离子交换树脂对阴离子的吸附顺序一般为。$OH^-$ >柠檬酸根>SO_4^{2-}>酸石酸根>PO_4^{3-}>NO_2^->Cl^->醋酸根>HCO_3^-。

当前，国内对含铬、含镍等重金属的废水采用离子交换法处理较为普遍，也可用于处理含铜、含锌、含金等废水，经处理后的水能达到排放标准，且出水水质较好，一般能循环使用。树脂交换吸附饱和后的再生洗脱液经可返回溶液制备车间用于溶液配制，基本实现闭路循环。

离子交换的运行操作包括交换、反洗、再生、清洗四个步骤。虽然该方法具有可回收利用重金属、二次污染小等特点，但是由于投资费用高，操作较为复杂，其应用受到了一定的限制。

（2）膜分离技术。

膜分离技术包括超滤（UF）、纳滤（NF）、反渗透（RO）、电渗析（ED）等，通过外界提供能量使选择性透过膜两侧出现压差，以此为动力对重金属离子和污染物进行富集和分离。这些过程基本相同，但是在孔结构（孔径、孔径分布和孔隙率）、膜渗透性和工作压力方面有一些差异，具体如表11-6所示。

表 11-6　压力驱动型水处理膜差异

分离膜	工作压力/kPa	孔径
微滤膜（MF）	10~200	0.05~10 μm
超滤膜（UF）	100~500	1~10 nm
纳滤膜（NF）	1000~2000	约 1 nm
反渗透膜（RO）	1000~2000	非多孔

微滤（MF）和超滤（UF）的工作压力都比较低，只要 0.1 MPa 的压力就可以实现跨膜过滤，而 NF 或 RO，至少需要 1 MPa。微滤用于分离废水中的悬浮颗粒，而超滤可用于截留大分子物质、胶体物质等，但均无法单独截留水合或络合形态的重金属离子。

纳滤膜具有筛分效应和 Donnan 电荷效应的分离特性，且以 Donnan 电荷效应的作用为主。所谓 Donnan 电荷效应是指传质过程受膜表面与电解质电荷作用影响。有研究结果表明，纳滤膜对盐离子的截留性与膜上接支链的电荷密度有关，膜表面的负电性越强，对高价盐离子的截留作用也越强。

反渗透（reverse osmosis，RO）。是指利用逆渗透原理，通过高压泵，将原水增压到 1.0~1.5 MPa，使原水在压力的作用下渗透过孔径只有 0.0001 μm 的逆渗透膜。这种方法只允许直径小于 0.0001 μm 的水分子和氧分子通过，而溶解在水中的绝大部分无机盐（包括重金属）、有机物以及细菌病毒等无法透过逆渗透膜，从而把透过的纯水和无法透过的浓水分开。研究表明，在处理偏酸性重金属废水过程中，反渗透技术可将铜离子的浓度削减至 0.5 mg/L，RO 膜的另一侧将形成浓度较高的重金属浓缩液，对这些浓缩液实施进一步的浓缩处理，铜离子回收率可超过 99%。

镀锌、铬以及混合重金属的污水处理均可以采用反渗透法，应用膜对污水水分子施加压力，使其到达膜的另一侧，过滤为纯净水，然后去除其中的盐类成分。

在正常工作情况下反渗透 RO 膜对离子的截留率一般高于 96%，但 RO 膜易受到各种污染因素的影响，且 RO 膜对于进水要求高，所以限制了整个膜系统处理回用电镀废水的效率，至多只能达到 50%。

电渗析（ED）是一种以直流电场为驱动力，使离子选择性透过膜的方法。事实证明，ED 在重金属废水处理中是一种有效方法。利用 ED 中试设备去除六价铬离子，使废水达到排放标准（0.1 mg/L）。在铜电解沉积操作中，从溶液中分离铜和铁以及回收水的可行性表明，ED 对分离溶液中的 Cu 和 Fe 非常有效。

ED 技术能耗较高，膜面污染较严重，在处理离子浓度为 5000 mg/L 以下的电镀废水时，具有较好的经济性。该方法离子去除效果好，可实现重金属回收利用和出水回用，操作难度小、安全稳定，占地面积小，无二次污染，是一种很有发展前景的技术。但是膜的造价高，易受污染，寿命短，影响生产效率，因而限制了它的进一步应用。

（3）吸附法。

吸附法指利用比表面积大的多孔性材料来吸附废水中的重金属和有机污染物，从而达到污水处理的效果。吸附法由于效率高、操作简单而被广泛应用于处理生活和工业废水。常见的吸附剂有活性炭、硅藻土、膨润石、壳聚糖等，这类物质自身吸附能力强、表面积大、活性基团多，可实现废水中污染物的去除。活性炭是使用最早、最广的吸附剂，可以吸附多种重金属，吸附容量大，但是活性炭价格昂贵，使用寿命短，需要再生且再生费用高。而纳米材料的高表面能和高比表面积使其在吸附应用方面表现出巨大潜力。相较于块体材料，纳米材料在吸附水中有毒离子方面具有更加优异的性能，而且随着粒径的减小，吸附能力会随之明显提高。研究显示粒径为 12 nm 的四氧化三铁纳米晶，相较于 300 nm 的四氧化三铁纳米晶，在吸附三价砷能力方面呈几何数量级的提升，且相较于传统的吸附剂，如活性炭、沸石等，纳米材料的吸附性能更好。

4. 光催化氧化法

光催化技术是通过将光照射在固体半导体材料上，将低密度的光能转化为高密度的化学能，从而降解和矿化有机污染物，使其生成无毒无害的 H_2O 与 CO_2 的一种绿色水处理技术。近年来，有许多研究者发现光催化技术可以在很大程度上降低电荷转移阻力，有利于 $Cr(VI)$ 的催化还原，因此将光催化技术应用于水中的 $Cr(VI)$ 的处理。

光催化法处理六价铬具有稳定、绿色、无污染的特点，但由于光催化材料的吸附性能及半导体催化剂的禁带宽度和电子空穴易复合，因而传统光催化的效率低，粉末状的纳米材料回收难度较大，只能利用太阳光中较少的紫外光，这成为限制其大规模应用的主要原因。设计开发高效的可见光催化剂是光催化还原法推广应用的关键。

废水处理方案见表 11-7。

表 11-7　废水处理方案对比

废水处理方法	优点	缺点	处理废水类型
中和沉淀法	处理量大，效率高，操作简单	处理效果较差，重金属离子去除不完全，化学试剂消耗量大，需要回调 pH	重金属离子
硫化沉淀法	硫化试剂用量少，处理效果好	硫化试剂昂贵，需要投入絮凝剂、容易二次污染	重金属离子
还原法	去除效果好，技术成熟，操作简便，成本低	污泥量大，容易造成二次污染	重金属离子
铁氧体法	可一次去除多种重金属离子，效率高，设备简单，且不易产生二次污染	成本高、不适合大规模处理、残渣利用率低	重金属离子
电化学法	不易造成二次污染，处理效率高、效果好	耗电量高，连续性欠佳	重金属离子、有机污染物

续表11-7

废水处理方法	优点	缺点	处理废水类型
离子交换法	处理效率高，处理量大，树脂循环利用率高，抗污染能力强	投资成本较高，所需空间大，操作较烦琐，控制管理难度大	重金属离子、有机污染物
膜分离法	设备简单，操作难度低，安全稳定，无二次污染物产生	膜表面易受污染物影响，膜寿命短	重金属离子
吸附法	效率高，操作简单	价格昂贵，循环利用率较低	重金属离子、有机污染物
光催化法	绿色无污染	效率低，粉末状纳米转换材料回收难	六价铬

综上可得，每种方法都有自身的优势和劣势，电解铜箔废水处理可以通过将各种方法有机地结合，实现节能、高效、无二次污染的废水治理。未来可以结合材料学、物理学等学科，开发出更适合处理电解铜箔废水的新型材料与装备，同时，与计算机技术相结合，实现废水处理的全智能化控制。

11.2.3　电解铜箔废水处理

1.铜箔生产废水处理方法

废水处理方法很多，新技术层出不穷，但这些技术都有严格的使用条件，不是每种废水处理方法都可以用于电解铜箔生产废水的处理。可用于电解铜箔生产废水处理的方法见表11-8。

表11-8　电解铜箔生产废水处理方法

污水种类	污水性质	处理方法
含铜污水	酸性、碱性	化学还原法、离子交换法、电解法
含锌污水	酸性，碱性	化学还原法、离子交换法、膜分离法
含铬污水	酸性	药剂还原法、离子交换法、电解法、铁氧体法
含镍污水	酸性	离子交换法、膜分离法

2.原水处理工艺

常见的电解铜箔废水处理工艺路线，纯水工艺选用二级反渗透+EDI工艺，不需树脂再生。因树脂再生消耗大量酸碱，EDI设备可自动再生，操作自动化程度高。这个系统可以实现废水回用，节水效益明显。

（1）含铜回用水经一级RO后淡水进入中间水箱，浓水经二级和三级RO后进入铜污泥系统，二级和三级RO的淡水回流到含铜回用水池。

（2）含铬回用水先进行还原处理，出水经一级RO后淡水进入中间水箱，浓水经二级和三级RO后进入铬污泥系统，二级和三级RO的淡水回流到还原水池。

（3）含锌镍回用水经一级 RO 后淡水进入中间水箱，浓水经二级和三级 RO 后进入锌镍污泥系统，二级和三级 RO 的淡水回流到含锌镍回用水池。

（4）自来水经一级 RO 后浓水经三级 RO，三级 RO 处理后浓水直接排放，淡水回流到自来水原水池。一级 RO 处理后淡水进入中间水箱，中间水箱的淡水经过二级 RO 和 EDI 后进入纯水箱，二级 RO 的浓水回流到自来水原水池，EDI 的浓水回流到中间水箱。

3. 回水处理工艺

含铜废水增加铜离子回收工艺，且制纯水工艺细分为自来水制纯水系统、标箔生箔回用水制纯水系统、锂电生箔回用水制纯水系统、表面处理回用水制纯水系统、含铬回用水制纯水系统和含锌镍回用水制纯水系统共六个制纯水系统。

（1）标箔生箔回用水通过一级 RO 后淡水再经 RO 进入纯水箱，用于标箔生箔洗涤水，浓水经二级和三级 RO 后回用到标箔生箔溶铜系统，二级和三级 RO 的淡水回流到标箔生箔回用水池。

（2）锂电生箔回用水通过一级 RO 后淡水再经 RO 进入纯水箱，用于锂电生箔洗涤水，浓水经二级和三级 RO 后回用到锂电生箔溶铜系统，二级和三级 RO 的淡水回流到锂电生箔回用水池。

（3）表面处理机列回用水通过离子交换器将铜离子置换到再生浓液中，再生浓液用于表面处理机列粗化溶铜系统和标箔生箔溶铜系统。置换后回用水通过一级 RO，淡水再经 RO 后进入纯水箱，用于表面处理机列粗固化洗涤水，浓水经二级和三级 RO 后进入铜污泥系统，二级和三级 RO 的淡水回流到水箱。

（4）含铬回用水先进行还原处理，出水通过一级 RO 后淡水再经 RO 进入纯水箱，用于镀铬洗涤水，浓水经二级和三级 RO 后进入铬污泥系统，二级和三级 RO 的淡水回流到还原水池。

（5）含锌镍回用水通过一级 RO 后淡水再经 RO 进入纯水箱，用于镀锌镍洗涤水，浓水经二级和三级 RO 后进入锌镍污泥系统，二级和三级 RO 的淡水回流到含锌镍回用水池。

（6）自来水通过一级 RO 后淡水再经过 RO，淡水回流到自来水原水箱，浓水直接排放。一级 RO 的淡水通过二级 RO 后进入纯水箱，纯水箱中纯水补充到标箔生箔纯水箱、锂电生箔中间水箱、表面处理机列纯水箱、含铬纯水箱和含锌镍纯水箱以及其他用水。

4. 含铜废水处理

图 11-2 为一种对含铜废水进行浓缩再回用的废水处理工艺，它可以把含铜废水中的铜浓缩到铜浓度为 15 g/L 甚至更高，可直接返回溶液制备车间回用。

5. 系统构成

水处理系统主要由各种水池、槽罐和泵（含高压泵）组成，但核心是 RO 反渗透膜组、EDI 模块和控制系统。

（1）反渗透系统膜。

补充水反渗透：108 支三层复合高脱盐率膜

含铜水一级反渗透：108 支三层复合高脱盐率膜

含铜水二级反渗透：30 支三层复合高脱盐率膜

含铜水 NF 系统：10 支特种复合分离膜 NF

含锌镍水一级反渗透：60 支三层复合高脱盐率膜

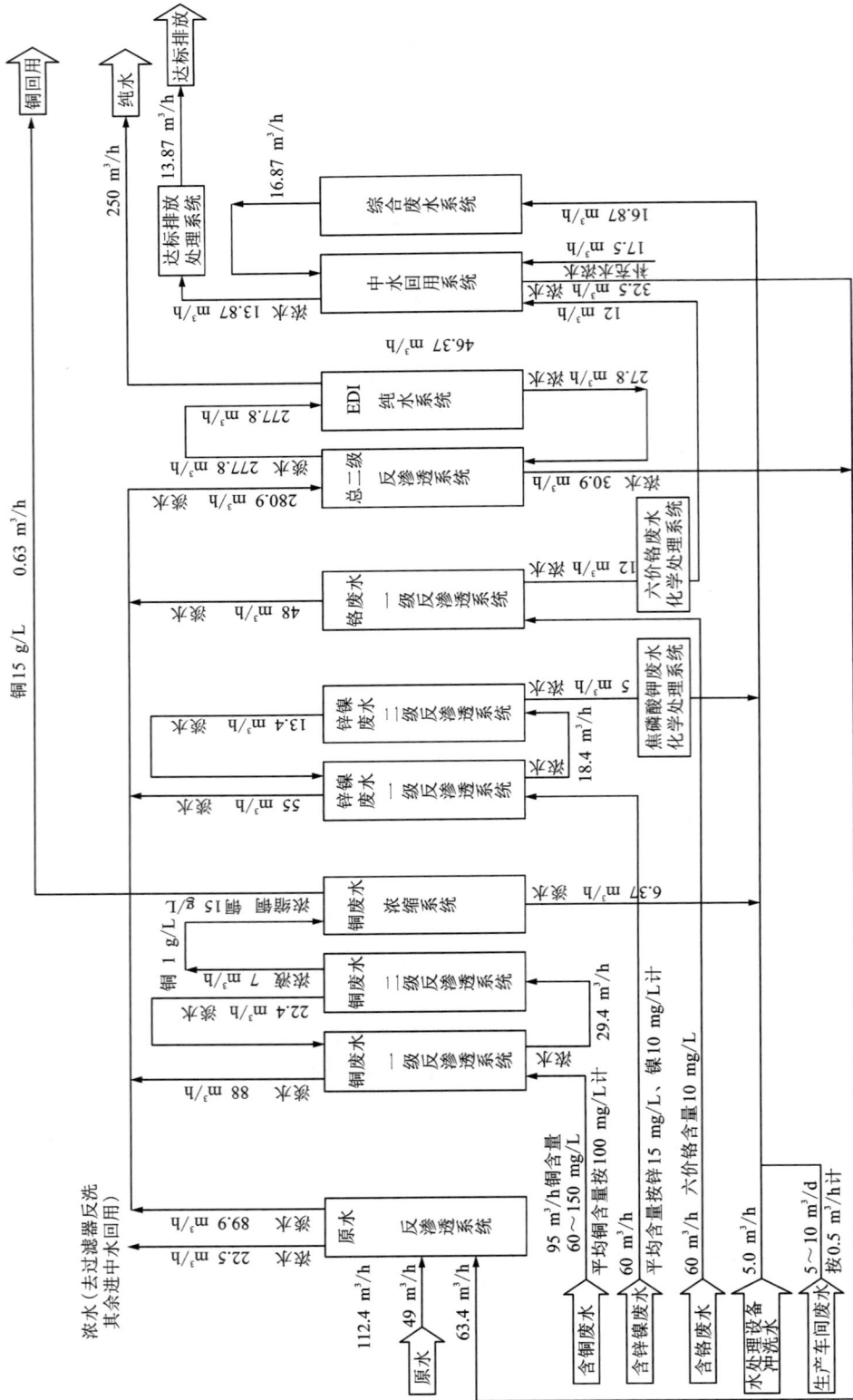

图11-2　电解铜箔生产废水处理流程图

　　含锌镍水二级反渗透：18 支三层复合高脱盐率膜

　　含铬水反渗透：60 支三层复合高脱盐率膜

　　总二级浓度水反渗透：276 支三层复合高脱盐率膜

　　水反渗透：48 支三层复合高脱盐率膜

（2）EDI 模块

　　生产线回收含铜废水采用特殊分离膜三级浓缩提取淡水，提取淡水率可达 92% 以上，浓水铜浓缩至 15 g/L 左右，至溶铜罐回用。不但节约了水资源，又回收了铜，降低了运行成本，而且取得了很好的经济效益和环境效益。

　　生产线回收含锌镍废水采用特殊反渗透分离膜二级浓缩提取 91% 以上的淡水。

　　含铬废水采用特殊反渗透分离膜一级浓缩提 80% 以上的淡水，浓水进入铬废水化学处理系统，处理达标后进入中水回用系统提取淡水。

　　对于纯水、高纯水系统，可采用电去离子 EDI 技术，与离子交换比较不需要再生，不消耗酸碱，不产生二次污染，自动化程度高，产水水质稳定。

　　对于常规处理达标外排的废水，有专门的中水回用工艺和设备，使达标废水回用率为 70% 以上，补充至原水池，这样使系统总回收率达到 95%，大大减少了补充自来水的量，节省了水资源，只对中水反渗透浓水进行特殊化学处理。

　　对于中水反渗透浓水，采用特种重金属捕捉剂，确保外排水水质符合国家环保要求。

11.3　废气处理

11.3.1　废气处理原理

　　目前，铜箔生产过程中产生的废气主要是酸性废气，包括硫酸雾和铬酸雾。其主要来自溶铜罐废气、生箔电解槽抽风废气、表面处理酸洗电解槽抽风废气等，它们都呈酸性。

1. 中和法治理酸性废气技术

　　喷淋塔中和法是根据酸碱中和的原理，使酸性废气在喷淋塔中与碱性物质如氢氧化钠、碳酸钠、氨水等发生中和反应。

　　喷淋塔的工作原理可分为顺流、逆流和错流三种形式。其中最常用的就是逆流喷淋：呈酸性的酸雾废气由风管引入净化塔，经过填料层，废气从塔底送入，经气体分布装置分布后与氢氧化钠吸收液呈逆流，连续通过填料层的空隙。在填料表面上，气液两相充分接触发生中和反应，废气中所含的酸性物质被去除，再经除雾板脱水除雾后，清洁气体从风机被排入大气。不溶性颗粒、尘埃被排入收集池中，悬浮颗粒从溢流口出去，收集的沉淀物从排污口排放出去。吸收液在塔底经水泵增压后在塔顶喷淋而下，最后回流至塔底循环使用。喷淋塔是用于工业废气处理最简单的设备，其结构简单、成本低、气体压降小，且不会堵塞。该技术适用于酸洗、钝化等工序产生的酸性气体的净化，具有高效吸收净化的特点。

2. 凝聚回收法治理铬酸废气技术

　　喷淋塔凝聚回收法是利用滤网过滤、阻挡废气中的铬酸微粒。铬酸废气通过滤网时，微粒受多层塑料网板的阻挡而凝聚成液体，顺着网板壁流入下导槽，通过导管流入回收容器内。经冷却、碰撞、聚合、吸附等一系列分子布朗运动后，凝成液滴并达到气液分离被回收。

残余废气经循环喷淋化学处理达到排放要求后，经由塑料风机排放。该技术铬酸废气回收率约 95%，具有自动化程度高、铬回收率高的特点。

该技术适用于电子电路用铜箔表面处理铬酸钝化工序产生的铬酸废气。两种废气处理方案比较见表 11-9。

表 11-9 废气处理方案比较

废气处理技术	处理方法及效果	实用性
喷淋塔中和处理技术	10%碳酸钠和氢氧化钠溶液中和硫酸废气，去除率为 90%：低浓度氢氧化钠或氨水中和盐酸废气，去除率为 95%：5%的碳酸钠和氢氧化钠溶液中和氢氟酸(HF)废气，去除率>85%	适用于各种酸性气体净化
凝聚法回收铬酸雾技术	铬酸雾回收率>95%	铬酸雾回收

3. 酸性废气

酸性废气主要来源于溶铜罐的抽风、生箔机和表面处理机列生产线酸性电解液的槽边抽风。酸性废气的主要成分为水蒸气，其有害成分为酸性电解液挥发出来的微量硫酸雾。

酸性废气的处理原理如下：

$$H_2SO_4 + 2NaOH = Na_2SO_4 + 2H_2O$$

酸雾净化塔的基本原理都是采用气液逆向接触，层层拦截、层层洗涤净化的过程。洗涤液根据气体的特性，可以采用清水，也可采用可以相互溶解吸收的化学溶剂。可以设计为填料物理拦截与化学中和反应为一体的机型。根据使用工况的不同，可以选择耐腐材料，例如可选用 PPPVC 等塑料板制作，也可选用 SUS 不锈钢材质制作。对于特殊重金属行业高温的含铅烟气的净化，则采用 Q235 或 SUS 的材质制作。

在风机风动力的作用下，酸雾沿塔切向进风进入净化器的底部，气流发生旋转，与上部下流的喷淋水，迅速混合，当形成大颗液滴时，靠重力流入下部循环水箱。气流继续上升，进入第一级填料吸收层，该层充有多个多面球，上部喷淋雾化的小水滴，在多面球的表面形成水膜，含尘气体像在迷宫一样，通过曲折的空隙，与水膜不断接触、碰撞、润湿。进行充分的黏附交换，生成的混合物随吸收液流入下部贮水箱。未完全吸收的含尘气体继续上升进入第一级喷淋段，在喷淋段中吸收液从均布的喷嘴高速喷出，形成无数细小喷雾，与含尘气体充分混合接触。未完全被吸收的气体继续上升至第二级填料吸收，重复第一层的吸收、交换过程。

第二级与第一级喷嘴密度不同，喷浓压力不同，吸收含尘气体浓度范围也有所不同。在喷淋段及填料段两相接触的过程也是传质的过程。通过控制空塔流速与滞纳时间保证这一过程的充分与稳定。使气体与液体不断分散和聚集，从而达到良好的传质、吸收效果，使含尘气体得到净化，之后气体上升，进入除雾段，液滴通过上级的旋流除雾器，由于气液传质的核心为波纹板，气流在此通过迷宫式的惯性碰撞，水滴不断聚集将液滴去除，最后将洁净的气流排入大气。根据净化效率要求的高低，可以选择多台酸雾净化塔串联、多级净化来提高废气的去除效率。

废气处理在如图 11-3 所示的酸雾净化塔中进行。在产生酸性废气的设备中设置集气罩收集，并用 PVC 管道输送至酸雾净化塔，酸性废气由塔底自下而上，10%～15% 的碱性吸收液从塔顶自上而下，双方进行充分接触，废气中的酸雾与吸收液中的氢氧化钠中和后，再与吸收液分离。净化塔对硫酸的吸收效率为 90%～95%，对铜离子的净化效率最高为 90% 以上。处理达标后的气体经高约 30 m 的风管送至厂房屋顶以上排入大气。

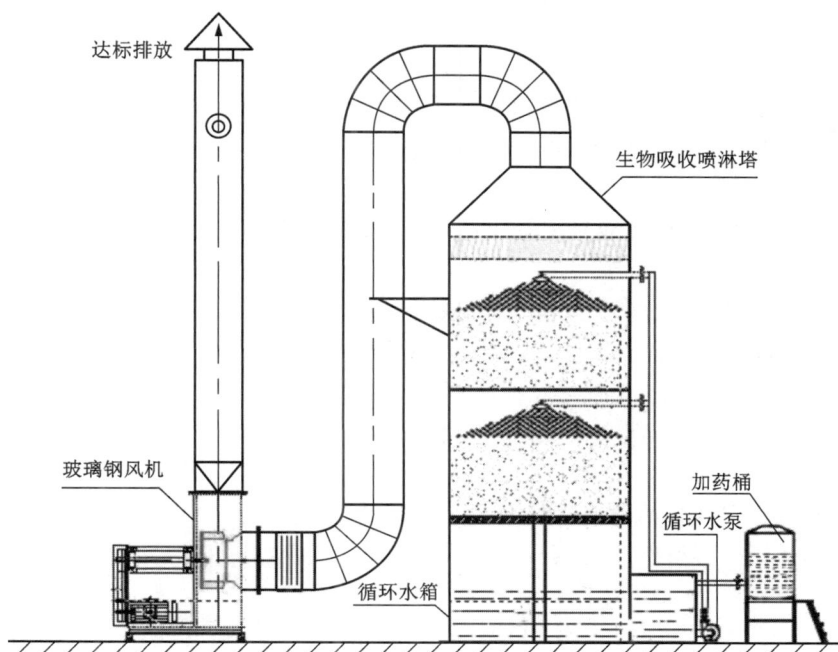

图 11-3　酸雾洗涤塔结构图

4. 碱性废气

目前大部分铜箔生产采用酸性溶液，仅有个别企业电子电路用铜箔后处理采用碱性防氧化工艺。碱性废气一般不单独处理，而是并入酸性废气处理系统一同处理。

5. 含尘废气

由于在溶铜过程中需要蒸汽加热溶铜罐温度，所以，电解铜箔企业一般都配有锅炉。目前铜箔厂使用的锅炉有燃油锅炉、天然气锅炉、电热锅炉和燃煤锅炉等几大类。铜箔企业的锅炉一般较小，重量在 10 t 以下。除燃煤锅炉外，其他锅炉的烟气含尘量很少，不需要复杂的除尘装置。

新建铜箔项目环境评价中已不允许新建使用燃煤锅炉，只能采用天然气锅炉、电热锅炉。

11.3.2　废气处理设备

1. 基本要求

（1）系统必须采取防腐、防雨措施。

（2）废气与吸收剂应接触充分，确保污染气体达标排放、且不产生二次污染。

（3）确保废气处理系统安全、稳定、高效、不间断运行。

（4）工艺设计合理，动力设施合理匹配、操作简单、可靠性高。

（5）工艺设计与设备选型能够在运行过程中具有较大的调节余地。

（6）处理工艺设备操作要求简单，自动化程度高，运行管理及维护方便。

（7）每个厂房废气排放口不能超过 2 个。

（8）后处理铬酸雾单独处理。

（9）采用实时在线监测塔内循环吸收剂 pH，信号反馈控制自动加药机加药。

（10）全部采用玻璃钢离心酸雾风机，传动方式为皮带连接，管道采用 PP 塑料制作。

（11）酸雾风机全部采用变频控制，变频器采用三菱 F700 系列。

2. 系统组成

废气处理系统由生箔机硫酸雾废气净化系统、溶铜酸雾废气净化系统和后处理酸雾废气净化系统三大部分组成。

酸雾净化塔主要包括贮液箱、塔体、进风段、喷淋层、填料层、旋流除雾层、出风锥帽、观检孔等。可配备由气体分析仪、pH 控制计、差压变送器、压力传感器、流量传感器、电导率仪、液位控制计、电磁阀、变频器及控制柜等组成的控制系统。自动控制装置可对酸雾净化塔工作状态实施全天 24 h 监控，实现自动化管理。

3. 处理流程

（1）溶铜酸雾废气净化流程，见图 11-4。

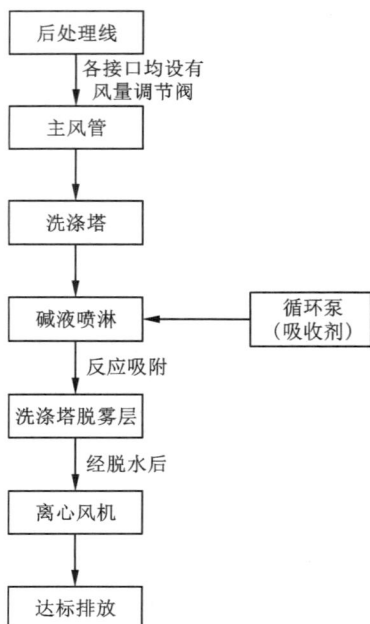

（2）后处理系统酸雾废气净化流程，见图 11-5。

图 11-4　溶铜酸雾废气净化流程　　　　图 11-5　后处理系统酸雾废气净化流程

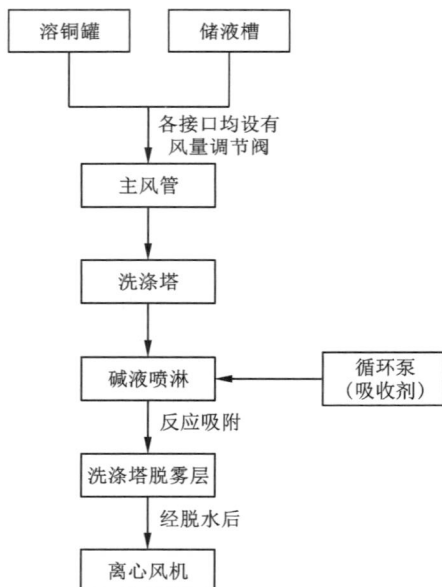

11.4　固废处理

电解铜箔项目固体废物包括废铜箔、生活垃圾、废硅藻土、废活性炭、报废的 RO 膜、污水处理后的污泥以及检修用废油污棉纱、废手套等。

（1）一般工业固废。

①铜箔残次品、生箔以及表面处理后分切检验工序产生的边角料及不合格铜箔，需返回溶铜工序综合利用。

②纯水站一级反渗透废膜，纯水站一级反渗透废 RO 膜主要用于原水，无有害元素，可由供应厂家回收处置。

（2）危险废物。

①废硅藻土：废硅藻土是电解铜箔企业产出量最大的固体废物。溶铜溶液通过硅藻土过滤去除电解液内的其他杂质。主要污染物为 Cu^{2+}、颗粒物等，属于危险废物（HW49 其他废物，非特定行业：900-041-49 含有或沾染毒性、感染性危险废物的废弃包装物、容器、过滤吸附介质），必须委托有资质单位安全处置。

②废活性炭：与硅藻土一样，通过活性炭过滤去除电解液内的其他杂质。其主要污染物同废硅藻土。

③过滤废渣：钝化液等在配制和循环利用过程中采用过滤方式去除杂质，该过程会产生过滤废渣。主要污染物和处置办法同废硅藻土。

④废过滤袋或滤芯：含有重金属污染物，应委托有资质单位安全处置。

⑤废膜：水处理系统报废的 RO 膜或 NF 膜，应委托有资质单位安全处置。

参考文献

[1] 金荣涛, 赵莉. 压延铜箔制备技术分析[J]. 上海有色金属, 2014(2)：86-90.

[2] 金荣涛. 电解铜箔生产[M]. 长沙中南大学出版社, 2010.

[3] Li H X, Cheng F Y, Zhu Z Q, et al. Preparation and electrochemical performance of copper foam supposed amorphous silicon thin films for rechargeable lithium-ion batteries [J]. Aloys Comp, 2011, 509 (6)：2919-2923.

[4] 刘松, 侯宏英, 胡文, 等. 锂离子电池集流体的研究进展[J]. 硅酸盐通报, 2015(9)：2562-2568.

[5] 日进材料股份有限公司. 用于石墨烯的电解铜箔以及用于生产该电解铜箔的方法[P]. CN109072466A. 2017-11.

[6] 易光斌, 兰欣锐, 万睿旸, 等. 一种制备碳纳米管掺杂电解铜箔的方法[P]. CN115295750A. 2022-11.

[7] 余永宁. 金属学原理上册[M]. 第3版. 北京：冶金工业出版社, 2020.

[8] 王亚男, 陈树江, 董希淳. 位错理论及其应用[M]. 北京：冶金工业出版社, 2007.

[9] 胡赛祥, 蔡珣, 戎咏华. 材料科学基础[M]. 第3版. 上海：上海交通大学出版社, 2010.

[10] 温玉锋, 孙坚, 黄健. 合金元素对 $Ni_3Al(010)$ 面反相畴界能影响的第一性原理研究[J]. 中国有色金属学报, 2012, 22(2)：515-519.

[11] 东莞市速铜科技有限公司. 一种三价铁溶铜循环补给装置[P]. CN218262786U, 2022-10.

[12] 广德东威科技有限公司. 一种三价铁溶铜循环系统[P]. CN217997399U, 2022-08.

[13] 桂运安, 王敏. 新型高效铜催化剂助力二氧化碳"变废为宝"[N]. 中国科学报, 2022-01-19.

[14] 王宏铎. 纳米铜催化剂应用与研究进展[J]. 山东化工, 2023(5)：113-115.

[15] 殷铭, 郭晋, 庞纪峰, 等. 铜催化剂在涉氢反应中的失活机制和稳定策略[J]. 化工进展, 2023(4)：1860-1868.

[16] 王书明, 刘敬华, 王超群, 刘淑凤[J]. 极图在晶体判定和取向分析中的应用[J]. 理化检验-物理分册, 2009(45)：751-753.

[17] 易光斌. 电解铜箔组织性能及其翘曲产生机理研究[D]. 南昌大学, 2014.

[18] 蔡芬敏, 彭文屹, 易光斌, 杨湘杰. 电解铜箔织构的研究[J]. 热加工工艺, 2011(24)：9-11.

[19] 张世超, 蒋涛, 白致铭. 电解铜箔材料中晶面择优取向[J]. 北京航空航天大学学报, 2004(10)：1008-1012.

[20] 刘仁志, 谢平令, 王翀. 电沉积铜箔的微观组织结构-三维电结晶模式中的电结晶机理探讨[J]. 电化学, 2022(6)：31-41.

[21] 李坚, 朱宏波, 朱祖泽. 铜电解液物理化学性质之四：电解液中 Cu^{2+} 扩散系数[J]. 有色矿业, 2004(1)：26-31.

［22］ 姚峰林，张锦秋，杨培霞，等. 激光辅助电沉积技术及其在制备功能材料方面的应用［J］. 材料导报，2022（3）：191-199.

［23］ 张帮彦，董家键，郑世杰，等. 复合电沉积陶瓷颗粒增强金属基复合涂层研究进展［J］. 电镀与精饰，2023（1）：46-55.

［24］ 李强，辜敏，鲜晓红. 铜电结晶的研究进展［J］. 化学进展，2008（4）：483-490.

［25］ 王箴. 化工辞典［M］. 北京：化学工业出版社，2000.

［26］ 渡边辙［日］，陈祝平［译］. 纳米电镀［M］. 北京：化工工业出版社，2008.

［27］ 朱利群. 功能膜层的电沉积理论与技术［M］. 北京：北京航空航天大学出版社，2005.

［28］ 王旭，周宏，刘树峰，等. 超微电极的制备及在电分析化学中的应用综述［J］. 山东化工，2022（17）：79-82.

［29］ 尉瑞芳，李东峰，尹恒，等. 微秒时间分辨的工况电化学紫外可见吸收光谱测量系统［J］. 物理化学学报，2023（2）：93-99.

［30］ 陈旭海，陈敬华，潘海波等. 改进计时电流法的数学模型和电路实现［J］. 物理化学学报，2010（11）：2920-2926.

［31］ 李荻. 电化学原理［M］. 第3版. 北京：北京航空航天大学出版社，2008.

［32］ 陈辉，吴兵，等. 人工复合铁电薄膜的相变性质研究［J］. 沈阳化工大学学报，2011（2）：174-178.

［33］ 吴辉煌. 应用电化学基础［M］. 厦门：厦门大学出版社，2006.

［34］ 杨防祖. 次磷酸钠化学镀铜研究［D］. 厦门：厦门大学，2007.

［35］ 鄢豪，管英柱. 非金属材料化学镀铜研究进展［J］. 电镀与精饰，2022（11）：791-796.

［36］ 灵宝华鑫铜箔有限责任公司. 一种浸泡式溶铜罐［P］. CN216765115U. 2022-06.

［37］ Yue Jinming, Lin Liangdong, Jiang Liwei. Interface Concentrated-Confinement Suppressing Cathode Dissolution in Water-in-Salt Electrolyte［J］. Advanced energy materials, 2021（10）：2000665. 1-2000665. 10.

［38］ 常州大学. 电解铜箔制造工艺中快速溶铜的方法［P］. CN113441066A. 2021-06.

［39］ 常州大学，江苏铭丰电子材料科技有限公司. 铜箔制造工艺中快速溶铜的方法［P］. CN110241432A. 2019-06.

［40］ 金川集团股份有限公司，兰州金川科技园有限公司. 一种快速溶铜的方法［P］. CN109911928A. 2019-06.

［41］ 赵继云. 铁在铜萃取电积中的影响［C］. 云南铜业第五届矿山技术论文发布会. 主办单位：云南省有色金属学会；中国有色金属学会，2008-09.

［42］ 九江德福科技股份有限公司. 一种清洗电解铜箔用阳极板的方法［P］. CN113061943A. 2021-07.

［43］ 福建紫金铜箔科技有限公司. 一种电解铜箔阳极板清洗剂及其制备［P］. CN115305161A. 2022-11.

［44］ 李明周，黄金堤，童长仁，等. 铜电解槽内电热场的数值分析［J］. 有色金属科学与工程，2016（6）：50-55.

［45］ 张智明，马保吉，王瑞风，等. 磁场对电化学反应中电解液微观扩散特征影响的分子动力学研究［J］. 分子科学学报，2019（2）：70-76.

［46］ 姚夏妍，吴克富，鲁兴武，等. 磁场协同作用对铜电解过程的影响［J］. 中国有色冶金，2021（3）：9-15.

［47］ 上海昭晟机电设备有限公司. 一种生箔机电动上液装置［P］. CN216688358U. 2022-06.

［48］ 铜陵市华创新材料有限公司. 一种生箔机上液装置［P］. CN115679393A. 2023-02.

［49］ 江西鑫铂瑞科技有限公司. 一种改善电解铜箔面密度均匀性的供液方式［P］. CN115522233A. 2022-12.

［50］ 深圳先进电子材料国际创新研究院. 一种用于电解液铜箔制造的电解液及其应用［P］. CN114182310A.

2022-03.

[51] 安徽华威铜箔科技有限公司. 挠性电解铜箔用添加剂的制备方法、制品及其应用[P]. CN106480479A. 2017-03.

[52] 浙江花园新能源股份有限公司. 一种高延展性低轮廓电解铜箔的制备方法[P]. CN112301382A. 2021-02.

[53] 江西省江铜耶兹铜箔有限公司. 一种复合电镀液及高频 PCB 用低轮廓电解铜箔的制备方法[P]. CN112708909A. 2021-04.

[54] 九江德福科技股份有限公司. 一种高抗拉锂电铜箔的制造方法[P]. CN110629257A. 2019-12.

[55] 铜陵市华创新材料有限公司. 一种高弹性模量锂电铜箔的生产工艺[P]. CN114059107A. 2022-02.

[56] 广东盈华电子科技有限公司. 一种锂电池用双光铜箔的生产工艺[P]. CN115198321A. 2022-10.

[57] 铜陵市华创新材料有限公司. 一种电解铜箔生产工艺[P]. CN114934301A. 2022-08.

[58] 江苏梦得新材料科技有限公司. 一种高延伸高抗拉添加剂及其制备方法和使用方法[P]. CN115478306A. 2022-12.

[59] 圣达电气有限公司. 一种 4.5 μm 极薄电解铜箔的制备装置及其制备工艺[P]. CN111155150A. 2020-05.

[60] 灵宝华鑫铜箔有限责任公司. 一种低翘曲度电解铜箔的生产工艺[P]. CN104762642A. 2015-07.

[61] 青海电子材料产业发展有限公司等. 一种制备高温高延伸率动力电池用电解铜箔的方法及其添加剂[P]. CN110016697A. 2019-07.

[62] 许石亮、张胜华, 金荣涛, 等. 电解铜箔亲水性研究. 有色金属加工, 2006(6): 1-6.

[63] 唐致远, 贺艳兵, 刘元刚, 等. 负极集流体铜箔对锂离子电池的影响[J]. 腐蚀科学与防护技术, 2007 (4): 265-268.

[64] 魏泽英, 王文静. 添加剂 MPS 和 SPS 及其与 PEG、Cl-组合对铜镀层晶面取向的影响[J]. 重庆大学学报, 2014(9): 100-105.

[65] 李坚, 华一新, 施哲, 等. 铜电解液中硫酸质量浓度和温度对明胶分解的影响[J]. 工程科学学报, 2015(5): 580-587.

[66] 易光斌, 何田, 杨湘杰, 等. 电解铜箔添加剂配方优化[J]. 电镀与精饰, 2010(11): 26-28.

[67] 王晓静, 肖树城, 肖宁. 亚甲基紫对盲孔镀铜电化学行为和填孔效果的影响[J]. 电镀与涂饰, 2022 (3): 191-196.

[68] 孙玥, 刘玲玲, 李鑫泉, 等. 添加剂对电解铜箔作用机理及作用效果的研究进展[J]. 化工进展, 2021 (11): 5861-5874.

[69] 殷列, 王增林. 不同分子量 PEG 的铜电镀液对电化学沉积铜行为的研究[J]. 电化学, 2008(4): 431-435.

[70] 九江德福科技股份有限公司. 一种低轮廓电解铜箔添加剂及其应用[P]. CN115198320A. 2022-10.

[71] 王庆福, 李应恩, 樊斌锋. 电池用 6 μm 电解铜箔添加剂的研究[J]. 电镀与环保, 2020(3): 23-26.

[72] 九江德福科技股份有限公司. 一种锂电铜箔表面防氧化工艺[P]. CN110923755A, 2021-07.

[73] 九江德福科技股份有限公司, 九江德思光电材料有限公司. 一种电解铜箔无铬钝化方法[P]. CN109680315A. 2019-04.

[74] 浙江大学. 一种铜箔的无铬钝化液及其制备方法[P]. CN114836744A. 2022-08.

[75] 湖北中一科技股份有限公司. 一种降低电解铜箔翘曲的时效处理工艺方法[P]. CN112323001A. 2021-02.

[76] MERCHANT H D. Thermal effects in thin copper foil[J]. J Electro Mater, 2004, 33(1): 83-88.

[77] 付争兵, 丁瑜. 时效处理工艺对电解铜箔抗拉强度的影响[J]. 电池, 2022(3): 302-304.

[78] 广东嘉元科技股份有限公司. 制箔机用辅助阴极结构[P]. CN 204080140U. 2014-10.

[79] 郭燕, 曾振欧, 赵洋, 等. 焦磷酸盐溶液体系电沉积白铜锡的电化学行为[J]. 电镀与涂饰, 2019(5): 189-193.

[80] 林其水. 在 PCB 中离子迁移的危害与对策[J]. 印制电路信息, 2008(5): 56-59.

[81] 钟文清, 黄贤权, 常会勇, 等. 印制电路板的导电阳极丝检测与预防[J]. 印制电路信息, 2019(7): 56-59

[82] 邱小华, 李清春, 李焱程, 等. 高速线路中线宽与玻纤结构对信号损耗的影响[J]. 印制电路信息, 2021(S01): 1-7.

[83] 程柳军, 王红飞, 陈蓓. 玻纤效应对高速信号的影响[J]. 印制电路信息, 2015(A01): 22-32.

[84] Tao Liang. Non-Classical Conductor Losses due to Copper Foil Roughness and Treatment. IPC Electronic Circuits World Convention, Printed Circuits Expo, Apex, and the Designers Summit 2005(ECWC 10): 898-908.

[85] 美国道康宁 Dow Corning 公司. 硅烷解决方案指导手册. 内部资料.

[86] 日本信越有机硅公司. 硅烷偶联剂介绍. 内部资料.

[87] 山东金宝电子有限公司. 电解铜箔的灰色表面处理工艺[P]. CN1962944A. 2007-05.

[88] 山东金宝电子有限公司. 电解铜箔的环保型表面处理工艺[P]. CN1995473A. 2007-07.

[89] 古河电气工业株式会. 表面处理铜箔[P]. CN101209605A. 2008-7.

[90] 古河电器工业株式会社, 日铁住金微金属股份有限公司. 表面处理铜箔其制造方法以及覆铜层压印刷电路[P]. CN102713020B. 2015-05.

[91] 广东盈华电子科技有限公司. 一种超低轮廓度反转铜箔的生产工艺[P]. CN115466994A. 2022-12.

[92] 惠州联合铜箔电子材料有限公司. 反转铜箔生产工艺[P]. CN111424294A. 2020-07.

[93] 九江德福科技股份有限公司, 甘肃德福新材料有限公司. 一种高速高频信号传输电路板用铜箔的表面处理方法[P]. CN113973437A. 2022-09.

[94] 长春石油化学股份有限公司. 表面处理铜箔及铜箔基板[P]. 中国台湾智慧财产局发明说明书公告. TWI781818B, 2022-10.

[95] 长春石油化学股份有限公司. 表面处理铜箔及铜箔基板[P]. CN115413119A. 2022-11.

[96] 广东嘉元科技股份有限公司. 一种高频高速印制电路板用电解铜箔及其制备方法[P]. CN112839436A. 2022-08.

[97] 古河电气工业株式会社. 用于高频率的铜箔及其制造方法[P]. CN1530469A. 2011-01.

[98] 山东金宝电子有限公司. 一种提高电解铜箔耐腐蚀性的表面处理方法[P]. CN114197000A. 2022-03.

[99] 捷客斯金属株式会社. 印刷电路用铜箔及覆铜箔层压板[P]. CN103266335A. 2013-08.

[100] 黄勇, 吴会兰, 陈正清, 等. 半加成法工艺研究[J]. 印制电路信息, 2013(8): 9-13.

[101] 三井金属矿业株式会社. 带载体的铜箔、覆铜叠层板以及印制电路板[P]. CN106332458A, 2017-01.

[102] 电子科技大学. 一种可剥离超薄载体铜箔的制备方法[P]. CN114657610A, 2022-06.

[103] 三井金属矿业株式会社. 带有载体箔的铜箔[P]. CN104160068A, 2013-09.

[104] 九江德福科技股份有限公司. 一种超薄高强度电子铜箔的生产方法[P]. CN112226790A, 2021-01.

[105] 安徽铜冠铜箔集团股份有限公司, 铜陵铜冠电子铜箔有限公司, 合肥铜冠电子铜箔有限公司. 一种极薄可剥离的复合铜箔及其制备方法[P]. CN112795964A, 2021-05.

[106] 九江德福科技股份有限公司. 一种附载体极薄铜箔的制备方法[P]. CN115233262A, 2022-10.

[107] 卢苇. 铜箔厚度对锂离子电池电性能的影响[J]. 电源技术, 2018(11): 1608-1610.

[108] 张婷，吴伟，李承祖，等. 谈谈金属电导率的经典理论[J]. 大学物理，2011(1)：29-30.

[109] 刘翌，袁喆. 固体物理教学的若干思考Ⅲ：弛豫时间近似[J]. 大学物理，2022(10)：1-3.

[110] 潘春跃，张倩，戴潇燕，等. 有效介质理论离子导电模型的修正[J]. 中南大学学报：自然科学版，2007(2)：297-302.

[111] 安徽金美新材料科技有限公司. 一种用于锂电池集流体的镀膜工艺流程[P]. CN108531876A，2018-09.

[112] 赵嘉学，金凡亚. 常见磁控溅射靶材利用率及其计算方法的探讨[J]. 核聚变与等离子体物理，2007(1)：66-72.

[113] 福建新焱柔性材料科技有限公司. 一种超低轮廓铜箔及制备方法[P]. CN114657609A，2022-06.

[114] 柏弥兰金属化研究股份有限公司，达迈科技股份有限公司. 制成可挠式金属积层材的方法[P]. CN104960305A，2015-10.

[115] 深圳市纽菲斯新材料科技有限公司. 一种涂胶铜箔及其制备方法和应用[P]. CN113831852A，2021-12.

[116] 郑敏，杨瑾，张华. 多孔金属材料的制备及应用研究进展[J]. 材料导报，2022(18)：74-89.

[117] 孙雅风，牛振江，岑树琼，等. 氢气泡模板法电沉积制备三维多孔铜薄膜[J]. 电化学，2006(2)：177-182.

[118] 崔程，李丽，滕云龙，等. 超声辅助电沉积制备微孔铜箔. 中国科技期刊数据库工业A，2020(6)：00419-00421.

[119] 大自达系统电子株式会社，日本美可多龙股份有限公司. 屏蔽膜、屏蔽印刷电路板、屏蔽柔性印刷电路板、屏蔽膜制造方法及屏蔽印刷电路板制造方法[P]. CN 101176388A，2012-02.

[120] 广州方邦电子股份有限公司. 可改变电路阻抗的极薄屏蔽膜、电路板及其制作方法[P]. CN101448362B，2009-06.

[121] 昆山雅森电子材料科技有限公司. 屏蔽结构及具有该屏蔽结构的柔性印刷电路板[P]. CN101521985A，2009-09.

[122] 西安泰金新能科技股份有限公司. 一种用于生产高强极薄铜箔的大幅宽阴极辊[P]. CN114369851B，2022-04.

[123] 张淑鸽，何秀玲，杨勃，等. 钛阴极辊质量控制要点研究[J]. 机械工程师，2022(2)：112-113.

[124] 江苏铭丰电子材料科技有限公司. 阴极辊在线抛光辅助装置、生箔机[P]. CN215394522U，2022-01.

[125] 孙悦，陈礼才，张清福，等. 电解轻水过程中钛电极离化的实验研究[J]. 原子核物理评论，2002(z1)：113-117.

[126] 孙小舟. 浅析金属腐蚀的防护技术[J]. 当代化工研究，2022(7)：123-125.

[127] 孔玢，李丽，刘正乔，等. 工业纯钛在硫酸中的腐蚀行为及其机理研究[J]. 钛工业进展，2022(2)：18-23.

[128] 马济民，贺金宇，庞克昌等. 钛铸锭和锻造[M]. 北京：冶金工业出版社，2012(1)：235-240.

[129] Beer. H. 特公昭46-21884，1971年.

[130] CHEMNOR. Electrode and coating therefor[P]. US3632498A，1972-01.

[131] 宁慧利，辛永磊，许立昆，等. 含石墨烯 IrO_2-Ta_2O_5 涂层钛阳极性能改进研究[J]. 稀有金属材料与工程，2016(4)：946-951.

[132] 李宝松，林安，甘复兴. Ti/IrO_2-Ta_2O_5 阳极的制备及其析氧电催化性能研究[J]. 稀有金属材料与工程，2007(2)：245-249.

[133] 金荣涛. DSA 在电解铜箔生产中的应用[J]. 有色冶炼，1998(5)：27-28.

[134] Vinh Trieu, Bernd Schley, Harald Natter. RuO_2-based anodes wish tailored surface morphology for improved chlorine electro-activity[J]. Electrochimica Acta，2012(78)：188-194.

［135］张招贤，赵国鹏，胡耀红. 应用电极学［M］. 北京. 冶金工业出版社，2005.

［136］焦新贺，焦衡，徐海清，等. 电解铜箔用涂层钛阳极的结垢物成因分析与维护方法［J］. 电镀与精饰，2019（1）：14-19.

［137］孙杰，鲍正荣，黄会林. 利用手持技术探究影响硫酸铅溶解度的因素［J］. 中小学实验与装备，2005（6）：4-5.

［138］徐海清，胡耀红，陈力格，等. 实际工况下电解铜箔用涂层钛阳极的失效机制［J］. 电镀与精饰，2015（23）：1369-1373.

［139］惠比寿贸易（上海）有限公司. 靴极、导电装置和生箔机［P］. CN218975824U. 2023-05.

［140］安徽华创新材料股份有限公司. 一种快捷更换式生箔机辅助阴极装置［P］. CN218842365U，2023-04.

［141］安徽华威铜箔科技有限公司. 生箔机抛光装置［P］. CN214025126U，2021-08.

［142］安德烈茨机械制造股份公司. 制造金属箔的工艺及装置［P］. CN1044306A. 1990-08.

［143］九江德福科技股份有限公司. 一种电解铜箔的溶铜系统［P］. CN215251247U，2021-12.

［144］易悦，高惠民，邝楠，等. 粒度及浸泡时间对硅藻土助滤剂过滤性能影响的研究［J］. 中国非金属矿工业导刊，2015（1）：19-21.

［145］王锐，陈华，刘守新. CMC 黏接法制备柱状成型活性炭［J］. 林产化学与工业. 2011（5）：6-10.

［146］Nguyen-Thanh D，Bandosz T J. Activated carDons with metal containing bentonite binders as adsorbents of hydrogen sulfide［J］. Carbon，2005，43（2）：359-367.

［147］蔡政汉，林咏梅，陈翠霞，等. 椰壳碎炭制备高强度柱状颗粒活性炭试验［J］. 林业工程学报，2016（4）：74-79.

［148］黎细落. 关于完整性测试仪流量校准的探讨［J］. 电子测试，2022（1）：107-109.

［149］马洪云，尹立河，张俊. 等蒸发过程中水体稳定同位素富集及空气湿度的关系［J］. 地质通报，2015（11）：2087-2091.

［150］王婧，丁伟，王鹏，等. 天然气加工闭式冷却塔喷淋循环水系统水质稳定处理及运行研究［J］. 能源与环保，2022（3）：194-199.

［151］陈旺平，真空引水罐罐体容积和安装高度的计算［J］. 有色冶金设计与研究，2013（6）：82-84.

［152］周钰君. 化工设备机械密封的泄漏问题与优化策略研究［J］. 中国设备工程，2023（6）：169-171.

［153］符凯. 机泵机械密封泄漏的原因及处理方案分析［J］. 中国设备工程，2023（1）：158-160.

［154］赵佳. 机械密封常见的故障分析及改进措施［J］. 中国设备工程，2023（3）：207-209.

［155］李会荣，张永军. 铝箔分切机碟形刀结构优化［J］. 机械设计与制造工程，2017（2）：74-76.

［156］潘颂哲，潘玉军，吴江寿，等. 高速分切机张力控制系统研究［J］. 机电信息，2022（23）：41-42.

［157］苑和锋，陈佳程，夏彬，等. 铜合金带箔材高精度分剪技术控制系统［J］. 今日自动化，2022（1）：31-33.

［158］崔爽. 气相防锈包装技术及其发展［J］. 包装工程，2009（4）：90-92.

［159］熊文杰，邝先飞，康念铅. X 射线在晶体衍射分析中的应用［J］. 江西化工，2008（3）：137-140.

［160］Borchert H，Shevchenko EV，Robert A，et al. Determination of nanocrystal sizes：a comparison of TEM，SAXS，and XRD studies of highly moodisperse Copt3 particles［J］. langmuir，2005（5）：1931-1936.

［161］李阿玲. 失效分析技术应用研究［D］. 上海：复旦大学，2014.

［162］周剑雄. 扫描电子显微镜测长问题的探讨［M］. 成都：电子科技大学出版社，2006.

［163］Harald H Rose. Geometrical Charged-Particle Optics［M］. Springer Berlin Heidelberg，2009，345-354.

［164］柴莹洁. 扫描电子显微镜/能谱分析在交通事故微量物证鉴定中的应用［D］. 北京：中国政法大学，2017.

[165] Jian Nan, Yin Meijie, ZHANG Xi, et al. In situ experi-ments of high resolution transmission electron microscopy: A review[J]. Journal of Shenzhen University Science and Engineering, 2021(5): 441-452.

[166] 尹美杰, 健男, 张熙, 刁东风. 透射电子显微镜空间分辨率综述[M]. 深圳大学学报(理工版), 2023(1): 1-13.

[167] Jiang Yi, Chen Zhen, Han Yimo, et al. Electron pty-chography of 2D materials to deep sub-ångstrom resolution[J]. Nature, 2018, 559(7714): 343-349.

[168] 王宇博. 氧化锌和锌纳米结构生长机理的原位液体透射电子显微镜研究[D]. 武汉: 华中科技大学, 2018.

[169] Parent L R. In situ (scanning) transmission electron microscope observations of energy storage nanostructures during synthesis and battery operation[D]. University of California, Davis, 2013.

[170] 徐山清. 纳米晶 Al-Cu 薄膜相变及理论模型[D]. 上海: 上海交通大学, 2006.

[171] 戎咏华. 分析电子显微学导论[M]. 北京: 高等教育出版社, 2006.

[172] 王龙飞. $Li_4Ti_5O_{12}$ 电极材料晶体结构转变与调控的原位透射电镜研究[D]. 武汉: 华中科技大学, 2021.

[173] Xie H, Tan X, Luber E J, et al. β-SnSb for sodium ion battery anodes: Phase transformations responsible for enhanced cycling stability revealed by in situ TEM[J]. ACS Energy Lett, 2018(7): 1670-1676.

[174] Gong Y, Zhang J, Jiang L, et al. In situ atomic-scale observation of electrochemical delithiation induced structure evolution of $LiCoO_2$ cathode in a working all-solid-state battery[J]. J. Am. Chem. Soc. 2017(12): 4274-4277.

[175] Sharifi-Asl S, Soto F A, Nie A, et al. Facet-dependent thermal instability in $LiCoO_2$[J]. Nano Lett. 2017(4): 2165-2171.

[176] 杨平. 电子背散射衍射技术与应用[M]. 北京: 冶金工业出版社, 2007.

[177] Zaefferer S. On the formation mechanisms, spatial resolution and intensity of backscatter Kikuchi patterns[J]. Ultramicroscopy, 2007, 107(2-3): 254-266.

[178] 王浩, 电子背散射衍射及其应用[D]. 成都: 成都理工大学, 2011.

[179] 解洪力, 韩明, 王善瑞. EBSD 花样菊池带的快速识别[J]. 华东交通大学学报, 2022(4): 105-111.

[180] 韩福涛. 冶金因素对热轧深冲无间隙原子钢板组织性能影响的研究[D]. 济南: 山东大学, 2009.

[181] 刘思维. 冷轧退火 316L 不锈钢的晶间腐蚀性能及晶界特征分布研究[D]. 成都: 成都理工大学, 2008.

[182] Zhifeng Yan, Denghui Wang, Xiuli He. Deformation behaviors and cyclic strength assessment of AZ31B magnesium alloy based on steady ratcheting effect[J]. Materials Science & Engineering A, 723(2018): 212-220.

[183] W Fu, Y Li, S Hu, P Sushko, S Mathaudhu. Effect of loading path on grain misorientation and geometrically necessary dislocation density in polycrystalline aluminum under reciprocating shear[J]. Computational Materials Science, 2022.

[184] Lul, Chen X, Huang X, et al. Revealing the maximum strength in nano-twinned copper[J]. Science, 2009, 323(5914): 607-610.

[185] Zhao Y H, Bingert J F, Liao X Z, et al. Simultaneously increasing the ductility and strength of ultrafine-grained pure copper[J]. Advanced Materials, 2006, 18(22): 2949-2953.

[186] Field D P, Trivedi P B, Wright S I, et al. Analysis of local orientation gradients in deformed single crystals[J]. Ultramicroscopy, 2005, 103(1): 33-39.

[187] Pantleon W. Resolving the geometrically necessary dislocation content by conventional electron backscattering diffraction[J]. Scripta Materialia, 2008, 58(11): 994-997.

[188] Reddy S M, Timms N E, Pantleon W, et al. Quantitative characterization of plastic deformation of zircon and geological implications[J]. Contributions to Mineralogy and Petrology, 2007, 153(6): 625-645.

[189] 曾光宇, 张志伟, 张存林. 光电检测技术[M]. 北京: 清华大学出版社, 2005.

[190] 易光斌, 杨湘杰, 彭文屹, 等. 电解铜箔翘曲原因分析[J]. 特种铸造及有色合金, 2015(3): 244-247.

[191] 梅州市威利邦电子科技有限公司. 一种铜箔卷端面的防氧化方法[P]. CN111926318B, 2020-11.

[192] 新疆亿日铜箔科技股份有限公司. 一种电池铜箔端面防氧化处理液的制备方法[P]. CN113637964A. 2021-11.

[193] 何思良, 宋祥群, 黄杰, 等. 双面板翘曲改善研究[J]. 印制电路信息, 2022(S01): 8-15.

[194] 胡仁权, 费珍勇. 热应力是影响PCB翘曲度的一个重要因素[J]. 印制电路信息, 2017(11): 68-70.

[195] 叶鸣, 贺永宁, 崔万照. 基于电热耦合效应的微带线无源互调机理研究[J]. 电波科学学报, 2013 (2): 220-225.

[196] 黄建国, 陈世金, 张长明, 等. 浅谈PCB制程对无源互调的影响因素与管控[J]. 印制电路信息, 2018 (A02): 1-6.

[197] 吕森, 李聪, 刘成红, 等. 钢铁行业污水零排放工艺技术探讨[J]. 工业安全与环保, 2022(11): 87-90.

[198] 张云, 陈晓燕. 地表水环境中六价铬的测定研究[J]. 应用化工, 2012(2): 349-351.

[199] 钟传德. 铬的毒性研究进展[J]. 中国畜牧兽医, 2014(7): 131-135.

[200] 徐国豪, 刘英豪, 常明慧, 等. 土壤外源铬的作物毒性响应及富集差异研究[J]. 农业环境科学学报, 2023(2): 284-290.

[201] 曹翠萍, 王雪莉. 重金属—镍对人体健康的危害及预防[J]. 中国现代药物应用, 2013(9): 78-79.

[202] 罗诗睆. 镍污染对人类健康的危害及其防治[J]. 化工管理, 2021(17): 19-20.

[203] 王子诚, 陈梦霞, 杨毓贤, 等. 铜胁迫对植物生长发育影响与植物耐铜机制的研究进展[J]. 植物营养与肥料学报, 2021(10): 1849-1863.

[204] 黄万抚, 胡昌顺, 曹明帅, 等. 难处理含铜废水处理技术研究[J]. 应用化工, 2018(10): 2248-2253.

[205] Feryal Akbal, Selva Camct. Copper, chromium and nickel removal from metal plating wastewater by eleetrocoagulation[J]. Desalination, 2011, 269: 214-222.

[206] 张条兰, 刁润丽, 方秀苇. 电絮凝法处理电镀废水的研究进展[J]. 电镀与精饰, 2016(3): 33-37.

[207] 张安辉, 游海平. 超滤膜技术在水处理领域中的应用及前景[J]. 化工进展, 2009(2): 49-51.

[208] 佘振, 殷冠南, 平郑骅. UV辐照接枝聚合制备亲水性纳滤膜[J]. 化学学报, 2006(19): 2027-2032.

[209] 陈玮. 基于反渗透技术的重金属废水处理研究[J]. 石油石化物资采购, 2023(2).

[210] 郭燕, 杨志业, 李阳, 等. 电镀污水处理中的零排放技术分析[J]. 当代化工研究, 2023(7): 66-68.

[211] 赵士祥. 膜分离技术在废水重金属离子脱除中的应用进展[J]. 中国资源综合利用, 2020(4): 123-129.

[212] 王泽华, 张珂, 孙玉, 等. 含铬(Ⅵ)废水处理技术研究进展[J]. 山东工业技术, 2023(1): 7-12.